ELECTRIC & HYBRID ELECTRIC VEHICLES

전기차와 하이브리드차

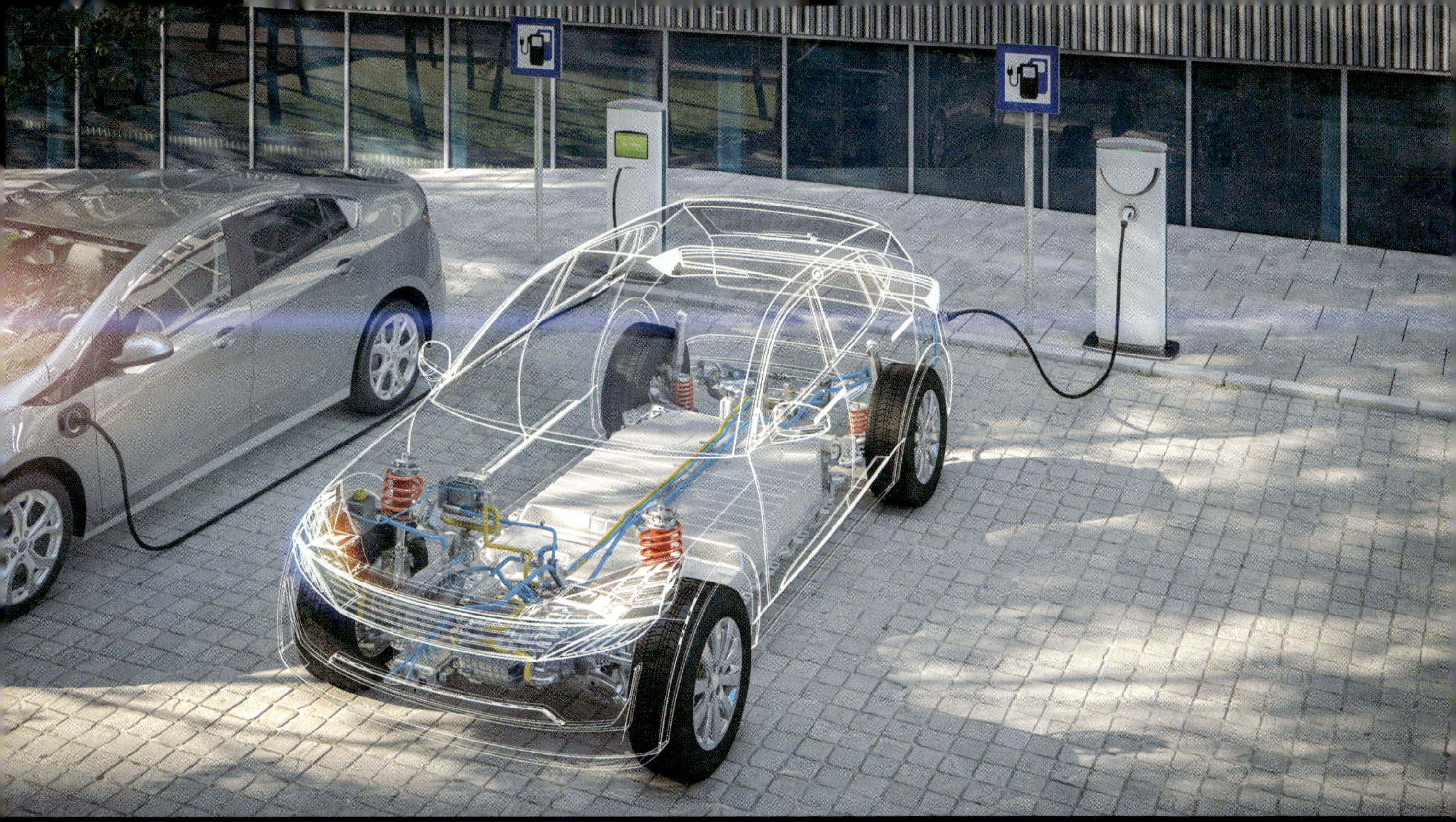

ELECTRIC & HYBRID ELECTRIC VEHICLES

전기차와 하이브리드차

James Halderman · Curt Ward 지음 | 김규섭 · 박기서 · 박현종 · 박현진 · 유동주 · 최갑승 · 최병철 옮김

Pearson

KM 경문사

Pearson Education South Asia Pte Ltd
63 Chulia St
#15-01
Singapore 049514

Pearson Education offices in Asia: *Bangkok, Beijing, Ho Chi Minh City, Hong Kong, Jakarta, Kuala Lumpur, Manila, Seoul, Singapore, Taipei, Tokyo*

3 2 1
26 25 24

Cover Image by Herr Loeffler/Shutterstock; fanjianhua/Shutterstock

발행일: 2024년 2월 22일
공급처: ㈜경문사(02-332-2004/kms2004@kyungmoon.com)
ISBN: 978-981-3351-12-7(93550)
가격: 29,000원

Pearson

http://pearson.com/asia

역자 서문

최근 전기 자동차와 하이브리드 자동차에 대한 관심과 수요가 크게 증가하고 있다. 선진국을 중심으로 이루어지고 있는 탄소 규제 등 환경 문제에 대응하기 위한 방안으로서 자동차 산업에서는 기존의 내연기관을 대신해 배터리, 모터, 전력변환장치로 이루어진 전동화된 파워트레인을 채택하고 있으며, 빠르게 변화하는 기술의 발전과 충전시스템 같은 인프라의 보급은 전기 자동차와 하이브리드 자동차의 판매를 늘리는 데 크게 기여하고 있다.

자동차 산업의 변화에 따라 매년 전기 자동차와 하이브리드 자동차를 주제로 한 전공서적이 새롭게 출간되거나 한 해가 다르게 바뀌는 트렌드에 맞춰 개정 출간되고 있다. 아무래도 전기 자동차와 하이브리드 자동차의 핵심이 차량의 전동화 기술에 있다 보니 시중에 나와 있는 거의 모든 서적이 차량의 전동화 설계 및 제어와 관련된 전기공학에 기반한 내용에 집중해서 구성되어 있다. 전기공학을 전공한 사람이라면 관련된 내용을 이해하는 게 비교적 수월할 것이다. 하지만 다른 전공을 공부한 사람은 물론, 자동차 산업에 종사하고 있는 사람들조차 그러한 책의 내용을 모두 이해하려면 대단한 노력이 필요하다. 또한 책의 내용을 다 이해했다 하더라도 실제 차량을 들여다보고 공부한 내용과 실제 시스템을 대응시켜 이해하는 것은 완전히 다른 이야기다.

이 책은 전기 자동차와 하이브리드 자동차의 배터리, 전동기, 전력변환시스템 등을 이해하는 데 필요한 전기공학의 기초 지식과 실제 차량에 적용된 시스템을 이해하기 쉽게 보여준다. 특히 자동차에서 전동화된 전장품을 이해하기 위한 기초 지식과 실제 시스템에서의 작동원리를 알기 쉽게 보여주며, 실제 차량에 적용된 시스템의 사진을 제시하여 이론과 실제의 간극을 줄여주는 점이 이 책의 장점이다. 여기서 한 단계 더 나아가, 시스템을 진단 및 정비하기 위한 실용적인 기술을 소개하고 저자가 실무를 하는 동안 겪었던 사례를 함께 제시하며, 단순히 이론적인 지식을 전달하는 데 그치지 않고 실무 경험을 간접적으로 얻을 수 있게 해준다. 따라서 이 책은 전기 자동차와 하이브리드 자동차 실무자를 위한 필수 참고서로서 관련 전공을 공부하고 있는 학생들과 실제 자동차 산업에 종사하는 기술자들에게 큰 도움이 될 것이라 생각한다. 미래의 자동차 산업을 이끌어갈 독자 여러분에게 이 책을 추천한다.

2024년 2월
역자 일동

저자 서문

이 책은 전기 및 하이브리드 자동차의 모든 것에 대해 다룬다. 관련 분야를 전공하는 학부 2학년 과정에 적합하도록 구성되었으며, 전기 및 하이브리드 자동차 관련 자격증 시험, 커넥티드 및 자율주행 자동차 입문 과정에도 적합하다. 이 책은 온보드 진단 및 최신 전기 자동차의 고급 기술과 더불어 Pearson의 Professional Technician 시리즈와 동일한 구성과 특징을 담고 있다.

이 책의 구성

범위: 본 교재는 자동차 공학 강사의 의견을 반영하여 ASE 표준에 맞는 다음과 같은 범위의 내용을 담고 있다.

- 처음 4개 장에서 안전(1장), 소개(2장), 전기 자동차의 필요성에 대한 배경(3장), 하이브리드 ICE(4장) 등 전기 자동차 및 하이브리드 자동차에 대한 전반적인 내용을 다룬다.
- 5장(하이브리드 및 전기 자동차의 예방 정비)에서는 전기 및 하이브리드 자동차에 필요한 일상적인 정비에 대해 다룬다.
- 6장(디지털 스토리지 오실로스코프 시험)에서는 고장의 근본 원인을 찾기 위한 세부 분석에 중점을 두며 디지털 스토리지 오실로스코프(DSO)의 사용법을 보여준다.
- 7장(에너지와 동력)에서는 전기 및 하이브리드 자동차를 다룰 때 필요한 에너지와 전력 등 7장 이후에 사용되는 용어와 정의를 알아본다.
- 8장(고급 AC 및 DC 전기)에서는 전기 및 하이브리드 자동차에 포함되는 회로와 이를 위한 시험에 관한 내용을 다룬다.
- 9장(저전압 배터리 및 스톱-스타트 마이크로 하이브리드)에서는 정비사가 전기 및 하이브리드 자동차를 다룰 때 유용한 정보에 대해 알아본다.
- 10장(고전압 배터리)에서는 전기 자동차와 하이브리드 자동차에 사용되는 고전압 배터리의 종류와 설계를 보여준다.
- 11장(전기 및 하이브리드 자동차의 모터, 컨버터 및 인버터)에서는 전기 자동차 추진 시스템과 관련된 기기에 대한 내용을 다룬다.
- 12장(전기 자동차와 플러그인 하이브리드 자동차 충전)과 13장(전기 자동차 충전 설비)에서는 레벨 1, 2, 3 충전에 대한 세부 내용을 보여준다.
- 14장(회생 제동), 15장(전동식 파워 스티어링), 16장[전기 및 하이브리드 자동차의 공기조화(HVAC) 시스템], 17장(EV와 HEV 변속기), 18장(EV 및 HEV 운전자 보조 시스템)에서는 서비스 기술자가 전기 및 하이브리드 자동차를 이해하고 정비할 때 알아야 할 내용을 다룬다.
- 19장(연료전지와 첨단 기술)에서는 현재 시장에 출시되었으며 미래 성장이 예상되는 첨단 기술에 대해 보여준다.
- 20장(긴급 구조 절차)은 전기 및 하이브리드 자동차 작업 시 잠재적인 위험을 식별하고 이를 완화하기 위한 과정을 포함한다.
- 부록에서는 ASE형 L3 인증 시험의 연습문제를 제공한다.

구성: 이 책의 내용은 모든 서비스 기술자가 필요로 하는 기본 사항에 대해 다루고 있으며 다음과 같은 항목을 포함한다.

- 시스템의 목적과 기능
- 관련 부품과 작동 설명
- 진단과 서비스

이 책의 특징

다른 자동차 관련 서적과 차별화되는 Professional Technician 시리즈의 핵심 기능은 다음과 같다.

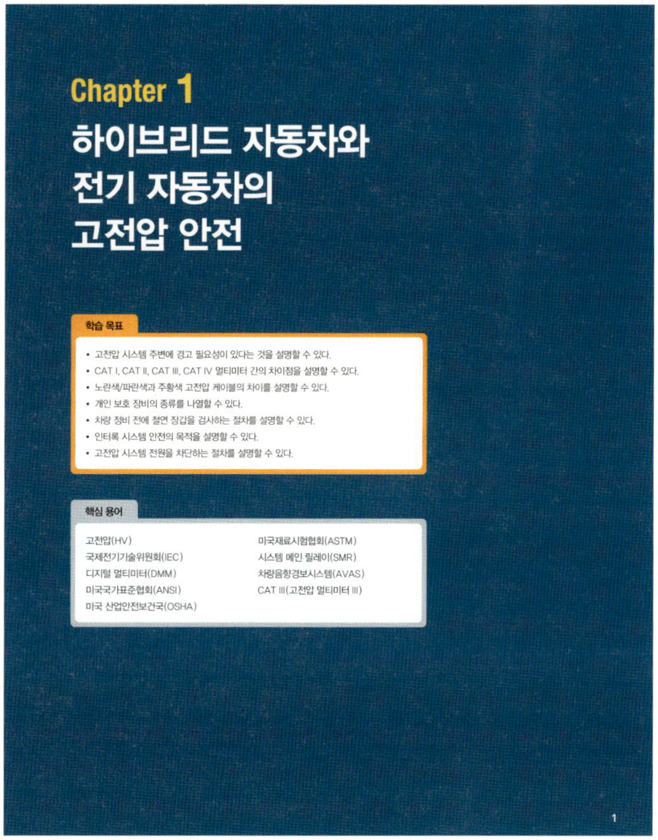

Chapter 1

하이브리드 자동차와 전기 자동차의 고전압 안전

학습 목표

- 고전압 시스템 주변에 경고 필요성이 있다는 것을 설명할 수 있다.
- CAT I, CAT II, CAT III, CAT IV 멀티미터 간의 차이점을 설명할 수 있다.
- 노란색/파란색과 주황색 고전압 케이블의 차이를 설명할 수 있다.
- 개인 보호 장비의 종류를 나열할 수 있다.
- 차량 정비 전에 절연 장갑을 검사하는 절차를 설명할 수 있다.
- 인터록 시스템 안전의 목적을 설명할 수 있다.
- 고전압 시스템 전원을 차단하는 절차를 설명할 수 있다.

핵심 용어

고전압(HV)
국제전기기술위원회(IEC)
디지털 멀티미터(DMM)
미국국가표준협회(ANSI)
미국 산업안전보건국(OSHA)
미국재료시험협회(ASTM)
시스템 메인 릴레이(SMR)
차량음향경보시스템(AVAS)
CAT III(고전압 멀티미터 III)

1

학습 목표와 핵심 용어 학생과 강사가 각 장의 가장 중요 내용을 놓치지 않도록 각 장 시작 부분에 학습 목표와 핵심 용어를 제시한다. 각 장의 목표는 특정 ASE 작업을 기반으로 한다.

정비 기술 팁

인버터 교체 전 모터를 테스트하라

고장 난 인버터를 교체하기 전에 전기 모터에 결함이 있는지 테스트하라. 전기 모터 권선의 단락으로 인해 인버터 고장이 발생하는 경우가 비교적 일반적이다. 전기 모터 고장을 먼저 해결하지 않으면 새 인버터 설치 시 고장이 날 가능성이 높다.

정비 기술 팁 공인된 ASE 마스터 기술자의 실전에서의 조언과 업무 요령을 보여준다.

차량 충전 절차

1 머스탱 마하 E 전기 SUV의 남은 충전량은 66마일(27%)이다.

2 스마트폰 앱 Plug Share를 사용하여 운전자는 레벨 3 충전소를 찾았다.

3 신용카드 방식을 선택한 후 운전자는 충전소에서 SAE CCS 충전 플러그를 떼어낸다.

4 머스탱 마하 E의 충전 포스트는 왼쪽 전면 펜더에 있다.

5 충전하는 동안 Mach E는 충전 콘센트 주변에 일련의 조명을 켜서 운전자에게 충전 수준을 알려준다. 모든 표시등이 켜지면 차량이 완전히 충전된 것이다.

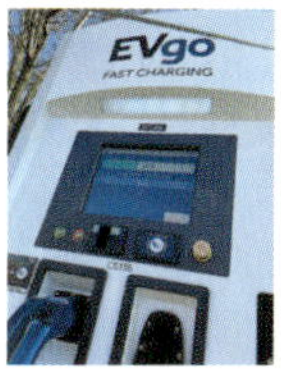

6 충전소의 디스플레이에도 변화 상태가 표시된다. 대부분의 전문가들은 HV 배터리를 보호하기 위해 여행이 아닌 경우라면 추가 주행거리가 필요할 때 80%까지만 충전할 것을 권장한다.

단계별 절차 특정 작업이나 서비스 절차를 수행하는 데 관련된 단계를 자세히 보여준다.

정비 사례

핸들이 진동하는 테슬라 사례

테슬라 모델 Y 소유주가 고속도로에서 핸들이 흔들린다는 불만을 가지고 타이어 가게를 찾았다. 동네 타이어 가게에서 앞 타이어의 양쪽 밸런스를 조정했다. 오른쪽 바퀴는 균형을 잡기 위해 110 g이 필요한 반면에 왼쪽 바퀴는 110 g 이상이 필요했다. 가게를 나온 차주는 테슬러 차량의 진동이 훨씬 심해진 것을 바로 알아채고 타이어 가게로 돌아와 이번에는 림에서 타이어를 빼냈다. 타이어 내부의 음향 폼에 의해 진동 문제가 발생했음을 알아냈다. 일반적으로 소음을 감소시키는 역할을 했던 폼이 분리된 상태로 타이어 내부에서 느슨해진 것이다. 매장에서 타이어 안에 있던 폼을 제거하고 폼을 재설치하지 않았고, 그 후 휠 밸런스가 잡혀서 진동 문제를 해결할 수 있었다. 차량에서는 더 이상 소음이 발생하지 않았다. ● **그림 2-6 참조**

요약

- **불만사항**: 한 테슬라 전기 자동차 소유주가 고속도로에서 핸들이 흔들린다는 불만을 제기했다.
- **원인**: 소음을 줄이기 위해 타이어 내부에 음향 폼이 있었는데, 왼쪽 앞 타이어 안쪽 라이너에서 음향 폼이 분리되었다.
- **조치**: 타이어에서 폼을 제거하고 타이어/휠 어셈블리가 균형을 이루면서 진동 문제가 해결되었다.

정비 사례 학생들에게 실제 자동차 사례를 보여주며 이러한 일반적인(때로는 흔하지 않은) 문제를 어떻게 진단하며 수리하는지 알려준다. 3C[불만사항(Complaint), 원인(Cause), 조치(Correction)] 과정을 통해 접근한다.

NOTE: 이 숫자는 원래 격자선의 미터 치수를 센티미터 단위로 나타낸 것이다. 따라서 8 × 10 디스플레이의 높이는 8센티미터(3.14 in.)이고 폭은 10센티미터(3.90 in.)이다.

NOTE 특정 작업이나 절차에 대한 이해를 돕기 위해 학생들에게 추가 기술 정보를 제공한다.

자주 묻는 질문

디지털 디스플레이를 어떻게 재부팅하는가?

대부분의 전기 자동차의 경우 후드 아래 응급 구조대 루프를 당긴 다음 퓨즈 박스 옆의 음극 배터리 단자를 분리한다. 5분 정도 기다린 후 배터리 단자를 다시 연결하고 응급 구조대 루프를 다시 연결한다.

테슬라 모델 3에서는 디스플레이가 재부팅될 때까지 스티어링 휠의 두 스크롤 휠을 모두 누른다. 스티어링 휠 양쪽에 있는 두 스크롤 휠을 최대 10초 동안 길게 누르면 메인/중앙 화면이 재부팅된다. 터치스크린이 꺼질 때까지 양쪽 스크롤 휠을 누르고 있으면 소프트 재부팅이 수행된다. 하드 재부팅은 동일한 작업을 수행하지만 터치스크린에 테슬라 로고가 나타날 때까지 브레이크 페달을 누르고 있는 것으로 알려져 있다. '재부팅'의 또 다른 변형은 터치스크린에서 자동차 전원을 끄고 몇 분 동안 그대로 두는 것이다(차 안에 있어야 함).

머스탱 마하 E에서 SYNC 4 시스템을 재부팅하려면 볼륨 낮추는(Volume Down) 버튼과 앞으로(Forward) 탐색 버튼을 누른다. 화면이 재부팅될 때까지 두 버튼을 동시에 눌러준다.

자주 묻는 질문 저자의 경험을 바탕으로 학생과 초보 서비스 기술자가 묻는 가장 일반적인 질문에 대해 답한다.

CAUTION: 가정용 AC 회로를 측정하기 전에 사용 중인 스코프의 지침을 확인해야 한다. 일부 스코프는 고전압 AC 회로를 측정하도록 설계되지 않았다.

CAUTION 특정 작업이나 서비스 절차 중에 발생할 수 있는 실수에 대해 보여준다.

경고

전기 충격을 방지하기 위해서는 방전이 확인될 때까지 모든 커패시터를 충전된 것처럼 다루어야 한다.

경고 학생들에게 특정 작업이나 서비스 절차 중 부상 위험에 대해 경고한다.

요약, 복습 문제, 마무리 퀴즈 각 장 끝에 있는 요약, 복습 문제, 마무리 퀴즈는 학생들이 해당 장에서 배운 내용을 스스로 돌아볼 수 있게 해준다.

요약

1. 아날로그 오실로스코프는 음극선관(CRT)을 사용하여 전압 패턴을 표시한다.
2. 아날로그 오실로스코프에 표시된 파형은 나중에 볼 수 있도록 저장할 수 없다.
3. 디지털 스토리지 오실로스코프(DSO)는 스코프 리드를 통해 측정된 수천 개의 점 데이터를 연결하여 디스플레이 또는 파형을 생성한다.
4. 오실로스코프 디스플레이 그리드를 격자선이라고 한다. 8 × 10 또는 10 × 10 구획을 각각 디비전(division)이라고 한다.
5. 시간축 설정은 디비전(division)이라고 하는 각 블록에 표시할 시간을 설정하는 것을 의미한다.
6. 디비전당 전압을 설정하면 기술자가 전체 파형 또는 일부만 볼 수 있다.
7. DC 커플링과 AC 커플링은 서로 다른 유형의 파형을 관찰하기 위해 선택할 수 있는 두 가지 기능이다.
8. 오실로스코프는 시간에 따른 전압을 표시한다. DSO는 나중에 볼 수 있도록 파형을 캡처하고 저장할 수 있다.

복습 문제

1. 아날로그 오실로스코프와 디지털 오실로스코프의 차이점은 무엇인가?
2. DC 커플링과 AC 커플링의 차이점은 무엇인가?
3. 변화하는 DC 신호를 펄스파라고 하는 이유는 무엇인가?
4. 오실로스코프와 DSO 파형을 기록하면 어떤 이점이 있는가?
5. DSO에서 데이터를 캡처할 때 트리거의 용도는 무엇인가?

마무리 퀴즈

1. 기술자 A는 아날로그 스코프가 나중에 볼 수 있도록 파형을 저장할 수 있다고 말한다. 기술자 B는 변화하는 파형을 보려면 대부분의 스코프에서 트리거 레벨을 설정해야 한다고 말한다. 어느 기술자의 말이 옳은가?
   a. 기술자 A만
   b. 기술자 B만
   c. 기술자 A와 B 둘 다 맞음
   d. 기술자 A와 B 둘 다 틀림
2. 오실로스코프 디스플레이를 무엇이라 부르는가?
   a. 그리드
   b. 격자
   c. 디비전
   d. 상자
3. 디지털 스토리지 오실로스코프(DSO)에 표시되는 배터리 전압을 나타내는 신호에 대해 논의 중이다. 기술자 A는 디스플레이에 영점선 위에 하나의 가로선이 표시될 것이라고 말한다. 기술자 B는 디스플레이에 0 V에서 배터리 전압까지 위쪽으로 기울어진 선이 표시될 것이라고 말한다. 어느 기술자의 말이 옳은가?
   a. 기술자 A만
   b. 기술자 B만
   c. 기술자 A와 B 둘 다 맞음
   d. 기술자 A와 B 둘 다 틀림
4. 시간 기준을 디비전당 50 ms로 설정하면 기술자가 파형을 얼마나 오래 볼 수 있는가?
   a. 50 ms
   b. 200 ms
   c. 400 ms
   d. 500 ms
5. 스코프에 모터 포지션 센서의 측정 파형이 표시되고 있다. 전체 파형이 0~5 V가 되도록 표시되게 하려면 디비전당 전압은 어떻게 설정되어야 하는가?
   a. 0.5 V/div
   b. 1.0 V/div
   c. 2.0 V/div
   d. 5.0 V/div
6. 두 명의 기술자가 DSO의 DC 커플링 설정에 대해 논의하고 있다. 기술자 A는 DC 커플링이 설정되면 DC 신호와 AC 신호의 파형을 모두 표시할 수 있다고 말한다. 기술자 B는 DC 커플링이 설정되면 DC 신호 파형만 표시할 수 있다고 말한다. 어느 기술자의 말이 옳은가?
   a. 기술자 A만
   b. 기술자 B만
   c. 기술자 A와 B 둘 다 맞음
   d. 기술자 A와 B 둘 다 틀림
7. 영점선 아래로 내려가지 않는 전압 신호(파형)는 무엇이라고 부르는가?
   a. AC(교류) 신호
   b. 펄스파
   c. 펄스폭
   d. DC 결합 신호
8. 초당 사이클 수는 무엇으로 표현되는가?
   a. Hz(헤르츠)
   b. 듀티 사이클
   c. 펄스폭
   d. 기울기
9. DSO를 사용하여 하이브리드 엔진의 MAP 센서 전압 신호를 측정하고 있다. 스코프에 표시되는 측정 전압 신호가 불규칙적으로 5 V(센서 공급 전원)까지 상승한다. 이것은 무엇을 의미하는가?
   a. 매니폴드 진공도 저하
   b. 순간적인 단락(short circuit)
   c. 정상 작동
   d. 일시적인 단선(open circuit)
10. 두 명의 기술자가 펄스파 신호에 대해 논의하고 있다. 기술자 A는 하이브리드 엔진의 연료 인젝터 작동 신호가 펄스파의 예라고 말한다. 기술자 B는 하이브리드 엔진의 점화 모듈 작동 신호가 펄스파의 예라고 말한다. 어느 기술자의 말이 옳은가?
   a. 기술자 A만
   b. 기술자 B만
   c. 기술자 A와 B 둘 다 맞음
   d. 기술자 A와 B 둘 다 틀림

저자 소개

Jim Halderman (Jim@jameshalderman.com)

풍부한 경험, 지식, 재능을 갖춘 능력자로, 자동차 서비스 업종에서 flat-rate 기술자, 사업주, 미국 유명 커뮤니티 칼리지에서 자동차 기술 교수로 근무한 경력이 있다.

Ohio Northern University에서 학사 학위를 받았으며, 오하이오주 옥스퍼드에 있는 Miami University에서 석사 학위를 받았다. 전자 변속기 제어 장치에 대한 미국 특허도 보유하고 있으며, ASE 공인 마스터 자동차 기술자이자 ASE에서 인증한 Advanced Engine Performance (L1)도 받았다. 많은 자동차 관련 서적을 저술했으며, California Automotive Teachers(CAT)와 llinois College Automotive Instructor Association(ICAIA)를 포함하여 수많은 기술 세미나에 참여해 왔다. North American Council of Automotive Teachers(NACAT)의 회원이며 발표자이기도 하다. General Motors Corporation에서 올해의 지역 교사로 선정된 바 있으며, Ohio Northern University의 기술부 자문 위원회의 위원도 역임했다. 아내 Michelle과 함께 오하이오주 데이턴에 살며 두 명의 자녀를 두었다.

Curt Ward (curt@curtward.net)

자동차 산업 소매업체에서 기술자, 매장 감독, 서비스 관리자로 13년간 일해 오다가 크라이슬러에 입사했다. 그 후 크라이슬러에서 마스터 기술자가 되었다. Southern Illinois University에서 자동차 서비스 기술 응용과학 준학사 학위를 받았으며, North Central College에서 조직 커뮤니케이션 분야의 학사 학위를 받았다. 또한 University of Phoenix에서 성인교육학 석사 학위를 취득했다.

ASE 공인 마스터 자동차 기술자로서 전국의 수많은 학술대회에서 기술 세미나를 발표했다. Illinois College Automotive Instructor Association(ICAIA), California Automotive Teachers(CAT), North American Council of Automotive Teachers(NACAT)에 참여하였으며 ICAIA와 NACAT의 정회원이다. NACAT의 비서와 회장을 역임했으며 2015 NACAT의 회의 주최자였다. 2015년에는 NACAT에 대한 뛰어난 공헌을 인정받아 NACAT MVP상 수상자로 선정되었다. 아내 Tammy와의 사이에 5명의 자녀와 5명의 손주를 두었다. 이들은 함께 여행하고 유적지 탐험하는 것을 즐긴다. 여가 시간에는 3-레일 O-게이지 철도 모델링을 즐긴다.

차례

Chapter 17
EV와 HEV 변속기

Chapter 18
EV와 HEV 운전자 보조 시스템

Chapter 19
연료전지와 첨단 기술

Chapter 20
긴급 구조 절차

Appendix

Chapter 1
하이브리드 자동차와 전기 자동차의 고전압 안전

학습 목표

- 고전압 시스템 주변에 경고 필요성이 있다는 것을 설명할 수 있다.
- CAT I, CAT II, CAT III, CAT IV 멀티미터 간의 차이점을 설명할 수 있다.
- 노란색/파란색과 주황색 고전압 케이블의 차이를 설명할 수 있다.
- 개인 보호 장비의 종류를 나열할 수 있다.
- 차량 정비 전에 절연 장갑을 검사하는 절차를 설명할 수 있다.
- 인터록 시스템 안전의 목적을 설명할 수 있다.
- 고전압 시스템 전원을 차단하는 절차를 설명할 수 있다.

핵심 용어

고전압(HV)
국제전기기술위원회(IEC)
디지털 멀티미터(DMM)
미국국가표준협회(ANSI)
미국 산업안전보건국(OSHA)
미국재료시험협회(ASTM)
시스템 메인 릴레이(SMR)
차량음향경보시스템(AVAS)
CAT III(고전압 멀티미터 III)

고전압 안전

경고 필요성 전기 시스템은 한 세기 이상 자동차 운행에 사용되어 왔으며, 정비사는 심각한 부상이나 감전의 우려 없이 자동차 전장 시스템을 수리하였다. 그렇지만 전기 또는 하이브리드 자동차를 정비하는 경우는 더 이상 안전하지 않다. 이제는 올바른 안전 정비 절차를 따르지 않으면 심각한 부상이나 감전(사망)될 수 있다.

전기 자동차 또는 하이브리드 자동차를 정비할 때 고전압 절연 장갑을 착용하지 않고 맨손으로 **고전압**(high-voltage, HV) 회로를 만지면 심각한 화상 또는 사망을 초래할 수 있다.

전자 의료기기 주의사항

- 전자 의료기기에는 심장박동기와 심장제세동기가 있다.

? 자주 묻는 질문

얼마의 전류 세기부터 위험할까?

기존 내연차량에 사용되는 12~14 V의 납 배터리는 감전 위험을 나타내지 않으며 취급하기에도 비교적 안전하다. 발생할 수 있는 문제라면 12 V 음극선이 접지에 닿아 배선이 과열되는 경우 화상을 입을 수 있다는 것이다. 14~60 V 사이의 직류 전압은 감전 위험을 나타내지 않지만, 전류를 전달하는 커넥터 접촉이 불안전할 때 아크가 발생할 수 있다. 60 V 이상의 고전압은 감전 위험을 발생시키므로 부상을 방지하기 위해서는 모든 예방 조치를 준수해야 한다. 전류 세기별 신체에 미치는 영향은 다음과 같다.

- 1 mA: 약간 따끔따끔한 느낌이 들 수 있다.
- 2~5 mA: 정비사가 손을 놓게 하는 가벼운 충격이 느껴질 수 있다.
- 6~25 mA: 통증을 느끼며 정비사가 와이어나 부속품을 놓지 못한다.
- 26~150 mA: 통증이 심각하며 치명적일 수 있다.
- 1,000 mA: 심장에 인가되는 전류가 1암페어일 때 심장이 멈출 수 있다(치명적).

또한 감전 가능성이 있는 고전압 회로 및 고전압 부품을 정비할 때 감전을 예방할 수 있도록 항상 고전압 절연 장갑을 착용한다. 정비 시 전류가 신체에 흐르는 것을 방지하기 위해 항상 한 손을 절연 장갑에 넣고 감전될 가능성이 있는 고전압 회로를 정비하거나 감전 위험성이 있는 고전압 회로를 분리할 때 한 손만 사용한다.

- 심장박동기의 도움을 받는 정비사는 전기 자동차나 하이브리드 자동차에서 발생하는 강한 자기장 때문에 차량을 서비스하거나 정비해서는 안 된다.
- 체내에 심장박동기 또는 심장제세동기가 삽입된 정비 기술자는 충전 중인 차량에 탑승하거나 그 주변에 있기 전에 해당 기기 제조업체에 확인해야 한다.

고전압 회로 식별 고전압 부품은 경고 라벨로 식별할 수 있다. 고전압 케이블은 플라스틱 전선관의 색상으로 분별할 수 있고 다음 색상으로 구별된다.

- 파란색 또는 노란색: 60 V까지(전기 충격까지의 위험은 아니지만 회로가 개방된 상태에서는 아크 방전 상태이다). ● **그림 1-1a, 그림 1-1b 참조**

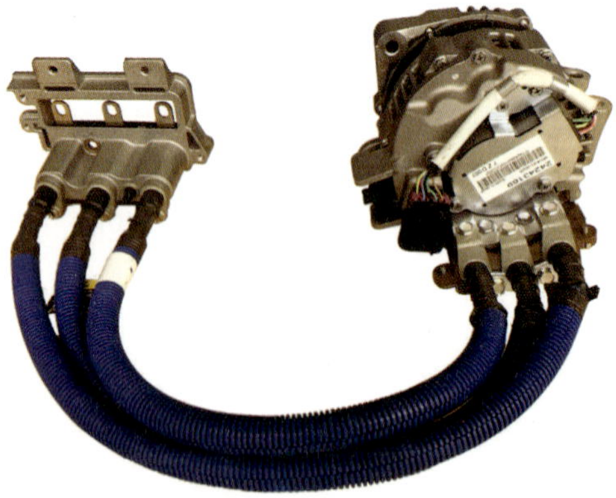

그림 1-1a 벨트 알터네이터 스타터(Belt Alternator Starter, BAS)에는 3상 파란색 고전압 케이블이 인버터 어셈블리와 발전기 사이에 연결되어 있다.

그림 1-1b 토요타/렉서스 차량의 전동식 파워 스티어링(Electric Power Steering, EPS) 시스템에는 노란색 케이블이 사용된다.

그림 1-2 쉐보레 볼트 전기 자동차의 고전압 분배 모듈(high power distribution module, HPDM)에 주황색 케이블이 연결되어 있다.

- 주황색: 60 V 이상. ● **그림 1-2 참조**

고전압 배선작업과 부품을 정비할 때는 다음 주의사항을 지켜야 한다.

잠재적 감전 요소

감전이 발생할 수 있는 장소 활성 상태 고전압 부품에 우발적이거나 안전 장비 미착용 상태로 접촉하는 경우 심각한 부상 또는 사망을 초래할 수 있다. 그렇지만 다음과 같이 주의하면 하이브리드 자동차에서 감전을 피할 수 있다.

1. 고전압 배터리 박스가 손상되어 부품이 노출되었거나, 적절한 안전 조치 없이 박스가 개방된 상태에서 배터리 모듈 또는 다른 고전압 부품과 접촉
2. 한 개 또는 더 많은 부품이 탈거된 전기 모터를 접촉
3. 고전압 케이블은 특유의 주황색으로 쉽게 식별할 수 있어 접촉을 피할 수 있다.
4. 고전압 분배기에 있는 **시스템 메인 릴레이**(System Main Relay, SMR) 또는 메인 콘택터는 시동을 끄면 동시에 고전압 전원이 차단된다.

서비스 영역 내 전기 자동차

안전한 작업 환경을 위해 다음을 해야 한다.

- 정비 구역이 깨끗하고 건조한지 확인한다.
- 고전압 경고 및 안전 콘이 설치되어 있는지 주의한다.
- 루프 콘 또는 경고 테이프와 같은 추가적인 예방 조치도 권장된다.

차량 주변에 안전 구역을 설정하여 다른 정비사가 감전 위험이 있음을 알 수 있도록 한다.

그림 1-3 하이브리드 자동차 또는 전기 자동차를 정비하는 영역에는 명확하게 표시된 안전 영역을 설정해야 한다.

정비 기술 팁

침묵은 금이 아니다

엔진이 꺼져 있다고 해서 차량이 꺼졌다고 가정해서는 안 된다. 하이브리드 자동차를 사용할 때는 항상 대시보드 디스플레이에서 READY 지시등 상태를 확인해야 한다. READY 지시기가 꺼져 있어야 시동이 꺼진 것이다.

하이브리드 자동차 동력은 다음과 같다.

1. 전기 모터만 사용
2. 가솔린 엔진만 사용
3. 전기 모터와 가솔린 엔진의 조합

차량 제어기는 연비 향상 및 배기가스 저감을 위해 차량 동작 모드를 결정한다. 운전자는 수동 상태에서 모드를 선택할 수 없다.

● **그림 1-4 참조**

그림 1-4 포드 이스케이프 하이브리드 자동차 계기판 지시계가 주차 상태를 나타내며, 속도계에는 0 RPM이 아닌 "EV"로 표시된다. 이것은 고전압 배터리의 충전 상태와 기타 요인에 의해 언제든지 가솔린 엔진이 점화 시동될 수 있음을 의미한다.

개인 보호 장비(PPE)

눈 보호구 정비 전문가들은 60 V 이상의 고전압을 정비할 때 눈 보호구를 착용해야 한다고 권고한다. 눈 보호구는 다음과 같은 기능을 갖춰야 한다.

1. 플라스틱 프레임(금속 프레임은 전도성이어서 감전 위험을 초래할 수 있으므로 사용하지 않는다.)
2. 사이드 실드
3. ANSI 표준 Z87.1 충족

NOTE: 일부 차량 제조업체는 고전압 회로 또는 부품을 정비할 때 안전 고글 대신 전면 실드를 착용하도록 명시하고 있다. ● **그림 1-5 참조**

고전압 절연 장갑 하이브리드 자동차의 고전압 시스템을 정비하기 전에 고전압 전용 절연 장갑을 착용할 수 있는지 확인한다. ANSI/ASTM의 클래스 '0' 등급은 정격 절연 전압이 1,000 V 이상이다. ● **그림 1-6 참조** **미국국가표준협회**(American National Standards Institute, ANSI)는 미국의 자발적 표준화 및 적합성 평가 시스템을 관리하고 조정하는 민간 비영리 단체이다. **미국재료시험협회**(American Society for Testing and Materials, ASTM)로 알려진 ANSI 인터내셔널은 산업계의 부품 테스트 필요성을 해결하기 위해 한 세기도 더 전에 설립되었다. **산업안전보건국**(Occupational Safety and Health Administration, OSHA) 요구조항은 고전압 절연 장갑의 안전성 검사를 할 수 있는 고전압 안전 절연 장갑 검사소에서 6개월마다 검사하도록 명시하고 있다. 유효 기간이 만료된 장갑은 사용하지 않는다. 또한 정비 전에 고전압 절연 장갑을 주의 깊게 검사한다. 고전압과 고전류는 치명적이므로 주의한다.

절연 장갑을 사용하기 전에 다음 절차에 따라 누출 여부를 테스트해야 한다.

그림 1-5 고전압 존재 여부를 점검할 때는 명시한 눈 보호구와 유사한 안전 고글 또는 전면 실드를 착용해야 한다.

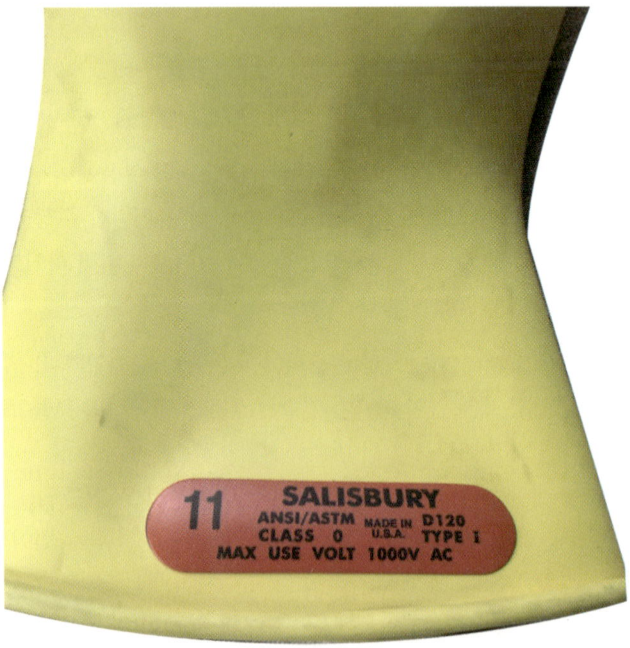

그림 1-6 절연 장갑은 클래스 '0' 등급과 1,000 V 절연 정격전압을 반드시 명시해야 한다.

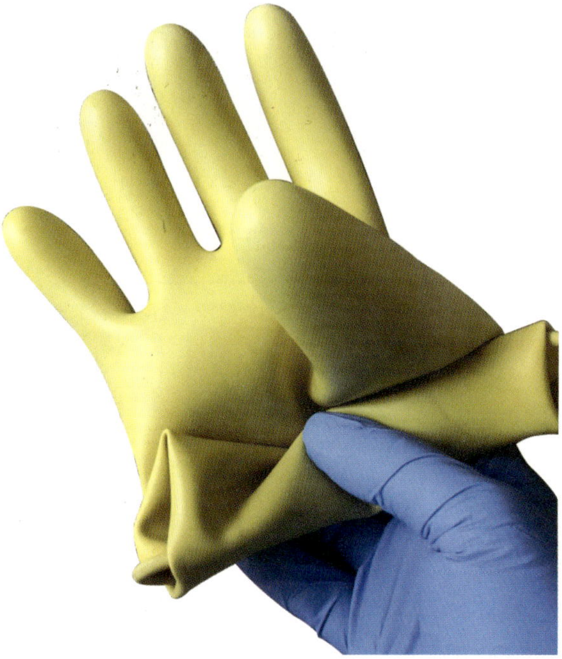

그림 1-7 절연 장갑의 아랫부분부터 말아서 공기 압력 및 공기 누출 여부를 점검한다.

1. 절연 장갑의 아랫부분부터 접으면서 공기 압력으로 장갑이 부풀 때까지 말아 올린다. 밀폐된 절연 장갑에서 안쪽 공기가 새는 곳이 있는지 확인한다. 만약 공기가 빠져나간다면 장갑을 폐기한다. ● **그림 1-7 참조**
2. 공인된 절연 장갑을 사용하기 전에 검사를 위해 전기 장갑 공기주입기를 사용할 수 있다. ● **그림 1-8 참조**
3. 절연 장갑에 마모되거나 찢어진 흔적이 있다면 사용하지 않는다.

그림 1-8 절연 장갑 누출을 검사하기 위한 전기 장갑 공기주입기

경고

고전압 절연 장갑을 테스트할 때 매장의 공기주입기는 사용하지 않는다. 고압 공기로 인해 절연 장갑이 손상되어 고전압에 대한 개인 보호구로 사용하지 못하게 될 수 있다.

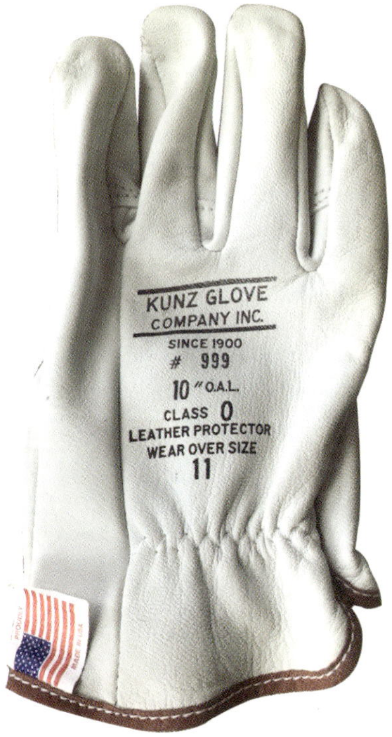

그림 1-9 고전압 절연 장갑을 보호하기 위해 깨끗한 가죽 장갑을 사용한다.

가죽 보호구 고전압 절연 장갑을 보호하기 위해 겉에 가죽 장갑을 착용한다. 절연 장갑의 끝부분이 가죽 보호대보다 50 mm 이상 더 큰지 확인한다. 가죽 장갑은 청결해야 하고 절연 장갑 끝에는 구멍이 나거나 전기가 통하는 물질이 없어야 한다. ● **그림 1-9 참조**

절연 정비 복장 일부 제조업체에서는 고전압 부품을 정비할 때 장갑에 끼워 넣는 아크 방진 의류 또는 긴 소매의 면 100% 의복을 권장한다. 차량에서 작업하기 전 보석류, 반지, 시계나 팔찌 등 금속을 모두 제거한다.

절연 신발 또는 부츠 일부 제조업체는 고압 노출을 방지하기 위해 단열 부츠 또는 신발을 착용할 것을 권장한다. 정비 서비스센터 바닥에 있는 물, 기름 및 기타 물질을 닦을 수 없는 장소에서 특히 유용하다. ● **그림 1-10 참조**

절연 신발

그림 1-10 절연 신발 밑창은 전류가 흐르는 것을 방지하도록 제작되었다.

절연 고무 매트

그림 1-11 고전압 서비스 작업 공간에서는 절연 고무 매트를 사용해야 한다.

그림 1-12 차량 서비스 작업 공간에 전기 화재 진압 소화기가 있는지 확인한다.

절연 고무 매트 및 절연 담요 고전압에 노출되는 경우 바닥에 절연 고무 매트를 사용해야 하며, 고전압 배터리와 기타 고전압 부품 정비 및 분해 시 절연 담요를 위에 덮는다. ● **그림 1-11 참조**

소화기 전기 화재에는 C등급 소화기만 사용한다. C등급 소화기가 없는 경우에는 ABC등급 소화기를 사용할 수 있다. ● **그림 1-12 참조**

기타 개인 보호 장비 일부 제조업체는 정비사가 감전 충격을 받거나 감전 사고가 발생한 경우 감전된 정비사를 안전 장소로 옮길 수 있는 3 m 길이의 절연 섬유유리 막대를 사용하도록 권장한다. 다른 제조업체는 이중의 안전 구조 장비를 준비할 것을 권고한다.

? 자주 묻는 질문

하이브리드 자동차에서 발생되는 전자기장은 위험할까?

아니다. 전류를 전달하는 전선 주변에는 변화하는 자기장이 존재하지만, 전자기 복사량이 매우 낮다. ● **그림 1-13 참조**

그림 1-13 하이브리드 자동차에서 방사되는 전자기장은 매우 적으며, 밀리가우스(mG) 단위의 자기장이 측정된다.

고전압 공구와 장비

CAT III 등급 디지털 멀티미터 하이브리드 및 전기 자동차에는 배터리 전압이 DC 600 V를 초과하는 전기 시스템이 탑재되어 있다. 이러한 고전압 시스템을 측정하기 위해서는 인증된 **디지털 멀티미터**(Digital Multimeter, DMM) **CAT III**(category three)가 필요하다.

국제전기기술위원회(International Electrotechnical Commission, IEC)는 측정 전압에 따라서 디지털 멀티미터와 리드선을 여러 카테고리로 구분한다. 이 카테고리는 과전압 보호 등급임을 나타내며, CAT I, CAT II, CAT III, CAT IV로 구분된다. CAT 등급이 높을수록 큰 에너지를 갖는 부품에 대한 전압을 측정할 때 엔지니어 보호 등급이 높다는 것을 의미한다. 각 CAT에는 다양한 전압 측정 등급이 있다.

- CAT I: 일반적으로 가정 내 벽 콘센트의 전압 측정과 같은 낮은 전압(LV) 측정에 사용된다. CAT I 등급의 디지털 멀티미터는 주로 300~800 V 범위를 측정한다. CAT I는 상대적으로 낮은 에너지 레벨을 측정하기 위한 것이다. 하이브리드 자동차 정비에 사용할 만큼 충분한 전압 레벨이지만 상대적으로 보호 에너지 레벨은 낮다.
- CAT II: 일반적으로 가정의 차단기 패널에서 전압을 확인하는 데 사용되는 더 높은 등급의 디지털 멀티미터이다. CAT II 등급의 미터는 주로 300~600 V 사이의 정격 전압에서 측정한다. CAT II 등급의 디지털 멀티미터는 다른 CAT 등급과 유사한 전압 등급을 갖지만, CAT I에 비해 보호 에너지 레벨이 높다.
- CAT III: 하이브리드 자동차와 전기 자동차를 정비할 때 사용되는 최소 등급의 디지털 멀티미터이다. CAT III 등급의 디지털 멀티미터는 보통 600~1,000 V 정격 전압 등급이며, 서비스 정비사를 보호하는 데 필요한 가장 높은 에너지 레벨로 평가된다. ● **그림 1-14, 그림 1-15 참조**
- CAT IV: 실시간으로 암페어를 측정하는 전용 측정기이다. 실시간 암페어 멀티미터는 전류가 흐르는 전선에 클램프를 배치하여 회로의 전류(암페어)를 측정하는 데 사용한다. 실시간 암페어 멀티미터에 전압 측정을 위한 측정기 리드선도 있으면 CAT III 등급으로 평가된다.

그림 1-14 전기 자동차와 하이브리드 자동차에서 전압을 측정할 때는 반드시 CAT III 등급의 디지털 멀티미터를 사용한다.

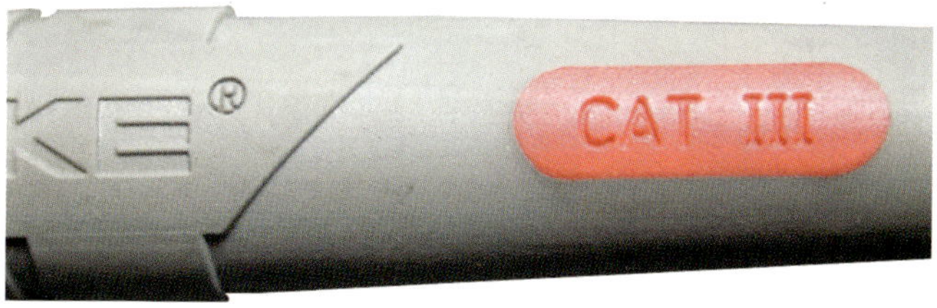

그림 1-15 전기 자동차와 하이브리드 자동차에서 전압을 검사할 때는 CAT III 등급의 디지털 멀티미터 리드선을 사용해야 한다.

메가옴(MΩ) 절연저항 측정기 고전압 케이블과 차량 섀시 간의 절연저항 및 전류 연속성을 확인하기 위해 메가옴(MΩ) 절연저항 측정기를 사용한다. 내부 DC-DC 컨버터를 포함하여 기존 저항계보다 훨씬 높은 전압에서 전류 연속성 검사에 사용할 수 있다. ● **그림 1-16 참조**

절연된 수공구 모든 제조업체의 요구사항은 아니지만 렌치, 연장선, 소켓, 펜치, 드라이버 같은 절연 공구는 고전압 부품 및 시스템 정비 시 서비스 기술자에게 추가적인 안전을 제공한다. ● **그림 1-17 참조**

그림 1-16 Fluke 1587은 1,000 V까지 고전압 회로 절연저항 및 전류 연속성을 측정할 수 있는 절연저항 측정기 중 하나다. 고전압 회로와 접지 사이의 저항은 1 MΩ보다 큰 1.0~22.2 MΩ 이상이어야 한다.

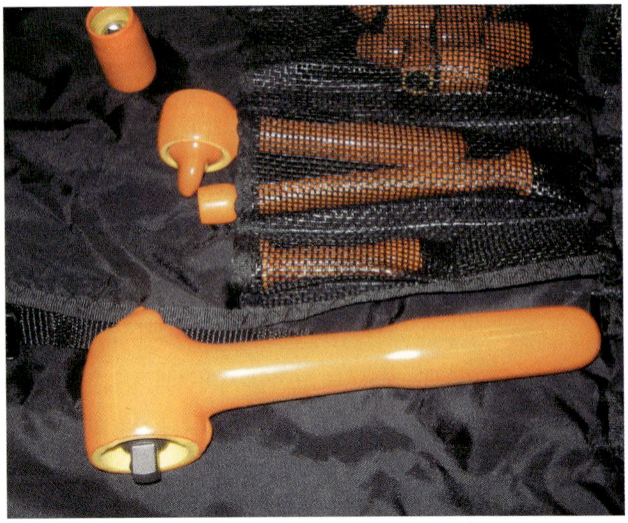

그림 1-17 소켓 세트와 같은 절연 공구는 고전압 부품 및 시스템 작업 시 정비사에게 추가적인 안전을 제공한다.

인터록 안전 시스템

목적과 기능 고전압 시스템은 컨택터 또는 고출력 릴레이를 사용하여 고전압 회로의 개방을 감지한다.

이는 고전압 회로가 개방 상태에서 전원 회로가 닫히지 않도록 하는 안전 시스템이다. 수동 안전 플러그는 고전압 배터리 팩을 보호하며, 두 개의 저전압 단자를 사용하는 안전 인터록 스위치를 포함한다. 이 스위치 회로가 개방된 상태를 감지하면 고전압 컨트롤러는 자동차를 안전하게 유지하기 위해 다음과 같은 작업을 수행한다. ● **그림 1-18 참조**

그림 1-18 포드자동차의 고전압 배터리 수동 안전 플러그에는 한 개의 퓨즈와 안전 인터록이 포함되어 있다.

- 하이브리드 자동차에서는 엔진이 구동 상태에서 안전 플러그의 인터록 스위치가 개방된 상태를 감지하고 고장 진단 코드(DTC)를 발생시킨다. 또한 고전압 파워 릴레이를 차단하여 지시등의 "ready" 표시를 끈다.
- 하이브리드 자동차가 운행하는 경우 차량이 정지할 때까지 내연기관(ICE)을 구동하고, 차량이 정지하면 내연기관은 비활성화된다.
- 하이브리드 자동차가 정지 상태이면 내연기관은 즉시 비활성화된다.
- 고전압 시스템은 전기 자동차의 전원을 차단한다.

로컬 인터록 로컬 인터록은 별도의 스위치와 접점을 사용하여 고전압 시스템과 관련된 부품과 고전압 회로에서 인터록 스위치의 개방 상태를 감지하는 저전압 회로이다. 로컬 인터록은 고전압 부품 커버, 고전압 배터리 분리, 에어컨 컴프레서 또는 고전압 회로와 관련된 기타 부품에서 인터록 스위치 개방 여부를 감지할 수 있다. ● **그림 1-19 참조** 인터록 스위치 개방 상태가 감지되면 컨트롤러(ECM)는 하이브리드 자동차 컨트롤러에 신호를 보내 접점 또는 파워 릴레이를 열고 고전압으로 충전된 커패시터 방전을 시작한다.

그림 1-19 그림 위쪽에 작은 흰색 커넥터가 고전압 배터리에 연결된 로컬 인터록 스위치이다.

고전압 시스템 전원 차단

고전압 시스템 전원 차단의 필요성 일상적인 차량 서비스 작업 중에는 고전압 전원을 끄거나 차단하는 데 필요한 절차를 거칠 필요가 없다. 그러나 아래와 같은 고전압 부품 정비를 수행하려면 전기 충격 및 부상 가능성을 방지하기 위해 서비스 정보 절차를 따라야 한다.

- 고전압 배터리 팩
- 인버터와 컨버터 등 주황색 고전압 케이블을 사용하는 모든 전자 제어기
- 전기 구동되며 고전압 주황색 케이블에 연결된 에어컨 컴프레서

차량의 전원을 안전하게 차단하려면 항상 서비스 중인 차량에 대한 정확한 서비스 정보에 있는 지침을 따라야 한다. 이 차단 단계는 일반적으로 다음과 같다.

1단계 점화 스위치를 끄고, (장착되었다면) 차량 키를 꺼내어 실수로 시동이 걸리지 않도록 잠금장치 안에 보관한다. ● **그림 1-20 참조**

CAUTION: 푸시 버튼식 디지털 시동을 사용하는 경우 차량에서 스마트 키를 최소 5 m(15피트) 이상 떨어진 장소에 보관하여 차량의 전원이 켜지지 않도록 한다. 스마트 키를 차량 밖으로 빼낸 상태에서 차량에 시동이 걸리는지 시도해 보고 차량에 다른 키 팝이 없는지 확인한다.

그림 1-20 잠금장치는 하이브리드 자동차 또는 전기 자동차를 정비하는 동안에 차량 시동을 걸 수 있는 시동 키를 보관하기 위한 안전장치이다.

2단계 하이브리드 자동차와 전기 자동차의 고전압 제어기의 12 V 보조 배터리 (–)단자를 탈거하여 차단하고 인버터에 커패시터가 방전될 때까지 10분 정도 기다린다. 이 단계에는 다음이 포함될 수 있다.

- 퓨즈 또는 릴레이 제거
- 보조 배터리의 음극 배터리 케이블 연결 해제

3단계 고전압 퓨즈 또는 서비스 플러그 또는 스위치를 제거한다.

4단계 정비를 시작하기 전에 고전압 전원이 없는지 확인한다.

하이브리드 또는 전기 자동차 들어 올리기

차량을 리프팅할 때는 차량 제조업체의 정비 서비스를 참조하여 적절한 리프트 포인트를 확인한다. ● **그림 1-21 참조** 하이브리드 자동차나 전기 자동차는 차량 프레임 레일 바로 안쪽에 주황색 케이블이 있다. 전기 자동차의 고전압 배터리는 차체 바닥에 있으며 리프트에 의해 쉽게 손상될 수 있다. 고전압 회로 외에도 고전압 배터리의 온도를 유지하기 위해 냉각수나 냉매를 사용한다. 이러한 고전압과 냉각 호스가 손상되지 않도록 주의해야 한다. 일부 혼다 하이브리드 자동차는 스타터/제너레이터 고전압 3상 케이블과 고전압 에어컨 컴프레서 3상 케이블 외부에 주황색 알루미늄 파이프를 사용한다. 고전압 케이블이 손상되는 경우 오작동 표시등이 나타난다. 파워트레인 컨트롤 모듈(PCM)이 고장을 감지하면 엔진 체크 램프(MIL)가 켜지고 시동이 걸리지 않는다. 고전압 케이블은 수리할 수 없고 비싸다. 고전압 케이블은 외부의 주황색 색상으로 식별할 수 있지만, 때에 따라서는 아래쪽 검은색 플라스틱 실드를 제거하기 전까지 주황색이 노출되지 않을 수도 있다.

그림 1-21 혼다 하이브리드 자동차의 고전압 케이블은 쉽게 식별할 수 있도록 주황색으로 되어 있다.

? 자주 묻는 질문

저 소리의 정체는 무엇일까?

전기 자동차와 대부분의 하이브리드 자동차는 저속 운행 때 전방 스피커를 통해 엔진 경고음을 발생시켜 보행자에게 차량이 가까이에 있다는 것을 경고한다. 이 시스템을 **차량음향경보시스템**(Acoustic Vehicle Alerting System, AVAS)이라고 한다. 이 시스템은 차량이 저속으로 주행할 때마다 엔진 경고음을 발생시킨다. 미국 도로교통안전국(NHTSA)은 2020년 9월까지 규정을 준수하여 시속 30 km(19 MPH) 미만의 속도로 주행할 때 이 장치가 경고음을 내도록 요구하고 있다. 차량 외부에서는 쉽게 들리지만, 창문이 내려져 있지 않으면 차량 내부에서는 일반적으로 소리가 들리지 않는다. 일부 고객은 정비 기술자에게 이 시스템을 차단해 달라고 요청하지만, 이 장치는 안전 장치이며 거의 소음 없이 이동하는 차량의 앞이나 뒤에 누군가 발을 디딜 때 다치지 않도록 예방할 수 있다.

하이브리드 또는 전기 자동차 정비 시 이동

하이브리드 또는 전기 자동차를 정비한 후에는 부품을 주문하는 대로 차량을 공장의 다른 곳이나 외부로 밀고 나가야 할 때도 있다. 수리 과정에서 분리된 주황색 고전압 케이블 끝은 테이프로 붙여야 한다. 모든 구동 모터와 제너레이터에는 영구 자석이 사용되기 때문에 차량 휠이 움직이면 고전압이 생성되어 고전압 아크 방전이 발생할 수 있다. 이를 예방하는 또 다른 방법은 휠 돌리를 사용하는 것이다. 차량의 루프 또는 스티어링 휠 양단에 "고전압 위험 접근 금지"라는 표지판을 사용할 수도 있다. 차량에서 시동 키를 제거하고 안전한 위치에 보관한다.

요약

1. 모든 고전압 케이블은 주황색 플라스틱 도관으로 덮여 있다.
2. 안전한 작업 환경을 위해 다음을 해야 한다.
   - 작업 구역이 깨끗하고 건조한지 확인한다.
   - 고전압 경고 및 안전 콘이 게시되도록 주의를 기울인다.
   - 루프 콘 또는 경고 테이프와 같은 추가적인 예방 조치도 권장된다.
3. 눈 보호구가 갖추어야 할 기능은 다음과 같다.
   - 플라스틱 프레임(금속 프레임은 전도성이어서 감전 위험을 초래할 수 있으므로 사용하지 않는다.)
   - 사이드 실드
   - ANSI 표준 Z87.1 충족
4. 하이브리드 자동차의 고전압 시스템을 작업하기 전에 고전압 절연 장갑을 착용했는지 확인한다. 장갑은 ANSI/ASTM에서 최소 1,000 V 이상 등급에 클래스가 "0" 등급이어야 한다.
5. 하이브리드 및 전기 자동차에는 DC 600 V 이상의 전기 시스템이 장착될 수 있다. 이러한 고전압 시스템을 측정하려면 CAT III 인증 디지털 멀티미터(DMM)가 필요하다.
6. 로컬 인터록은 저전압 회로 또는 고전압 시스템과 관련된 부품에 개방되었을 때를 감지하기 위해 별도의 스위치와 접점을 사용하는 저전압 회로이다. 로컬 인터록은 고전압 커버, 배터리 분리, 에어컨 컴프레서 또는 고전압 회로와 관련된 다른 부품의 제거를 감지할 수 있다.
7. 한 개의 고전압 부품 정비 서비스를 수행하려면 전기 충격 및 부상 가능성을 방지하기 위해 정비 서비스 절차를 따라야 한다.
8. 차량 리프트를 사용할 때는 제조업체의 서비스 정보를 참조하여 적절한 차량 리프트 포인트를 확인한다.
9. 전기 자동차와 대부분의 하이브리드 자동차는 저속에서 전방의 스피커를 통해 경고음을 발생시켜 보행자에게 차량이 가까이 있음을 알린다. 이 시스템을 AVAS(차량음향경보시스템)라고 한다.

고전압 절연 장갑 안전 점검 절차

1 고전압 절연 장갑 위에 가죽 장갑을 착용할 때는 가죽 장갑 커프보다 1.3 cm 이상 나오도록 착용한다.

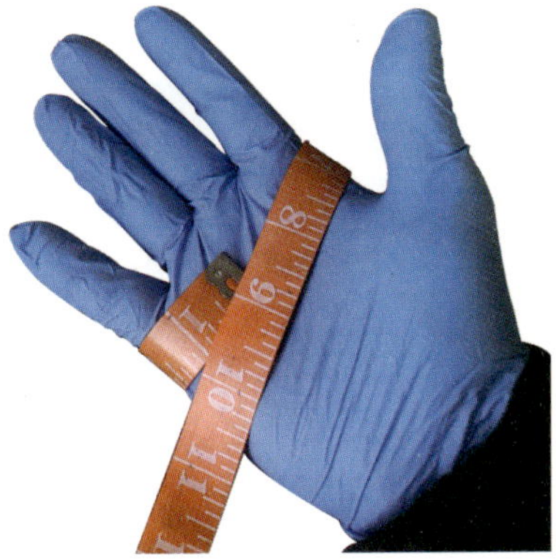

2 올바른 절연 장갑 크기를 재기 위해서는 손바닥 둘레를 부드러운 줄자를 사용하여 재며, 측정값이 9인치라면 9 사이즈 장갑이 알맞다.

3 절연 장갑 등급과 마지막 시험 날짜가 글러브 커프에 찍혀 있어야 한다.

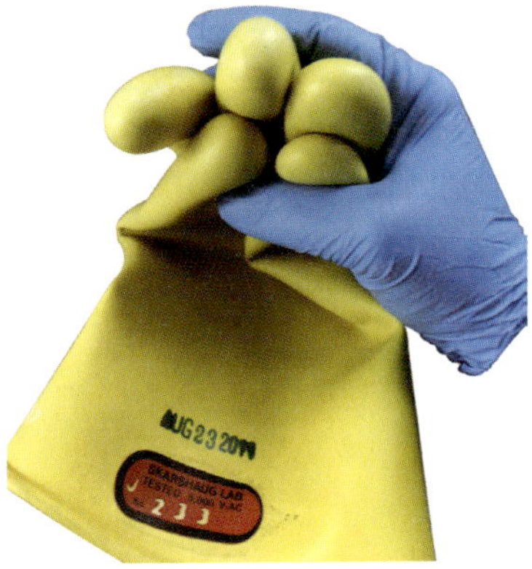

4 절연 장갑 손가락 끝부분부터 맨눈 검사를 시작하여 잘라진 부분이나 기타 손상이 없는지 확인한다.

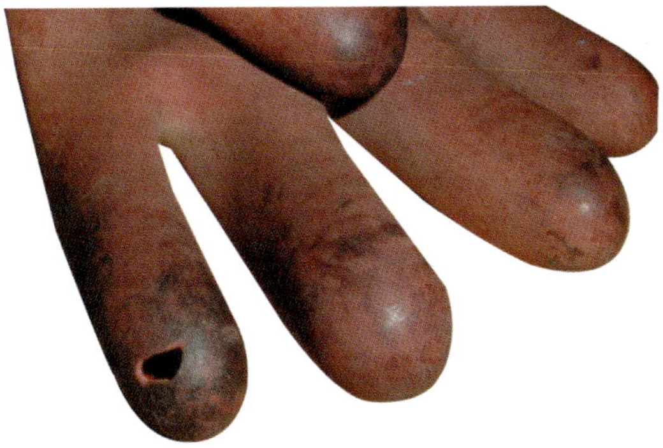

5 절연 장갑 검사는 간단한 맨눈 검사로 쉽게 확인할 수 있다. 고무장갑 재질은 석유제품, 세제, 특정 손 비누, 탤컴파우더(땀띠약 분) 등에 의해 손상될 수 있다.

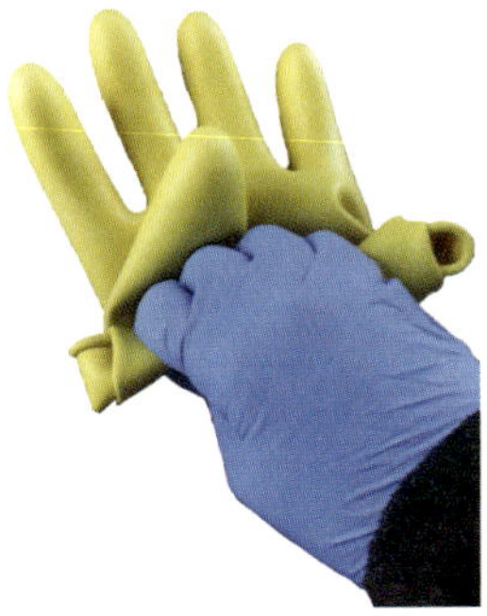

6 장갑을 부풀려서 작은 구멍의 누출이 있는지 여부를 검사한다. 절연 장갑 커프에서 시작하여 장갑을 말아 절연 장갑 손가락 끝을 부풀린다. 이때 장갑에서 공기가 빠지는지 눈과 귀로 확인한다. 공기 누출이 감지된다면 장갑을 폐기해야 한다.

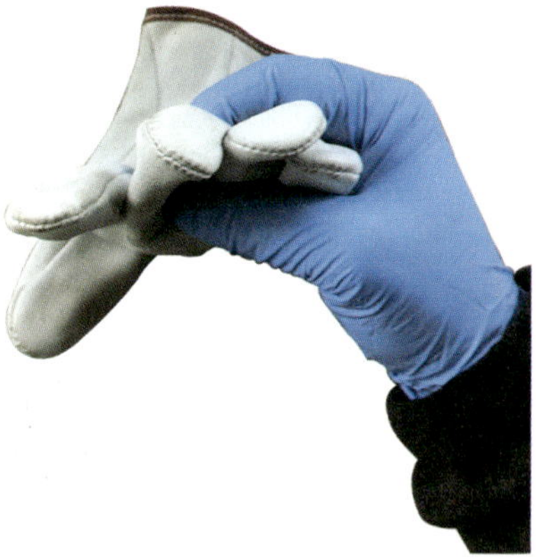

7 가죽 장갑 표면에 석유가 묻으면 안쪽에 착용한 절연 고무장갑이 손상된다.

8 절연 고무장갑용 파우더를 사용하여 수분을 흡수하고 마찰을 줄인다.

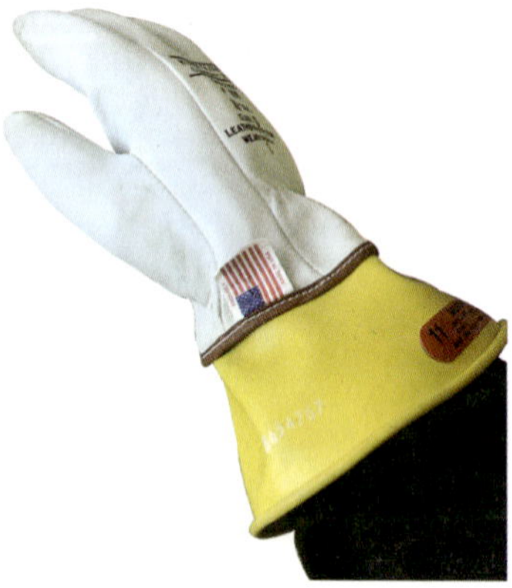

9 절연 장갑을 착용하고 가죽 보호대 뒷면의 끈을 조인다(장착된 경우).

10 정비사는 하이브리드 자동차 또는 전기 자동차의 고전압 영역을 정비할 때 반드시 고전압 절연 장갑을 착용해야 한다.

11 고전압 절연 장갑을 사용하지 않을 때는 캔버스 가방에 보관해야 한다. 가방 바닥에 공기구멍이 있는지 확인한다.

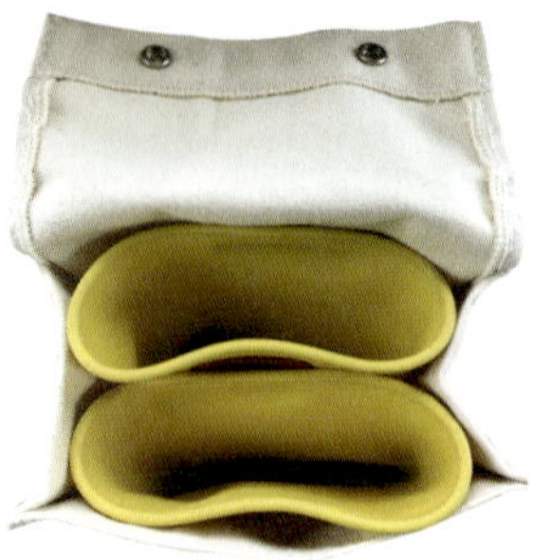

12 절연 고무장갑을 캔버스 가방에 넣을 때는 접혀 있지 않은지 확인한다. 접힌 부분이 있으면 고무에 기계적 응력이 증가하여 장갑 재질이 조기에 손상될 수 있다.

복습 문제

1. 전기 자동차의 고전압(HV)을 비활성화하려면 어떤 조치가 필요한가?
2. 하이브리드 자동차 또는 전기 자동차를 정비할 때 정비사가 지켜야 할 개인 안전 주의사항은 무엇인가?
3. 하이브리드 자동차 또는 전기 자동차의 고전압 부품을 정비할 때 사용해야 하는 권장 공구 및 장비는 무엇인가?
4. 하이브리드 자동차나 전기 자동차를 들어 올릴 때 어떤 예방 조치를 취해야 하는가?
5. 고전압 시스템의 전원을 언제 꺼야 하는가?

마무리 퀴즈

1. 하이브리드 자동차의 고전압 회로 또는 부품을 정비할 때마다 절연 고무장갑을 착용해야 한다. 정비사 A는 절연 고무장갑의 정격 전압이 1,000 V 이상이어야 한다고 말한다. 정비사 B는 고전압 절연 장갑 위에 가죽 장갑을 착용해야 한다고 말한다. 올바르게 말한 정비사는 누구인가?
   a. 정비사 A
   b. 정비사 B
   c. 정비사 A와 정비사 B 둘 다 맞음
   d. 정비사 A와 정비사 B 둘 다 틀림
2. CAT III 인증 DMM은 고전압 회로 또는 부품을 측정할 때마다 사용해야 한다. 다음 중 CAT III 등급과 관련된 것은 무엇인가?
   a. 고전압
   b. 고에너지
   c. 큰 전기저항
   d. 고에너지와 고전압
3. 다음 중 고전압 분리 절차에 해당하지 않는 항목은 무엇인가?
   a. 운전석 문 열기
   b. 점화 스위치 끄기
   c. 12 V 보조 배터리 분리
   d. 메인 퓨즈, 릴레이 또는 고전압 안전 플러그 제거
4. 하이브리드 자동차를 밀어서 이동할 경우 발생할 수 있는 일은 무엇인가?
   a. 고전압 배터리 팩이 손상될 수 있다.
   6. 점화 스위치가 켜지지 않으면 타이어가 잠긴다.
   c. 전기 제어 장치가 손상된다.
   d. 차량 휠이 회전할 때 모터/제너레이터에서 고전압이 발생한다.
5. 하이브리드 자동차 또는 전기 자동차를 들어 올릴 때 정비사가 개인 안전을 보장하고 차량 손상을 방지하기 위해 지켜야 할 주의사항은 무엇인가?
   a. 리프트 포인트가 고전압 케이블에 닿지 않도록 한다.
   b. 배터리 케이스로 차량을 들어 올리지 않는다.
   c. 리프트 포인트가 배터리 냉각 및 냉동 라인에 닿지 않도록 한다.
   d. 위 보기 모두
6. 고전압 시스템의 전원을 끌 필요가 없는 경우는 언제인가?
   a. 고전압 배터리 팩 제거
   b. 일상적인 정비 서비스
   c. 고전압 케이블 교체
   d. 고전압 에어컨 컴프레서 교체
7. 안전 인터록 시스템이 하이브리드 자동차에서 단선을 감지한 경우 일어나는 일은 무엇인가?
   a. 엔진이 작동 중이면 고장을 감지하고 DTC를 설정한다. 또한 파워 릴레이가 개방되고 "Ready" 지시등이 꺼진다.
   b. 차량이 이동 중이면 정차할 때까지 계속 주행할 수 있으며 내연기관이 비활성화된다.
   c. 차량이 움직이지 않으면 내연기관이 즉시 비활성화된다.
   d. 위 보기 모두
8. 하이브리드 또는 전기 자동차 작업 영역이 안전한지 확인하기 위해 어떤 예방 조치를 취해야 하는가?
   a. 정비 서비스 영역은 청결하고 건조해야 한다.
   b. 정비 서비스 영역을 명확하게 표시해야 한다.
   c. 특별한 예방 조치는 필요 없다.
   d. 정비 서비스 영역은 청결하고 건조해야 하며 명확하게 표시해야 한다.

9. 메가옴(MΩ) 측정기 또는 절연 검사기의 목적은 무엇인가?

a. 고전압 케이블과 차량 섀시 간의 연속성을 점검한다.

b. 저전압 시스템의 연결부 저항을 측정한다.

c. 고전압 케이블을 통한 전류 흐름을 측정한다.

d. 정답 없음

10. 고전압 절연 고무장갑 검사 날짜가 만료된 것으로 확인된 경우 어떻게 해야 하는가?

a. 괜찮아 보이면 사용한다.

b. 공기 검사를 통과하면 사용한다.

c. 장갑을 공기 시험 검사소로 보낸다.

d. 장갑을 폐기한다.

Chapter 2
하이브리드 자동차와 전기 자동차 소개

학습 목표

- 하이브리드 자동차와 전기 자동차를 정의할 수 있다.
- 하이브리드 자동차 또는 전기 자동차를 소유하거나 운전할 때의 독특한 특성을 설명할 수 있다.
- 하이브리드 자동차의 레벨 차이를 설명할 수 있다.
- 하이브리드 자동차의 다양한 파워트레인 구성을 설명할 수 있다.
- 1개, 2개, 3개 모터 시스템 간 차이점을 설명할 수 있다.

핵심 용어

내연기관(ICE)	주행거리 불안
마이크로 하이브리드	중형 하이브리드
마일드 하이브리드	풀 하이브리드
배터리 전기 자동차(BEV)	플러그인 하이브리드 자동차(PHEV)
시동을 스마트폰으로(PAAK)	하이브리드 자동차(HEV)
전기 자동차(EV)	한 페달 운전

하이브리드 자동차(HEV)

용어 정의 하이브리드 자동차는 두 가지 동력원인 내연기관과 전기 모터를 조합하여 차량을 주행한다. **하이브리드 자동차**(Hybrid Electric Vehicle, HEV)는 내연기관 동력을 지원하거나 보조하기 위해 고전압 배터리 팩과 전기 모터와 발전기를 조합하여 사용한다. 가솔린 엔진이 많이 사용되는 추세이지만 하이브리드 자동차에는 가솔린 또는 디젤 연료를 사용하는 **내연기관**(Internal Combustion Engine, ICE)이 사용된다. 전기 모터는 차량 동력을 보조하며 일부 하이브리드 자동차는 내연기관으로 구동하지 않고 전기 모터의 동력만으로 주행할 수 있다.

플러그인 하이브리드 자동차(Plug-in Hybrid Electric Vehicle, PHEV)는 내연기관 또는 AC 전원 또는 충전기에 연결하여 충전할 수 있는 대용량 배터리를 가진 하이브리드 자동차이다. PHEV는 최대 64 km(40 miles)까지 전기 모터 구동모드로 주행할 수 있다.

? 자주 묻는 질문

'PAAK'는 무엇을 의미할까?

내연기관 차량뿐만 아니라 많은 전기 자동차와 하이브리드 자동차 또한 스마트폰 애플리케이션(앱)을 이용하여 제어할 수 있다. 스마트폰 원격 시동을 포함한 이러한 차량 제어를 **PAAK**(Phone as a Key, 시동을 스마트폰으로)라고 한다. 스마트워치를 시동키로 사용하는 앱도 있어 스마트워치만으로 시동을 걸고 도어 잠금을 해제하는 매우 간편하고 편리한 기능이다.

전기 자동차

용어 정의 **전기 자동차**(Electric Vehicle, EV)는 전기 모터를 한 개 이상 사용하여 차량을 추진한다. 전기 자동차를 구동하기 위한 운송 연료로는 전기 에너지를 사용한다. 전기 에너지는 일반적으로 배터리와 같은 에너지 저장 장치에 저장된다. 전기 에너지는 보통 주차하여 충전기의 전원에 연결하여 충전한다. 환경보호국(EPA) 및 캘리포니아대기자원위원회(CARB)는 전기 자동차를 배출가스가 없는 무공해 차량(ZEV)으로 정의하고 있다. ● **그림 2-1 참조**

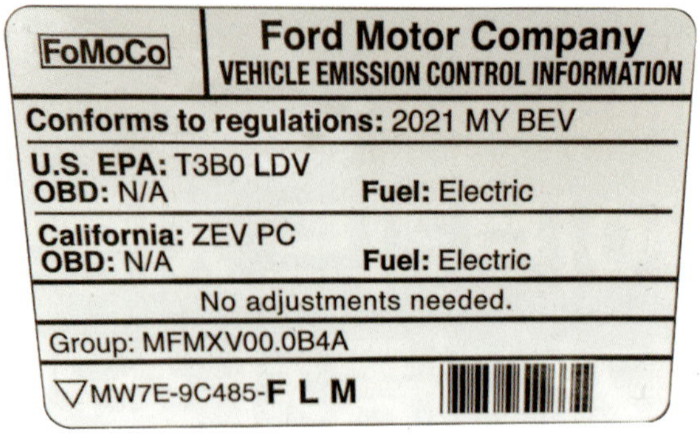

그림 2-1 공인 배출가스 스티커는 전기 자동차를 배출가스 없는 ZEV(Zero Emission Vehicle)로 나타낸다.

전기 자동차의 역사

초기 전기 자동차 **배터리 전기 자동차**(Battery Electric Vehicle, BEV)라고도 불리는 초기 전기 자동차는 1800년대 후반에 처음 사용되었으며, 1900년대 초에야 충·방전이 가능한 납축 배터리를 사용할 수 있었다.

- 그중 하나가 오하이오주 클리블랜드에 있는 Baker 자동차회사에서 1903년에 생산한 Baker 전기 자동차이다.
- Detroit 전기 자동차회사(1907~1939)는 매우 실용적인 완전한 전기 자동차를 생산했다.

당시 전기 자동차의 기계식 컨트롤러는 6개 배터리를 직렬과 병렬 연결할 수 있는 다양한 기계적 결합으로 스위칭해서 저속에서는 저전압을, 고속에서는 고전압을 얻을 수 있었다. 전기 자동차의 주행거리가 길지 않았고 배터리도 정기적으로 충전해야 했기 때문에 전기 자동차는 단거리만 운행할 수 있다는 것을 의미했다. 사실 1900년에 전기 자동차는 거의 증기 자동차만큼 인기가 있었다. 그 당시 증기 자동차가 판매량의 40%, 전기 자동차는 38%를 차지했다. 가솔린 자동차의 판매량은 22%에 그쳤다.

초기 하이브리드 자동차 1901년 페르디난트 포르셰는 세계 최초의 가솔린-전기 하이브리드 자동차인 로너-포르셰 믹스테(Lohner-Porsche Mixte) 하이브리드를 개발했다. 이 하이브리드 자동차는 전기 모터 구동 방식이며, 가솔린 엔진은 배터리를 충전할 수 있게 구성되었다. 최초 하이브리드 자동차 중 하나는 뉴욕시에서 제조하다가 그다음에는 펜실베이니아주 윌크스배러에서 1915년부터 1922년까지 생산된 오웬 마그네틱(Owen Magnetic) 자동차회사에서 생산되었다. 그러나 기존 가솔린 차량과 비교할 때 연비는 비슷했지만 가격 문제로 인해 실패하였다. 또 다른 하이브리드 자동차는 가솔린 엔진과 전기 모터를 함께 사용하여 차량을 구동시킨 미국 일리노이주 시카고의 우즈(Woods) 자동차 회사에 의해 만들어졌으며 "Woods Dual Power"(1915~1918)라고 불렸다.

NOTE: 1973년의 석유 금수 조치와 대체 에너지원에 대한 수요 증가로 인해 미국 의회는 신기술 촉진을 위해 1976년 전기 및 하이브리드 자동차 연구, 개발 및 실증법, Public Law 94-413을 제정했다.

하이브리드 자동차는 1997년 일본에서 토요타 프리우스가 출시되고 1999년부터 미국에서 혼다 인사이트가 판매되기 전까지는 널리 보급되지 못했다. 2001년 미국에서는 토요타 프리우스가 처음 출시되었다.

전기 모터와 내연기관의 효율성

전기 자동차는 일반적인 가솔린 또는 디젤 엔진 내연기관의 수백 개의 구동 부품에 비해 더 효율적인 단 하나의 구동 부품만 가지고 있다.

- 전기 모터의 효율(제어기 포함)은 90% 이상인 반면 가솔린 엔진의 효율은 35% 이하에 불과하다.
- 내연기관은 전기 모터와 같이 과부하 구동 기능이 없기 때문에 내연기관의 정격 동력은 일반적으로 고속 주행에 필요한 동력보다 훨씬 더 크다. 공회전 동작은 고속 주행하는 것과 대비하여 훨씬 낮은 효율성을 갖고 있다.
- 내연기관의 최대 토크는 중간 속도에서 나타나며 속도가 증가함에 따라 토크는 감소한다.
- 대부분 하이브리드 자동차 제조업체에서는 내연기관의 최대 연비 포인트를 갖는 속도에서 가장 효율적인 범위 안에서 엔진속도를 유지하도록 변속기를 최적화하고 있다. ● **그림 2-2 참조**

다음과 같은 요인으로 인해 전기 모터는 차량에 사용하기에 이상적인 특성을 제공한다.

- 모든 속도 범위에서 정동력
- 가속과 등판 능력에 필요한 저속에서 정토크
- 기저속도(base speed) 이하는 정토크
- 기저속도 이상은 정동력
- 전기 모터 변속기에는 단일 기어 또는 고정 기어만 사용

하이브리드 자동차와 전기 자동차 운전

하이브리드 자동차 운전 하이브리드 자동차 운전은 기존의 일반적인 자동차 주행과 동일하며, 실제로 많은 운전자와 승객은 하이브리드 자동차에 승차하거나 이를 운전하고 있음을 자주 인식

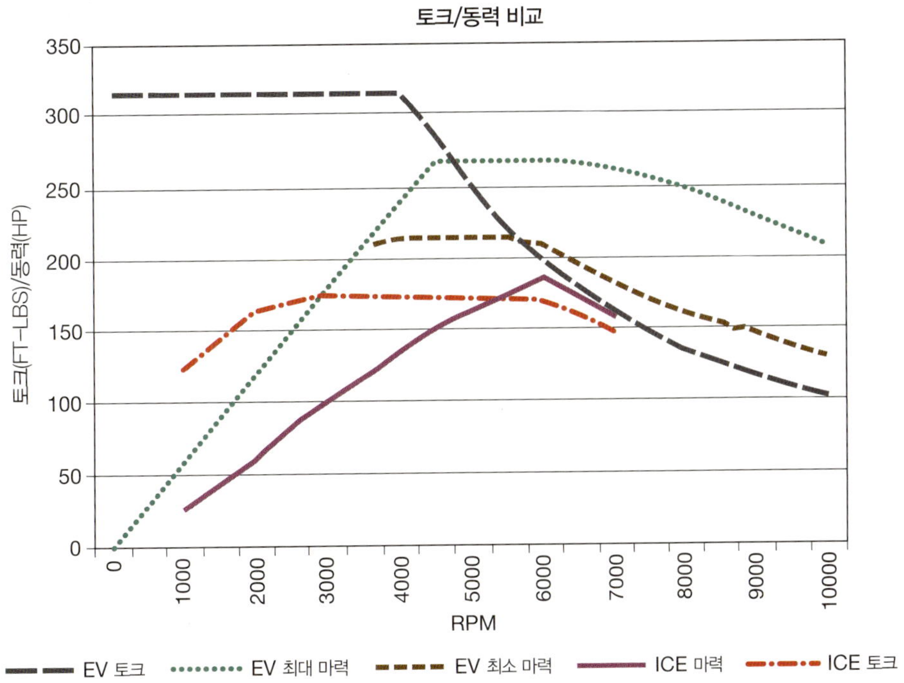

그림 2-2 전기 자동차와 내연기관 자동차 간 토크와 동력 비교를 보여주는 그래프

하지 못한다. 운전자가 인식하거나 인식하지 못하는 몇 가지 특성은 다음과 같다.

- 내연기관이 정상 작동 온도에 도달하고 다른 조건이 충족된 후에 차량 속도를 감속하여 멈추면 엔진이 정지된다. 이 상태는 엔진이 정지했다고 생각하고 재시동을 시도할 수 있는 일부 운전자에게 문제를 일으킬 수 있다.
- 브레이크 페달은 특히 시속 약 8 km 및 24 km의 저속에서 정지 상태로 감속할 때 다르게 느껴질 수 있다. 이 속도에서 브레이크 시스템이 회생 제동 동작으로 실제로 기계식 브레이크에 제동력을 가하는 것으로 전환된다. 이때 약간의 서지 또는 맥동이 느껴질 수도 있고 느끼지 못할 수도 있으며, 운전자에게 별 관심사가 아닌 경우도 많다.
- 모든 하이브리드 자동차와 플러그인 하이브리드 자동차는 전동식 파워 스티어링 시스템을 사용하기 때문에 엔진 정지 시에도 파워 스티어링이 동작한다.
- 일부 하이브리드 자동차와 모든 플러그인 하이브리드 자동차는 전기 모터 모드로 차량을 추진할 수 있어서 조용하고 기묘한 느낌의 운행이 될 수 있다.
- 하이브리드 자동차가 급가속하거나 가속도가 빠를 경우, 가속 페달을 처음 밟았을 때 차량 속도가 느려지지 않는다는 느낌이 들 때가 많다. 이는 다음 두 가지 요인에 의해 발생한다.
    1. 내연기관의 크랭크 축에 부착된 전기 모터의 회전자 관성으로 인해 가속 스로틀이 닫힌 후에도 엔진이 계속 회전한다.
    2. 차량 동력이 전기 모터 구동을 발전기(회생 제동)로 전환할 때 약간의 지연 현상이 발생한다. 이러한 지연은 거의 발생하지 않지만 전혀 위험하지 않다. 잠깐 동안 가속 페달이 닫힌 스로틀처럼 반응하지 않는 느낌이 있을 수 있다.

전기 자동차 운전 전기 자동차를 운전하는 것은 기존의 차량 운전과는 매우 다른 경험으로서 다음과 같은 독특한 특성이 있다.

- 시동 및 정지 절차가 기존 차량과 많이 달라 운전자가 프로세스에 대해 재교육을 받아야 한다.
- 내연기관이 없기 때문에 훨씬 더 조용한 승차감을 얻을 수 있다. 대부분의 경우 가장 많이 들리는 소음은 여러 노면을 주행할 때 발생하는 타이어 소리이다. 대부분의 전기 자동차 공장에서 전용 타이어로 내부에 음향 폼이 들어 있는 타이어를 생산하고 있으며, 타이어 소음을 최대 9 db까지 줄일 수 있다.

● 그림 2-3 참조

그림 2-3 이 테슬라 모델 3에는 타이어 내부에 음향 폼이 들어가 있는 콘티넨털 타이어가 장착되어 있다.

NOTE: 전기 자동차 기어가 주차 또는 중립 위치에 있을 때 조용할 수 있다. 주행 또는 후진 시 차량 전방 차체 뒤에 있는 스피커를 통해 인위

자주 묻는 질문

시동을 걸 때 모터-발전기는 얼마나 빨리 엔진을 회전시킬까?

기존 가솔린 엔진 또는 디젤 엔진에 사용되는 시동 모터는 엔진을 분당 100~300 RPM으로 회전시킨다. 일반적인 엔진은 약 600~700 RPM으로 공회전하기 때문에 시동 모터는 엔진의 공회전 속도보다 느린 속도로 회전하게 한다. 실제로 엔진 시동 때와 엔진 구동 때를 비교하면 소리가 다르기 때문에 시동을 걸면 매우 티가 난다.

그러나 하이브리드 자동차의 모터-발전기 시동을 걸기 위해 엔진을 회전시키면 엔진이 구동 중인 경우와 거의 동일한 속도인 약 1,000 RPM으로 회전하므로 엔진 시동 시 크랭킹 소리가 거의 들리지 않거나 느끼지 못한다. 엔진이 구동할 때와 구동하지 않을 때, 하이브리드 자동차 운전에 익숙하지 않은 사람들에게는 정말 독특한 감각이 될 수 있다.

그림 2-4 2021년식 폭스바겐 ID.4에 장착된 이 사운드 발생기는 전방 범퍼 부품 뒤에 장착되어 있다.

적인 '엔진 주행' 소리가 발생한다. 일부 차량에는 차량 후방에 두 번째 스피커가 장착되어 있다. 일반적으로 차량이 시속 32 km에 도달할 때까지 소리가 발생한다. ● **그림 2-4 참조**

- 전기 자동차를 견인하는 전기 모터는 탁월한 토크와 응답성을 제공한다.
- 회생 제동 시스템은 일반적인 차량보다 더 심하게 차량을 감속시키는 경향이 있다. 가끔 이 시스템은 차량 정지를 제외하고 주행 중에 브레이크 페달을 사용하지 않도록 설정할 수 있다. 이런 특징을 보통 **한 페달 운전**(one-pedal driving)이라 한다.
- 계절별 온도 변화, 날씨, 주행 스타일 등이 배터리 주행거리에 영향을 미친다.
- 배터리 용량 이상의 주행거리를 이동할 때는 충전소 위치 파악에 주의한다.
- **주행거리 불안**(range anxiety)이란 전기 자동차의 많은 잠재적인 소유자들이 차량이 목적지까지 도달하지 못하는 주행거리 문제로 주행 불가능 상태로 도로 위에 갇힐지 모른다는 두려움이다. 전기 자동차 소유자들에 따르면, 이 두려움은 주행거리와 충전이 쉽게 제어될 수 있음을 확인한 후 약 2주가 지나면 사라지는 경향이 있다.

하이브리드 자동차 또는 전기 자동차 소유 하이브리드 자동차나 전기 자동차는 일반 차량보다 무게가 더 많이 나가고 비용도 더 많이 든다. 초기 구입 가격의 상승은 배터리, 전기 모터, 컨트롤러에 사용된 부품과 아이들-스톱 기간 동안 난방 및 에어컨 시스템을 작동시키는 데 필요한 추가 부품 때문이다. 일부 신기술 차량 구입 시 주정부 및 중앙정부 에너지 공제뿐만 아니라 연비 향상으로 인해 비용이 일부 상쇄된다.

플러그인 하이브리드 자동차 및 전기 자동차 소유자는 가솔린 구입 가격 비용을 절약할 수 있다. 그러나 전기 사용량에 따른 더 높은 전기 요금을 내게 될 수 있다. 전기 요금 인상은 전기 공급자의 구매 계획에 따라 달라지며, 일부 공급자는 피크 시간대가 아닌 시간에 전기를 사용하는 경우 요금을 할인해 준다.

일상 정비 대부분의 하이브리드 자동차와 전기 자동차는 기존 차량과 정비 항목이 다르다. 전기 자동차의 경우 일상 정비 비용의 대부분을 절약할 수 있다. 일반적인 전기 자동차에서 요구하는 일상 정비 항목은 다음과 같다.

- 자동차 앞유리 워셔액
- 자동차 앞유리 와이퍼 날
- 에어 필터
- 타이어 교체 ● **그림 2-5 참조**

하이브리드 자동차는 기존 엔진 오일보다 가격이 비싼 합성유 엔진 오일을 사용하기 때문에 원자재 사용에 따른 비용이 실질적으로 증가할 수 있다. 플러그인 하이브리드 자동차 소유자는 가정용 충전 네트워크에 대한 투자가 필요할 수도 있다. 전기 자동차 또는 플러그인 하이브리드 자동차 충전에 대한 더 자세한 내용은 제12장을 참조하라.

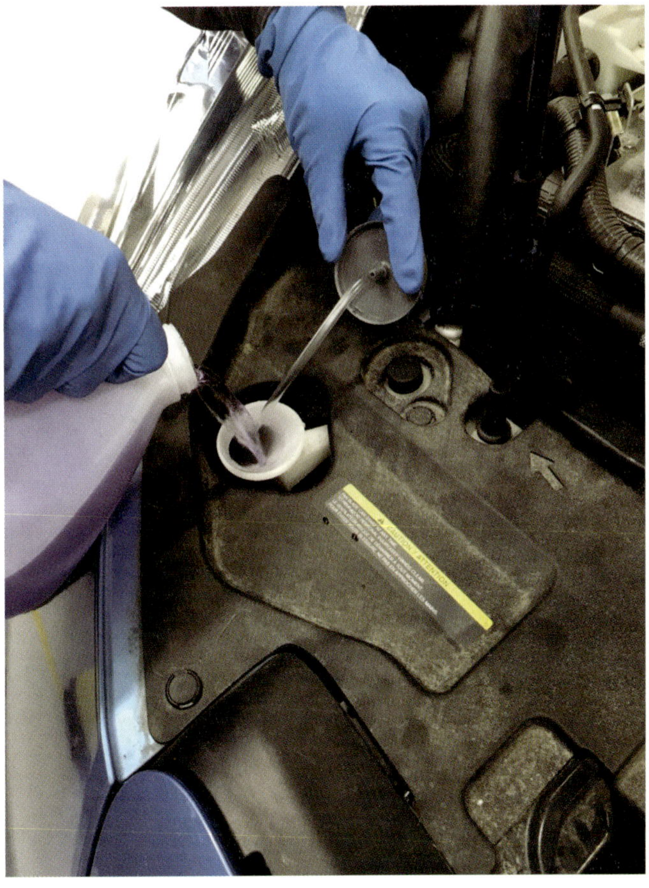

그림 2-5 전기 자동차에 앞유리 워셔액을 보충해 주는 일은 운전 조건에 따라 가장 자주 정비하는 항목이다.

자주 묻는 질문

닛산 리프 전기 자동차를 세차장에 가져갈 수 있을까?

그렇다. 닛산 리프, 그리고 모든 하이브리드 자동차와 전기 자동차는 세차하는 동안 탑승해 있을 수 있다. 고전압 배터리를 포함한 모든 고전압 부품은 물이 외부로 유입되지 않도록 밀봉되어 있으며, 보호 커버 손상이 없다면 부품에 이상이 없고, 감전의 우려도 없다.

하이브리드 자동차 또는 전기 자동차 구입을 위한 정보에 근거하여 결정을 내릴 때 이러한 모든 요소를 고려해야 한다. 높은 연비로 절약한 비용을 통해 추가적으로 발생되는 비용이 상쇄되기까지는 수년이 걸릴 수 있다. 그러나 많은 차량 소유자들은 연료 절약 이외에도 환경보호를 돕는다는 생각과 첨단기술에 대한 애정으로 하이브리드 자동차나 전기 자동차를 구입한다.

정비 사례

핸들이 진동하는 테슬라 사례

테슬라 모델 Y 소유주가 고속도로에서 핸들이 흔들린다는 불만을 가지고 타이어 가게를 찾았다. 동네 타이어 가게에서 앞 타이어의 양쪽 밸런스를 조정했다. 오른쪽 바퀴는 균형을 잡기 위해 110 g이 필요한 반면에 왼쪽 바퀴는 110 g 이상이 필요했다. 가게를 나온 차주는 테슬러 차량의 진동이 훨씬 심해진 것을 바로 알아채고 타이어 가게로 돌아와 이번에는 림에서 타이어를 빼냈다. 타이어 내부의 음향 폼에 의해 진동 문제가 발생했음을 알아냈다. 일반적으로 소음을 감소시키는 역할을 했던 폼이 분리된 상태로 타이어 내부에서 느슨해진 것이다. 매장에서 타이어 안에 있던 폼을 제거하고 폼을 재설치하지 않았고, 그 후 휠 밸런스가 잡혀서 진동 문제를 해결할 수 있었다. 차량에서는 더 이상 소음이 발생하지 않았다. ● **그림 2-6 참조**

요약

- **불만사항**: 한 테슬라 전기 자동차 소유주가 고속도로에서 핸들이 흔들린다는 불만을 제기했다.
- **원인**: 소음을 줄이기 위해 타이어 내부에 음향 폼이 있었는데, 왼쪽 앞 타이어 안쪽 라이너에서 음향 폼이 분리되었다.
- **조치**: 타이어에서 폼을 제거하고 타이어/휠 어셈블리가 균형을 이루면서 진동 문제가 해결되었다.

(a)

(b)

그림 2-6 (a) 타이어에서 떨어져 나온 음향 폼. (b) 음향 폼 전체를 제거한 모습.

자주 묻는 질문

미국 일부 주에서 전기 자동차와 플러그인 하이브리드 자동차에 세금이 부과되는 이유는?

최근 미국 일부 주에서는 손실된 유류세를 복구하기 위해 하이브리드 자동차와 전기 자동차의 번호판 비용에 요금을 추가했다. 일반적으로, 수수료는 100~200달러 범위이며 연간 주행하는 마일 수에 따라 이러한 요금은 자동차 소유에 드는 비용에 부정적인 영향을 줄 수 있다.

하이브리드 자동차의 레벨

마이크로 하이브리드 **마이크로 하이브리드**(micro hybrid)는 아이들 스톱 기능을 포함하지만 내연기관을 시동하지 않고는 자체적으로 차량을 추진할 수 없다. 마이크로 하이브리드 시스템은 풀 하이브리드 자동차에 비해 비용이 적게 드는 장점이 있지만 연료 절약 측면은 떨어진다. 마이크로 하이브리드는 보통 12 V 보조 배터리와 견고한 시동 모터 및 플라이휠을 사용하여 정지 상태에서 가속할 때 내연기관을 재시동한다.

마일드 하이브리드 **마일드 하이브리드**(mild hybrid)는 아이들 스톱 및 회생 제동 기능이 통합되어 있지만, 내연기관의 도움 없이 전기 모터를 사용하여 차량을 스스로 추진할 수 없다. 마일드 하이브리드 시스템은 비용이 적게 드는 장점이 있지만, 풀 하이브리드 자동차보다는 연료가 적게 절약되고, 보통 42 V 전기 모터 및 배터리 패키지(36 V 배터리, 42 V 충전)를 사용한다. 이러한 유형의 하이브리드 자동차로는 2004~2007년식 제너럴 모터스 실버라도 픽업트럭과 2007년식 새턴 뷰가 있다. 마일드 하이브리드 자동차 설계의 연료 절감 효과는 약 8~15%이다.

중형 하이브리드 **중형 하이브리드**(medium hybrid)는 엔진 정지/시동, 회생 제동, 파워 어시스트를 제공하는 144~158 V 배터리를 사용한다. 마일드 하이브리드와 마찬가지로 일반적인 중형 하이브리드는 배터리 전원만으로는 차량을 정지 상태에서 추진할 수 없다. 중형 하이브리드 차량으로는 혼다 인사이트, 시빅, 어코드 등이 있다. 연비 절감은 중형 하이브리드 시스템의 경우 약 20~25%이다.

풀 하이브리드 풀 하이브리드(full hybrid)라고도 하는 **스트롱 하이브리드**(strong hybrid)는 아이들 스톱 및 회생 제동을 사용하며 전기 모터만으로 차량을 추진할 수 있다. 각 차량 제조업체는 특정 틈새시장에 대한 평가를 기반으로 구현할 하이브리드 유형을 결정했다. 풀 또는 스트롱 하이브리드의 예로는 제너럴 모터스 실버라도/시에라(2-모드 하이브리드), 포드 이스케이프 SUV, 토요타 하이랜더, 렉서스 RX400h, 렉서스 GS450h, 토요타 프리우스와 토요타 캠리가 있다. 풀 하이브리드 시스템의 경우 연비 절감은 약 30~50%이다.

? 자주 묻는 질문

디젤-하이브리드 전기 자동차가 가능할까?

그렇다. HEV에서 가솔린 엔진 대신 디젤 엔진을 사용할 수 있다. 디젤 엔진의 효율성이 높아지면 연비가 증가하지만 디젤 엔진에 드는 추가 비용이 현재 이 조합을 생산하지 않는 주된 이유이다.

? 자주 묻는 질문

어시스트 하이브리드란?

어시스트(assist) 하이브리드 자동차는 전기 모터 동력만으로 차량을 주행할 수 없는 차량을 설명할 때 사용되는 용어이다. 이러한 유형의 하이브리드로는 마이크로 하이브리드(12 V), 모든 마일드 하이브리드(36~42 V), 그리고 144~158 V 시스템을 사용하는 중형 하이브리드가 있다.

하이브리드 자동차용 파워트레인의 분류

직렬 하이브리드 파워트레인 직렬 하이브리드 설계에서는 배터리로 구동되는 전기 모터에 의한 단독 추진이지만, 배터리를 위한 전기에너지는 내연기관과 같이 차량 내 에너지원에서 발생한다. 이 구조에서 엔진은 발전기를 구동하고, 발전기는 고전압 배터리를 충전하거나 변속기를 구동하는 전기 모터를 작동시킬 수 있다. 내연기관은 차량에 직접 동력을 공급하지 않는다. ● **그림 2-7, 그림 2-8 참조**

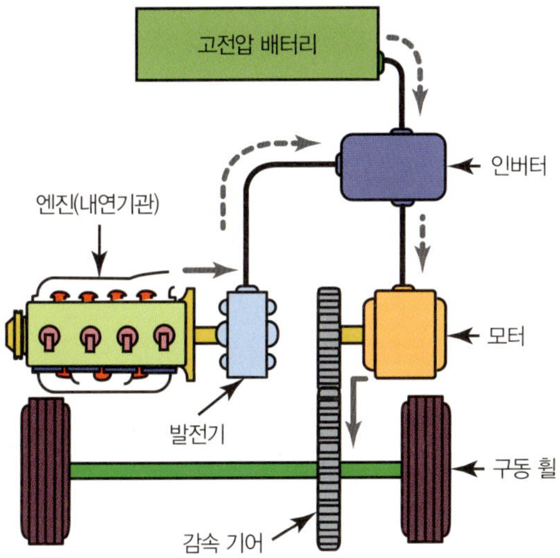

그림 2-7 전형적인 직렬 하이브리드 자동차의 동력 흐름

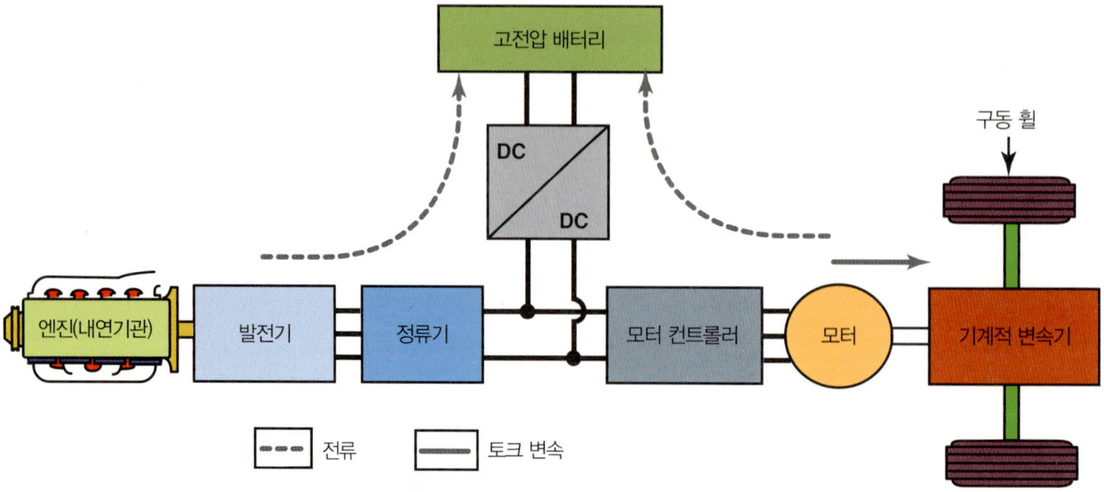

그림 2-8 전형적인 직렬 하이브리드 자동차 구성 부품을 보여주는 그림. 실선 화살표는 구동 휠의 토크 변속을 나타내며, 점선 화살표는 전류 흐름을 나타낸다.

엔진은 배터리 충전 상태를 유지하기 위해 작동한다. 따라서 내연기관의 구동 여부와 상관없이 차량을 운행할 수 있다. 직렬 하이브리드 자동차도 회생 제동을 사용하여 배터리 충전 상태를 유지한다. 쉐보레 볼트(Volt)가 직렬 하이브리드 자동차 타입의 한 예이다. 이 엔진은 배터리가 충전 상태를 유지하도록 설계되었으며, 따라서 가장 효율적인 속도와 부하로 작동하도록 만들어졌다.

직렬 하이브리드 구조의 장점은 변속기, 클러치 또는 토크 컨버터가 필요 없다는 것이다.

직렬 하이브리드 구조의 단점은 기본적으로 전기 자동차에 내연기관의 무게가 더해진다는 것이다. 엔진은 사실 무거운 차량에 탑재한 온보드 배터리 충전기이다. 또한 전기 모터와 배터리 용량은 언덕을 오르는 것을 포함한 모든 작동 조건에서 차량에 동력을 공급할 수 있을 정도로 커야 한다.

냉난방에 필요한 모든 전력도 고전압 배터리에서 공급되어야 하므로 더운 날씨에는 에어컨을, 추운 날씨에는 히터를 사용하면 고전압 배터리 전력으로만 주행하는 전기 자동차는 주행거리가 짧아진다.

병렬 하이브리드 파워트레인 병렬 하이브리드 구조에서는 여러 개의 추진 동력을 결합하거나, 하나의 추진 동력체로 차량을 구동할 수 있다. 이 구조에서 배터리와 엔진은 모두 변속기에 연결되어 있다.

병렬 하이브리드 구조의 차량은 내연기관 단독 또는 전기 모터 단독으로, 또는 엔진과 전기 모터 추진력을 혼합하여 구동할 수 있다. 대부분의 경우 전기 모터는 내연기관 동력을 보조하기 위해 사용된다. ● **그림 2-9, 그림 2-10 참조**

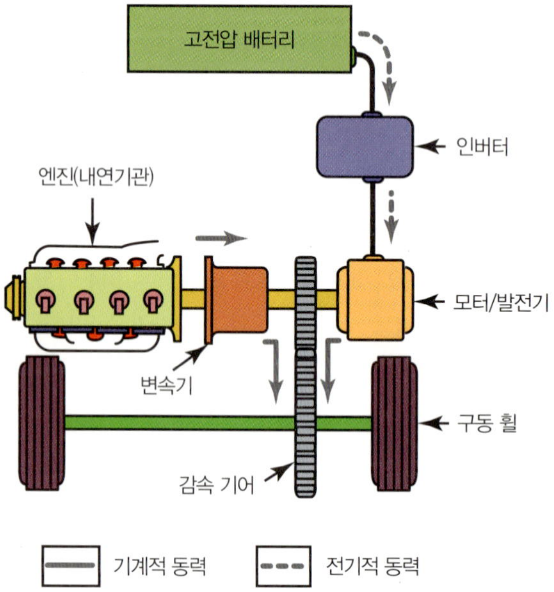

그림 2-9 전형적인 병렬 하이브리드 자동차의 동력 흐름

병렬 하이브리드 구조를 사용할 경우의 장점 중 하나는 전기 모터 또는 모터를 사용하여 내연기관의 동력을 보조함으로써 엔진 자체가 일반적으로 요구되는 것보다 더 작아질 수 있다는 것이다.

NOTE: 병렬 하이브리드 구조는 플러그인 기능을 위해 배터리를 추가로 포함할 수 있으며, 이를 통해 배터리 전력만으로 차량이 주행할 수 있는 거리를 연장할 수 있다.

병렬 하이브리드 구조의 단점 중 하나는 전기에너지와 내연기관 동력을 원활하게 혼합하기 위해서는 복잡한 소프트웨어가 필

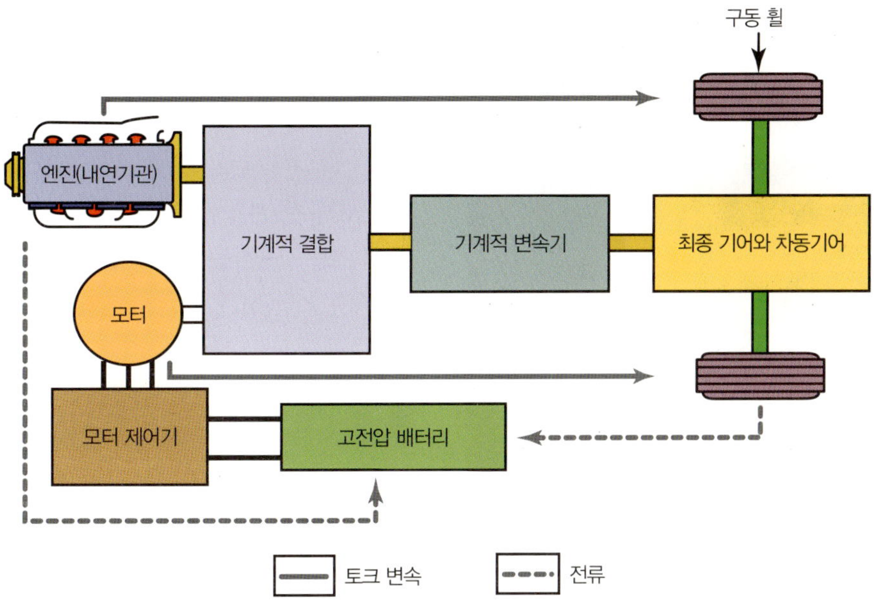

그림 2-10 전형적인 병렬 하이브리드 자동차의 고전압 부품. 실선 화살표는 구동 휠로의 토크 변속을 나타내며, 점선 화살표는 전류 흐름을 나타낸다.

요하다는 것이다. 병렬 하이브리드 구조에 대한 또 다른 관심사항은 내연기관이 공회전 상태에서 정지할 때 적절한 난방 및 에어컨 시스템이 작동하도록 구성해야 한다는 점이다.

직-병렬 하이브리드 파워트레인 토요타와 포드 자동차의 하이브리드는 직-병렬 하이브리드로 분류되며, 이것은 전기 모터 동력만으로도 주행할 수 있고, 전기 모터를 내연기관에 보조 동력으로도 사용할 수 있다. 직-병렬 하이브리드는 직렬 하이브리드와 병렬 하이브리드 구동 모드를 혼합한 구조이다. 내연기관이 정지한 상태에서 모터 제어기가 고전압 배터리의 충전 필요성을 감지하면 내연기관은 발전기를 운전하도록 구동될 수 있다. ● **그림 2-11 참조**

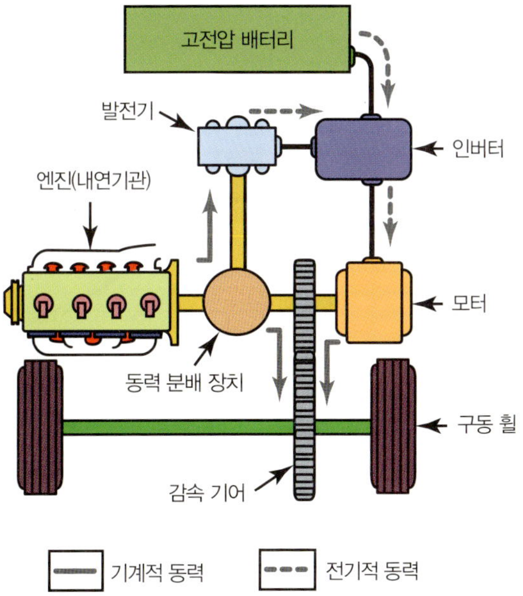

그림 2-11 직-병렬 하이브리드 구조는 전기 모터 구동 모드와 내연기관의 혼합 모드로 주행한다.

NOTE: 운전자가 차량 시동을 걸 때 엔진 온도와 다른 조건에 따라서 내연기관이 구동될 수도 있고, 안 될 수도 있다. 이것은 하이브리드 자동차를 처음 운전하는 사람이나 엔진 시동이 걸리지 않는 느낌이 올 때 혼란을 일으킬 수 있다.

전기 모터(한 개, 두 개, 세 개) 하이브리드 시스템

전기 모터 한 개 하이브리드 시스템 폭스바겐, 닛산, 혼다, 제너럴 모터스에서 한 개의 모터를 사용하는 하이브리드 자동차는 다음 두 가지 동작을 수행하기 위해 엔진 크랭크축에 전기 모터가 부착되어 있다.

1. 내연기관 시동
2. 고전압 배터리 충전을 위한 발전기 동작

한 개의 전기 모터를 채용하는 하이브리드를 보통 마일드 하이브리드라고 하며, 전기 모터 단독으로는 차량 동력으로 사용할 수 없다. ● **그림 2-12 참조**

그림 2-12 혼다 IMA 모터 어셈블리를 분해한 모습으로 한 개 전기 모터 하이브리드 시스템의 예이다.

전기 모터 두 개 하이브리드 시스템 토요타, 포드, 제너럴 모터스는 두 개의 모터를 사용하는 하이브리드로 풀 사이즈 2-모드(모터/발전기) 트럭에 가장 많이 사용하며, 각각의 전기 모터는 두 가지 용도로 사용된다.

- 엔진에 부착된 모터/발전기(일반적으로 M/G1 또는 M/G A라고 표시)는 가솔린 엔진을 시동하고 고전압 배터리를 충전하는 데 사용된다.
- 구동 휠에 부착된 모터/발전기(일반적으로 M/G2 또는 M/G B로 표시)는 차량을 추진하고 감속(재생 제동) 중에 고전압 배터리를 충전하는 데 사용된다.

전기 모터 두 개 하이브리드는 풀(스토롱) 하이브리드로 짧은 거리 동안 전기 모터 동력만으로 차량을 추진할 수 있다. ● **그림 2-13 참조**

그림 2-13 2세대 프리우스 변속기(P112)를 절단한 모습에서 두 개의 전기 모터(MG1와 MG2)를 볼 수 있다. 이 차량은 전기 모터만으로 짧은 거리를 주행한다.

전기 모터 세 개 하이브리드 시스템 전기 모터 세 개 하이브리드는 보통 전기 모터 두 개 하이브리드로 4륜 구동을 하기 위해 전기 모터 한 개를 추가적으로 후륜 구동에 사용한다. 전기 모터 세 개를 사용하는 하이브리드에는 토요타 하이렌더와 렉서스 RX400h/450h SUV가 있다.

전기 자동차의 장점과 단점

장점 내연기관과 비교하여 전기 자동차에는 다음과 같은 많은 장점이 있다.

- **초기 토크**: 전기 자동차는 정지 상태에서 출발할 때 토크가 커서 운전자에게 급가속 경험을 제공할 수 있다. ● **그림 2-14 참조**
- **향상된 핸들링과 안정성**: 전기 자동차의 고전압 배터리는 가장 무거운 전기 부품으로 차체 바닥에 매우 낮게 배치되어 중량 중심이 매우 낮아 차량의 안정성을 높여주어 차량의 조향이 개선된다.
- **최대 견인력**: 전기 모터가 독립적으로 제어되기 때문에 모든 휠 구동 EV에서 최대 견인력으로 각각의 휠을 정밀하게 제어할 수 있다.
- **가솔린 차량보다 더 높은 효율**: 전기 자동차는 가솔린 자동차보다 저장 에너지를 운동 에너지로 변환하는 데 더 효율적이다. 전기 모터의 효율은 약 85~90%인 반면, 내연기관으로 구동

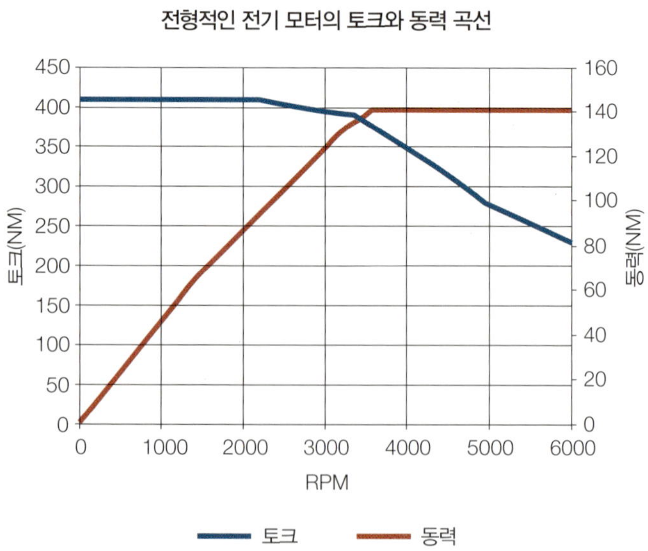

그림 2-14 전기 자동차의 높은 초기 토크와 빠른 동력을 보여주는 그래프

되는 차량은 35~40%이다.

- **운행 비용 절감:** 전기 모터의 효율성뿐만 아니라 화석 연료에 비해 전기 비용이 낮기 때문에 가솔린 자동차에 비해 전기 자동차 운행 비용이 더 적다.
- **일상 정비 감소:** 전기 자동차의 구동 부품 수가 더 적기 때문에 필요한 일상 정비가 줄어든다. 오일 교환이 필요 없고 회생 제동 기술로 인해 브레이크가 차량 수명을 연장할 수 있다. 정기적인 정비가 필요한 품목은 타이어 교환, 차량 내 에어필터 교체, 차량 앞유리 워셔액 추가, 차량 앞유리 와이퍼 날 교체 등의 일부로 제한된다.
- **조용함과 친환경:** 전기 자동차는 매우 조용하며 운행 중에는 소리가 나지 않는다. 그래서 전기 자동차는 소음 공해가 우려되는 대도시에 더 적합하다. 또한 배출가스가 없어 친환경적인 차량으로 여겨진다.
- **가정 내 충전:** 대부분의 전기 자동차는 가정에서 충전할 수 있다.

단점 ICE 차량과 비교할 때 EV의 단점은 다음과 같다.

- **제한된 주행거리:** 배터리 용량 증가로 인해 주행거리가 늘고 있지만, 주행거리는 여전히 많은 사람들의 관심사이다. 초기 전기 자동차는 최대 130 km의 범위에 그쳤지만, 새로운 모델의 주행거리는 현재 390~480 km 이상에 이르고 있다.
- **가정에서의 전기 요구:** 대부분의 EV는 가정에서 충전되며, 이것은 보통 밤새 충전할 수 있도록 차량 근처에 220~240 V의 콘센트를 제공하기 위해 전기 서비스를 설치하거나 업그레이드해야 함을 의미한다.
- **높은 초기 비용:** 고전압 배터리의 가격이 높기 때문에 전기 자동차 구매 비용은 동일한 유형과 크기의 내연기관 차량보다 비싸다.

주행거리를 늘리기 위한 팁

- 천천히 가속한다.
- 속도가 증가하면 공기역학 저항이 속도의 제곱만큼 증가하므로 고속 주행을 피한다.
- 꼭 필요한 경우가 아니면 에어컨을 사용하지 않는다.
- 타이어 공기압을 점검한다. 차량 도어에 있는 타이어 압력 카드의 적정 공기압은 타이어 롤링 저항, 제동 거리, 편안함, 횡방향 다이내믹, 마모 측면에서 최상의 성능을 제공한다.
- 차량 상태를 미리 파악한다. 동절기에 차량을 충전할 때는 출발 시간과 내부 차량 상태를 체크할 수 있어야 한다. 출발 시간에 배터리는 완충되어 있고 이미 가동 온도에 도달한 상태이기 때문이다.
- 사용하지 않는 바이크 랙과 차량 루프 그리고 필요하지 않은 것을 없애서 차량 중량을 줄인다.

? 자주 묻는 질문

전기 자동차도 견인될 수 있을까?

그렇다. 손상을 막기 위한 몇 가지 주의사항이 있다. 대부분의 차량 제조업체는 네 바퀴를 모두 지면에서 띄운 상태로 차량을 견인할 것을 권장한다. ● **그림 2-15 참조** 쉐보레 볼트의 설명서에는 다음과 같은 단계로 나와 있다.

- 앞바퀴를 돌리 위에 놓는다.
- 변속 레버를 P(주차)에 놓는다.
- 차량을 돌리에 고정시킨다.

하지만 '전자식 주차 브레이크' 사용자 설명서에 따르면 차량이 움직이지 않을 때 EPB(전자식 주차 브레이크)가 자동으로 작동하여 EPB 시스템이 올바로 작동하는지 확인할 수 있다고 한다. 일부 볼트 소유주는 EPB가 후륜 휠을 지면에 대고 견인되는 동안 체결되어 뒤쪽 타이어가 망가졌다고 보고한다. 만약 후륜 휠을 지면에 대고 견인하는 앞바퀴 구동 차량이 있다면 많은 전문가들은 다음 예방 조치를 권장한다.

- EPB에 전원을 공급하는 12 V 보조 배터리를 분리하여 EPB 동작 가능성을 방지한다.
- 차량 시동이 꺼질 때와 보조 배터리가 분리되어 있는 동안 EPB에 자동적으로 동작하고 있는지 주의 깊게 관찰한다.
- 보조 배터리를 분리하는 동안에 운전석 도어를 열어놓는다. 그렇지 않으면 도어가 자동으로 잠겨서 다시 전원을 연결하여 도어를 열어야 한다.
- 항상 출발 전에 바퀴가 자유롭게 굴러가는지 테스트한다.

물론 네 바퀴 모두 지면에서 벗어난 상태에서 견인되는 경우는 앞서 설명한 모든 예방 조치가 필요하지는 않다.

그림 2-15 차량 제조업체의 지침에 따른 전륜 구동 전기 자동차를 견인하는 방법

요약

1. 하이브리드 자동차(HEV)는 내연기관(ICE)과 전기 모터를 모두 사용하여 차량을 추진한다. 대부분의 하이브리드 자동차는 고전압 배터리 시스템을 사용하여 가솔린 엔진을 보조하기 위한 모터와 발전기를 혼합하여 사용한다.
2. 전기 자동차(EV)는 차량을 추진시키기 위해 하나 이상의 전기 모터를 사용한다. 전기에너지는 전기 자동차를 구동하기 위한 수송 연료로 사용되며, 전기에너지는 통상적으로 배터리와 같은 에너지 저장 장치에 저장된다.
3. 전기 자동차 기어가 주차 또는 중립 위치에서는 무음 상태이며, 주행 또는 후진 시에는 차체 뒤쪽의 스피커를 통해 차량 전방에서 인위적인 '주행 엔진' 소리가 발생한다. 일부 차량에는 차량 후면에 스피커가 장착되어 있다. 일반적으로 차량이 약 32 km에 도달할 때까지 소리가 발생한다.
4. 하이브리드 자동차나 전기 자동차는 일반 차량보다 비용이 많이 들고 차량도 무겁다. 초기 구입 가격이 상승하는 이유는 고전압 배터리, 전기 모터, 컨트롤러와 아이들 스톱 기간 동안 난방과 에어컨 시스템을 작동하는 데 필요한 추가 부품 때문이다.
5. 병렬 하이브리드 구조는 여러 개의 추진 동력원을 결합하거나, 에너지 공급원 중 하나만으로 차량을 구동할 수 있다. 이 구조에서 고전압 배터리와 엔진은 모두 변속기에 연결되어 있다.
6. 각 전기 모터는 두 가지 목적으로 사용된다.
   - 엔진에 부착된 모터/발전기(일반적으로 M/G1 또는 M/G A라고 표시)는 가솔린 엔진을 시동하고 고전압 배터리를 충전하는 데 사용된다.
   - 구동 휠에 연결된 모터/발전기(일반적으로 M/G2 또는 M/G B로 표시)는 차량을 추진하고 감속(재생 제동) 중에 고전압 배터리를 충전하는 데 사용된다.
7. 전기 자동차는 내연기관으로 구동되는 자동차와 비교했을 때 많은 장점이 있다.

복습 문제

1. 직렬 하이브리드 설계의 장점과 단점은 무엇인가?
2. 마이크로, 마일드, 중형, 풀 하이브리드의 장점과 단점은 무엇인가?
3. 전기 자동차(EV)를 소유할 경우 어떤 장점과 단점이 있는가?
4. 세 개 모터 하이브리드 시스템에서 세 번째 모터의 목적은 무엇인가?
5. 전기 자동차의 주행거리에 영향을 미치는 부품은 무엇인가?

마무리 퀴즈

1. 마일드 하이브리드와 풀 하이브리드의 차이점은 무엇인가?
   a. 마일드 하이브리드는 차량을 전기 모드로 추진한다.
   b. 풀 하이브리드는 차량을 전기 모드로 추진한다.
   c. 마일드 하이브리드 차량과 풀 하이브리드 차량 간에는 차이가 없다.
   d. 정답 없음

2. 하이브리드 자동차(HEV)와 플러그인 하이브리드 자동차(PHEV)의 차이점은 무엇인가?
   a. HEV와 PHEV 모두 전원 콘센트로 충전한다.
   b. PHEV만이 콘센트를 사용하여 최대 주행거리를 주행할 수 있다.
   c. PHEV는 내연기관을 사용하지 않는다.
   d. HEV는 PHEV보다 용량이 큰 고전압 배터리를 사용한다.

3. 한 페달 운전이 의미하는 것은 무엇인가?
   a. 차량에 페달이 하나뿐이다.
   b. 차량이 가속 페달만 사용하여 속도를 늦추고 종종 멈출 수 있다.
   c. 차량이 회생 브레이크를 사용하지 않고 마찰 브레이크만 사용한다.
   d. 차량이 가속 페달을 사용하여 가속하고 주차 브레이크 레벨을 사용하여 속도를 늦추고 정지한다.

4. 전기 자동차(EV)는 또한 무엇이라고도 불리는가?
   a. 자율 주행 차량
   b. 배터리 전기 자동차(BEV)
   c. 하이브리드 자동차(HEV)
   d. 플러그인 하이브리드 자동차(PHEV)

5. 대부분의 하이브리드 및 전기 자동차는 기존의 차량과 다른 일상 정비를 하는데, 일반적으로 전기 자동차에서 수행되지 않는 정비 형태는 무엇인가?
   a. 타이어 교체
   b. 엔진 윤활유 교체
   c. 에어필터 교체
   d. 차량 앞유리 워셔액 보충

6. 주행거리 불안이란 무엇인가?
   a. 고전압 배터리가 방전되어 주행하지 못하게 될 것에 대한 두려움
   b. 이동 거리가 8 km가 넘을 때 재충전해야 할지 모른다는 두려움
   c. 전기 자동차를 처음 소유할 때의 정상적인 불안감
   d. a와 c

7. 마이크로 하이브리드의 일반적인 배터리 구성을 나타낸 것은 무엇인가?
   a. 12 V와 144 V 배터리
   b. 12 V 두 개
   c. 12 V와 42 V 배터리
   d. 12 V와 300 V 배터리

8. 중형 하이브리드의 일반적인 배터리 구성을 나타낸 것은 무엇인가?
   a. 12 V와 144 V 배터리
   b. 12 V 두 개
   c. 12 V와 42 V 배터리
   d. 12 V와 300 V 배터리

9. 풀 하이브리드의 일반적인 배터리 구성을 나타낸 것은 무엇인가?
   a. 12 V와 144 V 배터리
   b. 12 V 두 개
   c. 12 V와 42 V 배터리
   d. 12 V와 300 V 배터리

10. 전기 자동차의 장점이 아닌 것은 무엇인가?
    a. 더 높은 비용
    b. 필요한 오일 교체 및 내연기관에 요구되는 기타 서비스가 없음
    c. km당 비용을 기준으로 운행하여 더 경제적임
    d. 위 보기 모두

Chapter 3

건강과 환경에 대한 관심사

학습 목표

- 탄소 기반 연료를 분별할 수 있다.
- 오존이 환경에 미치는 영향에 대해 설명할 수 있다.
- 유기 물질이 어떻게 탄소 기반 연료로 분해되는지 설명할 수 있다.
- 탄소 기반 에너지원과 비탄소 기반 에너지원의 차이를 설명할 수 있다.
- 탄소 기반 연료의 대안을 나열할 수 있다.
- 탄소 발자국을 줄이기 위해 필요한 요소를 나열할 수 있다.

핵심 용어

격리
방사 조도
성층권
스모그
오존
오존층 파괴 물질(ODS)
온실가스(GHG)
자외선(UV) 방사선
탄소(C)
탄소 발자국
탄수화물
휘발성 유기 화합물(VOC)

전기 자동차(EV)와 하이브리드 자동차(HEV)의 필요성

화석 연료의 절감 전기 자동차는 화석 연료를 직접 사용하지 않는 대신 탑재된 배터리에 저장된 에너지를 동력으로 사용한다. 하이브리드 자동차에는 동력원이 두 가지 있는데, 고전압 배터리로부터 공급되는 에너지를 사용하는 전기 모터와 내연기관이다. 하이브리드 자동차는 여전히 화석 연료를 사용하지만, 화석 연료만 사용하는 유사한 내연기관 차량에 비해 우수한 연비를 나타낸다. 고전압 배터리를 충전하는 데 필요한 에너지는 원자력, 태양열, 풍력과 같은 재생 가능한 에너지와 석탄이나 천연가스 같은 화석 연료를 연소하는 에너지로 구분된다.

탄소 기반 연료 역사를 살펴볼 때 세계적으로 사용되는 대부분의 에너지는 **탄소**(carbon, C)를 포함한 유기 연료를 연소하여 생산해 왔다. 탄소 기반 연료만 사용하는 경제를 흔히 **탄소 기반 사회**라고 한다. 탄소는 지구상에 한때 존재했던 물질로 형성된 것으로 다음과 같다.

- 수명을 다한 식물이 결국에는 석탄, 석유, 천연가스로 변한다.
- 모든 유형의 동물 생명체는 죽어서 부식되어 탄소 연료를 형성한다.

탄소 기반 연료의 자원은 죽은 식물과 동물의 잔해에 한정되어 있기 때문에 무한한 자원이 아니다. ● **그림 3-1 참조**

탄수화물 모든 생명체는 그들만의 환경으로부터 에너지를 모아서 저장하고 사용할 수 있다. 탄소 기반 생물학에서 **탄수화물**(carbohydrates) 내 기본적인 에너지 저장 화합물은 탄소 원자들의 단일 결합에 의한 사슬로 연결되어 있다. 예를 들어, 식물과 햇빛이 엽록소와 결합할 때 이산화탄소(CO_2)와 물(H_2O)이 반응하여 포도당과 산소(O_2)를 생성한다. 탄수화물은 산소와의 결합으로 산화되어 물과 이산화탄소의 노폐물인 에너지를 방출한다. 탄소 원자는 수소 원자에 결합하여 탄화수소(HC)를 형성한다. 거기에는 수많은 탄화수소가 존재하며, 탄소 원자의 개수뿐만 아니라 서로 결합되는 방식에도 차이가 있다. 탄화수소 분자로 구성되는 다양한 결합은 탄화수소의 물리적 특성 변화를 가져온다. 많은 탄소 원자를 가진 분자는 연소될 때 더 많은 에너지를 방출하고, 이것은 연료와 엔진으로부터 더 많은 힘으로 변환된다. 가솔린은 엔진 연료로 사용되기 위해 휘발성 및 기타 물리적 특성을 생성하도록 혼합된 탄화수소의 수백 가지 다른 물질들로 구성되어 있다. ● **표 3-1 참조**

탄소 기반 배출가스의 화학적 성질 탄소 기반 연료가 연소할 때 연료에서 발생하는 탄소와 수소는 공기 중의 21% 산소와 88% 질소와 결합하여 다음과 같은 새로운 위험한 화합물을 생성한다.

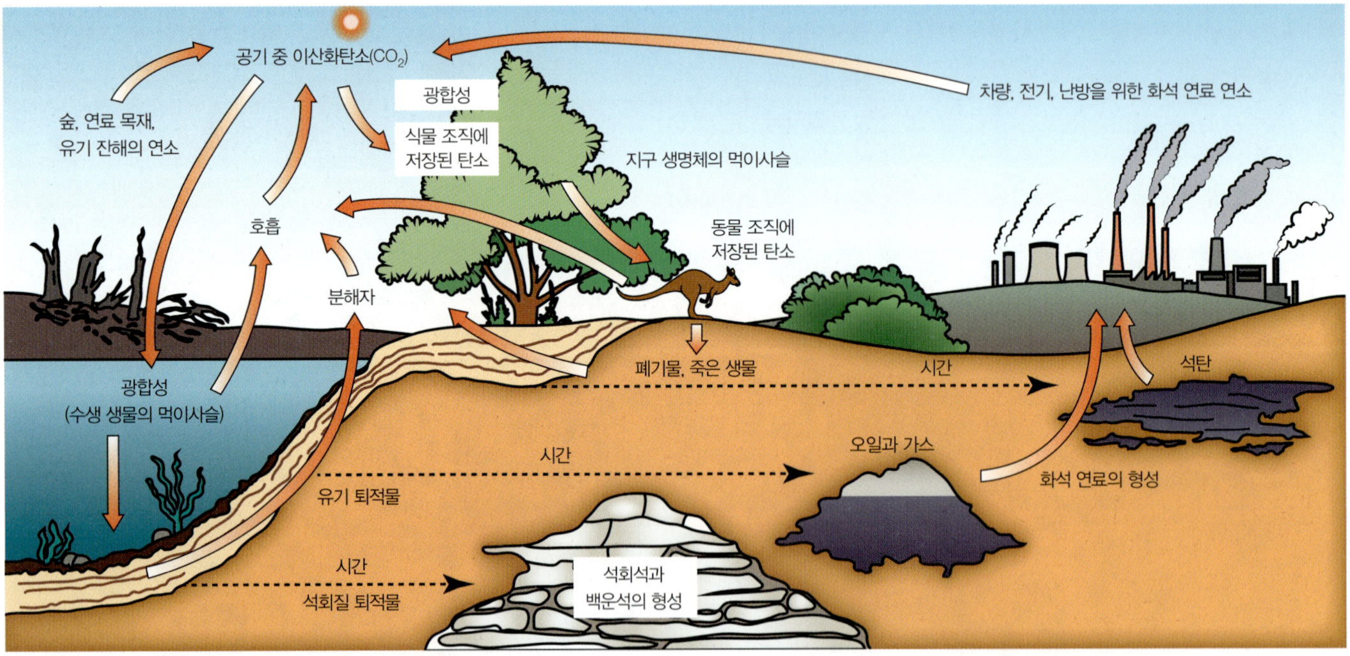

그림 3-1 탄소 기반 연료는 죽은 식물과 동물 잔해에 한정되어 있고 그 화석 연료 잔해가 오늘날 탄소 기반 연료를 생성한다.

연료	상태	탄소 비율	수소 비율
수소	기체	0%	100%
메탄	기체	20%	80%
가솔린	액체	31%	69%
석유	액체	36%	64%
석탄	고체	62%	36%
목재	고체	90%	10%

표 3-1 다양한 연료의 탄소 및 수소 함량

- 무색, 무취의 독가스
- 이산화탄소(CO_2): 기후변화를 일으키는 것으로 생각되는 불활성 온실가스
- 탄화수소(HC): 불완전연소된 연료이며 스모그의 구성요소 중 하나. **스모그**(smog)는 연기 또는 안개처럼 보이는 상태를 설명하는 데 사용되는 용어이다.

온실가스 **온실가스**(greenhouse gases, GHG)는 지구 대기 중의 기체로, 너무 높은 농도인 경우에 열이 대기 밖으로 빠져나가는 것을 막아 지구의 온도를 상승시킨다. 온실의 유리판은 열을 온실로 다시 반사시키기 위해 흰색으로 칠한다.

자외선은 흰색 페인트 유리판을 통과할 수 있어 실내를 따뜻하게 하여 1년 중에 추운 기간이나 더 추운 기후에도 식물을 재배할 수 있다. 따라서 온실 유리판의 흰색 페인트처럼 작용하는 지구 대기의 가스를 온실가스라고 부른다. ● 그림 3-2 참조

온실가스는 적외선 복사열을 다시 우주로 반사시켜 대기 중의 열을 가두는 경향이 있다. 약 150년 전 대규모 산업화가 시작된 이래로 몇 가지 중요한 온실가스(이산화탄소, 메탄, 아산화질소 및 대부분의 인공 가스)의 대기 농도는 약 25%나 증가했다. 이러한 가스 농도의 증가는 인간의 활동에 의한 것으로 여겨진다. 인간 활동의 결과로 발생하는 이산화탄소는 인위적인 온실가스로 알려져 있으며, 특히 산업화 시대 초기부터 화석 연료의 연소와 종이, 화학물질 등 목재 및 기타 용도를 위한 숲의 벌채로 인해 인위적인 이산화탄소 배출량이 많이 증가하고 있다.

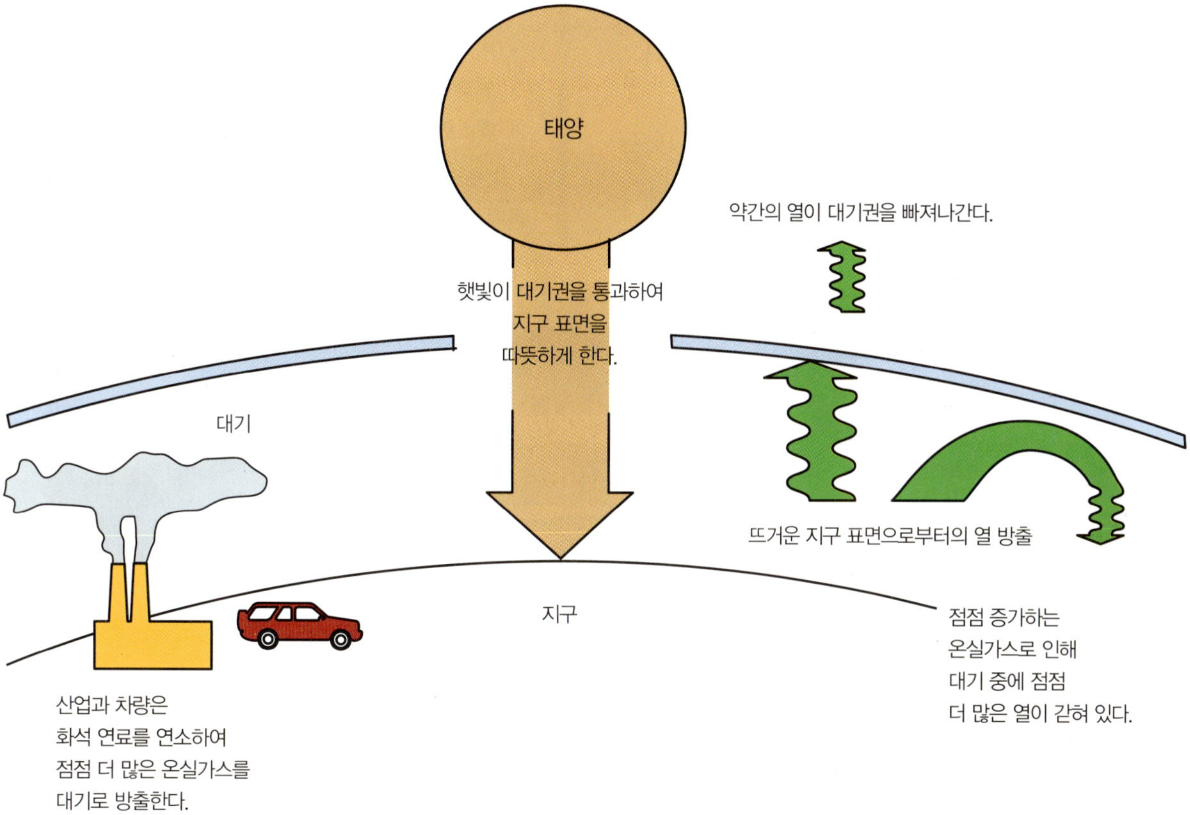

그림 3-2 대기는 방사능이 지구 표면으로 통과하게 하고 온실가스의 농도가 너무 높으면 열이 다시 우주로 방출되는 것을 막는다.

오존

정의 **오존**(ozone)은 세 개의 산소 원자로 구성되어 있으며 줄여서 O_3라 한다. 오존은 대기 중에서 자연적으로 발생하며 천둥 번개 후 냄새로 감지할 수 있다. 오존은 강력한 깨끗한 냄새가 나며, 높은 농도에서는 폐와 호흡기를 자극할 수 있다. 오존은 번개에 의해 생성될 수 있는데, 번개는 산소(O_2)의 분자 구조를 원자(O)로 분해한 다음, 다시 산소로 결합하여 오존을 생성한다. ● **그림 3-3 참조**

지상 오존 지상 또는 지구와 가까운 대기에 위치한 오존은 다음과 같은 건강 문제를 야기하기 때문에 인류에게는 건강 관심사다.

- 눈의 자극
- 천식
- 호흡곤란
- 가슴 조임
- 쌕쌕거리는 호흡

자동차와 오존 자동차 배기가스에서 연소되지 않은 탄화수소(HC)와 질소산화물(NO_X)이 햇빛을 만나면 오존을 발생시키기 때문에 지상 오존의 농도를 증가시킨다. 스모그는 지상 오존의 연기 또는 안개와 같은 모양을 나타내는 용어이다.

상위 오존 대기 상층에 위치한 오존은 태양으로부터 오는 해로운 자외선이 대기 하층으로 들어오는 것을 막는 데 도움이 된다. 따라서 오존은 대기 상층부에 위치해 있을 때 건강상에 문제를 일으키지 않는다.

인공 화학물질의 방출로 인한 지구 상부 오존층의 고갈은 인류의 건강과 식물의 생명을 위협한다. 냉장, 에어컨, 화재 및 폭발 방지 용매 등에 사용되는 특정 인공 화학물질은 오존층을 파괴하는 대기 반응을 유발할 수 있다. **오존층 파괴 물질**(Ozone-Depletion Substances, ODS)은 다음과 같다.

- 염소불화탄소(CFCs)
- 수소염소불화탄소(HCFCs)
- 할론
- 브롬화 메틸(무색 유독가스) ● **그림 3-4 참조**

? 자주 묻는 질문

휘발성 유기 화합물이란?

휘발성 유기 화합물(Volatile Organic Compounds, VOC)은 페인트, 용제, 에어로졸 스프레이, 세정제, 접착제, 유성 매직, 살충제, 연료에 의해 배출되는 가스이다. 대기 중 VOC 배출이 건강에 미치는 영향은 다음과 같다.

- 눈, 코, 목의 자극
- 두통
- 메스꺼움

방출되는 VOC의 양을 줄이기 위해서는 가정용 제품 및 공산품에 대한 제조업체의 사용 지침을 항상 따라야 한다.

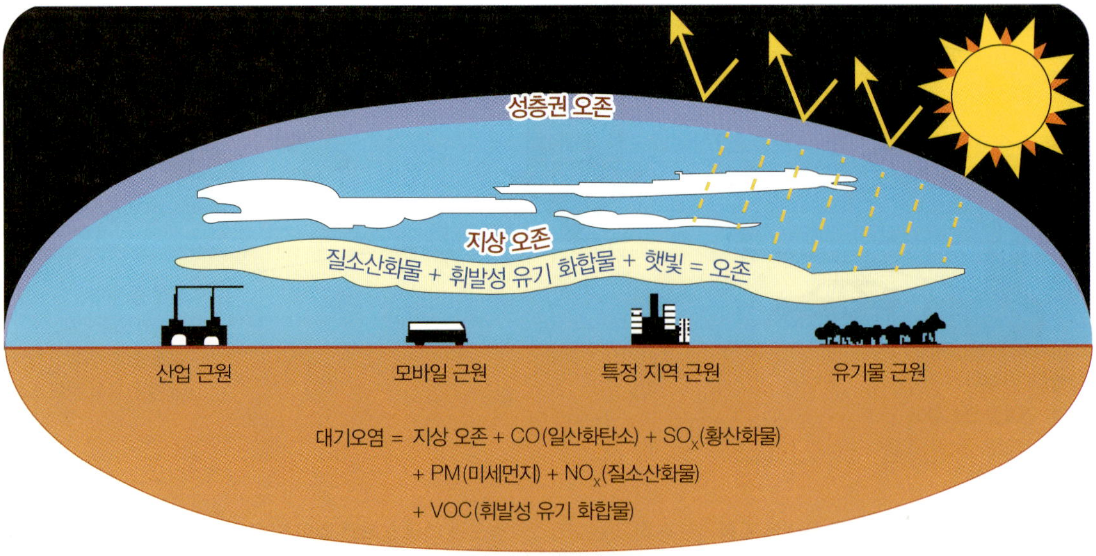

그림 3-3 지상 오존은 질소산화물과 휘발성 유기 화합물 등의 오염물질이 햇빛에 의해 함께 반응하여 생성되는데 대기 상층의 오존은 좋으나 지표면 부근의 오존은 나쁘다.

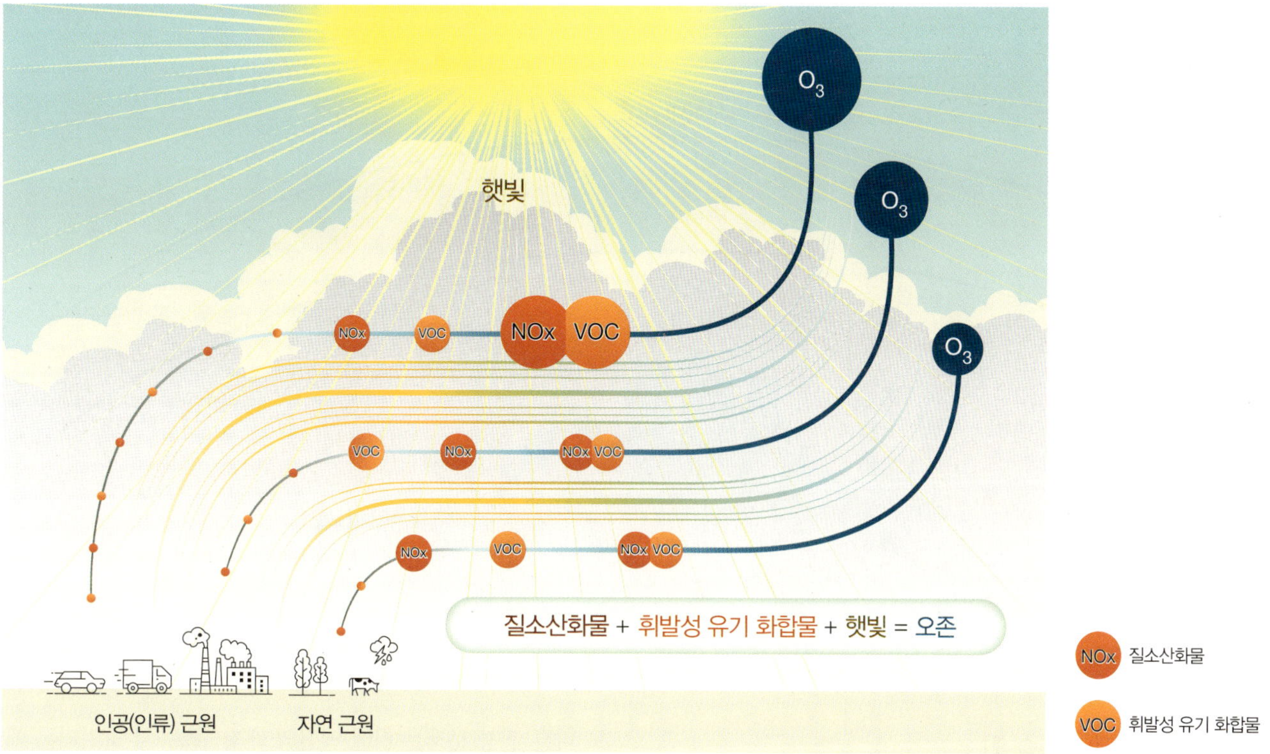

그림 3-4 질소산화물과 휘발성 유기 화합물은 햇빛과 상호작용하여 오존을 생성한다.

자외선 흡수

자외선 종류 **자외선 방사선**(Ultraviolet(UV) radiation)이 생물에 미치는 영향에 따라 세 가지로 구분하며 다음과 같이 표시한다.

- 자외선 'A', 줄여서 UVA는 오존층에 흡수되지 않고 일반적으로 생물체에 피해를 주지 않는다.
- 자외선 'B', 약칭 UVB는 오존층에 부분적으로만 흡수되어 생물체에 피해를 줄 수 있다.
- 자외선 'C', 약칭 UVC는 오존층에 거의 완전히 흡수되며 건강에 대한 우려가 거의 없는 것으로 나타났다.

복사 세기 자외선의 영향을 평가할 때 고려해야 할 또 다른 사항은 지표면에서의 강도이다. 즉 지표면에 도달하는 자외선 복사의 세기이다. 예를 들어, 20 W 전구와 100 W 전구 사이의 복사 세기 차이를 생각하면 알 수 있듯이, 광량이나 복사의 세기는 크게 차이가 난다.

태양 복사의 양을 정의할 때 사용하는 용어는 **방사 조도**(irradiance)이다. 지구 표면의 태양 방사 조도는 다음과 같은 요인에 따라 크게 달라진다.

- 위도
- 하루 중 시간대
- 연중 시간
- 구름양
- 연무

자외선 방사 조도의 경우 오존 밀도와 해수면 상승은 추가 요인이다.

UVB 방사 조도의 오존 조절 UVB와 UVC 방사선으로부터 지구의 생명체를 보호하는 것은 오존층에 의한 이 방사선을 흡수하는 것이다. 대류권이라고 불리는 하층 대기에는 약간의 오존이 존재하지만, **성층권**(stratosphere)이라고 불리는 상층 대기에 비해 오존양이 적다.

가장 중요한 요소는 태양 복사가 지구 표면에 도달하기 전에 만나는 오존의 전체 방사량이다. 이것은 지구 표면과 성층권 끝 사이의 칼럼에 있는 오존의 전체 방사량이기 때문에 오존 칼럼이라고 한다. ● **그림 3-5 참조**

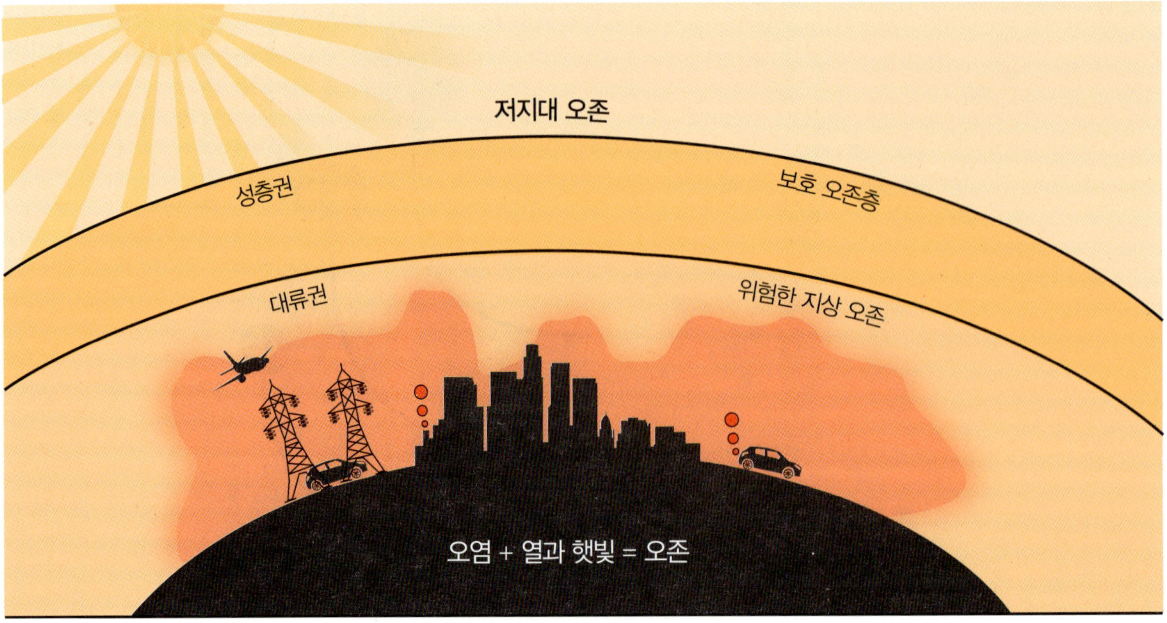

그림 3-5 칼럼 오존은 지구 표면과 성층권 꼭대기 사이에 있는 오존의 전체 방사량이다.

> **정비 기술 팁**
>
> 해발 300 m 이상이거나, 특히 1,500 m 이상의 고도에 있을 때 공기가 부족하다는 것 이상으로 자외선을 차단하기가 어렵기 때문에 일광 화상에 조심해야 한다. 이것은 해수면 근처이거나 낮은 고도에 비해 높은 고도에서는 일광 화상, 백내장과 같은 눈 이상이 더 쉽게 발생할 수 있다는 것을 의미한다.

대기 오염이 건강에 미치는 영향

일반적인 건강 문제 의학 전문가들에 의하면, 거의 모든 질병은 경미하거나 중대한 환경적인 요소를 갖고 있다고 한다. 피부암은 주로 어린 시절 심한 햇볕에 의해 발생하는 것으로 여겨진다.

미연소 산화수소(HC) 배출가스와 질소산화물(NO_x)은 햇빛이 비치는 대기 중에서 결합하여 오존(O_3)을 생성한다. 호흡기 자극제인 오존은 폐의 염증을 포함하여 호흡기 문제를 일으킬 수 있다.

오존에 노출되면 다음과 같은 상태를 일으킬 수 있다.

- 조기 사망(고농도 오존에 장기간 노출에 의한)
- 호흡 곤란
- 깊게 호흡할 때 가슴 통증
- 쌕쌕거림과 기침

또 다른 건강 문제는 디젤 엔진의 배기가스에서 발견되는 매연이라고도 불리는 미립물질(PM)과 관련이 있다. 미립물질(PM)은 호흡기 질환 및 암과 관련이 있다.

산성비

pH 등급 산성비는 7보다 낮은 pH를 가진 빗물로서 산성을 나타낸다. 일반적인 빗물은 산성(pH 7 미만)도 알칼리성(pH 7 이상)도 아닌 순수한 물이다. 환경보호국(EPA)에 따르면 산성비는 보통 pH 5.5이지만 pH 4.3으로 낮게 나올 수도 있다. 빗물은 아황산가스(SO_2)와 질소산화물(NO_X) 같은 대기 중의 가스로 인해 산성화된다. 아황산가스(SO_2)는 빗물과 결합하여 약한 황산을, 질소산화물(NO_X)은 빗물과 결합하여 질산을 형성한다. ● **그림 3-6 참조**

아황산가스와 질소산화물 모두 환경에 해로우며 다음과 같은 문제를 일으킬 수 있다.

- 산림 및 토양 훼손
- 산성비로 인한 호수와 하천의 산성화에 따른 물고기 피해
- 건물 파손 및 차량 도장 손상
- 도로 및 보도의 파손 ● **그림 3-7 참조**

그림 3-6 산성비는 아황산가스(SO_2)와 질소산화물(NO_X)이 빗물과 결합해 산을 형성한 것이다.

그림 3-7 약 20년 정도로 오래된 위 보도블록이 아래 보도블록에 비해 산성비의 영향이 더 큰 것을 알 수 있다. 산성비로 인해 시멘트가 침식되어 골재(돌)가 상부에 노출된 것을 알 수 있다.

정비 사례

잘못된 pH의 사례

한 박물관에서 차량 색상이 파란색인 1937년식 포드 차량에 스프레이 광택제를 사용했다. 몇 분 후에 차량 색상이 보라색으로 변했다는 것을 알아차렸다. 즉시 스프레이 광택제 사용을 중단하고 복원 전문가에게 확인하여 사용 중인 제품을 조사했다. 잘못된 pH를 사용한 사례로, 사용한 광택제가 약간 산성이었고 이것이 원래의 오래된 페인트의 색상을 바꾸었다. 이 광택제는 현대 차량 페인트에 사용하는 것은 괜찮지만, 오래된 페인트에는 적합하지 않았다. 손상을 입히거나 색이 변하는 것을 방지하기 위해 오래된 차량 페인트에서는 복원 전문가들이 'pH 균형이 잡힌' 제품을 사용할 것을 권장한다.

pH는 1부터 14까지의 등급이 있으며, 화학적 활성의 양을 나타내기 위해 사용되었다. pH라는 용어는 '수소의 힘'을 의미하는 프랑스어 *pouvoir hydrogine*에서 유래했다.

배터리 외부(산성 표면)를 세척하기 위해 베이킹소다(가성)를 사용하는 경우와 같이 알칼리 물질과 산성 물질을 서로 중화한다. 가성 베이킹소다는 배터리 외부에 쏟아지거나 얼룩진 황산을 중화한다. 대부분의 자동차 세차액은 pH 7.1~8.5의 약알칼리이며, 대부분의 광택제는 pH 5 또는 6의 약산성이다. 광택제가 산성인지 pH 균형이 잡혀 있는지 확인하려면 부품점을 방문하여 검토하고자 하는 제품에 대해 안전 데이터 시트(SDS) 인쇄를 요청한다. 부품점 담당자가 바코드를 사용하여 제품 정보에 접근하고, 거기서 안전 데이터 시트를 인쇄할 수 있다. 목록으로 나와 있는 pH를 확인하고 pH가 7이면 모든 페인트 및 마감에 사용할 수 있다. 그러나 pH가 4~6이면 대부분의 전문가는 원래 페인트가 칠해진 오래된 차량에는 사용하지 말 것을 권장한다.

요약

- **불만사항**: 스프레이 광택제를 사용한 것이 오래된 차량의 파란색 페인트가 보라색으로 변하게 된 원인임을 발견했다.
- **원인**: 스프레이 광택제가 약산성을 띠어 파란색 페인트가 보라색으로 변했다.
- **조치**: 박물관에서는 스프레이 광택제를 'pH 균형'이 잡힌 것으로 바꿨다. 즉 pH가 7 또는 약 7(중성)이라는 것을 의미한다.

탄소 발자국

정의 총 **탄소 발자국**(carbon footprint)은 인간 활동에 의한 에너지 관련 배출물과 열, 빛, 동력, 냉동 및 모든 운송 관련 배출 가스를 포함한다. 탄소 발자국은 사람이나 조직이 기후에 미치는 영향을 온실가스(GHG, 대부분 CO_2)의 총량으로 나타낸 것이다.

많은 차량이 탄소 배출을 발생시키고, 이것은 기후변화 가속화에 기여한다. 예를 들어, 가솔린이 자동차에서 연소될 때 탄소가 이산화탄소의 형태로 생성된다. 자동차 연비와 주행거리에 따라 가솔린 엔진이 장착된 자동차는 배기가스 배출로 매년 이산화탄소 발생량을 쉽게 증가시킬 수 있다. 이러한 상황이 발생하지 않도록 온실가스(GHG)를 60%까지 줄이거나 이산화탄소를 토양 내 탄소로 저장하여 대기 중에 이산화탄소를 줄이는 방법을 사용해야 한다. 대기 중 이산화탄소를 토양에 저장하는 과정을 **격리**(sequestration)라고 한다. ● **그림 3-8 참조**

탄소 발자국 줄이기 다음은 기후변화를 줄이기 위해 즉시 실행할 수 있는 간단한 일의 목록이다. 이 목록에 포함된 항목은 돈이 전혀 들지 않으며 실제로 돈을 절약할 수 있을 것이다.

1. 조명, 텔레비전, 컴퓨터와 같은 전자 장치를 사용하지 않을 때는 전원을 끈다.
2. 중앙난방기 온도를 조금만 낮춘다(1~2도 정도만 시도하기).
3. 온수 온도 설정을 낮춘다(2도만 낮추어도 상당한 절약 효과가 있다).
4. 중앙난방 타이머 설정을 확인한다. 낮에 모두가 일을 하러 나간다면 집 난방은 의미가 없다.
5. 식기세척기와 세탁기를 가득 채워 사용한다. 이렇게 하면 물과 전기를 절약할 수 있고 세제도 절약할 수 있다.
6. 휴대폰 충전이 끝나면 바로 플러그를 뽑는다.
7. 냉동고를 정기적으로 해동시킨다. 자동으로 되지 않는 경우 전기 절약을 위해 자동 기능의 비활성화를 고려한다.
8. 외출할 때 한 번에 쇼핑을 한다.
9. 여행을 줄이고 탄소 발자국 친화적인 차량을 이용해 더 많이 여행한다.
10. 전기 자동차(EV) 또는 하이브리드 자동차(HEV)와 같은 연비가 좋은 차량을 구입한다.

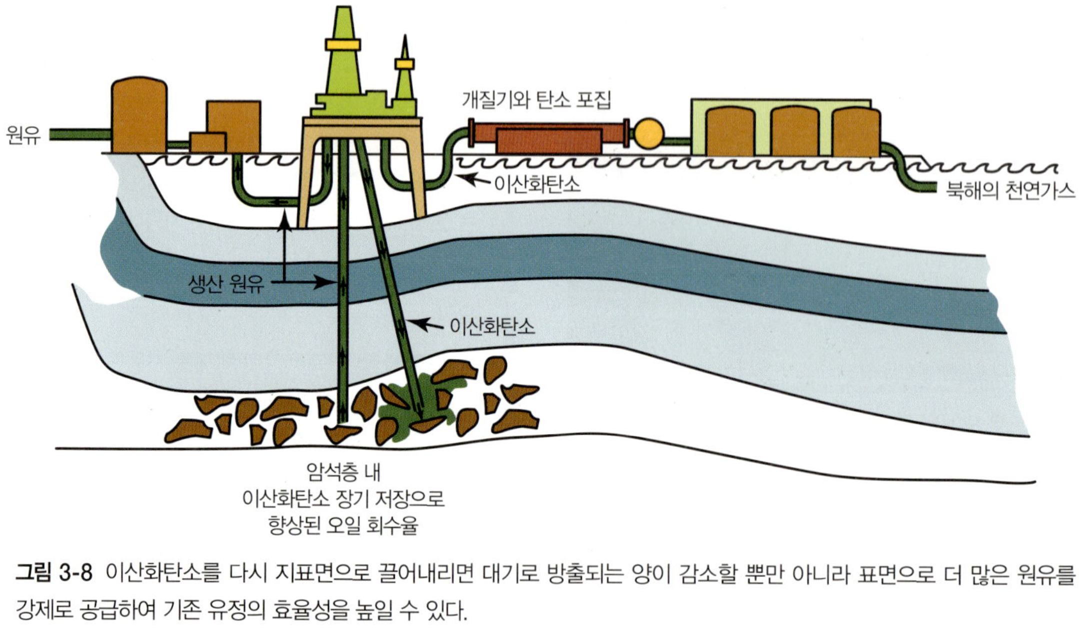

그림 3-8 이산화탄소를 다시 지표면으로 끌어내리면 대기로 방출되는 양이 감소할 뿐만 아니라 표면으로 더 많은 원유를 강제로 공급하여 기존 유정의 효율성을 높일 수 있다.

요약

1. 오늘날 사회는 살아 있는 식물과 동물의 잔해로 만들어진 탄소 기반 연료의 사용에 기반을 두고 있다.
2. 탄소 원자는 수소 원자에 부착되어 약칭 HC인 탄화수소를 형성한다.
3. 자외선(UV) 방사선은 생물에 미치는 영향에 따라 세 가지로 구분된다.
4. 온실가스(GHG)는 지구 대기 중의 가스로, 농도가 너무 높은 경우 열이 표면을 빠져나가는 것을 막아 지구의 온도를 증가시킬 수 있다.
5. 대기 중 온실가스는 다음을 포함한다.
   - 수증기(H_2O)
   - 이산화탄소(CO_2)
   - 메탄(CH_4)
   - 아산화질소(N_2O)
   - 염소불화탄소(CFCs)
6. 총 탄소 발자국은 열, 빛, 동력, 냉동 및 모든 운송 관련 배출을 포함한 인간 활동으로 인한 에너지 관련 배출물을 포함한다.

복습 문제

1. '탄소 기반 사회'는 무엇을 의미하는가?
2. 탄화수소는 무엇인가?
3. 어떤 유형의 자외선(UV)이 지구 생물체에게 가장 해로울까?
4. 탄소 발자국은 무엇을 의미하는가?
5. 탄소 발자국을 줄이기 위해 사람들이 할 수 있는 6가지는 무엇인가?

마무리 퀴즈

1. 어떤 연료가 가장 적은 양의 탄소를 함유하고 있는가?
   a. 메탄
   b. 수소
   c. 석탄
   d. 가솔린
2. 유기(organic)라는 단어가 의미하는 것은 무엇인가?
   a. 임의 연료
   b. 예전에 살아 있던 모든 것
   c. 돌 또는 바위
   d. 오존층 위의 대기 중 어떤 부분
3. 가솔린 차량에서 나오는 주요 온실가스는 무엇인가?
   a. 일산화탄소(CO)
   b. 이산화탄소(CO_2)
   c. 질소산화물(NO_X)
   d. 미연소 탄화수소(HCs)
4. 지구의 오존층에 대한 설명으로 옳은 것은 무엇인가?
   a. 인간을 포함해 식물과 동물에게 해롭다.
   b. 지구 표면에 도달하는 자외선을 줄이도록 도와준다.
   c. a와 b 둘 다 맞음
   d. a와 b 둘 다 틀림
5. 다음 중 햇볕에 노출될 시 스모그가 발생하는 것은 무엇인가?
   a. 미연소 탄화수소(HC)
   b. 질소산화물(NO_X)
   c. 이산화탄소(CO_2)
   d. a와 b 둘 다
6. 다음 중 오존은 무엇인가?
   a. O_3
   b. CO_2
   c. NO_X
   d. H_2O

7. 다음 중 살아 있는 생명체에 가장 해로운 자외선 종류는 무엇인가?
   a. UVA
   b. UVB
   c. UVC
   d. 정답 없음
8. 해수면과 비교하여 높은 고도에서 햇볕 화상이 더 잘 발생하는 이유는 무엇인가?
   a. 자외선을 차단해 주는 오존이 위쪽에 더 적다.
   b. 태양에 더 가까이 있다.
   c. 산소가 적다.
   d. 높은 고도에서는 더 춥기 때문에 햇볕에 그을릴 가능성이 적다.
9. 탄소 발자국을 줄이기 위해 수행할 수 있는 활동은 무엇인가?
   a. 기존의 가솔린 엔진 차량 대신 하이브리드 자동차를 운전한다.
   b. 주행거리를 줄인다.
   c. 주택을 단열재 처리한다.
   d. 위 보기 모두
10. 이산화탄소란?
   a. 제조된 가스이다.
   b. 보통 우리 대기에서 발생한다.
   c. 식물과 나무에 의해 만들어진다.
   d. a와 b 둘 다 정답

Chapter 4

하이브리드 엔진 시스템

학습 목표

- 4행정 사이클 가솔린 엔진의 작동 원리를 설명할 수 있다.
- 앳킨슨 사이클이 무엇이고 엔진 효율에 어떤 영향을 미치는지 설명할 수 있다.
- 하이브리드 자동차용 엔진오일의 중요성을 설명할 수 있다.
- 하이브리드 가솔린 엔진에서 연료 분사 및 점화 시스템의 작동 과정을 설명할 수 있다.
- 가변 밸브 타이밍 시스템이 엔진 출력 향상과 배기가스 저감을 일으키는 과정을 설명할 수 있다.

핵심 용어

가변 밸브 타이밍(VVT)
내연기관(ICE)
액티브 그릴 셔터(AGS)
앳킨슨 사이클
펌핑 손실

하이브리드 내연기관(ICE)

하이브리드 엔진의 차이점 **내연기관**(Internal Combustion Engine, ICE)은 연소 과정에서 연료에 포함된 에너지를 열에너지로 변환한다. 이 에너지의 일부는 냉각 및 배기 시스템에 의해 손실되지만 약 1/3은 유용한 전력으로 변환된다. 이 전력은 차량을 구동시키는 데 사용된다. 하이브리드 자동차(HEV)에 사용되는 내연기관(ICE)은 기존 차량에 사용되는 내연기관(ICE)과는 다음과 같은 차이점을 가진다.

- 동일한 크기와 무게를 가진 대부분의 유사한 차량에 비해 엔진 배기량이 적다.
- 앳킨슨 사이클을 사용하여 효율이 높다.
- 크랭크축 오프셋을 통해 내부 마찰을 줄인다.
- 일반적으로 스타터 모터를 사용하지 않는 경우가 많다.
- 일부는 인덱싱 점화 플러그(indexing spark plug)를 사용하여 접점의 개방된 부분이 흡기 밸브 쪽으로 향하도록 설치하여 효율을 극대화한다.
- 액티브 엔진 마운트(active engine mount, AEM)는 불규칙한 엔진 진동을 흡수하고 제거하기 위해 컴퓨터로 제어된다.
- SAE 0W-20 또는 SAE 0W-16과 같은 저점도 엔진오일을 사용한다.

하이브리드 자동차에 사용되는 엔진은 내연기관 자동차에 사용되는 엔진과 유사하며 다음과 같은 특징을 공유한다.

1. 종래 연료 분사 시스템
2. 기존 엔진 레이아웃 및 실린더 수(3기통 엔진을 사용하는 혼다 인사이트 제외)
3. 기존 엔진 부품과 동일한 엔진 부품 사용
4. 동일한 점화 시스템
5. 오일 필터를 포함한 엔진 윤활 시스템은 동일하지만 기존 자동차에 사용되는 것보다 점도가 낮은 엔진오일 사용

엔진의 기본 사항

4행정 사이클의 작동 엔진 사이클은 사이클을 완료하는 데 필요한 피스톤 행정 횟수로 구분된다. 피스톤 행정은 실린더의 상단에서 하단으로(또는 하단에서 상단으로) 움직이는 수직 왕복 운동이다. 한 번의 행정에서 크랭크축은 180°(1/2회전) 회전한다. 사이클이란 연속적으로 반복되는 일련의 작동을 의미한다. 대부분의 자동차 엔진은 엔진을 회전시키는 스타터 모터에 의해 행정이 시작되며, 각 실린더마다 4행정 사이클이 반복된다. ● **그림 4-1 참조**

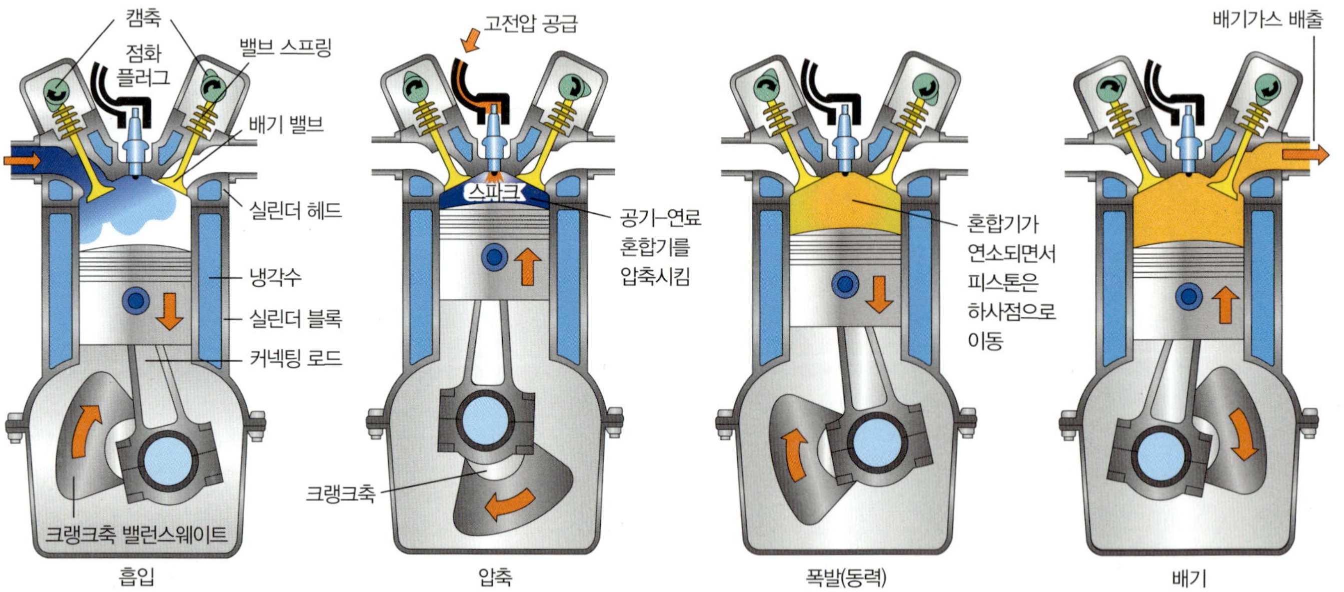

그림 4-1 흡입 행정은 피스톤이 아래로 이동하면 개방된 흡기 밸브를 통해 혼합기가 실린더 안으로 흡입된다. 압축 행정은 흡·배기 밸브가 닫힌 상태에서 피스톤이 위로 이동함으로써 혼합기가 압축된다. 폭발 행정이 시작될 때 점화가 발생하고 혼합기가 연소하면 피스톤을 아래로 구동하여 동력이 발생한다. 배기 행정에서는 위쪽으로 이동하는 피스톤이 연소된 배기가스를 개방된 배기 밸브를 통해 강제로 배출한다.

- **흡입 행정:** 흡기 밸브가 열린 상태에서 실린더 내부의 피스톤이 아래쪽으로 이동하면서 흡기 포트를 통해 실린더 내로 공기와 연료의 혼합물(혼합기)이 실린더로 흡입된다.
- **압축 행정:** 엔진의 계속된 회전에 의해 실린더 내부의 피스톤이 위쪽으로 이동하면서 흡기 밸브는 완전히 닫히고 공기-연료 혼합물(혼합기)을 압축한다.
- **폭발 행정:** 피스톤이 상사점(Top Dead Center, TDC)이라고 불리는 실린더의 꼭대기에 가까워지면 점화 플러그에서 스파크가 발생하여 공기-연료 혼합물(혼합기)이 연소되어 피스톤이 아래로 내려가고 크랭크축이 회전하게 된다.
- **배기 행정:** 폭발 행정에 의해 크랭크축이 회전하여 피스톤이 아래쪽으로 내려오면 배기 밸브가 열리고 계속된 엔진 회전에 의해 피스톤은 다시 실린더의 위쪽으로 이동하면서 연소된 잔류 가스를 배기 밸브를 통해 배기 매니폴드 및 배기 시스템으로 강제 배출한다.

이 순서는 엔진이 회전하면서 반복된다. 엔진을 정지하기 위해 점화 시스템과 연료 시스템의 전원을 차단한다.

피스톤은 커넥팅 로드에 의해 크랭크축에 연결 조립되며 피스톤은 크랭크축이 회전함에 따라 실린더 내에서 왕복 운동(상하 이동)한다. 아주 짧은 시간 동안 연소실에서 발생하는 연소 압력이 피스톤을 아래로 밀어 크랭크축을 회전시킨다.

앳킨슨 사이클

개요 **앳킨슨 사이클**(Atkinson cycle) 엔진은 흡기 밸브의 닫힘 시점을 늦추어 압축 압력을 감소시키고 팽창 행정을 연장하는 엔진이다. 1882년 영국의 기술자, 제임스 앳킨슨(James Atkinson)은 오토 사이클보다 높은 효율을 얻지만 저속에서 낮은 출력을 내는 엔진을 개발했다. 앳킨슨 사이클 엔진은 1890년까지 한정 수량으로 생산되었으나, 판매가 감소하면서 1893년 결국 이 엔진 제조회사는 폐업했다.

작동 앳킨슨 사이클의 주요 특징 중 하나는 흡기 밸브가 정상보다 더 길게 열려 있어 흡기 매니폴드로 역류할 수 있다는 점이다. 이를 통해 유효 압축비와 엔진 배기량이 감소하고 정상 압축 압력을 유지하면서 동력 행정 구간에서 팽창비가 압축비를 초과할 수 있다. 스파크 점화 엔진의 압축비는 사용되는 연료의 옥탄가 등급에 따라 제한되는 반면, 높은 팽창비는 더 긴 동력 행정을 가짐에 따라 배기 시 낭비되는 열을 감소시키기 때문에 이는 연비를 향상시키는 데 도움이 된다. 또한 더 많은 작동을 수행하기 때문에 엔진의 효율을 높여 준다. ● **그림 4-2 참조**

NOTE: 슈퍼차저가 적용된 엔진에서 흡입 공기가 과급되는 이러한 유형의 4행정 엔진은 밀러 사이클 엔진으로 구분된다. 현재 슈퍼차저나 밀러 사이클 엔진을 사용하는 하이브리드용 엔진은 없다. '5행정' 사이클이라

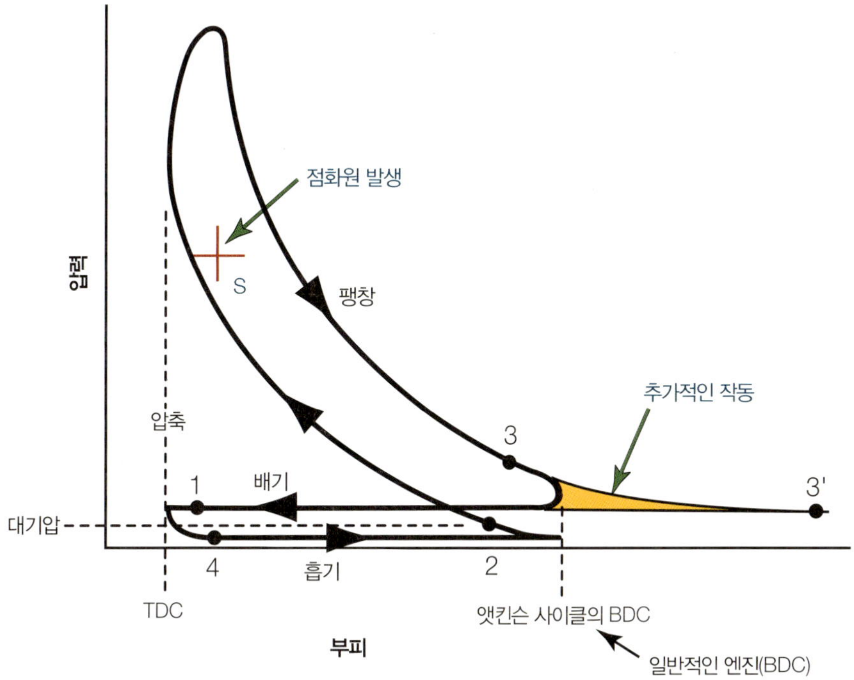

그림 4-2 흡기 밸브의 닫힘 시기가 지연됨에 따라 추가적인 작동이 발생하는 위치를 나타내는 P-V 선도(지압선도). 점 'S'는 점화가 이루어지는 시점이다.

자주 묻는 질문

'펌핑 손실'이란 무엇인가?

펌핑 손실(pumping losses)은 흡입 행정 동안 실린더에 공기를 채우기 위해 흡기 시스템이 유동 저항을 극복하는 데 필요한 에너지를 의미한다. 펌핑 손실은 실린더로 유입되는 공기의 흐름을 제한하는 스로틀 밸브에 의해 주로 발생한다. 일반적인 기계식 디젤 엔진은 스로틀 밸브가 없어 디젤 엔진으로 유입되는 공기 흐름에 저항이 없기 때문에 이러한 문제가 발생하지 않는다. 펌핑 손실을 줄이기 위해 아래와 같이 몇 가지 방법이 사용된다.

1. 높은 비율(30% 이상)의 배기가스 재순환(Exhaust Gas Recirculation, EGR) 장치를 흡기 시스템에 적용한다. 흡입 행정에서 공기-연료 혼합물(혼합기)의 일부 체적을 연소되지 않는 배기가스로 대체함에 따라 엔진의 출력이 감소한다. 엔진이 정상적인 출력을 얻으려면 스로틀 밸브를 평소보다 더 많이 열어야 스로틀 폐쇄로 인한 펌핑 손실을 줄일 수 있다.
2. 전자식 스로틀(Electronic Throttle Control, ETC) 밸브를 사용하는 경우, 고속 주행에서 파워트레인 제어 모듈(PCM)의 제어 알고리즘에 의해 스로틀 밸브를 열어 펌핑 손실을 줄이는 동시에 엔진 속도를 유지하기 위해 추가 EGR을 도입할 수 있다.
3. 오버드라이브 변속기(트랜스미션)나 트랜스액슬을 사용하여 엔진 속도를 줄인다. 엔진 속도가 느릴수록 효율을 높이기가 더 쉽다.

가장 효율적인 엔진은 약 100 RPM에서 작동하는 대형 선박용 디젤 엔진으로, 기존 가솔린 또는 디젤 엔진의 2배인 약 50%의 효율을 달성할 수 있다.

고도 하는 앳킨슨 사이클은 일반적인 흡입 행정은 사용하지만 압축 행정이 시작될 때 펌핑 손실을 줄이기 위해 흡기 밸브가 열린 상태로 유지된다. 자주 묻는 질문 "'펌핑 손실'이란 무엇인가?" 참조.

압축 행정이 시작될 때 흡기 밸브가 열려 있어 실린더에서 흡기 매니폴드로 공기가 '역류'하게 된다. 피스톤이 실린더 위쪽으로 올라가면 흡기 밸브가 닫히고 압축 행정이 시작된다. 12.3:1의 압축비는 우수한 성능을 위한 충분한 실린더 압력을 보장한다. 점화 플러그에 의해 공기-연료 혼합물(혼합기)이 점화되면서 동력 행정이 시작되고, 피스톤이 배기 행정에서 배기 밸브를 통해 배기 가스를 밀어내면서 사이클이 완료된다.

앳킨슨 사이클은 기존 4행정 가솔린 엔진보다 최대 10% 더 효율적이며, 높은 엔진 회전수(고속)에서 기존 엔진보다 더 큰 토크를 생성하지만, 낮은 엔진 회전수(저속)에서는 엔진 토크가 감소한다. 일반적인 HEV는 전기 모터를 사용하여 저속에서 자동차를 구동함으로써 이점을 활용할 수 있다. 전기 모터는 낮은 회전수에서 큰 토크를 가지므로 탁월한 성능을 발휘한다. 하이브리드 자동차의 변속기는 앳킨슨 사이클 가솔린 엔진의 저속 구간의 동력 손실을 보완한다.

앳킨슨 사이클 엔진 앳킨슨 사이클은 HEV뿐만 아니라 기존의 많은 분야에서 사용되고 있으며, 아래에 나와 있는 자동차에만 한정되지 않는다.

- 쉐보레 볼트(Chevrolet Volt)
- 크라이슬러 퍼시피카(Chrysler Pacifica) 플러그인 하이브리드 모델 미니밴
- 포드 C-맥스(Ford C-Max) 하이브리드 & 플러그인 하이브리드 모델
- 포드 이스케이프/머큐리 마리너(Ford Escape/Mercury Mariner) 하이브리드 전기 모델
- 포드 퓨전 하이브리드/머큐리 밀라노 하이브리드/링컨 MKZ(Ford Fusion Hybrid/Mercury Milan Hybrid/Lincoln MKZ) 하이브리드 전기 모델
- 혼다 어코드(Honda Accord) 하이브리드 & 플러그인 하이브리드
- 혼다 클래리티(Honda Clarity) 플러그인 하이브리드
- 혼다 인사이트(Honda Insight)
- 혼다 피트(Honda Fit)
- 현대 소나타 하이브리드(Hyundai Sonata Hybrid)
- 현대 엘란트라(Hyundai Elantra) 앳킨슨 사이클 모델
- 현대 하이브리드
- 현대 아이오닉(Hyundai Ioniq) 하이브리드 & 플러그인 하이브리드
- 현대 팰리세이드 3.8 L(Hyundai Palisade 3.8 L)
- 인피니티(Infiniti) M35h 하이브리드
- 기아 포르테(Kia Forte)
- 기아 니로(Kia Niro) 하이브리드
- 기아 옵티마 하이브리드, 기아 K5(Kia Optima Hybrid, Kia K5) 하이브리드 500h
- 기아 카덴자 하이브리드, 기아 K7(Kia Cadenza Hybrid, Kia K7) 하이브리드
- 기아 텔루라이드(Kia Telluride) 3.8 L
- 기아 셀토스(Kia Seltos) 2.0 L

- 렉서스(Lexus) CT 200h
- 렉서스 ES 300h
- 렉서스 GS 450h 하이브리드 전기
- 렉서스 RC F
- 렉서스 GS F
- 렉서스 HS 250h
- 렉서스 NX 하이브리드
- 렉서스 RX 450h 하이브리드
- 렉서스 LC
- 마쯔다 마쯔다6(Mazda Mazda6)
- 메르세데스 ML450 하이브리드(Mercedes ML450 Hybrid)
- 메르세데스 S400 블루 하이브리드(Mercedes S400 Blue Hybrid)
- 미쓰비시 아웃랜더(Mitsubishi Outlander) PHEV
- 토요타 캠리 하이브리드(Toyota Camry Hybrid)
- 토요타 아발론 하이브리드(Toyota Avalon Hybrid)
- 토요타 하이랜더 하이브리드(Toyota Highlander Hybrid)
- 토요타 프리우스 하이브리드(Toyota Prius hybrid)
- 토요타 야리스 하이브리드(Toyota Yaris Hybrid)
- 토요타 타코마(Toyota Tacoma) V6
- 토요타 RAV4 하이브리드(Toyota RAV4 Hybrid)
- 토요타 시에나(Toyota Sienna)
- 토요타 C-HR 하이브리드(Toyota C-HR Hybrid)
- 스바루 크로스트랙 하이브리드(Subaru Crosstrek Hybrid)

하이브리드 엔진 설계 특징

피스톤 핀 오프셋 피스톤 핀 홀은 일반적으로 피스톤의 중앙에 위치하지 않는다. 이 구멍은 피스톤 중심선으로부터 약 0.062인치(1.57 mm) 떨어진 주 측압면(major thrust surface)에 위치한다. ● **그림 4-3 참조**

핀 오프셋은 커넥팅 로드와 연결된 피스톤이 상사점(TDC)을 넘어갈 때 발생할 수 있는 피스톤 슬랩과 소음을 줄이기 위해 설계된다. 피스톤 헤드의 부 측압면(minor thrust surface)의 면적은 주 측압면의 면적보다 더 큰 면적으로 이루어진다. 이는 핀 오프셋에 의해 결정된다. 이 작업에는 다음 단계가 포함된다.

- 피스톤은 압축 행정 과정에서 실린더 위쪽으로 이동함에 따라 피스톤의 부 측압면이 밀착되어 움직인다.
- 압축 압력이 충분히 높아지면 부 측압면 피스톤 헤드 상부의 압력이 증가하여 피스톤은 약간 기울어진다.

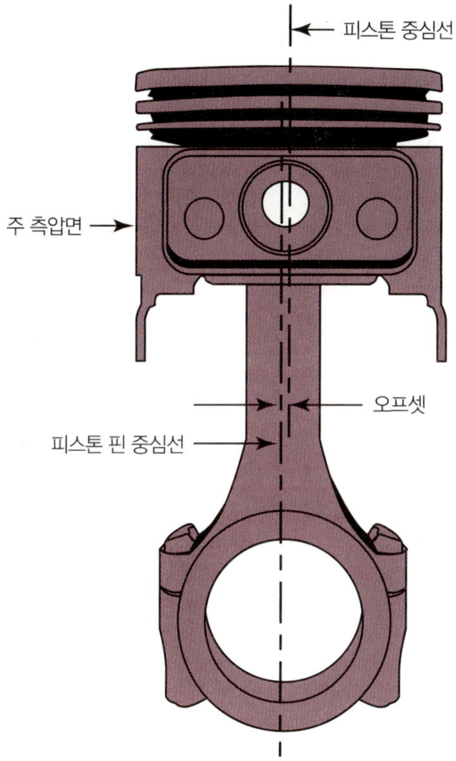

그림 4-3 주 측압면으로 치우친 피스톤 핀 오프셋

- 이렇게 하면 부 측압면의 상단이 실린더 내벽에 밀착된 상태에서 하단은 실린더에서 떨어지게 된다.
- 주 측압면의 하단이 실린더 벽에 강제로 닿게 된다.
- 피스톤이 상사점(TDC)에 가까워지면 양쪽 측압면이 실린더 내벽과 접촉한다.
- 크랭크축의 회전 방향이 바뀌는 상단 중앙을 통과하면 커넥팅 로드에 가해지는 힘이 피스톤 전체를 주 측압면으로 이동한다.
- 주 측압면의 하단부는 이미 실린더 내벽과 접촉한 상태이며, 피스톤 스커트의 나머지 부분은 피스톤이 상사점에서 아래 방향으로 이동 즉시 실린더에 완전히 접촉하여 피스톤 슬랩을 제어한다. ● **그림 4-4 참조**

피스톤 핀 오프셋을 부 측압면 쪽으로 배치하면 더 나은 기계적 이점을 얻을 수 있다. 또한 피스톤과 실린더 사이의 마찰도 줄어든다. 이러한 이유로 레이싱 엔진에서 피스톤 핀 오프셋은 종종 부 측압면으로 이동하여 배치된다. 레이싱 엔진에서 소음과 내구성은 최대 성능만큼 중요하지 않다.

NOTE: 모든 피스톤 핀은 오프셋되어 있다. 실제로 많은 엔진이 마찰을 줄이고 출력과 연비를 개선하기 위해 피스톤 핀 오프셋을 적용하지 않는 경우도 있다.

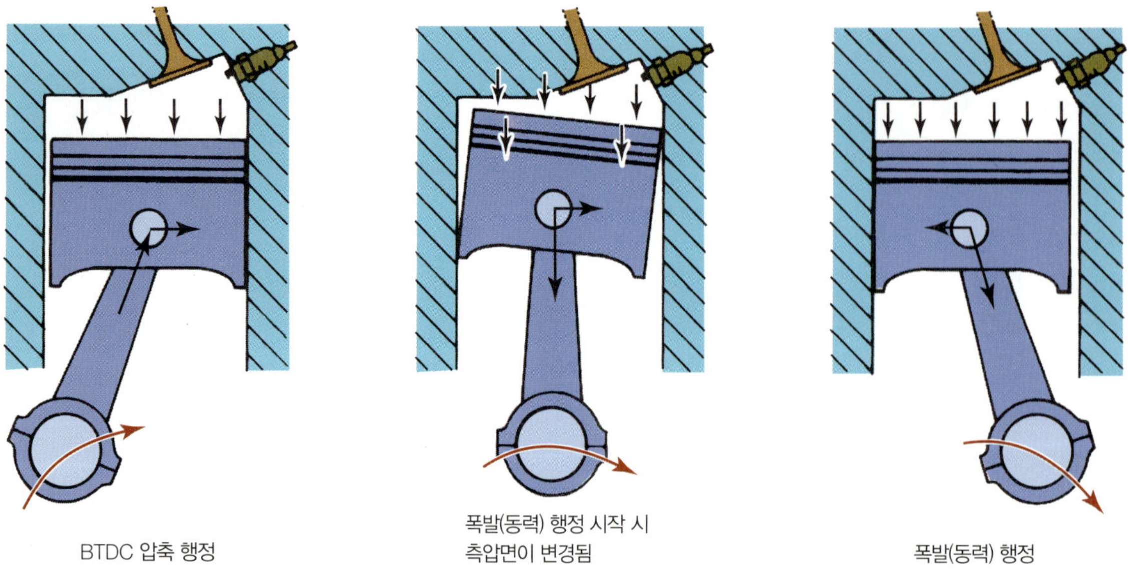

그림 4-4 동력 행정 동안 엔진 회전과 커넥팅 로드 각도로 인해 피스톤의 주 측압면이 실린더 한쪽 면에 더 강하게 밀착되어 움직이게 된다.

오프셋 크랭크축 측압면은 피스톤이 동력 행정에 있을 때 커넥팅 로드가 가리키는 실린더의 측면이다. 측압면의 측압을 줄이기 위해 일부 자동차 제조회사는 실린더 중심선에서 이격시켜 크랭크축을 배치한다. 이를 오프셋 크랭크축(offset crankshaft)이라고 한다. 예를 들어, 엔진을 정면에서 볼 때 시계 방향으로 회전하는 경우 동력 행정 중에 커넥팅 로드의 각도를 줄이기 위해 크랭크축이 왼쪽으로 오프셋될 수 있다. 오프셋은 일반적인 제조회사와 모델에 따라 1/16인치(1.59 mm)에서 1/2인치(12.7 mm)까지 다양하다. 하이브리드(가솔린/전기) 자동차에 사용되는 일부 직렬형 엔진은 오프셋 크랭크축을 사용한다. ● **그림 4-5 참조**

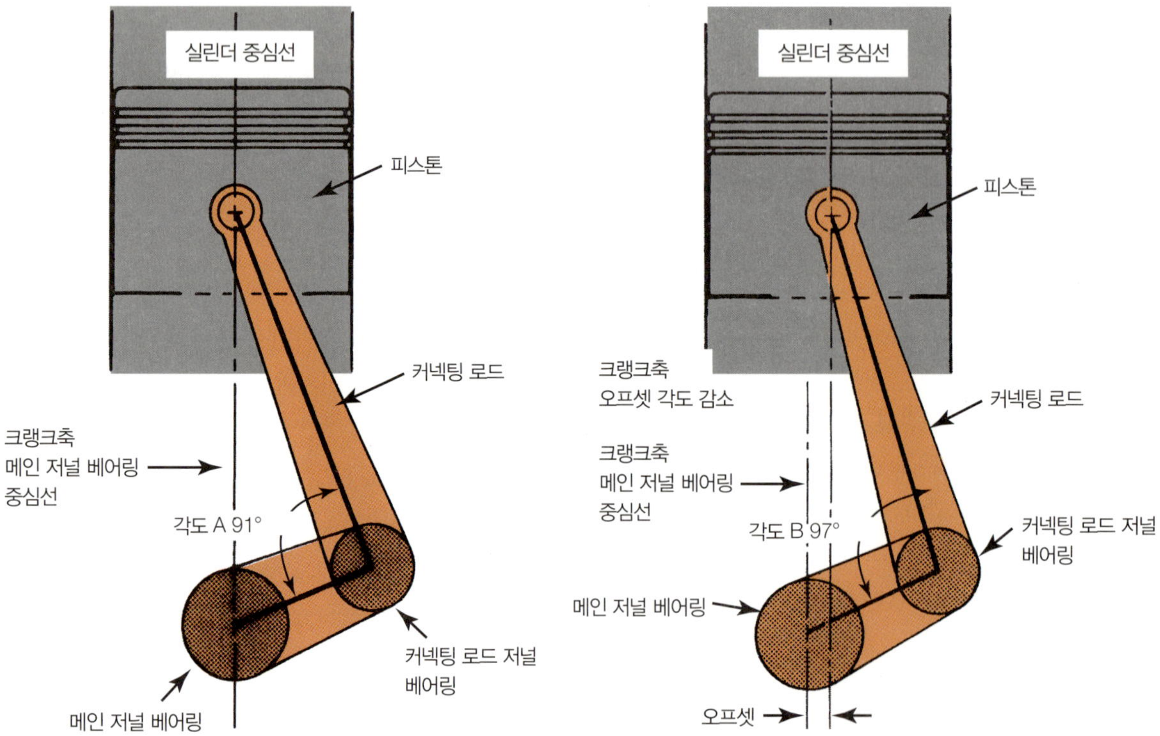

그림 4-5 크랭크 스로(crank throw)는 동력 행정의 절반 정도의 길이를 가진다. 오프셋 크랭크축이 없는 왼쪽 피스톤에 가해지는 측압은 오른쪽 피스톤보다 더 많이 발생한다.

? 자주 묻는 질문

모터/발전기는 어떻게 ICE(엔진) 구동 특성을 부드럽게 만들 수 있을까?

대부분의 HEV는 ICE의 크랭크축에 직접 또는 구동 벨트를 통해 부착된 모터/발전기를 사용한다. 모든 ICE는 실린더 내부의 연소 과정을 통해 동력이 생성된다. 실린더가 점화될 때마다 크랭크축의 회전속도는 증가하고 점화 순서에 따라 다음 실린더가 점화될 때까지 회전속도가 느려진다. 결과적으로 회전속도가 빨라지고 느려지면 불규칙한 비틀림 진동이 크랭크축으로 전달되고 결국 구동계 전체로 전달된다. 일반적으로 '전기 기계(electric machine)'라고 불리는 모터/발전기는 비틀림 진동을 상쇄하기 위해 크랭크축에 역토크(counter torque)를 발생시킨다. 이러한 작용으로 구동계 전체가 더 부드럽게 작동한다. ● 그림 4-6 참조

가변 밸브 타이밍

가변 밸브 타이밍의 목적 기존 밸브 타이밍 기구에 적용된 캠축은 크랭크축에 영구적으로 동기화되어 밸브가 각 연소 행정의 특정 지점에서 작동한다. 엔진에서 흡기 밸브는 엔진의 속도나 부하에 관계없이 모든 흡입 행정마다 피스톤이 실린더 상사점(TDC)에 도달하기 전에 개방되기 시작하여 피스톤이 하사점(Bottom Dead Center, BDC)에 도달한 후 크랭크축이 약 60° 정도 회전한 후에 닫힌다.

가변 밸브 타이밍 시스템 **가변 밸브 타이밍**(Variable Valve Timing, VVT)은 크랭크축과 연결된 캠축의 타이밍을 변경하기 위해 전기 및 유압 액추에이터를 사용한다. 가변 캠 타이밍(Variable Cam Timing, VCT)이라고도 불리는 VVT는 연소 행정의 다양한 지점에서 밸브를 작동하여 성능을 향상시킬 수 있다. 흡기 밸브와 배기 밸브가 동시에 개방되는 밸브 오버랩을 크게 하여 내부 EGR(internal EGR)을 이용함에 따라 VVT가 장착된 대부분의 엔진에는 EGR 밸브가 사용되지 않는다. 엔진에 사용되는 VVT는 다음과 같은 네 가지 기본 방식이 있다.

- 배기 제어 방식: 배기 계통에만 VVT를 사용하는 엔진은 EGR 효과를 이용하는 데 사용되므로 EGR 밸브가 필요하지 않다. 이 시스템에서는 엔진이 부분 스로틀에서 작동할 때 배기 밸브의 닫힘 시기가 지연되어 밸브 오버랩 구간이 증가한다. 이렇게 하면 흡기압(부압)에 의해 배기가스가 흡기 포트로 역류하여 잔류 배기가스의 양을 증가시킬 수 있다. ● 그림 4-7 참조
- 흡기 제어 방식: 흡기 캠축 작동 타이밍을 변경하면 엔진 성능이 향상된다. 이는 흡기 밸브가 압축 행정 초기에 닫히도록 제어하여 공기-연료 혼합물(혼합기)이 흡기 포트로 밀려나는 양이 줄어들기 때문이다(역류). 그 결과 엔진이 생성할 수 있는 저속 토크가 향상된다.

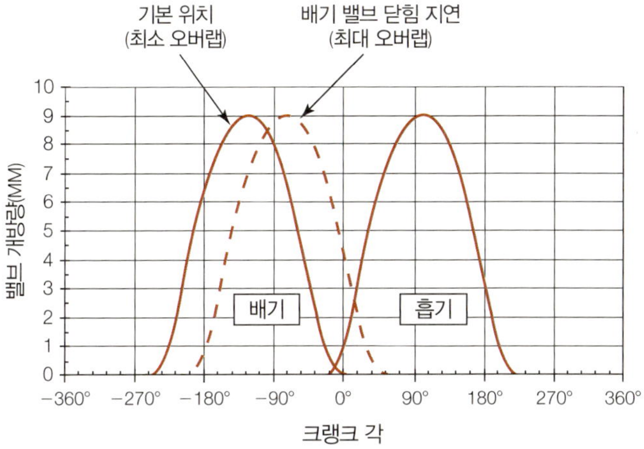

그림 4-7 VCT 시스템에서만 배기 제어를 통해 두 밸브(흡기, 배기)가 모두 열려 있는 기간을 변경할 수 있다. 일반적인 작동에서는 밸브 오버랩이 거의 발생하지 않지만, VCT 시스템 적용으로 배기 밸브 닫힘이 지연되는 경우 오버랩 구간이 최대로 증가하여 질소산화물(NOx) 배기가스 배출을 줄이는 데 필요한 내부 EGR이 가능해진다.

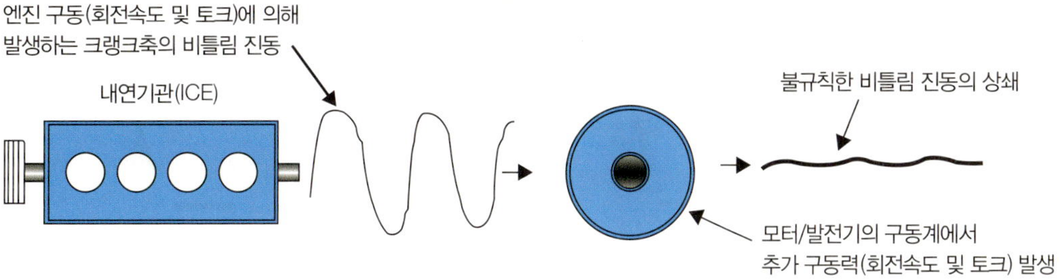

그림 4-6 모든 ICE는 실린더가 점화될 때 크랭크축 비틀림 진동이 발생한다. 부착된 모터/발전기(전기 기계)가 크랭크축에 역토크를 발생시켜 불규칙한 진동을 상쇄시킨다.

- 캠-인-블록(cam-in-block) 방식: 단일 캠축을 사용하여 밸브를 제어하는 일부 OHV(overhead valve) 엔진에서는 캠 페이저(cam phaser)를 이용하여 캠을 크랭크축과 동기화하여 회전하면서 VVT 기능을 구현한다. PCM(Powertrain Control Module, ECU로 통용)은 배기가스 배출을 위해 캠 페이저를 이용하여 캠축 회전을 지연시키므로 질소산화물(NOx) 배기가스 배출 저감을 위한 EGR 밸브가 필요하지 않다. 캠축 작동 타이밍을 제어하여 엔진 토크 범위를 넓히고 연비를 개선할 수 있다.
- 흡/배기 캠 동시 제어 방식: 대부분의 DOHC(double overhead camshaft) 엔진은 흡기/배기 캠축에 모두 VVT를 사용한다. 양쪽 캠축에 변화를 줌으로써 넓은 엔진 속도 범위에서 엔진 토크를 증가시킨다. 이를 통해 PCM(ECU)은 연소실에 체류 중인 배기가스의 양을 제어하여 질소산화물(NOx) 배출을 제어할 수 있다. 이는 흡기 밸브가 더 빨리 열리거나 배기 밸브가 더 오래 열리도록 허용함으로써 달성된다. ● **표 4-1 참조**

부품(구성품) 및 작동 캠축 위치 액추에이터의 오일 컨트롤 밸브(Oil Control Valve, OCV)는 실린더 헤드에 공급되는 엔진오일을 적절한 캠축 위치 액추에이터 오일 통로로 이동할 수 있도록 제어한다. 각 캠축 위치 액추에이터마다 OCV가 하나씩 설치된다. OCV의 각 구성 부품은 밸브 슬리브 내에 밀봉되어 조립된다. OCV의 포트 끝은 슬라이딩 방식으로 실린더 헤드에 삽입된다. 필터 스크린은 오일 공급 장치의 오염으로부터 각 OCV 오일 포트를 보호한다. 캠축 위치 액추에이터는 캠축의 앞쪽 끝에 장착되고 캠축의 타이밍 노치(마크)는 캠축 위치 액추에이터의 다웰 핀과 정렬되어 캠 타이밍과 캠축 위치 액추에이터 오일 홀이 올바르게 정렬되도록 한다. ● **그림 4-8 참조**

캠축의 위상 변화	결과
배기 캠의 작동	배기가스 배출물(Nox)의 감소
배기 캠의 작동	연료 경제성 향상(펌핑 손실 감소)
흡기 캠의 작동	저속에서 토크 향상
흡기 캠의 작동	고속에서 출력 향상

표 4-1 흡기 캠축 작동 타이밍을 변경하면 엔진 성능이 향상되고 배기 캠축 작동 타이밍을 변경하면 배기가스 배출과 연료 소비가 감소한다.

정비 기술 팁

HEV에는 항상 지정된 엔진오일을 사용한다

대부분의 HEV 엔진에는 SAE 0W-16, SAE 0W-20 또는 SAE 5W-20과 같은 저점도 엔진오일을 사용한다. 저점도 오일을 사용하는 이유는 크게 세 가지이다.

1. 저점도 오일은 엔진 내부의 마찰력을 줄여 연비를 향상시킨다.
2. 공회전 제한 장치(Idle Stop & Go, ISG)가 적용됨에 따라 공회전 정지 후 재시동 시, 특히 추운 날씨에는 모든 구동 부품에 빠른 오일 공급을 위해 저점도 엔진오일 사용이 필요하다.
3. 대부분의 HEV 엔진은 설계된 대로 작동하기 위해 빠른 오일 흐름이 필요한 VVT 또는 가변 배기량 엔진(multi-displacement deactivation system, MDS)에 적용된다.

따라서 전반적인 성능과 경제성을 극대화하려면 항상 모든 엔진에 지정된 엔진오일을 사용해야 한다.

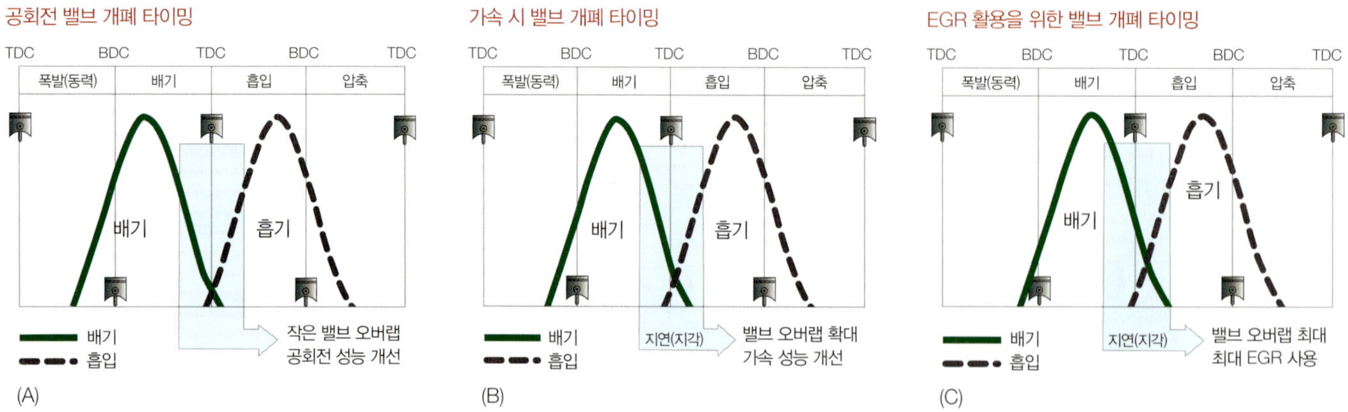

그림 4-8 (a) 엔진 시동 시 캠축 작동 타이밍은 밸브 오버랩이 거의 없어 공회전 품질이 향상된다. (b) 가속 시에는 밸브 오버랩이 증가하여 엔진 성능이 향상된다. (c) 질소산화물(NOx) 배출을 감소시키기 위해 배기가스 일부를 연소실에 체류하도록 밸브 타이밍을 변경하여 EGR 밸브가 필요 없게 한다.

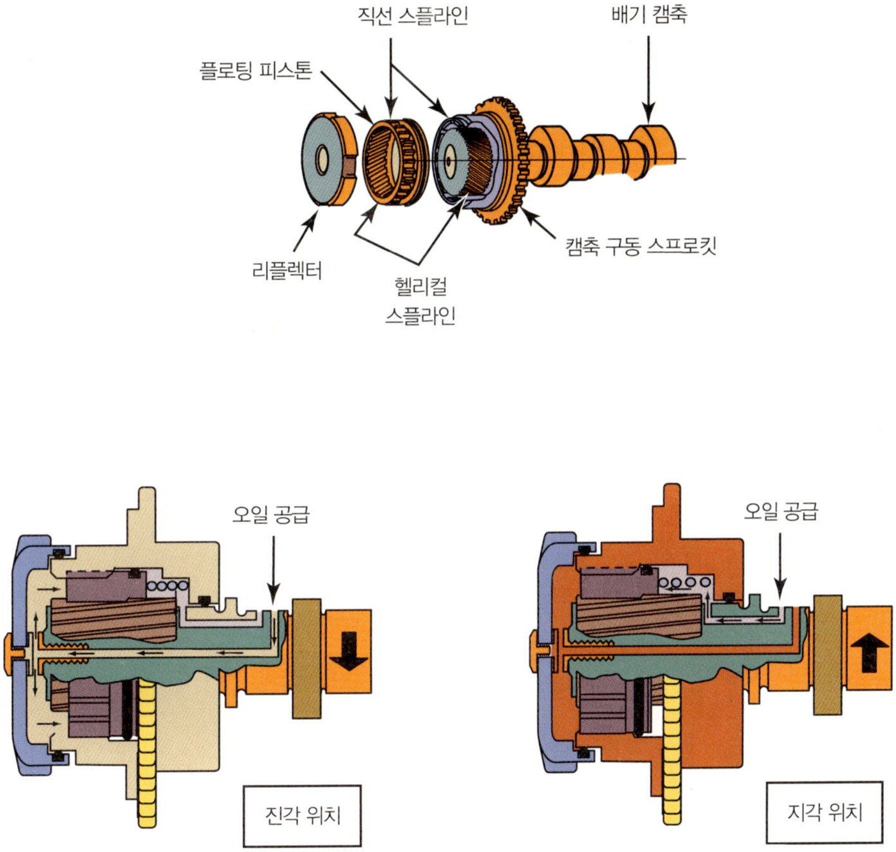

그림 4-9 스플라인 캠 페이저 어셈블리

캠축 페이저 캠 페이징 장치에는 두 가지 유형이 사용된다.

1. 스플라인 페이저(spline phaser)는 오버헤드 캠축(overhead camshaft, OHC) 엔진에 사용된다. ● **그림 4-9 참조**
2. 베인 페이저(vane phaser)는 OHC 및 OHV 캠-인-블록 엔진에 사용된다.

스플라인 페이저 시스템의 작동 일반적인 OHC 엔진에서는 컨트롤 밸브가 실린더 헤드의 앞쪽에 위치한다. OCV는 PCM(ECU)의 펄스폭 변조(PWM) 신호를 사용하여 제어된다. 오일 압력은 컨트롤 밸브에 의해 조절되어 실린더 헤드의 오일 통로를 통해 캠축과 캠 페이저로 전달된다. 캠 페이저는 배기 캠에 위치하며 배기 캠 스프로킷의 일부이다. PCM(ECU)에 의해 오일 압력이 증가하면 플로팅 피스톤이 캠 페이저 내부로 이동하여 코일 스프링이 압축되면서 헬리컬 스플라인을 따라 이동한다. 이 움직임으로 인해 캠 페이저 기어와 캠축이 반대 방향으로 움직이게 되어 캠 타이밍이 지연된다. ● **그림 4-10 참조**

OHC 엔진의 베인 페이저 시스템 OHC 엔진에 사용되는 베인 페이저 시스템은 각 캠축에 캠축 위치(camshaft piston, CMP) 센서를 사용하고, 각 캠축에는 캠축 위치 액추에이터와 OCV가 설치된다. 베인 페이저는 헬리컬 스플라인을 따라 이동하는 플로팅 피스톤을 사용하는 대신 캠축 끝에 연결된 4개의 베인이 있는 로터를 사용한다. 로터는 스테이터 내부에 위치하며, 이는 캠 스프로킷에 볼트로 고정된다. 스테이터와 로터는 고정되어 있지 않고 베인 양쪽의 오일 챔버에 공급되는 오일 압력에 따라 연속적으로 움직일 수 있도록 구성된다. OCV는 베인 양쪽의 압력 균형을 변화시켜 캠축의 위치를 제어한다. 캠 페이저의 릴럭터 휠(reluctor wheel)과 결합되어 있는 리턴 스프링에 의해 홈 또는 0 위치로 복귀하는 데 도움을 준다. ● **그림 4-11 참조**

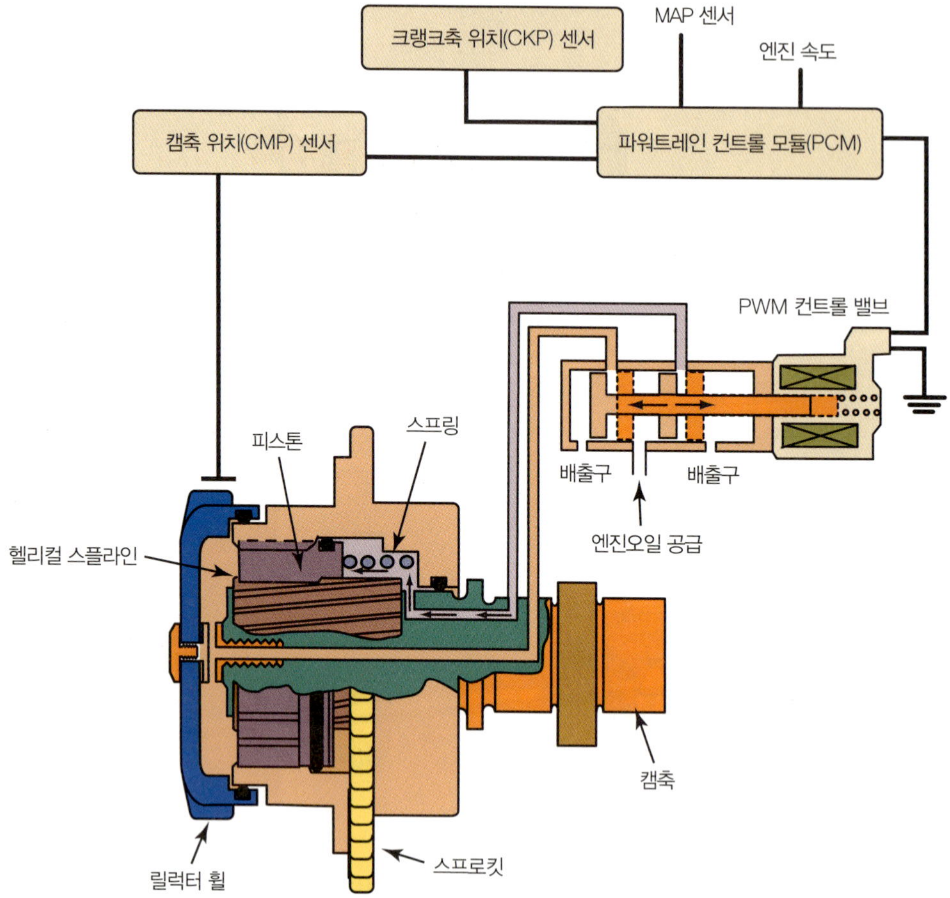

그림 4-10 컨트롤 밸브와 내부 작동 방식을 보여주는 스플라인 페이저. PCM(ECU)은 엔진 속도(RPM), 크랭크축 위치(CKP) 센서, 캠축 위치(CMP) 센서를 사용하여 최대 출력과 배기가스 배출 저감을 위해 캠축을 모니터링하고 제어한다.

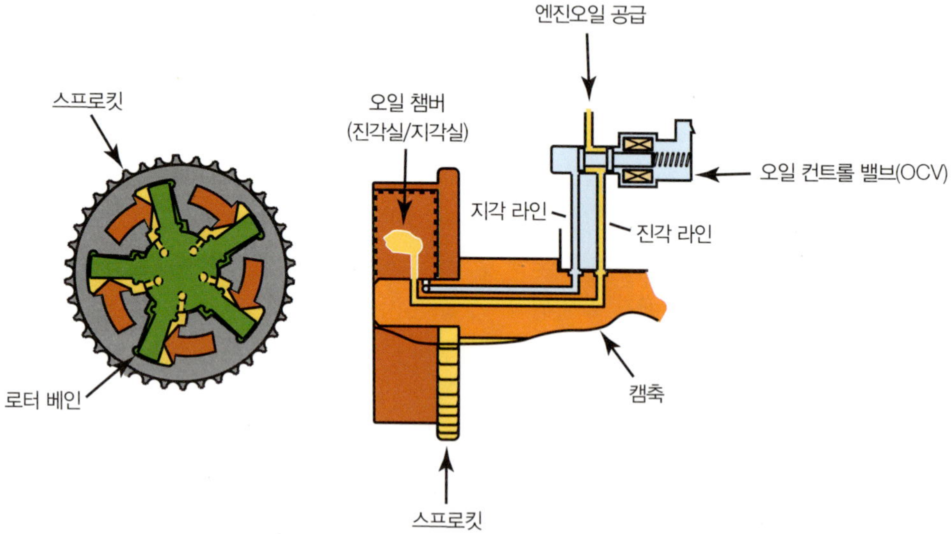

그림 4-11 베인 페이저는 오일 컨트롤 밸브(OCV)의 오일 압력 변화를 이용해 캠축을 회전하는 데 사용된다.

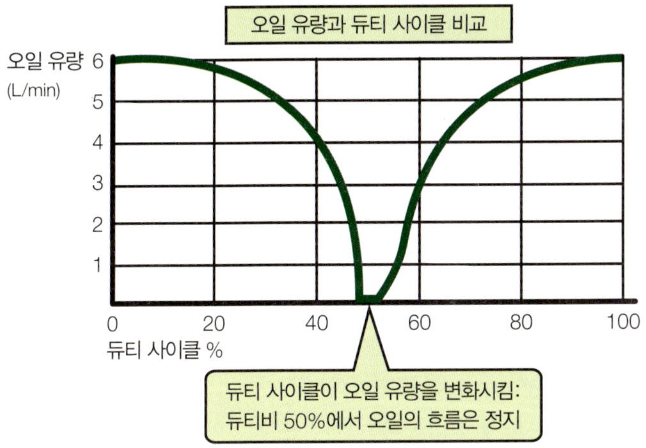

그림 4-12 PCM에 의해 50% 듀티 사이클로 제어되면 페이저를 통과하는 오일 흐름이 0으로 감소한다.

OCV 공급되는 듀티비(duty ratio)가 변경되면 다음과 같이 작동한다.

- 듀티비 0%: 오일이 배기 캠축 액추에이터의 진각실과 흡기 캠축 액추에이터의 지각실로 전달된다.
- 듀티비 50%: PCM이 엔진 RPM 및 부하에 따라 계산된 위치에 캠을 고정한다. 듀티비 50%에서 캠 페이저를 통과하는 오일 흐름은 0으로 감소한다. ● **그림 4-12 참조**
- 듀티비 100%: 오일은 배기 캠축 액추에이터의 지각실과 흡기 캠축 액추에이터의 진각실로 전달된다.

캠 페이징은 흡기 캠축의 경우 40%에서 배기 캠축의 경우 50%의 범위로 연속적으로 가변한다. PCM은 다음 센서를 사용하여 최대 출력과 배기가스 저감을 위한 캠축의 최적 위치를 결정한다.

- 엔진 속도(RPM)
- MAP 센서
- 크랭크축 위치(CKP) 센서
- 캠축 위치(CMP) 센서
- 대기압력(BARO) 센서(BPS로 통용)

가변 밸브 타이밍 시스템의 진단

진단 단계 대부분의 자동차 제조회사에서 지정하는 진단 절차는 다음 단계로 이루어진다.

1단계: 고객의 불만사항을 확인한다. 대부분의 작동 조건에서는 엔진 성능에 미치는 영향은 미미하므로 일반적으로 '엔진 점검 표시등'(오작동 표시등 또는 MIL)이 표시된다.

2단계: 엔진오일의 양과 상태를 점검하는 등 육안검사를 철저히 수행한다.

3단계: 저장된 고장 코드(Diagnostic Trouble Codes, DTC)가 있는지 확인한다. 일반적인 VVT 관련 DTC는 다음과 같다.

P0011 – 흡기 캠 위치가 진각 뱅크 1을 초과함
P0012 – 흡기 캠 위치가 지각 뱅크 1을 초과함
P0013 – 배기 캠축 위치 액추에이터
P0014 – 배기 캠축이 너무 많이 진각됨
P0021 – 흡기 캠 위치가 진각 뱅크 2를 초과함
P0022 – 흡기 캠 위치가 지각 뱅크 2를 초과함

4단계: 차량 진단 스캐너를 사용하여 차량을 일정한 속도로 운행하면서 캠 위치 솔레노이드의 듀티 사이클을 점검한다. 이때 듀티비는 50%여야 한다. 듀티비가 50%가 아닌 경우 PCM이 페이저를 명령된 위치로 이동하려고 시도하고 있으나 페이저가 제대로 반응하지 않은 것이다. 기준값(듀티비 50%)보다 높거나 낮으면 일반적으로 페이저 어셈블리가 고정되었음을 나타낸다.

5단계: 솔레노이드의 저항값이 적절한지 확인한다. 양방향 제어 기능이 있는 차량 진단 스캐너를 사용할 수 있는 경우 전류계를 연결하고 차량 진단 스캐너가 솔레노이드에 명령을 내릴 때 전류를 측정한다.

6단계: 엔진오일 압력이 규정값 범위인지 확인한다. 낮은 오일 압력 또는 캠 페이저로의 흐름 제한은 많은 고장 코드(DTC)가 표시되는 원인이 될 수 있다.

7단계: 문제의 근본 원인을 파악하고 모든 고장 코드(DTC)를 삭제한다.

8단계: 차량을 주행 테스트하여 결함이 수정되었는지 확인한다.

정비 기술 팁

DCT가 표시된 경우 엔진오일을 교환한다

P000A DTC는 흡기 캠축 타이밍이 너무 느리게 제어되는 것을 나타낸다. 배기 캠축 타이밍이 너무 느리게 변경되면 P000B DTC가 표시된다. 이러한 고장 코드(DTC)는 솔레노이드 또는 솔레노이드를 제어하는 전기 회로 결함으로 인해 표시될 수 있지만, 가장 가능성이 높은 원인은 엔진오일과 관련이 있다. 오염된 오일, 잘못된 점도의 오일 또는 낮은 오일 용량이 가장 큰 원인일 가능성이 높다. 전기 회로 점검 결과가 규정값 범위 내에 있는 것으로 확인되고 지정된 점도를 사용하는 엔진오일로 교체하면 두 가지 코드 오류를 해결할 수 있다. ● **그림 4-13 참조**

그림 4-13 필터 스크린은 밸브가 고착될 수 있는 먼지와 이물질로부터 솔레노이드 밸브를 보호한다. 필터 스크린이 막히는 경우 P0017 DTC(크랭크축 위치-캠축 위치 상관관계 오류)가 표시될 수 있다.

HEV 엔진 냉각 시스템

엔진(ICE) 냉각 엔진 냉각 시스템의 목적은 가능한 한 빨리 ICE를 최적 온도로 끌어올리고 모든 작동 조건에서 그 온도를 유지하는 것이다. ICE는 냉간 시동 시 배기가스 배출량이 증가한다. 이는 차가운 흡입 매니폴드와 실린더 벽면에 연료가 응축되는 경향 때문에 이를 보완하기 위해 더 농후한 공기-연료 혼합기가 필요하다. 연소실의 차가운 표면에 의해 소염(quench) 현상이 발생한다. 해당 표면에서 불꽃이 꺼지고 공기-연료 혼합물은 부분적으로만 연소된다. ICE가 작동을 시작하면 연소실 내부 온도가 증가하여 이러한 문제는 크게 감소한다. 냉각수 온도가 최적 온도로 유지되는 이유는 다음과 같다.

1. ICE는 90~101°C(195~215°F) 사이에서 작동할 때 가장 높은 효율과 가장 큰 배기가스 배출량 감소를 가져올 수 있다.
2. 차량 주행 성능(엔진 성능)이 향상된다.
3. 정상 온도에서 작동하는 엔진은 저온에서 작동하는 엔진보다 연료 소비율을 향상시킬 수 있다.
4. 최적의 냉각수 온도를 통해 실내 난방 시스템이 제대로 작동할 수 있다.
5. ICE가 과열되면 효율성이 저하되고 내부 기계 부품에 치명적인 고장이 발생할 수 있다.

모든 차량용 ICE는 수랭식이다. 냉각 시스템은 밀폐되어 있으며 액체 냉각수는 워터 펌프에 의해 워터 재킷(내부 통로)을 통해 순환되어 발생된 엔진 열을 흡수한다. 가열된 냉각수는 라디에이터로 보내져 열을 방출하여 온도가 낮아진 냉각수는 ICE 내부 통로로 순환되는 사이클을 계속 반복하게 된다. ● **그림 4-14 참조**

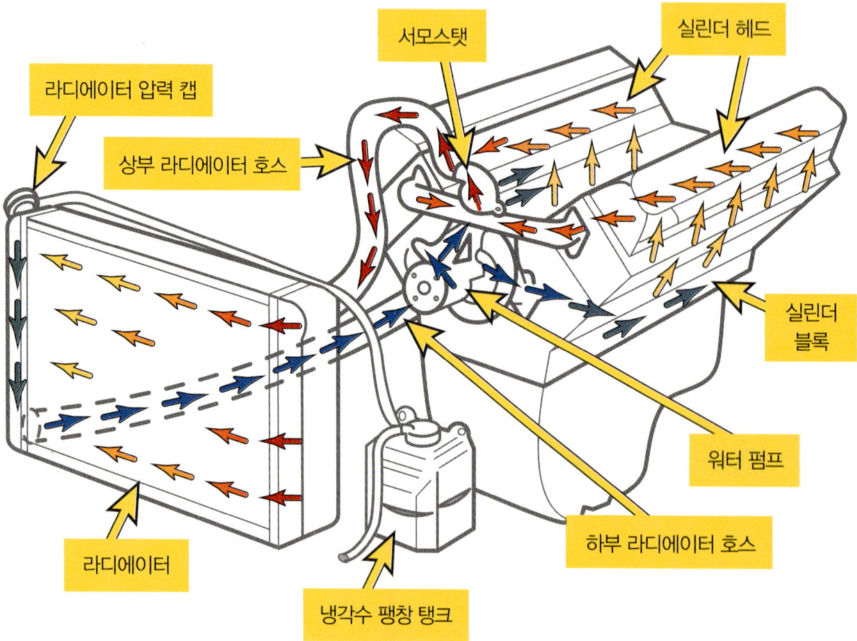

그림 4-14 냉각수가 먼저 엔진 블록 내부를 순환하고 실린더 헤드로 유입되어 흐르다가 서모스탯을 통과한 후 라디에이터로 복귀하는 직렬형 냉각 시스템

서모스탯 서모스탯(thermostat)은 대부분의 엔진에서 엔진 냉각수 출구에 위치한 온도 제어 밸브이다. 캡슐화된 왁스 기반 플라스틱 펠릿은 엔진 측에 위치한다. 엔진이 따뜻해지면 냉각수 열에 의해 왁스 펠릿은 팽창하여 기계식 링크가 서모스탯 밸브를 개방한다.

서모스탯이 열리기 시작하면 냉각수가 라디에이터로 흘러 들어가 냉각이 된다. 냉각수의 나머지 부분은 바이패스 통로를 통해 계속 흐르면서 서모스탯을 우회하여 엔진을 통해 다시 흐르게 된다. 바이패스 통로는 균일한 엔진 예열을 돕는다. 바이패스 통로의 작동은 열점(hot spot)을 제거하고 서모스탯이 닫혀 있을 때 엔진에 과도한 냉각수 압력이 형성되는 것을 방지한다.

- 서모스탯의 정격 온도는 서모스탯이 열리기 시작하는 온도를 나타낸다.
- 서모스탯은 개방 온도보다 약 11°C(20°F) 정도 높은 온도에서 완전히 개방된다. 라디에이터, 워터 펌프, 냉각수 통로가 올바르게 작동하는 경우 엔진은 항상 서모스탯의 개방 온도에서 작동해야 하며 완전 개방 온도 범위 내에서 작동해야 한다.

전자식 서모스탯을 사용하면 정속 주행, 도심 주행 또는 과부하 조건에서 엔진 온도를 더욱 세밀하게 제어하여 연비를 최적화하고 배기가스를 줄일 수 있다. ● **그림 4-15 참조**

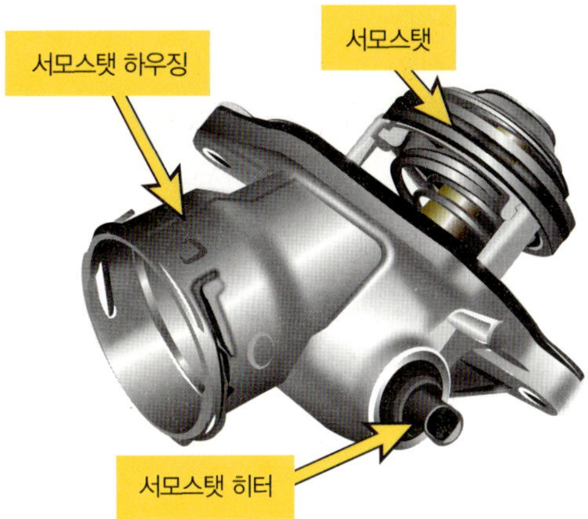

그림 4-15 전자식 서모스탯은 왁스 펠릿을 이용해 열고 스프링을 이용해 닫지만, 엔진 냉각수 온도의 정확한 제어를 위해 PCM에 의해 제어되는 전기히터를 이용하기도 한다.

냉각 시스템 시험

차량 진단 스캐너 많은 차량에서 차량 진단 스캐너를 이용하여 엔진 냉각수 온도(Engine Coolant Temperature, ECT) 센서가 측정하는 냉각수의 실제 온도를 모니터링할 수 있다. 센서 또는 센서로 연결되는 배선에 결함이 있는지를 점검할 수 있지만 차량 진단 스캐너는 PCM에 저장되어 있는 규정값과 실제 측정값을 표시해 줄 수 있다. ● **그림 4-16 참조**

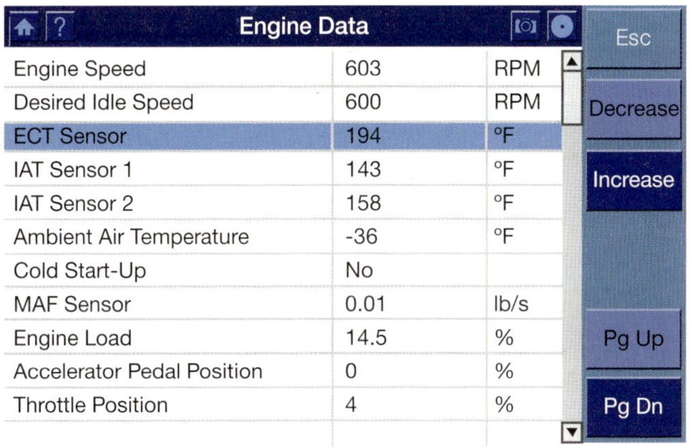

Engine Data		
Engine Speed	603	RPM
Desired Idle Speed	600	RPM
ECT Sensor	194	°F
IAT Sensor 1	143	°F
IAT Sensor 2	158	°F
Ambient Air Temperature	-36	°F
Cold Start-Up	No	
MAF Sensor	0.01	lb/s
Engine Load	14.5	%
Accelerator Pedal Position	0	%
Throttle Position	4	%

그림 4-16 차량 진단 스캐너를 사용하여 ECT를 모니터링할 수 있다.

육안 검사 육안 검사(visual inspection)를 통해 많은 냉각 시스템의 결함을 발견할 수 있다. 눈으로 점검할 수 있는 항목은 다음과 같다.

- 워터 펌프 구동 벨트의 장력 또는 고장 여부
- 냉각 팬의 고장 여부
- 히터 및 라디에이터 호스의 상태 및 누출 점검
- 냉각수 오버플로 또는 서지 탱크 냉각수 레벨
- 냉각수 누출 흔적
- 라디에이터 상태 ● **그림 4-17 참조**

그림 4-17 엔진 과열 현상에 의한 냉각수 오버히트(overheat)로 심하게 부식된 라디에이터. 육안 검사 결과, 부식으로 인해 냉각핀의 많은 손상이 확인되었으며 냉각수 누출은 발견되지 않았다. 이 라디에이터를 교체하여 냉각수 오버히트 문제를 해결했다.

압력 시험 수동식 압력 시험기를 사용하는 압력 시험(pressure testing)은 빠르고 쉬운 냉각 시스템 시험 방법이다. 라디에이터 캡을 제거하고(엔진이 차가운 상태) 라디에이터 캡 대신 수동식 압력 시험기를 조립한다. 펌프의 플런저를 이용하여 전체 냉각 시스템에 규정된 압력을 가한다.

CAUTION: 자동차 제조회사에서 지정한 규정 압력을 초과해서는 안 된다. 대부분의 시스템은 14 PSI(100 kPa)를 초과하여 가압해서는 안 된다. 만약 더 높은 압력으로 가압하는 경우 워터 펌프, 라디에이터, 히터 코어 또는 호스가 고장 날 수 있다.

냉각 시스템에 누출이 없는 경우 압력이 유지되고 떨어지지 않아야 한다. 압력이 떨어지면 다음 구성품을 포함한 냉각 시스템의 냉각수 누출 흔적을 찾아봐야 한다.

1. 히터 호스
2. 라디에이터 호스
3. 라디에이터
4. 히터 코어
5. 실린더 헤드
6. 블록 또는 실린더 헤드 측면의 코어 플러그

누출이 있거나 누출이 의심될 때마다 압력 시험을 수행해야 한다. 수동식 압력 시험기를 사용하여 라디에이터 캡을 점검할 수 있다. 압력 시험기 어댑터를 라디에이터 캡에 연결하여 압력이 유지되는지 점검하고 누설이 발생하는 경우 캡을 모두 교체해야 한다. ● **그림 4-18 참조**

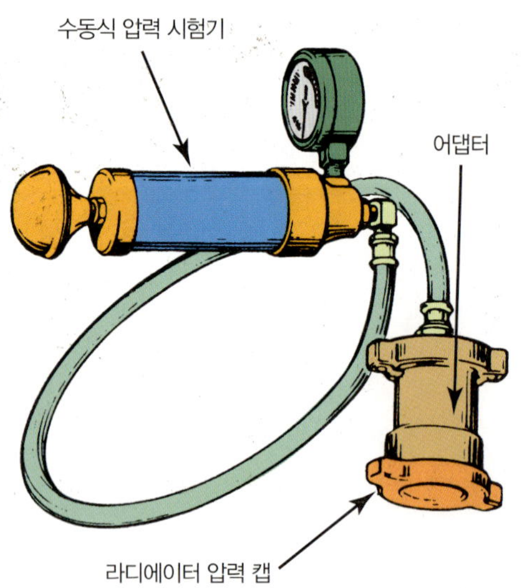

그림 4-18 냉각 시스템의 점검 항목 중 하나로 수동식 압력 시험기를 사용하여 라디에이터 압력 캡이 정상적으로 작동하는지 점검해야 한다.

냉각수 염료 누출 시험 냉각수 누출을 확인하는 가장 좋은 방법 중 하나는 냉각수 전용 형광 염료를 냉각수에 혼합하여 사용하는 것이다. 엔진이 정상 작동 온도에 도달할 때까지 냉각수에 염료를 넣은 상태로 차량을 운행한 뒤 블랙 라이트(UV 램프)를 사용하여 냉각 시스템의 모든 영역을 점검한다. 누수가 있는 경우 냉각수의 염료가 밝게 보이기 때문에 쉽게 발견할 수 있다.

냉각수 축열 시스템

목적 3세대 이상 신형 프리우스와 같은 일부 하이브리드 자동차는 열 포집 기술을 사용하여 기존 차량보다 엔진과 촉매 변환장치(catalytic converters)를 더 빠르게 예열한다. 또한 이 열을 저장하기 때문에 단시간 엔진을 사용하는 단거리 주행에도 촉매 변환장치의 효율성이 저하되지 않는다. 이러한 기술의 적용은 프리우스가 전기 자동차인 쉐보레 볼트와 동일한 10점 만점의 EPA 스모그 등급을 획득한 이유 중 하나이다.

토요타 RAV4 프라임 PHEV는 웜업 컨트롤(Warm Up Control)이라고 부르는 기능을 사용한다. 이 시스템을 RAV4 프라임에 적용하여 다른 차량에 비해 더 이른 단계에서 배기가스를 줄일 수 있도록 전기 워터 펌프와 전자식 서모스탯을 사용한다.

엔진 열 유지의 필요성 한 가지 방법은 냉각수 축열 시스템(coolant heat storage system)을 사용하여 차량 정상 작동 중에 가열된 냉각수를 저장했다가 냉간 시동 전에 엔진 흡기 포트를 예열하는 데 사용한다. 토요타는 2세대 프리우스에 이 시스템을 적용하였다.

냉각수 축열 시스템은 ICE 냉각 시스템의 일부이지만, 아래에 설명된 주요 구성 요소를 추가한다. ● **그림 4-19 참조**

냉각수 축열 탱크는 Thermos® 보온병과 매우 유사한 형태로 제작되었다. 탱크는 내부 및 외부 케이스로 구성되어 있으며, 그 사이는 진공으로 되어 있다. 이는 내부 케이스로부터 열이 전달되는 것을 방지하기 위한 것이다. 내부 케이스 내부에는 약 3리터의 냉각수가 저장되어 있으며, 최대 3일 동안 냉각수를 따뜻하게 저장할 수 있다. 내부 케이스 내부에 연결된 스탠드 파이프가 중심부에 세로로 설치되어 탱크 외부로 냉각수를 배출하려면 냉각수가 상승해야 한다. ● **그림 4-20 참조**

워터 밸브는 냉각수 저장 탱크, ICE 및 차량 히터 코어 사이의 냉각수 흐름을 제어하는 역할을 한다. 워터 밸브는 ECM에 의해 제어되며 전기 모터, 구동 기어, 로터리 밸브 및 밸브 위치 센서로 구성된다. 전자식 축열 탱크 펌프는 ICE가 정지해 있을 때 축열

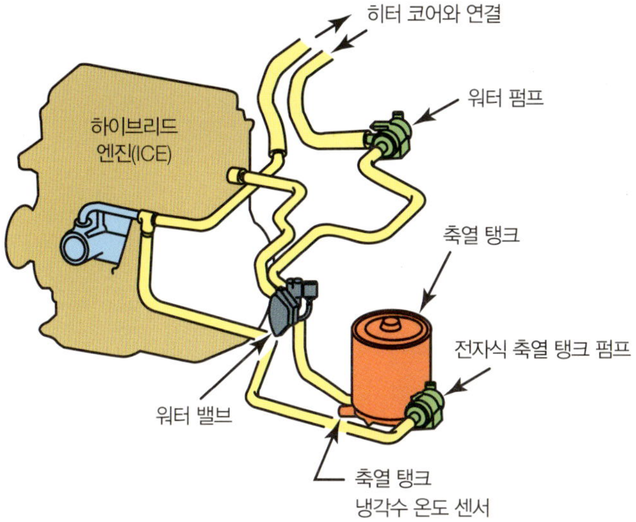

그림 4-19 토요타의 냉각수 축열 시스템. 전자식 축열 탱크 펌프는 축열 탱크 뒤에 위치해 있다.

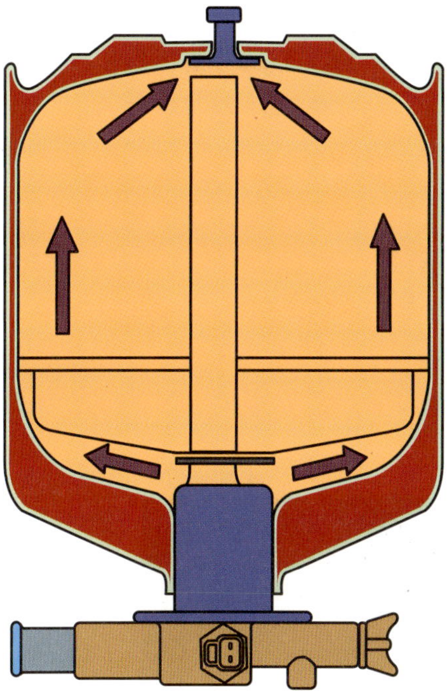

그림 4-20 냉각수 축열 탱크의 내부 케이스와 외부 케이스 사이는 진공으로 되어 있다. 출구 온도 센서와 드레인 플러그는 탱크 하단의 매니폴드에 위치한다.

탱크를 통해 냉각수를 이동시키는 데 사용된다. 이 펌프는 냉각수 축열 탱크 측면에 위치하며 탱크 입구와 직렬로 설치되어 있다.
● **그림 4-21 참조**

작동 모드 냉각수 축열 시스템에는 다음과 같은 네 가지 작동 모드가 있다.

그림 4-21 차량 아래에 설치된 축열 탱크 및 펌프. 이 펌프는 ICE가 정지된 상태에서 냉각수가 축열 탱크를 통해 빠져나갈 때 동력을 공급한다.

1. 예열
2. 엔진 워밍업
3. 주행 중 축열
4. 엔진 정지 시 축열

예열 모드는 ICE 시동 전에 활성화된다. ECM은 전자식 축열 탱크 펌프를 작동시켜 워터 밸브를 통해 축열 탱크의 뜨거운 냉각수를 실린더 헤드로 보내도록 제어한다. 냉각수의 열은 실린더 헤드 포트를 따뜻하게 하고 포트 벽의 연료 응축을 최소화한다. 따라서 시동이 더 쉽게 걸리고 냉간 시동 시 배기가스를 최소화할 수 있다.

정비 기술 팁

액티브 그릴 셔터를 점검한다

액티브 그릴 셔터(Active Grille Shutters, AGS)는 닫혀 있을 때 공기가 차량 아래로 흐르도록 하여 공기저항을 줄이도록 설계되어 있다. 냉각이 필요한 경우 AGS를 열어 공기가 라디에이터를 통과할 수 있도록 한다. 연비를 개선하기 위해 모든 유형의 차량에 사용된다. 머스탱 마하 E와 같은 전기 자동차도 고전압 배터리, 전자 장치 및 실내 냉방 등 추가 냉각이 필요할 때 AGS를 열어 사용한다. AGS는 차량 전면에 위치하기 때문에 도로 파편이나 혹한의 기상 조건에서 얼음과 눈으로 인해 손상되기 쉽다. 손상된 경우 연비가 저하되거나 과열 상태가 발생할 수 있다. ● **그림 4-22 참조**

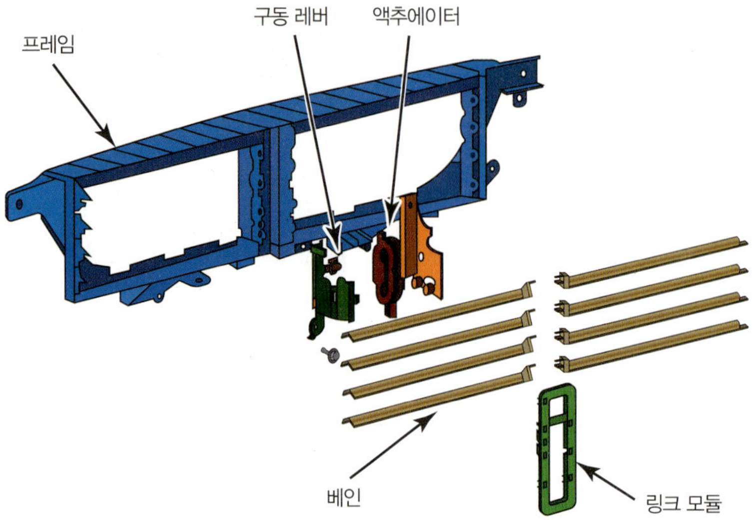

그림 4-22 액티브 그릴 셔터(AGS)는 PCM 제어 액추에이터를 사용하여 냉각이 필요하지 않을 때 베인을 작동시켜 공기 흐름을 차단하거나 공기가 엔진과 전기 부품을 냉각할 수 있도록 개방한다.

하이브리드 엔진 강제 구동 모드

목적 정비 기술자 또는 차량 검사원이 아이들-스톱 기능을 우회하여 엔진을 계속 작동시켜야 하는 경우는 다음과 같다.

- 엔진 구동식 에어컨 컴프레서가 장착된 차량의 에어컨 냉매 압력 점검
- 냉각 시스템의 작동 점검을 위해 ICE를 작동 온도까지 올리려고 시도하는 경우
- 배기 시스템의 안전 점검

ICE를 계속 작동시키는 모드는 종종 렉서스 RX 450h 하이브리드에서 Snap-on Solus Ultra와 같은 차량 진단 스캐너를 사용하여 수행할 수 있다. ● **그림 4-23 참조**

하이브리드 엔진 강제 구동은 다음과 같은 모드에서 사용할 수 있다.

- 정비 모드
- 유지보수 모드
- 검사 모드

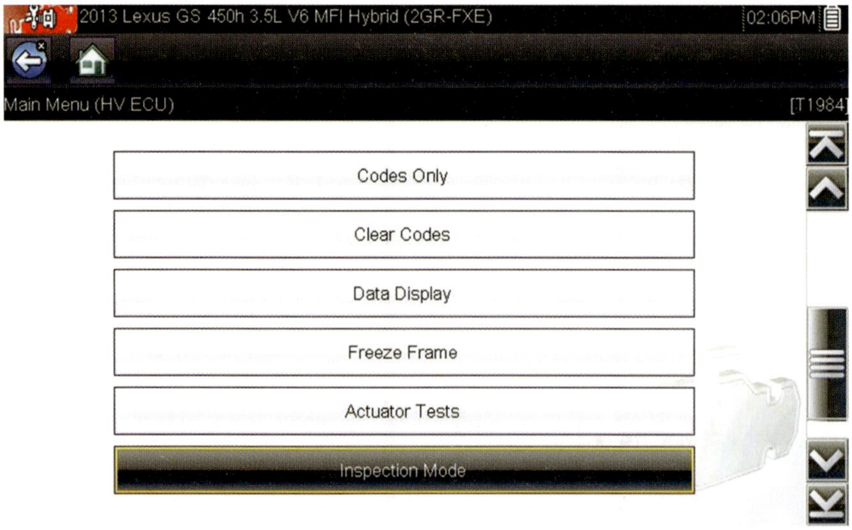

그림 4-23 차량 정비/검사를 위해 엔진 강제 구동이 필요한 경우 차량 진단 스캐너에서 검사 모드(Inspection Mode)를 선택하고 화면의 절차를 따라 실행한다.

대부분의 자동차 제조회사는 이 모드에서 많은 토크 제한 요소가 비활성화되어 과격하게 주행할 경우 파워트레인 구성품이 손상될 수 있으므로 이 모드에서 차량을 주행하지 말 것을 경고한다.

하이브리드 엔진 작동 절차 차량 진단 스캐너를 사용하지 않고 아이들-스톱 모드를 비활성화하여 하이브리드 엔진을 계속 작동시키기 위한 엔진 작동 절차가 아래에 나와 있다. ● **표 4-2 참조**

정비 기술 팁

토크에 따른 구동계(엔진, 모터/발전기)의 변화를 확인한다

일부 하이브리드 자동차 소유자는 자신의 차량에 시동이 걸리고 잠시 주행한 뒤 시동이 꺼진다고 착각하는 경우가 있다. 실제로는 모터/발전기에 의해 엔진이 회전하게 되며 엔진이 작동하는 것처럼 느끼게 된다. PCM이 ICE에서 증가하는 토크를 감지하지 못하면 잠시 후 정지된다. 차량 진단 스캐너를 사용하여 ICE의 증가한 토크 또는 모터/발전기의 감소한 토크를 확인할 수 있다.

자동차 메이커	엔진 강제 구동 절차
토요타, 렉서스	1단계: 시동 버튼을 ON으로 전환한다. ("READY" OFF 상태) 2단계: 변속 레버 P 상태에서 가속 페달을 두 번 누른다. 3단계: 브레이크 페달을 길게 누르고 변속 레버를 N으로 이동한다. 4단계: 변속 레버를 N 위치로 하여 가속 페달을 두 번 누른다. 5단계: 변속 레버를 P로 이동하여 가속 페달을 두 번 누른다. 6단계: READY 상태로 전환
포드, 링컨, 머큐리	1단계: 주차 브레이크를 작동하고 변속 레버를 P 위치에 놓는다. 2단계: 점화 스위치를 ON으로 전환한다. 3단계: 5초 이내에 가속 페달을 완전히 누른 후 10초간 유지한다. 4단계: 변속 레버를 D 위치로 이동하여 가속 페달을 10초간 완전히 누른다. 5단계: 가속 페달을 놓고 변속 레버를 P 위치로 이동한다. 6단계: 절차가 성공하면 황색 '렌치 램프'가 깜박이면서 ICE가 강제 구동된다. 7단계: 변속 레버를 다른 위치로 변경하거나 점화 스위치를 OFF로 전환하면 강제 구동은 종료된다.
혼다, 어큐라	1단계: 주차 브레이크를 작동한다. 2단계: 점화 스위치를 OFF로 한다. 3단계: 브레이크 페달에서 발을 떼고 점화 스위치를 두 번 누른다. 4단계: 변속 레버를 P 상태로 두고 가속 페달을 바닥까지 두 번 누른다. 5단계: 브레이크 페달을 밟고 변속 레버를 N으로 이동한다. 6단계: 가속 페달을 바닥까지 두 번 누른다. 7단계: 변속 레버를 P 위치로 이동한다. 8단계: 가속 페달을 바닥까지 두 번 누른다. 9단계: 브레이크 페달을 밟은 후 시동 버튼을 누른다. 엔진은 강제 구동 모드에서 시동이 걸리며, 종료하려면 시동 버튼을 OFF로 전환한다.
쉐보레, GMC 트럭 (PHT 또는 2-모드)	1단계: 후드를 연다. 2단계: 시동 버튼을 눌러 엔진을 구동한다. 후드가 열려 있는 동안 엔진은 강제 구동되며, 엔진이 꺼질 때까지 엔진 강제 구동 모드를 유지한다.
뷰익, 쉐보레, 새턴(BAS 시스템)	엔진이 정상 작동 온도에서 2분간 유지할 수 있도록 ICE를 공회전시킨다. 잠시 후 아이들-스톱 기능에 의해 엔진이 정지한다.
닛산 알티마	1단계: 시동 버튼을 두 번 눌러 ON 상태로 전환한다. 2단계: 변속 레버를 P에 위치하여 가속 페달을 완전히 두 번 누른다. 3단계: 변속 레버를 N에 위치하여 가속 페달을 완전히 두 번 누른다. 4단계: 변속 레버를 P에 위치하여 가속 페달을 완전히 두 번 누른다. 5단계: 시동 버튼을 눌러 엔진을 구동한다. 아이들-스톱 기능이 비활성화된다.

표 4-2 하이브리드 엔진 강제 구동 작동 절차

하이브리드 엔진 시험

압축압력 시험 대부분의 HEV는 시동 모터를 사용하는 기존 엔진과 달리 시동 모터를 사용하지 않고 크랭크축에 부착된 전기 모터를 사용하여 ICE를 정상 크랭킹 속도나 250 RPM이 아닌 약 1,000 RPM으로 회전시키는 경우가 많다. HEV가 약 250 RPM으로 크랭크축이 회전하도록 하여 압축압력 시험을 수행하는 일반적인 절차는 다음과 같다.

- 엔진 속도를 일정하게 유지하기 위해 엔진에서 점화 플러그를 모두 제거한다.
- 압축압력 게이지를 점검할 실린더에 설치한다. ● **그림 4-24 참조**
- 차량 진단 스캐너의 데이터 링크 커넥터(Data Link Connector, DLC)에 연결한다.
- 차량 제원과 엔진을 선택하고 화면의 메시지에 따라 압축압력 시험을 찾아 선택한다.
- 엔진을 250 RPM으로 크랭킹하도록 명령하고 압축압력 게이지를 읽는다.
- 판독값을 규정값과 비교한다. 예를 들어, 일반적인 토요타 프리우스의 압축압력 시험의 규정값은 118 PSI이며 최소 압력은 90 PSI, 실린더 간 차이는 14.5 PSI를 넘지 않아야 한다.

NOTE: 이는 예상되는 압축비 규정값인 13.5:1보다 낮은 수치이며, 유효 압축비는 약 9:1에 해당된다. 따라서 압축압력 규정값은 유효 압축비에 해당한다.

실린더 누설 시험 엔진 상태를 파악하는 데 사용할 수 있는 가장 좋은 시험 방법 중 하나는 실린더 누설 시험이다. 이 시험은 실린더에 압력을 가하여 한 번에 하나씩 공기를 주입하는 방식으로 진행된다. 누출되는 공기의 양과 위치는 정비 기술자가 엔진의 상태를 판단하는 기준이 된다. 공기는 실린더 누설 게이지를 통해 점화 플러그 홀로 실린더에 주입된다. 실린더 누설 시험은 다음 단계에 따라 수행해야 한다.

그림 4-24 점화 플러그 홀에 나사로 결합된 단부에 슈레이더 밸브를 제거한 상태인 2피스용 압축압력 게이지를 보여준다.

정비 기술 팁

차량 진단 스캐너를 이용하여 엔진 진공도를 확인한다

차량 진단 스캐너를 이용하여 MAP 센서값을 모니터링하는 것은 엔진 상태를 빠르고 쉽게 파악할 수 있는 좋은 방법이다.

- MAP 센서값이 높고 일정하면(엔진 진공도가 높음) 엔진 상태는 정상이다.
- MAP 센서값이 변동하면 근본 원인을 파악하기 위해 추가 조사를 실시하여 결함의 원인을 확인한다.

1단계: 최상의 결과를 얻기 위해서는 엔진이 정상 작동 온도(상부 라디에이터 호스가 뜨겁고 가압된 상태)에 있어야 한다.

2단계: 시험 대상 엔진의 실린더는 압축 행정의 상사점(TDC)에 있어야 한다. ● **그림 4-25 참조**

NOTE: 실린더 상단 근처에서 발생하는 열로 인해 실린더 상단에서 가장 많은 마모가 발생한다. 오므려진 상태로 실린더에 삽입된 피스톤 링의 팽창력은 실린더 상단의 마모를 증가시킨다.

3단계: 실린더 누설 장치를 제작한 제조회사의 지침에 따라 교정한다.

4단계: 실린더에 공기를 한 번에 하나씩 주입하고, 점화 순서에 따라 엔진을 회전시켜 압축 행정의 TDC에서 각 실린더를 시험한다.

5단계: 결과를 평가한다.

- 10% 미만 누출: 양호
- 20% 미만 누출: 허용 가능
- 30% 미만 누출: 불량
- 30% 이상 누출: 확실한 문제

그림 4-25 상사점(TDC)을 찾는 데는 휘슬 스톱이 이용된다. 점화 플러그를 제거하고 휘슬 스톱을 설치한 다음 엔진을 손으로 회전시킨다. 호루라기 소리가 멈추면 피스톤은 상사점에 위치한 것이다.

NOTE: 실린더 압력 누설이 규정값 이상으로 높은 경우, 시험 중인 실린더가 압축 행정의 TDC에 있는지 확인하면서 시험을 반복한다.

6단계: 공기 누설의 원인을 확인한다.

- 오일 필러 캡에서 공기가 새는 소리가 들리면 피스톤 링이 마모되었거나 파손된 것이다.
- 라디에이터에서 공기가 거품을 내며 빠져나가는 것이 확인될 경우 헤드 개스킷이 파손되었거나 실린더 헤드에 크랙이 발생했을 수 있다.
- 연료 분사식 엔진의 스로틀 바디 또는 공기 흡입구에서 공기가 나오는 소리가 들리는 경우 흡기 밸브에 결함이 있을 수 있다.
- 배기관(테일파이프)에서 공기가 새는 소리가 나면 배기 밸브에 결함이 있는 것이다. ● **그림 4-26 참조**

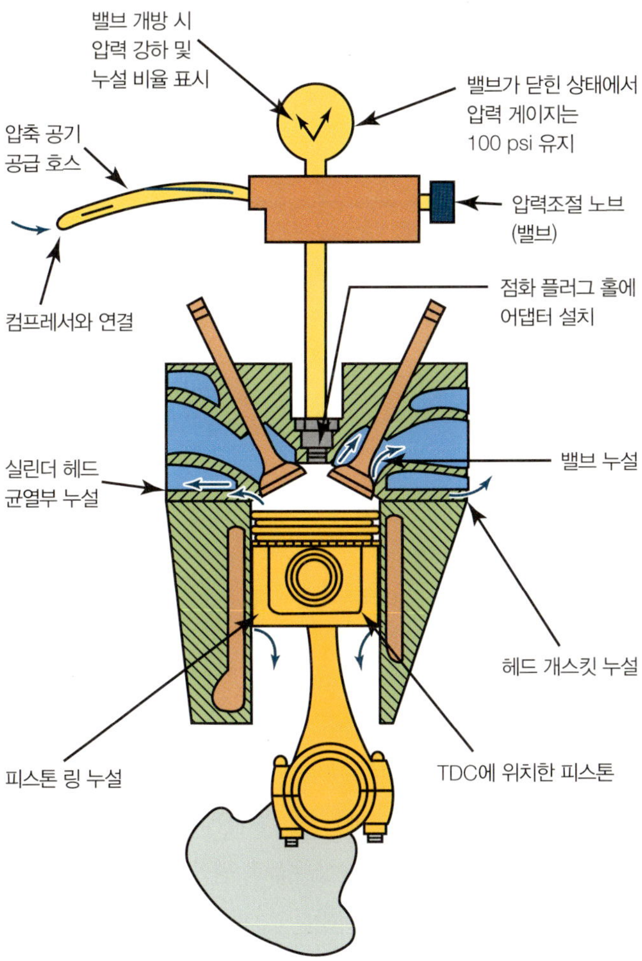

그림 4-26 실린더 누설 시험은 압축 공기를 실린더에 삽입하여 피스톤 링, 헤드 개스킷 또는 실린더 헤드 및 흡·배기 밸브를 통과하는 누설 여부를 점검할 수 있다.

정비 사례

토요타 프리우스 엔진오일 소모 사례

프리우스 IV 해치백 차량을 소유한 고객이 차량이 급회전할 때 계기판에 노란색 표시등이 들어온다는 불만사항을 가지고 서비스센터를 찾았다. 해당 차량은 주행거리가 112,000마일이었고 5,000마일마다 토요타 서비스센터를 통해 서비스를 받아 왔으며, 정비 기술자가 문제를 확인한 결과 오일 레벨이 매우 낮은 것을 발견했다.

급회전으로 인해 픽업 튜브에 오일이 부족해지면서 오일 압력 저하 문제가 발생하여 오일 소모 시험을 실시한 결과, 해당 차량의 엔진은 1,200마일마다 1쿼트(약 0.95리터)의 오일을 연소하고 있음을 알아냈다. 정비 책임자가 추가 점검을 실시한 결과, 과도한 오일 소비는 피스톤 링이 약하거나 마모된 결과인 것으로 판단하여 엔진 교체를 권했다.

차량 주행 방식에 따라 일부 하이브리드 엔진에서는 엔진오일 교환 주기를 초과한 차량의 경우 엔진오일 레벨이 낮아지는 것이 드문 일은 아니다. 차량을 주행할 때마다 엔진이 최대 작동 온도에 도달할 수 있게 하는 것이 좋다. 이렇게 하면 엔진오일이 소모되는 현상을 최소화하는 데 도움이 된다. 차량 주행 거리가 길어지면 주유할 때마다 엔진오일 레벨을 점검해야 한다.

요약

- **불만사항**: 급회전 시 계기판에 들어오는 노란색 표시등
- **원인**: 오일 소모 문제로 인한 오일 레벨 감소
- **조치**: 엔진 교체를 권장

요약

1. 하이브리드 자동차(HEV)에 사용되는 내연기관(ICE)은 효율성을 높이기 위해 앳킨슨 사이클을 주로 사용하기 때문에 기존 차량에 사용되는 내연기관과는 다르다.
2. 피스톤을 부 측압면 쪽으로 오프셋하면 더 나은 기계적 이점을 제공할 뿐만 아니라 피스톤과 실린더 사이의 마찰을 줄일 수 있다.
3. 가변 밸브 타이밍(VVT)은 크랭크축과 연결된 캠축의 타이밍을 변경하기 위해 전기 및 유압 액추에이터를 사용한다.
4. 압축압력 시험을 수행하기 위해 HEV ICE를 250 RPM으로 회전하도록 제어하려면 차량 진단 스캐너가 필요하다.

복습 문제

1. 앳킨슨 사이클과 기존 4행정 사이클 엔진의 차이점은 무엇인가?
2. 하이브리드 자동차에 사용되는 엔진과 기존 차량에 사용되는 엔진의 특징은 어떻게 다른가?
3. 인덱싱 점화 플러그란 무엇인가?
4. 밸브 타이밍이나 밸브 개폐각이 변경되면 엔진에 어떤 영향을 미치는가?
5. 차량 진단 스캐너를 사용하지 않고 아이들-스톱 모드를 비활성화하여 ICE를 계속 작동시키는 방법은 무엇인가?

마무리 퀴즈

1. 다음 중 대부분의 HEV 가솔린 엔진의 특징이 아닌 것은 무엇인가?
   a. 작은 배기량
   b. 오프셋 크랭크축
   c. 가변 밸브 타이밍 및/또는 가변 배기량
   d. 위 보기 모두 정답
2. HEV 가솔린 엔진은 일반적으로 어떤 점도의 엔진오일을 사용하는가?
   a. SAE 0W-20 또는 SAE 5W-20
   b. SAE 5W-30
   c. SAE 10W-30
   d. SAE 20W-50
3. 앳킨슨 사이클 엔진에 대한 설명으로 옳은 것은?
   a. 특수 연료 및 오일을 사용한다.
   b. 일반적인 4행정 사이클 가솔린 엔진과 다르게 작동한다.
   c. 일반적인 4행정 사이클을 사용하지만 흡기 밸브의 닫힘을 지연시킨다.
   d. a와 b 모두 정답
4. 오프셋 크랭크축 사용에 대한 설명으로 옳은 것은?
   a. 엔진의 출력을 향상시킨다.
   b. 엔진 내부 마찰을 줄여 연비를 개선한다.
   c. 엔진 소음을 줄인다.
   d. 위 보기 모두 정답
5. 페이저를 통과하는 오일 흐름이 0으로 떨어질 때에 대한 설명으로 옳은 것은?
   a. 솔레노이드의 듀티비는 0%이다.
   b. 솔레노이드의 듀티비는 10%이다.
   c. 솔레노이드의 듀티비는 50%이다.
   d. 솔레노이드의 듀티비는 100%이다.
6. 필터 스크린은 밸브 고착을 유발할 수 있는 먼지와 이물질로부터 VVT 솔레노이드 밸브를 보호한다. 필터 스크린이 이물질로 막힌 경우, 가장 가능성이 높은 원인은 무엇인가?
   a. P0300 DTC(무작위 실화)
   b. P0017 DTC(크랭크축 위치-캠축 위치 상관 오류)
   c. a 또는 b
   d. a 및 b 모두 정답

7. VVT가 장착된 대부분의 엔진이 사용하지 않는 것은 무엇인가?
   a. PCV 밸브
   b. EGR 밸브
   c. MAP 센서
   d. MAF 센서

8. VVT 캠 페이저를 제어하는 것은 무엇인가?
   a. 오일 압력
   b. 스프링
   c. a와 b 모두 정답
   d. 정답 없음

9. 펌핑 손실은 실린더로 공급되는 공기 흐름을 ________ 스로틀 밸브에 의해 발생한다.
   a. 제한하는
   b. 향상시키는
   c. 개선시키는
   d. 과급시키는

10. HEV를 정비할 때 ICE를 계속 작동시켜야 하는 경우가 종종 있다. ICE를 계속 작동시키는 모드를 무엇이라고 하는가?
    a. 정비 모드
    b. 유지보수 모드
    c. 검사 모드
    d. 위의 정비 기술 팁 중 하나

Chapter 5
하이브리드 및 전기 자동차의 예방 정비

학습 목표

- 하이브리드 자동차와 전기 자동차의 일상 정비 절차를 설명할 수 있다.
- 하이브리드 자동차를 유지보수 모드로 전환하는 방법을 설명할 수 있다.
- 하이브리드 자동차의 엔진오일 및 필터 교체 시 정비 주의사항을 설명할 수 있다.
- 하이브리드 또는 전기 자동차의 기본 브레이크 시스템의 정비 방법을 설명할 수 있다.
- 하이브리드 및 전자식 스티어링 시스템에서 사용되는 다양한 전압을 나열하고 정비 수행 시 안전 예방조치를 설명할 수 있다.
- 저소음 타이어의 용도에 대해 설명할 수 있다.

핵심 용어

저소음 타이어

일상 정비 절차

고객 인식 많은 고객이 하이브리드 자동차와 전기 자동차를 선호하지만, 내연기관(ICE) 자동차와 다르다는 이유로 정기적인 유지보수를 간과하는 경우가 많다. 시간이 지남에 따라 고객은 연비가 떨어지는 것을 느끼게 되며 고전압 배터리의 고장으로 인한 것이라는 인식이 지배적이다. 대부분의 경우 연비 또는 성능 감소는 정기적인 유지보수가 부족하기 때문이다. ● **표 5-1 참조**

인스트루먼트 클러스터 경고 메시지 하이브리드 또는 전기 자동차를 올바르게 진단하기 위해 정비 기술사는 인스트루먼트 클러스터(instrument cluster) 및 메시지 센터의 표시등이 무엇을 의미하는지 이해해야 한다. 메시지 표시등은 고객의 우려사항을 확인하고 차량의 문제점에 대한 단서를 제공하는 데 도움이 된다. 다양한 기호를 이해하지 못하면 초기 진단 예측이 불가능하거나 부정확해질 수 있다. ● **그림 5-1 참조**

연료 경제성에 영향을 미치는 비고전압 구성 요소 차량 점검 시 다음 구성 요소의 제거 또는 변경은 차량 연비에 영향을 미칠 수 있으므로 주의 깊게 확인해야 한다.

- 롤링 저항이 낮은 타이어
- 경량 휠
- 스포일러
- 언더바디 트레이

HEV/PHEV 유지보수 항목	EV 유지보수 항목
엔진오일 교환[1년에 1회 또는 OLM(Oil-Life Monitor) 경고등 점등 시]	해당 없음
엔진 에어 필터(2~3년)	해당 없음
에어컨 필터(2~3년)	에어컨 필터(2~3년)
타이어 위치 교환(7,500마일)	타이어 위치 교환 (7,500마일)
차량 앞유리 워셔액(필요시)	윈드 실드 워셔액(필요시)
차량 앞유리 와이퍼(필요시)	윈드 실드 와이퍼(필요시)

표 5-1 정기적인 유지보수 정비 항목

- 공기역학적 보조 장치

하이브리드 자동차를 유지보수 모드로 전환하기 정비 기술자가 아이들-스톱 기능을 비활성화하여 엔진을 계속 작동시켜야 하는 경우가 있다. 이러한 상황에는 다음이 포함될 수 있다.

- 에어컨 냉매 압력 점검
- 엔진 작동 온도에 맞추기
- 배기 시스템의 안전 점검

자동차 제조회사에 따라 이 모드를 다음과 같이 부른다.

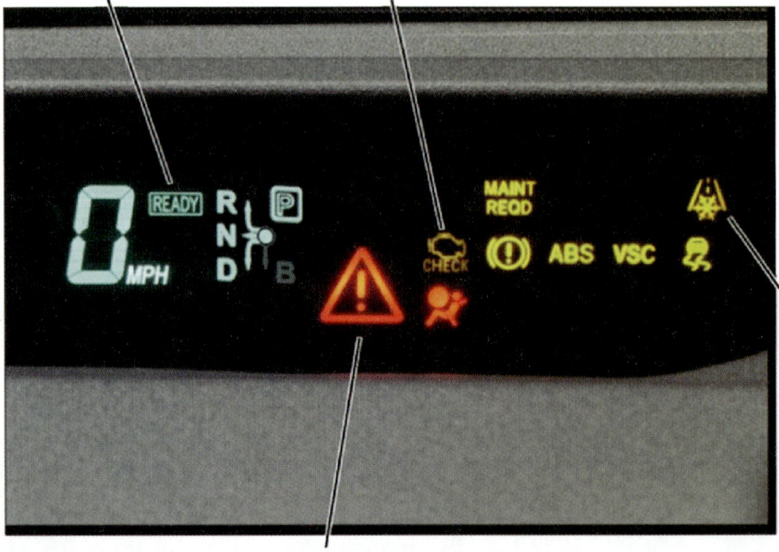

그림 5-1 2세대 토요타 프리우스의 인스트루먼트 클러스터 화면은 운전자와 정비 기술자에게 많은 정보를 제공한다.

- 정비 모드(service mode)
- 유지보수 모드(maintenance mode)
- 검사 모드(inspection mode)

차량은 차량 진단 스캐너를 사용하거나 차량 내부의 특정 단계를 통해 이 모드로 전환할 수 있다. 대부분의 자동차 제조회사는 이 모드에서 많은 토크 제한 요소가 비활성화되어 과격하게 주행할 경우 파워트레인 구성품이 손상될 수 있으므로 이 모드에서 차량을 주행하지 말 것을 경고하고 있다.

전기 자동차 들어 올리기 대부분의 전기 자동차 섀시는 '스케이트보드 디자인'을 사용하여 개발된다. 이 구성에서 고전압 배터리와 커버가 차량 하부의 대부분을 차지한다. 따라서 일부 차량에서는 고전압 배터리와 커버가 리프트 패드에 의해 손상되지 않도록 특별히 제작된 리프팅용 어댑터를 사용해야 한다. 항상 자동차 제조회사의 정비 지침을 준수하여 차량을 안전하게 들어 올리고 손상이 발생하지 않도록 주의해야 한다. ● **그림 5-2 참조**

엔진오일 및 필터 정비 하이브리드 자동차에서 엔진오일 교환을 수행하는 것은 내연기관 자동차에서 엔진오일을 교환하는 방법과 유사하다. 그러나 하이브리드 자동차(HEV)의 엔진오일 교환 시 몇 가지 사항에 주의해야 한다.

항상 지정된 오일 점도를 사용해야 한다. 대부분의 HEV에는 SAE 0W-20, SAE 0W-16 또는 SAE 5W-20을 주로 사용한다.

대부분의 하이브리드 자동차는 합성오일을 사용한다. 지정된 오일 점도를 사용하는 것이 중요한 이유는 엔진이 시동과 정지를 여러 번 반복하면서 작동하므로 지정된 규정된 엔진오일을 사용하지 않는 경우 연비가 저하될 뿐만 아니라 엔진이 손상될 수 있기 때문이다. ● **그림 5-3 참조**

오일 필터를 교체할 때는 제조업체의 순정 사양에 맞는지, 올바르게 설치되었는지 확인해야 한다. 혼다 시빅 하이브리드 정비 절차에서는 잠재적인 P1021 DTC 오류를 방지하기 위해 장착 시 오일 필터에 엔진오일을 미리 채워야 한다.

그림 5-2 리프트를 배치할 때 암과 잭 포인트에 고압 케이블이 없는지 확인해야 한다.

그림 5-3 토요타 프리우스는 오일 필러 캡에 표시된 바와 같이 SAE 0W-20을 사용하도록 표기되어 있다.

? 자주 묻는 질문

고전압 시스템의 전원을 언제 차단해야 할까?

일상적인 유지보수 작업 중에는 정비 기술자가 고전압 시스템의 전원을 차단할 필요가 없다. 이 과정이 필요한 유일한 경우는 주황색 케이블이 연결된 회로에서 정비 수리 또는 주요 시험 등과 같이 아래의 항목이 수행되는 경우이다.

- AC 컴프레서(전기로 구동되는 경우)
- 고전압 배터리 팩 또는 전자 컨트롤러

전동식 파워 스티어링 시스템은 일반적으로 12 V 또는 42 V에서 작동하며 감전 위험은 없다. 그러나 42 V 회로가 단선되면 스파크가 발생한다. 전동식 파워 스티어링 시스템 또는 고전압이 발생할 수 있는 기타 시스템을 정비할 때는 항상 정비 지침서를 참조해야 한다.

정비 사례

엔진오일 교환 후 시동이 걸리지 않는 토요타 프리우스 사례

엔진오일 교환 주기가 도래한 토요타 프리우스 차량이 입고되어 정비 기술자가 엔진오일 및 필터 정비를 마친 후 시동을 걸었으나 엔진이 잠시 시동이 걸렸다가 다시 꺼지는 것을 발견했다. 육안 검사를 실시한 결과, 엔진오일 정비 과정에서 손상되거나 분리된 부품은 발견되지 않았다. 추가 진단 결과, 엔진 크랭크 케이스에 오일이 상당히 과다 주입된 것을 확인했다. 시동 시 모터-제너레이터 1(MG1)이 크랭크축을 구동할 때 크랭크 케이스의 과도한 오일로 인해 크랭크축 회전저항이 증가하여 규정된 시동 엔진 RPM에 도달할 수 없었다. 페일 세이프 또는 림프-인(OBD 시스템을 기반으로 하는 안전 기능) 모드로 전환되어 시동이 걸리지 않는 상태였다. 엔진오일 레벨을 정상 수준으로 조절한 뒤 시동이 걸리고 정상적으로 작동했다.

요약

크랭크 케이스에 엔진오일이 과다한 상태로 인해 차량에 시동이 걸리지 않아 MG1이 페일세이프 또는 림프인 상태로 전환되었다.

- **불만사항:** 차량에 시동이 걸리지 않았다.
- **원인:** 엔진 크랭크 케이스에 엔진오일이 과다한 상태로 주입된 것을 확인했다.
- **조치:** 엔진오일을 정상 수준으로 조절하기 위해 엔진오일을 일정량 회수했다.

ICE가 정지된 상태에서 "READY" 램프가 꺼져 있는지 확인해야 한다. 스마트키가 있거나 차량에 푸시 버튼 시동 기능이 있는 경우, 스마트키가 차량에서 최소 5 m 이상 떨어져 있어야 실수로 엔진이 시동이 걸리는 것을 방지할 수 있다.

엔진 정비 하이브리드 자동차는 다음 항목과 같은 특정한 엔진 정비 요구사항이 있을 수 있다.

- 혼다 인사이트는 인덱싱 점화 플러그를 사용해야 한다.
- 일부 혼다 엔진은 기계식 밸브 래시 조정이 필요하다.
- 앳킨슨 사이클 엔진은 스로틀 바디 정비를 더 자주 받을 필요가 있다.

냉각 시스템 정비 냉각 시스템의 정비 절차는 ICE 자동차의 냉각 시스템 정비 과정과 유사하다. 그러나 하이브리드 및 전기 자동차의 냉각 시스템을 정비할 때 알아야 할 몇 가지 항목이 있으며, 정비가 필요한 시스템이 두세 가지일 수 있다. 항상 정비 지침서에서 규정하고 있는 다음의 정비 절차를 따라야 한다.

1. 지정된 냉각수 사용: 대부분의 자동차 제조회사는 미네랄이 함유된 수돗물(냉각수의 절반)을 사용하면 부식 문제가 발생할 수 있으므로 미리 혼합된 냉각수 사용을 권장한다.
2. 냉각수 교체 주기 준수: 이는 일반 차량의 냉각수 교체 주기와 비슷할 수 있지만, 항상 지정된 기간 또는 주행 거리에 맞춰 냉각수 교체가 수행되고 있는지 확인해야 한다.
3. 주의사항 준수: 일부 토요타 프리우스 HEV는 최대 3일 동안 냉각수를 뜨겁게 유지하는 냉각수 축열 탱크를 사용한다. 냉각수가 가열된 상태에서 라디에이터 캡 또는 냉각수 호스를 분리하는 경우 냉각수가 분출되어 정비 기술사에게 심각한 화상을 입힐 수 있다.
4. 하이브리드 또는 전기 자동차의 냉각 시스템을 정비할 때는 항상 모든 정비 지침서에서 규정하는 정비 절차를 읽고 이해한 후 따라야 한다. 대부분의 경우 냉각 시스템에 포함되어 있는 공기를 냉각수 혼합물로 채우기 위해서 냉각수 에어 빼기 장치(진공 리프트 또는 배기 시스템)의 사용이 필요하다. 에어 빼기 절차가 수행되지 않는 경우 엔진 과열로 인한 관련 부품 고장이 발생할 수 있다.
5. 라디에이터 캡 또는 냉각수 리저버 캡을 교체할 때는 동일한 제품으로 교체하여 장착되었는지 확인해야 한다. 일부 하이브리드 자동차는 전자식 냉각 시스템과 엔진에 다른 압력 규격을 가진 캡을 사용한다. ● **그림 5-4, 그림 5-5 참조**

브레이크 시스템 정비 제동 시스템의 정비 절차는 ICE 자동차의 제동 시스템 정비 과정과 유사하다. 그러나 하이브리드 또는 전기 자동차의 제동 시스템을 정비할 때 알아야 할 다음과 같은

그림 5-4 쉐보레 볼트 PHEV 엔진 냉각 시스템에 적용된 20 PSI 냉각수 리저버 캡

그림 5-5 쉐보레 볼트 PHEV 전자식 냉각 시스템에 적용된 5 PSI 냉각수 리저버 캡

그림 5-6 아우디 Q5 하이브리드의 브레이크 로터. 녹이 슬었고 브레이크 캘리퍼 핀이 고착되어 패드 접촉이 거의 없는 상태이다.

몇 가지 항목이 있다.

1. 하이브리드 또는 전기 자동차의 제동 시스템을 정비할 때 준수해야 할 예방 조치가 있는지 정비 지침서의 절차를 확인해야 한다.
2. 하이브리드 또는 전기 자동차의 기본 브레이크 관련 정비를 시작하기 전에 시스템을 올바르게 비활성화, 블리딩, 재활성화하는 데 필요한 차량 진단 스캐너, 캘리퍼 피스톤 압착기, 브레이크액 교환기 등의 필수 장비/공구를 준비해야 한다.
3. 모든 하이브리드 및 전기 자동차는 주행 중인 차량의 운동에너지를 포착하여 전기에너지로 변환하여 고전압 배터리 팩으로 전송하는 회생 제동 시스템을 사용한다. 급제동 시 발생하는 전류의 양은 100 A를 초과할 수 있다. 이 전류는 고전압 배터리 팩에 저장되어 필요에 따라 차량에 전력을 공급하는 데 사용된다.
4. HEV에 사용되는 기본 브레이크는 마스터 실린더 및 관련 제어 시스템을 제외하고는 다른 일반 차량과 동일하다. 회생 제동은 전기 구동(트랙션) 모터 내부에서 발생하고 모터 컨트롤러에 의해 제어되므로 제동 시스템과 관련된 고전압 회로는 없다.
5. 많은 하이브리드 및 전기 자동차의 기본 브레이크는 브레이크의 작동이 많지 않고 녹이 슬 수 있기 때문에 종종 고착되거나 제대로 작동하지 않는 경우도 있다. 회생 제동을 사용하면 브레이크 어셈블리에서 발생하는 열의 양이 감소하고 수분 증발량이 줄어든다. 이는 자동차 제조회사에서 '솔트 벨트(salt belt)'라고 부르는 지역에서 매우 흔하게 발생한다. ● **그림 5-6 참조**

고전압 배터리 에어 필터 많은 하이브리드 자동차는 고전압 배터리의 온도를 조절하기 위해 실내의 냉·난방 공기를 이용한다. 고전압 배터리 냉각 시스템으로 들어가는 실내 이물질의 유입을 차단하기 위해 공기 흡입 시스템에 고전압 배터리 에어 필터가 설치되어 있다. 이 필터는 적절한 고전압 배터리 냉각을 위해 소모품 교체 주기에 따라 교체해야 한다. ● **그림 5-7 참조**

그림 5-7 토요타 프리우스에는 고전압 배터리 에어 필터가 장착되어 있어 배터리 과열을 방지하기 위해 정해진 교환 주기에 맞춰 교체해야 한다.

에어컨 정비 공조 시스템의 정비 절차는 ICE 자동차의 공조 시스템 정비 과정과 유사하다. 그러나 하이브리드 또는 전기 자동차의 공조 시스템을 정비할 때 알아야 할 다음과 같은 몇 가지 항목이 있다.

- 많은 하이브리드 및 전기 자동차는 에어컨 컴프레셔를 작동시키기 위해 고전압 배터리 팩의 고전압 전원을 사용하여 컴프레셔를 작동시킨다.
- 정비를 위해 에어컨 컴프레셔를 탈거하기 전에 고전압 시스템의 전원이 제대로 차단되었는지 확인해야 한다.
- 시스템이 전기로 구동되는 경우, 전기 모터 권선의 절연성을 저하시키지 않는 특수 냉매 오일인 POE 오일을 사용해야 한다. 즉 하이브리드 및 전기 시스템에 사용되는 오일에 일반 냉매 오일이 혼합되지 않도록 별도의 회수기를 사용해야 한다.

● **그림 5-8 참조**

타이어 정비 타이어 관련 정비 절차는 ICE 자동차의 타이어 관련 정비 과정과 유사하다. 그러나 하이브리드 또는 전기 자동차의 타이어와 관련된 정비를 할 때 알아야 할 몇 가지 항목이 있다.

1. 타이어 공기압은 연비뿐만 아니라 타이어의 수명에도 매우 중요한 역할을 한다. 공기압이 낮으면 회전 저항이 증가하고 하중 전달 능력과 타이어 수명이 감소한다. 타이어 공기압은 자동차 B필러에 부착된 스티커에 표시되어 있거나 정비 지침서 또는 사용 설명서에 나와 있는 공기압으로 타이어 공기압을 주입해야 한다.

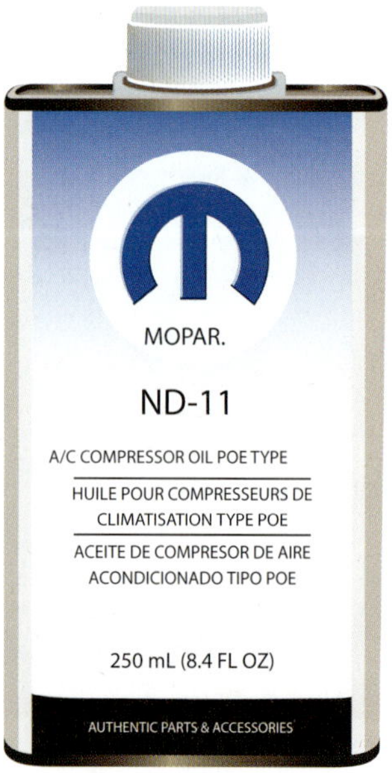

그림 5-8 POE 냉매 오일은 FCA 브랜드 제품을 주로 많이 사용한다.

2. 모든 타이어는 마모될수록 구름저항이 감소한다. 동일한 타이어를 교체하더라도 운전자는 연비 저하를 경험할 수 있다.
3. 타이어는 연비에 큰 영향을 미칠 수 있다. 타이어 교체 시 낮은 구름저항값을 가진 타이어로 교체해도 연비가 떨어질 수 있음을 운전자에게 안내하는 것이 가장 좋다.
4. 자동차 제조회사에서 규정한 출고 타이어보다 큰 사이즈의 타이어를 사용해서는 안 된다. 타이어가 클수록 무거워지고 회전하는 데 더 많은 에너지가 필요하므로 연비가 감소한다.
5. 자동차 제조회사에서 규정한 타이어 점검 방법 및 타이어 교체 주기에 맞추어 관리해야 한다.

저소음 타이어 **저소음 타이어**(noise-reducing tire)의 목적은 ICE가 장착된 차량에서 일반적인 엔진 소음에 의해 가려지는 130~240 Hz 범위의 소음을 제거하는 것이다. 소음 감소는 타이어 내부에 어쿠스틱 폼(흡음재)을 추가하여 이루어진다. 이 소리는 타이어 자체의 구조 내에서 생성되며 공기를 통해 전달되지 않고 차량의 섀시를 통해 전달된다. 이 소리는 아래 그림과 같이 일부만 채워진 유리 콜라병을 불 때 들리는 소리와 비슷하다. 그래서 흔히 이 소리를 '콜라병 공명(Coke bottle resonance)'이라고 부른다. 이 소리는 전기 자동차(EV)에서 가장 두드러지는데, 그 이유는 공명음을 상쇄시키는 구동계 소음이 없기 때문이다.

● **그림 5-9 참조**

그림 5-9 빈 '콜라' 병의 윗부분을 입으로 불면 일반 타이어가 장착된 차량에서 발생하는 것과 비슷한 소음이 발생한다.

저소음 타이어의 수리 절차는 어쿠스틱 폼을 사용하기 때문에 일반 타이어와 다르다. 대부분의 경우 타이어 트레드의 손상 부위에서 어쿠스틱 폼(흡음재)을 조심스럽게 잘라내고 수리가 완료된 후에는 다시 부착해야 한다. ● **그림 5-10 참조**

보조 배터리 시험 및 정비 보조 배터리 정비 절차는 ICE 자동차의 보조 배터리 정비 과정과 유사하다. 그러나 하이브리드 또는 전기 자동차의 보조 배터리를 정비할 때 알아야 할 사항이 몇 가지 있다.

1. 하이브리드 또는 전기 자동차에 사용되는 12 V 보조 배터리는 일반적으로 두 곳 중 하나에 위치한다.
   - 후드 아래: 12 V 보조 배터리가 후드 아래에 있는 경우, 일반적으로 침수형 납축 배터리이므로 일반 배터리와 동일하게 정비해야 한다.
   - 조수석 또는 트렁크 공간: 배터리가 차량의 조수석 또는 트렁크 공간에 있는 경우, 일반적으로 AGM(흡수형 유리 매트) 배터리이다. 이 유형의 배터리는 충전 전압을 제한하는 전용 배터리 충전기를 사용해야 한다.
2. 보조 12 V 배터리는 엔진 시동에 사용되지 않기 때문에 일반적으로 기존 차량에 사용되는 배터리보다 작은 용량의 배터리가 적용된다.

그림 5-10 테슬라 모델 3의 저소음 타이어 내부에 소음 저감을 위해 어쿠스틱 폼(흡음재)이 부착되어 있다.

3. 12 V 보조 배터리는 기존 차량에 사용되는 배터리와 동일한 방법으로 시험 및 정비할 수 있다.
4. 스톱 앤드 고(stop-start, idle stop, stop & go 모두 동일한 명칭) 기능이 있는 일부 마이크로 하이브리드에는 두 개의 12 V 배터리가 설치되어 있다. 정확한 결과를 얻으려면 보조 배터리 시험 중에 배터리를 분리해야 한다.
5. 하이브리드 또는 전기 자동차의 보조 배터리를 정비할 때는 항상 모든 정비 지침서에서 규정하는 정비 절차를 읽고 이해한 후 따라야 한다. ● **그림 5-11 참조**

전동식 파워 스티어링 시스템 정비 전동식 파워 스티어링(Electric Power Steering, EPS) 시스템 정비 절차는 ICE 자동차의 전동식 파워 스티어링 시스템 정비 과정과 유사하다. 그러나 하이브리드 또는 전기 자동차의 전동식 파워 스티어링 시스템을 정비할 때 알아야 할 몇 가지 사항이 있다.

1. 하이브리드 또는 전기 자동차의 전동식 파워 스티어링 시스템을 정비할 때 준수해야 할 주의사항은 정비 지침서의 절차를 확인해야 한다.
2. 대부분의 하이브리드 또는 전기 자동차는 전동식 파워 스티어링 시스템을 사용한다. 이 시스템은 두 가지 전압 중 하나를 전원으로 공급받을 수 있다.
   - 12 V: 이 시스템은 빨간색 또는 검은색 플라스틱 배선관으로 식별할 수 있으며 액추에이터 모터를 작동하기 위해 전압을 높이는 인버터를 사용하는 경우가 많다(보통 42 V까지). 시스템 작동을 위한 12 V 전압은 컨트롤러 내부에서 인버터를 통해 승압되어 공급되므로 감전 위험은 없지만, 항상 지정된 안전 예방 조치를 따르고 필요에 따라 고전압 보호 장갑을 착용해야 한다.
   - 42 V: 이 시스템은 고전압 전원 작업의 위험을 식별하기 위해 노란색 또는 파란색 플라스틱 배선관을 사용한다.

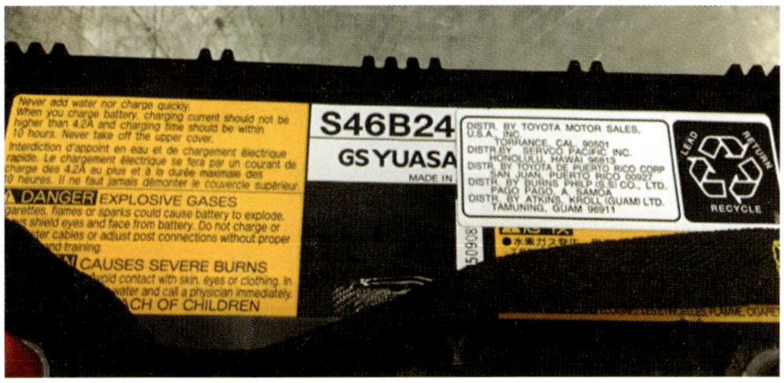

그림 5-11 토요타 배터리는 저온시동전류(CCA)가 아닌 일본산업표준(JIS)을 사용하여 등급을 매긴다.

그림 5-12 전동식 파워 스티어링 보조 장치의 커패시터는 추가 전원이 필요한 경우 전원 공급용으로 사용되므로 정비 작업이 필요한 경우 사전에 전원 차단 후 커패시터 방전이 되었는지 확인해야 한다.

42 V 전압은 감전 위험은 없지만 42 V가 인가되는 회로가 단선되면 스파크가 발생할 수 있다.

- 많은 전동식 파워 스티어링 시스템에는 작동 부하가 높을 때 시스템에 추가 전압을 공급하는 커패시터가 포함되어 있다. 수리를 위해 전동식 파워 스티어링 시스템의 전원을 차단할 때는 커패시터가 완전히 방전되었는지 확인하기 위해 전원 차단 후 일정 대기 시간을 준수하는 것이 중요하다. ● **그림 5-12 참조**

고장 진단 절차 하이브리드 및 전기 자동차는 다른 유형의 차량과 동일하게 진단해야 한다. 즉 일반적으로 다음 단계가 포함된 진단 절차를 따라야 한다.

1단계: 고객의 요청사항을 확인한다.

2단계: 고장 진단 코드(DTC)가 있는지 확인한다. 상세한 DTC를 확인하기 위해서는 차량 진단 스캐너가 필요할 수 있다.

3단계: 육안 검사를 철저히 수행한다. DTC가 저장되어 있는 경우 DTC와 연관되어 있는 부분을 주의 깊게 검사한다.

4단계: 고객 요청사항과 관련이 있을 수 있는 제조사 정비 지침 게시판(Technical Service Bulletin, TSB)에 관련 사항이 공지되었는지 확인해야 한다.

5단계: 정비 지침서에 명시된 단계와 절차를 따른다. 차량 진단 스캐너를 이용하여 정비 지침서에서 규정하고 있는 센서 데이터가 규정값 범위에서 작동하는지 확인할 필요가 있다.

6단계: 문제의 근본 원인을 파악하고 수리한다.

7단계: 수리 내용을 재점검하고 배출가스 관련 정보를 제외한 모든 DTC 정보를 삭제한다. 배출가스와 관련된 DTC의 경우, 파워트레인 제어 모듈(PCM)이 결함 내역을 자체 진단하여 오작동 표시등이 꺼질 때까지 차량을 주행 검사를 실시해야 한다.

8단계: 작업 지시서를 작성하고 '3C'[요청사항(Complaint), 원인(Cause), 정비 결과(Correction)]에 대해 기록한다.

요약

1. 하이브리드 자동차의 정비 절차는 내연기관 자동차 정비 절차와 유사하다.
2. 전기 자동차에 필요한 정비에는 타이어 교체, 에어 필터, 앞유리 워셔액 및 와이퍼 날 교체(필요시)가 있다.
3. 대부분의 HEV는 SAE 0W-16, 0W-20, 5W-20과 같은 저점도 엔진오일을 사용한다.
4. 하이브리드 및 전기 자동차는 배터리와 전자 장치에 별도의 냉각 시스템을 사용하므로 점검 및 유지보수가 필요하다.
5. 하이브리드 및 전기 자동차는 회생 제동을 사용하므로 기본 브레이크가 심하게 마모되지 않는다. 그러나 적절한 작동을 보장하기 위해 정기적인 점검이 필요하다.
6. 전기 자동차에 사용되는 타이어는 '콜라병 공명'이라고 불리는 타이어 소음을 줄이기 위해 내부에 어쿠스틱 폼(흡음재)을 부착한다.
7. 하이브리드 및 전기 자동차에 사용되는 보조 배터리는 후드 아래에 있는 경우 침수 납축형 배터리, 트렁크 또는 실내 조수석 영역에 있는 경우 AGM형 배터리를 사용한다.
8. 하이브리드 및 전기 자동차는 다른 유형의 자동차와 동일한 절차로 진단해야 한다.

복습 문제

1. 하이브리드 자동차의 유지보수 모드의 목적은 무엇인가?
2. 대부분의 하이브리드 자동차 제조회사가 합성 엔진오일을 사용하는 이유는 무엇인가?
3. 하이브리드 또는 전기 자동차 냉각 시스템을 정비할 때 미리 혼합된 교체용 냉각수를 권장하는 이유는 무엇인가?
4. '솔트 벨트(salt belt)' 지역에서 브레이크 시스템을 더 자주 정비해야 하는 이유는 무엇인가?
5. 저소음 타이어의 어쿠스틱 폼(흡음재)의 용도는 무엇인가?

마무리 퀴즈

1. 하이브리드 차량의 유지관리 모드의 목적은 무엇인가?
   a. 아이들-스톱 기능의 비활성화
   b. 브레이크 시스템 정비
   c. 오일 및 필터 교환
   d. 냉각 시스템 정비
2. 대부분의 하이브리드 자동차가 합성 엔진오일을 사용하는 이유는 무엇인가?
   a. 엔진이 더 자주 멈추고 시동이 걸리기 때문에
   b. 엔진 손상을 줄이는 데 도움이 되어서
   c. 연비 향상을 위해
   d. 위 보기 모두 정답
3. 대부분의 자동차 제조회사가 하이브리드 또는 전기 자동차 냉각 시스템을 정비할 때 미리 혼합된 교체용 냉각수 사용을 권장하는 이유는 무엇인가?
   a. 수돗물의 미네랄이 부식 문제를 일으킬 수 있어서
   b. 혼합 비율을 정확하게 맞추기가 어려워서
   c. a와 b 모두 정답
   d. a와 b 모두 틀림
4. '솔트 벨트(salt belt)' 지역에서 브레이크 시스템을 더 자주 유지보수해야 하는 이유는 무엇인가?
   a. 염분으로 인한 브레이크 패드의 파손
   b. 회생 제동 사용으로 인한 브레이크 로터의 열 감소와 브레이크 시스템의 수분 증발률 감소
   c. 부식으로 인한 브레이크 핀과 슬라이더 고착
   d. 위 보기 모두 정답
5. 전기 자동차에서 손상된 타이어를 수리할 때 규정된 정비 절차를 수행해야 하는 이유는 무엇인가?
   a. 타이어는 수리할 수 없으며 교체해야 한다.
   b. 손상 부위를 수리하기 전에 손상 부위의 어쿠스틱 폼(흡음제)을 제거해야 한다.
   c. 수리가 완료된 후 어쿠스틱 폼(흡음재)을 다시 부착해야 한다.
   d. b와 c 모두 정답
6. 마이크로 하이브리드 차량의 배터리 시험 절차 중 옳은 것은 무엇인가?
   a. 정확한 시험 결과를 얻으려면 배터리를 전기적으로 분리해야 한다.
   b. 배터리를 함께 시험해야 한다.
   c. 배터리를 함께 교체해야 한다.
   d. 규정된 시험 절차는 없다.
7. 전동 파워 스티어링 시스템에서 사용되는 전원은 몇 V인가?
   a. 12 V
   b. 42 V
   c. 60 V
   d. a와 b 모두 정답
8. 전동식 에어컨 컴프레서를 정비할 때 어떤 주의사항을 준수해야 하는가?
   a. 고전압 시스템의 전원이 제대로 차단되었는지 확인한다.
   b. 정비 시 적절한 냉매 오일을 사용했는지 확인한다.
   c. 적절한 냉매 회수기를 사용한다.
   d. 위 보기 모두 정답

9. 고전압 배터리 에어 필터의 용도는 무엇인가?
   a. 실내 이물질의 유입 차단
   b. 배터리 온도 조절
   c. a와 b 모두 정답
   d. a와 b 모두 틀림

10. 하이브리드 또는 전기 자동차를 진단할 때 8단계 진단 절차가 사용되는 이유는 무엇인가?
   a. 근본적인 문제를 찾기 위해
   b. 자동차 정비 절차를 효율적으로 하기 위해
   c. 정비 절차를 문서화하기 위해
   d. 위 보기 모두 정답

Chapter 6

디지털 스토리지 오실로스코프 시험

학습 목표

- 디지털 스토리지 오실로스코프의 장점을 설명할 수 있다.
- 오실로스코프 사용 시 시간축(기준 시간)과 전압 스케일을 조정하는 방법을 설명할 수 있다.
- AC와 DC 커플링의 차이점을 설명할 수 있다.
- 다양한 펄스파 측정 스케일에 대해 설명할 수 있다.
- 트리거의 목적을 설명할 수 있다.

핵심 용어

격자선
듀티 사이클
디지털 스토리지 오실로스코프(DSO)
시간축(기준 시간)
압력 변환기
오실로스코프
외부 트리거
음극선관(CRT)
전류 클램프
주파수
채널
트리거 기울기
트리거 레벨
펄스파
펄스폭
펄스폭 변조(PWM)
헤르츠(Hz)
AC 커플링
BNC 커넥터
DC 커플링

오실로스코프의 종류

용어 **오실로스코프**(oscilloscope, 보통 스코프라고 함)는 전압이 변하는 시기를 표시하는 타이머가 있는 시각적 전압계이다. 오실로스코프에는 다음 두 가지 유형이 있다.

- 아날로그 스코프는 텔레비전 화면과 유사한 **음극선관**(cathode ray tube, CRT)을 사용하며 스코프 화면에는 전기 신호를 지속적으로 표시한다.
- 디지털 스코프는 일반적으로 액정 디스플레이(LCD)를 사용하지만 일부 디지털 스코프에서는 CRT도 사용한다. 디지털 스코프는 1회성 이상 신호 또는 영구적인 신호의 샘플을 수집하여 저장하므로 **디지털 스토리지 오실로스코프**(digital storage oscilloscope, DSO)라고 한다.

디지털 스코프는 전압 신호의 변화를 캡처하는 것이 아니라 시간에 따른 전압값을 캡처하여 점 데이터로 저장한다. 각 점 데이터는 전압값이다. 그런 다음 스코프는 수천 개의 점 데이터(각각 전압값을 나타냄)를 사용하여 파형을 표시하고 전기적으로 점 데이터를 연결하여 파형을 생성한다.

DSO는 센서 신호 출력 단자에 연결하여 장시간에 걸쳐 전압 신호를 기록할 수 있다. 기록된 전압 신호를 재생하여 문제가 되는 결함이 있는지 확인할 수 있다. 이러한 기능 덕분에 DSO는 간헐적인 문제를 진단하는 데 도움이 되는 완벽한 도구로 평가된다.

그러나 디지털 스토리지 오실로스코프는 간혹 스코프가 캡처한 샘플 사이에 발생할 수 있는 글리치(glitch)라는 결함을 표시하지 못하는 경우가 있어 '샘플링 속도'가 높은 DSO가 선호된다. 샘플링 속도는 스코프가 아주 짧은 시간 동안 발생하는 전압의 변화를 캡처할 수 있는 능력을 의미한다. 일부 디지털 스토리지 오실로스코프의 초당 2,500만 개의 샘플 캡처 속도를 가진다. 이 스코프는 40나노(0.00000040)초 동안만 지속되는 글리치(결함)를 캡처할 수 있다.

- 스코프는 '시계가 달린 전압계'라고도 불린다.
- 전압계 부분은 스코프가 변화하는 전압 레벨을 캡처하고 표시할 수 있음을 의미한다.
- 시계 부분은 스코프가 특정 시간 동안 전압 레벨의 변화를 표시할 수 있음을 의미하며, DSO를 사용하면 샘플링된 전압 신호를 재생하여 어떤 결함이 있는지 확인하고 연구할 수 있다.

CAUTION: 고전압 또는 고전류 회로에서 DSO를 사용할 때는 과전류 또는 과전압으로 인한 스코프 및 기타 장비의 손상을 방지하기 위해 제조회사의 권장사항을 따라야 한다.

오실로스코프 디스플레이의 격자 표시 전형적인 스코프 화면은 일반적으로 수직(위-아래)으로 8 또는 10개의 그리드와 수평(좌-우)으로 10개의 격자로 구성된다. 측정 기준으로 사용되는 투명한

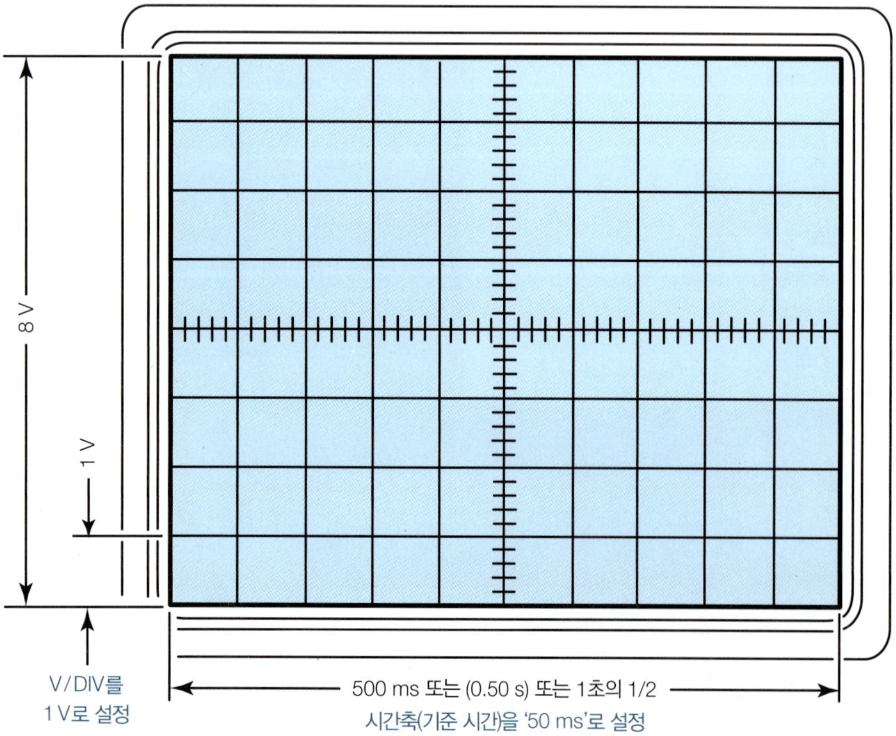

그림 6-1 오실로스코프 디스플레이를 통해 기술자들은 전압 패턴의 변화를 측정할 수 있다. 이 예에서 각 수직축 한 칸(디비전)은 1 V이고, 각 수평축 한 칸(디비전)은 50 ms를 나타내도록 설정되어 있다.

스케일(또는 격자 패턴)은 **격자선**(graticule)이라고 부르며, 일반적으로 8 × 10 또는 10 × 10 구획으로 되어 있다. ● **그림 6-1 참조**

NOTE: 이 숫자는 원래 격자선의 미터 치수를 센티미터 단위로 나타낸 것이다. 따라서 8 × 10 디스플레이의 높이는 8센티미터(3.14 in.)이고 폭은 10센티미터(3.90 in.)이다.

- 전압은 수직축에 표시되며, 하단의 0 V부터 시작하여 위쪽으로 올라갈수록 높은 전압이 스코프에 표시된다.
- 시간은 왼쪽에서 오른쪽으로 이동시간을 스코프에 표시한다. 패턴은 왼쪽에서 시작하여 화면의 오른쪽으로 이동하면서 지나간다.

오실로스코프 설정과 조정

시간축 설정 대부분의 스코프는 디스플레이에 표시된 10개의 격자선(좌-우)을 사용한다. **시간축**(기준 시간, time base) 설정은 디비전(division, 한 칸)이라고 하는 각 블록에 표시할 시간을 설정하는 것을 의미한다. 예를 들어, 스코프가 디비전당 2 sec(*s/div* 라고 함)를 읽도록 설정되면 표시되는 전체 시간은 20 sec(2 × 10 division = 20 sec)가 된다. 시간축(기준 시간)은 2~4개의 측정 신호(채널)를 한 번에 표시할 수 있으며, 이런 경우 전체 시간으로 설정해야 한다. 시간축(기준 시간)을 조정할 때는 일반적으로 ms(0.001초)를 기준으로 사용된다. 샘플 시간은 디비전당 ms(*ms/div*로 표시) 및 전체 시간이다. ● **표 6-1 참조**

수평 눈금은 10개의 디비전(division 또는 *grats*라고도 함)으로 나눈다. 각 디비전이 1초의 시간을 나타내는 경우, 디스플레이에 표시되는 전체 시간은 10초가 된다. 여러 개의 파형을 동시에 표시하는 경우 디비전당 시간으로 조정해야 한다. 디비전당 시간 설정은 하이브리드 및 전기 자동차의 측정 부품에 따라 달라질 수 있다.

디비전당 밀리초(ms/div)	전체 표시 시간
1밀리초	10밀리초(0.010초)
10밀리초	100밀리초(0.100초)
50밀리초	500밀리초(0.500초)
100밀리초	1초(1.000초)
500밀리초	5초(5.0초)
1,000밀리초	10초(10.0초)

표 6-1 시간축(기준 시간)은 밀리초(ms)와 표시될 수 있는 측정 신호의 전체 시간을 나타낸다.

NOTE: 시간축(ms/div)을 증가시키면 초당 샘플 수가 감소한다.

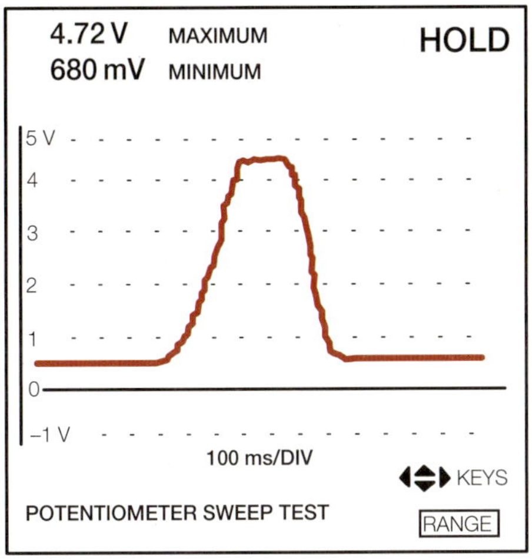

그림 6-2 디지털 스토리지 오실로스코프(DSO)는 스로틀 포지션(throttle position, TP) 센서의 전체 파형을 표시한다. 스로틀 밸브가 닫혀 있을 때 약 0.5 V(왼쪽)에서 시작되고 스로틀 밸브가 완전히 개방되어 열렸을 때 약 4.5 V까지 상승했다가 다시 닫힌 위치로 돌아간다.

- 전기 모터: 2 ms/div(총 20 ms)
- 네트워크(CAN) 통신 네트워크: 2 ms/div(총 20 ms)
- 리졸버(속도 센서): 2 ms/div(총 20 ms)
- 센서 전압 측정(하이브리드 엔진): 5 ms/div(총 50 ms)

화면에 표시되는 전체 시간을 비교해 파형이 일정한지 또는 변화하고 있는지 확인할 수 있다. 또한 디스플레이에 여러 파형이 동시에 표시되므로 측정값을 보다 쉽게 확인할 수 있다. ● **그림 6-2 참조**

디비전당 전압(volts/div) 설정 예상되는 전체 파형을 볼 수 있도록 디비전당 전압(약칭 *V/div*)을 설정해야 한다. 예를 들면 다음과 같다.

- 전기 모터: 1 V/div(총 20 V)
- 12 V 배터리 및 DC-DC 컨버터: 2 V/div(총 16 V)
- 리졸버: 500 mV/div(총 10 V)

예에서 표시된 총전압이 시험 중인 구성 요소의 전압 범위를 초과한다는 점을 참고해야 한다. 이는 모든 파형이 표시되도록 설정한 것이다. 또한 예기치 않은 전압 판독도 가능하다. 예를 들어, 리졸버는 0 V에서 2 V(2,000 mV) 사이를 판독해야 한다. V/div를 500 mV로 설정하면 최대 10 V까지 표시된다.

DC 및 AC 커플링

DC 커플링 **DC 커플링**(DC coupling)은 스코프가 측정 회로에 존재하는 교류(AC) 전압 신호와 직류(DC) 전압 신호를 모두 표시할 수 있기 때문에 스코프에서 가장 많이 사용되는 기능이다. 측정 신호의 AC 부분은 DC 구성 요소 위에 표시된다. 예를 들어, 전기 인버터와 컨버터는 서로 다른 파워트레인 하위 시스템 간의 에너지 흐름을 관리하고 바퀴에 필요한 토크와 동력을 전달한다. 이러한 파워 하위 시스템은 파워트레인의 DC 버스에서 원치 않는 전기 고주파를 생성할 수 있다. 정상적인 DC 전압은 화면에 수평선으로 표시된다. 전동기로 인해 생성되는 모든 AC 리플 전압은 수평 DC 전압 라인 위에 AC 신호로 표시된다. 따라서 DC 커플링은 측정 신호의 두 가지 구성 요소를 동시에 관찰할 수 있다.

AC 커플링 **AC 커플링**(AC coupling) 기능을 선택하면 커패시터가 미터 리드 회로에 배치되어 모든 DC 전압 신호를 효과적으로 차단하지만, 측정 신호의 AC 전압 신호는 통과시켜 표시할 수 있게 된다. AC 커플링은 다음과 같은 센서의 출력 신호 파형을 표시하는 데 사용할 수 있다.

- 자기 엔진 속도 센서
- 자기 위치 센서
- 인버터 및 컨버터의 AC 리플 ● **그림 6-3 참조**
- 자기 차량 속도 센서

NOTE: 스코프 제조회사의 지침에서 규정하는 권장 설정 내역을 확인한다. 일부 파형을 제대로 보기 위해 DC 커플링에서 AC 커플링으로, 또는 AC 커플링에서 DC 커플링으로 전환해야 하는 경우가 있다.

펄스파

정의 스코프는 모든 전압 신호를 표시할 수 있다. 자동차 응용 분야에서 가장 흔히 볼 수 있는 것은 위아래로 변동하고 교류(AC) 전압처럼 0 V(영점선) 이하로 내려가지 않는 직류(DC) 전압이다. 일련의 펄스로 켜고 끄는 DC 전압을 **펄스파**(pulse train)라고 한다. 펄스파는 교류(AC) 신호와 달리 0 V 이하로 떨어지지 않는다. 교류 전압은 0 V를 기준으로 위아래로 변한다. 펄스파 신호는 여러 가지 방식으로 다양화할 수 있다. ● **그림 6-4 참조**

주파수 **주파수**(frequency)는 **헤르츠**(hertz) 단위로 측정된 초당 사이클 수이다. 분당 엔진 회전수(RPM)는 다양한 주파수에서 발생할 수 있는 신호의 예이다. 낮은 엔진 속도에서는 엔진이 더 높은 엔진 속도(RPM)에서 작동할 때보다 점화 펄스의 초당 발생 횟수(낮은 주파수)가 적다.

듀티 사이클 **듀티 사이클**(duty cycle)은 한 번의 완전한 사이클 동안에 신호가 켜지는 시간의 백분율을 나타낸다. 신호가 켜지는 시간이 증가하면 신호가 꺼지는 시간이 감소하고 일반적으로 백분율로 측정된다. 듀티 사이클은 **펄스폭 변조**(pulse-width modulation, PWM)라고도 하며 도(degree) 단위로 측정할 수 있다. ● **그림 6-5 참조**

펄스폭 **펄스폭**(pulse width)은 ms 단위로 측정된 실제 켜진 시간의 측정값이다. 연료 분사장치는 일반적으로 펄스폭을 변화시켜 제어된다. ● **그림 6-6 참조**

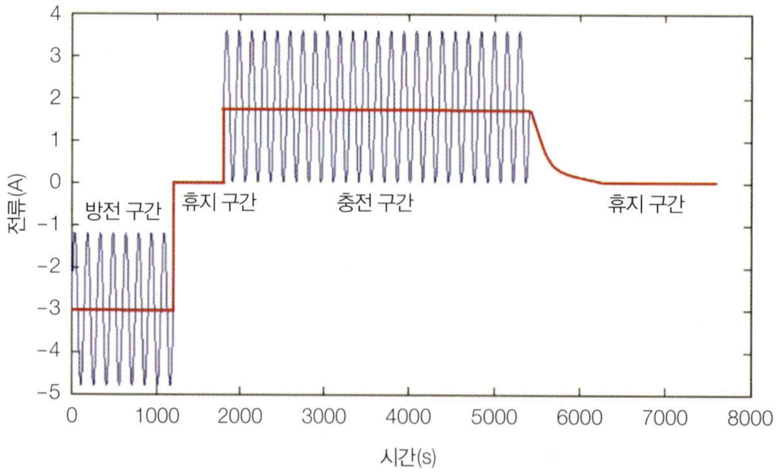

그림 6-3 인버터와 컨버터에서 생성된 리플 전압은 고전압 배터리의 DC 전압 회로에 표시된다.

1. 주파수(Hz): 초당 발생하는 사이클 수이다. 초당 발생하는 사이클이 많을수록 주파수 측정값은 높아진다. 주파수는 초당 사이클 수인 Hz 단위로 측정된다. 8 Hz 신호는 초당 8회 주기로 작동한다.

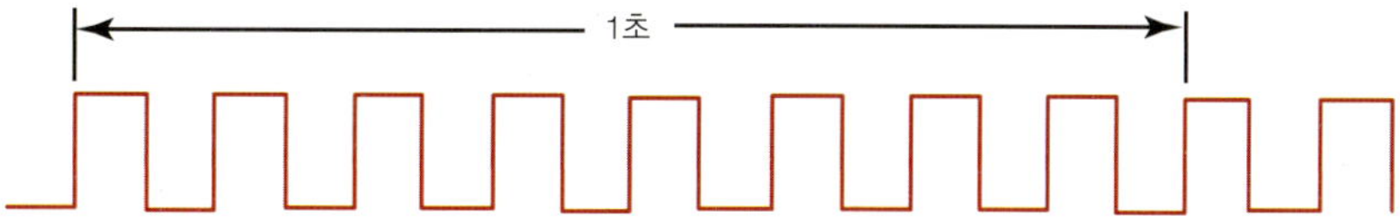

8 Hz는 '초당 8 사이클'을 의미한다.

2. 듀티 사이클: 신호가 켜져 있는 시간(on-time)과 하나의 완전한 사이클과의 비교 측정이다. 켜져 있는 시간이 증가하면 꺼져 있는 시간(off-time)은 감소한다. 듀티 사이클은 켜져 있는 시간의 백분율로 측정된다. 60%의 듀티 사이클은 60%의 시간 동안 켜져 있고, 40%의 시간 동안 꺼져 있는 신호이다. 듀티 사이클을 측정하는 다른 방법은 백분율이 아닌 도(degree) 단위로 측정하는 '드웰(dwell)'이다.

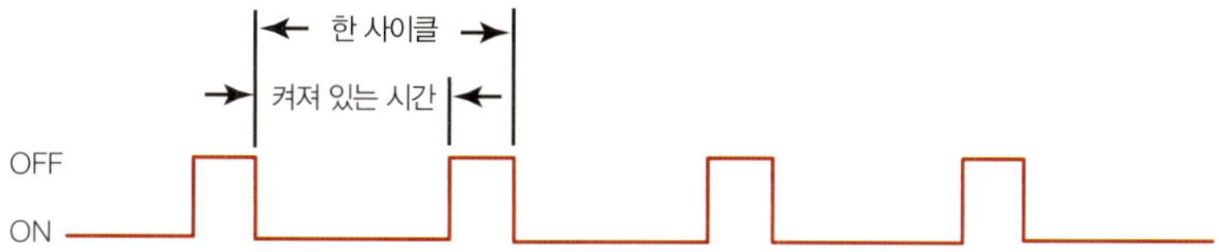

듀티 사이클은 하나의 완전한 사이클과 신호가 켜져 있는 시간 간의 관계이다. 신호는 주파수에 영향을 주지 않고 다양한 듀티 사이클을 가질 수 있다.

3. 펄스폭: 신호가 실제 켜져 있는 상태를 밀리초 단위로 측정한다. 펄스폭 측정에서 꺼져 있는 시간은 실제로 중요하지 않다. 유일한 관심사는 신호가 켜져 있는 시간이다. 이는 인젝터의 작동을 측정하여 부하 변동에 따라 신호의 변화를 확인하는 유용한 시험 방법이다.

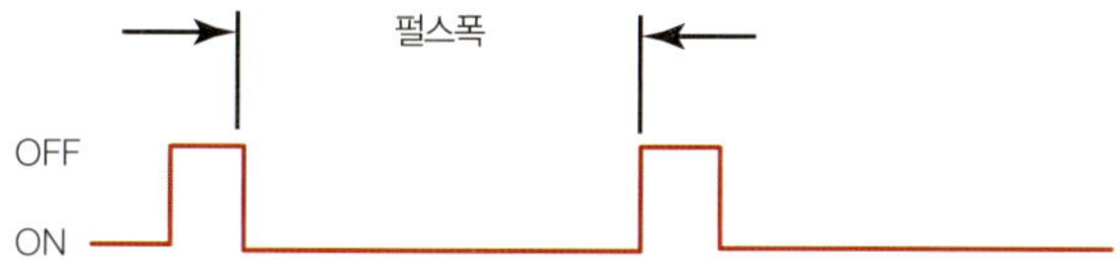

펄스폭은 신호가 켜져 있는 실제 시간을 밀리초 단위로 측정한다. 신호의 측정은 켜져 있는 시간을 확인하기 위한 시험 방법이다.

그림 6-4 펄스파는 on/off 또는 high/low로 가는 전기적 신호이다. 펄스파 신호의 예로 점화 모듈 및 연료 분사장치가 있다.

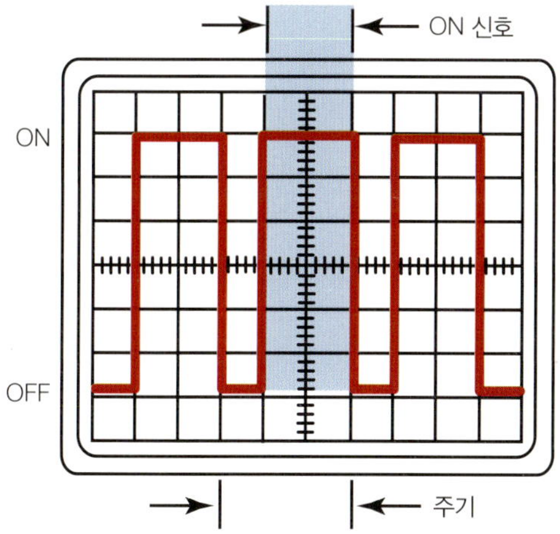

그림 6-5 On 신호와 Off 신호를 모두 보여 주는 전체 사이클에 대한 스코프의 표시

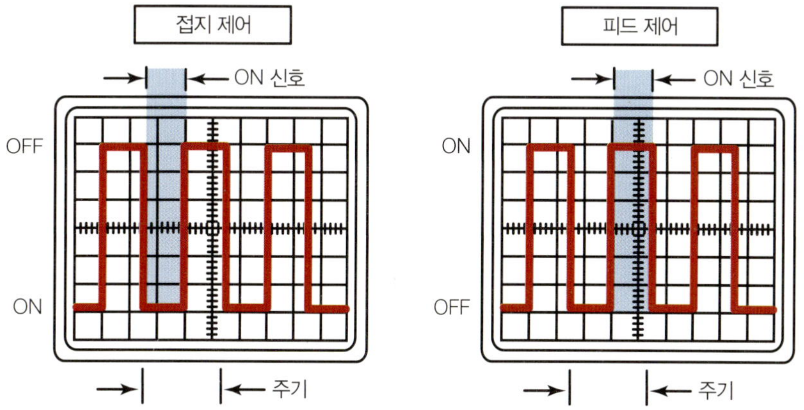

접지 제어 회로에서 ON 신호의 펄스는 하위 수평 펄스로 나타난다.

피드 제어 회로에서 ON 신호의 펄스는 상위 수평 펄스로 나타난다.

그림 6-6 컴퓨터는 구성 요소의 접지 또는 전원 측을 켜거나 끄면서 장치를 제어할 수 있다.

채널 수

정의 디스플레이에서 동시에 둘 이상의 센서 또는 측정 신호를 볼 수 있는 스코프를 사용할 수 있다. 각각에 대한 리드가 필요한 측정 신호의 수를 **채널**(channel)이라고 한다. 채널은 스코프에 대한 입력이다. 일반적으로 사용 가능한 스코프는 다음과 같다.

- 단일 채널: 단일 채널 스코프는 한 번에 하나의 센서 신호 파형만 표시할 수 있다.
- 2 채널: 2 채널 스코프는 두 개의 개별 센서 또는 구성 요소의 파형을 동시에 표시할 수 있다. 이 기능은 엑셀러레이터 페달 위치 센서 또는 브레이크 스위치 입력을 시험할 때 매우 유용하며, 적절한 전압값으로 변경되는지 확인하는 데 도움이 된다. ● **그림 6-7 참조**
- 4 채널: 4 채널 스코프를 사용하면 기술자가 하나의 디스플레이에서 최대 4개의 서로 다른 센서 또는 액추에이터 신호를 볼 수 있다.
- 8 채널: 4 채널 스코프로 그래프화할 수 있는 것보다 더 많은 데이터를 확인해야 하는 기술자를 위해 8 채널 스코프를 사용할 수 있다.

NOTE: 두 개 이상의 채널을 사용할 경우 신호 캡처 속도가 느려질 수 있다.

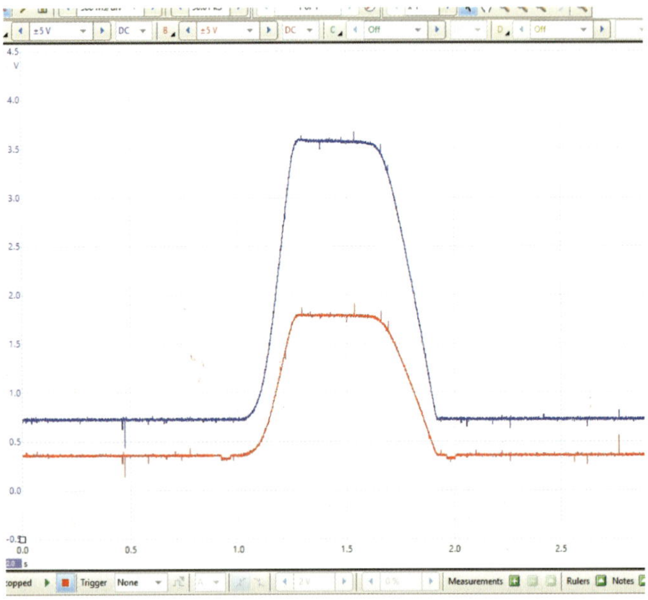

그림 6-7 엑셀러레이터 페달 위치 센서(accelerator position sensor, APS)에서 두 개의 신호를 비교하기 위해 사용되는 2 채널 스코프

트리거

외부 트리거 **외부 트리거**(external trigger)는 측정 신호가 신호 픽업 리드가 아닌 다른 외부 소스로부터 수신될 때 파형이 시작되는 경우이다. 외부 트리거의 일반적인 예는 점화 패턴의 시작을 트리거하기 위해 실린더 #1 점화 플러그 와이어 주위에 프로브 클램프를 사용하는 것이다.

트리거 레벨 **트리거 레벨**(trigger level)은 패턴이 표시되기 전에 스코프에서 감지해야 하는 전압이다. 스코프는 트리거되거나 기술자로부터 측정 시작 요청이 있는 경우에만 전압 신호를 표시하기 시작한다. 디스플레이를 시작하려면 트리거 레벨을 설정해야 한다. 패턴이 1 V에서 시작되는 경우 트레이스(trace)가 1 V에 도달한 후 화면 왼쪽에 트레이스가 표시되기 시작한다.

트리거 기울기 **트리거 기울기**(trigger slope)는 디스플레이를 시작하기 위해 파형이 가져야 하는 전압 방향이다. 대부분의 경우 파형을 디스플레이에 표시하기 위한 트리거는 측정되는 신호에 의해 표시된다. 트리거 전압 레벨 외에도 대부분의 스코프는 전압이 트리거 레벨 전압을 초과하여 전압이 상승할 때만 트리거되도록 조정할 수 있다. 이를 양의 기울기(positive slope)라고 한다. 전압이 높은 전압 레벨에서 낮은 전압 레벨로 하강하여 트리거가 활성화되는 경우를 음의 기울기(negative slope)라고 한다.

스코프 디스플레이에는 양의 기울기와 음의 기울기의 기호가 모두 표시된다. 예를 들어 크랭크축 위치 센서 또는 휠 스피드 센서에 사용되는 자기 센서와 같은 파형이 위쪽으로 이동하기 시작하면 양의 기울기를 선택해야 한다. 음의 기울기를 선택하면 전압이 아래 방향으로 트리거 레벨에 도달할 때까지 파형이 표시되지 않는다. 연료 인젝터 회로를 분석할 때는 음의 기울기를 사용해야 한다. 이 회로에서는 컴퓨터가 접지를 제공하고 컴퓨터가 인젝터를 켜도록 명령하면 전압 레벨이 떨어진다. 파형이 올바르게 표

그림 6-8 (a) 양의 트리거를 나타내는 기호—파형이 상승하는 (양의) 끝점(모서리)에서 트리거가 발생한다. (b) 음의 트리거를 나타내는 기호—파형이 상승하는 (음의) 끝점(모서리)에서 트리거가 발생한다.

시되지 않는 경우 기술자가 음의 기울기에서 양의 기울기로 또는 양의 기울기에서 음의 기울기로 트리거를 변경해야 하는 경우도 있다. ● **그림 6-8 참조**

스코프의 사용

스코프 리드 대부분의 스코프는 아날로그 및 디지털 스코프 모두 일반적으로 동일한 테스트 리드를 사용한다. 이러한 리드는 일반적으로 소형 표준 동축 케이블 커넥터인 **BNC 커넥터**(BNC connector)를 통해 스코프에 연결된다. BNC는 전자 산업에서 사용되는 국제 표준이다. BNC 커넥터를 사용하는 경우, 하나의 리드를 엔진의 깨끗한 금속 표면에 접지를 연결해야 한다. 스코프 리드의 프로브는 시험할 회로 또는 구성 요소에 부착한다. 대부분의 스코프는 하나의 접지 리드를 사용하며 각 채널은 자체 신호 픽업 리드가 있다.

스코프를 이용한 보조 배터리 전압 측정 스코프를 사용하여 측정하고 관찰하기 가장 쉬운 것 중 하나는 배터리 전압이다. 하이브리드 엔진이 시동하면 스코프 디스플레이에서는 전압이 낮아지는 것을 관찰할 수 있으며, 엔진 시동 후에는 전압이 상승되는 파형이 표시되어야 한다. ● **그림 6-9 참조**

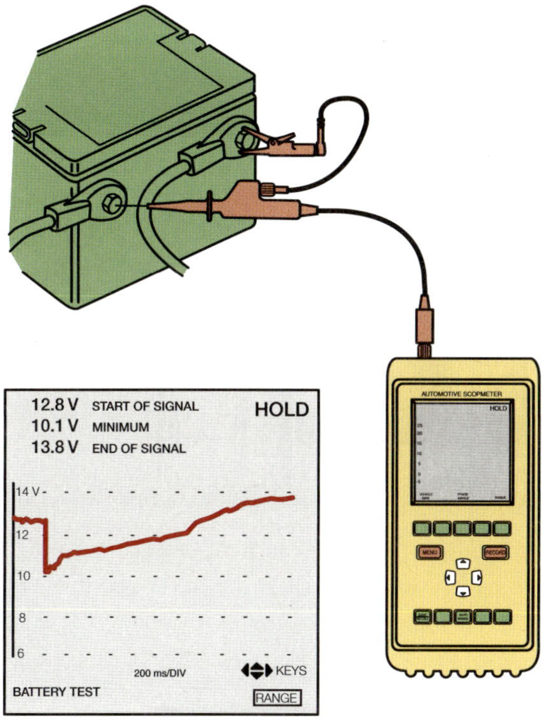

그림 6-9 배터리 전압은 단일 스코프 파형으로 표시된다. 차량 시동이 걸리면 전압 감소가 발생한다.

아날로그 스코프는 빠르게 표시되며 디스플레이를 표시하거나 정지하도록 설정할 수 없다. 따라서 아날로그 스코프가 모든 전압 신호를 표시하더라도 아날로그 스코프에서는 순간적인 글리치(결함)를 놓치기 쉽다.

CAUTION: 가정용 AC 회로를 측정하기 전에 사용 중인 스코프의 지침을 확인해야 한다. 일부 스코프는 고전압 AC 회로를 측정하도록 설계되지 않았다.

디지털 스토리지 오실로스코프의 부속품 사용

전류 클램프 **전류 클램프**(current clamp, 앰프 클램프라고도 함)는 전기 시스템의 전선, 케이블 또는 기타 전기 도체 주위에 조(jaw)를 벌려서 끼운 다음 전원 분리 및 차단 없이 전류를 측정할 수 있는 프로브이다. 이 프로브는 전류 흐름에 의해 생성된 자기장을 측정하여 스코프에서 파형으로 변환한다. 전선이나 구성 요소를 분리하지 않고 스코프와 함께 사용하여 회로의 AC 또는 DC 전류를 측정할 수 있다. 전류 클램프는 측정 신호에 따라 매우 작은 전류부터 큰 전류까지 다양하게 측정할 수 있어 전기 모터와 같은 구성 요소를 진단할 때 유용한 도구가 될 수 있다. 하이브리드 또는 전기 자동차의 전기 모터에서 생성되는 전류를 측정할 때는 특수 고전류 클램프 또는 클램프 어댑터를 사용하여 의도하지 않은 순간적인 전류의 변화로부터 스코프를 보호할 수 있다. ● **그림 6-10 참조**

압력 변환기 **압력 변환기**(pressure transducer, 압력 트랜스듀서)는 압력을 전기 신호로 변환하는 전기 장치이다. 압력 변환기는

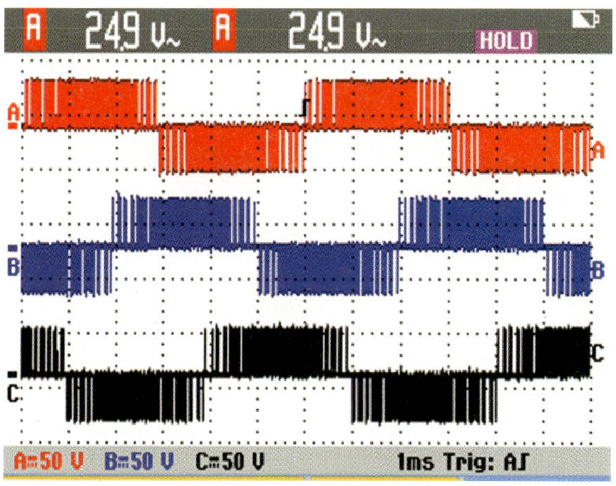

그림 6-10 고전류 클램프는 전기 모터의 작동 전류를 측정하는 데 사용된다.

그림 6-11 상대 진공 변환기는 흡기 매니폴드에 부착되어 엔진의 진공 압력 변화를 측정한다.

두 가지 유형으로 구분한다.

1. 실제 변환기(actual transducer): 특정 시스템이나 장치에서 발생하는 절대압력을 측정한다.
2. 상대 변환기(relative transducer): 특정 시스템이나 장치에서 발생하는 압력의 변화를 측정하는 것으로 주로 정상 압력 대비 상대적인 변화를 나타내기 위해 사용된다.

압력 변환기는 스코프와 함께 사용하여 연료 압력, 엔진 진공, 배기 압력 및 실린더 압축과 같은 다양한 하이브리드 파워트레인 시스템의 작동 압력을 측정할 수 있다. ● **그림 6-11 참조**

파형 분석

데이터 기록 대부분의 오실로스코프와 디지털 스토리지 오실로스코프(DSO)에는 모니터링 중인 데이터를 기록하고 재생할 수 있는 기능이 있다. 일부 스코프는 신호를 측정한 뒤 나중에 검토할 수 있도록 기록을 저장할 수 있다. 일반적인 측정 과정에서 측정 신호의 오작동이 감지되는 경우 기술자는 데이터를 저장하여 어떤 오류가 발생했는지 파악하게 된다. 측정 신호 데이터를 살펴볼 때는 먼저 회로 또는 부품이 어떻게 작동해야 하는지 이해하고 문제 되는 신호 데이터의 원인을 찾는 것이 중요하다.

측정 신호가 정상적인 상태인가 파형을 분석할 때는 먼저 해당 조건이 정상 작동 조건에서 발생하는 신호인지를 확인한다. ● **그림 6-12**에서는 냉각수 온도가 거의 200°F(93.3°C)에서 영하로 떨어졌다가 45초 이내에 다시 거의 200°F로 올라간다. 정상적으로 작동하는 엔진에서는 이런 일이 발생할 수 없으므로 전기적으로 문제가 있다는 단서가 될 수 있다.

라인 특성(측정 전압 특성) 기록되는 데이터 라인(측정 전압)의 특성은 고장을 나타내는 지표가 될 수 있다. ● **그림 6-13**의 MAP 센서 전압이 거의 수직으로 변화한 것은 전기적 고장을 나타낸다. 이 경우 전압값이 센서 입력 전원 값까지 증가하는 것은 회로의 단선(open circuit)을 나타낸다. 만약 전압이 거의 0 V까지 떨어졌다면 단락(short circuit)을 의미한다.

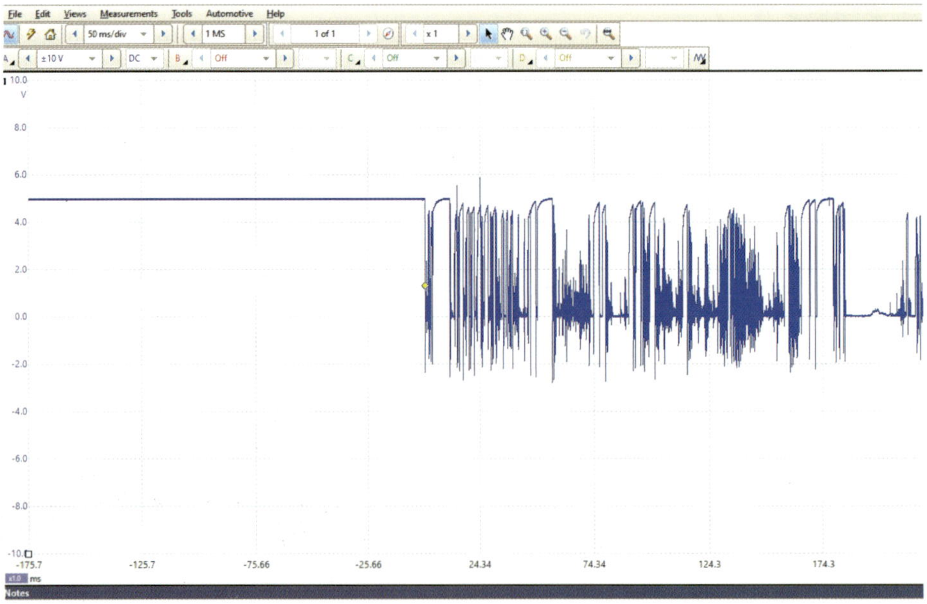

그림 6-12 측정된 온도 센서의 전기적 파형에는 불가능한 온도 변화가 표시된다. 이는 전기적인 문제가 있음을 나타낸다.

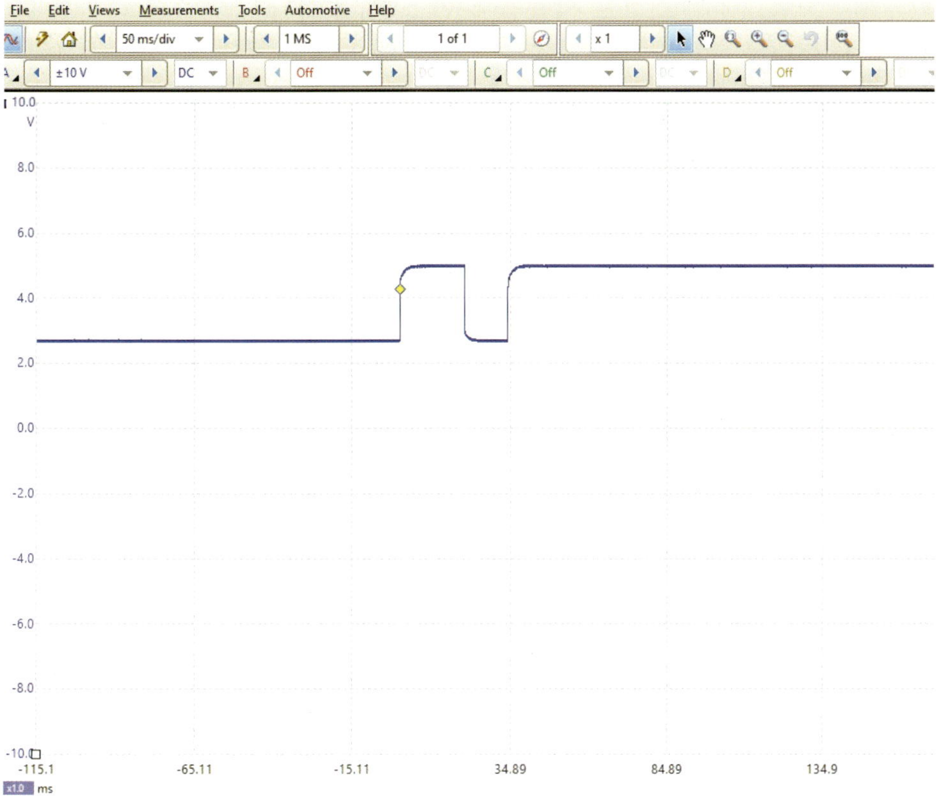

그림 6-13 측정된 MAP 센서의 전기적 파형이 수직에 가까운 전압 변화를 표시한다. 이는 전기적 단선 회로를 나타낸다.

요약

1. 아날로그 오실로스코프는 음극선관(CRT)을 사용하여 전압 패턴을 표시한다.
2. 아날로그 오실로스코프에 표시된 파형은 나중에 볼 수 있도록 저장할 수 없다.
3. 디지털 스토리지 오실로스코프(DSO)는 스코프 리드를 통해 측정된 수천 개의 점 데이터를 연결하여 디스플레이 또는 파형을 생성한다.
4. 오실로스코프 디스플레이 그리드를 격자선이라고 한다. 8×10 또는 10×10 구획을 각각 디비전(division)이라고 한다.
5. 시간축 설정은 디비전(division)이라고 하는 각 블록에 표시할 시간을 설정하는 것을 의미한다.
6. 디비전당 전압을 설정하면 기술자가 전체 파형 또는 일부만 볼 수 있다.
7. DC 커플링과 AC 커플링은 서로 다른 유형의 파형을 관찰하기 위해 선택할 수 있는 두 가지 기능이다.
8. 오실로스코프는 시간에 따른 전압을 표시한다. DSO는 나중에 볼 수 있도록 파형을 캡처하고 저장할 수 있다.

복습 문제

1. 아날로그 오실로스코프와 디지털 오실로스코프의 차이점은 무엇인가?
2. DC 커플링과 AC 커플링의 차이점은 무엇인가?
3. 변화하는 DC 신호를 펄스파라고 하는 이유는 무엇인가?
4. 오실로스코프와 DSO 파형을 기록하면 어떤 이점이 있는가?
5. DSO에서 데이터를 캡처할 때 트리거의 용도는 무엇인가?

스코프 사용을 위한 단계별 절차

1 스코프 인터페이스 장치를 컴퓨터의 USB 포트에 연결한다.

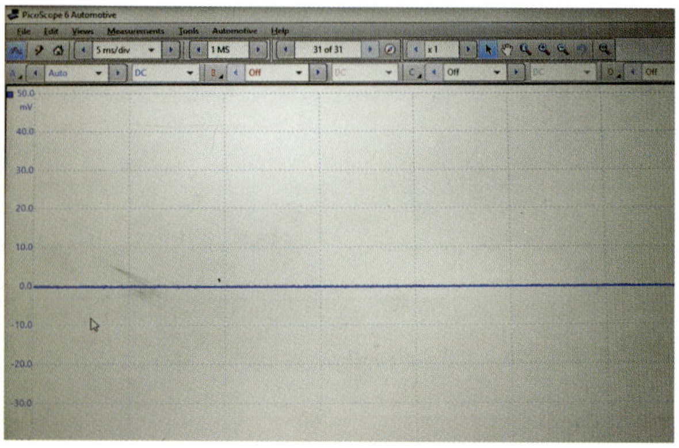

2 프로그램을 시작한다.

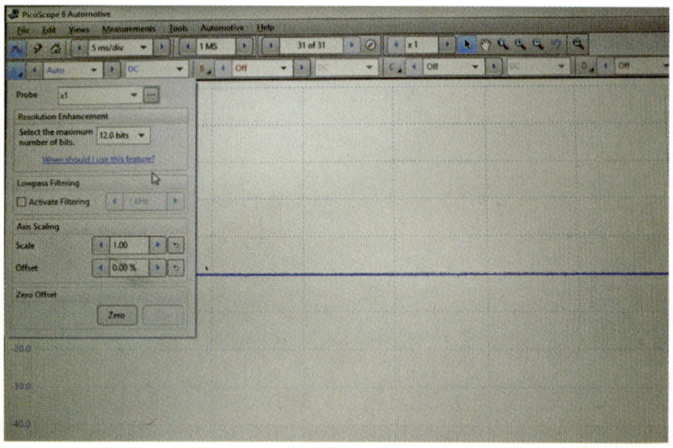

3 채널 A의 프로브를 선택한다.

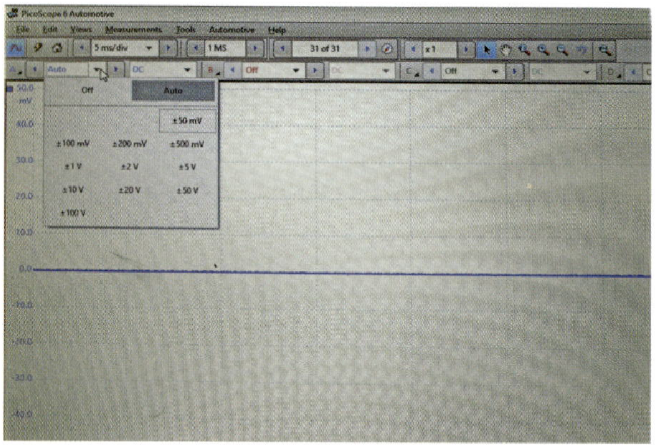

4 채널 A의 전압 범위를 선택한다.

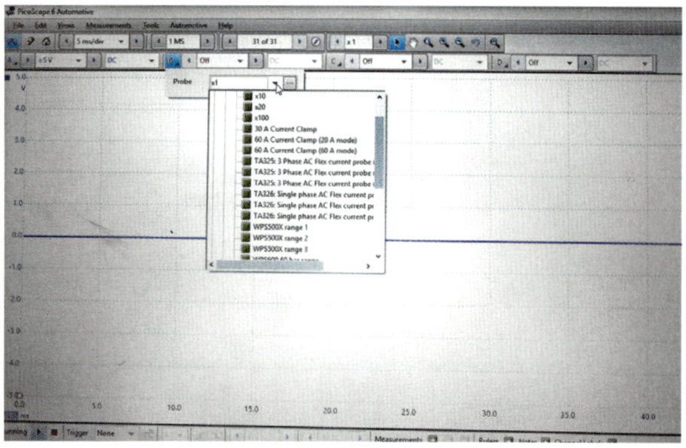

5 둘 이상의 채널을 사용하는 경우 해당 채널에 대한 프로브를 선택한다.

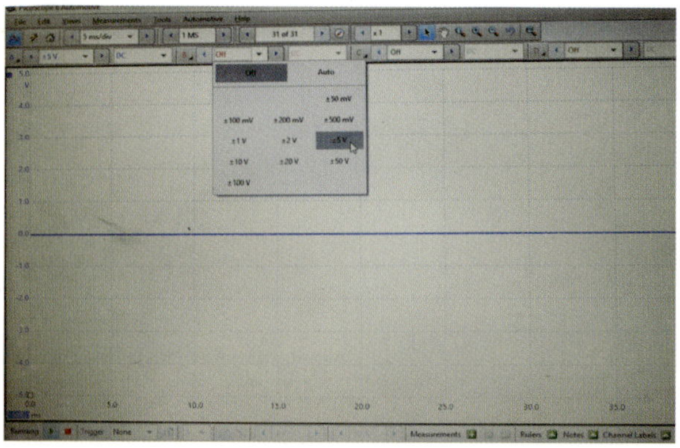

6 추가 채널의 전압 범위를 선택한다.

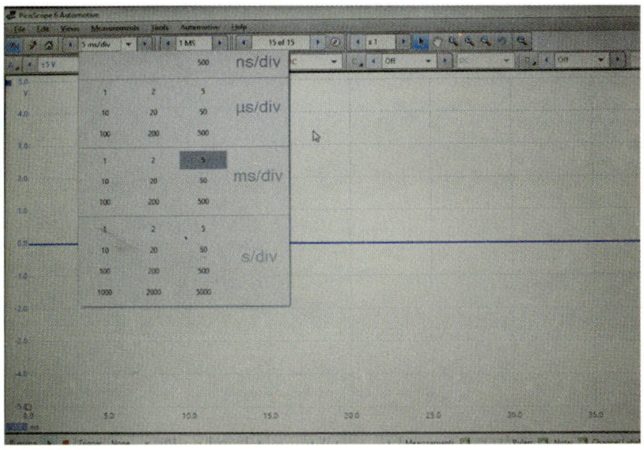

7 샘플률(sample rate)을 선택한다.

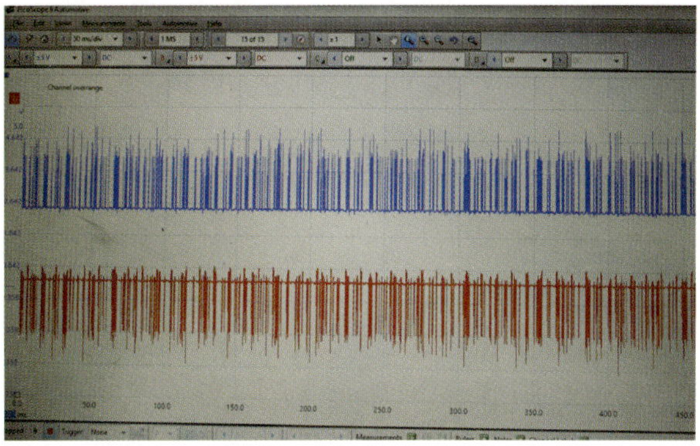

8 측정 신호를 캡처한다(예: 고속 CAN 버스).

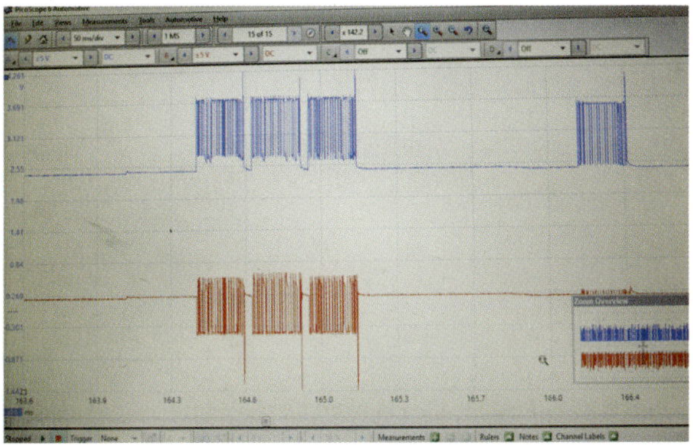

9 측정된 샘플(신호)을 확대하여 데이터의 상태를 확인한다.

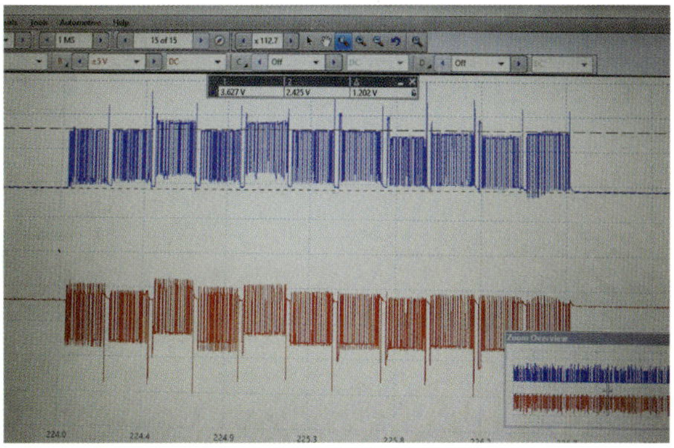

10 눈금자를 사용하여 고전압과 저전압을 측정한다.

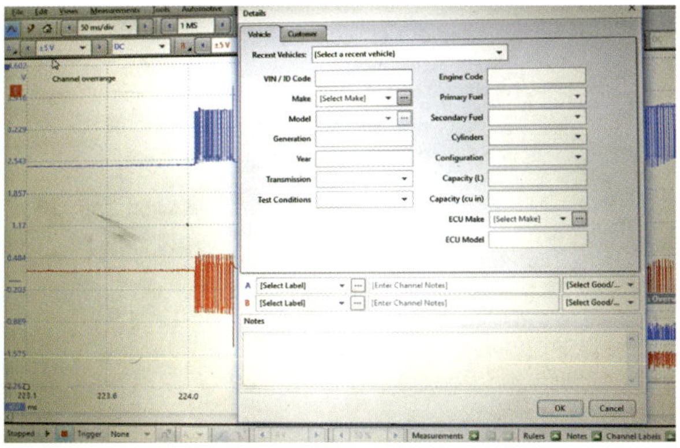

11 향후 분석을 위해 데이터를 저장한다.

마무리 퀴즈

1. 기술자 A는 아날로그 스코프가 나중에 볼 수 있도록 파형을 저장할 수 있다고 말한다. 기술자 B는 변화하는 파형을 보려면 대부분의 스코프에서 트리거 레벨을 설정해야 한다고 말한다. 어느 기술자의 말이 옳은가?
   a. 기술자 A만
   b. 기술자 B만
   c. 기술자 A와 B 둘 다 맞음
   d. 기술자 A와 B 둘 다 틀림
2. 오실로스코프 디스플레이를 무엇이라 부르는가?
   a. 그리드
   b. 격자
   c. 디비전
   d. 상자
3. 디지털 스토리지 오실로스코프(DSO)에 표시되는 배터리 전압을 나타내는 신호에 대해 논의 중이다. 기술자 A는 디스플레이에 영점선 위에 하나의 가로선이 표시될 것이라고 말한다. 기술자 B는 디스플레이에 0 V에서 배터리 전압까지 위쪽으로 기울어진 선이 표시될 것이라고 말한다. 어느 기술자의 말이 옳은가?
   a. 기술자 A만
   b. 기술자 B만
   c. 기술자 A와 B 둘 다 맞음
   d. 기술자 A와 B 둘 다 틀림
4. 시간 기준을 디비전당 50 ms로 설정하면 기술자가 파형을 얼마나 오래 볼 수 있는가?
   a. 50 ms
   b. 200 ms
   c. 400 ms
   d. 500 ms
5. 스코프에 모터 포지션 센서의 측정 파형이 표시되고 있다. 전체 파형이 0~5 V가 되도록 표시되게 하려면 디비전당 전압은 어떻게 설정되어야 하는가?
   a. 0.5 V/div
   b. 1.0 V/div
   c. 2.0 V/div
   d. 5.0 V/div
6. 두 명의 기술자가 DSO의 DC 커플링 설정에 대해 논의하고 있다. 기술자 A는 DC 커플링이 설정되면 DC 신호와 AC 신호의 파형을 모두 표시할 수 있다고 말한다. 기술자 B는 DC 커플링이 설정되면 DC 신호 파형만 표시할 수 있다고 말한다. 어느 기술자의 말이 옳은가?
   a. 기술자 A만
   b. 기술자 B만
   c. 기술자 A와 B 둘 다 맞음
   d. 기술자 A와 B 둘 다 틀림
7. 영점선 아래로 내려가지 않는 전압 신호(파형)는 무엇이라고 부르는가?
   a. AC(교류) 신호
   b. 펄스파
   c. 펄스폭
   d. DC 결합 신호
8. 초당 사이클 수는 무엇으로 표현되는가?
   a. Hz(헤르츠)
   b. 듀티 사이클
   c. 펄스폭
   d. 기울기
9. DSO를 사용하여 하이브리드 엔진의 MAP 센서 전압 신호를 측정하고 있다. 스코프에 표시되는 측정 전압 신호가 불규칙적으로 5 V(센서 공급 전원)까지 상승한다. 이것은 무엇을 의미하는가?
   a. 매니폴드 진공도 저하
   b. 순간적인 단락(short circuit)
   c. 정상 작동
   d. 일시적인 단선(open circuit)
10. 두 명의 기술자가 펄스파 신호에 대해 논의하고 있다. 기술자 A는 하이브리드 엔진의 연료 인젝터 작동 신호가 펄스파의 예라고 말한다. 기술자 B는 하이브리드 엔진의 점화 모듈 작동 신호가 펄스파의 예라고 말한다. 어느 기술자의 말이 옳은가?
   a. 기술자 A만
   b. 기술자 B만
   c. 기술자 A와 B 둘 다 맞음
   d. 기술자 A와 B 둘 다 틀림

Chapter 7

에너지와 동력

학습 목표

- 에너지와 동력의 차이점을 설명할 수 있다.
- 에너지와 동력의 단위를 설명할 수 있다.
- 직류 전류와 그 발전 과정을 서술할 수 있다.
- 교류 전류와 그 발전 과정을 서술할 수 있다.
- 와트와 전력 공식을 계산하는 과정을 서술할 수 있다.

핵심 용어

동력
수력 발전
에너지
에너지 효율비(EER)
와트
와트시
와트의 법칙
일
줄
지열 에너지
지열 히트 펌프(GHP)
킬로와트(kW)
킬로와트시(kWh)
태양광 발전(PV)
태양 전지
토크
풍력
풍력 발전 단지

에너지

정의 **에너지**(energy)는 일을 할 수 있는 능력으로 정의된다. 태양은 지구 생명체의 에너지원이다. 태양은 다음과 같은 에너지를 방출한다.

- 열 에너지
- 복사(빛) 에너지

물리학에서는 에너지를 다른 물체로 전달하거나 다음과 같은 다양한 형태로 변환할 수 있는 물체의 특성으로 정의한다.

- 열 에너지
- 전기 에너지
- 자기 에너지
- 핵 에너지
- 화학 에너지
- 위치 및 운동 에너지 ● **그림 7-1 참조**

어떤 에너지는 위치 에너지와 운동 에너지가 섞여 있다. 열 에너지는 온도로 인해 생기며 시스템 내부에 존재하는 에너지이다. 열은 에너지의 전달로 정의되는 열역학적 개념이다. 이는 열역학적 개념으로서 열은 에너지의 전달로 정의된다(일 역시 에너지 전달의 한 종류인 것과 같다).

열역학 법칙 내연기관은 열역학 이론에 따라 동력을 생성한다.

- 열역학 제1법칙(에너지 보존의 법칙): 에너지는 생성되거나 사라지지 않는다. 계의 내부 에너지는 계에 전달된 열과 행해진 일의 직접적인 결과이다. 열과 일은 자연계가 다른 계와 에너지를 교환하는 수단이며 기본적으로 열 에너지와 기계 에너지 사이의 관계이다.
- 열역학 제2법칙은 열의 순환과 관련된다. 이상적인 열기관에서는 생산된 모든 열이 기계적인 일로 완전히 전환된다. 그러나 19세기 프랑스 과학자 니콜라스 레오나르도 사디 카르노(Nicolas Leonard Sadi Carnot)는 이 이상적인 순환이 존재할 수 없음을 증명했다. 아무리 좋은 기관도 배기가스를 배출해야 하기 때문에 열과 일의 손실이 발생하며 배기가스에 의한 열 손실이 가장 크다.

에너지 단위

- 미터법을 기준으로 한 SI계(국제단위계)에서 에너지는 **줄**(joule) 단위로 측정되며 1줄은 어떤 물체를 1뉴턴의 힘으로 1미터의 거리를 이동하는 기계적인 일을 할 때 물체에 전달되는 에너지로 정의된다. 1뉴턴-미터(N-m) = 1줄(J)

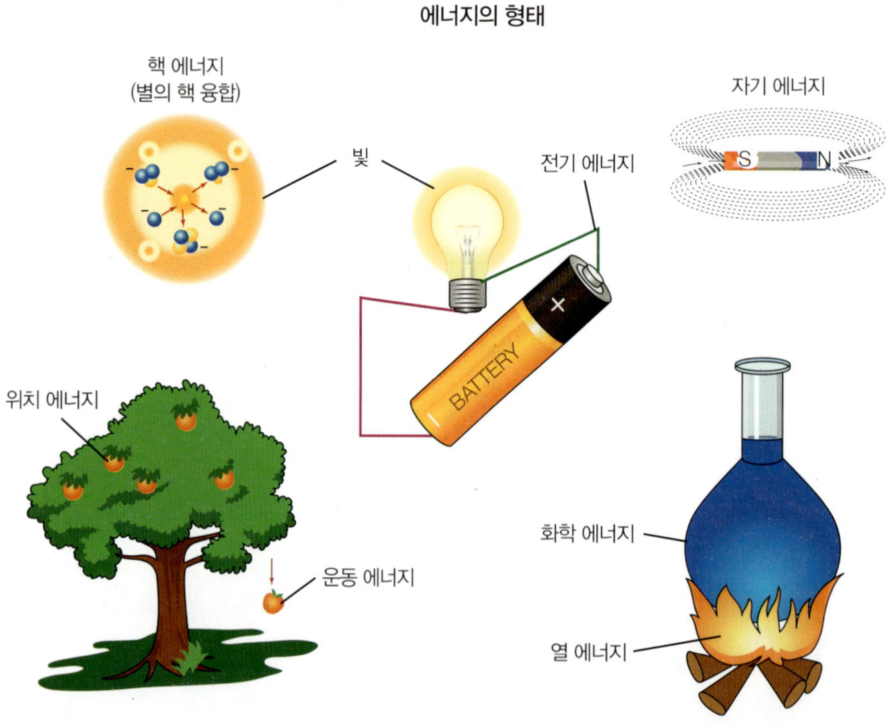

그림 7-1 에너지는 많은 형태로 존재하며 일을 할 수 있다.

- MKS(Meter Kilogram Second) 단위계에서 에너지의 단위는 줄과 같다.
- CGS(Centimeter Gram Second) 단위계에서 에너지의 단위는 에르그(erg = dyne − centimeter)와 같다.

토크, 일, 동력

토크 **토크**(torque)는 회전하는 힘을 지칭하는 용어이며, 토크는 회전하는 움직임을 만들어 낼 수 있다. 토크는 작용하는 레버의 길이에 힘을 곱한 값으로 측정된다. 1피트 길이의 렌치를 사용하여 렌치 끝에 10파운드의 힘을 가하여 볼트를 돌리면 10피트-파운드의 토크가 작용한다. ● **그림 7-2 참조**

미터법에서 힘의 단위는 뉴턴이고 거리는 미터로 나타내므로 토크의 단위는 뉴턴-미터이다.

1피트-파운드 = 1.3558뉴턴-미터

1뉴턴-미터 = 0.7376피트-파운드

일 **일**(work)은 물체에 힘(토크)이 가해질 때 물체가 실제로 움직인 것으로 정의된다. 작업자는 볼트를 풀기 위해 볼트에 토크를 가할 수 있지만 볼트가 실제로 움직이기 전까지 일은 행해지지 않는다. 일은 물체에 가해진 힘(파운드)에 물체가 이동한 거리(피트)를 곱하여 계산된다. 100파운드의 힘을 가하여 물체를 10피트 이동시키면 1,000피트-파운드의 일이 행해진 것이다[100파운드(lb) × 10피트(ft) = 1,000피트-파운드(ft-lb)]. ● **그림 7-3 참조**

동력 **동력**(power)은 단위 시간당 한 일의 양으로 정의된다. 이는 단위 시간당 소비되는 에너지의 양과 같다. SI계에서 동력의 단위는 J/s이며 와트(watt, W)라고도 한다. 이는 18세기에 증기기관을 개발한 제임스 와트(James Watt)의 이름을 따서 지어졌다. 동력의 또 다른 일반적인 단위는 마력(말의 동력)이다. 동력의 방정식은 시간에 대한 일로서 아래 식과 같다.

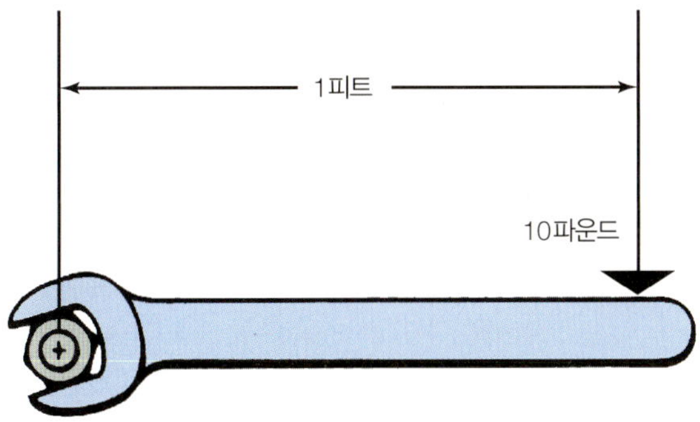

그림 7-2 토크는 비틀림 힘이며 받침점 간의 거리와 작용된 힘의 곱과 같고 단위는 피트-파운드 또는 뉴턴-미터로 나타낸다.

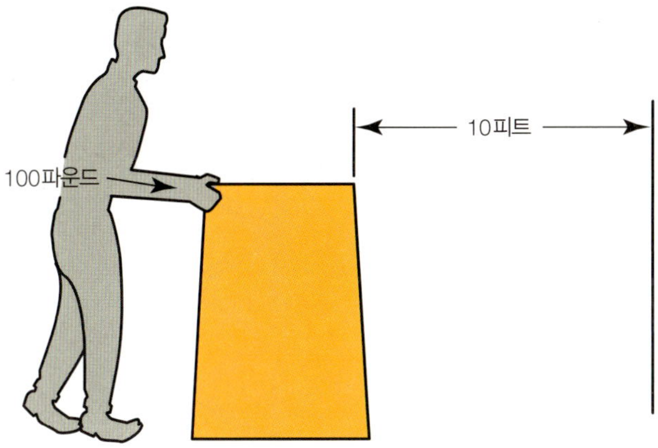

그림 7-3 일은 힘과 거리의 곱으로 계산한다. 100파운드의 힘으로 10피트를 밀었을 때 행해진 일은 1,000피트-파운드와 같다.

$$\text{동력} = \frac{\text{일}}{\text{시간}}$$

주어진 일이 더 빨리 완료될수록 동력은 더 커진다. 이를 위 공식으로 표현한다면 시간이 작을수록 동력은 커지게 된다. 와트는 전기에 사용되는 전력(동력)의 일반적인 단위이다.

마력 마력(horsepower)은 내연기관의 출력을 표현하는 측정 단위이다. 1마력은 1분 동안 33,000 ft-lb(피트-파운드)의 일을 한 것과 같다. 예를 들어, 550파운드의 무게를 60피트 높이까지 들어 올리는 데 1분이 걸리는 경우, 1분간 한 일은 550 × 60 = 33,000 ft-lb이다. 또한 분당 33,000 ft-lb의 일은 1마력과 같다. 미터법에서 엔진의 동력은 킬로와트(0.746킬로와트 = 1마력, 1.341마력 = 1킬로와트)로 표현된다.

? 자주 묻는 질문

물리학에서 '일'이라는 용어를 도입한 사람은 누구일까?

일이라는 용어는 1826년 프랑스 수학자 가스파르-귀스타브 코리올리(Gaspard-Gustave Coriolis)에 의해 도입되었으며, '높이 들어 올려진 무게'라는 의미를 갖는다. 이는 물이 넘치는 광산에서 물통을 들어 올리기 위해 사용된 증기기관에서 사용되었다.

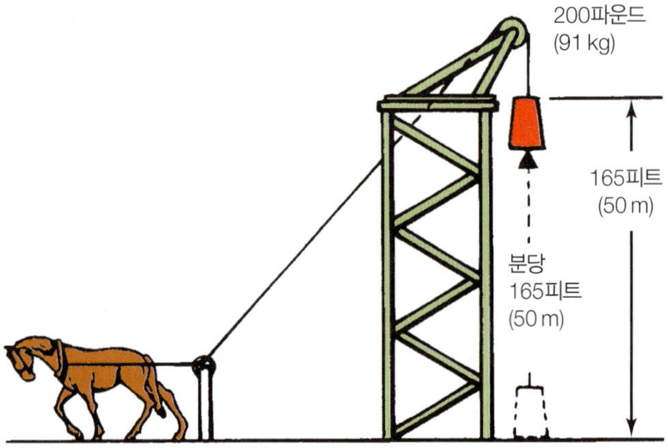

그림 7-4 마력은 분당 33,000피트-파운드(200 lbs × 165 ft)의 일을 하는 것과 같다.

동력계(다이나모미터)로 측정한 엔진의 마력은 다음 공식과 같다:

$$hp = \frac{2\pi FRN}{33{,}000}$$

hp = 마력

F = 동력계 부하(단위: 파운드)

R = 동력계 운동 반경(단위: 피트)

33,000 = 분당 피트-파운드를 1마력으로 변환해 주는 계수

N = 크랭크축의 회전 속도[단위: 분당 회전수(RPM)]

π = 3.1416, 상수

● **그림 7-4 참조**

? 자주 묻는 질문

마력이라는 용어의 기원은 어디인가?

마력(horsepower)이라는 용어는 말이 200파운드 무게의 물체를 165피트 거리로 끌고 가거나 들어 올리는 행위에서 유래되었다. 즉, 33,000(= 200 × 165)피트-파운드를 1분 동안 수행한 것이다. 제동마력 혹은 축마력은 크랭크축에 전달되는 힘을 말한다. 제동마력(brake horsepower)이라는 용어는 초창기 엔진의 시험 방법에서 비롯되었다. 이 방식은 엔진에 브레이크를 걸고 엔진이 내는 힘을 측정한다. 이때 생성된 에너지는 열로 손실되며 마찰열에 의한 브레이크 표면을 냉각하기 위해 물 또는 공기가 사용된다. 한편 프로니 브레이크(Prony brakes)라고 불리는 브레이크는 초기 흡수 동력계(다이나모미터)의 일종이다.

전력

배경 전기의 발견은 고대 그리스인들이 호박(나무 진이 굳어서 만들어지는 반투명하고 노란 물체)을 다른 물질에 문지르면 깃털과 같은 가벼운 물체를 끌어당기는 능력이 있는 보이지 않는 힘이 충전된다는 것을 발견한 것에서 시작한다. 이는 자석이 금속 물체를 들어 올리는 것과 같은 원리이다. 1600년에 윌리엄 길버트(William Gilbert)라는 과학자는 유황이나 유리와 같이 서로 다른 물질도 끌어당기는 능력을 공유한다는 사실을 발견했다. 그는 또한 '호박'을 의미하는 라틴어 electricus와 '효과'를 뜻하는 electrical을 사용했다. 한편 1600년대 초 토마스 브라운(Thomas Browne) 경은 전기(electricity)라는 단어를 사용했다.

전력 에너지는 어떠한 것에 얼마나 많은 연료가 포함되어 있는지를 측정하거나 특정 기간 동안 무언가에 의해 얼마나 많은 연료가 사용되는지를 측정하는 척도이다.

- **킬로와트시**(kilowatt-hour, kWh): 에너지의 단위
- **킬로와트**(kilowatt, kW): 전력의 단위

전력은 전기 회로를 통해 전기 에너지가 전달되는 속도이다. 전력의 SI 단위는 와트(watt = joule/sec)이다. 니콜라 테슬라(Nikola Tesla)가 발명한 교류(AC) 발전기에 의해 대부분의 전력이 생산되며 직류(DC)는 배터리나 태양 전지 등 다른 에너지원을 통해 생산될 수 있다. 전력 산업에서 생산된 전기는 전력망을 통해 기업과 가정에 공급된다. 전력은 일반적으로 킬로와트-시(3.6 MJ) 단위로 판매되며 이는 킬로와트 단위의 전력에 시간(hour)을 곱한 값이다. **와트시**(watt-hour)는 1와트를 1시간 동안 행한 것과 동일한 에너지 단위이며 1와트시는 3,600줄과 같다. 킬로와트시는 1,000와트시, 즉 3.6 MJ에 해당하는 에너지 단위이다. 에너지가 일정 기간 동안 동일한 속도(전력)로 전달되거나 소비되는 경우 킬로와트시 단위의 총에너지는 킬로와트 단위의 전력과 시간(hour)을 곱한 것과 같다. 전기 회사는 계량기를 사용하여 전력을 측정하며 고객에게 공급되는 전기 에너지의 총량을 측정한다. ● **그림 7-5 참조**

1 MW는 1,000가구에 필요한 전력량과 같다. ● **표 7-1 참조**

와트(watt)는 전력의 기본 단위이다. 전력은 전기 에너지가 회로에 전달되는 속도이다. 와트와 마력은 모두 전력의 척도이다. **와트의 법칙**(Watt's law)이라고도 불리는 전력 공식은 전력(P), 전압(E), 전류(I) 사이의 관계를 보여준다. 이는 P = I × E와 P/E = I, P/I = E로 표현된다. 예를 들어, 60 W 전구는 120 V에서 0.5 A

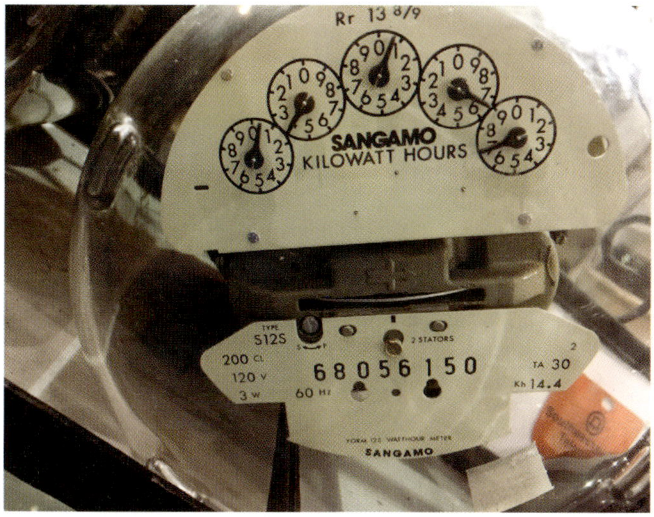

그림 7-5 일반적인 전력계는 집으로 공급되는 전력량을 측정한다.

값	기호	이름
10^3	kWh	킬로와트시
10^6	MWh	메가와트시
10^9	GWh	기가와트시
10^{12}	TWh	테라와트시
10^{15}	PWh	페타와트시

표 7-1 킬로와트시(kWh)는 일반적으로 가정용 전기 서비스 및 전기 자동차의 전력 표시에 사용한다. 메가와트시(MWh)는 도시 전체의 전력 표시에 사용한다. 테라와트시(TWh)와 페타와트시(PWh)는 풍력 발전, 대형 태양광 어레이, 레이저 시스템, 집광형 태양광 발전(CSP) 시스템과 같은 대규모 전력 표시에 사용한다.

전류를 사용한다(60/120 = 0.5).

전력은 전류와 전압을 곱한 값이다.

- 회로에서 전압이나 전류가 증가하면 전력도 증가한다.
- 회로에서 전압이나 전류가 감소하면 전력도 감소한다.

1 W는 1 A에 1 V를 곱한 것과 같다. 전구는 와트 단위로 소비 등급을 결정하며 전구가 소비하는 전력(W)에 따라 전구의 등급이 나뉜다.

태양광 발전

태양 발전에 사용하는 태양 에너지는 매우 유망한 재생 에너지 형태이다. 태양이 없었다면 지구는 존재하지 않았을 것이다.

태양광 발전 **태양광 발전**(photovoltaics, PV)은 원자 수준에서 빛을 전기로 직접 변환하는 것이다. 특정 물질은 광전 효과라는 특성을 가지고 있어 빛의 광자를 흡수하고 전자를 방출한다. ● 그림 7-6 참조

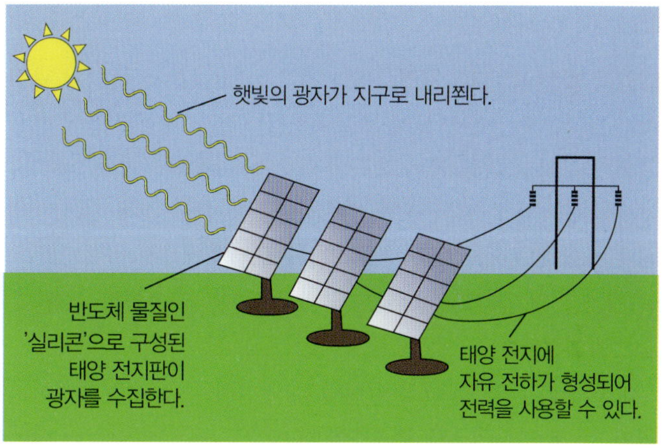

그림 7-6 태양광 패널은 가장 효율적인 전기 에너지원 중 하나이다.

? 자주 묻는 질문

태양광 발전은 누가 발명했을까?

광전 효과(photoelectric effect)는 1839년 프랑스 물리학자 에드몽 베크렐(Edmond Becquerel)이 처음으로 언급했는데, 그는 특정 물질이 햇빛에 노출되면 소량의 전류를 생성한다는 사실을 발견했다. 앨버트 아인슈타인(Albert Einstein)은 빛의 특성과 태양광 기술의 기초가 되는 광전 효과를 기술하여 1905년 노벨 물리학상을 수상했다. 최초의 태양광 모듈은 1954년 벨 연구소(Bell Laboratories)에서 개발되었다. 이는 태양 전지로 홍보되었으며, 일반적으로 사용하기에는 비용이 너무 많이 들었다. 1960년대에 들어 미 항공우주국(NASA)은 우주에서 우주선에 전력을 공급하기 위해 태양광 발전을 도입했으며 NASA의 노력과 기술의 발전을 통해 태양광 발전의 신뢰성이 확립되었고 비용이 낮아지기 시작했다. 한편 태양광 발전은 1970년대 석유 파동 기간 동안 전력원으로 인정받기 시작했다.

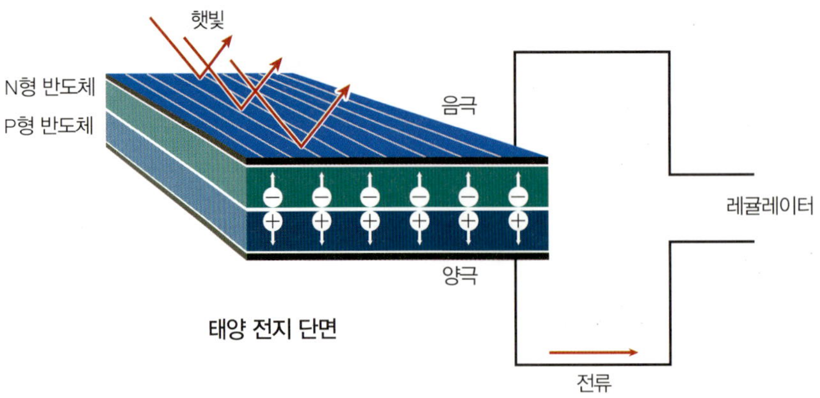

그림 7-7 햇빛이 태양 전지에 닿으면 전자가 방출되어 전류가 생성된다.

태양광 발전(광전지) 원리 **태양 전지**(solar cell)라 불리는 광전지는 실리콘과 같은 반도체 물질로 만들어진다. 광전지 안에서 한쪽은 양극이고 다른 쪽은 음극인 얇은 반도체 웨이퍼에 의해 전기장이 형성된다. 빛이 태양 전지에 닿으면 N형과 P형 실리콘 웨이퍼 안의 원자에서 전자가 분리되어 회로에 전류를 발생시킨다. 이 전기는 전기로 작동하는 모든 기기에 전력을 공급할 수 있다. ● **그림 7-7 참조**

다중 접합 태양 전지(직렬/탠덤 태양 전지)는 전압을 생성하기 위해 두 개 이상의 밴드갭과 PN접합이 있는 두 개 이상의 태양 전지를 사용한다. 이러한 장치는 더 많은 빛의 파장을 전기로 변환할 수 있기 때문에 변환 효율을 높일 수 있다. 다중 접합 태양 전지는 밴드갭이 작은 순서대로 단일 접합 태양 전지를 쌓아 놓은 것이다. ● **그림 7-8 참조**

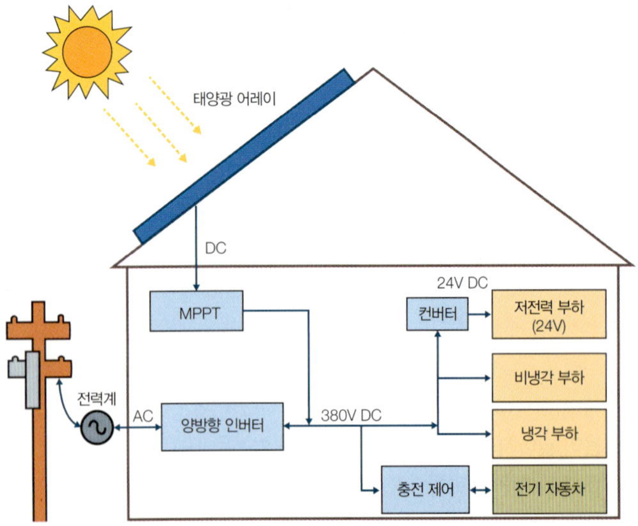

그림 7-8 태양광 패널은 전기 자동차 충전 등 가정에서 태양 에너지를 효율적인 비용으로 사용할 수 있는 방법이다.

풍력 발전

풍력 **풍력**(wind power) 발전은 바람을 이용하여 발전기인 풍력 터빈의 대형 날개를 구동하여 전기를 발생시키는 방식이다.

풍력 에너지는 태양 에너지와 마찬가지로 우리 주변에서 전기를 생산하는 데 사용되며, 주로 사용되는 풍력 터빈은 다음과 같다.

1. 수평축 풍력 발전기(horizontal axis wind turbines, HAWT)
2. 고로브 풍력 발전기(Gorlov-type wind turbines)

풍력 발전은 화석 연료를 대체할 수 있으며 재생이 가능하다. 풍력 발전은 온실가스 배출이 없고, 물을 사용하지 않으며, 에너지의 가변성이 있고, 설치 면적이 작기 때문에 가변형 신재생 에너지원이다. 또한 풍력 발전은 다른 재생 불가능한 에너지원에 비해 환경 문제를 훨씬 덜 일으킨다. ● **그림 7-9 참조**

풍력 발전 단지 **풍력 발전 단지**(wind farms)는 여러 개의 풍력 터빈이 모여 있는 지역으로 전력망과 연결되어 있다. 육상 및 해상 풍력 발전 단지는 화력 발전 시설과 경쟁할 수 있는 저렴한 전력원이다. ● **그림 7-10 참조**

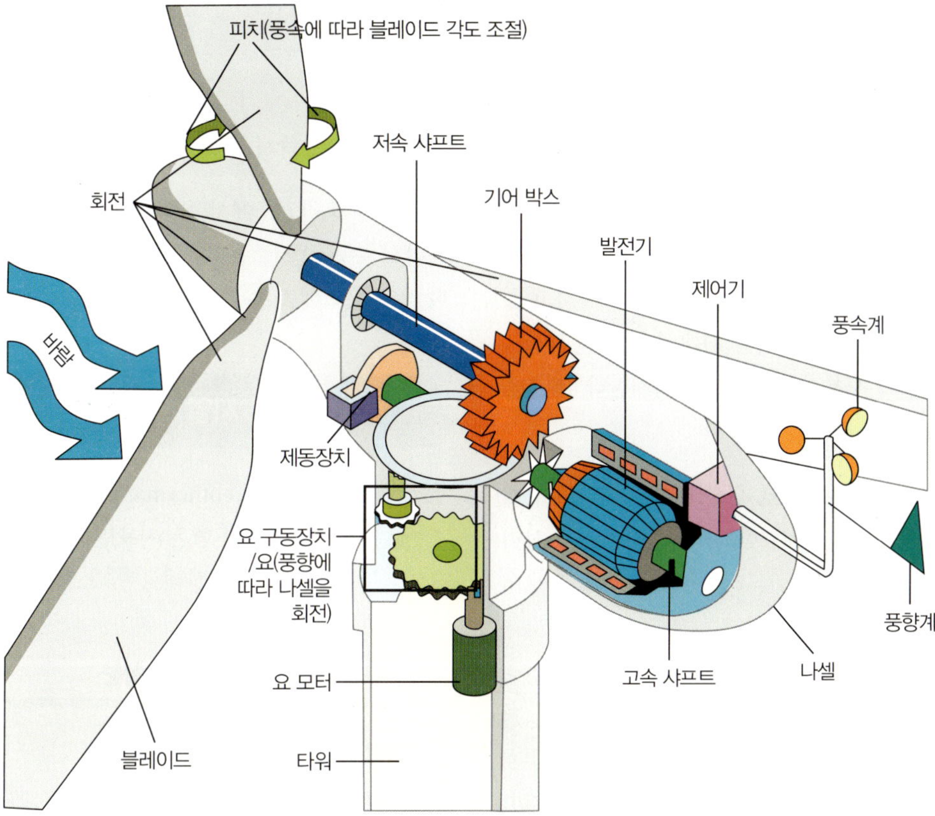

그림 7-9 일반적인 풍력 발전기는 기계 장치와 전기 장치가 복잡하게 구성되어 있다.

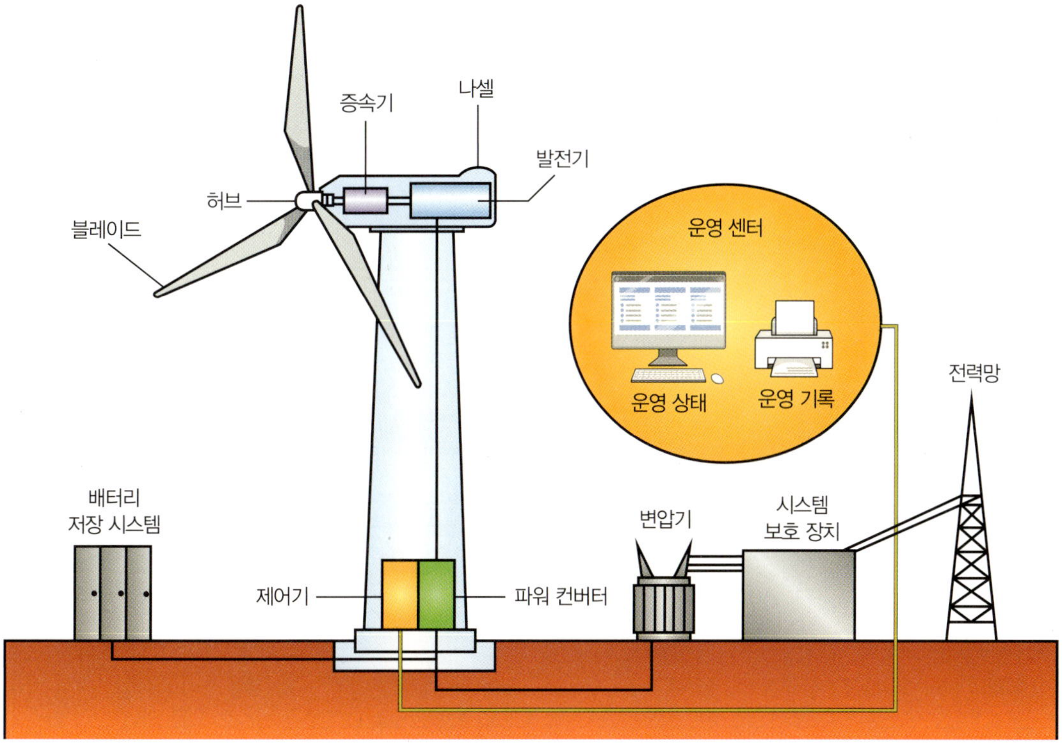

그림 7-10 풍력 발전기는 일반적으로 바람이 시속 8 MPH(13 km/h) 이상으로 불고 전력망에 가까운 곳에 위치한다.

수력 발전

정의 **수력 발전**(hydroelectricity)은 흐르는 물의 에너지를 수력 발전기 터빈을 돌리는 기계적 에너지로 변환하여 발전하는 방식이다. 2020년 기준 수력 발전은 전 세계 전력의 16.6%, 전체 재생 에너지의 70%를 생산했으며, 향후 25년간 매년 3.1%씩 성장할 것으로 예상된다. 한편 150개국에서 수력 발전을 이용하고 있다. 중국은 연간 약 920 TWh를 생산하는 최대 수력 발전 생산국으로, 이는 중국 전체 전력 사용량의 16.9%를 차지한다. ● **그림 7-11 참조**

경제적 영향 수력 발전은 상대적으로 생산 비용이 저렴하기 때문에 매우 경쟁력 있는 재생 에너지원이다. 수력 발전소는 화력 발전과 달리 연료를 전혀 소비하지 않는다. 10 MW 이상 규모의 수력 발전소에서 생산하는 평균 전기 요금은 킬로와트시당 3~5센트이다. 또한 수력 발전은 댐과 저수지를 사용하여 수요에 맞춰 생산량을 빠르게 늘리거나 줄일 수 있기 때문에 매우 유연한 전력원이다. 댐은 물이나 지하수를 가두며 댐으로 만들어진 저수지는 홍수를 억제할 뿐만 아니라 다음과 같은 곳에 물을 공급한다.

- 수력 발전
- 관개
- 인간(음용수 및 목욕 용수)
- 산업
- 양식업
- 휴양(보트, 낚시 등)

또한 수력 발전소에서는 댐에 가둔 물을 수력 발전에 이용한다. 따라서 수력 발전소는 폐기물을 생산하지 않으며 화력 발전소보다 온실가스 배출 수준이 낮다.

지열 에너지

정의 **지열 에너지**(geothermal energy)는 지구의 열에서 추출한 에너지이다. 지구의 핵은 지표면에서 약 4,000마일 떨어져 있으며 너무 뜨거워 녹은 상태로 있다. 핵의 온도는 최소 5,000°C

? 자주 묻는 질문

지열 에너지는 어디에서 오는가?

지열 에너지는 지구 내부 물질에서의 열 방출과 방사성 동위원소의 붕괴에서 온다. 지구 중심부와 표면 사이의 온도 차이에 의해 열 에너지가 중심부에서 표면으로 전도된다.

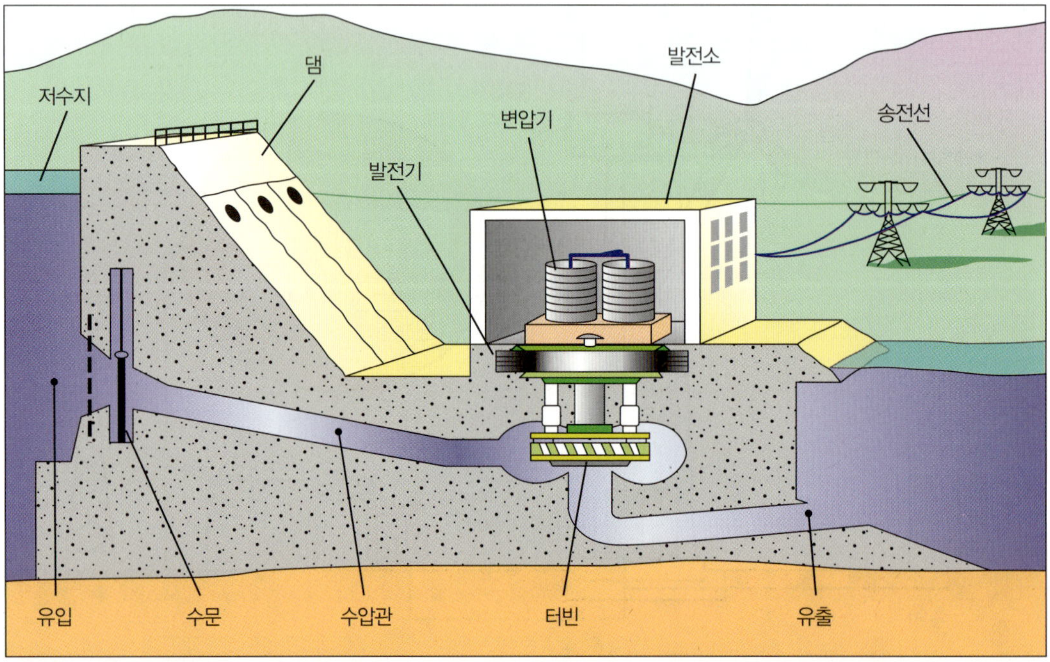

그림 7-11 물의 흐름을 이용해 전기를 만드는 수력 발전의 내부 구성 요소를 보여준다.

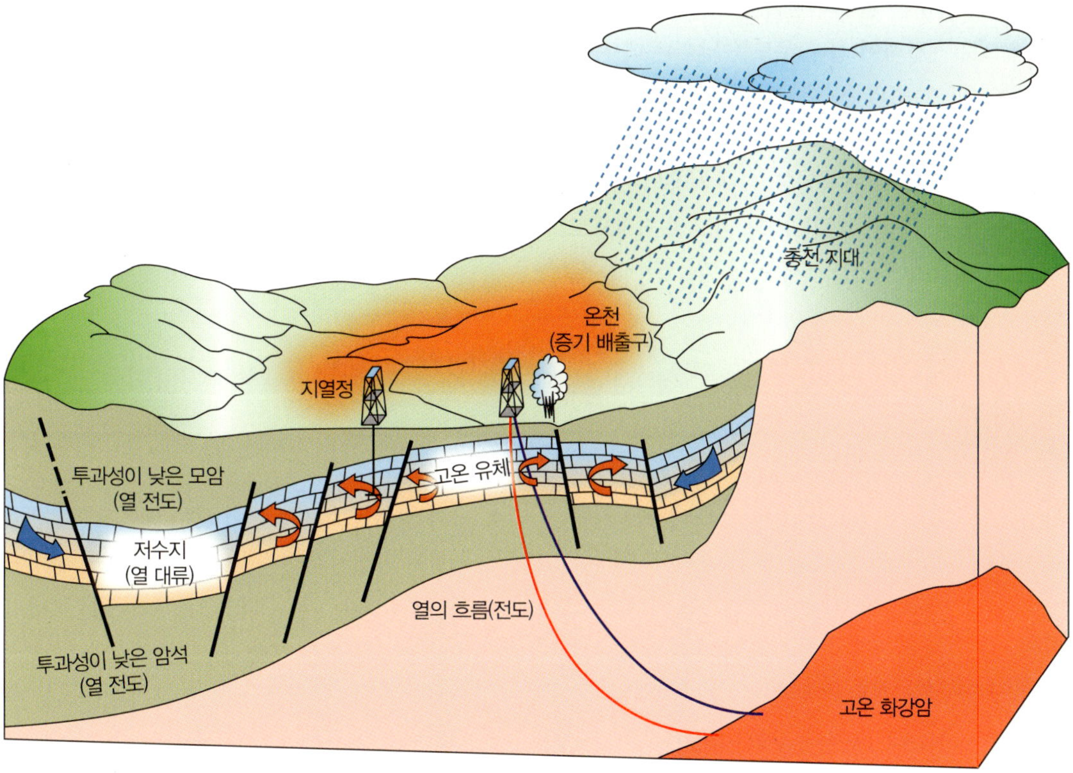

그림 7-12 지열 에너지는 지구 핵의 열로부터 발생되는 에너지이다.

인 것으로 추정된다. 이렇게 뜨거운 지구의 핵이 지하에 있는 물을 가열하여 증기를 만들며 이 증기가 터빈을 구동하여 발전한다. ● **그림 7-12 참조**

지열 발전은 저비용, 고신뢰성을 가지며 지속 가능하고 환경 친화적이다. 그러나 지열 발전은 판의 경계 지역에서만 생산 가능하기 때문에 제한적이다. 최근에는 기술의 발전으로 가정 난방과 같은 응용 분야 등으로 활용 가능한 자원의 범위와 규모가 크게 확대되었다. 지열 발전 비용은 1킬로와트시당 2~10센트이다. 지열 발전은 지구의 열 함량에 비해 열 추출량이 작기 때문에 재생 가능하며, 지열을 사용한다고 해서 미래 세대를 위한 에너지원에 위협을 가하지 않는다.

지열 히트 펌프(GHP) 시스템 지열은 **지열 히트 펌프**(geothermal heat pump, GHP) 시스템을 사용하여 추운 날씨에 실내를 따뜻하게 할 수 있으며 더운 날씨에는 실내를 냉각시킬 수도 있다. ● **그림 7-13 참조**

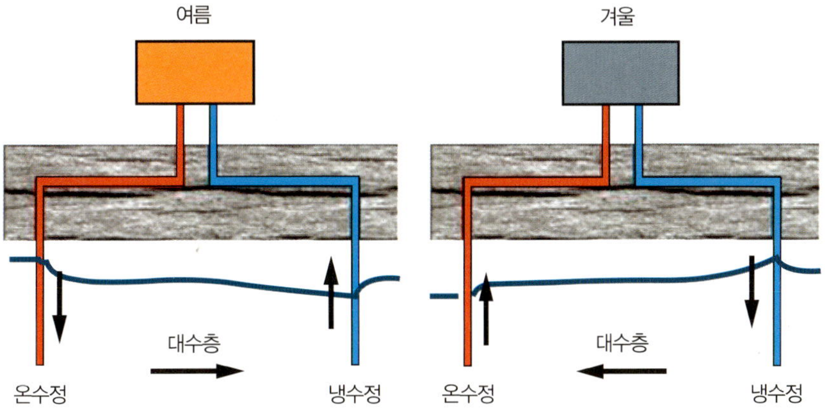

그림 7-13 지열 에너지는 가열이나 냉각에 사용된다.

날씨가 더운 여름철에 GHP는 실내의 열을 온도가 7~23°C 범위로 유지되는 땅 속으로 전달하여 실내 온도를 낮추는 데 사용된다. 마치 동굴과 같이 이 땅 속의 온도는 겨울에는 실내의 공기보다 따뜻하고 여름에는 시원하다. GHP는 지중 열 교환기를 통해 대지와 열을 교환하는 방식으로 움직인다. 이때 사용되는 배관은 단일정에서와 같이 수평형으로 매립되기도 하고 수직형으로 매립되기도 한다. 한편 겨울에는 GHP가 땅에서 열을 끌어와 실내로 전달해 준다.

EER **에너지 효율비**(energy efficiency ratio, EER)는 냉방철에 냉각 장비의 상대적인 전력 효율을 나타내는 값이다. EER은 냉각 용량[시간당 영국 열 단위(Btu/h)]을 입력 전력(W)으로 나누어 계산한다. EER이 높을수록 장비가 동일한 양의 공기를 냉각하는 데 사용하는 전력이 줄어든다. 한편 전기 요금 측면에서 EER이 7인 장치는 EER이 14인 장치보다 약 두 배 더 비싸다.

요약

1. 에너지는 일을 할 수 있는 능력으로 정의된다. 태양은 지구 생명체의 에너지원이며 열 에너지, 복사(빛) 에너지를 방출한다.
2. 물리학에서 에너지는 다른 물질로 전달되거나 다른 형태로 변환될 수 있는 물질의 특성으로 정의된다.
3. 와트(W)는 전력의 단위이며 1 W는 1 V의 전위차를 갖는 회로를 1 A의 전류가 통과하는 것과 같은 단위이다.
4. 수력 발전은 흐르는 물이 갖는 에너지를 기계적 에너지로 변환하여 발전기를 돌려 전기를 만드는 방식이다.
5. 지열 에너지는 지구 핵의 열로부터 오는 에너지이다.
6. 지열 발전은 지구 핵에서 나오는 열 에너지를 이용하여 물을 증기로 변환하고 증기 터빈을 돌려 발전하는 방식이다.

복습 문제

1. 전력이란 무엇인가?
2. 일과 동력의 차이점은 무엇인가?
3. kWh란 무엇인가?
4. 직류 전류를 만드는 데 사용되는 가장 일반적인 소자는 무엇인가?
5. 지열 에너지를 어떻게 난방이나 냉방에 사용할 수 있는가?

마무리 퀴즈

1. 다음 중 일을 할 수 있는 능력을 가리키는 용어는 무엇인가?
   a. 에너지
   b. 동력
   c. 마력
   d. 전력량
2. 열 에너지는 ______________으로/로 인해 발생하는 내부 에너지이다.
   a. 체중
   b. 온도
   c. 질량
   d. 밀도
3. SI계(국제단위계)에서 에너지의 측정 단위는 무엇인가?
   a. 옴
   b. 줄
   c. 볼트
   d. 뉴턴
4. 다음 중 두 반도체 재료의 경계면에서 전류의 생성을 나타내는 것은 무엇인가?
   a. 태양광 발전
   b. 옴의 법칙
   c. 와트의 법칙
   d. 위 보기 중 하나

5. 다음 에너지 중 움직임에 의한 에너지는 무엇인가?
   a. 위치 에너지
   b. 운동 에너지
   c. 정전기
   d. 일

6. 다음 중 힘과 힘이 작용하는 거리의 곱을 나타내는 것은 무엇인가?
   a. 운동 에너지
   b. 위치 에너지
   c. 토크
   d. 일

7. 다음 중 일의 진행 속도 또는 진행된 일의 속도를 나타내는 말은 무엇인가?
   a. 운동 에너지
   b. 동력
   c. 토크
   d. 일

8. 다음 중 힘과 힘의 작용선과 회전축 사이의 수직 거리의 곱으로 정의되는 것은 무엇인가?
   a. 운동 에너지
   b. 위치 에너지
   c. 토크
   d. 일

9. 와트시는 무엇의 단위인가?
   a. 에너지
   b. 전력
   c. 토크
   d. 열

10. 다음 중 전력의 SI계 단위는 무엇인가?
   a. 줄
   b. 암페어
   c. 와트
   d. 볼트

Chapter 8

고급 AC 및 DC 전기

학습 목표

- DC 전류와 그 생성 과정을 설명할 수 있다.
- AC 전류와 그 생성 과정을 설명할 수 있다.
- 와트와 전력 공식을 계산하는 과정을 설명할 수 있다.
- 커패시터의 목적을 설명할 수 있다.
- 밀리옴, 옴, 메그옴 간의 차이점을 설명할 수 있다.
- 절연 손실 테스트를 수행하는 방법을 설명할 수 있다.
- 전자기학과 전기모터의 원리를 설명할 수 있다.
- CAN 버스 통신의 동작을 설명할 수 있다.
- 모듈 프로그래밍 과정을 설명할 수 있다.

핵심 용어

교류(AC)
록스미스 ID
메그옴
미국 자동차 서비스 태스크 포스(NASTF)
밀리옴
와트
전자기 유도
절연 게이트 바이폴라 트랜지스터(IGBT)
절연 손실 테스트
제어기 영역 네트워크(CAN)
직류(DC)
킬로와트
SAE J2534

DC 전기

정의 직류(direct current, DC)에서 전하(전류)는 한 방향으로만 흐른다. ● **그림 8-1 참조**

DC는 배터리와 스마트폰, 전기차 등 모든 배터리의 충전에 사용된다. 하이브리드 및 전기 자동차는 대부분의 조명 및 부속품에 보조 12 V 배터리를 사용한다. DC 전압은 배터리에서 전기 부하를 거쳐 다시 배터리로 단일 라인으로 흐르는 것을 볼 수 있다. ● **그림 8-2 참조**

DC 생성 교류 발전기는 자체 내부에서 교류 전류를 생성하지만, 출력은 DC이다. 고정자 권선에 유도되는 전류는 회전자의 교류 자기장으로 인해 교류 전류가 된다. 고정자 권선에 유도된 전류는 교류 발전기 출력 전류가 한 방향으로만 흐르도록 허용하는 다이오드(단방향 전기 체크 밸브)에 연결되어 AC 전압을 DC 전압으로 변경한다. 모든 교류 발전기에는 세 개의 고정자 권선 각각에 대해 한 쌍(양극 및 음극 다이오드)으로 구성된 6개의 다이오드가 포함되어 있다. 일부 교류 발전기에는 와이형 고정자의 중앙 연결에 연결된 다른 쌍과 함께 8개의 다이오드가 포함되어 있다. ● **그림 8-3 참조**

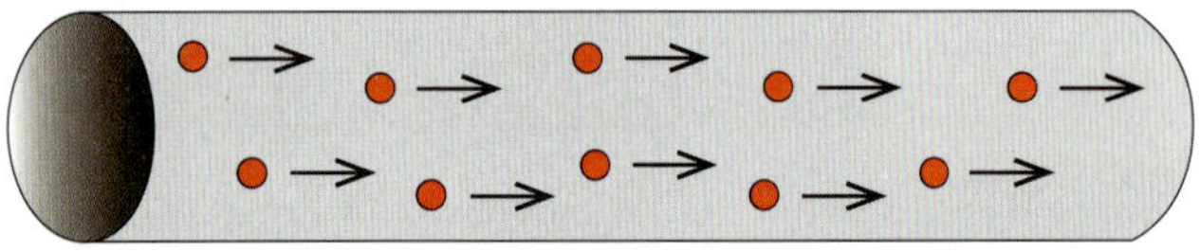

그림 8-1 회로에서는 전자가 한 방향으로만 흐른다.

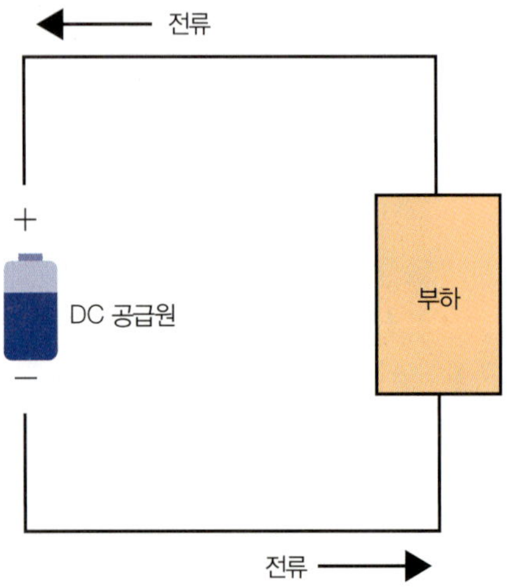

그림 8-2 DC 공급원은 종종 배터리이며 전류가 회로를 통해 한 방향으로 흐르도록 하는 간단한 회로이다.

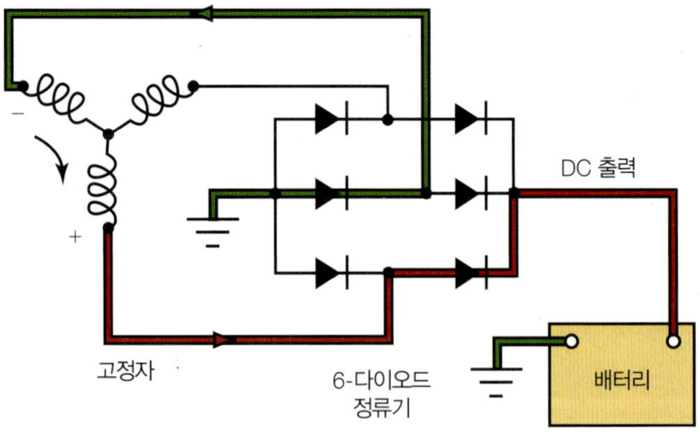

그림 8-3 회전자에서 생성된 자기장이 고정자의 권선을 가로지르면서 전류가 유도된다. 전류 경로에는 배터리로 가는 길에 하나의 양극(+) 다이오드를 통과하는 것과 하나의 음극(−) 다이오드를 통과하는 것이 포함되어 완전한 회로가 정류기와 고정자를 통해 완성된다. 이는 고정자 권선에서 생성된 AC 전압을 교류 발전기의 출력 단자에서 사용할 수 있는 DC 전압으로 변환하는 다이오드를 통한 전류 흐름이다.

DC 파형 DC에는 직선 수평선으로 구성된 하나의 파형만 있다. 이 선은 시간에 따른 전압의 변화(또는 변화 없음)를 나타낸다. 실제로 전압과 전류의 강도는 변할 수 있지만 흐름의 방향은 동일하게 유지된다. 예를 들어, 시간이 지남에 따라 배터리의 전원이 꺼지고 어느 시점부터 전압이 떨어지기 시작하여 시간이 지남에 따라 약간 떨어지는 수평선이 생성된다. ● **그림 8-4 참조**

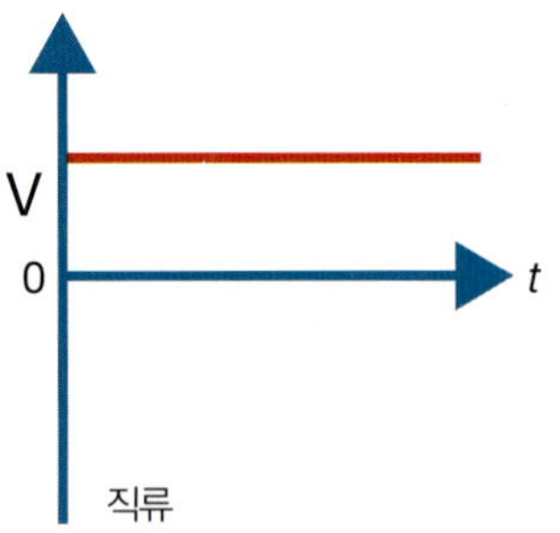

그림 8-4 DC 전류 흐름의 파형은 시간에 따른 전압을 나타내는 평평한 선이다.

AC 전기

정의 **교류**(alternating current, AC)의 전하는 주기적으로 방향을 바꾼다. 전류의 방향이 바뀌기 때문에 AC 회로의 전압도 주기적으로 반전된다. AC는 가정과 사무실 건물에 공급되며 필요한 경우 DC로 변환할 수 있다. ● **그림 8-5 참조**

AC 생성 AC는 발전기에 의해 생산된다. 발전기는 자석과 자석의 자기장에서 회전하는 와이어 루프로 구성된다. 회전자는 고정자 주위에 움직이는 자기장을 생성하여 고정자의 권선 사이에 전압 차이를 유도한다. 이는 발전기의 AC 출력을 생성한다. AC 전류를 생성하려면 이 와이어에 흐르는 물, 증기 터빈 또는 풍력 터빈에 의해 생성될 수 있는 일종의 회전이 필요하다. 회전 과정에서 와이어는 주기적으로 자기 극성을 변경하여 전류와 전압을 교대로 만든다. ● **그림 8-6 참조**

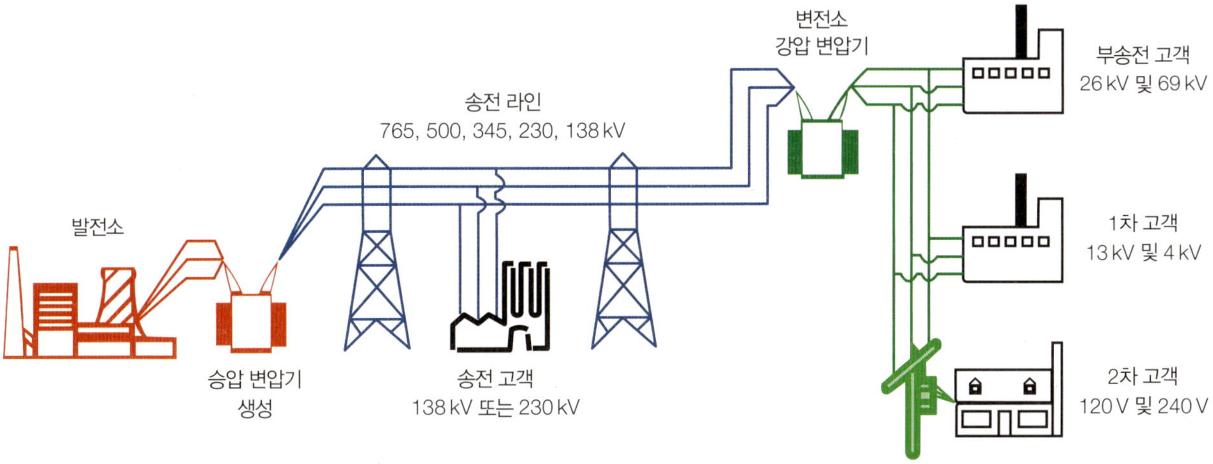

그림 8-5 전기적 AC 동력은 필요에 따라 전압이 올라가고 내려가는 송전선을 통해 생성되고 전달된다.

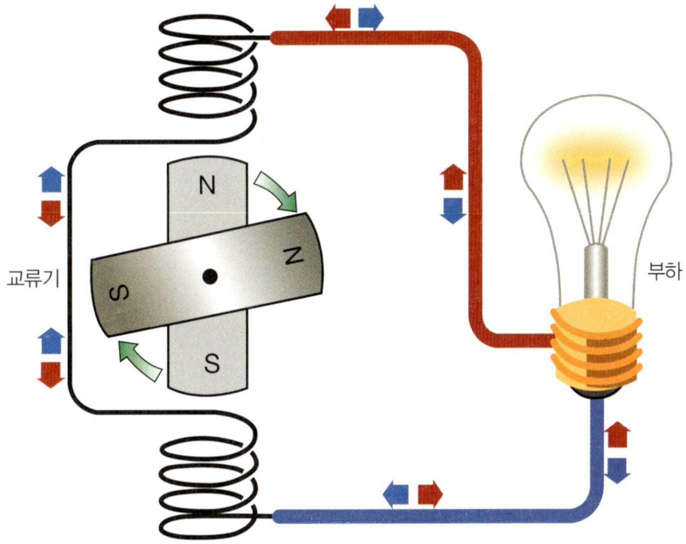

그림 8-6 AC는 한 원자에서 다른 원자로의 전자 흐름이며 움직임이 전기 부하에 적용될 때 작업을 수행한다.

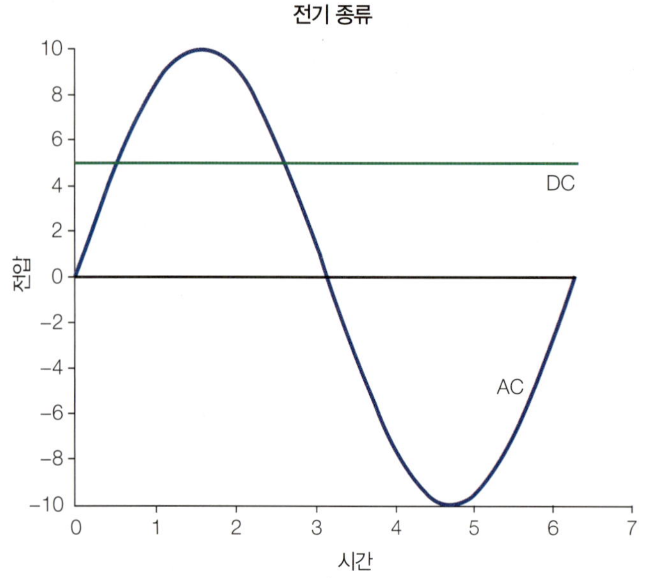

그림 8-7 스코프에 평평한 수평선으로 표시된 DC와 비교하면 AC 파형은 지속적으로 변화한다.

AC 파형 AC 파형은 DC 파형과 다르다. 대부분의 AC 파형은 사인파이다. 이는 오실로스코프가 AC 회로에 연결되어 있으면 쉽게 볼 수 있다. 예를 들어, 가정이나 사무실에서 사용되는 AC는 스코프에서 보면 사인파가 나타나며, 이는 전류 흐름의 진폭이 시간에 따라 변한다는 것을 나타낸다. ● **그림 8-7 참조**

전력 출력(와트)

배경 스코틀랜드의 발명가인 제임스 와트(James Watt, 1736~1819)는 광산에서 채굴되는 석탄의 양을 측정하면서 처음으로 일반적인 말의 힘을 결정했다. 말 한 마리의 힘은 분당 33,000피트-파운드로 측정되었다. 전기는 와트라는 전력 단위로 표현될 수도 있으며, 그 관계는 와트의 법칙으로 알려져 있다.

1**와트**(watt)는 1볼트의 전위차를 갖는 회로에 1암페어의 전류가 흐르는 전력의 단위이다.

공식 와트의 기호는 대문자 W이다.

와트 공식은 $W = I \times E$이다.

이 공식을 표현하는 또 다른 방법은 문자 P를 사용하여 전력 단위를 나타내는 것이다. 그 공식은 다음과 같다.

$$P = I \times E$$

NOTE: 이 방정식을 기억하는 쉬운 방법으로서 철자 그대로 읽으면 '파이'가 된다.

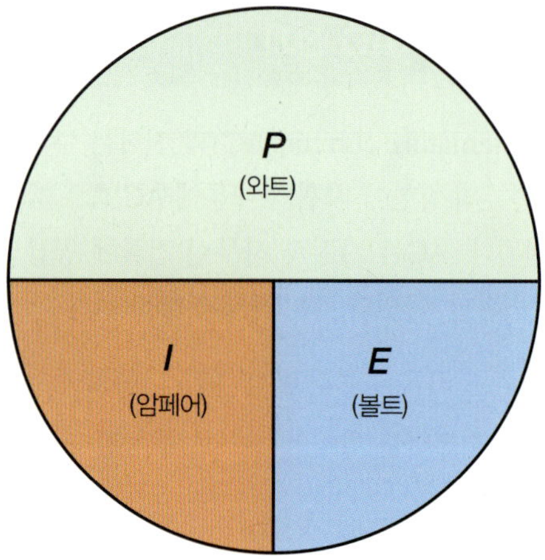

그림 8-8 다른 두 단위를 알고 있을 때 하나의 단위를 계산하려면, 간단하게 알 수 없는 단위를 덮어서 해에 도달하기 위해 어떤 단위를 나누거나 곱해야 하는지 확인하면 된다. 전기 및 하이브리드 자동차에 사용되는 스타터 모터 및 추진(견인) 모터와 같은 전기 모터의 출력은 와트로 표시된다.

엔진 출력은 일반적으로 와트 또는 **킬로와트**(kilowatts, 1,000와트는 1킬로와트와 동일)로 표시된다. 1마력은 746와트와 같기 때문이다. 예를 들어, 200마력 엔진의 출력은 149,200와트 또는 149.2킬로와트(kW)로 평가될 수 있다.

와트를 계산하려면 회로의 암페어 단위 전류 및 전압을 모두 알아야 한다. 이러한 요소 중 두 가지가 알려진 경우, 나머지 요소는 다음 방정식으로 결정될 수 있다.

$P = I \times E$ (와트는 암페어 곱하기 전압과 같다.)

$I = P / E$ (암페어는 와트를 전압으로 나눈 것과 같다.)

$E = P / I$ (전압은 와트를 암페어로 나눈 것과 같다.)

예를 들어, 55와트 하향등 헤드라이트 전구를 작동하는 데 필요한 전류량은 와트의 법칙을 사용하여 계산할 수 있다. 차량의 12 V 배터리는 램프를 작동하는 데 필요한 전압을 공급한다. 공식 $I = P/E$를 사용하면 계산 값은 $55/12 = 4.6$암페어이다.

와트의 원은 옴의 법칙 원 다이어그램처럼 그려서 사용될 수 있다. ● **그림 8-8 참조**

커패시터

구조 커패시터(콘덴서라고도 함)는 두 개의 전도성 판과 그 사이에 있는 절연 재료로 구성된다. 절연 재료는 일반적으로 유전체라고 불린다. 이 물질은 전기 전도성이 낮으며 공기, 운모, 세라믹, 유리, 종이, 플라스틱 또는 유사한 비전도성 물질을 포함할 수 있다. 유전율은 전류 흐름에 대한 물질의 상대적인 강도이다. 숫자가 높을수록 절연성이 좋은 것이다.

작동 커패시터가 폐쇄 회로에 배치되면 전압원(배터리)이 회로 주위로 전자를 강제로 이동시킨다. 전자는 커패시터의 유전체를 통해 흐를 수 없기 때문에 과잉 전자는 음전하를 띤 판이 되는 곳에 모인다. 동시에 다른 판은 전자를 잃어 양전하를 띠게 된다. ● **그림 8-9 참조**

커패시터 플레이트의 전압 전하가 소스 전압과 동일해질 때까지 전류가 계속 흐른다. 이때 커패시터의 음극판과 배터리의 음극 단자는 동일한 음극 전위에 있다. ● **그림 8-10 참조**

커패시터의 양극판과 배터리의 양극 단자도 동일한 양극 전위에 있다. 배터리 단자에는 전압 전하가 있고 커패시터 플레이트에는 동일한 전압 전하가 있다. 회로는 균형을 이루고 있으며 전류가 흐르지 않는다. 이제 반대 전하로 인해 커패시터 플레이트 사이에 정전기장이 존재한다. 에너지를 저장하는 것이 바로 이 장이다. 즉, 충전된 커패시터는 충전된 배터리와 유사하다.

회로가 열리면 커패시터는 방전할 수 있는 외부 회로에 연결될 때까지 전하를 유지한다. 충전된 커패시터가 외부 회로에 연결되면 방전된다. 방전 시 커패시터에 저장된 회로의 모든 에너지가 반환되기 때문에 방전 후 커패시터의 두 판은 중성이다. ● **그림 8-11 참조**

이론적으로 커패시터는 전하를 무한정 유지한다. 실제로 전하는 유전체를 통해 커패시터에서 천천히 누출된다. 유전체가 좋을수록 커패시터는 전하를 더 오래 유지한다. 감전을 방지하려면, 모든 커패시터는 방전이 입증될 때까지 충전된 것처럼 취급해야 한다. 커패시터를 안전하게 방전하려면 제조업체의 절차를 따르라. 대부분의 경우 기술자는 작업을 계속하기 전에 커패시터가 자체 방전될 때까지 특정 시간(일반적으로 5~10분)을 기다려야 한다. 전기 회로도에 사용되는 커패시터 기호가 그림으로 나와 있다. ● **그림 8-12 참조**

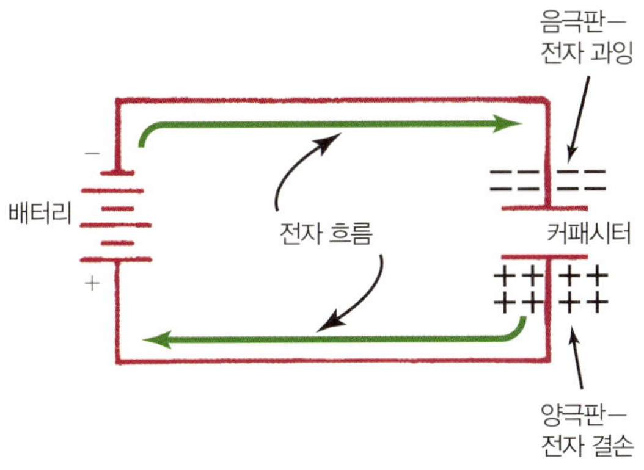

그림 8-9 커패시터가 충전되는 동안 배터리는 회로를 통해 전자를 내보낸다.

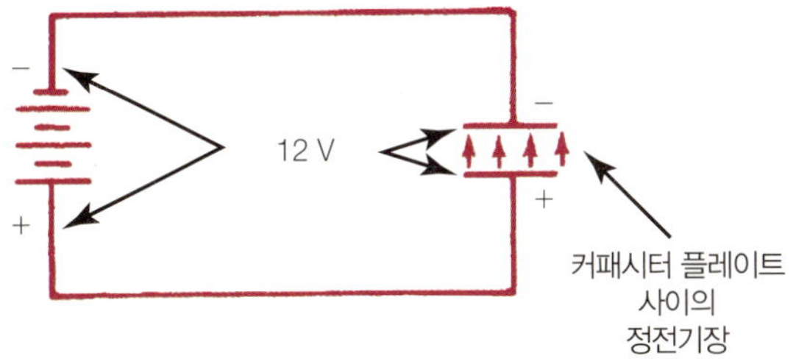

그림 8-10 커패시터가 충전되면 커패시터와 배터리 양단에 동일한 전압이 존재한다. 커패시터 플레이트 사이에는 정전기장이 존재한다. 회로에는 전류가 흐르지 않는다.

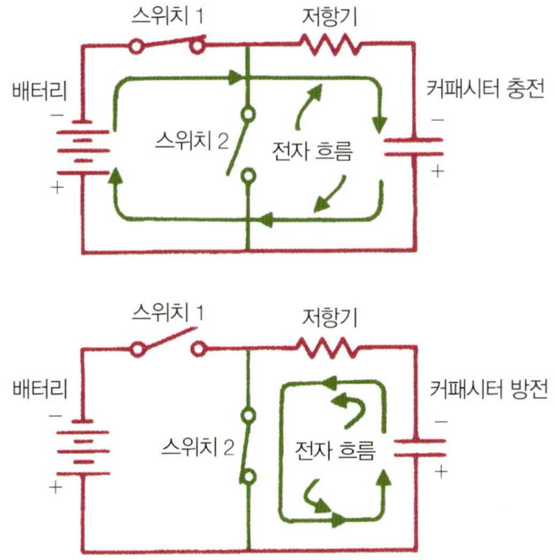

그림 8-11 커패시터는 한 회로(위)를 통해 충전되고 다른 회로(아래)를 통해 방전된다.

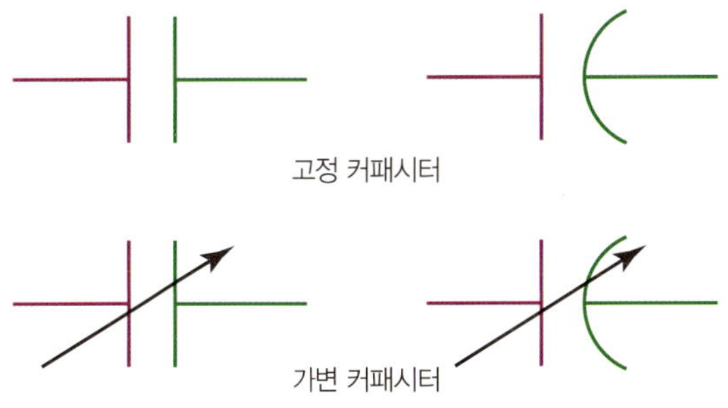

그림 8-12 전기 다이어그램에 표시된 커패시터 기호. 음극 플레이트는 종종 곡선으로 표시된다.

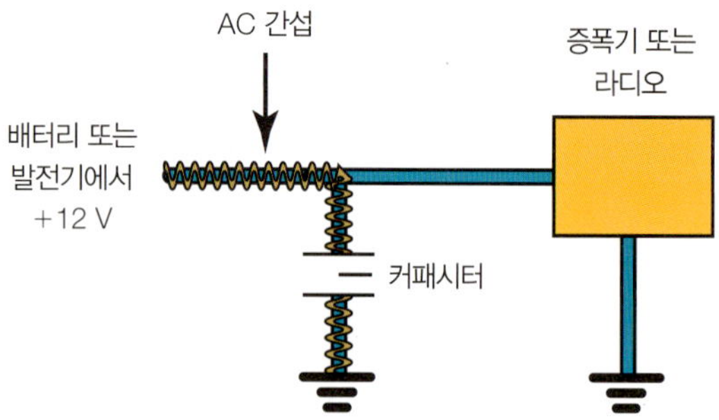

그림 8-13 커패시터는 DC를 차단하지만 AC를 통과시킨다. 대부분의 간섭은 AC이기 때문에 커패시터는 매우 우수한 잡음 억제 장치가 되며, 커패시터는 이 AC가 라디오나 증폭기에 도달하기 전에 접지로 전도된다.

스파이크 억제 회로가 열릴 때 발생하는 결과물인 전압 스파이크를 줄이기 위해 커패시터를 코일과 병렬로 사용할 수 있다. 이때 코일의 자기장에 저장된 에너지가 급속히 방출된다. 커패시터는 생성된 고전압을 흡수하여, 자동차 라디오 및 비디오 장비와 같은 다른 전자 장치에 간섭하는 것을 방지하는 역할을 한다. ● 그림 8-13 참조

자기력

자기 자기는 일부 물질에서 전자의 움직임으로 인해 발생하는 에너지의 한 형태이다. 이는 다른 재료에 미치는 끌림으로 간주된다. 전기와 마찬가지로 자기도 눈으로 볼 수 없다. 그러나 자기의 결과를 보고 그것이 일으키는 작용을 인식하는 것이 가능하기 때문에 이론으로 설명할 수 있다. 자철석은 가장 자연적으로 발생하는 자석이다. 자연적으로 자화된 자철석 조각(자철광)은 작은 철 조각을 끌어당겨 고정한다. 다른 많은 물질은 원자 구조에 따라 어느 정도 인위적으로 자화될 수 있다. 연철은 자화하기 매우 쉬운 반면, 알루미늄, 유리, 목재, 플라스틱과 같은 일부 재료는 전혀 자화할 수 없다.

전자기학 과학자들은 1820년까지 전류가 흐르는 도체도 자기장으로 둘러싸여 있다는 사실을 알지 못했다. 이러한 자기장은 기존 자석을 둘러싼 자기장보다 몇 배 더 강해질 수 있다. 또한 도체 주변의 자기장 강도는 전류를 변경하여 제어할 수 있다.

- 전류가 증가하면 더 많은 자속선이 생성되고 자기장이 확장된다.
- 전류가 감소하면 자기장이 수축된다. 전류가 차단되면 자기장이 붕괴된다.

그림 8-14 반대 자기장을 갖는 도체는 더 약한 자기장으로 분리된다.

- 자기와 전기의 상호 작용과 관계를 전자기학이라고 한다.

전자기 유도 전기 도체와 자기장의 상대적인 움직임을 이용하여 전기를 생산할 수 있다. 자기를 이용하여 전기(전압)를 생성하려면 다음 세 가지가 필요하다.

1. 전기 전도체(보통 전선 코일)
2. 자기장
3. 도체 또는 자기장의 움직임

따라서

- 전기는 자기를 생성한다.
- 자기는 전기를 생성할 수 있다.

자속선은 자속선이나 도체가 움직이는 경우 도체에 기전력 또는 전압을 생성한다. 이러한 움직임을 상대운동(relative motion)이라고 한다. 이 과정을 유도(induction)라고 하며, 이로 인해 발생하는 기전력을 유도 전압(induced voltage)이라고 한다. 움직이는 자기장에 의해 도체에 전압(전기)이 생성되는 것을 **전자기 유도(electromagnetic induction)**라고 한다. ● 그림 8-14 참조

모터 제어

원칙 대부분의 하이브리드 자동차는 다음과 같이 제어되는 AC 동기 모터를 사용한다.

1. 모터의 속도를 변경하려면 인가되는 전류의 주파수를 변경한다. 속도는 주파수에 동기화되므로 주파수가 변경되면 속도도 변경된다.
2. 펄스폭과 전압은 전기 보조 또는 추진을 위한 차량의 요구에 맞게 전력 출력을 변경하도록 조정된다.

예시 견인 모터 제어의 예로 하이브리드 자동차에 사용되는 모터 제어 모듈(MCM)이 있다. MCM에는 세 개의 회전자 위치 센

서 A, B, C로부터 세 개의 입력이 있다. 이것은 회전자 각도 위치를 나타내기 위해 MCM에 디지털 정보를 보낸다. MCM은 이 정보를 사용하여 파워 드라이브 유닛(PDU)의 어떤 드라이버 회로가 켜져 있는지 확인하도록 프로그래밍되어 있다. PDU는 차량을 구동하기 위한 토크를 생성하거나 회생 제동 중 배터리를 충전하기 위한 발전기로 사용되는 등 모터의 모든 기능을 제어한다.

MCM에는 U, V, W의 세 가지 출력이 있다. 각 권선은 제어 정보(디지털 하이-로우)를 PDU로 보낸다. 이 세 가지 입력은 고정자 권선을 통해 전류를 구동하고 회전자의 회전을 계속하기 위해 어느 전력 트랜지스터를 켜야 하는지 PDU에 알려준다. ● **그림 8-15 참조**

그림 8-15 토요타 하이브리드 트랜스액슬의 모터 발전기용 전원 케이블

모터 제어 IGBT 차량 이동(보조)과 배터리 팩 재충전을 위해 트랜지스터와 다이오드의 배열은 전기 모터를 3단계로 제어한다. PDU를 통과하는 전류 흐름은 6개의 **절연 게이트 바이폴라 트랜지스터**(insulated-gate bipolar transistors, IGBT)에 의해 제어된다. 이 트랜지스터 중 세 개는 회로의 전압 측을 제어하며 양극 또는 고측 IGBT라고 부른다. 다른 세 개의 트랜지스터는 고정자 코일의 음극(접지) 측에 있기 때문에 음극 또는 저측 IGBT라고 부른다. 각 IGBT의 베이스는 PDU 커넥터의 입력 단자에 연결된다. IGBT는 고정자 권선을 통해 배터리 팩에서 전류를 보내 고정자 코일에 전원을 공급하고 회전자를 움직여 구동 휠에 전력을 공급하는 전류 드라이버이다. 대부분의 모터 제어기에는 홀 효과 전류 센서가 포함되어 있다. ● **그림 8-16 참조**

각 IGBT에는 컬렉터와 이미터 사이에 병렬로 연결된 다이오드가 있다. 이 6개의 다이오드는 회생 제동 중 DC 전기 구동 모터가 발전기가 될 때 고정자 AC를 맥동 DC로 정류하여 고전압 배터리를 충전하도록 함께 작동한다. 이때 MCM은 IGBT를 즉시 차단하여 DC 전기 구동 모터에 전원을 공급하지 않는다. HEV가 여전히 전진 중이기 때문에 크랭크축이 회전하고, 이에 따라 DC 전기 구동 모터의 영구 자석 회전자(전기자)가 회전한다. 회전자의 회전으로 인해 강력한 영구 자석의 자속선이 고정자 코일에 AC 전류를 유도한다. 6개의 다이오드는 순방향 바이어스되어 있

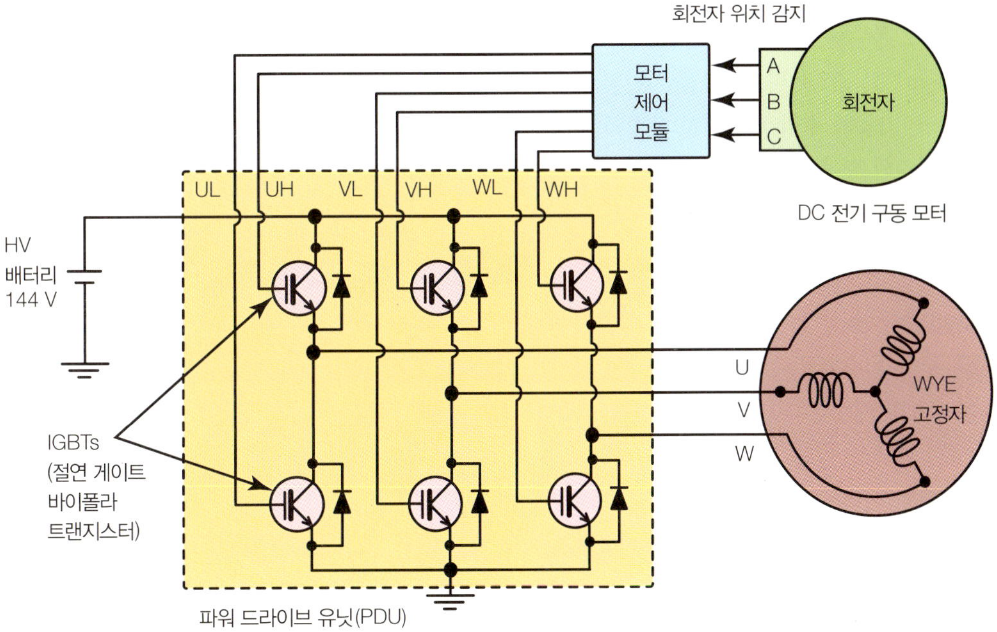

그림 8-16 하이브리드 자동차의 구동 제어 장치는 모터의 고정자 권선을 통해 전류와 전압을 제어한다.

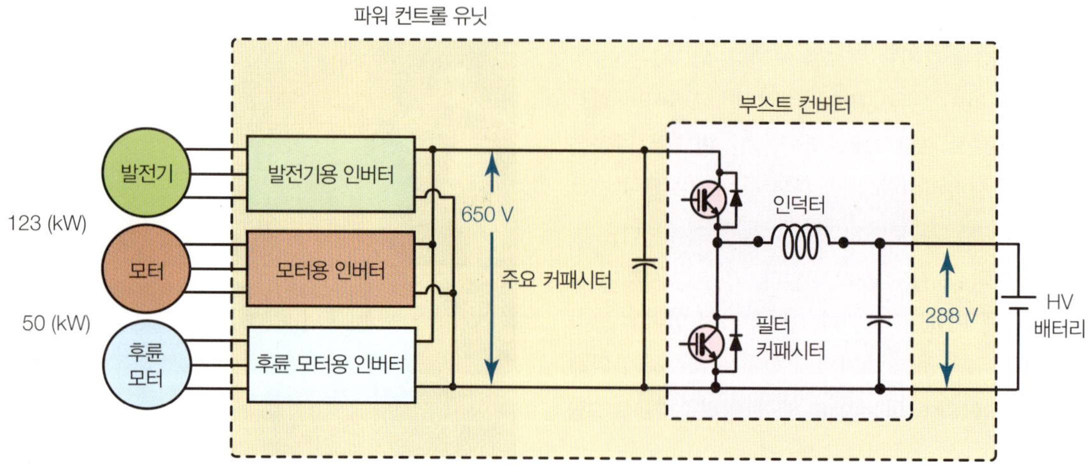

그림 8-17 렉서스 RX 450h의 모터 제어 장치를 보여주는 회로도. 4WD 기능을 제공하기 위해 후륜 모터를 사용한다는 점에 유의하라.

으며 고정자 코일에 유도된 AC 전류를 맥동 DC로 정류하여 배터리 팩을 재충전하도록 켜진다.

로터 위치 정보는 MCM으로 전송되며 MCM은 로터 회전을 유지하기 위해 올바른 IGBT를 켜도록 프로그래밍되어 있다. 제어기가 로터의 정확한 위치를 아는 것이 중요하다.

IGBT는 전기 구동 모터에 구동 전류를 처리한다. 다이오드는 정류기 브리지를 형성하여 전기 구동 모터에서 생성된 AC를 맥동 DC로 변경하여 배터리 팩을 충전한다. ● **그림 8-17 참조**

EV 및 HEV 전기 측정

밀리옴 **밀리옴**(milliohm, 복수형 milliohms)은 1/1,000옴으로 정의되며 mΩ은 소문자 m으로 축약된다. 즉, 1옴 미만의 저항값을 말한다. 이는 일상적인 자동차 수리 과정에서 측정되는 저항 밸브가 아니다. 그러나 전기의 고정자 권선을 테스트할 때 하이브리드 또는 전기 자동차의 모터에는 이 정도 수준의 정확도가 요구된다.

밀리옴 측정 일반적인 멀티미터는 밀리옴을 정확하게 측정하는 데 적합하지 않다. 대부분의 멀티미터는 1 Ω 저항 미만에서는 정확하지 않다. 이 측정을 수행할 때는 밀리옴 미터를 사용해야 한다. 밀리옴 미터에는 고유한 테스트 리드와 특정 교정 절차가 있다. 측정을 하기 전에 측정기와 테스트 중인 구성 요소 모두 지정된 온도에 있어야 한다. 테스트 중 최소 작동 전압을 보장하려면 많은 밀리옴 미터를 가정용 전류에 연결해야 한다. ● **그림 8-18 참조**

그림 8-18 1옴 미만의 저항을 측정할 수 있는 일반적인 밀리옴 미터

메그옴 **메그옴**(megohm)은 저항 단위로 정의되며 대문자 M과 약어 meg를 사용하며 백만 옴 MΩ과 같다. 이는 일상적인 자동차 수리 과정에서 측정되는 저항 밸브가 아니다. 그러나 고전압 시스템의 무결성을 테스트할 때는 이러한 유형의 측정이 필요하다.

자주 묻는 질문

절연 손실 테스트란 무엇인가?

절연 손실 테스트(loss of isolation test)는 고전압 시스템과 섀시 접지 사이의 원치 않는 연속성을 감지하기 위해 수행된다. 이 테스트는 고전압 누출 문제를 감지하고 결함이 복구되었는지 확인하기 위해 수행된다. 절연 손실 테스트는 절연 저항 테스터가 있는 디지털 메그옴 미터를 사용하여 수행된다. 하이브리드 또는 전기 자동차에 사용하려면 미터기가 CAT III 등급이어야 하며 1,000 V를 공급할 수 있어야 한다. 특정 안전 프로토콜과 제조업체의 지침을 따르라.

절차

- 미터의 양극 리드는 고전압 시스템에 연결된다.
- 미터의 음극 리드는 섀시 접지에 연결된다.
- 절연 저항계가 적절한 전압(일반적으로 1,000 V)으로 설정되어 있다.
- 테스트 버튼을 누르면 값이 기록된다.
- 2.2 MΩ에 가까운 판독 값은 절연 손실이 없는 정상적인 시스템을 나타낸다.
- 1 MΩ 미만의 판독 값은 추가 진단이 필요하다. ● **그림 8-19 참조**

그림 8-19 렉서스 NX 300h 하이브리드 자동차에서 절연 손실 테스트를 수행하고 있다. 결과는 280만 옴의 저항을 나타낸다.

EV 및 HEV 모듈 통신

CAN 버스 통신 로베르트 보슈 주식회사(Robert Bosch Corporation)는 1993년에 CAN 1.2라고 불리는 **제어기 영역 네트워크**(Controller Area Network, CAN) 프로토콜을 개발했다. CAN 프로토콜은 2003년 이후의 차량 진단을 위해 환경보호국(EPA)의 승인을 받았으며 모든 차량에 대한 법적 요구사항이 되었다. CAN 진단 시스템은 표준 16핀 OBD-II(J-1962) 커넥터의 핀 6과 14를 사용한다. CAN 이전에는 자기진단기 프로토콜이 주로 제조업체마다 달랐다.

CAN 특징 CAN 프로토콜은 다음과 같은 기능을 제공한다.

- 다른 버스 통신 프로토콜보다 빠르다.
- 다른 시스템에 비해 사용이 간편하여 비용 효율적이다.
- 전자기 간섭의 영향을 덜 받는다(데이터는 EMI 간섭을 줄이기 위해 연선이라고 불리는 함께 꼬인 두 개의 와이어를 통해 전송된다).
- 주소 기반이 아닌 메시지 기반으로 확장이 용이하다.
- 2선식이므로 wake-up이 필요하지 않다.
- 최대 15개 모듈과 자기진단기를 지원한다.
- 각 쌍의 끝에 120 Ω 저항을 사용하여 전기적 소음을 줄인다.
- 두 전선 모두에 2.5 V를 적용한다.
  H(높음)는 활성화되면 3.5 V로 이동한다.
  L(낮음)은 활성화되면 1.5 V로 이동한다. ● **그림 8-20 참조**

CAN 클래스 A, B, C CAN에는 세 가지 클래스가 있으며 서로 다른 속도로 작동한다. CAN A, B, C 네트워크는 모두 동일한 차량 내의 게이트웨이를 사용하여 연결될 수 있다. 게이트웨이는 일반적으로 차량의 많은 모듈 중 하나이다.

CAN A. 이 클래스는 느린 속도에서 하나의 와이어에서만 작동하므로 구축 비용이 저렴하다. CAN A는 일반 모드에서 33.33 Kbs, 리프로그래밍 모드에서 최대 83.33 Kbs의 데이터 전송 속도를 작동한다. CAN A는 차량 접지를 신호 반환 회로로 사용한다.

CAN B. 이 클래스는 2선식 네트워크에서 작동하며 차량 접지를 신호 반환 회로로 사용하지 않는다. CAN B는 95.2 Kbs의 데이터 전송 속도를 사용한다. CAN B(그리고 CAN C)는 차동 신호를 위해 두 개의 네트워크 와이어를 사용한다. 이는 두 개의 데이터 신호 전압이 서로 반대이며 지속적으로 비교되어 오류 검출에 사용된다는 것을 의미한다. 이 경우, CAN 데이터 와이어 중 하나의 신호 전압이 높아지면(CAN H), 다른 하나는 낮아지므로(CAN L), 차동 신호라는 이름이 붙는다. 신호선 중 하나가 단락되는 경우를 대비해 차동 신호 역시 리던던시(redundancy)를 위해 사용된다.

CAN C. 이 클래스는 최대 500 Kbs 속도의 최고 속도 CAN

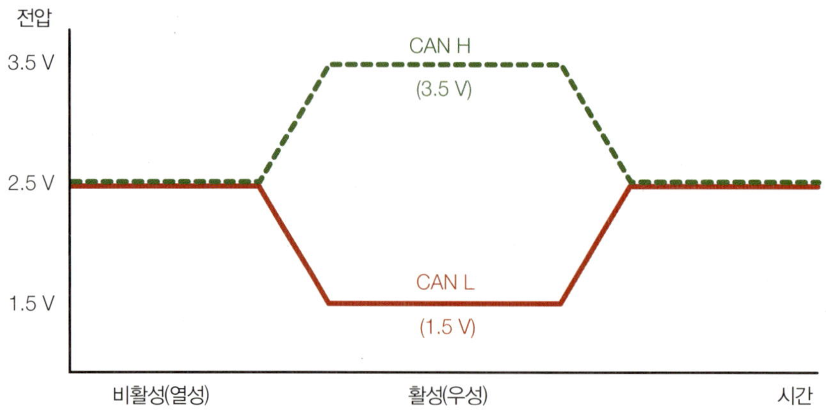

그림 8-20 CAN은 한 와이어의 전압이 동일하지만 다른 와이어의 전압은 반대인 차동 유형의 모듈 통신을 사용한다. 통신이 발생하지 않을 때는 두 전선 모두에 2.5 V가 적용된다. 통신이 발생하면 CAN H는 1 V 올라가고(3.5 V) CAN L은 1 V 내려간다(1.5 V).

프로토콜이다. 2008년 모델부터 미국에서 판매되는 모든 차량은 자기진단기 통신을 위해 CAN 버스를 사용해야 한다. 대부분의 차량 제조업체는 구형 모델부터 CAN을 사용하기 시작했으며 차량에 CAN이 장착되어 있는지 쉽게 확인할 수 있다. CAN 버스는 DLC의 터미널 6과 14를 통해 자기진단기와 통신하여 차량에 CAN이 장착되어 있음을 나타낸다.

총전압은 항상 일정하게 유지되며 두 데이터 버스 라인의 전자기장 효과가 서로 상쇄된다. 데이터 버스 라인은 수신된 방사선으로부터 보호되며 방사선 전송에 있어 사실상 중립적이다.

모듈 리프로그래밍

목적 차량이 엄격한 공기 질 및 연비 기준을 충족하면서 뛰어난 성능을 제공할 수 있도록 하는 프로그램을 설계하는 것은 결코 쉬운 일이 아니다. 그러나 이는 OBD-II 소프트웨어 개발 작업을 맡은 엔지니어가 직면한 과제의 일부일 뿐이다. 그 이유는 진단 모니터 실행과 관련된 수많은 변수 때문이다. 프로그래머는 이 복잡한 코드를 작성할 때 모든 작동 조건을 고려하기 위해 최선을 다하지만 정기적인 수정이 필요한 경우가 많다. 리프로그래밍은 제조업체에서 PCM의 전자적으로 지울 수 있는 프로그램 가능 읽기 전용 메모리(EEPROM)에 새로운 교정을 다운로드하는 것으로 구성된다.

SAE J2534 표준 SAE J2534는 컴퓨터와 차량 간의 통신 표준이다. 원래 표준은 2002년 2월에 도입되었으며 버전 02.02로 식별되었다. EPA 및 CARB 규정에 따르면 모든 자동차 제조업체는 배출 관련 제어기를 리플래싱하기 위해 미국 내 모든 사람에게 J2534 서비스를 제공해야 한다. 기술자가 SAE J2534 통과 장치를 가지고 있는 경우 리플래시를 수행하고 경우에 따라 공장 기능으로 차량을 진단할 수 있다.

현재 표준은 SAE J2534 버전 5.00이라고 한다. 최신 표준에는 이전 업데이트에서 필요한 모든 변경 사항이 포함되어 있으며 J1962 커넥터를 통한 통신을 개선하는 역할을 한다. 플래시 리프로그래밍 프로세스가 오작동 없이 완료되기 위해서는 최신 장비를 보유하는 것이 중요하다.

프로그래밍 하드웨어 각 제조업체는 제조업체가 판매하는 브랜드에 특정한 자체 J2534 통과 장치 또는 애플리케이션 프로그래밍 인터페이스(API)를 개발했다. 통과 장치 또는 API는 모든 하드웨어를 동일하게 보이게 하는 연결 지점 역할을 하며 재프로그래밍 소프트웨어가 있는 컴퓨터가 데이터 링크 커넥터(DLC)를 통해 차량 제어 모듈과 통신할 수 있도록 해준다. 일반적으로 이러한 도구는 경쟁 브랜드를 지원하는 기능을 갖도록 설계되지 않았다. 대부분의 경우 이러한 통과 장치는 재프로그래밍 기능을 제공하는 것 외에도 제조업체의 자기진단기를 지원하도록 설계되었다. GM MDI와 포드 VCI는 모두 이러한 유형의 기술의 예이다. ● **그림 8-21 참조**

일반 J2534 통과 장치는 여러 제조업체를 지원하도록 설계되었다. 이러한 도구에는 일반적으로 제조업체별 도구와 동일한 수준의 검사 도구 진단 기능이 없다. 이러한 도구는 대리점 환경 외부의 독립 수리 시설에서 더 자주 발견된다. J2534 통과 디바이스의 Drew Technologies CarDAQ-plus 시리즈는 일반 도구의 예이다. ● **그림 8-22 참조**

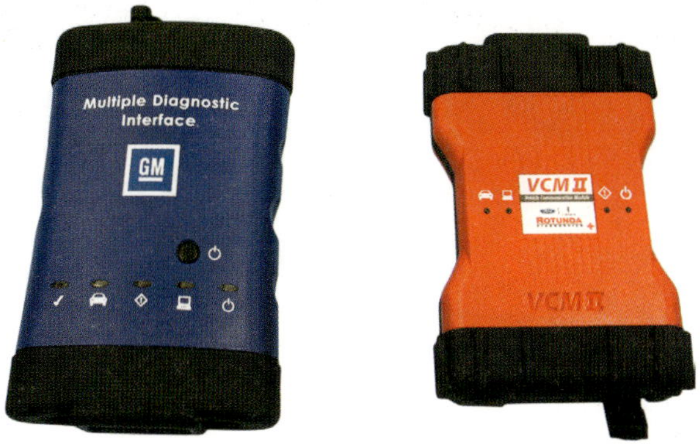

그림 8-21 GM MDI와 포드 VCI는 제조업체별 통과 장치의 예이다.

그림 8-22 CarDAQ Plus는 일반적인 통과 장치이다.

프로그래밍 소프트웨어 **미국 자동차 서비스 태스크 포스**(National Automotive Service Task Force, NASTF)는 OEM 외부에 고용된 자동차 전문가가 현대적인 자동차들을 진단하고 수리하기 위해 필요한 모든 정보, 교육, 도구를 보유할 수 있도록 하는 자동차 서비스 산업, 도구 산업, OEM의 협력 조직이다. NASTF는 모든 자동차 서비스 전문가가 제조업체별 리프로그래밍 정보에 액세스할 수 있는 포털을 만들었다. 여기에는 정보에 접속할 수 있는 위치, 필요한 도구 및 대부분의 경우 작업 완료 방법에 대한 짧은 영상이 포함된다. ● **그림 8-23 참조**

차량 보안 전문가: 록스미스 ID 모듈을 다시 프로그래밍하거나 교체 시 프로그래밍해야 하는 경우 프로세스 중에 보안 코드 또는 주요 특정 정보를 다시 입력해야 하는 경우가 많다. 이 정보를 얻으려면 매장이나 서비스 기술자가 등록된 차량 보안 전문가여야 하며 **록스미스 ID**(locksmith ID) 번호가 있어야 한다.

그림 8-23 NASTF 웹사이트의 스크린 숏은 자동차 애프터마켓 전문가가 필요한 리프로그래밍 정보를 얻을 수 있는 액세스 포인트를 제공한다.

NASTF는 자동차 제조업체, 보험 업계, 독립적인 수리공 및 법 집행 공동체와 협력하여 애프터마켓 수리 업계가 이 민감한 데이터에 액세스할 수 있도록 이 시스템을 개발했다. 이 식별 번호를 신청하는 데 필요한 양식과 지침은 NASTF 웹사이트(www.nasft.org)의 Locksmith/Vehicle Security에서 찾을 수 있다. ● **그림 8-24 참조**

그림 8-24 NASTF 웹사이트의 스크린 숏은 기술자가 록스미스 ID를 신청할 수 있는 재원을 제공한다.

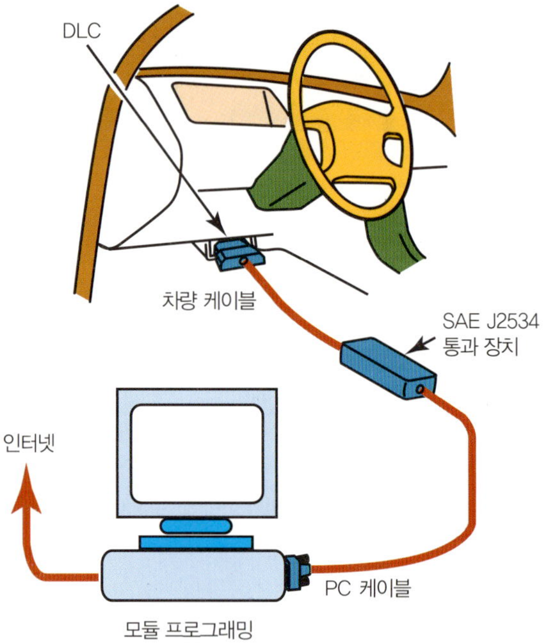

그림 8-25 J2534 장치는 DLC를 통해 엔진 제어 모듈을 프로그래밍하는 데 사용된다.

온보드 제어기의 온보드 리프로그래밍은 프로세스 중에 모듈을 차량에 연결하는 것으로 정의된다. 모듈은 일반 연결 지점을 사용하여 전원, 접지, 통신 링크 및 기타 필요한 지원을 제공한다. 이는 서비스 시설에서 발생하는 프로그래밍 유형이다. ● **그림 8-25 참조**

오프보드 제어기의 오프보드 프로그래밍은 차량이 아닌 다른 곳에서 모듈을 프로그래밍하는 것으로 정의된다. 이는 컴퓨터와 필요한 전원, 접지 및 통신 링크가 있는 장소에서 수행될 수 있다. 지역 부품 매장에서 모듈을 구매하고 프로그래밍하는 것은 오프보드 프로그래밍의 한 예이다. ● **그림 8-26 참조**

원격 원격 프로그래밍은 비교적 새로운 프로세스이다. 서비스 시설에서는 차량 리프로그래밍을 수행하지 않는다. 대신 매장에서는 단순히 장비를 연결하고 멀리 있는 사람의 지시를 따른다. 이 프로세스에는 여전히 인터넷 연결과 장비가 필요하다. 그러나 이는 소프트웨어에 대한 제조업체 구독을 보유한 제3자에 의존한다. 이 옵션은 리프로그래밍 작업을 거의 수행하지 않거나 작업을 완료하기 위한 기술 전문 지식이 부족한 작업장에서 점점 더 인기를 얻고 있다. ● **그림 8-27 참조**

그림 8-26 제어 모듈이 보드 외부 위치에서 프로그래밍되고 있다.

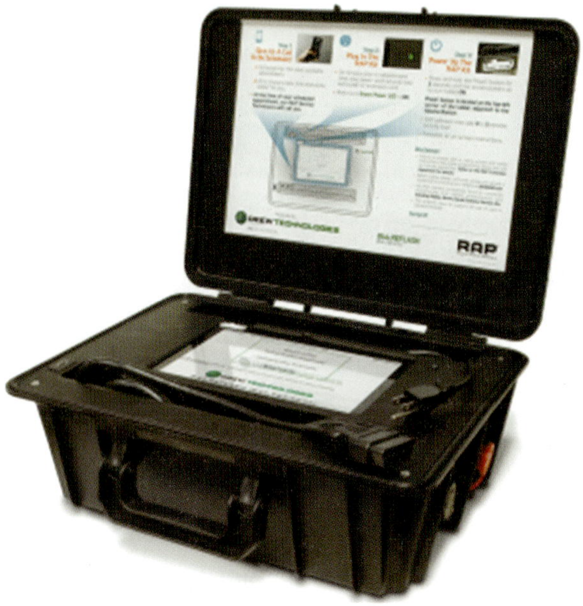

그림 8-27 Drew Technologies 원격 프로그래밍 도구는 차량에 연결되어 원격으로 사용되는 도구의 한 예이다.

요약

1. 직류(DC), 전하(전류)는 한 방향으로만 흐른다. 가장 일반적인 형태의 생성은 정류기를 통한 것이다.
2. 1와트는 1볼트의 전위차를 갖는 회로를 통과하는 1암페어의 전류로 표시되는 전력의 단위이다.
3. 커패시터(콘덴서라고도 함)는 두 개의 전도성 판과 그 사이에 절연재로 구성된다.
4. 밀리옴(복수형 밀리옴즈)은 1,000분의 1옴(10^{-3})으로 정의되며 mΩ으로 축약된다.
5. 메그옴은 저항 단위로 정의되며 백만 옴과 같다.
6. 절연 게이트 바이폴라 트랜지스터(IGBT)는 주로 전자 스위치로 사용되는 3-단자 전력 반도체 소자이다.
7. CAN 진단 시스템은 표준 16핀 OBD-II(J-1962) 커넥터의 핀 6과 14를 사용한다.
8. 리프로그래밍은 제조업체에서 PCM의 전자적으로 지울 수 있는 프로그램 가능 읽기 전용 메모리(EEPROM)에 새로운 교정을 다운로드하는 것으로 구성된다.

복습 문제

1. DC 전류를 생성하는 데 사용되는 가장 일반적인 구성 요소는 무엇인가?
2. 커패시터의 목적은 무엇인가?
3. 절연 손실 테스트의 목적은 무엇인가?
4. 다른 통신 프로토콜과 비교하여 CAN 버스의 장점은 무엇인가?
5. EEPROM을 다시 프로그래밍하는 세 가지 방법은 무엇인가?

마무리 퀴즈

1. 두 명의 기술자가 직류(DC)에 대해 논의하고 있다. 기술자 A는 DC가 한 방향으로만 흐른다고 말한다. 기술자 B는 DC를 생성하는 일반적인 방법은 정류기 브리지를 사용하는 것이라고 말한다. 어떤 기술자의 말이 옳은가?
   a. 기술자 A만
   b. 기술자 B만
   c. 기술자 A와 B 둘 다 맞음
   d. 기술자 A와 B 둘 다 틀림
2. 두 명의 기술자가 커패시터에 대해 논의하고 있다. 기술자 A는 전기 스파이크 억제를 위해 커패시터가 사용된다고 말한다. 기술자 B는 커패시터를 보조 전원으로 사용한다고 말한다. 어떤 기술자의 말이 옳은가?
   a. 기술자 A만
   b. 기술자 B만
   c. 기술자 A와 B 둘 다 맞음
   d. 기술자 A와 B 둘 다 틀림
3. 절연 게이트 바이폴라 트랜지스터(IGBT)의 목적은 무엇인가?
   a. 추가 전원 공급하기
   b. 전원이나 접지를 매우 빠르게 켜고 끄기
   c. 전기 스파이크 억제하기
   d. 정답 없음
4. 다음 중 어떤 방법을 사용하여 모듈의 EEPROM을 재프로그래밍할 수 있는가?
   a. 온보드
   b. 오프보드
   c. 원격
   d. 위 방법 중 어느 것이든 사용할 수 있다.
5. 절연 손실 테스트를 사용하여 판단할 수 있는 것은?
   a. 차량의 섀시 접지 상태가 불량인 경우
   b. 고전압 회로에 차량 섀시로의 의도치 않은 경로가 있는 경우
   c. 배터리의 점화 끄기 소모량이 너무 높은 경우
   d. 배터리와 스타터 사이 케이블에 결함이 있는 경우

6. CAN 버스는 다음 중 어떤 이점을 제공하는가?
   a. 다른 통신 프로토콜보다 빠르다.
   b. 전자기 간섭의 영향을 덜 받는다.
   c. 주소 기반이 아닌 메시지 기반으로 확장이 더 쉽다.
   d. 위 보기 모두 정답

7. 무엇을 변경할 때 AC 동기 모터가 제어되는가?
   a. 전압
   b. 전류량
   c. 주파수
   d. 위 보기 모두 정답

8. 밀리옴의 정의는?
   a. 1,000분의 1옴
   b. 100만분의 1옴
   c. 100옴
   d. 1,000옴

9. 메그옴은 ______________와/과 동일한 저항 단위로 정의된다.
   a. 100만분의 1옴
   b. 100만 옴
   c. 1,000옴
   d. 10,000옴

10. 프로세스 중에는 보안 코드나 주요 특정 정보를 다시 입력해야 한다. 이 정보를 얻으려면 매장이나 서비스 기술자가 등록된 차량 보안 전문가여야 하며 _____________을/를 갖추고 있어야 한다.
   a. 공장 수준의 자기진단기
   b. 애프터마켓의 향상된 자기진단기
   c. J2534 장치
   d. 록스미스 ID 번호

Chapter 9

저전압 배터리 및 스톱-스타트 마이크로 하이브리드

학습 목표

- 12 V 배터리의 목적을 설명할 수 있다.
- 12 V 배터리 정격 시스템을 설명할 수 있다.
- 12 V 배터리 테스트 절차를 설명할 수 있다.
- 36~48 V 배터리의 기능을 설명할 수 있다.
- 36~48 V 배터리 테스트 절차를 설명할 수 있다.
- 스톱-스타트 시스템의 주요 장점을 설명할 수 있다.
- 마이크로 하이브리드와 마일드 하이브리드의 차이점을 설명할 수 있다.
- 비활성화 조건이 어떻게 스톱-스타트 시스템의 작동을 방해하는지 설명할 수 있다.

핵심 용어

내연기관(ICE)
벨트 교류 발전기 스타터(BAS)
변속기 제어 모듈(TCM)
부하 테스트
엔진 제어 모듈(ECM)
울트라커패시터
차체 제어 모듈(BCM)
하이브리드 제어 모듈
SLI 배터리

12 V 배터리 소개

목적과 기능 많은 사람들은 전기 자동차나 하이브리드 자동차가 12 V 배터리를 사용한다는 사실을 인식하지 못할 수도 있다. 하이브리드 자동차든 전기 자동차든 모든 차량에는 차량의 저전압 구성 요소에 전류를 공급하는 데 사용되는 12 V 배터리가 있다. 배터리는 전기 시스템의 심장이자 기초이기 때문에 자동차의 가장 중요한 부품 중 하나이다. 자동차 배터리의 주요 목적은 모든 차량 전기 요구사항에 맞는 전원을 제공하는 것이다. 하이브리드 또는 전기 자동차에서 12 V 보조 배터리는 다음과 같은 목적으로 사용된다.

- 모든 12 V 부속품에 전원을 공급한다.
- 고전압 시스템용 전자 제어기에 전원을 공급한다.

배터리가 중요한 이유 또한 배터리는 전체 전기 시스템의 전압을 안정시키는 역할을 한다. 하이브리드 또는 전기 자동차가 올바르게 작동하려면 배터리 상태가 양호(서비스 가능)해야 한다. 전기 시스템 테스트를 수행하기 전에 배터리가 서비스 가능한 상태인지 확인해야 한다.

보조 배터리가 방전되면 하이브리드 또는 전기 자동차가 시동되지 않는다 12 V 보조 배터리가 방전되거나 결함이 있는 경우에는 사용할 수 없다. 차량 시동에 사용되는 전자 제어기에 전원을 공급한다. 고전압 배터리 전원으로 인해 가솔린 엔진이 시동되지 않고 차량이 움직이지 않는다. 차량 시동을 걸 때 '아무 일도 일어나지 않는 경우' 항상 보조 12 V 배터리의 충전 상태 및 상황부터 진단을 시작하라.

배터리 작동 방식

관련 원칙 배터리 작동 방식은 몇 년 전에 발견된 다음과 같은 과학적 원리를 기반으로 한다.

- 두 개의 서로 다른 금속을 산에 넣었을 때 두 금속 간 회로가 연결되면 두 금속 사이에 전자가 흐른다.
- 이것은 강철못과 단단한 구리선 조각을 레몬에 꽂아 넣으면서 시연할 수 있다. 구리선과 못의 끝부분에 전압계를 연결하면 전압이 표시된다.

완전히 충전된 납산 배터리에는 이산화납(과산화물)의 양극판과 황산 용액(전해질)으로 둘러싸인 납 음극판이 있다. 과산화납과 산에 잠긴 납 사이의 전위(전압) 차이는 약 2.1 V이다.

방전 중 양극판 이산화납(PbO_2)은 SO_4와 결합하여 전해질에서 $PbSO_4$를 형성하고 O_2를 전해질로 방출하여 H_2O를 형성한다. 음극판은 전해질의 SO_4와 결합하여 황산납($PbSO_4$)이 된다. ● 그림 9-1 참조

완전 방전된 상태 배터리가 완전히 방전되면 양극판과 음극판은 모두 $PbSO_4$(황산납)이고 전해질은 물(H_2O)이 된다. 배터리가 방전되면서 플레이트와 전해질은 완전 방전 상태에 가까워진다. 배터리가 완전히 방전되면 더 이상 이종 금속이 산에 잠겨 있지 않는다. 판은 동일한 물질($PbSO_4$)이 되고 전해질은 물(H_2O)이 된다. 이는 충전 중에 되돌릴 수 있는 화학 반응이다.

CAUTION: 충전 과정에서 스파크가 발생하면 수소 가스가 얼음에 갇혀 발화될 수 있으므로 얼어붙은 배터리를 충전하거나 점프 시동해서는 안 된다. 아니면 폭발이 일어날 수 있다.

? 자주 묻는 질문

SLI 배터리란?

때때로 *SLI*라는 용어는 배터리 유형을 설명하는 데 사용된다. **SLI 배터리**(SLI battery)는 시동, 점등, 점화를 의미하며 일반적인 자동차 배터리의 사용법을 설명한다. 차량 구동에 도움을 주는 고전압 배터리(*견인 배터리*라고도 함)와 비견하여 하이브리드 및 전기 자동차에 사용되는 보조 배터리는 SLI형 배터리이다.

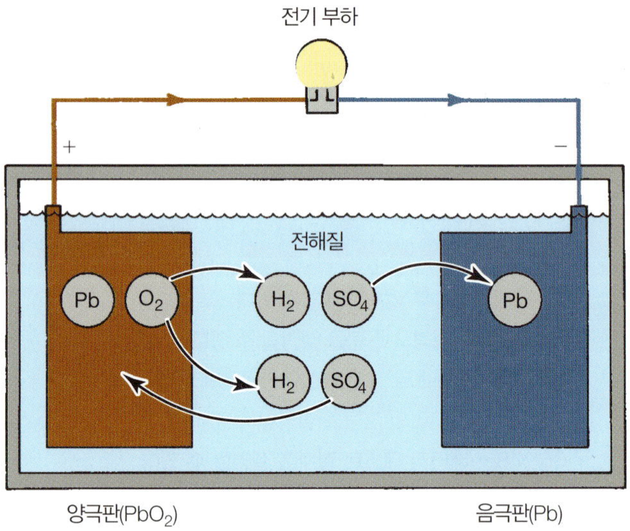

그림 9-1 완전히 충전된 납축 배터리가 부착된 전기 부하에 의해 방전되는 화학 반응

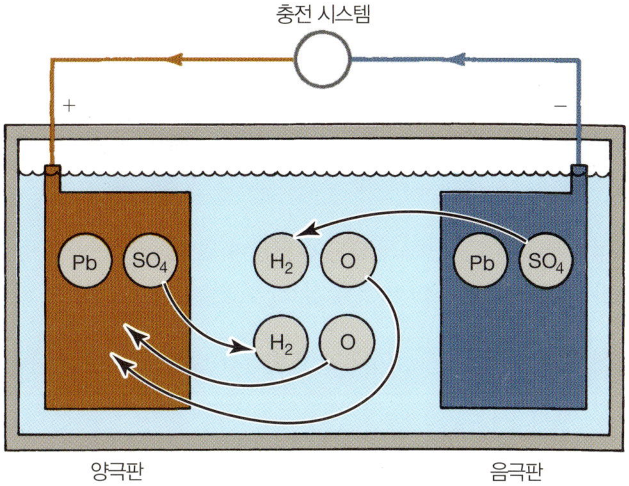

그림 9-2 완전히 방전된 납축전지가 부착된 교류 발전기에 의해 충전되면서 일어나는 화학 반응

충전 중 충전하는 동안 양극판과 음극판에 침전된 황산염이 전해질로 돌아가서 정상 강도의 황산 용액이 된다. 양극판은 이산화납(PbO_2)으로 돌아가고 음극판은 다시 순수 납(Pb)이 되며 전해질은 H_2SO_4가 된다. ● **그림 9-2 참조**

밸브조절식 납산 배터리

용어 밸브조절식 납산(VRLA) 배터리에는 밀폐형 밸브조절식(SVR) 또는 밀폐형 납산(SLA) 배터리라고도 하는 두 가지 기본 유형이 있다. 이 배터리는 과도한 가스를 방출하고 과충전으로 인해 가스가 축적되면 자동으로 다시 밀봉되는 저압 환기 시스템을 사용한다. 두 가지 유형은 다음과 같다.

- 흡수성 유리 섬유 매트. 흡수성 유리 섬유 매트(AGM) 배터리에 사용되는 산은 분리막에 완전히 흡수되어 배터리 누출 방지 및 유출 방지 기능을 제공한다. 배터리는 셀을 20% 정도 압축한 후 용기에 넣어 조립된다. 압축된 셀은 진동으로 인한 손상을 줄이고 산이 플레이트에 단단히 고정되도록 돕는다. 유지보수가 필요 없는 밀봉된 설계는 각 셀에 압력 방출 밸브를 사용한다. 액상 전해질을 사용하며 침수 셀 배터리라고 불리는 기존 배터리와 달리, 충전 시 방출되는 수소와 산소는 대부분 배터리 내부에 남아 있다. 분리막이나 매트는 전해질로 90~95%만 포화되므로 매트의 일부가 가스로 채워질 수 있다. 가스 공간은 수소와 산소 가스가 빠르고 안전하게 재결합할 수 있는 채널을 제공한다. 산이 유리 매트 분리기에 완전히 흡수되기 때문에 AGM 배터리는 어떤 방향으로도 장착될 수 있다. AGM 배터리는 또한 사용 수명이 더 길어서 종종 7~10년 동안 지속된다. AGM 배터리는 배터리가 실내 또는 트렁크 내부에 있는 차량의 표준 장비로 사용된다. ● **그림 9-3 참조**
- 재조합형 배터리란 양극판에서 발생한 산소 가스가 밀도가 높은 전해질을 거쳐 음극판으로 이동하는 것을 의미한다. 산소가 음극판에 도달하면 납과 반응하여 산소 가스를 소비하고 수소 가스의 형성을 방지한다. VRLA 배터리가 물을 사용하지 않는 것은 이러한 산소 재결합 때문이다.

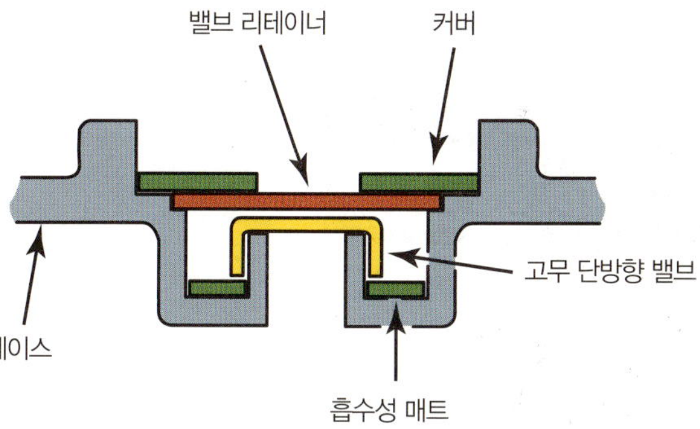

그림 9-3 VRLA 배터리의 압력 릴리프 밸브. 이는 정상적인 작동 조건에서 닫힌 상태를 유지하며 가스가 배터리 케이스에 들어가거나 나가는 것을 방지한다.

12 V 배터리 정격

콜드 크랭킹 암페어 모든 자동차 배터리는 추운 날씨에 엔진을 시동하기 위해 전력을 공급할 수 있어야 하며, 시동을 위해 점화 시스템을 작동할 수 있을 만큼 높은 배터리 전압을 계속 제공할 수 있어야 한다. 배터리의 콜드 크랭킹 암페어 정격은 배터리가 여전히 셀당 1.2 V 이상의 전압을 유지하는 동안 −18°C(0°F)에서 30초 동안 배터리가 공급할 수 있는 암페어 수이다. 이는 배터리 전압은 12 V 배터리의 경우 7.2 V, 6 V 배터리의 경우 3.6 V를 의미한다. 콜드 크랭킹 성능 정격은 콜드 크랭킹 암페어(CCA)라고 한다. 가격 대비 CCA가 가장 높은 배터리를 구입해 보라. 권장 배터리 용량은 차량 제조업체의 사양을 참조하라.

크랭킹 암페어 CA라는 명칭은 0°C(32°F)에서 배터리가 공급할 수 있는 암페어 수를 나타낸다. 이 정격은 더 엄격한 CCA 정격보다 더 높은 전류량 정격을 초래한다. ● **그림 9-4 참조**

예비 용량 배터리의 예비 용량 정격은 배터리가 25암페어를 생산하면서 여전히 셀당 1.75 V(12 V 배터리의 경우 10.5 V)의 배터리 전압을 유지할 수 있는 시간(분)이다. 이 정격은 실제로 충전

그림 9-4 이 배터리는 1,000 크랭킹 암페어(CA) 및 콜드 크랭크 암페어(CCA) 정격 시스템을 사용하여 900암페어의 정격을 가진다.

시스템에 고장이 발생한 경우 차량을 주행할 수 있는 시간을 측정한 것이다.

암페어시 암페어시는 일정 기간 동안 배터리가 생산할 수 있는 전류의 양이 몇 암페어인지를 측정하는 오래된 배터리 정격 시스템이다. 예를 들어, 50암페어-시(A-H) 정격을 가지는 배터리는 1시간 동안 50암페어 또는 50시간 동안 1암페어 또는 50암페어-시와 동일한 어떠한 조합도 제공할 수 있다.

JIS JIS는 일본공업규격(Japanese Industrial Standard)을 의미한다. 이 정격 표준은 토요타와 닛산 차량에 사용되는 AGM 배터리에서 찾을 수 있다. 배터리의 기능성을 결정할 때 이 정격 시스템을 포함하는 배터리 테스트 장비를 사용하는 것이 중요하다.

● **그림 9-5 참조**

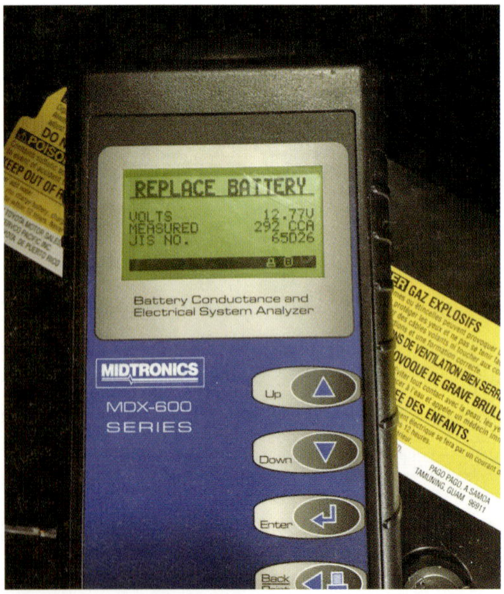

그림 9-5 JIS 배터리 정격은 배터리 상단에 찍혀 있다.

배터리 서비스 안전 예방 조치

위험 배터리에는 산이 포함되어 있으며 일반적인 충전 및 방전 주기 동안 폭발성 가스(수소 및 산소)를 방출한다.

안전 절차 신체적 부상이나 차량 손상을 방지하려면 항상 다음 안전 절차를 따른다.

1. 차량의 전기 부품 작업 시 배터리 음극 케이블을 배터리에서 분리한다. 음극 케이블이 분리되면 차량의 모든 전기 회로가 비활성화되어 전기 구성 요소와 접지 사이의 우발적인 전기 접촉을 방지할 수 있다. 모든 전기 스파크는 폭발 및 부상을 일으킬 가능성이 있다.
2. 배터리 주변에서 작업할 때는 보안경(고글 선호)을 착용한다.
3. 배터리 산에 피부가 닿지 않도록 보호복을 착용한다.
4. 배터리 서비스 및 테스트에 사용되는 장비에 대한 서비스 절차에 명시된 모든 안전 예방 조치를 항상 준수한다.

? 자주 묻는 질문

'EN'과 'DIN'은 무엇을 의미하는가?

유럽 차량의 12 V 배터리 부하 테스트에 대한 사양을 찾으려는 많은 학생들은 종종 두 가지 분류를 만나게 된다.

- **EN:** EN은 European Norm의 약자이다. European Norm은 상거래 효율성을 높이기 위해 표준 규격을 통합하기로 한 유럽 국가 간의 협정이다. 유럽에서는 다양한 국가 표준에 대한 보다 통일된 대안으로 EN 표준이 점차 채택되고 있다. 이 EN 표준은 자동차 배터리에 적용된다.
- **DIN:** DIN은 Deutsches Institut für Normung의 약자이다. 독일 연방 정부가 독일의 국가 표준 기관으로 인정한 DIN은 1951년부터 국제 표준화 기구(ISO) 소속이었다. 이러한 표준은 독일을 위해 개발되었지만 많은 자동차 표준이 EN 표준 개발에 사용되었다. 그러나 항상 같은 것은 아니다. EN 표준은 단지 한 국가만을 위한 것이 아니라 유럽 전체를 위한 것임을 기억하는 것이 중요하다. 또한 원래 독일에서 제조된 자동차용 DIN 배터리 부품 번호 중 해당 EN 부품 번호가 없는 일부 DIN 배터리 부품 번호가 있다는 점에도 유의해야 한다.

5. 배터리 주변에서는 절대로 담배를 피우거나 화기를 사용하지 않는다.
6. 특히 추운 날씨에는 배터리가 폭발할 수 있으므로 점프 시동을 거는 배터리 근처에 절대 서 있지 않는다.

12 V 배터리 전압 테스트

충전 상태 전압계로 배터리 전압을 테스트하는 것은 배터리의 충전 상태(SOC)를 확인하는 간단한 방법이다. ● **그림 9-6 참조**

배터리 전압은 배터리가 만족스럽게 작동할 수 있는지 여부를 반드시 나타내지는 않지만 기술자에게 단순한 육안 검사보다 배터리 상태에 대해 더 많은 것을 알려준다. '좋아 보이는' 배터리는 좋지 않을 수도 있다. 이 테스트는 전류가 흐르지 않고 배터리에 부하가 가해지지 않은 개방 회로에서 수행되기 때문에 일반적으로 **단자 전압 테스트** 또는 **개방 회로 배터리 전압 테스트**라고 한다.

1. 방금 충전했거나 차량을 최근에 운행한 경우 테스트하기 전에 배터리에서 표면 전하를 제거해야 한다. 표면 전하는 배터리 플레이트 표면에 있는 정상보다 높은 전압의 전하이다. 표면 전하는 배터리를 장착할 때 빠르게 제거되므로 배터리의 실제 SOC를 정확하게 나타내지 않는다.
2. 표면 전하를 제거하려면 헤드라이트를 상향등으로 1분간 켠 다음 헤드라이트를 끄고 2분간 기다린다. 엔진과 모든 전기 부속품을 끄고 도어를 닫은 상태에서(실내 조명을 끄기 위해) 전압계를 배터리 포스트에 연결한다. 빨간색 양극 리드를 양극 포스트에 연결하고 검은색 음극 리드를 음극 포스트에 연결한다.
3. 전압계를 읽고 그 결과를 위 도표에 표시된 SOC와 비교한다. ● **표 9-1 참조** 표시된 전압은 실온 또는 그에 가까운 온도(21~27°C 또는 70~80°F)의 배터리에 대한 것이다.

충전 상태(SOC)	배터리 전압
완전 충전	12.6 V 이상
75% 충전	12.4 V
50%	12.2 V
25%	12.0 V
방전	11.9 V 이하

표 9-1 배터리 전압과 SOC의 관계를 보여주는 비교

(a)

(b)

그림 9-6 (a) 전압 판독값이 12.28 V이면 배터리가 완전히 충전되지 않았으므로 테스트하기 전에 충전해야 함을 나타낸다. (b) 표면 전하가 제거된 후 12.6 V 이상으로 측정된 배터리는 100% 충전된 것이다.

12 V 배터리 부하 테스트

용어 12 V 배터리의 상태를 확인하는 테스트 중 하나는 **부하 테스트**(load test)이다. 대부분의 자동차 시동 및 충전 시험기는 탄소 더미를 사용하여 배터리에 전기 부하를 생성한다. 부하량은 배터리의 원래 CCA 정격에 따라 결정되며, 부하 테스트를 수행하기 전에 배터리를 최소 75% 충전해야 한다.

테스트 절차 배터리 부하 테스트를 수행하려면 다음 단계를 수행하라.

1단계: 배터리의 CCA 정격을 결정한다. 배터리를 테스트하는 데 사용되는 적절한 전기 부하는 최소 150암페어 부하에서 CCA 정격의 1/2 또는 암페어시 정격의 3배이다.

2단계: 부하 시험기를 배터리에 연결한다. 사용 중인 시험기에 대한 지침을 따른다.

3단계: 15초 동안 부하를 가한다. 부하 테스트 중에 전압계를 관찰하고 배터리가 여전히 부하 상태에 있는 동안 15초가 끝날 때 전압을 확인한다. 좋은 배터리는 9.6 V 이상을 표시해야 한다.

4단계: 테스트를 반복한다. 많은 배터리 제조업체는 부하 테스트를 두 번 수행할 것을 권장한다. 첫 번째 부하 기간은 배터리의 표면 전하를 제거하고 두 번째 테스트는 배터리 상태를 보다 정확하게 표시하기 위한 것이다. 배터리가 복구될 수 있도록 테스트 사이에 30초 정도 기다린다.

RESULTS: 배터리가 부하 테스트에 실패하면 배터리를 재충전하고 다시 테스트하라. 부하 테스트가 다시 실패한다면 배터리를 교체해야 한다. ● **그림 9-7 참조**

그림 9-7 탄소 파일 시험기는 침수된 배터리를 테스트하는 데 사용될 수 있다.

12 V 배터리 컨덕턴스 테스트

용어 제너럴 모터스, 크라이슬러, 혼다, 포드는 공장 보증이 적용되는 차량의 배터리를 테스트하는 데 전기 컨덕턴스 시험기를 사용하도록 지정한다. 컨덕턴스는 배터리가 전류를 얼마나 잘 생성할 수 있는지를 측정한 것이다. 이 시험기는 배터리를 통해 작은 신호를 보내고 AC 응답의 일부를 측정한다. 배터리가 오래되면 플레이트가 황산화되고 그리드에서 활성 물질이 떨어져 배터리 용량이 줄어들 수 있다. 컨덕턴스 시험기는 침수 또는 AGM 유형 배터리를 테스트하는 데 사용될 수 있다. 장치는 배터리에 대해 다음 정보를 확인할 수 있다.

- 테스트된 CCA
- 충전 상태
- 배터리 전압
- 쇼트, 단선 등의 결함
- 대부분의 컨덕턴스 시험기는 내부 저항 값도 표시한다.

그러나 컨덕턴스 시험기는 새 배터리의 SOC 또는 CCA 정격을 정확하게 결정하도록 설계되지 않는다. 배터리 부하 테스트와 달리 컨덕턴스 시험기는 방전된 배터리에 사용될 수 있다. 이 유형의 시험기는 사용 중인 배터리를 테스트하는 데에만 사용해야 한다. ● **그림 9-8 참조**

테스트 절차 전기 컨덕턴스 시험기를 사용하여 배터리를 테스트하려면 다음 단계를 수행하라.

그림 9-8 컨덕턴스 시험기는 사용이 매우 쉽고 올바르게 연결되면 배터리 상태를 정확하게 결정하는 것으로 검증되었다. 최상의 결과를 얻으려면 디스플레이의 지침을 따르라.

1단계: 장치를 배터리의 양극 및 음극 단자에 연결한다. 측면 포스트 배터리를 테스트하는 경우 항상 리드 어댑터를 사용하고 강철 볼트는 사용하지 않는다. 이로 인해 잘못된 판독이 발생할 수 있다.

NOTE: 배터리에 제대로 연결되지 않은 경우 테스트 결과가 디스플레이에 잘못 보고될 수 있다. 또한 모든 부속품과 점화 스위치가 꺼짐 위치에 있는지 확인한다.

2단계: CCA 정격을 입력한다(알고 있는 경우).

3단계: 시험기는 측정된 배터리 CCA, SOC, 전압과 함께 다음 중 하나를 확인하고 표시한다.

- 배터리가 좋은 상태이다. 배터리를 다시 사용할 수 있다.
- 충전하고 다시 테스트하라. 배터리를 완전히 충전하고 사용한다.
- 배터리를 교체하라. 배터리는 사용할 수 없으므로 교체해야 한다.
- 불량 셀을 교체하라. 배터리는 사용할 수 없으므로 교체해야 한다.

일부 컨덕턴스 시험기는 충전 및 크랭킹 회로도 확인할 수 있다.

12 V 배터리 충전

충전 절차 배터리 SOC가 낮으면 재충전해야 한다. 배터리 과열로 인한 손상을 방지하려면 배터리를 천천히 충전하는 것이 가장 좋다. 다음 단계를 수행하라.

1단계: 충전율을 결정한다. 충전율은 현재 SOC와 충전 속도를 기준으로 한다. 배터리마다 권장 충전율이 있다. ● **표 9-2 참조**

2단계: 배터리 충전기를 배터리에 연결한다. 배터리에 연결할 때 충전기가 연결되어 있지 않은지 확인한다. 올바른 사용을 위해 항상 배터리 충전기의 지침을 따른다.

3단계: 충전 속도를 설정한다. 초기 충전 속도는 충전 프로세스를 시작하는 데 도움이 되도록 30분 동안 약 35암페어여야 한다. 배터리를 급속 충전하면 배터리 온도가 올라가고 배터리 내부 플레이트가 휘어질 수 있다. 또한 고속 충전은 가스 발생량(수소 및 산소 방출)을 증가시켜 건강 및 화재 위험을 초래할 수 있다. 배터리 온도는 51.6°C(125°F, 만지면 뜨거움)를 초과해서는 안 된다.

- 고속 충전: 최대 15 A
- 완속 충전: 최대 5 A

AGM 배터리 충전 AGM 배터리를 충전하려면 침수형 배터리를 충전하는 데 사용되는 것과 다른 충전기가 필요하다. ● **그림 9-9 참조** 차이점은 다음과 같다.

그림 9-9 이 배터리 충전기에는 침수 배터리와 AGM 배터리에 대한 설정이 있다.

개방 회로 전압	충전 상태 (SOC) (%)	@60 A (1분당)	@50 A (1분당)	@40 A (1분당)	@30 A (1분당)	@20 A (1분당)	@10 A (1분당)
12.6	100	해당 없음 (완전 충전)	해당 없음 (완전 충전)	해당 없음 (완전 충전)	해당 없음 (완전 충전)	해당 없음 (완전 충전)	해당 없음 (완전 충전)
12.4	75	15	20	27	35	48	90
12.2	50	35	45	55	75	95	180
12.0	25	50	65	85	115	145	260
11.8	0	65	85	110	150	195	370

표 9-2 배터리 충전 지침은 배터리 SOC와 충전 속도를 기준으로 한다.

- AGM은 내부 저항이 낮기 때문에 암페어-시 정격의 최대 75%까지 높은 전류로 충전할 수 있다.
- 손상을 방지하려면 충전 전압을 14.4 V 이하로 유지해야 한다.

대부분의 기존 배터리 충전기는 16 V 이상의 충전 전압을 사용하므로 AGM 배터리 충전용으로 특별히 설계된 충전기를 사용해야 한다. AGM 배터리는 하이브리드 자동차에서 배터리가 차량 내부에 있는 경우 보조 배터리로 사용되는 경우가 많다.

배터리 충전 시간 완전히 방전된 배터리를 충전하는 데 필요한 시간은 배터리의 예비 용량 정격(분)을 충전 속도로 나누어 계산할 수 있다.

배터리 충전에 필요한 시간 = 예비 용량/충전 전류

예를 들어, 예비 용량이 90분인 방전된 배터리에 10암페어의 충전 속도를 적용하면 배터리를 충전하는 데 필요한 시간은 9시간이다.

90분/10암페어 = 9시간

36~48 V 배터리

목적과 기능 36~48 V 배터리는 통합 스타터 제너레이터(ISG) 장치를 구동하는 데 사용된다. ISG 장치는 스타터와 발전기가 단일 장치에 통합된 차량에 사용된다. 36~48 V 배터리 시스템은 DC-DC 컨버터를 사용해 12 V 배터리를 충전한다.

구성과 설계 일반적으로 36~48 V 배터리는 리튬 이온 설계를 가진다. 많은 경우 배터리는 다른 구성 요소와 함께 단일 모듈에 통합된다. 예를 들어, 크라이슬러/램 eTorque 48 V 배터리는 배터리, 접촉기, DC-DC 변환기 및 파워 팩 제어 모듈을 포함하는 파워 팩 장치에 통합된다. 이러한 모듈은 일반적으로 뒷좌석 내부에 위치한다. 메르세데스와 같은 일부 제조업체에서는 후드 아래에 48 V 배터리가 있다. ● **그림 9-10 참조**

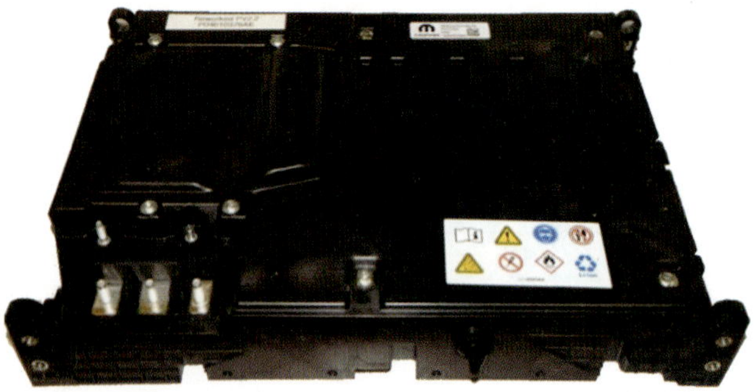

그림 9-10 Ram eTorque 시스템용 48 V 배터리는 뒷좌석 아래에 있는 전원 팩 모듈에 통합된다.

쉐보레/GMC 하이브리드 픽업 트럭과 같은 초기 디자인에서는 직렬로 연결된 세 개의 VRLA를 사용하여 36 V의 공칭 전압과 42 V의 충전 전압을 달성했다.

진단과 테스트 36~48 V 배터리의 진단은 설계에 따라 다르다. 여러 개의 12 V 납산 배터리를 사용하는 초기 설계는 다른 납산 배터리처럼 배터리를 분리하고 개별적으로 테스트하기만 하면 된다. 리튬 이온인 36~48 V 배터리를 사용하는 차량은 하이브리드 또는 배터리 제어 모듈을 사용하여 배터리 상태를 지속적으로 모니터링한다. 제어 모듈이 정상 작동 범위를 벗어난 배터리를 감지하면 코드가 설정되고 경고 표시등이 켜진다. 자기진단기와 제조업체의 진단 절차를 사용하여 올바른 수리 과정을 결정한다.

스톱-스타트 정의

목적과 기능 스톱-스타트 시스템은 설계 및 작동 전압에 따라 마일드 하이브리드 또는 마이크로 하이브리드로 분류될 수 있다. 두 디자인의 주요 특징은 교통 정체 중에 공회전하는 것이 아니라 **내연기관**(internal combustion engine, ICE)이 정지되는 아이들-스톱 모드이다. 아이들-스톱 모드는 연비를 약간 향상시키고 배기관 배기가스를 줄여 제조업체가 배기가스 배출 표준을 충족할 수 있도록 한다. 전력 보조 및 회생 제동과 같은 기타 기능은 설계에 따라 시스템의 일부가 될 수 있다.

사용된 용어 제조업체에 따라 기술을 설명하는 데 스톱-스타트 및 스타트-스톱이라는 용어가 사용된다. 스톱-스타트 시스템은 차량 제조업체에 따라 다른 이름으로 불릴 수 있다. 해당 이름은 다음과 같다.

- 스톱-스타트: GM과 기타 다수
- 아이들-스톱: 혼다
- 스타트-스톱: 하우디, 폭스바겐
- 스마트 스톱: 토요타
- 지능형 스톱 & 고: 기아
- 오토 스타트/스톱: BMW
- 엔진 스톱-스타트: FCA/스텔란티스

스톱-스타트 시스템

BAS 시스템 **벨트 교류 발전기 스타터**(belt alternator starter, BAS) 시스템은 가장 일반적인 조기 스톱-스타트 시스템이었다. BAS 시스템은 사용할 수 있는 가장 저렴한 시스템이었으며 여전히 하이브리드 차량에 요구된다. 많은 구매자에게 비용은 주요 관심사였으며 BAS 시스템은 엔진 및 파워트레인의 전체 재설계와 관련된 비용 없이 특정 하이브리드 기능을 허용한다. 소비자는 합리적인 비용으로 기존 모델에서 BAS 하이브리드로 업그레이드할 수 있었고 연비가 조금 더 좋아질 것이다. 이 시스템은 새턴 VUE 하이브리드와 쉐보레 말리부 하이브리드에서 사용 가능했다.

BAS의 개념은 벨트 구동 발전기를 발전기와 모터 역할을 하는 전기 모터로 교체하는 것이다. 엔진이 모터를 구동해 발전기 역할을 할 때는 별도의 36 V 배터리(42 V 충전 전압)를 충전한다. 연료 절감을 위해 엔진이 공회전 상태에서 정지된 후(아이들-스톱) 엔진을 다시 시동해야 하는 경우, BAS 모터는 36 V 배터리 팩에서 전력을 공급받아 엔진을 크랭킹하고 이를 통해 토크를 적용한다. 액세서리 벨트를 사용하고 스타터 모터를 사용하는 대신 엔진을 작동시킨다.

NOTE: BAS 시스템은 ICE를 처음 시작하기 위한 기존 스타터 모터를 사용하고, 아이들-스톱 모드를 종료할 때 ICE를 시작하기 위해 고전압 모터 발전기만 사용한다.

모터 제너레이터는 표준 스타터 모터보다 크기 때문에 모터링 모드라고도 하는 크랭킹 모드에서 더 많은 토크를 생성할 수 있다. BAS의 빠른 회전으로 인해 엔진 시동이 더 빨라지고 시동/정지 작동이 가능해진다. 차량이 정지해 있을 때 엔진을 끄면 연료가 절약된다. 물론 엔진이 정지하면 엔진이 멈췄다는 느낌이 들게 되는데, 이는 하이브리드 차량의 작동에 익숙하지 않은 운전자들의 공통된 사항이다.

일반적인 BAS 시스템은 연비를 8%에서 15%까지 향상시키며, 고속도로 주행 거리에는 거의 영향을 미치지 않고 대부분 도시 주행 거리에 약간의 영향을 준다. ● **그림 9-11, 그림 9-12 참조**

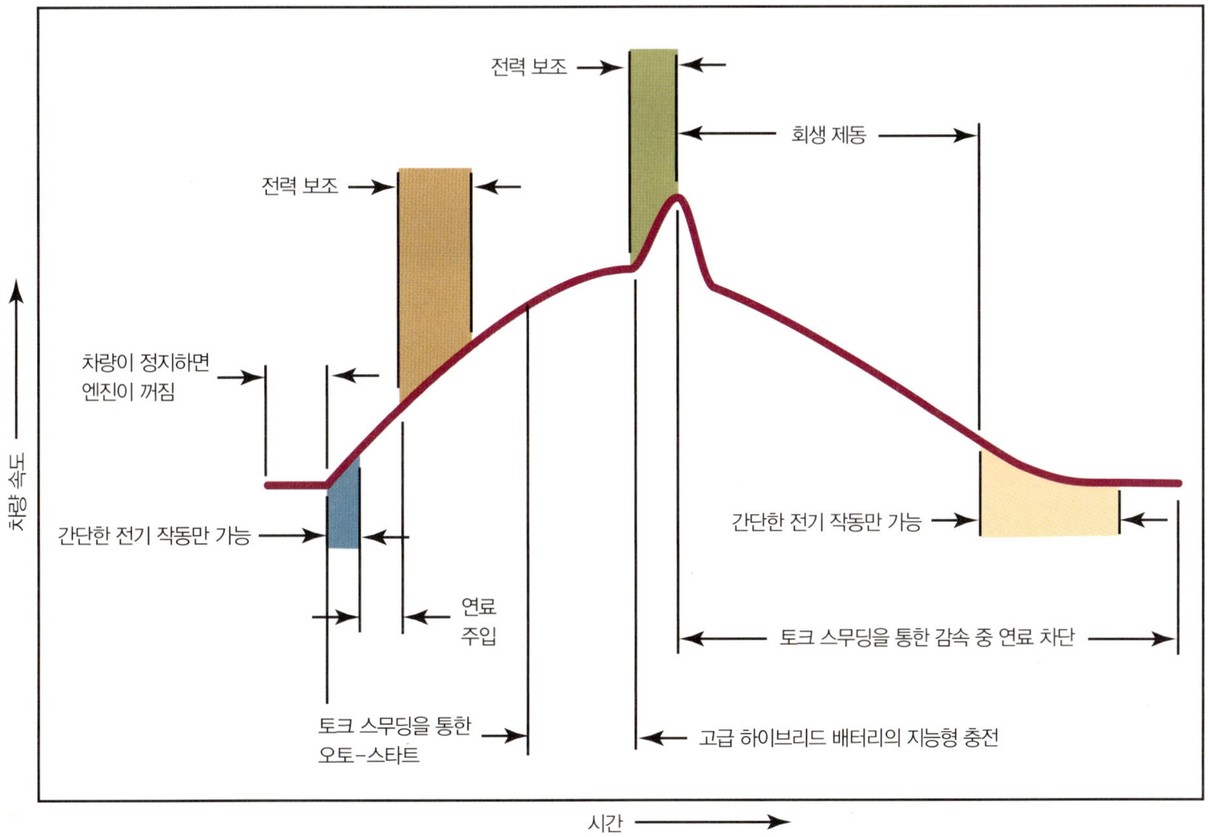

그림 9-11 이 그림은 BAS형 하이브리드의 다양한 주행 조건에서 어떤 일이 일어나는지 보여준다.

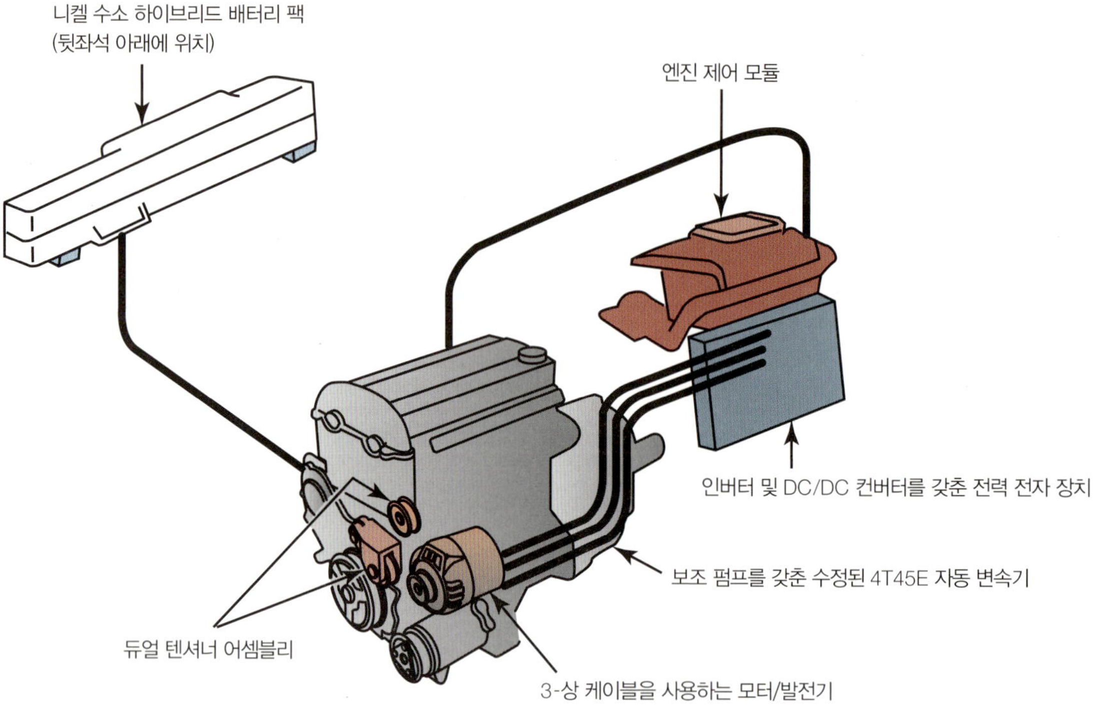

그림 9-12 일반적인 BAS 시스템의 구성 요소들

마이크로 하이브리드

관련 부품 마이크로 하이브리드는 12 V 시스템에서 작동하고 고전압 구성 요소를 포함하지 않는 스톱-스타트 시스템을 활용한다. 정지 시 활성화 조건이 충족되면 엔진이 꺼진다. 엔진이 꺼져 있는 동안 12 V 시스템은 온도 조절, 파워 스티어링, 브레이크를 포함한 차량 작동을 유지하여 탑승자를 편안하고 안전하게 유지시킨다. 운전자가 브레이크 페달에서 발을 떼면 시스템은 시동 모터를 작동시켜 엔진에 다시 시동을 건다. 시스템 전압이나 모니터링된 조건이 최소 임계값 아래로 떨어지면 시스템은 자동으로 엔진에 다시 시동을 건다.

작동 마이크로 하이브리드 시스템은 작동할 제조사와 모델에 따라 수많은 모듈과 향상된 구성 요소들을 필요로 한다. 시스템의 핵심은 향상된 스타터와 대용량 플라이휠, 2차 12 V 배터리이다. 마이크로 하이브리드 시스템에는 운전자가 원하지 않을 때 기능을 끌 수 있는 시스템 비활성화 버튼도 있다. ● **그림 9-13 참조** 계기판에는 시스템이 비활성화되면 점등되는 표시등이 있다. ● **그림 9-14 참조** 다시 시작하면 시스템의 기본 작동이 활성화된다.

엔진 제어 모듈 **엔진 제어 모듈**(engine control module, ECM)은 엔진이 작동 중일 때 모든 엔진 제어 시스템을 담당한다. 엔진이 꺼지면 ECM은 가속 페달 위치 센서, 크랭크축 위치 센서, 브레이크 부스터 진공, 브레이크 페달 위치, 후드 열림 스위치 및 엔진 냉각수 온도를 모니터링한다.

변속기 제어 모듈 **변속기 제어 모듈**(transmission control module, TCM)은 레인지 선택 스위치를 모니터링하여 운전자가 선택한 기어를 결정한다. 이 정보는 ECM과 공유된다. TCM은 엔진 꺼짐 모드 동안 추가적인 전기 변속기 오일 펌프(장착된 경

그림 9-13 왼쪽에 있는 버튼을 사용하면 운전자가 주행 주기에 대한 스톱-스타트 기능을 비활성화할 수 있다.

그림 9-14 계기판의 표시등은 스톱-스타트 기능이 비활성화되었음을 나타낸다.

우)를 제어한다. 변속기는 또한 이 입력이 차량 속도를 결정하는 데 사용되는 경우 변속기 출력 속도 센서를 모니터링한다.

지능형 배터리 센서 모듈 장착된 경우 지능형 배터리 센서를 사용하여 배터리 전압, 전류 및 SOC를 측정한다. 이 정보는 시스템 설계에 따라 차체 제어 모듈, 지능형 전력 모듈과 공유되거나 ECM으로 직접 전송될 수 있다.

차체 제어 모듈 **차체 제어 모듈**(body control module, BCM)은 공조 시스템의 작동과 운전석 도어 스위치, 운전석 안전벨트를 모니터링한다. AC가 'MAX'에 있거나 운전석 도어가 열려 있으면 스타트-스톱 기능이 비활성화된다.

수동 변속기 장착 차량 차량이 완전히 정지하고 클러치 페달을 놓은 상태에서 변속기가 중립 위치에 있고, 다른 모든 기준이 충족되면 엔진이 꺼진다. 클러치 페달을 밟으면 엔진에 다시 시동이 걸린다.

NOTE: 차량이 정지한 상태에서 운전자가 클러치 페달을 계속 밟고 있으면 엔진이 꺼지지 않는다.

대용량 스타터 기존 스타터는 50,000회 미만의 시동 주기가 수명 주기로 설계되었다. 스톱-스타트 시스템용으로 설계된 대용량 스타터는 300,000회 이상의 시동 주기가 수명 주기로 설계되었다. 설계에는 일반적으로 다음과 같은 업그레이드가 포함된다.

- 긴 수명의 브러시
- 긴 수명의 베어링
- 강화 기어
- 업그레이드된 전기자 및 정류자

스타터 시스템에는 더 강한 톱니를 갖춘 플라이휠과 배터리와 스타터 사이의 고품질 배터리 케이블도 포함되어 있다. ● **그림 9-15 참조**

그림 9-15 지프 컴패스의 스타터는 표준 스타터 모터보다 오래 지속되도록 설계되었다.

배터리 대부분의 12 V 스톱-스타트 시스템에는 배터리가 두 개 있다. 메인 또는 기본 배터리는 모든 크랭킹 상황 동안 스타터에 전원을 공급한다. 2차 또는 보조 배터리는 크랭킹 중에 스타터를 제외한 차량 전기 부하에 전력을 공급한다. 보조 배터리는 더 작으며, 위치에 따라 AGM 배터리가 될 수 있다. ● **그림 9-16 참조** 두 배터리 모두 엔진이 꺼져 있는 동안 스타터 모터와 시스템의 작동으로부터 빈번한 전력 소모를 견딜 수 있는 더 깊은 주기 용

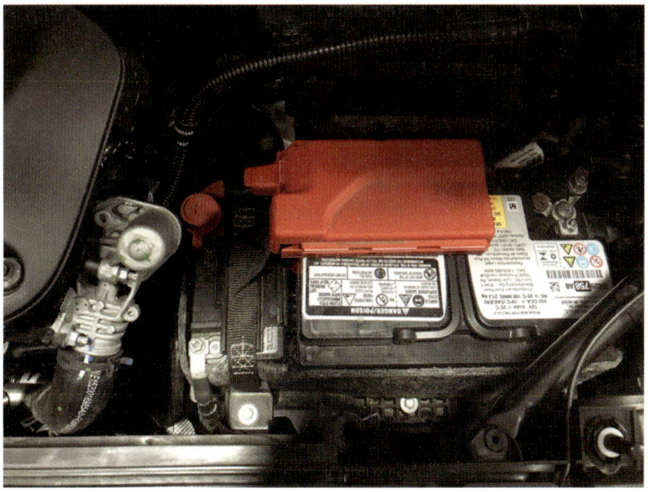

그림 9-16 지프 컴패스의 후드 아래에는 배터리가 두 개 있다. 더 작은 배터리는 시동 중에 전압을 유지하는 데 사용된다.

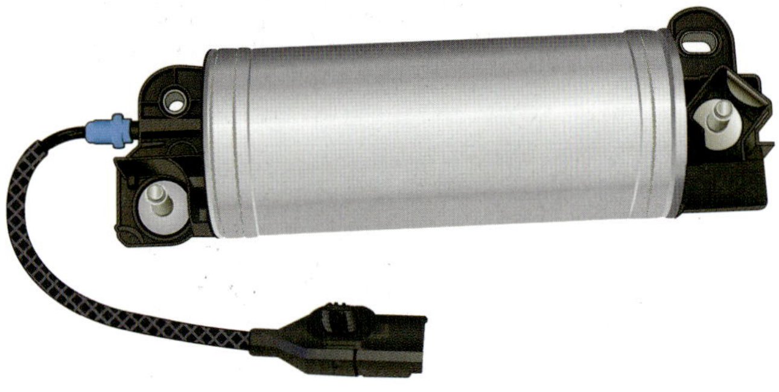

그림 9-17 컨티넨털에서 제조한 이 울트라커패시터는 제너럴 모터스의 스톱-스타트 시스템에 사용되는 시스템의 예이다.

량을 가지고 있다. 한 배터리가 다른 배터리의 테스트 결과에 영향을 미치지 않도록 테스트하기 전에 배터리가 전기적으로 분리되어 있는지 확인하라.

울트라커패시터 **울트라커패시터**(ultracapacitor)는 최대 전력 수요 동안 빠른 에너지의 분출을 제공한다. 일부 모델은 엔진 재시동을 돕기 위해 울트라커패시터를 사용한다. ● **그림 9-17 참조** 울트라커패시터는 전기장에 에너지를 저장하며 여러 번 빠르게 충전 및 방전될 수 있다. 크랭킹 상황 동안 울트라커패시터는 배터리와 직렬로 켜진다. 이렇게 하면 시스템 전압이 10 V 이상으로 유지되므로 모든 시스템이 정상 작동을 유지하고 모듈이 재설정되는 것을 방지할 수 있다.

보조 구성품 일부 모델에는 엔진 냉각을 유지하고 추운 날씨에도 실내를 따뜻하게 유지하는 데 도움이 되는 보조 전기 냉각수 펌프가 장착되어 있다. 일부 엔진에는 크랭킹 중에 발생하는 진동을 완화하는 데 도움이 되는 특수 엔진 마운트가 장착될 수 있다. 교류 발전기는 1차 배터리와 2차 배터리가 모두 충전된 상태를 유지하도록 스톱-스타트 시스템이 없는 차량보다 더 높은 암페어 출력을 가질 수 있다. 실내 온도 조절 시스템에는 정지 기간 동안 실내 온도를 모니터링하기 위한 추가적인 습도 및 온도 센서가 있을 수 있다.

진단

첫 번째 단계 먼저 스톱-스타트 시스템이 비활성화되는 원인이 되는 주요 안전 조건은 많다. 진단을 시작하기 전에 이러한 조건 중 하나 이상이 존재하지 않는지 확인하라. 많은 차량에서 문이 열려 있거나, 후드가 풀리거나, 운전자의 안전벨트 걸쇠가 풀려 있으면 시스템이 비활성화된다. 실내 온도 조절 시스템이 MAX AC 모드에 있거나 변속기가 구동계에서 제거되면 시스템이 비활성화된다. 4 × 4 트럭이 저속 영역에 있거나 견인 모드에 있으면 시스템이 비활성화된다. 이는 시스템 오류가 아니라 운전자 교육 문제이다. 기술자는 조건을 확인하기 위해 자기진단기에서 스타트-스톱 비활성화 원인을 볼 수 있다. ● **그림 9-18 참조**

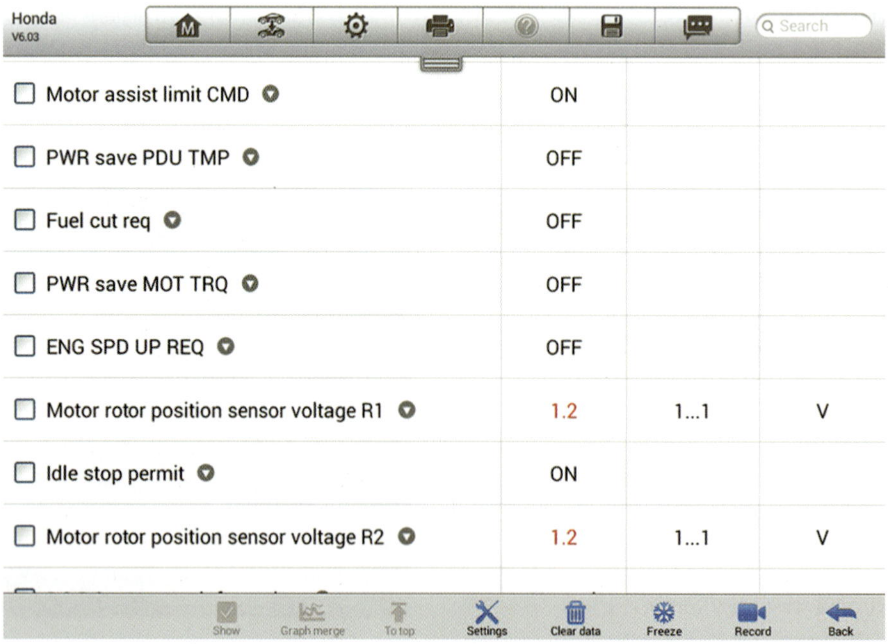

그림 9-18 자기진단기에 표시된 PID는 스타트-스톱 시스템이 비활성화된 이유를 나타낼 수 있다.

진단 절차 스톱-스타트 시스템 진단을 시작하려면 순서도를 참조하라. 모든 결함이 계기판의 경고 램프를 켤 수 있는 것은 아니다.

1단계 점화 켜짐		
	12 V보다 클 경우의 배터리 테스트	12 V 이하인 경우의 배터리 테스트
2단계 12 V보다 클 경우		
	모듈에 DTC가 없는지 확인	DTC 존재: DTC 목록 참조
3단계 DTC가 없는 경우		
	스톱-스타트 시스템이 제대로 작동하는지 확인한다. 스톱-스타트 조건에서 차량을 운전한다.	
4단계 차량이 자동으로 정지하지 않는 경우		
	비활성화 이유 자동 중지에 대한 자기진단기 관찰	**제약 이유** 자동 중지에 대한 자기진단기 관찰

12 V 스톱-스타트 시스템과 관련된 진단 문제 코드는 시동 릴레이, 지능형 배터리 센서 모듈, 네트워크 통신 및 다양한 스위치 입력과 관련된 문제를 나타낼 수 있다. 이러한 DTC에 대한 예는 다음과 같다.

- P0615: 스타터 릴레이 제어 회로
- P058A: 배터리 모니터 모듈 성능
- U135C: 스톱-스타트 제어 모듈과의 통신 단절
- B3006: 후드 아자르 회로 개방
- P0556: 브레이크 부스터 압력 센서 성능

스톱-스타트 시스템과 관련된 코드가 모두 단일 모듈에서 발견되는 것은 아니다. DTC를 찾을 때 간과되는 부분이 없도록 전체 모듈 스캔을 수행하는 것이 중요하다. 스톱-스타트 시스템과 관련된 코드 진단을 시작하기 전에 기술 서비스 게시판에서 업데이트된 정보를 검토하라. 수정된 부품과 업데이트된 프로그래밍을 통해 많은 문제가 해결되었을 수 있다. 자기진단기 데이터 PID는 이러한 문제를 식별하는 데 도움이 될 수 있다.

일부 부품을 교체하려면 시스템이 정상적으로 작동하기 전에 재설정 또는 재학습 프로세스가 필요하다. 배터리 교체는 이러한 조건의 일반적인 예시이다. 배터리를 교체한 후에는 배터리 센서 모듈이 장착된 차량을 재설정해야 한다. 모듈을 재설정하지 않으면 원치 않는 과충전 결과가 발생할 수 있다.

스톱-스타트 시스템은 다른 일상 테스트를 수행할 때 특별한 테스트 절차가 필요할 수 있다. 예를 들어, 일부 모델에서 압축 테스트 또는 상대 압축 테스트를 수행하려면 차량을 자기진단기를 사용하여 특수 양방향 제어 모드에 놓아야 한다. ● **그림 9-19 참조**

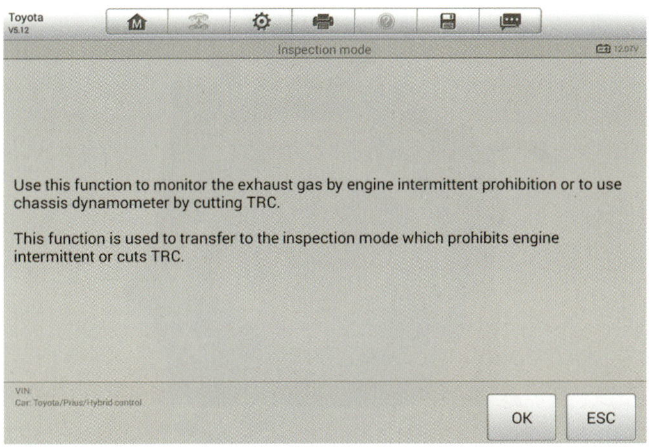

그림 9-19 자기진단기는 차량을 특정 서비스 절차를 수행하는 데 필요한 모드로 설정하는 데 사용된다.

마일드 하이브리드

용어 마일드 하이브리드는 일반 시스템 전압보다 높은 전압에서 작동하는 스톱-스타트 시스템을 활용한다. 전압은 모델에 따라 36 V에서 144 V까지 다양하다. 활성화 조건이 충족되면 엔진이 꺼진다. 엔진이 꺼져 있는 동안 12 V 시스템은 온도 조절, 파워 스티어링, 브레이크를 포함한 차량 작동을 유지하여 탑승자를 편안하고 안전하게 유지시킨다. 운전자가 브레이크 페달에서 발을 떼면 이 시스템은 전기 모터를 작동시켜 엔진에 다시 시동을 건다. 전기 모터는 엔진과 변속기 사이에 위치하거나 엔진에 장착되어 벨트와 텐셔너로 연결될 수 있다. ● **그림 9-20, 그림 9-21 참조**

그림 9-20 램 트럭의 eTorque 시스템은 엔진에 장착된다.

그림 9-21 혼다 IMA 시스템의 전기 모터는 엔진과 변속기 사이에 장착된다.

일부 모델에서는 전기 모터가 가속 시 엔진에 추가 토크를 제공하여 성능을 향상시킬 수 있다. 시스템 전압이나 모니터링된 조건이 최소 임계값을 초과하면 시스템이 자동으로 엔진에 다시 시동을 건다.

부품과 작동

- 배터리: 고전압 배터리는 니켈금속 수소화물 또는 리튬 이온 구조로 만들어진다. 배터리의 위치는 차량 디자인에 따라 다르다. 많은 경우, 상대적으로 작은 크기 때문에 배터리는 차량의 승객석 시트 아래나 뒤에 장착된다. ● **그림 9-22 참조**
- 전동기: 일반적으로 이는 영구 자석 모터이다. 시작 또는 자동 시작 시 모터 모드에서 ICE를 시작하는 데 사용된다. 발전기 모드에서는 고전압 배터리를 재충전하는 데 사용된다. 일부 모델에서는 ICE를 보완하여 파워트레인에 추가 토크를 공급하는 데 사용할 수 있다.
- 인버터/컨버터: 인버터는 모터에서 발생하는 교류전압을 직류전압으로 변환하여 고전압 배터리에 저장할 수 있도록 하는 역할을 한다. 컨버터는 차량의 모든 시스템에 전력을 공급하기 위해 고전압을 시스템 전압으로 낮추는 데 사용된다. 인버터와 컨버터는 차량에 함께 보관되거나 별도로 장착될 수 있다. ● **그림 9-23 참조**
- 고전압 케이블: 파란색 또는 노란색 케이블은 시스템 전압이 60 V 미만일 때 차량에 사용된다. 주황색 케이블은 시스템 전압이 60 V를 초과하는 차량에 사용된다. 이 케이블은 차량 섀시와 절연되어 있다. 이러한 케이블을 수리할 때는 차량 제조업체가 설명한 서비스 안전 주의 사항을 따르라.
- 엔진 제어 모듈: ECM은 엔진이 작동 중일 때 모든 엔진 제어 시스템을 담당한다. 엔진이 꺼지면 ECM은 가속 페달 위치 센서, 크랭크축 위치 센서, 브레이크 부스터 진공, 브레이크 페달 위치, 후드 열림 스위치 및 엔진 냉각수 온도를 모니터링한다.
- 하이브리드 제어 모듈: **하이브리드 제어 모듈**(hybrid control module)은 파워트레인의 전기 부분을 제어하는 역할을 한다. 여기에는 고전압 배터리, 인버터, 컨버터와 관련된 기능이 포함된다. 파워트레인 제어 모듈과 통신하여 고전압 작동에 필요한 중요한 정보를 주고받는다. 일부 시스템 설계에는 이러한 모듈 사이에 전용 고속 데이터 BUS가 포함되어 있다.

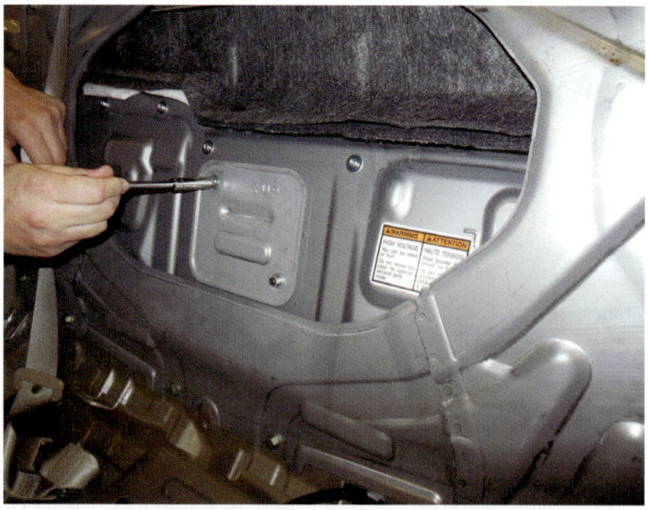

그림 9-22 이 혼다의 배터리는 뒷좌석 뒤에 있다.

그림 9-23 인버터/컨버터 어셈블리는 변속기 위에 있으며 주황색 케이블을 통해 변속기에 연결된다.

- 변속기 제어 모듈: TCM은 레인지 선택 스위치를 모니터링하여 운전자가 선택한 기어를 결정한다. 이 정보는 ECM과 공유된다. TCM은 엔진 꺼짐 작동 모드 동안 추가 전기 변속기 오일 펌프(장착된 경우)를 제어한다. TCM은 또한 이 입력이 차량 속도를 결정하는 데 사용되는 경우 변속기 출력 속도 센서를 모니터링한다. 4 × 4 모델에서 TCM은 트랜스퍼 케이스의 저속 영역 작동을 모니터링할 수도 있다.

진단과 테스트 마이크로 하이브리드 스톱-스타트 시스템과 마찬가지로 마일드 하이브리드 스톱-스타트 시스템이 비활성화되는 주요 안전 조건이 많이 있다. 배터리와 충전 시스템이 제대로 작동하는지 확인하여 진단을 시작하라. 낮은 배터리 충전 수준은 스톱-스타트 시스템이 비활성화되는 가장 큰 이유이다.

정비 사례

모든 고전압 문제가 고전압 시스템 오류는 아니다

1.3L 하이브리드 엔진을 장착한 2010년형 혼다 인사이트가 매장으로 견인되었다. 고객은 차량 배터리가 충전 상태를 유지하지 못하고 IMA 표시등과 엔진 점검 표시등이 모두 켜진다는 불만 사항을 이야기했다. 고객은 또한 최근에 12 V 배터리를 교체했다고 말했다. 차량을 육안으로 검사한 결과 IMA 및 엔진 점검 표시등이 모두 켜져 있음이 확인되었다. ● **그림 9-24 참조** 코드를 확인하기 위해 자기진단기를 데이터 링크 커넥터(DLC)에 연결했다. 자기진단기가 차량 모듈과 통신할 수 없었다. 추가 진단 결과 DLC의 핀 16에 배터리(B+)가 없고 해당 회로에 전원을 공급하는 퓨즈가 양호한 것으로 나타났다. 배선도를 검토한 결과 동일한 퓨즈가 돔 조명, 화물 조명 및 모터 제어 모듈(MCM)에도 전원을 공급하는 것으로 나타났다. 추가 육안 검사 결과 돔 조명과 화물 조명이 작동하지 않는 것으로 드러났다. 퓨즈 배터리 전압(B+)을 DLC의 16번 핀 뒷면으로 조심스럽게 점핑한 후, 자기진단기가 통신할 수 있었고 돔 및 화물 조명이 켜지고 IMA 조명이 꺼졌다. 추가 테스트 결과 충전 시스템이 현재 작동 중인 것으로 나타났다. 문제는 퓨즈 블록 내부에 있는 것으로 확인되었다. 퓨즈 블록을 교체하고 키를 다시 학습한 후 모든 시스템이 설계된 대로 작동하는 것으로 확인되었다.

요약

- **불만사항**: 배터리가 충전 상태를 유지하지 않는다.
- **원인**: 퓨즈 블록 내부의 단락
- **조치**: 퓨즈 블록을 교체하고 키를 다시 학습하여 올바른 작동을 복원했다.

그림 9-24 Check IMA 및 Check Engine 조명은 모두 계기판에 켜진다.

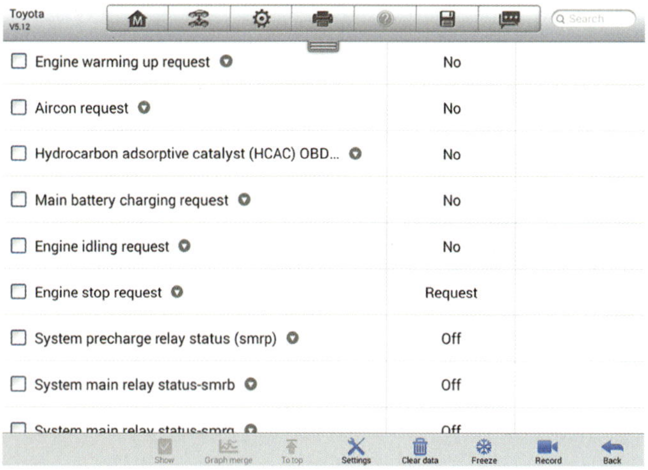

그림 9-25 자기진단기에 표시된 PID는 실패한 구성 요소나 비정상적인 상태를 식별하는 데 도움이 될 수 있다.

진단 프로세스의 두 번째 단계는 모듈 스캔을 완료하고 스톱-스타트 시스템과 관련된 모듈의 코드를 확인하는 것이다. 코드가 있으면 진단을 따라야 한다. 스톱-스타트 시스템과 관련된 모듈의 데이터 PID를 검토하면 비정상적인 상태나 고장 난 구성 요소를 식별하는 데 도움이 될 수도 있다. ● **그림 9-25 참조** 기술 서비스 게시판에 대한 서비스 정보를 검토하고 리콜한다. 소프트웨어

정비 기술 팁

인버터 교체 전 모터를 테스트한다

고장 난 인버터를 교체하기 전에 전기 모터에 결함이 있는지 테스트하라. 전기 모터 권선의 단락으로 인해 인버터 고장이 발생하는 경우가 비교적 일반적이다. 전기 모터 고장을 먼저 해결하지 않으면 새 인버터 설치 시 고장이 날 가능성이 높다.

업데이트는 종종 구성 요소 교체와 관련이 있다.

진단 결과 배터리, 전기 모터, 인버터 또는 컨버터와 같은 고전압 부품 고장이 밝혀지면 제조업체에서 권장하는 서비스 절차를 확인한다. 일반적으로 이러한 구성 요소는 교체되며 수리되지 않는다. 이러한 부품을 수리할 때는 고전압 안전 예방 조치를 따라야 한다. 여기에는 시스템 전원을 적절하게 차단하고 클래스 '0' 장갑 및 보안경과 같은 개인 보호 장비를 사용하는 것이 포함된다.

요약

1. 12 V 배터리는 위치 및 제조업체 설계에 따라 침수형 또는 흡수형 유리 섬유 매트(AGM) 설계일 수 있다.
2. 12 V 배터리 용량은 콜드 크랭킹 암페어, 크랭킹 암페어, 예비 용량 또는 암페어시로 평가된다.
3. 스톱-스타트 시스템은 설계 및 작동 전압에 따라 마일드 하이브리드와 마이크로 하이브리드로 분류할 수 있다.
4. 마이크로 하이브리드 스톱-스타트 시스템은 12 V에서 작동하고 마일드 하이브리드는 36~144 V에서 작동한다.
5. 두 디자인의 주요 특징은 교통 정체 중 공회전이 아닌 내연기관(ICE)이 정지되는 아이들-스톱 모드이다.
6. 아이들-스톱 모드는 연비를 약간 향상시키고 배기관 배출을 줄여 제조업체가 정부 규제 목표를 충족할 수 있도록 한다.
7. 마이크로 또는 마일드 하이브리드 파워트레인은 전기 전용 모드에서 차량을 움직이지 않는다.
8. 전력 보조 및 회생 제동과 같은 기타 기능은 제조업체 설계에 따라 시스템의 일부가 될 수 있다.

복습 문제

1. 침수식 배터리와 흡수식 유리 섬유 매트(AGM) 스타일 배터리의 차이점은 무엇인가?
2. AGM 배터리를 침수된 배터리와 비교하여 테스트할 때 차이점은 무엇인가?
3. 마이크로 또는 마일드 하이브리드 시스템의 주요 장점은 무엇인가?
4. 비활성화 조건이 어떻게 스톱-스타트 시스템의 작동을 방해하는지 설명하라.
5. 마일드 하이브리드 차량과 마이크로 하이브리드 차량의 차이점은 무엇인가?

마무리 퀴즈

1. 마이크로 스톱-스타트 시스템은 어떤 전압 시스템에서 작동하는가?
   a. 12 V
   b. 36 V
   c. 144 V
   d. 330 V
2. 12 V 배터리는 ____________으로/로 평가될 수 있다.
   a. 콜드 크랭킹 암페어
   b. 예비 용량
   c. 크랭킹 암페어
   d. 위 보기 모두 정답
3. 두 명의 기술자가 흡수성 유리 섬유 매트(AGM) 배터리의 부하 테스트에 대해 논의 중이다. 기술자 A는 카본 파일 시험기를 이용할 수 있다고 말한다. 기술자 B는 컨덕턴스 시험기를 사용해야 한다고 말한다. 어떤 기술자의 말이 옳은가?
   a. 기술자 A만 옳다.
   b. 기술자 B만 옳다.
   c. 기술자 A와 B 모두 옳다.
   d. 기술자 A와 B 둘 다 틀렸다.

4. 다음 중 스타트-스톱 시스템을 비활성화할 수 있는 조건은 무엇인가?
   a. 열린 운전석 문
   b. 'Max Cold' 위치에 배치된 에어컨 시스템
   c. 4 × 4 저속 영역에 배치된 트랜스퍼 케이스
   d. 위 보기 모두 정답
5. 마일드 하이브리드 운영 체제의 작동을 담당하는 모듈은 무엇인가?
   a. 엔진 제어 모듈
   b. 변속기 제어 모듈
   c. 하이브리드 제어 모듈
   d. 위 보기 모두 정답
6. 두 명의 기술자가 마이크로 하이브리드 차량에 대해 논의 중이다. 기술자 A는 마이크로 하이브리드 차량에는 12 V 배터리 두 개가 있다고 말한다. 기술자 B는 일부 마이크로 하이브리드 차량에는 12 V 배터리 한 개와 울트라커패시터 한 개가 장착되어 있다고 말한다. 어떤 기술자의 말이 옳은가?
   a. 기술자 A만 옳다.
   b. 기술자 B만 옳다.
   c. 기술자 A와 B 모두 옳다.
   d. 기술자 A와 B 둘 다 틀렸다.
7. 전압이 12 V 이상 60 V 미만일 때 고전압 케이블의 덮개는 어떤 색상인가?
   a. 노란색
   b. 파란색
   c. 주황색
   d. 노란색 또는 파란색
8. 두 명의 기술자가 마이크로 하이브리드 차량의 대용량 스타터에 대해 논의 중다. 기술자 A는 스타터에 수명이 긴 베어링이 포함되어 있다고 말한다. 기술자 B는 스타터의 기어가 강화되었다고 말한다. 어떤 기술자의 말이 옳은가?
   a. 기술자 A만 옳다.
   b. 기술자 B만 옳다.
   c. 기술자 A와 B 모두 옳다.
   d. 기술자 A와 B 둘 다 틀렸다.
9. 마일드 하이브리드 차량에는 일반적으로 어떤 고전압 부품이 있는가?
   a. 전기 모터
   b. 인버터 및 컨버터
   c. 고전압 배터리
   d. 위 보기 모두
10. 두 명의 기술자가 마이크로 하이브리드 스톱-스타트 시스템의 진단에 대해 논의 중이다. 기술자 A는 시스템이 작동하지 못하게 만드는 조건이 많기 때문에 우려사항을 확인하는 것이 중요하다고 말한다. 기술자 B는 테스트하기 전에 두 개의 배터리를 전기적으로 분리해야 한다고 말한다. 어떤 기술자의 말이 옳은가?
   a. 기술자 A만 옳다.
   b. 기술자 B만 옳다.
   c. 기술자 A와 B 모두 옳다.
   d. 기술자 A와 B 둘 다 틀렸다.

Chapter 10
고전압 배터리

학습 목표

- ASE L3 자격증 시험의 섹션 'A'(배터리 시스템)에 대비할 수 있다.
- 하이브리드 자동차 및 전기 자동차의 고전압 배터리에 대해 논의할 수 있다.
- 하이브리드 자동차에 사용되는 니켈-수소 배터리와 설계에 대해 설명할 수 있다.
- 리튬-이온 고전압 배터리의 작동 방식과 다양한 유형 및 설계에 대해 설명할 수 있다.
- 배터리 용량과 자동차 주행거리 간 관계에 대해 논의할 수 있다.
- 고전압 배터리의 가열 및 냉각의 필요성을 설명할 수 있다.
- 고전압 배터리 제어의 구성 요소를 논의할 수 있다.
- 배터리 관리 시스템(BMS)의 목적과 기능을 설명할 수 있다.
- 전기 분배 시스템(EDS)에 대해 논의할 수 있다.
- 하이브리드 자동차의 고전압 배터리 모니터를 설명할 수 있다.
- 리튬-이온 배터리 제조업체의 공식 수리 절차에 대해 논의할 수 있다.
- 배터리 성능의 저하 및 균형에 대해 설명할 수 있다.

핵심 용어

능동 밸런싱
니켈, 망간 및 코발트(NMC)
니켈-수소(NiMH)
니켈, 코발트 및 알루미늄(NCA)
리튬인산철($LiFePO_4$)
배터리 관리 시스템(BMS)
배터리 밀도
배터리 제어 모듈(BCM)
세계 공조 경량 자동차 시험 절차(WLTP)
수동 밸런싱
시스템 메인 릴레이(SMRs)
예상주행가능거리계(GOM)
전기 분배 시스템(EDS)
파우치 셀
MPGe

하이브리드 및 전기 자동차의 고전압 배터리

목적과 기능 하이브리드 자동차(HEVs)는 듀얼 전압 시스템을 사용한다.

- 고전압(HV) 시스템은 전기 구동(추진) 모터에 동력을 공급하기 위해 사용된다.
- 일반적인 12 V 전압 시스템은 그 외 차량 구동에 필요한 모든 구성 요소에 전원을 공급하는 데 사용된다.

이와 같은 시스템의 장점은 모든 일반적인 전기적 부속품의 사용이 가능하다는 것이다.

NOTE: 하이브리드 자동차는 세 개의 별도 전압 시스템을 가질 수도 있다. 예를 들어 토요타의 하이랜더 하이브리드는 12 V의 보조 전압 시스템, 전동식 파워 보조 스티어링용 42 V 전압 시스템, 그리고 하이브리드 구동을 위한 288 V 전압 시스템을 가지고 있다.

전동 모터 요구사항 전기 자동차 및 하이브리드 자동차는 차량을 운행하거나 운행을 보조하기 위해 고출력 전기 모터를 사용한다. 이러한 모터의 정격 출력은 하이브리드 자동차의 경우 10~50 kW, 일부 전기 자동차의 경우 최대 450 kW에 이르므로, 이러한 고출력 모터를 구동하기 위해 대량의 전기가 소비된다. 기존의 일반적인 12 V 전압 시스템으로 이러한 모터를 구동한다면 매우 큰 전류가 필요하고 이 에너지를 전송하는 데 사용되는 배선도 매우 커져서 비실용적이게 될 것이다. 또한 이러한 시스템에서 사용되는 모터는 매우 굵은 권선에 의해 출력 대비 크고 무거워질 것이다. 따라서 자동차 엔지니어들은 이와 같은 문제를 해결하기 위해 모터에 제공되는 전압을 높이고 전류의 크기를 줄임으로써 모터의 정격 조건을 충족시킨다. (자주 묻는 질문, "왜 고전압 모터는 더 적은 전류를 소비할까" 참조) 배선을 따라 흐르는 전류량이 작아지면 배선을 더 가늘게 할 수 있어 차량 뒷부분에 배터리를 배치하고 엔진룸 내에 위치한 구동 모터로 배선을 쉽게 연결할 수 있다. ● **그림 10-1 참조**

따라서 이와 같은 모터는 높은 전압에서 작동하도록 설계함으로써 훨씬 더 작고 더 높은 출력을 내도록 제작할 수 있다.

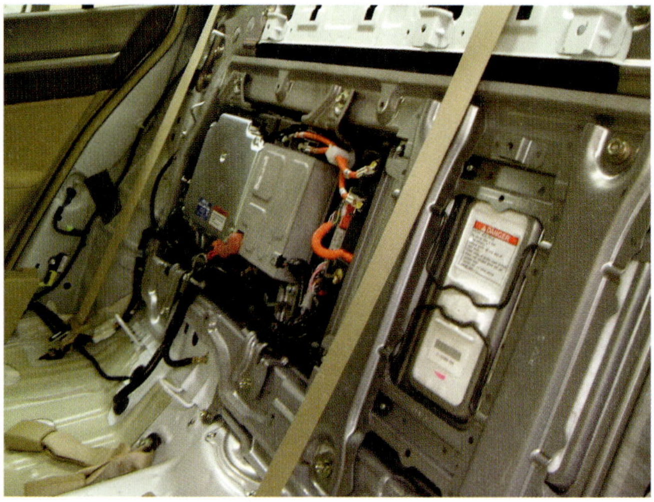

그림 10-1 혼다 자동차의 뒷좌석 뒤에 탑재된 고전압 배터리와 모터 제어 시스템

니켈-수소 배터리

용도 현재 생산되는 대부분의 하이브리드 자동차의 고전압 배터리에는 **니켈-수소**(nickel-metal hydride, NiMH) 배터리 기술이 적용된다. 니켈-수소 배터리는 높은 에너지 밀도, 수명과 안정성 같은 성능 특성으로 인해 이러한 응용 분야에 주로 사용된다. 제조 관점에서 니켈-수소 배터리는 사용되는 재료가 풍부하고 재활용이 가능하기 때문에 더욱 매력적이다.

설명과 작동 니켈-수소 배터리의 양극은 수산화니켈이고, 음극은 금속수소화물이라고도 알려져 있는 수소 흡수 합금으로 이루어져 있다. 전해질은 알칼리성이며, 일반적으로 수산화칼륨으로 구성되어 있다. 니켈-수소 배터리 셀의 공칭 전압은 1.2 V이다.

전해질 니켈-수소 합금 배터리는 전해질의 알칼리성(pH 7 이상) 특성 때문에 알칼라인 전지로 알려져 있다. 전해질은 수산화칼륨 수용액이다. 수산화칼륨은 다른 배터리 부품을 부식시키지 않으며 밀폐된 강철 용기에 보관할 수 있어 이 응용 분야에 적합하다. 또한 수산화칼륨은 배터리의 화학 반응에 참여하지 않으므로 어떤 충전 상태에서도 전해질 농도가 일정하게 유지된다. 이러한 요인이 니켈-수소 배터리가 높은 출력 성능과 뛰어난 수명을 달성하는 데 도움을 준다. ● **그림 10-2 참조**

충전 중 작동 배터리 충전 중 수소 이온(양성자)이 양극에서 음극으로 이동하여 금속수소화물 물질에 흡수된다. 전해질은 이 반응에 참여하지 않고 단지 수소 이온이 이동하는 매체 역할만 한다.

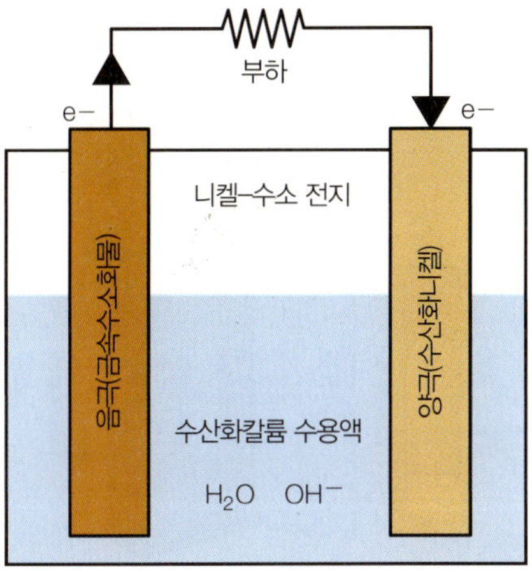

그림 10-2 니켈-수소 전지. 니켈-수소 전지는 수소를 흡수하는 합금으로 이루어져 있는 음극과 수산화니켈($N(OH)_2$)의 양극으로 구성된다. 전해질은 화학 반응에 참여하지 않으므로 전지의 충전 상태와 관계없이 일정한 전도성을 유지한다.

방전 중 작동 배터리 방전 시 이 과정은 역전되어 수소 이온(양성자)이 음극에서 양극으로 이동한다. 충전/방전 과정 중에 전극의 밀도는 다소 변화하지만, 배터리 주기 동안에는 수소 이온만 교환되므로 밀도 변화는 최소화된다. 밀도 변화가 작기 때문에 전극이 안정적이며, 이것이 니켈-수소 배터리의 수명이 매우 긴 이유 중 하나이다. ● **그림 10-3 참조**

장점 니켈 기반의 알칼라인 배터리는 다른 유형의 배터리에 비해 여러 가지 장점이 있으며 그중 몇 가지는 다음과 같다.

- 높은 에너지 밀도
- 니켈 전극은 큰 표면적을 갖도록 제작될 수 있어 전체 배터리 용량을 증가시킬 수 있음
- 전해질은 강철과 반응하지 않기 때문에 니켈-수소 배터리는 열을 비교적 잘 전달하는 밀폐된 강철 컨테이너로 제작 가능
- 니켈-수소 배터리에 사용되는 재료는 환경 친화적이며 재활용 가능
- 우수한 충전/방전 수명
- 뛰어난 내구성과 안전성

? 자주 묻는 질문

왜 고전압 모터는 더 적은 전류를 소비할까?

전기 모터는 전력량(wattage)으로 구동된다. 모든 전기 모터는 소비하는 전력량(W)에 따라 정격 용량이 정해진다. 전력은 다음 공식을 사용하여 계산된다.

$$P = I \times E$$

또는

$$\text{전력(W)} = \text{전류(A)} \times \text{전압(V)}$$

144 W 정격의 전기 모터는 12 V의 인가 전압에서 12 A를 소비한다(12 V × 12 A = 144 W). 이와 동일한 모터를 6 V로 구동하는 경우 동일한 출력을 얻기 위해 24 A를 소비해야 한다. 이러한 전류 소비의 증가는 전류를 효율적으로 전달하고 전압 강하를 최소화하기 위해 훨씬 더 큰 배선의 사용을 필요로 한다. 모터의 권선도 이러한 증가된 전류를 처리하기 위해 훨씬 더 굵게 만들어야 한다. 이 동일한 모터를 144 V 배터리로 구동한다고 가정하면, 이제 모터를 작동하기 위해 단 1 A의 전류만 필요하게 된다(144 V × 1 A = 144 W). 이 전류는 훨씬 작고 가는 배선을 통해 전달될 수 있으며, 따라서 이제 큰 전력 손실 없이 자동차 전체 길이 내에서 배선을 배치하는 것이 훨씬 쉬워진다. 또한 모터를 구동하는 데 필요한 전류가 적을 때 전기 모터의 크기를 훨씬 더 작고 효율적으로 만들 수 있다. 일부 하이브리드 시스템에는 시스템 효율을 높이기 위해 최대 650 V까지 작동하는 모터를 사용한다.

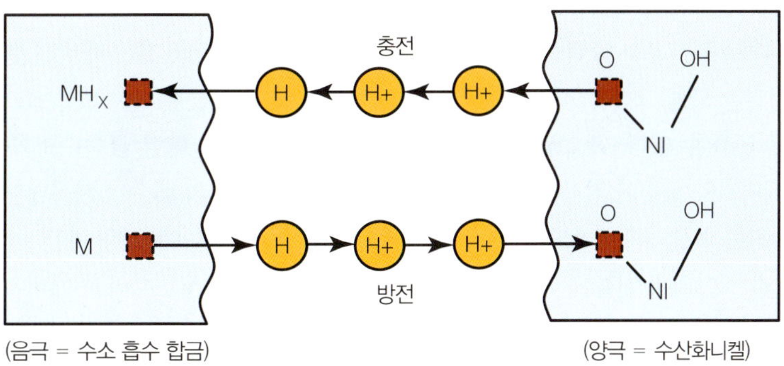

그림 10-3 니켈-수소 전지 내부의 화학 반응. 충전 및 방전은 두 전극 간 수소 이온(양성자) 교환을 통해 이루어진다.

자주 묻는 질문

알칼라인 배터리와 납산 배터리(또는 납축전지)의 차이점은 무엇인가?

납산 배터리는 전해질로 황산을 사용하며, 이는 배터리의 양극과 음극 사이의 매개체 역할을 한다. 산은 pH가 7 미만인 데 비해 순수한 물의 pH는 정확히 7이다. 납산 배터리의 전해질을 흘리게 된다면 베이킹 소다와 물(알칼리성 용액)을 사용하여 중화시킬 수 있다. 알칼라인 배터리는 pH가 7보다 큰 전해질(예: 수산화칼륨)을 사용한다. 이는 전해질 용액이 산성의 반대인 염기성임을 의미한다. 알칼라인 배터리의 전해질을 흘리게 되면 식초(산성)와 물을 사용하여 중화시킬 수 있다. 니켈-카드뮴(Ni-Cd)과 니켈-수소(NiMH) 배터리 모두 알칼라인 배터리이다.

단점 니켈-수소 배터리의 단점은 다음과 같다.

- 특히 높은 온도에서 자체 방전율이 높음
- 최근 새롭게 설계된 배터리에서는 다소 개선되었으나 보통 수준의 메모리 효과가 있음
- 다소 높은 비용

니켈-수소 배터리 설계 니켈-수소 배터리 셀의 설계에는 두 가지 기본 유형이 있다.

1. 원통형 설계. 원통형 셀에는 긴 리본으로 만들어진 활성 물질이 강철 원통(케이스) 내부에서 나선 모양으로 배치되어 있다. 음극은 양극 옆에 감겨 있고, 전해질을 담고 있는 분리막이 그 사이에 있다. 음극은 강철 배터리 케이스에 부착되며, 양극은 배터리 상단의 (+) 단자에 부착된다. 과충전, 단락, 역충전 또는 기타 오용의 경우 내부 압력을 완화시키는 안전밸브(self-resealing safety vent)가 배터리 케이스 상단에 있다. 원통형 셀은 종종 기존의 'D' 셀과 매우 유사하게 구성된다. 원통형 셀은 주로 직렬로 연결된 6개의 셀이 그룹으로 구성되어 하나의 모듈로 통합된다. 이는 7.2 V 출력을 갖는 단일 배터리 모듈을 생성한다. 이러한 모듈 그룹을 직렬로 연결하여 더 높은 전압 배터리 팩을 만들 수 있다. ● **그림 10-4 참조**
2. 각형 설계. 각형 셀은 납산 배터리와 비슷한 직사각형 또는 상자 형태의 설계로서 내부에 평판 형상의 활성 물질이 들어 있다. 양극 및 음극 판은 배터리 케이스에 번갈아 배치되며, 탭을 사용하여 판 그룹을 연결한다. 판 사이에 배치된 분리막에 의해 판은 서로 접촉하지는 않지만 전해질은 그 사이를 자유롭게 순환할 수 있다. ● **그림 10-5 참조**

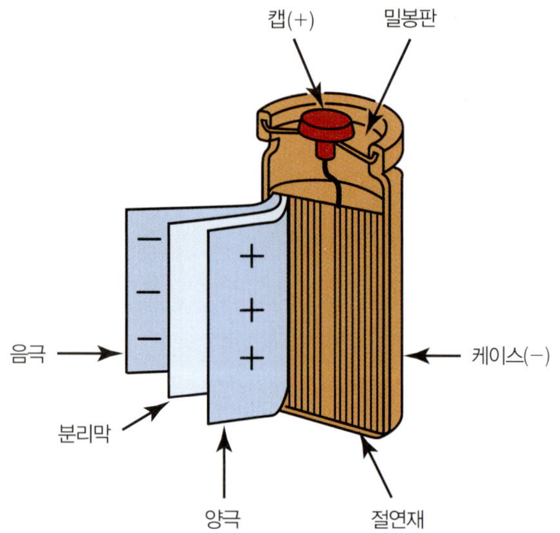

그림 10-4 스테인리스스틸 하우징으로 제작된 원통형 니켈-수소 배터리

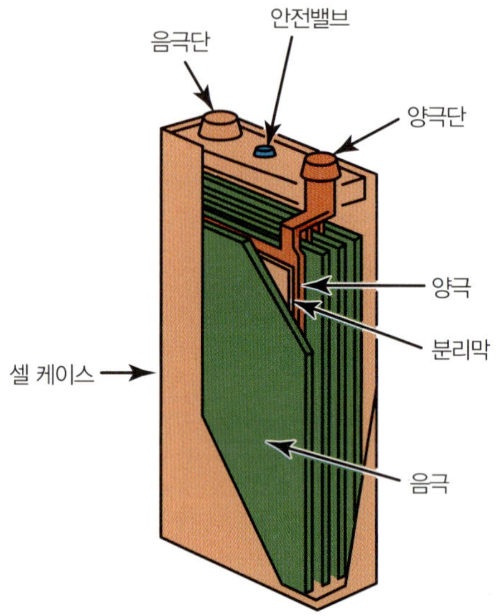

그림 10-5 각형 니켈-수소 셀. 각형 셀은 기존의 납산 배터리와 유사하게 평평한 판과 분리막으로 구성된다.

직렬 연결된 배터리 셀 배터리 설계자는 배터리 기술의 공칭 셀 전압에 제한을 받는다. 니켈-수소 배터리의 경우 각 셀은 1.2 V만 생성할 수 있다. 니켈 금속수소화물 기술을 기반으로 한 고전압 배터리는 1.2 V의 배수를 사용하여 구축되어야 한다. 144 V 배터리를 구축하려면 120개의 개별 니켈-수소 셀을 직렬로 연결해야 한다(120 × 1.2 V). 따라서 배터리의 전압 출력이 높을수록 필요한 전압을 얻기 위해 더 많은 개별 배터리 셀이 필요하다. ● **그림 10-6, 그림 10-7, 그림 10-8 참조**

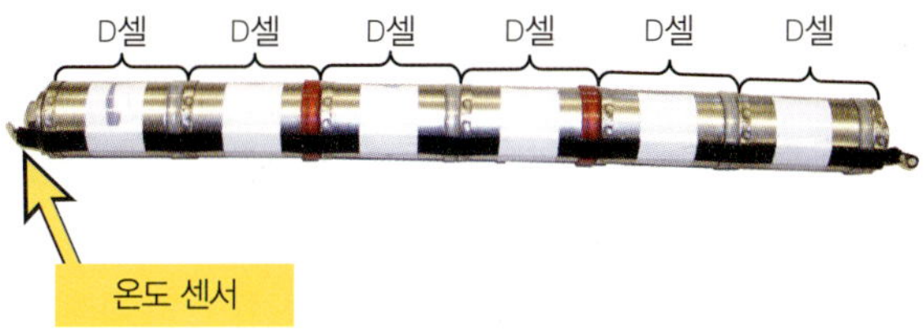

그림 10-6 1.25 V 배터리 셀 6개로 구성된 7.5 V 배터리 셀 그룹. 이와 같은 배터리 셀 그룹의 섹션이 다른 섹션과 연결되어 고전압 배터리 팩을 형성한다.

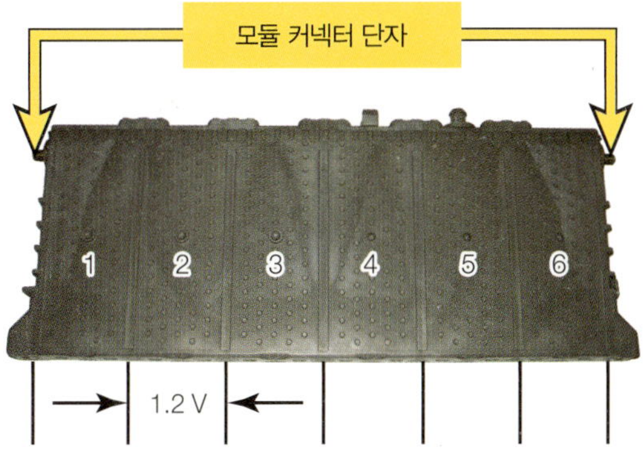

그림 10-7 토요타 프리우스 고전압 배터리 팩의 각형 니켈-수소 배터리 모듈. 배터리 단자는 모듈의 왼쪽과 오른쪽에 위치하며 모듈이 과열된 경우 수소 가스를 배출하기 위한 안전밸브는 오른쪽 상단에 위치한다.

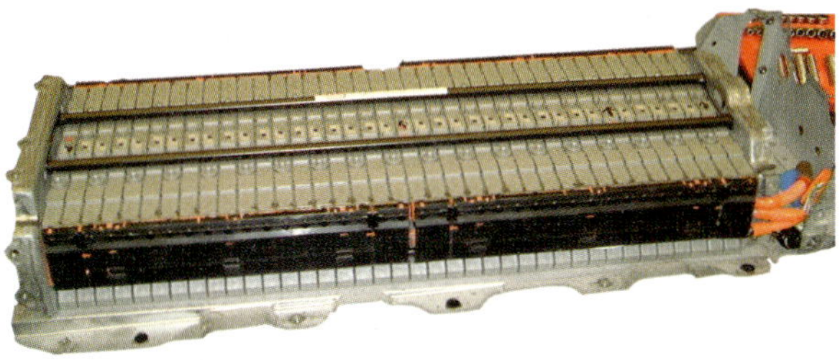

그림 10-8 토요타 캠리 하이브리드의 고전압 배터리 팩

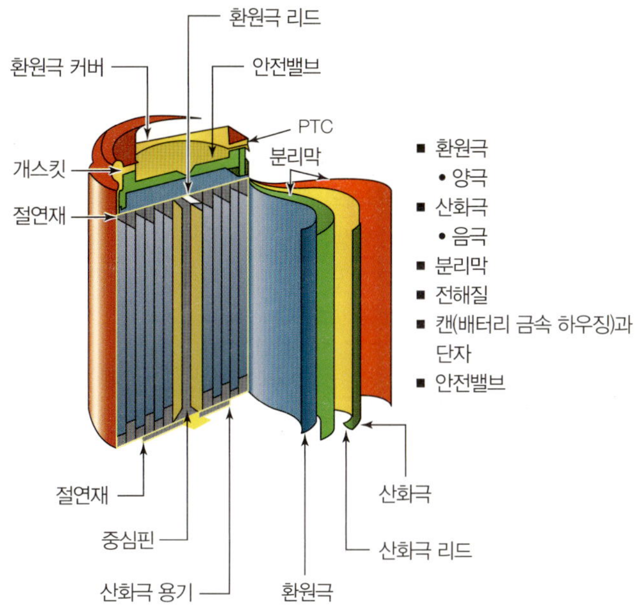

그림 10-9 원통형 리튬-이온 셀의 구조. 셀이 너무 뜨거워질 경우 내부 압력을 낮추는 압력 완화 밸브(안전밸브)와 가스 배출구를 주목하라.

리튬-이온 고전압 배터리

용도 전기 자동차 및 하이브리드 자동차 응용 분야에서 아주 유망한 배터리 유형은 리튬-이온 기술이다. 리튬-이온 배터리는 1990년대 초부터 소비가전제품에서 광범위하게 사용되어 왔으며 현재 대부분의 전기 자동차 및 플러그인 하이브리드 자동차(PHEV)에서 사용되고 있다.

설명 리튬-이온 배터리는 리튬-이온이 양극과 음극 사이를 오가는 구조로 되어 있어 그렇게 이름 붙여졌다. 리튬-이온 배터리의 에너지 밀도는 니켈-수소 배터리보다 약 두 배 더 높다.

구성 일반적인 리튬-이온 배터리의 양극은 주성분으로 리튬 코발트 산화물을 사용하고, 음극은 특수 탄소로 만들어진다. 전해질은 유기 용매이며, 두 전극판 사이에 분리막 층이 있다. 배터리 파열을 방지하고 안전을 보장하기 위해 내부 압력이 설정된 값 이상으로 상승하면 가스를 방출하는 압력 완화 밸브가 배터리 하우징에 내장되어 있다. ● **그림 10-9 참조**

작동 리튬-이온 셀은 배터리가 작동할 때 양극과 음극 사이를 리튬-이온이 왕복으로 이동할 수 있도록 설계되었다.

1. 배터리 방전 시 리튬 이온은 산화극(음극)으로부터 전해액을 통해 분리막을 지나 환원극(양극)으로 들어간다.
2. 충전 시 리튬 이온은 양극을 떠나 전해액을 통해 음극으로 이동한다.

장점 리튬-이온 배터리는 다음과 같은 장점을 가지고 있다.

- 높은 에너지 밀도
- 우수한 고온 성능
- 낮은 자가 방전율
- 최소한의 메모리 효과
- 높은 공칭 셀 전압. 리튬-이온 셀의 공칭 전압은 3.6 V로 니켈 기반 알칼라인 배터리보다 세 배 더 높다. 이를 통해 고전압 배터리에서 높은 전압을 생성하는 데 필요한 배터리 셀의 수를 줄일 수 있다.

단점 리튬-이온 배터리의 단점은 다음과 같다.

- 높은 비용
- 배터리 과열 관련 문제

NOTE: 초기 리튬-이온 배터리의 설계는 과열로 인한 문제를 겪었으며, 이로 인해 화재와 폭발이 발생하기도 했다. 자동차용 리튬-이온 배터리 팩은 과열을 방지하고 고장 난 셀을 격리하는 냉각 및 안전 시스템이 내장되어 있어 이러한 문제를 방지한다.

? 자주 묻는 질문

일반적인 전기 자동차의 리튬-이온 고전압 배터리에는 얼마나 많은 리튬이 들어 있을까?

테슬라 모델 S와 같은 일반적인 전기 자동차의 모든 배터리 셀에는 약 15파운드(약 7 kg)의 리튬이 사용된다. 이는 볼링공과 비슷한 무게이다.

리튬-이온 셀 설계

원통형 원통형 셀은 높은 에너지 밀도, 우수한 기계적 안정성을 가지고 있으며 자동화된 제조에 적합하다. 원통형 셀은 사이클링 성능이 우수하고 수명이 길고 비용이 저렴하지만 포장 밀도는 이상적이지 않다. 원통형 셀은 테슬라와 같은 많은 전기 자동차 제조업체에서 사용된다.

예를 들어, 테슬라는 다음과 같은 몇 가지 크기의 원통형 셀을 사용한다.

- 2012년 이후 모델 S 및 X에 사용된 파나소닉의 18650 셀. 이것은 표준 AA 배터리 셀보다 약간 큰 소형 배터리 셀이다. 테슬라의 원통형 셀의 지름은 18 mm, 높이 65 mm이다. ● **그림 10-10 참조**
- 테슬라 모델 3 및 Y는 지름 21 mm, 높이 70 mm인 2170 배터리를 사용한다.
- 테슬라 사이버트럭은 지름 46 mm, 높이 80 mm인 4680 셀을 사용한다.

각형: 하드 케이스 각형 셀은 평평한 판의 형태로 형성된 활성 물질로 구성된 직사각형 또는 상자 형태의 설계이다. 양극과 음극 판은 배터리 케이스에 번갈아 배치되고, 탭을 사용하여 판을 연결한다. 판 사이에는 판끼리 접촉을 피하고 전해질의 자유로운 순환이 가능한 분리막이 배치된다. ● **그림 10-11 참조**

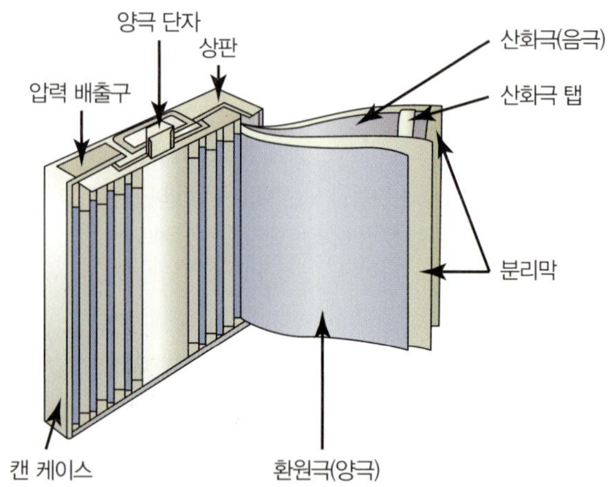

그림 10-11 직사각형 또는 상자 형태의 각형 셀은 여러 셀을 적층하여 고전압 배터리 팩을 구성한다.

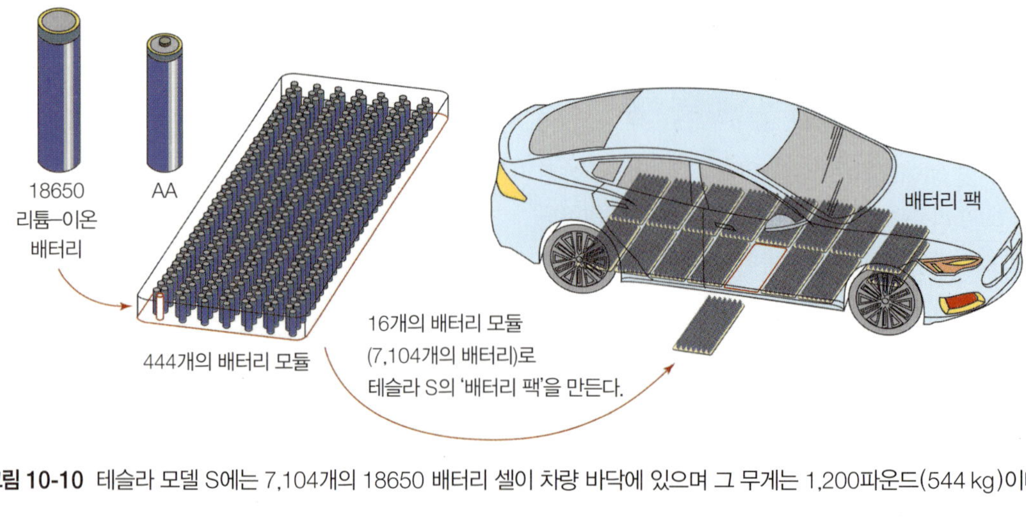

그림 10-10 테슬라 모델 S에는 7,104개의 18650 배터리 셀이 차량 바닥에 있으며 그 무게는 1,200파운드(544 kg)이다.

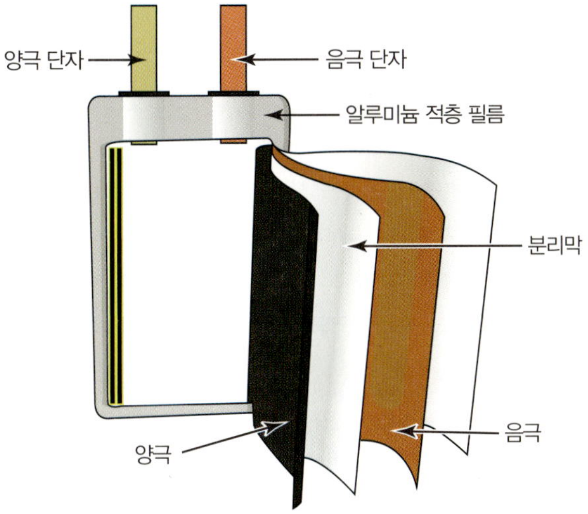

그림 10-12 파우치형 설계는 배터리가 충전될 때 팽창할 수 있는 유연한 외부 용기를 사용하여 배터리의 손상을 막는다.

각형: 파우치 유형 파우치 유형의 고전력 배터리는 **파우치 셀**(pouch cell)이라고 불리는 주머니 형태의 용기 내 적층된 구조를 사용한다. 이와 같은 형태의 배터리 셀은 가벼우며 저비용의 장점이 있지만, 습도 및 고온 노출에 의한 수명 단축의 가능성이 있다. 파우치 셀은 구조적으로 간단하고 유연하며 가벼운 배터리 셀의 설계를 가능하게 한다. 파우치 셀을 사용하면 공간을 가장 효율적으로 활용할 수 있기 때문에 최대 90~95%의 패키징 효율을 달성할 수 있다. 이는 배터리 팩 중 가장 높은 패키징 효율이다.

금속 케이스를 제거하면 무게가 줄지만, 이와 같은 유형의 배터리 셀은 배터리 수납 공간 내 지지대를 필요로 하고 그 배터리 공간은 배터리의 팽창을 수용할 수 있어야 한다. 파우치 배터리 팩은 소비자, 군사 및 자동차용 애플리케이션에서 사용되며, 재규어 I-Pace, 머스탱 마하 E, GMC 허머 EV 전기 자동차에 사용된다. 제너럴 모터스의 얼티엄 배터리는 독창적인 대형 파우치 스타일의 셀로서, 배터리 팩 내부에서 수직 또는 수평으로 쌓을 수 있다. 각 제조업체마다 자체적으로 제조 설계를 하기 때문에 표준화된 파우치 셀은 없다. ● **그림 10-12 참조**

리튬-이온 배터리의 종류

다양한 소재 다양한 유형의 리튬-이온 배터리가 존재하며, 그 수는 계속 늘어나고 있다. 배터리를 구성하는 모든 요소가 개발 중에 있으며, 다양한 설계 간의 가장 중요한 차이점은 양극(환원극)에 사용되는 소재이다. 초기 리튬-이온 셀 설계는 양극재로 리튬 코발트 산화물을 사용했다. 이 소재는 에너지 저장 특성이 좋지만 상대적으로 낮은 온도에서 화학적 분해가 발생한다. 이러한 고장은 열과 산소의 방출을 초래하며, 종종 전해질이 점화되어 화재 또는 폭발로 이어진다. 리튬-이온 배터리를 보다 안전하고 내구성 있게 만들기 위해 여러 대체 양극재가 개발되었다.

양극재(환원극) 차량 제조업체는 다음과 같은 몇 가지 다른 양극재를 사용한다.

- 양극재로 **니켈, 망간 및 코발트**(nickel, manganese, and cobalt; NMC)의 조합을 사용한다. 이 양극재는 에너지는 약간 부족하지만 휘발성이 덜하며 온도 변화도 잘 견딘다.

  NOTE: 이러한 설계의 배터리는 48 V 마일드 하이브리드 램 트럭에 사용된다.

- 테슬라는 **니켈, 코발트 및 알루미늄**(nickel, cobalt, aluminum; NCA) 양극재를 사용한다. 이 소재는 긴 배터리 수명과 빠른 충전 기능을 제공한다.
- 자동차용으로 설계된 또 다른 양극재는 **리튬인산철**(lithium iron phosphate, $LiFePO_4$)이다. 이 소재는 고온에서 안정적이며 세계적으로 공급이 제한적인 코발트를 포함하지도 않는다.

리튬인산철 배터리는 가장 유망한 미래 배터리이며 양극으로 리튬인산철을, 음극으로 금속 뒷판이 있는 흑연 탄소 전극을 사용한다. 리튬인산철 배터리는 더 긴 수명 주기, 저렴한 비용, 낮은 독성, 명확한 성능 및 장기 안정성을 제공하므로 미래 전기 자동차에 사용될 가능성이 높은 배터리이다. ● **표 10-1 참조**

화학명	소재	약어
리튬 코발트 산화물	$LiCoO_2$	LCO
리튬 니켈 코발트 산화물	$LiNi_xCOyAl_zO_2$	LNCO
리튬 니켈 망간 코발트 산화물	$LiNiMnCoO_2$	NMC
리튬 망간 산화물	$LiMn_2O_4$	LMO
리튬인산철	$LiFePO_4$	LFP
리튬 니켈 코발트 알루미늄 산화물	$LiNiCoAlO_2$	NCA

표 10-1 가장 일반적으로 사용되는 리튬-이온 배터리

자주 묻는 질문

배터리 밀도란?

배터리 밀도(battery density)는 배터리가 저장할 수 있는 단위 질량당 에너지 양(kWh/kg) 또는 단위 부피당 에너지 양(kWh/liter)을 나타낸다. 숫자가 높을수록 배터리의 에너지 밀도가 높다. ● **표 10-2 참조**

배터리 종류	에너지 밀도 (KWH/KG)	에너지 밀도 (KWH/L)
납산	0.11~0.14	0.22~0.27
니켈-수소	0.36	1.44
리튬 코발트 산화물	0.70	2.0

표 10-2 숫자가 클수록 높은 배터리 에너지 밀도를 나타낸다. 납산 배터리나 니켈-수소 배터리에 비해 리튬-이온 배터리의 에너지 밀도가 가장 높은 점을 주목하라.

자주 묻는 질문

전고체 배터리란?

토요타를 포함한 많은 제조업체들이 액체 또는 젤 전해질을 사용하지 않는 전고체(solid-state) 배터리를 개발하고 있다. 프로토타입 전고체 배터리는 리튬-니켈-망간-코발트 양극과 유연한 세라믹 분리막을 사용하는 것으로 알려졌다. 충전 시 양극의 리튬 이온은 집전기에 금속 필름을 형성한다. 고체 전지의 장점은 빠른 충전 속도, 낮은 무게, 높은 용량 등이다.

하이브리드 및 전기 자동차의 전자 장치 냉각

냉각의 필요성 하이브리드 자동차는 기존 구동계가 장착된 자동차에는 없는 전기 모터 및 전자 제어 시스템을 갖추고 있다는 점에서 차별화된다. 이러한 장치 및 부품은 높은 전류 및 전압 요구사항과 함께 큰 부하에서 작동하도록 설계되었으므로 차량 운행 중 과도한 열을 발생시키기 쉽다. 따라서 이러한 중요 구성 부품의 과열을 방지하고 효율적인 작동 온도를 유지하기 위해 하이브리드 자동차에는 특수 보조 냉각 시스템이 통합되어 있다.

열이 전기/전자 시스템에 미치는 영향 전자 부품은 온도가 낮아질수록 더 효율적으로 작동하지만 과열되면 영구적인 손상을 입을 수 있다. 모든 하이브리드 자동차에는 모터 및 모터 제어 장치를 위한 냉각 시스템이 있으며 일부 차량은 이러한 부품의 과열을 방지하기 위해 공기 냉각을 사용한다. ● **그림 10-13 참조**

예를 들어, 쉐보레 볼트 전기 자동차에는 에어컨(A/C) 시스템에 두 개의 팽창 밸브가 있다. 하나는 실내 냉방에 사용되고 다른 하나는 전자 장치와 고전압 배터리를 냉각하는 데 사용된다.

많은 하이브리드 자동차는 모터 및 모터 제어 장치를 위해 액체 냉각 시스템을 사용한다. 이러한 시스템은 일반 내연기관의 냉각 시스템과 별도로 작동되며 일반적으로 더 낮은 온도에서 작동한다.

그림 10-13 토요타 프리우스의 제어 장치 하부. 전자 제어 유닛을 냉각하기 위한 냉각수 유로가 위치한다.

자주 묻는 질문

왜 내연기관의 냉각 시스템은 하이브리드 자동차의 모터 및 모터 제어 장치 냉각에 사용되지 않을까?

대부분 내연기관의 냉각 시스템은 93°C(200°F) 이상에서 작동한다. 최대 효율을 위해 내연기관은 항상 이 온도 근처에서 구동되어야 한다. 그러나 전기 모터와 모터 제어 장치는 더 낮은 온도에서 더 효율적으로 작동하는 경향이 있다. 내연기관의 냉각 시스템은 이러한 구성 요소들이 최고 효율로 작동하기에는 너무 고온이므로 통상적으로 별도의 저온 시스템을 사용한다.

시스템 구성 하이브리드 자동차의 모터 및 모터 제어 장치에 사용되는 냉각 시스템에는 일반적인 내연기관 냉각 시스템과 많은 유사점이 있다. 이 시스템을 위한 냉각수 저장 탱크가 별도로 있으며, 종종 내연기관 냉각 시스템에 사용되는 것과 동일한 유형의 냉각수를 사용한다. 그리고 과도한 열을 방출하기 위해 차량 전면에 위치한 라디에이터를 사용한다. 일부 설계에서는 내연기관의 라디에이터와 통합되어 사용되거나 별도의 라디에이터를 사용하기도 한다. ● **그림 10-14 참조**

냉각수를 순환시키는 저전압 전동 워터 펌프는 차량이 구동 중일 때 항상 작동하도록 구성된다. 냉각수는 다음과 같은 시스템 내의 다양한 구성 요소를 통해 순환된다.

- 전동 모터-발전기
- DC-DC 컨버터

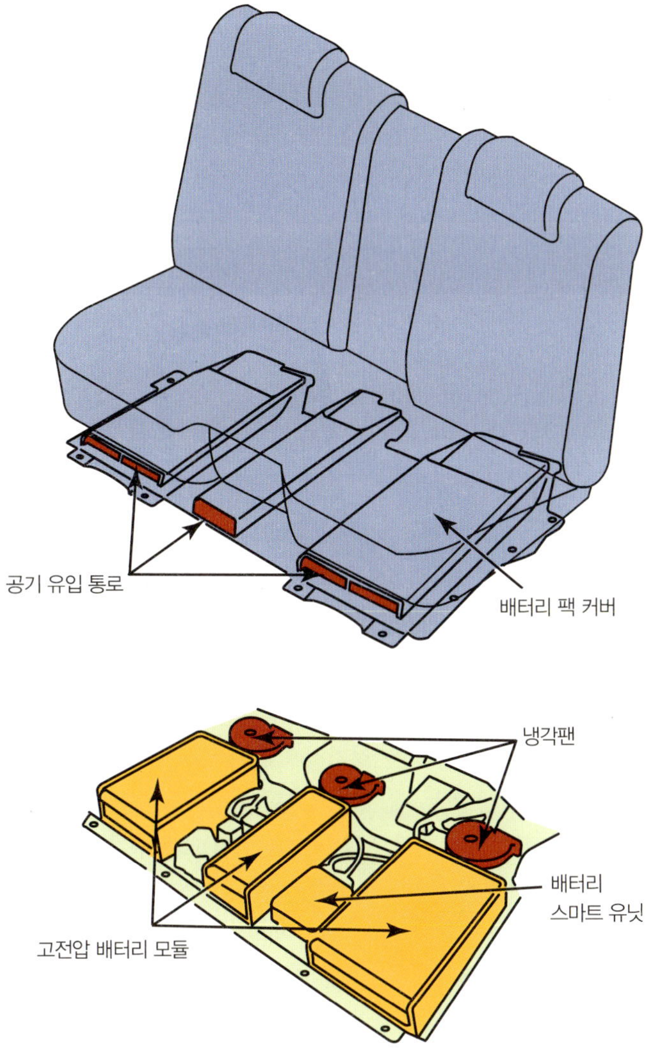

그림 10-14 토요타 하이브리드 SUV의 모터 및 고전압 배터리 전자 장치

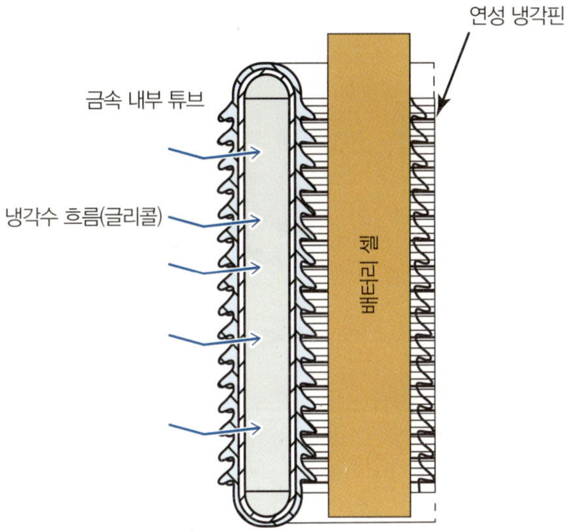

그림 10-15 전동 모터와 모터 제어 장치는 별도의 냉각 시스템을 사용하여 냉각된다. 토요타 하이브리드 시너지 드라이브 시스템(Hybrid Synergy Drive, HSD)은 내연기관 냉각 시스템에 통합되어 있는 라디에이터를 사용한다.

- 인버터
- 변속기 오일 쿨러
- 다른 고부하 제어 모듈

NOTE: 1세대 및 2세대 포드 이스케이프 하이브리드는 보조 온도 조절(배터리 구역) 시스템에 실내 필터를 사용하여 주행 배터리 냉각 통로에 먼지가 쌓이는 것을 방지한다. ● **그림 10-15 참조**

고전압 배터리의 냉각 및 가열

고전압 배터리의 가열 및 냉각의 필요성 높은 작동 온도는 니켈-수소 또는 리튬 배터리 팩의 성능을 저하시키고 손상을 일으킬 수 있다. 냉각 시스템은 공기 또는 액체 냉각 시스템으로 분류할 수 있다. 현재 생산되는 대부분의 하이브리드 자동차는 공기 냉각을 사용하여 고전압 배터리 팩의 온도를 제어한다. 이 냉각 방법은 차량 내부의 전기 팬과 덕트를 사용하여 실내 공기를 배터리 셀에 공급하여 순환시키는 방식이다. ● **그림 10-16 참조**

에어컨 시스템 내 고전압 배터리 팩 위로 순환되는 공기를 냉각하기 위한 추가적인 영역이 있는 경우도 있는데, 그 예로 1세대 및 2세대 포드 이스케이프 하이브리드에 이러한 유형의 시스템이 적용되어 있다. ● **그림 10-17 참조**

현재 대부분의 전기 자동차는 액체 냉각 시스템을 사용한다. 전용 시스템을 통해 냉각수가 순환하여 배터리 열을 흡수한 뒤 전

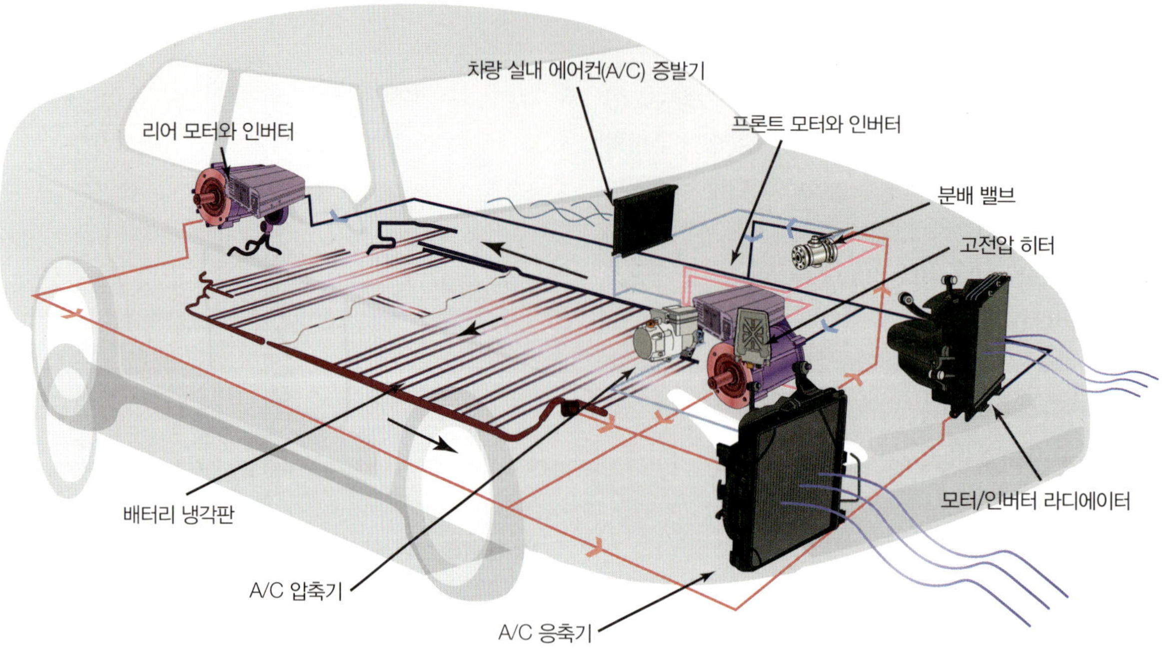

그림 10-16 배터리와 전자 장치는 온도 제어 시스템의 일부로 포함된다.

그림 10-17 포드 이스케이프 하이브리드의 고전압 배터리 냉각 시스템. 포드는 외부 공기를 사용하여 배터리 팩을 냉각하며, 필요시 에어컨 시스템 내 별도 구역을 사용하여 냉각을 증대한다. 배터리 구역 필터는 첫 번째 세대의 포드 이스케이프 하이브리드에서만 사용되었다.

용 라디에이터를 통해 외부 공기로 배출한다. 각형 셀을 사용하는 배터리에는 각 쌍의 셀 사이에 알루미늄 냉각판이 삽입된다. 원통형 셀을 사용하는 배터리에는 셀 사이에 리본형 튜브를 사용한다.

배터리 팩 하우징의 다양한 위치에 온도 센서(서미스터)가 장착되어 배터리 온도를 제어하는 모듈에 데이터를 전송한다. 이러한 입력은 배터리 충전율과 냉각 시스템 작동을 결정하는 데 사용된다.

고전압 배터리의 냉각 시스템 정비 고전압 배터리 냉각 시스템의 정비는 다음과 같이 두 가지 주요 범주로 나눌 수 있다.

1. 공기 분배 시스템 정비
2. 액체 시스템 정비

공기 분배 시스템의 정비는 공조(HVAC) 시스템과 유사하다. 블로워 모터가 작동 중이어야 하고 팬에 이물질이 없어야 한다. 공기 흡입구를 검사하여 공기 흐름을 제한하는 요인이 없는지 확인해야 한다. 또한 시스템에 전용 실내 공기 필터가 있는 경우 지정된 주기에 교체해야 한다.

액체 냉각 시스템의 정비는 기존 냉각 시스템과 유사하다. 냉각 시스템 내 냉각수 양을 정기적으로 확인하여 누출이 없음을 확인하고 굴절계 또는 테스트 스트립을 사용하여 동결 방지와 pH 수준을 확인해야 한다. 냉각수는 지정된 교체 주기에 따라 권장되는 냉각수를 사용하여 교체해야 한다. 전동 워터 펌프가 올바르게 작동하는지도 검사해야 한다. 이는 전문 자기진단기를 사용하여 펌프를 작동시켜 확인할 수 있다. 전용 라디에이터는 공기 흐름에 방해 요소가 없는지, 냉각팬이 올바르게 작동하는지 확인해야 한다.

전기 자동차 배터리 히터 전기 자동차의 배터리 가열 방법은 일반적으로 0.011인치(0.28 mm) 두께의 히터 패드를 사용하는 것이다. 이러한 히터 패드는 배터리 셀 사이에 놓이거나, 셀 또는 모듈 주위를 감싸거나, 배터리 모듈 바로 아래의 냉각판 표면에 접착할 수 있다. 히터 패드는 셀과 셀 사이의 온도 균일성을 높이며, 냉각 성능에 최소한의 영향만을 미치는 셀/모듈/플레이트 사이의 유전체 장벽 역할을 함으로써 더 빠른 온도 상승 시간을 보장한다.

NOTE: 현대와 기아의 전기 자동차 배터리 팩은 수랭 시스템을 사용한다. 수랭 시스템의 냉각수 유로는 공랭 시스템의 공기 유로보다 작은 공간을 차지하여 배터리 밀도를 최대 35%까지 증가시킬 수 있으며, 이로 인해 주행거리를 더욱 늘릴 수 있다.

배터리 용량 VS 차량 주행거리

내연기관 차량 연비 미국에서 내연기관 엔진 차량의 연비는 갤런당 마일(miles per gallon, MPG)로 표현된다. 미국 이외의 국가에서는 연비를 100 km(62 miles)를 주행하는 데 필요한 연료의 양(liter)으로 측정하며, 이것은 종종 간단히 L/100 km로 축약된다. 즉, 숫자가 클수록 낮은 연비를 의미한다. 미터법 시스템에서는 연료를 측정하는 반면 미국에서는 마일을 측정한다.

EPA VS WLTP 미국에서는 환경보호국(Environmental Protection Agency, EPA)이 전기 자동차 주행거리를 추정하고, 유럽에서는 **세계 공조 경량 자동차 시험 절차**(Worldwide Harmonized Light Vehicles Test Procedure, WLTP)를 사용한다. WLTP 표준을 사용하여 주행거리를 표현하는 경우 운전자는 WLTP 값을 1.12로 나누어 대략적인 EPA 주행거리에 근사하게 변환할 수 있다. 그러나 EPA 주행거리는 실제 추정치에 불과하며 실제 주행거리는 다를 수 있다.

전기 자동차의 등가 연비 킬로와트(kW)는 펌프 또는 물 호스를 통해 공급할 수 있는 단위 분당 물의 양(gallon per minute, GPM)과 유사한 방식의 에너지 흐름 속도를 나타낸다. 킬로와트시(kWh)는 전기의 양으로, 물의 양(gallon)과 유사하다. 따라서 더 높은 kWh 수를 갖는 큰 배터리 팩은 더 많은 전기를 저장할 수 있다. 마치 더 큰 양동이가 더 많은 양의 물을 담을 수 있는 것과 같다.

전기 자동차의 경우 주행 가능한 거리는 단위 배터리 용량당 마일(miles per kWh)로 측정된다. 일반적인 전기 자동차는 단위 배터리 용량당 약 3~4마일(3~4 miles/kWh)을 주행할 수 있다. 따라서 배터리의 용량(kWh)이 클수록 주행가능거리가 길어진다. 마치 더 큰 용량의 탱크를 갖는 내연기관 차량이 더 먼 거리를 주행할 수 있는 것과 같은 원리이다.

소비자가 전기 자동차와 화석 연료를 사용하는 자동차의 에너지 소비량을 비교할 수 있도록 EPA는 **MPGe**(miles per gallon equivalent)라는 연비 측정(miles/gallon) 기준을 만들었다. 이것은 33.705 kWh의 전기가 1갤런의 휘발유와 같다는 환산계수를 기준으로 계산된다. 따라서 100 kWh 용량을 갖는 배터리는 약 3갤런의 가솔린의 에너지와 같다.

자주 묻는 질문

'예상주행가능거리계'란?

대시보드에서 단위 킬로와트시당 마일(miles/kWh)을 나타내는 디스플레이를 **예상주행가능거리계**(Guess-O-Meter, GOM)라고 부르는데, 이것은 정확하지 않은 경우가 많기 때문이다. 전기 자동차의 연비로서 좋은 수준의 범위는 약 4.3~4.9 miles/kWh로 이는 1 kWh의 전기 에너지의 소비로 약 4.3~4.9마일을 달릴 수 있음을 의미한다. GOM은 여행을 계획하는 데 도움이 될 수 있다. 예를 들어, GOM이 배터리 용량을 60 kWh라고 표시하면, 이는 일반적으로 차량이 약 235마일을 주행할 수 있음을 의미하므로 약 200마일의 거리를 주행한 후 충전을 계획하면 된다. ● **그림 10-18 참조**

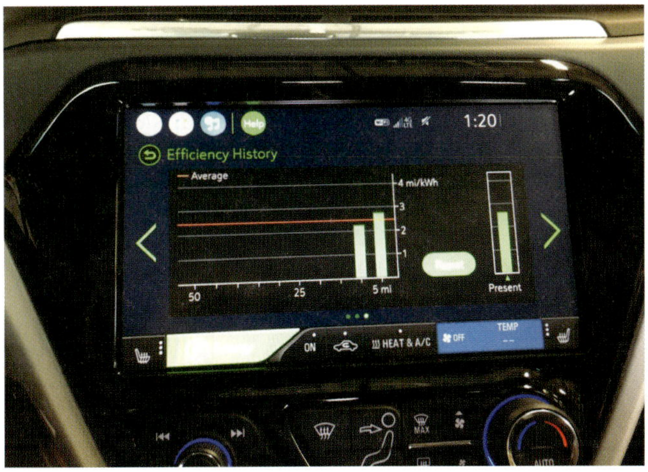

그림 10-18 쉐보레 볼트의 대시보드 디스플레이에는 단위 전력당 마일수(miles/kWh)가 표시되며, 이 값은 정확할 수도 있고 그렇지 않을 수도 있다. 표시된 예상 주행거리가 변동되므로 종종 '예상주행가능거리계(GOM)'로 불린다.

정비 기술 팁

기본 규칙은 3이다

전기 자동차(EV)의 주행가능거리를 추정하는 데 도움이 되는 방법으로서 킬로와트시(kWh)로 표시된 배터리 용량에 3을 곱하면 그 차량의 주행가능거리를 대략적으로 파악할 수 있다. 예를 들어, 테슬라 모델 3의 배터리 용량은 75 kWh이며 여기에 3을 곱하면 225마일(75 × 3 = 225)의 주행가능거리를 추정할 수 있다.

고전압 배터리 제어 구성 요소

배터리 제어 모듈 **배터리 제어 모듈**(Battery Control Module, BCM)은 하이브리드 제어 모듈로부터의 요청에 따라 고전압 배터리의 작동을 제어한다. BCM은 전압 블록, 전류 센서 및 온도 센서를 모니터링하여 충전이 필요한지를 결정한다. BCM은 CAN BUS 네트워크상의 다른 차량 모듈과 통신하며 이 데이터는 자기진단기(scan tool)를 통해 접근할 수 있다.

시스템 메인 릴레이(SMR) **시스템 메인 릴레이**(System Main Relays, SMR)는 배터리와 고전압 시스템 내 다른 구성 요소들을 연결하여 고전압 회로를 제어하는 고용량(heavy duty) 릴레이이다. 접점기(contactor)로도 불리는 SMR은 배터리 제어 시스템의 설계에 따라 배터리에 1~3개가 사용된다. 배터리 제어 모듈은 SMR의 저전압 측을 제어하며, 이로 인해 SMR의 부하 측이 닫히면 배터리로부터 고전압 전류가 흐르게 된다. 세 개의 SMR 시스템 설계의 경우 하나의 SMR이 양극 회로를 제어하고 나머지 두 개의 SMR이 음극 회로를 제어한다. 음극 측 SMR 중 하나는 시스템 커패시터를 예비 충전하는 고전력 저항과 직렬로 연결되어 있다. SMR은 다음 단계를 따라 전류가 흐르도록 한다.

- BCM은 먼저 양극 케이블의 SMR을 닫는다.
- BCM은 음극 배선에 저항이 있는 SMR을 닫는다. 이렇게 하면 시스템 커패시터로의 초기 전류 흐름이 줄어들고, 고전류 SMR 접점에서 아크(arc) 발생 가능성도 줄일 수 있다.
- 그다음 BCM은 접지 케이블의 두 번째 SMR을 닫고 저항과 직렬로 연결된 SMR을 연다. 이렇게 하면 완전한 전류가 흐를 수 있다.

전류 센서 전류 센서는 충전 중 배터리로 유입되거나 방전 중 배터리에서 유출되는 전류를 측정하는 데 사용된다. 센서는 설계에 따라 양극 케이블이나 음극 케이블에 장착될 수 있다. 전류 센서로부터의 데이터는 개별 셀 온도 및 전압과 결합하여 배터리의 전체 충전 상태(state-of-charge, SOC)를 제공한다. 전류 센서는 제조업체 및 시스템 설계에 따라 홀 효과(Hall effect)나 션트(shunt) 방식일 수 있다. 전류 센서가 개방 및 단락되거나 비정상적으로 높거나 낮은 전류가 감지되면 BCM은 고장 코드를 설정한다. ● **그림 10-19 참조**

전압 블록 모니터링 회로 각각의 셀 블록은 여러 개의 배터리 셀로 구성되어 있으며 BCM에 의해 셀 블록의 전압 수준은 모니터링된다. 전압 블록 모니터링 회로는 저전압 회로로서 배터리 내 셀 그룹의 전압을 비교하여 범위를 벗어난 셀 그룹을 BCM이 식별할 수 있도록 한다. 셀 그룹 간 전압 차이는 0.3 V까지 허용되며, 그 이상으로 전압차의 변동이 감지되면 고장 코드가 설정된다. 이는 셀의 결함 또는 불균형 상태로 인해 발생할 수 있다.

온도 센서 온도 센서는 배터리 셀의 온도와 배터리를 냉각하기 위해 강제 송풍 시스템이 사용되는 경우 팩으로 들어오는 공기의 온도를 측정하는 데 사용된다. 이 데이터의 주된 용도는 배터리 냉각에 사용되는 송풍기의 팬 속도를 제어하는 것이다. 이 데이터는 또한 배터리의 충전 상태(SOC)를 계산하는 데 사용된다. 이 센서들은 PTC 서미스터(thermistor, 저항 온도계)로, 배터리 온도

그림 10-19 브러시리스 모터의 세 개의 다리(전류를 전달하는 도체)는 세 개의 홀 효과 전류 센서를 통과한다. 혼다 차량 내 유닛에 사용되는 도체는 평평한 알루미늄이며 모터의 제어 단자에 연결된다.

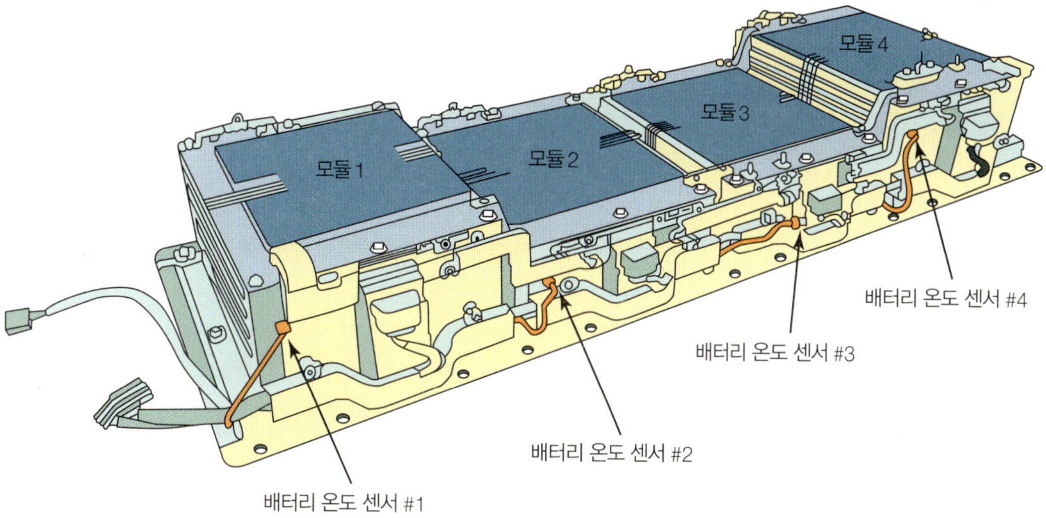

그림 10-20 온도 센서는 고전압 배터리 팩 내 여러 위치에 설치된다.

가 높을수록 센서의 저항이 낮아지는 특성을 이용하여 온도를 측정한다. ● **그림 10-20 참조**

NOTE: 얼티엄 배터리를 사용하는 제네럴 모터스의 전기 자동차는 배터리 셀에 연결된 무선 송신기를 사용한다. 각 배터리 셀에서 배터리 제어 모듈까지 전선을 연결하는 대신 무선 시스템을 사용함으로써 많은 배선과 연결을 줄일 수 있다.

고전압 안전 스위치 고전압 배터리 안전 스위치의 목적은 수리 작업 전에 고전압 시스템에서 전원을 차단하는 것이다. 고전압 안전 스위치를 제거할 때는 감전으로부터 보호하기 위해 개인 보호

그림 10-21 쉐보레 볼트의 배터리 안전 스위치는 중앙 콘솔 아래에 위치한다.

장비(Personal Protection Equipment, PPE)를 착용해야 한다. 많은 고전압 안전 스위치에는 고전압 퓨즈가 포함되어 있다. 대부분의 고전압 안전 스위치에는 저전압 모니터링 회로도 포함되어 있다. 고전압 안전 스위치를 제대로 설치하지 않거나 잠그지 않으면 시동이 걸리지 않거나 전원이 켜지지 않을 수 있다. ● **그림 10-21 참조**

배터리 관리 시스템(BMS)

목적 배터리 셀 또는 배터리 모듈은 온도와 전압에 대한 모니터링 및 제어가 필요하다. **배터리 관리 시스템**(Battery Management System, BMS)은 배터리 팩 내의 배터리 셀을 관리하는 전자 시스템이다. BMS는 다음을 모니터링하고 제어한다.

- 충전 상태(state-of-charge, SOC)
- 수명 상태(state-of-health, SOH)
- 기능 상태(state-of-function, SOF)
- 안전 및 중요한 안전 장치
- 온도
- 부하 균형/개별 셀 효율성

BMS는 모듈 내의 전압 및 온도 센서로부터 입력을 받는다. 일부 팩에서는 BMS가 배터리 냉각 시스템의 팬, 펌프 또는 밸브와 같은 다른 구성 요소를 구동하기 위한 출력을 제공할 수도 있다. 외부 커넥터는 배터리 팩과 다른 차량 시스템 간의 견고하고 안전한 연결을 가능하게 한다.

전기 분배 시스템(EDS)

목적 **전기 분배 시스템**(Electrical Distribution System, EDS)의 주요 기능은 배터리 팩을 통해 전기 전도 경로를 제공하는 것이며 다음과 같은 기능을 포함한다.

- 전기 전도 경로 격리
- 고전압 라인에서 전류 및 전압 측정
- 고전압 라인 활성화 시 예비 충전 기능 제공
- 과전류 시 고전압 라인 퓨즈 단선
- 차량 정비를 위한 고전압 라인의 수동 연결 해제
- 전기 절연 효과 모니터링

저전압 배선은 배터리 제어 기능에 전원을 공급하고 배터리와 차량 간의 통신을 전달한다(CAN 프로토콜). 저전압 배선은 또한 모든 외부 커넥터가 제 위치에 올바르게 있는지 확인하고 고전압 도체가 외부적으로 접촉하지 않도록 하는 데 사용된다. ● **그림 10-22 참조**

그림 10-22 고전압 안전 플러그(스위치)의 두 개의 작은 단자를 통해 안전/서비스 플러그가 제거되었음을 알리는 신호가 고전압 제어 장치에 전달된다.

절연 테스트 고전압 시스템은 차체와 완전히 절연되어 있다. 고전압 시스템에서 절연이 손실되면 차량이 준비 모드로 진입하여 전원이 켜지지 않고 일련의 진단 고장 코드가 발생하게 된다. 일부 차량은 절연 손실이 발생한 영역을 식별하는 데 도움이 되는 추가 정보 코드를 설정한다.

절연 손실이 발생했는지 확인하려면 절연 저항계를 사용하여 절연 테스트를 수행해야 한다. 이 테스트를 할 때는 클래스 0 고전압 안전 장갑을 착용해야 한다. 고전압 배터리가 연결 해제된 상태에서 절연 저항계를 고전압 시스템과 차체 접지 사이에 연결한다. 테스트 중 절연 저항계는 내부의 커패시터를 최대 1,000 V까지 충전하게 되고 고전압 시스템과 차체 접지 사이의 저항을 측정한다. 만약 통전이 감지되면 절연 손실을 식별하고 수리해야 한다. 수리가 완료된 후 시스템을 다시 테스트하여 수리가 성공적인지 확인해야 한다.

충전 상태 관리 하이브리드 자동차의 고전압 배터리는 정상 운전 중에 지속적으로 충전 및 방전된다. 배터리는 다음과 같은 조건에서 과열될 수 있다.

- 배터리 충전 상태(SOC)가 80%를 넘어설 때
- 배터리 충전 상태가 20% 미만에서 배터리에 부하가 걸릴 때. 과열을 방지하고 배터리 수명을 극대화하기 위해 배터리 충전 상태를 신중하게 관리해야 한다. 대부분의 하이브리드 자동차에서는 60%의 목표 충전 상태가 적용되며, 배터리 충전 상태가 목표 충전 상태의 ±20% 범위 내에서 유지되도록 배터리 충/방전 사이클을 조절한다. ● **그림 10-23 참조**

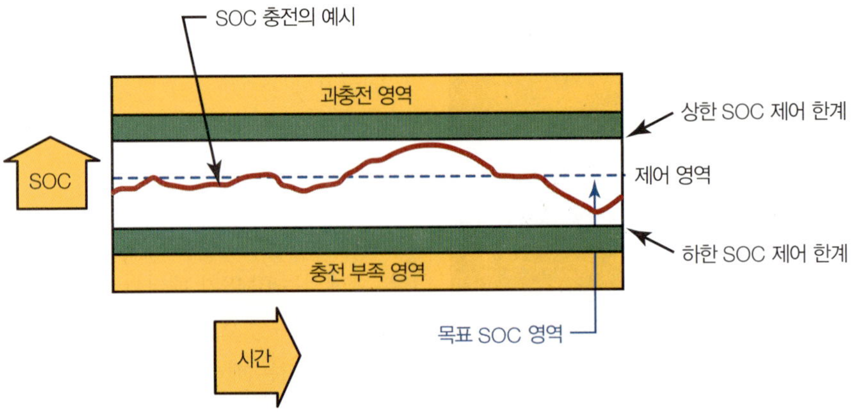

그림 10-23 고전압 배터리 팩의 충전 상태는 과열과 최대 수명을 위해 상대적으로 좁은 변동 범위 내에서 제어 및 유지된다.

NOTE: 쉐보레 볼트는 해당 수준의 충전 상태를 유지하기 위해 가솔린 엔진을 가동하기 전 충전 상태가 25~35%로 떨어지도록 설계되었다. 냉각 시스템과 소프트웨어는 이러한 감소된 충전 상태를 허용하도록 설계되어 엔진을 켜지 않고도 차량을 장거리 주행할 수 있다.

하이브리드 자동차의 고전압 배터리 모니터

충전 상태 모니터링 고전압 배터리 팩 컨트롤러는 충전 상태를 모니터링한다.

- 가속 중에는 배터리 팩의 충전 상태(SOC)가 약간 떨어지고, 감속 시 회생 제동으로 인해 고전압 배터리가 충전되어 SOC가 상승한다.
- 자기진단기 데이터는 충전 및 방전 레벨을 표시한다. 대부분의 하이브리드 자동차에서 고전압 배터리 SOC의 일반적인 작동 범위는 52~68%이다.
- SOC가 50%로 떨어지면 내연기관에 의해 고전압 배터리가 재충전되기 시작한다. 이는 SOC가 50% 이하일 경우 공회전 정지 기능(오토 시동/정지 기능)이 비활성화되고, 대부분의 경우 SOC가 52% 이상 도달하면 다시 활성화된다. ● **그림 10-24 참조**
- SOC가 80% 이상으로 상승하면 회생 제동이 중단된다. 따라서 SOC가 높은 상태에서 차량 제동 시 일반적으로 보다 강한 브레이크 페달 압력이 필요할 수 있다.
- 충전 상태가 40%로 감소하면 전기 구동 모터의 출력이 감소한다. 만약 이때 엔진이 구동된다면 전기 구동 모터의 동력 지원이 거의 없거나 전혀 없게 된다. 이런 상황은 엔진의 연료가 떨어져서 차량이 전기 동력으로만 운행될 때 발생할 수 있다. 이런 경우 차량의 주요 경고등이 켜지고 시스템에 의해 여러 진단 고장 코드(Diagnostic Trouble Codes, DTCs)가 설정 및 저장된다.

자기진단단기 데이터 테스트 절차 자기진단기를 연결하고 차량을 선택한 후 다음과 같은 매개변수 식별(Parameter IDentification, PID) 항목을 선택한다.

- 충전 상태
- 배터리 온도
- 배터리 전압
- 배터리 전류 소비
- 토요타 렉서스 하이브리드의 자기진단기에 표시된 배터리 블록 내부 저항을 확인한다. 정상적인 내부 저항값은 15~40밀리옴(0.015~0.040옴)이다. ● **그림 10-25 참조**

정비 기술 팁

먼저 충전 상태를 확인하라

하이브리드 자동차 소유자가 가속 시 힘이 부족하다고 불평할 경우 먼저 충전 상태(SOC)를 확인하라. 동력 모터 또는 컨트롤러의 문제가 아니라 고전압 배터리 팩이 정상적인 충전 상태가 아닌 경우일 수도 있다. 이와 같은 문제는 일반적으로 배터리 팩 또는 관련 전기 연결 문제로 인해 발생한다.

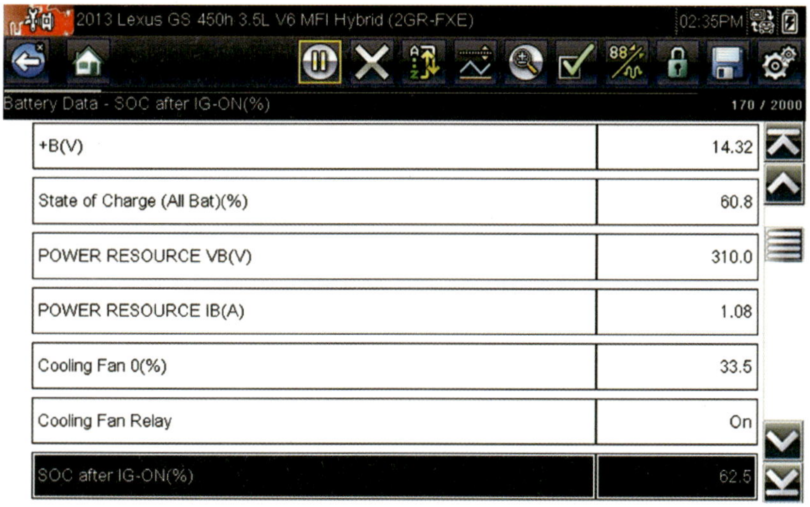

그림 10-24 Snap-on Solus 자기진단기는 'HV ECM'이라는 항목 아래 고전압 배터리의 충전 상태를 표시한다.

그림 10-25 배터리 블록의 내부 저항값은 애프터마켓 자기진단기를 사용하여 데이터 스트림에서 확인할 수 있다. 내부 저항값은 15~40밀리옴(0.015~0.040옴) 범위 내여야 한다.

리튬-이온 배터리 수리

목적 일부 주문자상표부착 생산업체(Original Equipment Manufactures, OEMs)는 전체 배터리를 교체하는 대신 고전압 배터리 내 결함이 있는 구성품을 교체하고 있다. 이는 차량 수리에 소요되는 시간 및 비용을 절감할 수 있게 해준다. 교체 가능한 구성품 목록에는 고전압 배터리 모듈이 포함된다.

절차 닛산 인피니티의 특정 하이브리드 및 전기 자동차에 사용되는 고전압 배터리 모듈이 고장 났을 때, 이를 해결하기 위한 공장 승인 절차의 전형적인 예는 진단 고장 코드(DTC)에 따라 결정되는 배터리 셀의 교체이다. 진단 고장 코드 P3374 DTC는 어느 배터리 셀 하나의 전압이 다른 셀보다 100 mV 이상 낮음을 나타낸다. 오른쪽 그림에 보이는 자기진단기 데이터 예시는 27번 배터리 셀의 전압이 다른 셀보다 100 mV 이상 낮음을 보여준다. ● **그림 10-26 참조**

배터리를 제거하기 전에 필요한 모든 도구가 준비되어 있어야 한다. 지정된 도구에는 필수 개인 보호 장비(PPE), 절연 도구 및 모듈 밸런스 조절 도구가 포함된다. 이 절차는 다음과 같은 단계로 구성된다.

1단계: 정비 절차를 따르고 모든 고전압 주의사항을 준수한 후 배터리를 차량에서 제거하고 수리 준비를 한다.

2단계: 정비 정보를 사용하여 배터리 팩 내의 결함이 있는 모듈의 위치를 확인한다.

23	3.560 V
24	3.576 V
25	3.519 V
26	3.558 V
27	3.277 V
28	3.547 V
29	3.556 V
30	3.529 V

그림 10-26 자기진단기에 의한 데이터는 27번 셀의 전압이 다른 셀에 비해 훨씬 낮음을 나타낸다. 이는 문제가 있음을 의미하며 진단 고장 코드가 설정된 원인이다.

3단계: 정비 절차에 설명된 대로 배터리 모듈에 접근하기 위해 배터리 커버, 컨트롤러 및 다른 구성품을 제거한다. ● **그림 10-27 참조**

4단계: 배터리를 최종 분해하기 전에 배터리의 모듈 충전 밸런스를 결정하기 위해 디지털 멀티미터를 사용하여 모든 모듈 전압을 측정해야 한다. 이 데이터는 교체 모듈의 조정 전압을 결정하는 데 사용된다.

5단계: 새 교체 배터리 모듈은 모듈 충전 밸런서에 설치하고 조정 전압을 충전기에 입력해야 한다. 이렇게 하면 충전량을 나머지 배터리와 일치하도록 조정할 수 있다.

그림 10-27 고전압 구성 요소 작업 시에는 항상 절연 도구와 고무장갑을 사용하여 권장된 안전 절차를 준수한다.

6단계: 이제 결함이 있는 모듈을 제거하고 새 모듈을 설치할 수 있다.

7단계: 배터리 분해 과정 중 제거된 모든 부품을 다시 설치하고 배터리를 재설치 준비를 마친다.

고전압 배터리의 탈거 점검 및 정비

절차 다음 단계에 따라 고전압 배터리 팩 정비를 시작한다.

1단계: 배터리 안전 플러그(스위치)를 제거한다. 안전 플러그를 제거하면 고전압 배터리 팩은 차량으로부터 절연/분리된다. ● **그림 10-28 참조**

2단계: 커패시터가 방전될 때까지 15분 동안 기다린다.

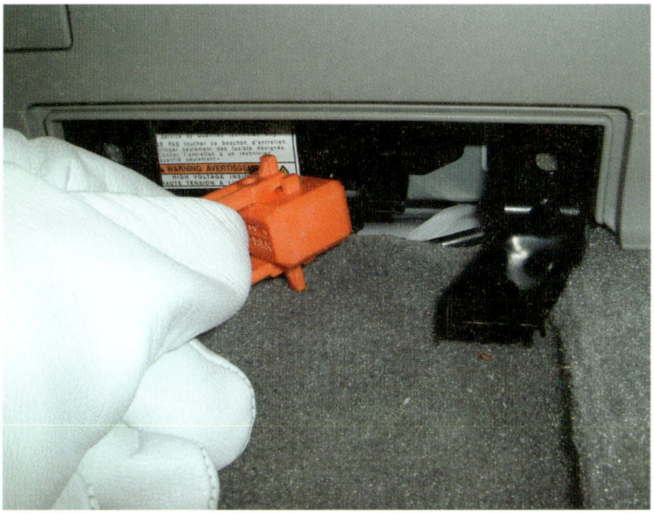

그림 10-28 토요타 하이랜더 하이브리드의 안전 플러그 제거. 이 안전 플러그는 뒷좌석 왼쪽 측면의 플라스틱 패널 뒤에 위치한다.

3단계: 클래스 0 고전압 안전 장갑을 착용한다.

4단계: 고전압 배터리 팩을 목재 또는 고무 매트 위에 놓고 절연 도구를 사용한다. 고전압 배터리 팩을 분해한 후 개별 배터리 모듈을 다룰 것이다. 한 번에 한 블록의 배터리만 접촉하는 한 12 V 일반 배터리와 전압 수준이 유사하므로 위험하지 않다.

- 각 모듈의 전압을 확인한다.
  셀 전압의 하한선인 5.4 V(블록의 경우 10.8 V) 미만인 배터리 모듈은 사용하지 않는다. 모듈을 재충전할 수 있더라도 수명이 짧을 것이다.
  배터리가 7.5 V 미만인 경우 최대 16 V에서 2~6 A의 전류로 충전한다. 배터리 온도를 모니터링하여 온도가 50°C(120°F)를 초과하지 않도록 충전 속도를 조절하여 배터리 과열을 방지한다.
- 충전 후 전압이 안정화되면 내부 저항 계산에 사용할 무부하 전압을 기록한다. 이 예시에서는 전압이 15.21 V라고 가정한다.
- 높은 정격의 저항을 사용하여 배터리에 부하를 적용한다. 배터리 부하에 가할 때 주로 25 W 정격 1.5옴 저항이 사용된다.
- 부하 저항을 적용하고 새 전압 및 전류 값을 측정한다.

내부 저항 결정 배터리 블록(두 개의 모듈)의 내부 저항을 결정하려면 무부하 전압을 저항 부하 시 블록의 전압과 비교한다. 이것을 델타(Δ) 또는 전압 변화라고 부른다. 이 전압차를 1.5옴 저항으로 부하 테스트할 때 측정된 전류(암페어, A)로 나눈다. 예를 들어 저항 부하 시 전류가 9.6 A이고 전압이 15.50 V인 경우 전압 변화 ΔV는 15.50 V − 15.21 V = 0.29 V이며, 따라서 내부 저항은 0.29 V ÷ 9.6 A = 0.0302옴 또는 30밀리옴이 된다. 25~35밀리옴의 배터리 블록 저항을 갖는 차량 내 결함이 있는 배터리 모듈은 테스트된 재생 배터리를 사용하여 교체할 수 있으며, 내부 저항을 가능한 한 비슷하게 맞춰야 한다.

충전 상태 일치 배터리를 직렬로 연결하려면 배터리 전압이 거의 동일해야 한다. 직렬 연결된 배터리는 동일한 충전/방전 전류를 받지만, 충전 부족 상태의 배터리는 다른 배터리 팩의 전압을 따라가지 못한다. 진단 오류 코드(DTC)는 배터리 간 전압 차이가 0.30 V 이상인 경우 전압을 차단한다.

배터리 성능 저하 및 균형 조정

성능 저하 속도 대부분의 고전압 배터리 수명은 차량의 수명보다 오래 지속된다. 그러나 배터리 수명과 성능 저하율에 영향을 미치는 요인은 다음과 같다.

- 에너지 저장량의 평균 감소율은 연간 2.3%이다.
- 고전압 배터리의 성능은 비선형적으로 감소한다. 즉, 배터리 수명 초기에는 빠른 감소가 있지만 그 이후에는 감소율이 느려진다.
- 액체 냉각 배터리의 성능 저하율은 공랭식 배터리보다 느리다. 예를 들어, 액체 냉각 고전압 배터리의 평균 연간 성능 저하율은 2.3%인 반면 공랭식 배터리의 연간 성능 저하율은 4.2%이다.
- 차량 사용량이 높다고 해서 반드시 배터리 성능 저하율이 높은 것은 아니다.
- 더운 온도에서 주행하W는 차량은 배터리 성능이 더 빨리 저하된다.
- DC 급속 충전기의 사용은 성능 저하 속도를 빠르게 한다. 그러나 레벨 1 충전과 레벨 2 충전을 자주 사용해도 배터리 상태에는 큰 차이가 없다. 빈번한 DC 충전으로 발생하는 배터리 성능 저하는 더운 기후 조건에서 더욱 악화된다.

수동 및 능동 셀 밸런싱 긴 배터리 수명을 위해 차량의 전자 장치는 수동 및 능동 배터리 셀 밸런싱을 수행한다.

- **수동 밸런싱**(passive balancing)은 가장 많이 충전된 셀에서 에너지를 끌어내어 열로 방출시키는 것으로, 일반적으로 저항을 통해 이루어진다. 수동 밸런싱을 통해 배터리 팩의 모든 셀이 그중 가장 약한 셀과 같은 용량을 갖는 것처럼 작동할 수 있다. 충전 주기 동안 상대적으로 낮은 전류를 사용하여 SOC가 높은 셀에서 소량의 에너지를 소모하도록 함으로써 모든 셀이 최대 SOC로 충전되도록 한다.
- **능동 밸런싱**(active balancing)은 가장 많이 충전된 셀에서 에너지를 가져와서 가장 적게 충전된 셀로 전달함으로써 달성된다. 보통 DC-DC 컨버터를 통해 전달된다.

정상 작동 정상적인 차량 작동 중에 하이브리드 자동차의 고전압 배터리의 충전 및 방전 사이클은 배터리 관리 시스템(BMS)에 의해 모니터링 및 제어된다. 이 모듈은 배터리 온도, 전류 및 전압을 모니터링하여 SOC를 계산하고 배터리를 어떤 속도로 충전해야 하는지 결정한다. 대리점에서는 때때로 하이브리드 자동차의 배터리 팩을 재충전하기 위한 특수 고전압 배터리 충전기를 보유하고 있지만, 가장 좋은 충전기는 차량 자체이다. 하이브리드 자동차의 고전압 배터리가 방전되면 가장 먼저 해야 할 일은 배터리 팩을 재충전하기 위해 차량 시동을 거는 것이다. 절차는 해당 모델에 따라 다를 수 있다. 장애가 발생한 하이브리드 차량을 가동할 때는 항상 제조업체가 지정한 절차를 따르라.

정비 사례

고장 난 프리우스의 사례

한 프리우스 운전자가 "엔진이 절대로 꺼지지 않는다"며 연비가 정상인 40 MPG 이상에서 25 MPG로 떨어졌다고 토로했다. "절대로 꺼지지 않는다"라는 것은 공회전 중지(오토 시동/정지 기능)가 작동하지 않는다는 것을 말한다. 그 차량에서는 심각한 문제가 감지되었음을 알리는 마스터 경고등이 켜졌다. 정비사는 자기진단기를 사용하여 다음과 같은 진단 고장 코드(DTC)를 얻었다.

- P0A80: 배터리 팩 내 두 블록 간의 전압 차이가 너무 큼
- P3006: 불균형한 충전 상태

자기진단기로 측정한 데이터에 따르면 배터리 블록 전압이 4.65 V에서 15.01 V까지 다양하게 읽혔다. 일반적으로 배터리 블록이 7.5 V 미만이면 사용 가능한 상태로 복원할 수 없다. 충전이 가능하더라도 해당 모듈의 수명은 짧아질 것이다. 정비사는 국내에서 유명한 업체의 재생 배터리 팩으로 교체를 권장했고 고객은 이를 승인했다. 결국 배터리 팩의 교체가 진행되었고, 차량은 정상적인 작동 및 연비로 복원되었다.

요약

- **불만 사항**: 프리우스의 연비 감소
- **원인**: 배터리 팩의 두 블록 간 매우 큰 전압 차이
- **조치**: 배터리 팩 교체 후 차량의 정상적인 작동 및 연비로 복원

하이브리드 자동차의 고전압 배터리 점검 및 시험 절차

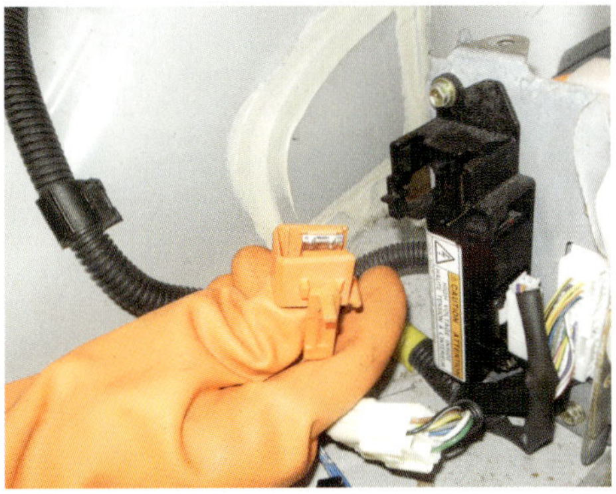

1 고전압 시스템을 비활성화하기 위해 시동을 끄고 12 V 보조 배터리의 음극 케이블을 연결 해제한 다음 고전압 배터리의 안전 플러그를 제거한다.

2 전압 수준이 안전한지 확인한 후 뒷좌석과 고전압 배터리 커버를 제거한다. 차량 수리를 위해 제조업체가 지정한 안전 절차를 항상 따르고 모든 안전 경고 및 주의사항을 준수한다.

3 고전압 배선은 고전압 절연 장갑을 착용한 상태에서 배터리 팩에서 분리한다.

4 고전압 배터리는 차량의 후면을 통해 제거할 수 있다.

5 고전압 배터리 팩은 두꺼운 고무 (절연) 매트로 덮인 작업대 위에 놓는다. 목재 상판의 거치대를 사용할 수도 있다.

6 육안 검사를 통해 배터리 모듈 간 연결부의 심각한 부식이 확인된다.

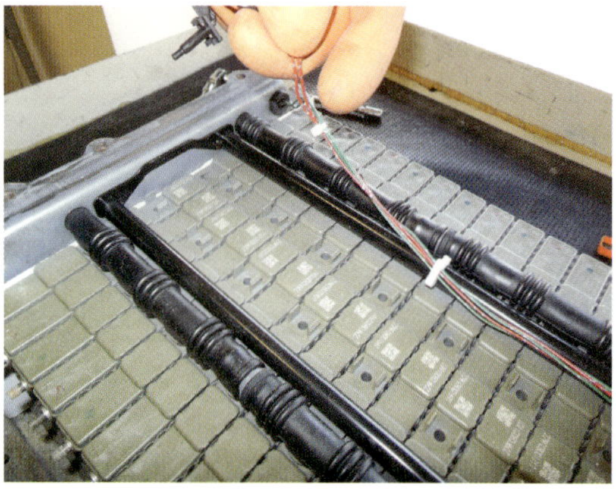

7 고전압 배터리 팩 내 온도 센서를 제거한다.

8 고전압 배터리의 배기 튜브를 배터리 팩에서 제거한다.

9 배터리 팩의 마감 커버를 탈거한다.

10 배터리 팩 바닥에 배터리 모듈을 고정하는 체결 장치를 제거한다.

11 배터리 팩에서 제일 바깥쪽에 위치한 모듈을 제거한다.

12 개별 모듈은 전압계를 사용하여 측정되었으며 대부분의 모듈은 약 3.6 V로 측정되었다. 이는 충전으로 복원 가능한 최소 전압인 5.4 V보다 훨씬 낮다.

요약

1. 현재 생산되는 대부분의 하이브리드 자동차는 고전압 배터리로 니켈-수소(NiMH) 배터리 기술을 사용한다.
2. 원통형 타입의 셀에는 긴 리본 형태의 활성 물질이 강철 원통 안에 나선 모양으로 배치되어 있다.
3. 각형 타입은 셀은 납산 배터리와 비슷한 직사각형 또는 상자 형태의 설계로서 내부에 평판 형태의 활성 물질이 들어 있다.
4. 현재 생산되는 모든 하이브리드 자동차는 고전압 배터리 팩의 온도 제어를 위해 공기 냉각 방식을 사용한다.
5. 리튬-이온 셀은 배터리 충전 및 방전 중에 리튬 이온이 양극과 음극 사이를 이동하므로 이와 같은 이름이 붙여졌다.
6. 소비자가 전기 자동차의 에너지 소비를 화석 연료를 사용하는 차량과 비교할 수 있도록 EPA는 MPGe라는 연비 측정 방식을 만들었다.
7. 시스템 메인 릴레이(SMR)는 배터리와 고전압 시스템 내 다른 구성 요소들을 연결하여 고전압 회로를 제어하는 고용량 릴레이이다.
8. 저전압(LV) 배선은 배터리 제어 기능에 전원을 공급하고 배터리와 차량 간 통신을 가능하게 한다(CAN 프로토콜).
9. 대부분의 고전압 배터리 수명은 차량의 사용 가능 수명보다 길다.
10. 긴 배터리 수명을 위해 차량의 전자 장치는 수동 및 능동 배터리 셀 밸런싱을 수행한다.

복습 문제

1. 고전압 배터리는 왜 추운 날에는 가열이 필요하며 더운 날에는 냉각이 필요한가?
2. 리튬-이온 배터리는 니켈-수소 배터리와 비교하여 어떤 장점이 있는가?
3. 전기 배전 시스템(EDS)의 주요 기능은 무엇인가?
4. 고전압 배터리 모듈의 고장을 해결하는 데 필요한 단계에는 어떤 것이 있는가?
5. 충전 상태가 80%를 초과하면 어떤 일이 발생하는가?

마무리 퀴즈

1. 12 V 전압 시스템이 하이브리드 및 전기 자동차에서 사용되는 목적은 무엇인가?
   a. DC-DC 컨버터를 통해 고전압의 소스를 제공하기 위해
   b. 차량 추진력을 제외한 모든 부대 장치 및 기타 차량 작동부에 전원을 공급하기 위해
   c. a와 b 모두
   d. a도 b도 아님
2. 니켈-수소 배터리 셀의 정격 전압은 얼마인가?
   a. 1.2 V
   b. 3.2 V
   c. 3.6 V
   d. 4.8 V
3. 리튬-이온 셀이 생성하는 전압은 셀당 얼마인가?
   a. 1.2 V
   b. 3.2 V
   c. 3.6 V
   d. 4.8 V
4. 차량 제조업체가 사용하는 음극 재료는 무엇인가?
   a. 니켈, 망간, 코발트(NMC)
   b. 니켈, 코발트, 알루미늄(NCA)
   c. 리튬인산철($LiFePO_4$)
   d. 위 보기 모두
5. 리튬-이온 셀이 가능한 설계 유형은 무엇인가?
   a. 원통형 셀
   b. 각형 – 하드 케이스
   c. 각형 – 파우치 유형
   d. 위 보기 중 어느 것이든

6. 하이브리드 제어 모듈의 요청에 따라 고전압 배터리의 작동을 제어하는 역할을 하는 것은 무엇인가?
   a. 배터리 제어 모듈(BCM)
   b. 시스템 메인 릴레이(SMRs)
   c. 배터리 관리 시스템(BMS)
   d. 전기 분배 시스템(EDS)
7. 대부분의 하이브리드 자동차에서는 _______의 목표 SOC를 사용하고, 배터리의 SOC가 목표보다 _______만큼 높거나 낮지 않도록 조절한다.
   a. 100%, 50%
   b. 80%, 20%
   c. 70%, 50%
   d. 80%, 40%
8. 세 개의 SMR 시스템 설계에서 하나의 SMR은 양극 회로를 제어하고 두 개의 SMR은 음극 회로를 제어한다. 음극 측면에서 SMR은 무엇과 직렬로 연결되는가?
   a. 커패시터
   b. 저항
   c. 다이오드
   d. 인덕터(코일)
9. 하이브리드 자동차의 정상 작동 중 고전압 배터리의 충전 및 방전 주기를 모니터링하고 제어하는 것은 무엇인가?
   a. 배터리 제어 모듈(BCM)
   b. 시스템 메인 릴레이(SMRs)
   c. 배터리 관리 시스템(BMS)
   d. 전기 분배 시스템(EDS)
10. 다음 중 주요 기능으로서 배터리 팩을 통한 전기 전도 경로를 제공하는 것은 무엇인가?
   a. 배터리 제어 모듈(BCM)
   b. 시스템 메인 릴레이(SMRs)
   c. 배터리 관리 시스템(BMS)
   d. 전기 분배 시스템(EDS)

Chapter 11

전기 및 하이브리드 자동차의 모터, 컨버터 및 인버터

학습 목표

- DC 및 AC 전기 모터의 작동을 설명할 수 있다.
- 브러시리스 DC 모터의 작동 방식을 설명할 수 있다.
- 하이브리드 자동차에 전기 모터를 사용하는 것의 장점과 단점에 대해 논의할 수 있다.
- DC–DC 컨버터의 작동 방식을 설명할 수 있다.
- DC–AC 인버터의 작동 방식을 논의할 수 있다.
- ASE L3 인증 텍스트 영역 'D'(전력 전자)를 대비할 수 있다.

핵심 용어

고정자
농형 회전자
렌츠의 법칙
리졸버
매입형 영구 자석(IPM)
부스트 컨버터
브러시리스 모터
스너버
오른손 법칙
인버터
자속선
전기자
전자기
전자기 유도
절연 게이트 바이폴라 트랜지스터(IGBT)
정류자
표면부착형 영구 자석(SPM)
회전자
AC 유도 모터(ACIM)
DC–DC 컨버터

전자기 현상

원리 과학자들은 1820년경에 전류가 흐르는 도체가 자기장으로 둘러싸여 있다는 사실을 발견했다. 전류를 사용하여 자기장을 생성하는 것을 **전자기**(electromagnetism)라고 한다. 이러한 전자기장은 기존의 자석 주변의 자기장보다 몇 배 더 강해질 수 있다. 또한 도체 주변의 자계 강도는 전류를 조절하여 제어할 수 있다. 이러한 자기력선을 **자속선**(flux line)이라고 한다. 전류가 증가하면 더 많은 자속선이 생성되고 자기장이 확장되고 강해진다. 전류가 감소하면 자기장이 수축하거나 붕괴된다. 이러한 발견은 자기의 실제적인 사용을 크게 확대하고 전자기학과 같은 연구 분야를 만들었다.

전자석 만들기 자석은 철이나 강철 조각을 자화하거나 전기를 사용하여 전자석으로 만들 수 있다. 전자석을 만드는 쉬운 방법은 못에 절연 전선을 20회 정도 감고 그 끝을 1.5 V 건전지 단자에 연결하는 것이다. 전원이 공급되면 못은 자석이 되어 압정이나 기타 작은 철로 된 물체를 집을 수 있다.

직선 도체 전류가 흐르는 직선 도체를 둘러싼 자기장은 코일의 전체 길이를 따라 존재하는 같은 중심을 가지는 여러 자속선으로 구성된다. 전류의 세기는 얼마나 많은 자속선이 존재하며, 표면에서 얼마나 멀리 확장되는지를 결정한다. ● **그림 11-1 참조**

오른손 법칙 막대자석을 둘러싼 자속선에 방향이 있는 것처럼 자속선에도 방향이 있다. 자동차에 사용되는 대부분의 회로는 전류 흐름(+에서 −)에 대한 기존 이론을 사용하므로 **오른손 법칙**(right-hand rule)을 사용하여 자속선의 방향을 결정한다. ● **그림 11-2 참조**

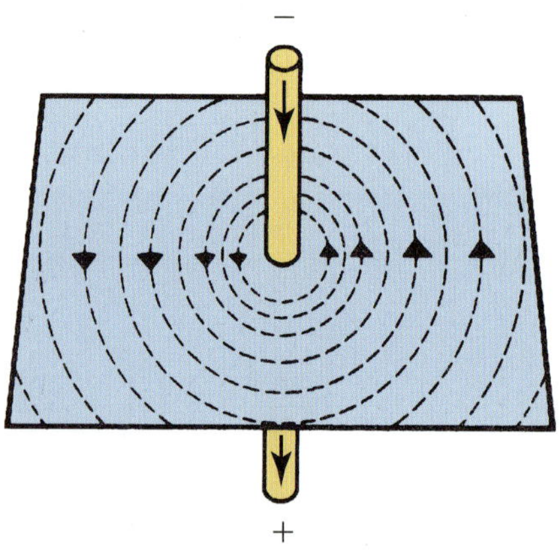

그림 11-1 자기장은 전류가 흐르는 도체를 둘러싸고 있다.

그림 11-2 자기장 방향에 대한 오른손 법칙은 기존의 전자 흐름 이론과 함께 사용된다.

자기장의 상호작용 전류가 흐르는 도체를 둘러싼 자속 영역은 다른 자기장과 상호 작용한다. 아래 그림에서 십자 기호(+)는 전류가 안쪽으로 이동하거나 사용자로부터 멀어지는 방향으로 이동함을 나타낸다. 화살의 꼬리를 표현한 것이다. 점 기호(•)는 화살촉을 나타내며 전류가 바깥쪽으로 이동함을 나타낸다. 두 도체에 반대 방향으로 전류가 흐르면 자기장도 반대 방향으로 회전한다. 나란히 배치하면 도체 사이의 반대 자속선이 강한 자기장을 생성한다. 전류가 흐르는 도체는 강한 자기장에서 약한 자기장으로 이동하는 경향이 있으므로 도체는 서로 멀어진다. ● **그림 11-3 참조**

두 도체가 동일한 방향으로 전류를 전달하는 경우 해당 자장은 동일한 방향에 있다. 두 도체 사이의 자속선은 서로 상쇄되어 두 도체 사이에 매우 약한 자장이 남는다. 도체는 이 약한 장으로 끌려 들어가 서로를 향해 움직이는 경향이 있다.

모터의 원리 자동차 스타터 모터와 같은 전기 모터는 이 자장의 상호 작용을 사용하여 전기 에너지를 기계 에너지로 변환한다. 반대 방향으로 전류를 전달하는 두 도체를 강한 N극과 S극 사이에 배치하면 도체의 자기장이 극의 자기장과 상호 작용한다. 상단 도체의 시계 방향 자기장은 극의 자기장에 추가되고 도체 아래에 강한 자기장이 생성된다. 도체는 이 강한 자기장에서 벗어나기 위해 위로 올라가려고 한다. 하부 도체의 시계 반대 방향 자기장은 극의 자기장에 추가되고 도체 위에 강한 자기장이 생성된다. 도체는 이 강력한 자기장에서 벗어나기 위해 아래로 이동하려고 한

그림 11-3 반대 방향의 자기장을 갖는 도체는 더 약한 자기장 방향으로 분리된다.

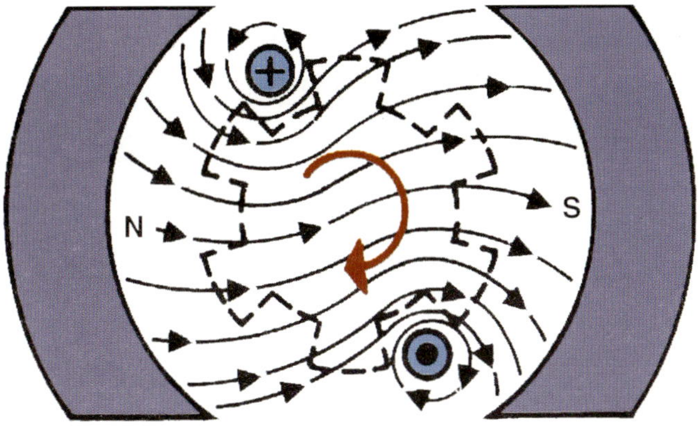

그림 11-4 전기 모터는 자기장의 상호 작용을 사용하여 기계적 에너지를 생성한다.

다. 이러한 힘으로 인해 도체가 장착된 모터 중심이 시계 방향으로 회전하게 된다. ● **그림 11-4 참조**

코일로 된 도체 여러 개의 와이어로 구성된 루프를 코일로 만들면 자속 밀도가 강해진다. 코일 주위의 자속선은 막대자석 주위의 자속선과 동일하다.

자속선은 N극에서 나와 S극으로 들어간다. 코일의 자기장은 와이어의 감은 수를 늘리거나 코일을 통과하는 전류를 증가시킴으로써 또는 두 가지 모두를 통해 강하게 할 수 있다. ● **그림 11-5 참조**

전자석 전류가 흐르는 와이어 코일 주변의 자기장은 연철 코어를 사용하여 강하게 할 수 있다. 연철은 투자율이 높기 때문에 자속선이 쉽게 통과한다. 연철 조각이 코일 도체 내부에 배치되면 자속선은 투과성이 낮은 공기를 통과하지 않고 코어에 집중된다. 힘의 집중은 코일 내부의 자기장의 세기를 크게 증가시킨다. 철심이 있는 코일을 전자석이라고 한다. ● **그림 11-6 참조**

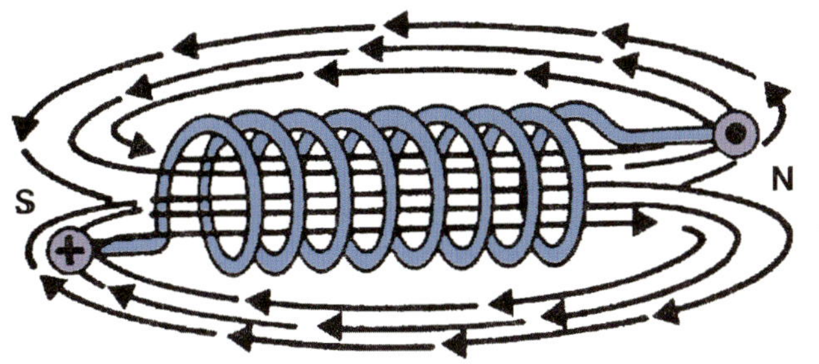

그림 11-5 코일을 둘러싸는 자속선은 막대자석을 둘러싸는 것과 유사하게 보인다.

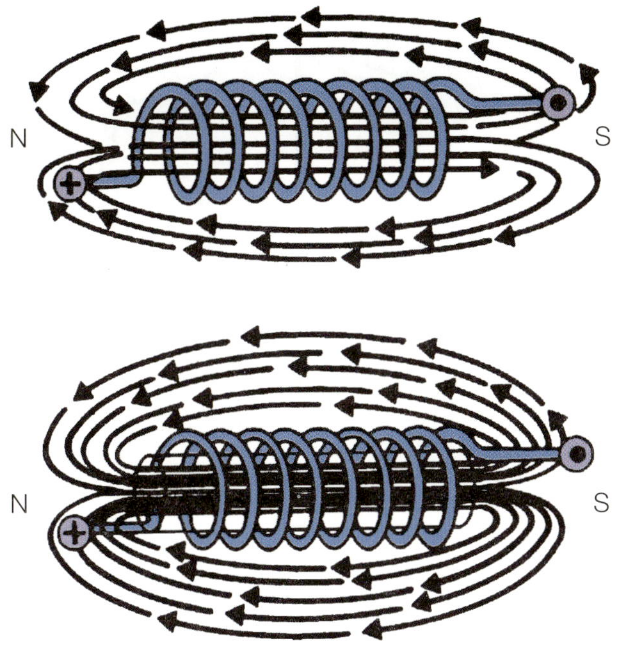

그림 11-6 철심은 코일을 둘러싸는 자력선을 집중시킨다.

전자기 유도

원리 자속선은 자속선이나 도체가 움직이는 경우 도체에 기전력 또는 전압을 생성할 수 있다. 이러한 움직임을 상대 운동이라고 한다. 즉, 자속선과 도체 사이에 상대 운동이 있다. 이 과정을 유도라고 하며, 이로 인해 발생하는 기전력을 유도 전압이라고 한다. 움직이는 자기장에 의해 도체에 전압이 생성되는 것을 **전자기 유도**(electromagnetic induction)라고 한다. 도체가 완전한 회로에 있으면 전류가 흐른다. 도체에 의해 자속선이 끊어지면 전압이 유도된다. 이러한 상대 운동은 자기장을 가로질러 이동하는 도체 또는 고정 도체(교류 발전기 및 점화 코일에서와 같이)를 가로질러 이동하는 자기장일 수 있다. 두 경우 모두 유도 전압은 도체와 자속선 사이의 상대 운동에 의해 생성된다. 움직임이 직각일 때 가장 높은 전압이 생성된다. ● **그림 11-7 참조**

전압 세기 유도 전압은 도체에 의해 끊어지는 자속선에 따라 달라진다. 전압의 세기는 자속선이 끊어지는 속도에 따라 달라진다. 단위 시간당 더 많은 자속선이 끊어질수록 유도 전압은 더 커진다. 단일 도체가 초당 백만 개의 자속선을 끊으면 1 V가 유도된다. 유도 전압을 높이는 방법에는 네 가지가 있다.

- 자기장의 강도를 증가시켜 더 많은 자속선을 갖게 된다.
- 자속선을 차단하는 도체 수를 늘린다.

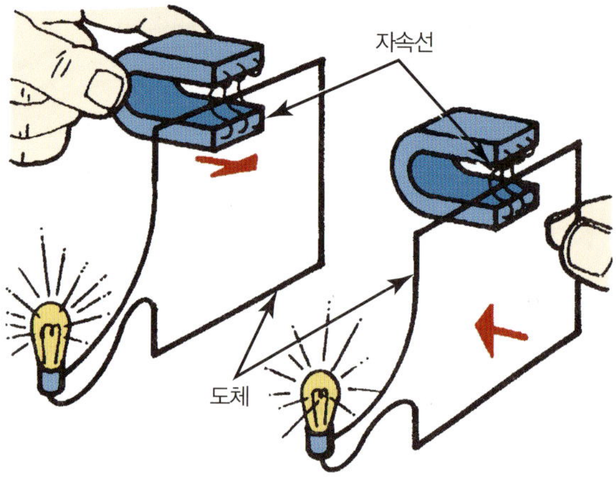

그림 11-7 전압은 도체와 자기력선 사이의 상대 운동에 의해 유도될 수 있다.

- 도체와 자속선 사이의 상대 운동 속도를 높여 단위 시간당 더 많은 선이 끊어지도록 한다.
- 자속선과 도체 사이의 각도를 최대 90°까지 늘린다. 도체가 자속선과 평행하게 움직이고 자속선이 끊어지지 않으면 전압이 유도되지 않는다. ● **그림 11-8 참조**

도체가 90°에서 자속선을 끊으면 최대 전압이 유도되고 자속선이 0~90° 사이의 각도로 절단되면 전압이 감소한다. ● **그림 11-9 참조**

전압은 전자기적으로 유도될 수 있으며 측정될 수 있다. 유도된 전압은 전류를 생성한다. 유도된 전압의 방향(및 전류가 이동하는 방향)을 극성이라고 하며 자속선의 방향과 상대 운동 방향에 따라 달라지진다. 유도 전류는 자기장이 전류를 유도하는 운동에 반대되도록 움직인다. 이 원리를 **렌츠의 법칙**(Lenz's law)이라고 한다. 도체와 자기장 사이의 상대 운동은 유도된 전류의 자기장에 의해 반대가 된다.

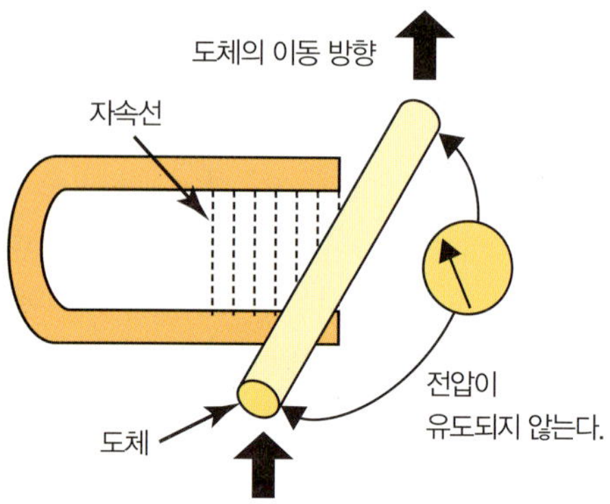

그림 11-8 도체가 자기력선(자속선)과 동일한 방향으로 이동하면 전압이 유도되지 않는다.

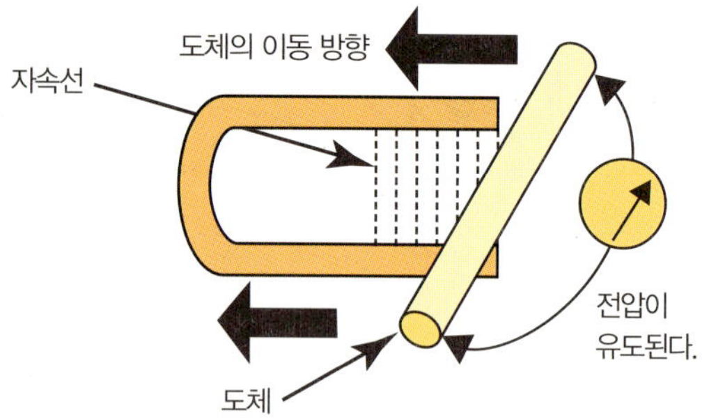

그림 11-9 최대 전압은 도체가 90° 각도로 자기력선(자속선)을 가로질러 절단될 때 유도된다.

전기 모터

전기 모터의 출력 전기 모터의 출력은 킬로와트(kW)로 표시된다. 이는 기계 및 전력 등급을 평가하는 데 선호되는 국제 표준이다. 100% 효율을 가진 모터는 1킬로와트의 입력 전력으로 1킬로와트의 기계적인 동력을 생성한다. 1킬로와트는 1,000와트와 같다. 1와트는 무게가 3.6온스(102그램)인 물체를 1초에 39인치(1미터) 거리까지 들어 올리는 힘의 양이다. 와트 단위의 전력 측정은 스코틀랜드 엔지니어 제임스 와트(James Watt)의 이름을 따서 명명되었다. 1마력(hp)은 746와트와 같다. HP 등급은 말이 주요 동력원이었던 1700년대 후반에 와트에 의해 개발되었다. 와트는 쉽게 이해할 수 있는 용어로 증기 엔진에서 사용할 수 있는 전력량을 표현하는 방법을 원했다. 몇 가지 간단한 실험을 통해 그는 초당 550피트-파운드가 평균 말이 생산하는 힘이라는 것을 알아냈다. 이것은 말이 1초에 550파운드의 무게를 1피트 들어 올릴 수 있다는 것을 의미한다. 마력과 킬로와트 간의 변환이 표로 나와 있다. ● **표 11-1 참조**

마력(HP)	킬로와트(kW)
25	19
50	37
75	56
100	75
125	93
150	112
175	131
200	149

표 11-1 마력을 킬로와트로 변환하는 차트

? 자주 묻는 질문

마력 등급이 합산되지 않는 이유는 무엇인가?

사륜구동 전기 자동차의 사양을 살펴본 구매자는 후륜 모터의 정격이 250마력, 전륜 모터의 정격이 200마력이라는 점을 확인했다. 그러나 구매자는 '최종적으로 합산된' 마력이 380마력에 불과한 반면 단순히 합쳐진 출력은 450마력이어야 한다는 사실을 알아냈다.

마력이 합산되지 않는 이유는 모터의 정격 출력 때문이 아니라 고전압 배터리가 공급할 수 있는 총에너지 때문이다. 전기 모터 자체는 개별적으로 더 많은 동력을 생산할 수 있지만 배터리 관리 시스템은 380마력의 에너지만 공급할 수 있기 때문이다.

전기 모터의 작동 대부분의 전기 모터는 전자기장과 자기장 내에 위치했을 때 전선이 전도될 때 기계적 힘이 발생한다는 기본 원리에 의해 작동한다. 그 힘은 로렌츠 힘의 법칙으로 설명되며 와이어와 자기장 모두에 수직이다. 전기 모터에서 회전하는 부분(보통 내부)을 **회전자**(rotor)라고 하고, 정지한 부분을 **고정자**(stator)라고 한다. 모터에는 프레임에 감긴 전자석이 포함되어 있다. 전자기장의 기본 원리 중 하나는 자기장이 전류를 전달하는 모든 도체를 둘러싸고 있다는 것이다. 전류 흐름(암페어 단위)이 증가하면 자기장의 강도도 증가한다. 스타터 모터의 하우징 내부에는 계자 코일 자석에 의해 생성된 강력한 자기장이 있다. 많은 도체로 구성된 **전기자**(armature)는 이 강한 자기장 내부에 설치되며 전기자와 계자 코일 사이의 간격은 거의 없다.

두 개의 자기장은 함께 작용하며, 그 힘선은 '뭉쳐지거나' 전기자 루프 와이어의 한쪽에서 강해지고 도체의 다른 쪽에서는 약해진다. 이로 인해 도체(전기자)는 강한 자기장에서 약한 자기장이 있는 영역으로 이동한다.

이로 인해 전기자가 회전하게 된다. 이 회전력(토크)은 스타터 모터에 흐르는 전류가 증가할수록 커진다. 스타터 모터의 토크는 자계 세기에 따라 결정된다. 자기 세기는 ampere-turns 단위로 측정된다. 전류가 증가하거나 전선의 감은 수가 증가하면 자기장의 세기가 증가한다. ● **그림 11-10 참조**

최초의 전자기 현상을 이용한 회전 모터는 1821년 마이클 패러데이(Michael Faraday)가 발명했다. 기존의 DC 모터는 두 개의 극을 가진 전자석 형태의 회전 전기자를 사용한다. **정류자**(commutator)라고 불리는 회전 스위치는 매 사이클마다 두 번씩 전류의 방향을 바꾸어 전기자를 통해 흐르므로 전자석의 극이 모터 외부의 영구 자석을 밀고 당기게 된다. 전기자 전자석의 극이

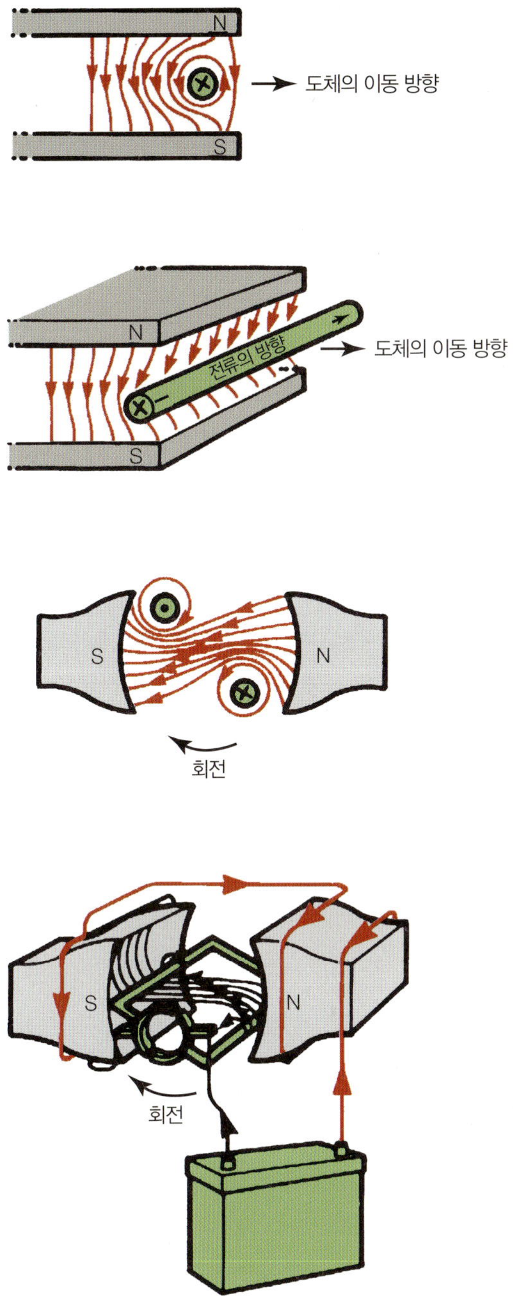

그림 11-10 전기자 루프는 자계 세기의 차이로 인해 회전한다. 루프는 강한 자기장에서 약한 자기장으로 이동한다.

영구 자석의 극을 통과함에 따라 정류자는 전기자 전자석의 극성을 바꾼다. 극성을 전환하는 순간 관성은 모터를 정방향으로 유지한다. 오늘날 일반적인 DC 모터는 4개의 극을 사용한다.

DC 모터 속도는 일반적으로 모터 코일에 흐르는 전압 및 전류와 모터 부하 또는 제동 토크의 조합에 따라 달라진다. 다음은 일반적인 DC 모터의 기본 원리이다.

- 모터의 속도는 인가 전압에 비례한다.

- 토크는 인가 전류에 비례한다.
- 속도는 일반적으로 모터 권선의 탭을 사용하거나 가변 전압 공급 장치를 사용하여 전압이나 전류 흐름을 변경함으로써 제어된다.

공급 전압을 매우 빠르게 켜고 끄는 전자 회로를 사용하여 속도를 제어할 수도 있다. 평균 인가 전압을 변경하기 위해 'on'에서 'off'까지의 시간이 변하므로 모터의 속도도 달라진다. 이 유형의 DC 모터는 흑연 브러시를 사용하여 정류자와 연결한다. 전기 모터에 브러시를 사용하면 많은 단점이 있다. 그중 일부는 다음과 같다.

1. 브러시의 아크(불꽃)는 전기적 소음을 발생시켜 차량 전자 장치에 심각한 문제를 일으킬 수 있다.
2. 브러시는 결국 마모되어 교체가 필요하다.

이는 차량의 유지 관리 비용을 증가시키며, 모터 고장 및 브러시 교체 비용으로 인해 사용자의 불만을 초래할 수 있다.

브러시리스 모터

종류 전기 **브러시리스 모터**(brushless motors)에는 두 가지 종류가 있다.

1. AC 유도 모터
2. AC 동기 모터

AC 유도 모터 **AC 유도 모터**(AC induction motor, ACIM)는 고정자의 전자기 유도 현상을 사용하여 회전자 전류를 유도하는 방법으로 브러시가 필요 없이 회전자에 자기장을 만든다. AC 유도 모터는 AC **비동기 모터** 또는 AC 유도 모터(ACIM)로 사용되는데 회전자와 고정자의 변화하는 자기장 사이에 일정량의 슬립(slip)을 허용하기 때문이다. **비동기**(asynchronous)라는 용어는 모터의 속도가 반드시 고정자 권선을 통해 흐르는 전류의 주파수와 같지 않다는 것을 의미한다. ACIM의 종류에는 농형 및 권선형이 있다.

- **농형 회전자**(squirrel-cage rotor)는 양단에 연결된 다수의 평행하고 두꺼운 구리 또는 알루미늄 도체로 구성된 링으로 구성된다. 고정자에 생성된 자기장이 회전함에 따라 자기장은 회전자의 자극에 의해 형성된 자기장과 상호 작용하여 회전자가 회전하는 방식으로 고정자 자기장의 속도와 거의 같은 속도로 회전하게 된다. ● **그림 11-11 참조**

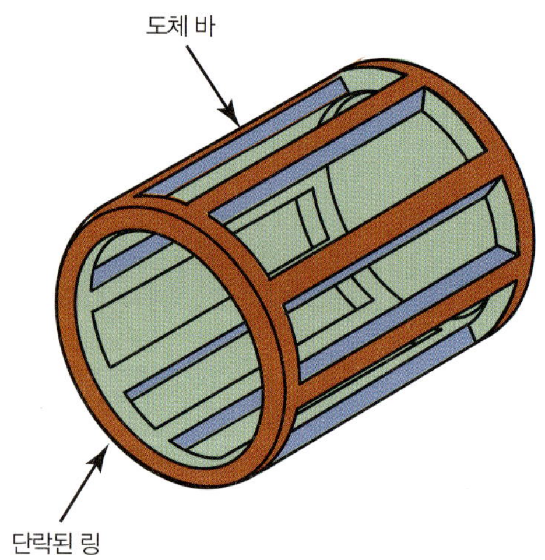

그림 11-11 AC 유도 모터에 사용되는 농형 회전자

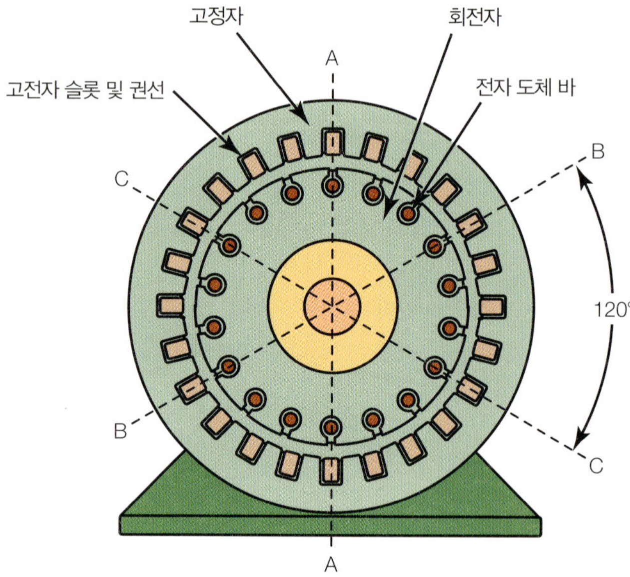

그림 11-12 일반적인 AC 유도 모터 설계

- 또 다른 구조를 **권선형 회전자**(wound rotor)라고 한다. 이 경우 회전자는 고정자와 동일한 수의 극을 가지며 권선은 와이어로 만들어진다. 고정자 자기장이 회전하고 회전자 권선이 단락되면 고정자 자기장의 움직임이 권선형 회전자에 자기장을 유도하여 회전자는 고정자 자기장의 속도와 거의 같은 속도로 회전하게 한다. ● **그림 11-12 참조**

AC 동기 모터 AC 동기 모터는 공급 주파수 또는 공급 주파수의 약수 배로 회전한다. 속도는 다음 관계식에 따라 AC 전원의 주파수와 고정자 권선의 극 수를 통해 계산된다.

$$\text{RPM} = 120F \div p$$

여기서

RPM = 동기 속도

F = AC 전원 주파수

p = 극 수, 일반적으로 짝수

전자 스위칭 회로는 회전자의 자극 위치에 따라 고정자 권선에 정류 전류를 생성한다. 모터의 회전자는 고정자 정류와 동일한 속도로 회전한다. 모터의 속도는 사용되는 AC 전류의 주파수에 따라 제어된다.

영구 자석 모터 영구 자석 회전자를 사용하는 브러시리스 모터는 높은 시동 토크를 생성하며 일반적으로 효율이 90% 이상이다. 브러시리스 영구 자석 모터는 두 가지 회전자의 형태를 가지고 있다.

1. 영구 자석이 회전자의 외부 표면에 부착된다. 이를 **표면부착형 영구 자석**(Surface Permanent Magnets, SPMs)이라고 한다. ● **그림 11-13 참조**
2. 영구 자석이 회전자의 내부에 위치하며 **매입형 영구 자석**(Interior Permanent Magnets, IPMs)이라고 한다. 혼다 어코드, 포드 하이브리드, 토요타 하이브리드는 IPM형 회전자 구조를 사용한다.

작동 두 모터 유형 모두 고정자 코일은 고정되어 있고 영구 자석형 회전자가 회전한다. 회전자의 영구 자석이 고전자의 변화하는 자기장을 '추적'하도록 하기 위해 교류(AC)가 고정자의 다양한 위상(phase)에 공급된다. ● **그림 11-14, 그림 11-15 참조**

그림 11-13 혼다 시빅에 사용되는 통합된 모터 보조 장치(IMA)용 회전자는 표면부착형 영구 자석(SPM) 구조이다. 자석은 네오디뮴 자석으로 만들어졌다.

전류는 세 개의 고정자의 위상 중 하나로 공급되고 두 번째 위상에서 흘러나온다. 이 전류는 위치 센서 역할을 하며 제어기가 고정자의 어느 위상에 전원을 공급할 시기를 결정하도록 도와준다. 이를 센서리스 DC 모터라고 한다.

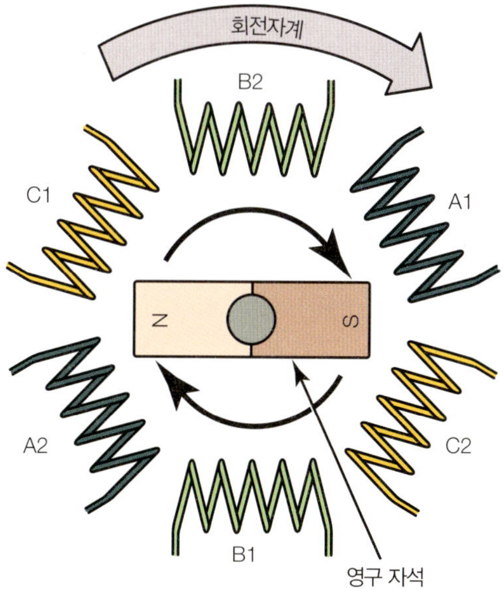

그림 11-14 하이브리드 자동차를 구동하는 데 사용되는 대부분의 전기 모터의 회전자는 영구 자석형으로 설계된다. 회전자를 둘러싸고 있는 고정자 코일은 모터의 속도와 토크를 제어하기 위해 펄스를 켜고 끈다.

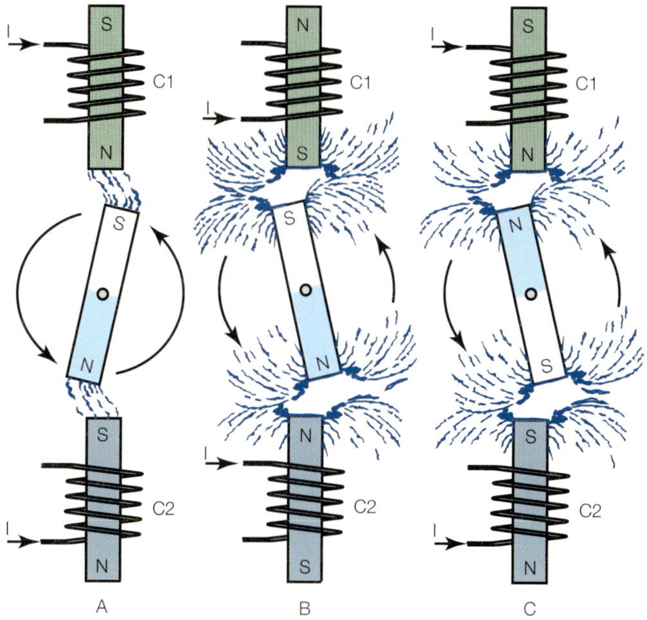

그림 11-15 회전자를 둘러싼 코일의 극성과 주파수를 변화시켜 회전자를 강제로 회전시킨다.

정지 상태의 유도 모터는 구속 전류(locked rotor current)라고 알려진 매우 높은 전류를 사용한다. 또한 LRT(Locked Rotor Torque)라고 알려진 토크를 생성한다. 모터가 가속함에 따라 전압이 일정한 수준으로 유지되면 토크와 전류가 모두 회전자 속도에 따라 변하는 경향이 있다. 일정한 전압을 사용하는 모터의 시동 전류는 모터가 가속됨에 따라 매우 천천히 작아지며 모터가 최대 속도의 80% 이상에 도달한 후 떨어지기 시작한다. 일반적으로 유도 모터의 효율은 고속 모터의 경우 92% 이상이다.

테슬라를 제외한 대부분의 전기 자동차는 영구 자석 견인 모터를 사용한다.

전기 모터의 토크 가솔린이나 디젤 엔진은 저속에서 매우 적은 토크와 출력을 생성하며 차량을 움직이게 하려면 토크를 크게 하기 위해 변속기를 사용해야 한다. AC 유도 모터와 같은 전기 모터는 저속에서 최대 토크를 생성하므로 정지 상태에서 차량을 움직이는 데 완벽한 동력원이 된다. 전기 모터의 최대 토크 영역을 지나면 정출력 영역이 되는데 토크에 속도(RPM)를 곱한 값이 출력이 된다. 따라서 하이브리드 자동차에 사용되는 일반적인 전기 모터는 다음과 같은 특징을 갖는다.

- 일반적으로 0~1,500 RPM의 저속에서 일정한 토크를 가진다.
- 1,500 RPM 이상에서 일정한 출력을 가진다. ● **그림 11-16 참조**

예를 들어 토요타 하이랜더에 사용되는 후륜 전기 모터의 사양은 다음과 같다.

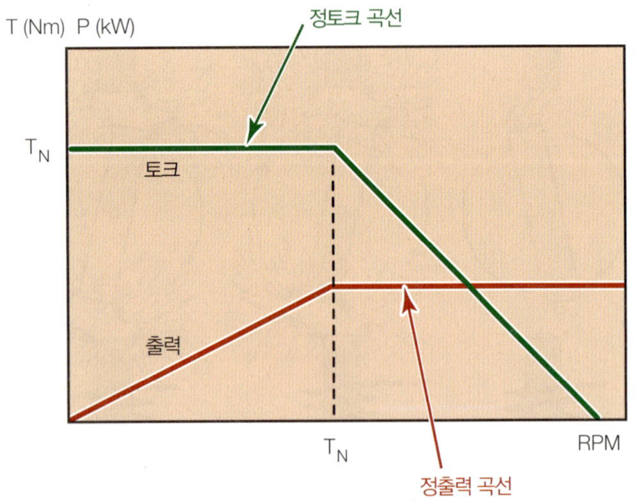

그림 11-16 그래프에서 낮은 속도에서는 모터에서 발생하는 토크가 일정하고 높은 속도에서는 출력이 일정하다는 것을 알 수 있다. 출력은 토크와 속도의 곱과 같으므로 토크가 감소하면 출력이 일정하게 유지된다.

- 출력: 4,500 RPM에서 123 kW(167마력)
- 최대 토크: 0~1,500 RPM에서 247 lb ft

전기 모터 제어

원리 대부분의 하이브리드 및 전기 자동차는 하나 이상의 AC 동기 모터를 사용한다. 이는 다음과 같이 제어된다.

1. 모터의 속도를 변경하려면 인가되는 전류의 주파수를 변경한다. 속도는 주파수에 동기화되므로 주파수가 변경되면 속도도 변경된다.
2. 펄스폭과 전압은 전기 보조 또는 추진을 위한 차량의 요구에 맞게 전력 출력을 변경하도록 조정된다.

예 견인 모터 제어기의 예로는 토요타 하이브리드 전기 자동차에 사용되는 모터 제너레이터(MG) ECU가 있으며, 이는 대부분의 하이브리드 자동차에 사용되는 제어기의 전형적인 예이다.

모터 모드

- 저속–저부하 조건(Low-Speed – Low-Load Condition): MG ECU는 낮은 출력을 위해 낮은 주파수에서 낮은 전류를 인가한다.
- 저속–고부하 조건(Low-Speed – High-Load Condition): MG ECU는 낮은 주파수에서 높은 전류를 인가하여 낮은 속도에서 높은 모터 토크와 출력을 생성한다.
- 고속–저부하 조건(High-Speed – Low-Load Condition): MG ECU는 낮은 모터 토크와 고속에서의 파워가 필요할 때 높은 주파수에서 낮은 전류를 인가한다.
- 고속–고부하 조건(High-Speed – High-Load Condition): MG ECU는 높은 전류를 고주파로 인가하여 높은 모터 출력을 생성한다.

발전 모드

- 저속 전압 출력(Low-Speed Voltage Output): 저속에서 전압 출력이 낮다. 인버터의 다이오드는 AC 전압을 DC 전압으로 정류한다.
- 고속 전압 출력(High-Speed Voltage Output): 회전자 자석에 의해 생성된 자기장이 고정자 권선을 통해 고속으로 이동하기 때문에 고속에서 전압 출력이 더 높다.

MG ECU는 에너지의 전기화학적 변환 중에 가능한 최고의 효율을 유지하기 위해 리졸버의 피드백에 의존한다. MG ECU는

그림 11-17 토요타 하이브리드 트랜스액슬의 모터 발전기용 전원 케이블

차량을 구동하기 위한 토크를 생성하거나 회생 제동 중에 배터리를 충전하기 위한 발전기로 사용되는 등 모터의 모든 기능을 제어한다. ● 그림 11-17 참조

모터 제어 IGBTs 트랜지스터와 다이오드의 배열은 차량의 이동(어시스턴스)과 배터리 팩의 재충전을 위한 전기 모터의 3상 제어를 야기하며, MG ECU를 통한 전류 흐름은 6개의 IGBT(Insulated-Gate Bipolar Transistor)에 의해 제어된다.

- 이 중 세 개의 트랜지스터는 회로의 전압 측을 제어하며 포지티브 또는 하이사이드 IGBT라고 한다.
- 나머지 세 개의 트랜지스터는 스테이터 코일의 음(접지) 측에 있기 때문에 네거티브 사이드 IGBT이다.

각 IGBT의 베이스는 MG ECU에 연결되는 커넥터의 입력 단자와 연결된다. IGBT는 고정자 권선을 통해 배터리 팩의 전류를 보내어 고정자 코일에 전원을 공급하고 회전자를 움직여 구동휠을 구동하는 전류 드라이버이다. 대부분의 모터 제어기는 홀 효과(Hall effect) 전류 센서를 포함한다. ● 그림 11-18 참조

각각의 IGBT는 컬렉터와 에미터 사이에 병렬로 연결된 다이오드를 가지고 있는데, 회생 제동 중에 DC 전기 구동 모터가 발전 모드가 되면, 고정자 AC를 맥동하는 DC로 정류하여 고전압 배터리를 충전하고, 이때 모터 제어 모듈에 의해 즉시 IGBT가 차단되어 직류전기 구동 모터의 구동이 중단된다. HEV가 계속 전진하고 있기 때문에 크랭크축이 회전하고 있으며, 이 회전자는 DC 전기 구동 모터의 영구 자석 로터(전기자)를 회전시킨다. 로터의 회전으로 인해 강력한 영구 자석에서 나오는 선속이 스테이터 코일에 교류 전류를 유도한다. 6개의 다이오드가 순방향으로 편향되어 켜져서 스테이터 코일에 유도된 교류 전류를 맥동하는 DC로 정류하여 배터리 팩을 충전한다. 로터 위치 정보가 MCM으로 전송되고 MCM은 올바른 IGBT를 켜도록 프로그래밍되어 로터가 회전하도록 유지된다.

IGBT는 전동 구동 모터에 전류를 전달하는 역할을 하며, 다이오드는 정류기 브리지(bridge)를 형성하여 전동 구동 모터에서

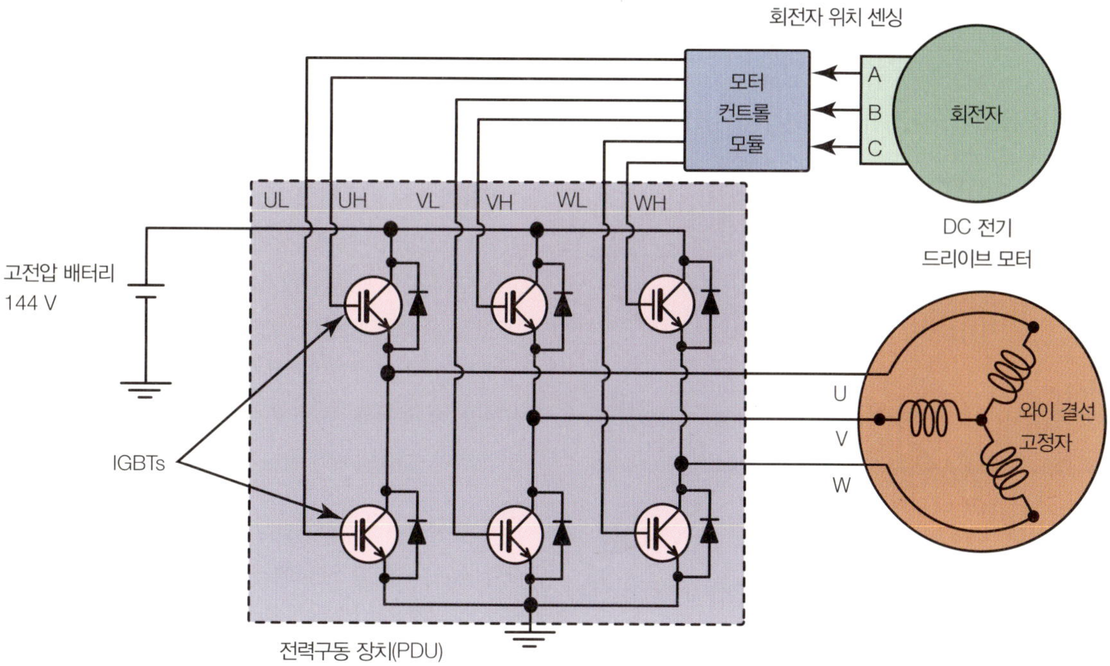

그림 11-18 혼다 하이브리드 전기 자동차의 구동 제어 장치는 모터의 고정자 권선을 통해 전류와 전압을 제어한다.

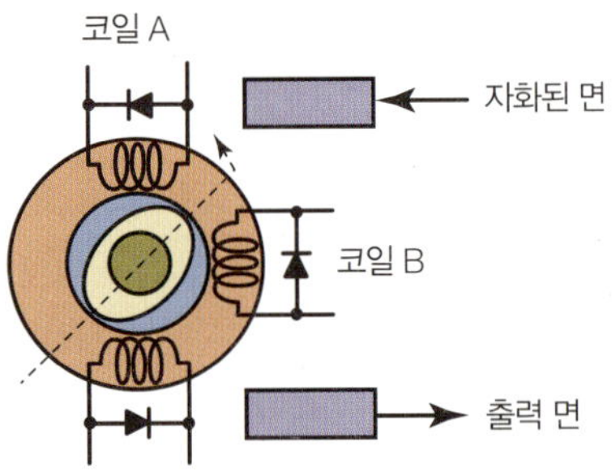

그림 11-19 토요타 자동차 속도 센서 리졸버

발생한 교류 전류를 맥동 직류 전류로 바꾸어 배터리 팩을 충전한다. ● **그림 11-19 참조**

리졸버 대부분의 전기 모터는 내부 센서를 사용하여 회전자의 위치, 속도, 방향을 감지하는데, 이를 **리졸버**(resolver) 또는 엔코더라고 한다. 리졸버는 교류 발전기 또는 여자 코일과 두 개의 교류 픽업 코일 또는 감지 코일로 구성된다. 리졸버는 회전하는 달걀 모양의 회전 바퀴에 의해 작동되며, 회전하는 달걀 모양의 바퀴가 회전하는 것에 의해 작동된다.

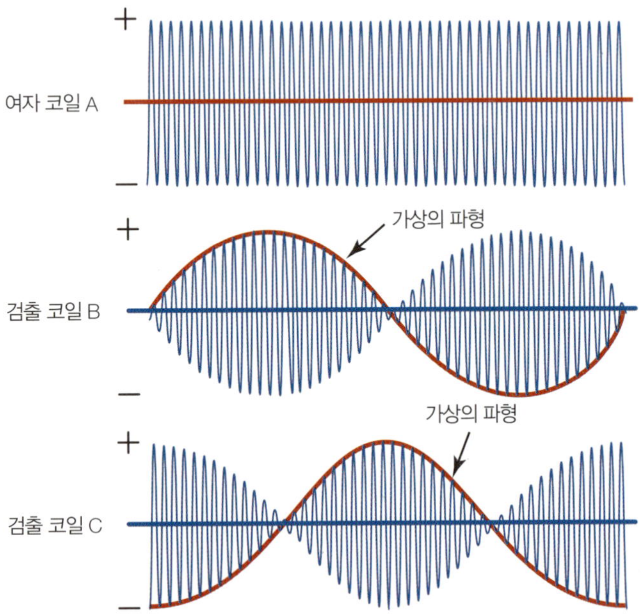

그림 11-20 속도 센서(리졸버)의 각 코일은 고유한 파형을 생성하여 모터 제어기가 모터 내 회전자의 위치를 결정할 수 있도록 하며, 상단 파형은 코일 A, 중간 파형은 코일 B, 하단 파형은 코일 C이며, 제어기는 세 개의 파형을 이용하여 회전자의 위치를 결정한다.

그림 11-21 전자 제어 장치 냉각에 사용되는 냉각수 통로를 보여주는 토요타 프리우스 컨트롤러 밑면

모터 작동을 담당하는 제어기 또는 ECU는 고정 주파수 신호를 가진 코일로 보내며, 이 신호는 여자 코일 주변에 자기장을 발생시키고, 이 자기장은 신호 주파수에 따라 팽창 및 수축한다. 회전자가 회전함에 따라 신호 세기가 두 번의 감지에서 달라진다. 고정 주파수 신호와 검출 코일의 신호 세기에 따라 제어기 또는 ECU는 회전자 위치, 회전 방향 및 속도를 결정할 수 있다. 회전자를 돌리지 않고도 위치를 파악할 수 있다. ECU는 검출 코일에서 발생하는 파형의 높이와 신호 변화의 빈도를 비교하여 판단한다. ● **그림 11-20, 그림 11-21 참조**

역사적으로 리졸버 또는 엔코더는 교체 센서를 제대로 설치 및 보정할 수 없기 때문에 정비가 불가능했다. 그 결과, 고장 난 리졸버는 모터를 교체해야 했지만, 최근에는 모터 내에서 정비가 가능한 구성 요소가 되었다. 쉐보레 볼트의 모터에 있는 리졸버는 정비가 가능한 센서의 한 예이다. 리졸버를 정비할 때는 이 부품이 저전압 및 저전류 구성 요소이며, 적절한 작동을 위해 연결 부위를 적절하게 작업해야 한다는 점을 기억하는 것이 중요하다.

온도 센서 온도 센서는 모터를 과열로부터 보호하기 위해 필요하다. 모터 작동을 담당하는 컨트롤러는 엔진 냉각수 센서가 작동하는 것처럼 서미스터 저항을 판독하고 이 판독값을 온도로 변환한다. 전기 모터가 과열되면 fail-safe 또는 limp-in 작동이 발생한다.

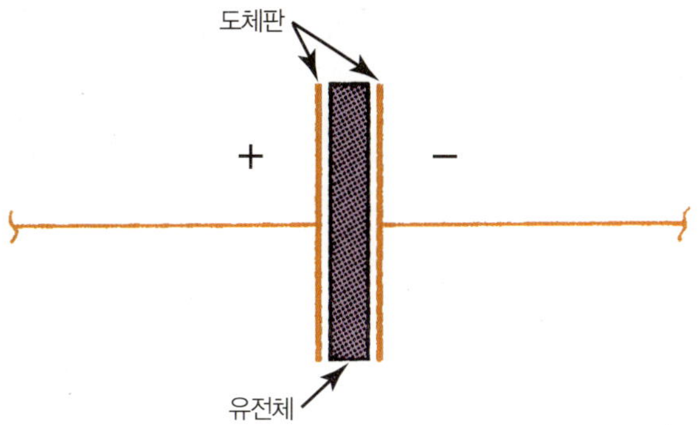

그림 11-22 커패시터는 절연 물질인 유전체에 의해 분리된 두 개의 도체판을 이용하여 제조된 것이다.

전자 기기의 냉각 하이브리드 자동차의 전류 흐름과 전자 기기는 많은 열을 발생시킨다. 많은 하이브리드 자동차와 전기 자동차는 전용 수랭 시스템을 사용하여 모터를 포함한 전자 기기의 온도를 조절한다. 다른 차량은 유체를 사용하여 열을 제거하는 모터를 습식 냉각 방식으로 냉각한다. ● **그림 11-22 참조**

컨버터의 커패시터

원리 정전용량은 물체나 표면이 전하를 저장하는 능력이다. 1745년, 에발트 크리스티안 폰 클라이스트(Ewald Christian von Kleist)와 피터르 판 무센브루크(Pieter van Muschenbroek)는 독립적으로 전기 회로에서 정전용량을 발견했다. 정전기에 대한 별개의 연구에 참여하는 동안 전하가 일정 기간 동안 저장될 수 있다는 것을 발견했다.

커패시터는 절연 물질을 사이에 두고 두 개의 전도성 판으로 구성되어 있다. 절연 물질은 흔히 유전체라고 불린다. 공기, 운모, 세라믹, 유리, 종이, 플라스틱, 또는 유사한 비도전성 물질일 수 있다. 물질의 유전율이 높을수록 절연체로서 더 좋은 재질이다. 커패시터는 콘덴서라고도 불린다. 이 용어는 수증기가 차가운 병이나 유리 위에서 모이는 것과 같이 커패시터의 판 위에 전하가 모이거나 응축되기 때문에 만들어졌다. ● **그림 11-23, 표 11-2 참조**

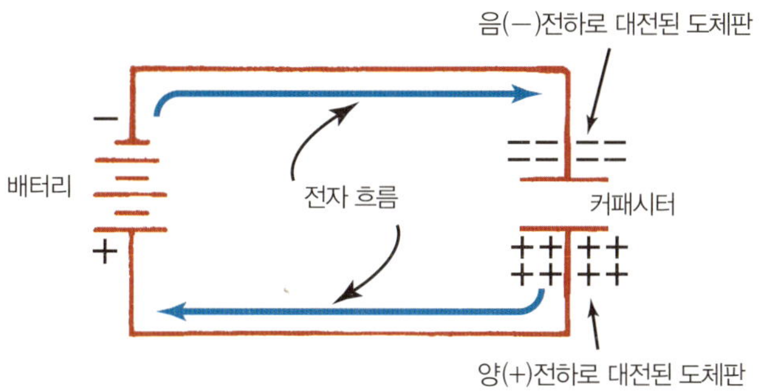

그림 11-23 커패시터가 충전되면 배터리가 회로를 통해 전자를 강제로 통과시킨다.

재료	유전상수
진공	1.0
공기	1.00059
폴리스티렌	2.5
종이	3.5
운모	5.4
플린트 유리	9.9
메탄올	35
글리세린	56
증류수	81

표 11-2 재료의 유전상수

작동 커패시터가 폐회로에 놓이면 배터리와 같은 전압원이 회로 주위의 전자에 힘을 가한다. 커패시터의 유전체를 통해 전자가 지날 수 없기 때문에 과도한 전자가 음전하를 띤 판 위에 모인다. 동시에 다른 판은 전자를 잃으므로 양전하를 띠게 된다.

축전판 양단의 전압 전하가 소스 전압과 같아질 때까지 전류는 계속된다. 이때 축전판의 음전위와 전지의 음전위는 같은 음전위가 된다. ● **그림 11-24 참조**

커패시터의 양극 플레이트와 배터리의 양극 단자도 동일한 양극 전위이다. 그러면 배터리 단자 간에 전압 충전이 발생하고 커패시터 플레이트 간에 동일한 전압 충전이 발생한다. 회로가 균형을 이루고 있고 전류가 흐르지 않다. 축전판 사이에 정전기장이 존재하는 것은 서로 반대되는 전하 때문이다. 에너지를 저장하는 것이 바로 이 정전기장 때문이다. ● **그림 11-25 참조**

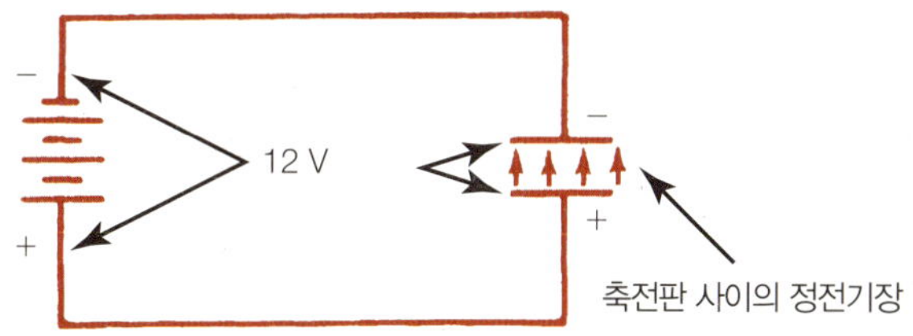

그림 11-24 커패시터가 충전되면 커패시터와 배터리 사이에 동일한 전압이 발생한다. 커패시터 판 사이에 정전기장이 존재하고 회로에 전류가 흐르지 않다.

그림 11-25 DC–DC 컨버터에서 전압 레벨이 변경될 때 발생하는 전압 스파이크를 세 개의 대형 커패시터가 흡수한다.

주의사항 회로가 개방되면 외부 회로에 연결되어 방전될 때까지 커패시터가 전하를 유지한다. 충전된 커패시터가 외부 회로에 연결되면 방전된다. 방전 후에는 커패시터에 저장된 회로의 모든 에너지가 원상태로 되돌아오기 때문에 커패시터의 양판 모두 중성이 된다. ● **그림 11-26, 그림 11-27 참조**

이론적으로 커패시터는 무한정 전하를 유지할 수 있다. 하지만 실제의 전하는 유전체를 통해 커패시터에서 서서히 새어 나온다. 유전체가 우수할수록 충전을 오래 유지하는 것을 의미한다. 하이브리드 자동차의 시동이 꺼지면 자동차 제조사는 고전압 시스템을 정비하기 전에 반드시 5~10분 정도 기다려야 한다고 경고한다. 보통 5분 이내에 방전되는 경우가 많지만, 자동차 제조사가 지정한 시간만큼 기다리는 것이 현명하다. ● **그림 11-28 참조**

그림 11-26 다크 실린더는 이 토요타 하이브리드의 전자 제어 장치의 일부인 커패시터이다.

그림 11-27 CAT III 등급 디지털 미터를 사용하고 고무 라인맨의 장갑을 착용하여 인버터의 전압을 확인하여 커패시터가 방전되었는지 확인한다.

경고

전기 충격을 방지하기 위해서는 방전이 확인될 때까지 모든 커패시터를 충전된 것처럼 다루어야 한다.

그림 11-28 커패시터와 저항이 직렬로 접지에 연결되어 있는 것을 나타내는 일반적인 스너버 회로

FARAD 등급 정전용량은 마이클 패러데이(1791~1867)의 이름을 딴 패럿으로 측정된다. 패럿의 기호는 F이다. 커패시터 판에 1쿨롱의 전하가 있고 그 사이의 전위차가 1볼트라고 할 때, 정전용량은 1패럿으로 정의된다. 1쿨롱은 6.25×10^{18} 전자의 전하와 같다. 1패럿은 매우 큰 양의 정전용량이다. 마이크로패럿(0.000001패럿), 줄여서 μF가 더 일반적으로 사용된다.

커패시터의 용량은 판 사이의 전위차에 따라 커패시터에 저장할 수 있는 전하량에 비례한다.

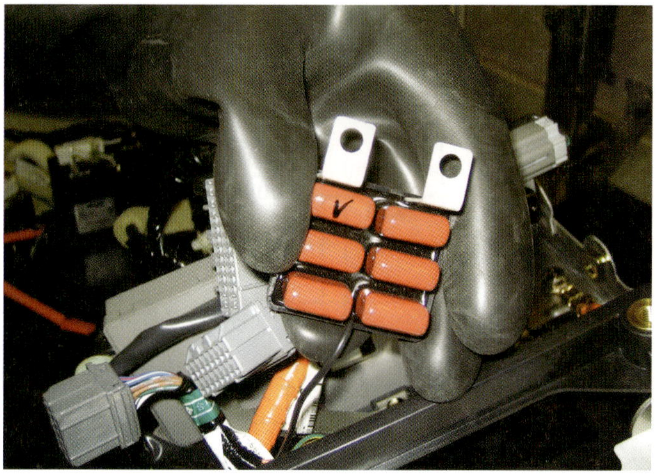

그림 11-29 스위칭 회로의 전압 스파이크를 제어하기 위해 사용되는 6개의 커패시터를 보여주는 하이브리드 스너버 회로

$$C = Q \div V$$

여기서 C는 패럿의 정전용량이고, Q는 쿨롱 단위의 저장된 전하량이며, V는 전위차(볼트)이다. 따라서 저장된 전하량은 다음 공식을 사용하여 계산할 수 있다.

$$Q = CV$$

스너버 **스너버**(snubbers)는 코일이 들어 있는 회로가 켜지고 꺼질 때 발생할 수 있는 고전압 서지를 제어하기 위해 회로에 배열된 커패시터와 저항이다. 스너버는 플라이백, 프리휠링, 서프레서 또는 캐치 다이오드라고도 한다.

스위치를 보호하기 때문에 그 결과 신뢰성이 높고, 효율이 높으며, 스위칭 주파수가 높고, 크기가 작으며, 무게가 작고, 전자파 간섭(EMI)이 적다. ● **그림 11-29 참조**

컨버터와 인버터

컨버터 **DC-DC 컨버터**(DC-to-DC converters, 일반적으로 DC-DC 컨버터로 표기됨)는 DC 전압을 어떤 레벨의 DC 전압에서 다른 레벨의 더 높은 레벨 또는 더 낮은 레벨의 전압으로 변환하는 데 사용되는 전자 장치이다. 이들은 단일 전원 버스(또는 전압원)에서 차량 전체에 다양한 레벨의 DC 전압을 분배하는 데 사용된다.

DC-DC 컨버터 회로의 더 친숙한 예는 PCM이 14 V에서 5 V로 변환하기 위해 사용하는 회로이다. 5 V는 기준 전압이라고 부르며 약칭 V-ref라고 하며 컴퓨터 제어 엔진 관리 시스템에서 많은 센서에 전원을 공급하는 데 사용된다.

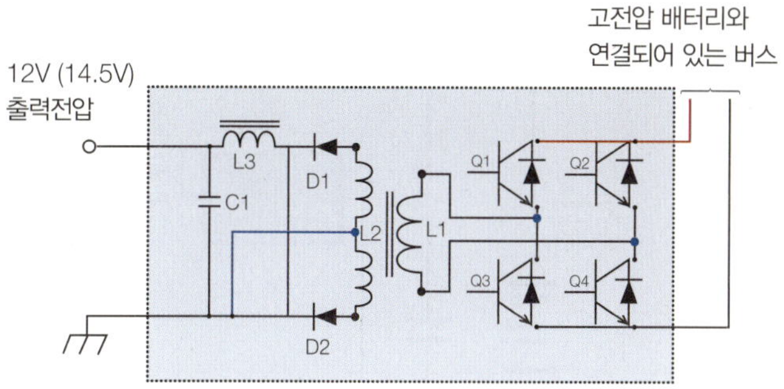

그림 11-30 고전압 배터리(우측)의 고전압을 좌측의 12 V로 변경하는 DC-DC 컨버터

PCM은 전압 레귤레이터라고 불리는 소형 반도체 장치인 DC-DC 컨버터를 사용하며, 충전 전압의 변화에 관계없이 배터리 전압을 일정한 5 V로 변환하도록 설계되었다.

하이브리드 자동차와 전기 자동차는 DC-DC 컨버터를 사용하여 일반적으로 교류 발전기가 제공하는 시스템 작동 전압(약 14.4 V)을 제공한다. ● **그림 11-30 참조** 이를 통해 조명, 라디오 등 12 V 시스템에서 작동하는 부품에 전원이 공급된다. 제어 모듈 내의 전원 트랜지스터는 센터-탭 변압기의 고전압 코일을 펄스화하고, 이에 따라 변화하는 자기장은 변압기의 저전압 측 코일 권선에 전압을 유도한다. 다이오드와 커패시터는 회로의 전압과 주파수를 제어하고 제한하는 데 도움이 된다. 하이브리드 및 전기 자동차에 사용되는 대부분의 DC-DC 컨버터는 최대 부하에서 14 V 및 100암페어의 전류 흐름을 유지할 수 있다. DC-DC 컨버터는 공랭 또는 유랭식으로 인버터와 동일한 하우징에 통합되거나, 차량 설계에 따라 별도의 위치에 있을 수 있다. ● **그림 11-31 참조**

인버터 **인버터**(inverters)는 DC(직류)를 AC(교류)로 변환할 수 있는 전자 장치이다. 또한 전기 모터의 속도와 토크를 제어하는 역할도 담당한다. 인버터는 모터에 펄스 신호를 제공하여 차량을 이동시키거나 회생 제동 동안 모터에서 생성된 교류 신호를 처리할 수 있다. 인버터는 절연 게이트 바이폴라 트랜지스터(IGBT)를 사용하여 모터를 제어한다. 짧은 펄스에 대해서는 교대로 전원이 켜진다. 극성뿐만 아니라 전원과 접지를 변경함으로써 인버터는 DC 전류를 사용하여 AC 모터를 구동할 수 있다.

결과적으로 변압기는 실제 사인파가 아닌 변형 사인파 출력을 생성한다. 인버터에 의해 생성되는 파형은 가정용 교류 전류의 완벽한 사인파가 아니라 변압기와 유도 모터에서 사인파 AC와 유사하게 반응하는 펄스 직류 전류에 가깝다. ● **그림 11-32 참조**

인버터에는 최대 세 개의 스무딩 커패시터가 들어 있다. 이러한

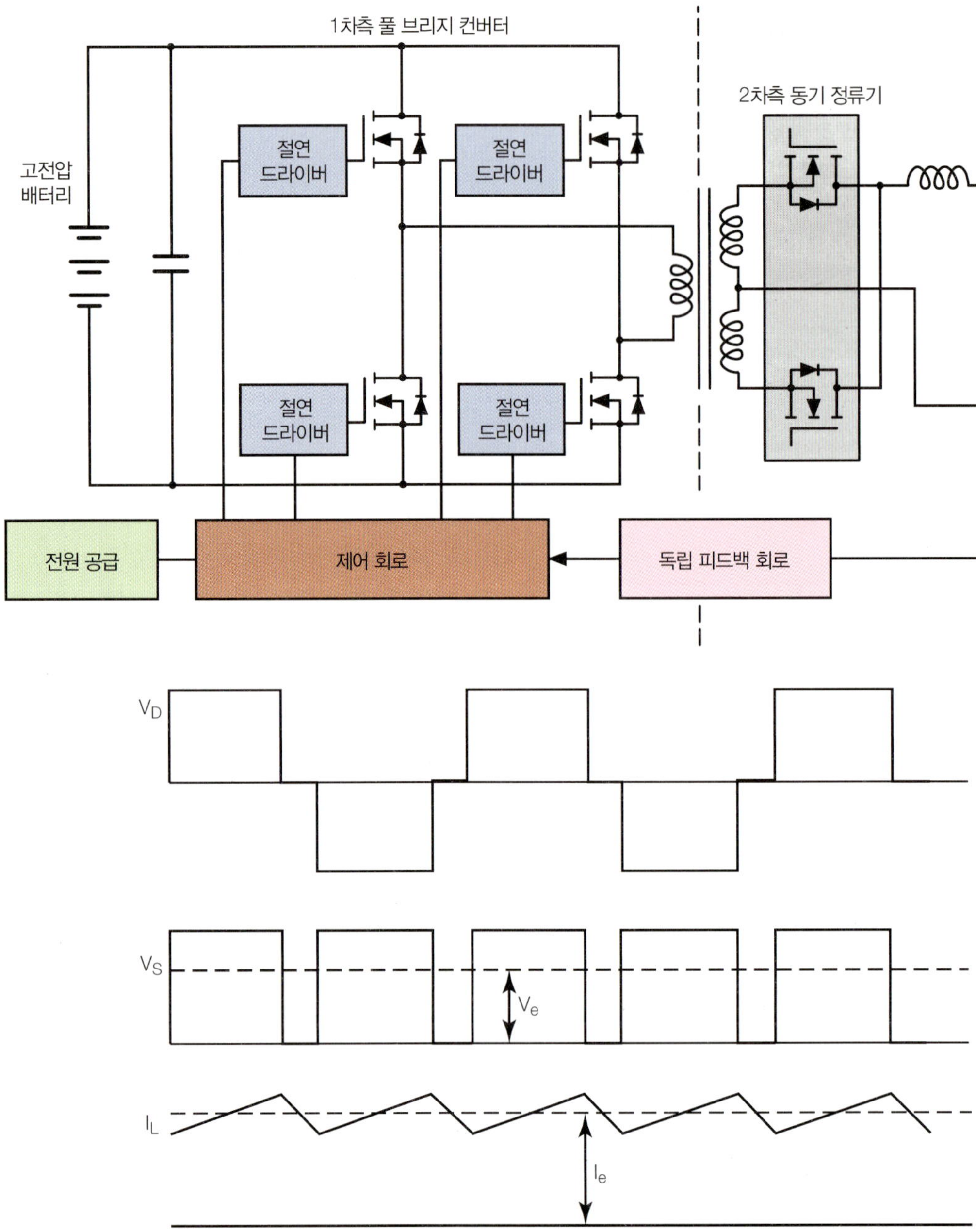

그림 11-31 DC–DC 컨버터. 위쪽 그림은 좌측의 고전압 배터리와 우측의 저전압 배터리를 보여준다. 회로는 펄스 직류를 펄스열로, 최종적으로 거의 평탄한 직류로 변화시킬 수 있다.

커패시터의 목적은 DC 리플을 부드럽게 하는 것이다. 차량의 시동이 꺼진 후 방전할 수 있도록 커패시터에 저항이 병렬로 연결되어 있다.

IGBT는 전류를 두 방향으로 흐르게 하므로 차량의 감속에 따라 ECU가 IGBT를 펄스화할 수 있다. 이것은 모터가 휠에 의해 구동될 때 모터의 자기장의 세기를 조절한다. 자기장의 세기는 차량이 얼마나 빠르게 감속하는지, 배터리를 충전하기 위해 얼마나 많은 에너지를 생성하는지에 영향을 미친다.

사전 충전 릴레이 사전 충전 저항기는 전원이 켜지기 전에 전자식 속도 제어기 내부의 커패시터를 천천히 충전하는 데 사용된다. 이 저항이 없으면 접촉기를 닫았을 때 접촉기가 아크를 일으키게 되는 대량의 돌입 전류가 발생한다.

사전 충전 회로의 정상 동작은 회로 전압이 동작 전압의 90% 또는 95%일 때 사전 충전 모드를 종료하는 것이다. 사전 충전 후 사전 충전 저항기는 전원 공급 회로에서 벗어나 정상 모드로 돌아간다.

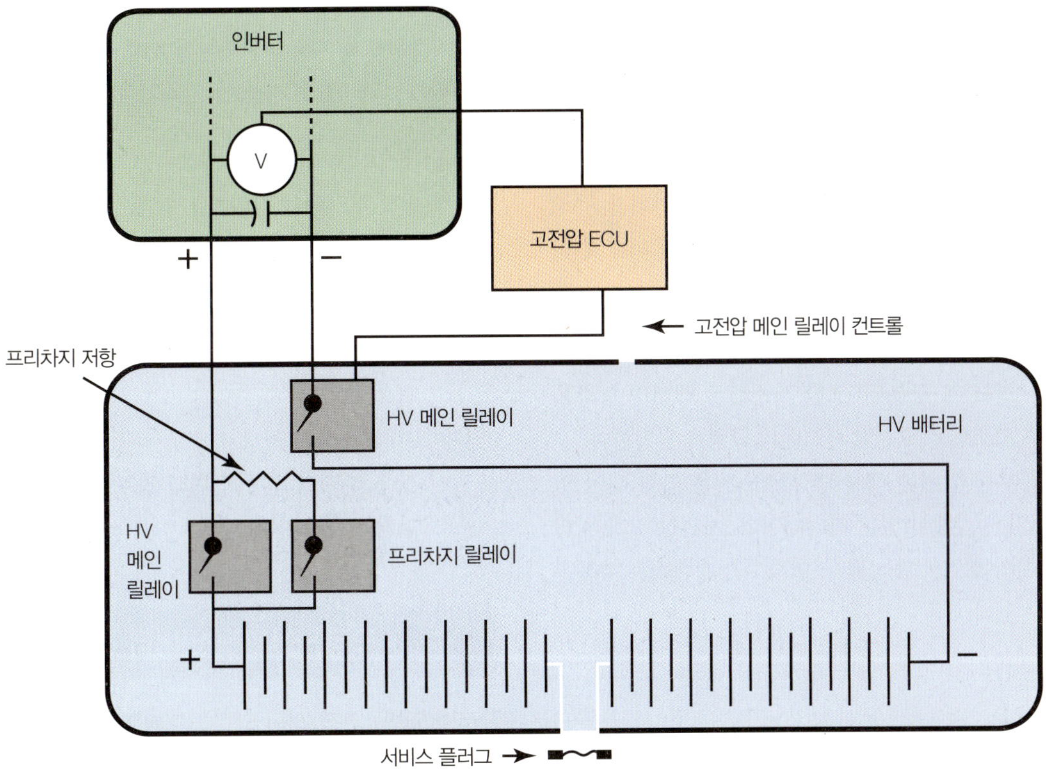

그림 11-32 일반적인 HV 배터리 및 HV 메인 릴레이 도식은 HV 메인 릴레이뿐만 아니라 프리차지 저항 및 릴레이를 보여준다.

부스트 컨버터 일부 인버터에 내장된 **부스트 컨버터**(boost converters)이다. 부스트 컨버터는 낮은 고전압 배터리에서 동작하는 고전압 시스템을 향상시키기 위해 사용된다. 부스트 컨버터는 부하에 따라 증가하는 전기 수요에 대응하기 위해 배터리의 공칭 전압을 최대 500 V까지 승압한다. 부스트 컨버터는 절연 게이트 바이폴라 트랜지스터(IGBT)가 내장된 부스트 일체형 파워 모듈(IPM)과 스위칭 제어를 수행하는 IGBT와 에너지를 저장하는 리액터로 구성되며, 이러한 구성 요소를 사용하여 컨버터는 전압을 승압한다. ● **그림 11-33 참조**

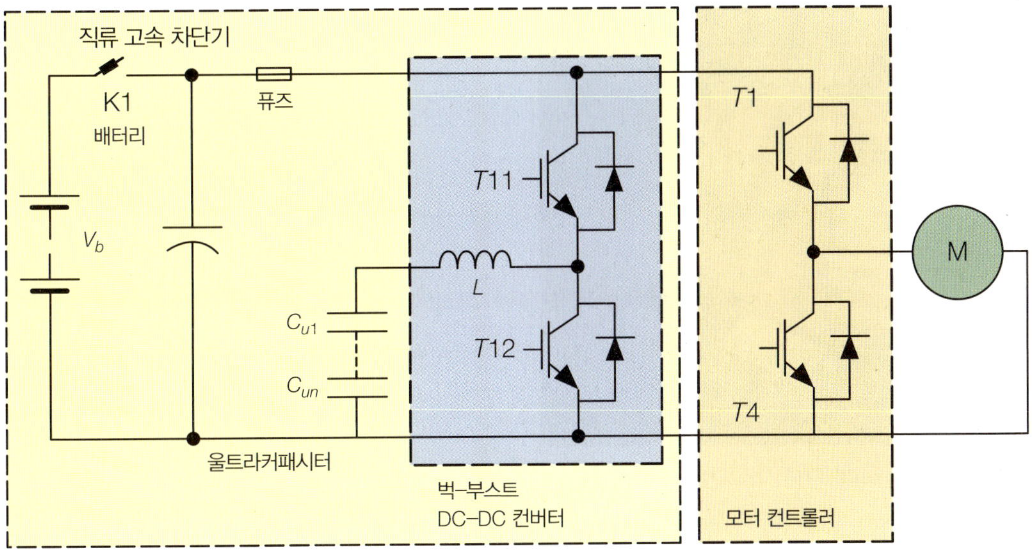

그림 11-33 구동 모터에 공급되는 전압을 증가시켜 출력을 향상시키기 위한 부스트 컨버터

전자 시스템의 냉각 시스템

냉각의 필요성 하이브리드 자동차의 고전압 전기 시스템에는 자체 전용 냉각 시스템이 있다. 이 시스템의 목적은 고전압 부품의 작동으로 발생하는 열을 흡수하여 전용 라디에이터를 통해 배출하는 것이다. 냉각수는 전용 저전압 전기펌프에 의해 순환된다.

예: 2세대 쉐보레 볼트와 같은 일부 차량에서는 고전압 냉각 시스템이 두 개의 시스템으로 구분된다. 한 시스템은 배터리 냉각을 담당하고 두 번째 시스템은 고전압 시스템의 균형을 담당한다.

모터와 고전압 부품을 위한 액체 냉각 시스템은 압력 캡이 있는 팽창 탱크, 전기 냉각팬이 있는 라디에이터, 저전압 전기 워터 펌프 및 부품 사이의 호스로 구성된다. 냉각수가 순환되는 부품은 다음을 포함할 수 있다.

- 전기 모터-발전기
- DC-DC 컨버터
- 인버터
- 배터리
- 제어 모듈

이러한 시스템에서는 서모스탯(온도조절기)이 사용되지 않는다. 일부 시스템에서는 키가 켜짐(on) 상태에 있을 때마다 전기 펌프가 작동한다. 다른 시스템에서는 펌프 속도와 시간이 냉각수 온도에 따라 달라진다. ● **그림 11-34 참조**

그림 11-34 토요타 하이랜더 하이브리드 자동차의 인버터/컨버터(주황색 케이블) 리저버와 캡

NOTE: 이 시스템은 전기 자동차 및 플러그인 하이브리드 자동차에 배터리를 충전할 때 작동한다. 추운 날씨에 배터리를 따뜻하게 하거나 더운 날씨에 배터리/충전 시스템을 식히기 위해서이다.

진단 단계 이들 시스템의 냉각수는 내연기관(ICE)과 동일하며, 전자식 냉각 시스템을 정비하는 단계는 다음과 같다.

1단계: 냉각수는 특정 제조업체의 권장 사항에 따라 테스트, 서비스 및 교체해야 한다. 많은 경우 전자 냉각 시스템의 냉각수를 제거하고 교체하기 위해 진공 리프트 시스템이 필요하다.

2단계: 서비스 중에 냉각 시스템에서 모든 에어 포켓이 분리되도록 하려면 전동식 워터 펌프를 작동할 수 있는 자기진단기가 필요하다.

모터-컨버터-인버터 진단

글로벌(일반) 고장 진단 코드 모터 또는 제어 고장을 진단할 때는 자기진단기를 사용하여 저장된 고장 진단 코드가 있는지 확인하고 차량 제조업체의 권장 핀포인트 테스트에 따라 근본 원인을 파악한다. ● **표 11-3 참조**

고장 진단 코드(DTC)	의미
P0A00	모터 전자 장치 냉각수 온도 센서 회로
P0A01	모터 전자 장치 냉각수 온도 센서 회로 범위/성능
P0A02	모터 전자 장치 냉각수 온도 센서 회로 저전압
P0A03	모터 전자 장치 냉각수 온도 센서 회로 고전압
P0A04	모터 전자 장치 냉각수 온도 센서 회로 간헐적
P0A05	모터 전자 장치 냉각수 펌프 제어 회로 /개방
P0A06	모터 전자 장치 냉각수 펌프 제어 회로 저전압
P0A07	모터 전자 장치 냉각수 펌프 제어 회로 고전압
P0A08	DC-DC 컨버터 상태 회로 /개방
P0A09	DC-DC 컨버터 상태 회로 저전압
P0A10	DC-DC 컨버터 활성화 회로 /고전압
P0A11	DC-DC 컨버터 활성화 회로 /개방
P0A12	DC-DC 컨버터 활성화 회로 저전압
P0A13	DC-DC 컨버터 활성화 회로 고전압

표 11-3 샘플 글로벌(일반) 모터/컨트롤러 관련 고장 진단 코드(DTC)

전기 모터 고정자 검사 고정자는 권선 내에서 접지 측 단락 및 코일 측 단락을 검사할 수 있다. 고장 난 고정자는 권선 간 불균형을 초래할 가능성이 있다. 이는 내연기관의 실린더 내에서 균일하지 않은 압축을 갖는 것과 같다. MG ECU는 일반적으로 에너지 밸런스가 너무 커지면 DTC P3120을 설정한다. 고정자는 각 레그를 통한 전류 흐름을 측정하거나 각 레그의 저항을 측정하여 테스트할 수 있다. 권선의 각 레그를 통한 저항은 기존의 멀티미터로 측정하기에는 너무 작다. 저항은 밀리옴 미터로 점검해야 한다. 각 레그의 저항은 대략 동일해야 한다. 유의한 변화는 고정자의 고장을 의미한다.

고정자를 통한 전류 흐름은 고정자 테스터를 사용하여 벤치에서 측정하거나 차량이 스코프를 사용하여 작동할 때 측정할 수 있다. 두 가지 방법 중 하나를 사용하여 권선의 세 레그를 모두 균형 있게 조정해야 한다.

DC-DC 컨버터 테스트 DC-DC 컨버터가 고장이 나면 주행 중인 차량은 보조 배터리의 전압이 떨어지고 차량이 더 이상 작동하지 않는다. 전압이 특정 임계값 미만으로 떨어지면 고장 진단 코드(DTC) P3125가 설정되어 오작동을 나타낸다. DC-DC 컨버터를 테스트하려면 CAT III 멀티미터 세 개와 클램프 두 개가 필요하다.

- 12 V (보조) 배터리를 테스트하여 이상이 없는지 확인하고 이상이 없으면 충전한 후 다시 테스트한다.
- 12 V 배터리에 첫 번째 멀티미터를 연결하여 DC 전압을 측정한다.
- DC-DC 컨버터와 12 V 배터리 사이의 케이블 주위에 첫 번째 암페어 클램프를 연결한다. 그러면 DC-DC 컨버터가 공급하는 전류의 양이 측정된다.
- 배터리 음극 케이블 주위에 두 번째 전류 클램프를 연결한다. 이렇게 하면 차량 시스템이 배터리에서 끌어오는 전류의 양을 측정할 수 있다.

차량이 대기 모드일 때 DC-DC 컨버터는 14.0 V의 시스템 전압을 유지할 수 있어야 하며, 필요에 따라 최대 100암페어의 전류를 공급하여 전기 부하를 유지할 수 있어야 한다.

인버터 테스트 대부분의 경우 인버터가 고장 나면 차량이 움직이지 않는다. 고장 코드를 확인하는 것으로 인버터 테스트를 시작한다. 일반적으로 P0A08 또는 P0A09 고장 코드가 있으면 인버터가 고장 난 것을 알 수 있다. 이러한 코드가 발생하는 가장 일반적인 두 가지 원인은 고장 난 냉각수 펌프로 인해 과열되거나 고객이 두 번째 차량에 점프 시동을 걸려고 배터리 케이블을 거꾸로 연결한 인버터이다. 고장 난 인버터를 교체하기 전에 전기 모터를 점검하라. 모터에 고정자 권선이 고장 나면 인버터가 고장 날 수 있다. 고장 난 모터를 먼저 교체하지 않으면 교체 인버터가 고장 날 수 있다.

절연 테스트 절연 테스터를 사용하여 수행할 수 있는 테스트 중 하나는 인버터와 엔진 블록(섀시 접지) 사이의 저항을 확인하는 것이다. ● **그림 11-35 참조**

그림 11-35 인버터에서의 절연 손실 시험. 140만 옴의 수치는 인버터와 섀시 접지 사이에 이상이 없음을 나타낸다.

인버터/컨버터 교체 단계별 절차

1 하이브리드 자동차의 고전압 시스템을 다룰 때 첫 번째 단계는 보호를 위해 고전압 장갑을 착용한 상태에서 HV 서비스 플러그를 제거하는 것이다. 사진에서 기술자는 센터 콘솔의 컵 홀더에 주황색 플러그를 넣어 방해되지 않도록 했다.

2 인버터/컨버터 어셈블리에 접근하기 전에 윈드실드 와이퍼 모듈 및 기타 많은 부품을 분리했다.

3 HV 전자 장치용 냉각제 탱크를 분리하고 고무 스트레치 케이블을 사용하여 고정했다.

4 보호 커버 플레이트를 분리한 후 단자에 전압이 없는지 확인했다.

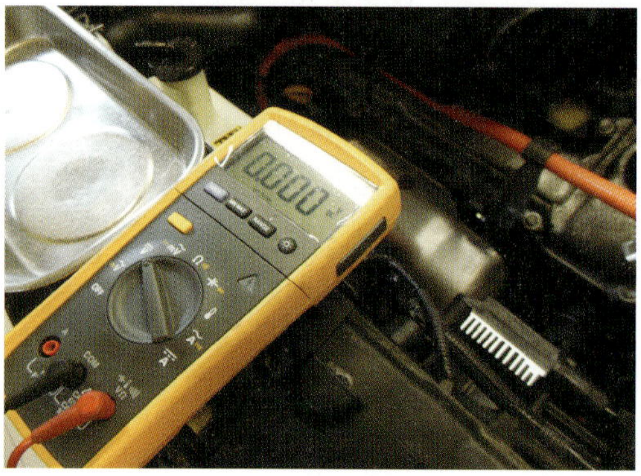

5 미터기는 DC 전압으로 설정되었으며 미터기에 표시된 0 볼트는 시스템의 전원이 차단되었으며 시스템에서 안전하게 작동할 수 있음을 의미한다.

6 교체용 인버터/컨버터와 함께 플라스틱 커버가 포함되어 있었고, 제거 과정에서 회로 기판 상부를 보호하기 위해 사용되었다.

7 메인 릴레이를 인버터/컨버터 하우징의 베이스에 부착하기 위해 사용한 리테이닝 고정 장치

8 기술자는 여러 개의 자석 트레이를 사용하여 고정 장치가 분리된 채로 함께 있도록 주의를 기울였다.

9 고정 장치가 분실되거나 전자 회로 기판에 떨어지지 않도록 하기 위해 정비사는 마그네틱 핑거 글러브를 사용했다.

10 교체 인버터는 열전도성 그리스를 장치 베이스에 도포할 때 템플릿으로 사용할 강판과 함께 배송된다.

11 지침에는 전도성 그리스 열을 표면 전체에 적용하도록 명시되어 있다.

12 그런 다음 공급된 금속 직선 에지를 사용하여 그리스를 표면에 바른다.

13 그리스를 펼친 후 강철 템플릿을 제거하면 지정된 두께로 완벽하게 평평한 그리스 층이 적용되어 인버터/컨버터의 열이 알루미늄 하우징으로 전달된 후 HV 냉각 시스템으로 전달된다.

14 교체용 인버터/컨버터 설치에 대비하여 원래 그리스를 모두 조심스럽게 제거한다.

15 각 단계에서 지침을 점검하여 모든 고정 장치가 올바른 순서와 올바른 순서로 조여졌는지 확인한다.

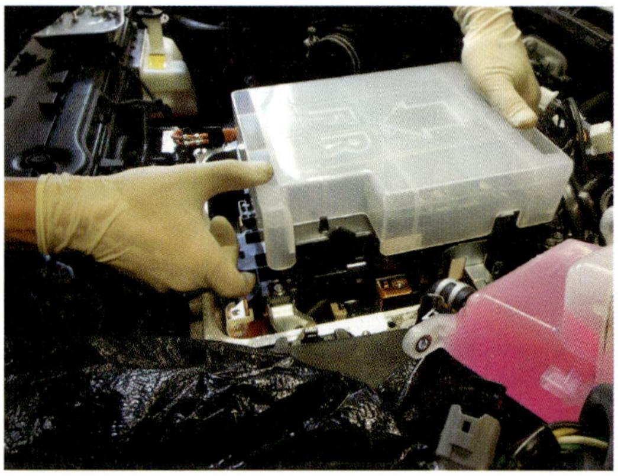

16 보호 커버가 있는 상부 전자 보드를 다시 설치하고 고정 장치를 공장 사양에 맞게 조인다.

17 외부 커버를 설치한다.

18 윈드실드 와이퍼 모듈 및 제거된 다른 모든 부품을 다시 장착하여 교체를 완료한다.

요약

1. 전류를 사용하여 자기장을 만드는 것을 전자기라고 한다.
2. 전기 모터 전력은 킬로와트(kW) 단위로 표시된다.
3. DC 모터 속도는 일반적으로 모터 코일에 흐르는 전압 및 전류와 모터 부하 또는 제동 토크의 조합에 따라 달라진다.
4. 브러시리스 모터에는 두 가지 종류가 있다.
5. AC 동기 모터는 공급 주파수 또는 공급 주파수의 배수로 회전한다.
6. 영구 자석형 모터는 지속적으로 구동되어야 하는 반면, 유도 모터는 프리휠(free wheel)을 더 효율적으로 만들 수 있다.
7. 모터의 속도를 변경하기 위해 인가되는 전류의 주파수를 변경하고 주파수에 동기화되어 주파수가 변경되면 속도가 변경된다.
8. MG ECU를 통한 전류 흐름은 6개의 절연 게이트 바이폴라 트랜지스터(IGBT)에 의해 제어된다.
9. DC-DC 컨버터는 DC 전압을 한 레벨의 DC 전압에서 다른 레벨의 더 높은 또는 더 낮은 레벨의 전압으로 변환하는 데 사용되는 전자 장치이다.
10. 인버터의 목적은 변속기의 전기 모터를 제어하는 것이다.

복습 문제

1. 전기를 이용해 어떻게 자성을 만드는가?
2. 브러시리스 모터의 두 종류는 무엇인가?
3. 절연 게이트 바이폴라 트랜지스터(IGBT)의 역할은 무엇인가?
4. DC-DC 컨버터는 어떻게 작동하는가?
5. 인버터의 용도는 무엇인가?

마무리 퀴즈

1. 전류를 이용하여 자기장을 만드는 것을 무엇이라고 하는가?
   a. 전자기
   b. 전기
   c. 영구 자석
   d. 정전기장
2. 모터 동력은 무엇으로 표현하는가?
   a. 마력
   b. 킬로와트
   c. 킬로와트시
   d. 암페어
3. 전기 브러시리스 모터의 두 종류는 무엇인가?
   a. 패러데이와 테슬라
   b. 옴과 패러데이
   c. AC 유도 모터와 AC 동기 모터
   d. 펄스폭과 전압
4. 모터의 속도는 __________에 비례하고 토크는 __________에 비례한다.
   a. 전압과 전류
   b. 전류와 전압
   c. 저항과 암페어
   d. 전류와 주파수
5. AC 유도 모터는 무엇이라고도 하는가?
   a. 직류 모터
   b. 자기 모터
   c. AC 비동기 모터
   d. AC 동기 모터
6. 대부분의 전기 모터는 내부 센서를 사용하여 회전자 위치, 속도 및 방향을 감지한다. 이를 무엇이라고 하는가?
   a. 리졸버
   b. 엔코더
   c. 위치 센서
   d. a 또는 b 중 하나

7. 스너버는 __________ 다이오드라고도 불린다.
   a. 플라이백
   b. 프리휠링
   c. 서프레서 또는 캐치
   d. 위 보기 모두

8. 하이브리드 자동차 또는 전기 자동차에서 부속품 작동에 필요한 12 V의 전원은 무엇인가?
   a. 모터에 의해 구동되는 교류 발전기
   b. DC-DC 컨버터
   c. 인버터
   d. 차량에 따라 a 또는 c 중 하나

9. 차량을 준비 모드로 설정한 상태에서 12 V 보조 배터리에 대해 14.0 V의 시스템 전압을 유지할 수 있어야 하는 것은 무엇인가?
   a. 인버터
   b. 교류 발전기
   c. DC-DC 컨버터
   d. 위 보기 모두

10. P0A04 DTC는 어떤 유형의 고장 코드인가?
   a. 글로벌(일반)
   b. 차량 제조사별
   c. 인핸스드 자기진단기
   d. 위 보기 모두

Chapter 12

전기 자동차와 플러그인 하이브리드 자동차 충전

학습 목표

- 플러그인 하이브리드 자동차(PHEV)를 식별할 수 있다.
- PHEV 및 EV에서 고전압 배터리가 어떻게 충전되는지 설명할 수 있다.
- EV의 주행거리 불안, 배터리 용량 및 주행거리 상관관계에 대해 논의할 수 있다.
- 레벨 1, 레벨 2, 레벨 3 충전 사용 시 안전 주의사항을 설명할 수 있다.

핵심 용어

공공 충전소(PCS)	주행거리 불안
목적지 충전	충전 상태(SOC)
무공해 자동차(ZEVs)	킬로와트시(kWh)
배터리 전기 자동차(BEV)	플러그인 하이브리드 자동차(PHEV)
사용 시간(TOU)	항상 충전 중(ABC)
시간당 마일(MPH)	DCFC(DC 고속 충전)
시간당 주행거리(RPH)	EV 주행거리
전기 자동차(EV)	Guobiao 표준(GB 또는 GB/T)
직장 충전(WPC)	kWh/100마일
주행거리	SAE 콤보 충전 시스템(CCS)

플러그인 하이브리드 자동차

전문 용어 **플러그인 하이브리드 자동차**(plug-in hybrid electric vehicle, PHEV)는 집이나 직장, 여행 중에 전기 콘센트에 연결하여 배터리를 충전하도록 설계된 자동차이다. 차량 내 배터리를 충전하면 더 오랜 시간 동안 전력만으로(스텔스 모드) 작동할 수 있어 내연기관(ICE)의 사용을 줄일 수 있다. ICE의 작동이 적을수록 연료 소비가 적어 차량의 배기가스 배출이 줄어든다. 일부 PHEV는 운전자에게 ICE를 먼저 사용하고 여행 중에 EV 모드(전기 전용)로 전환할 수 있는 옵션을 제공한다. 이 옵션은 운전자가 처음 고속도로를 주행하고 ICE를 사용하여 차량을 추진할 때 일반적으로 사용되며, 도시에 도착해서 사용할 배터리의 에너지를 절약해 준다.

PHEV 식별 많은 PHEV는 기존 구성 또는 배터리 용량만 추가된 하이브리드 자동차(HEV) 구성을 사용하여 제작된다. 이에 따라 토요타 프리우스 플러그인 버전 등 일부 PHEV는 식별이 어려울 수 있다. HEV의 플러그인 버전을 식별하는 특징은 다음과 같다.

- 다양한 배지(보통 PHEV라고 명시되어 있으며 때로는 배지에 PHEV가 포함되어 있음)
- 일반 ICE 주유 도어 외 충전 케이블용 액세스 도어
- 다른 계기판 클러스터 ● **그림 12-1 참조**

플러그인 버전의 작동 방식은 동일 차량의 HEV 버전과 동일하므로 서비스나 유지 관리 측면에서 보면 PHEV인지 HEV인지는 크게 중요하지 않다.

PHEV 배터리 용량 사용되는 배터리 팩의 크기나 용량에 따라 일반적으로 **EV 주행거리**(EV range)라고 불리는 ICE를 사용하지 않고 차량이 주행할 수 있는 거리가 결정된다. 배터리 용량은 **킬로와트시**(kilowatt-hour, kWh)로 측정된다. 1킬로와트는 1,000와트이고 1와트는 1볼트에 암페어를 곱한 값으로 전력의 단위이다. 배터리의 kWh 정격이 높을수록 더 많은 전기 에너지를 저장할 수 있다.

- 정격 배터리는 kWh(킬로와트시)가 낮을수록 무게가 가볍고 가격도 저렴하지만, 배터리 전원만으로 차량이 주행할 수 있는 거리는 제한된다.
- kWh 정격 배터리가 높다는 것은 ICE를 사용하기 전에 배터리가 차량을 더 먼 거리까지 주행할 수 있다는 것을 의미한다. 이는 사용되는 연료를 줄이지만, 배터리 무게가 무거워지고 비용이 더 많이 든다.
- 고전압 배터리의 충전 상태가 지속적으로 확인된다. **충전 상태**(state-of-charge, SOC)는 배터리에 저장될 수 있는 사용 가능한 용량의 비율이다. 충전 상태가 100%인 배터리는 완전히 충전된 것이다.

따라서 플러그인 차량은 비용과 배터리 무게의 절충안이다.

그림 12-1 (a) 플러그인 프리우스를 일반 프리우스와 구분하는 유일한 방법은 측면에 있는 배지 또는 (b) 후면 조수석 측 충전 포트 도어를 통해서이다.

PHEV 예시 표준 토요타 프리우스에는 1.3 kWh 배터리 팩이 있는 반면, 플러그인 버전에는 더 큰 4.4 kWh 배터리가 있어 ICE를 사용하기 전에 약 10마일을 전기로만 이동할 수 있다. 배터리 팩 충전 상태가 고갈되면 차량은 차량을 추진하는 데 사용되는

그림 12-2 플러그인 하이브리드 자동차(PHEV)라고도 불리는 쉐보레 볼트 확장형 전기 자동차(EREV)가 켄터키주 블로잉 그린에 있는 콜벳 조립 공장의 일렬로 늘어선 충전소에서 충전되고 있다.

그림 12-3 SAE 표준 J1772 충전기가 장착된 충전소는 미국 내 여러 지역의 대기업, 대학, 쇼핑몰에서 자주 볼 수 있다.

ICE와 전기 모터를 갖춘 표준 HEV로서 작동한다.

쉐보레 볼트는 더 큰 16 kWh 배터리 팩을 갖추고 있어서 배터리가 약 25~35%로 방전될 때까지 ICE를 사용하지 않고 전력만으로 약 40마일을 이동할 수 있다. 이후 차량을 계속 추진할 수 있을 만큼 배터리 팩을 높은 수준으로 유지하기 위해 ICE가 작동된다. ● **그림 12-2 참조**

● **표 12-1**에 현재 다양한 PHEV에 대한 비교가 나와 있다.

차량 제조사 및 모델	배터리 용량
BMW i8	11 kWh
쉐보레 볼트	16 kWh
포드 C-Max 에너지	7.6 kWh
포드 퓨전 에너지	7.6 kWh
혼다 어코드 PHEV	6.7 kWh
포르쉐 카이엔 PHEV	9.4 kWh
포르쉐 파나메라 S PHEV	9.4 kWh
토요타 프리우스 PHEV	4.4 kWh
토요타 RAV4	8.1kWh
볼보 XC60/XC90	11.6kWh
폭스바겐 골프 PHEV	8.8 kWh

표 12-1 고전압 배터리의 용량이 높을수록 차량은 전력만으로 더 멀리 이동할 수 있다. 충전기에 연결하면 완전히 충전되기까지 더 오랜 시간이 걸린다.

PHEV 충전 차량을 추진하면서 배터리 팩이 방전된 후 ICE는 차량을 추진할 수 있을 만큼 배터리를 충전된 상태로 유지하는 데 사용되지만, 배터리 팩을 완전히 재충전하지는 않는다. 플러그인 하이브리드 자동차의 고전압 배터리 팩을 완전히 충전하려면 110/120 V 또는 220/240 V 콘센트에 연결해야 한다. ● **그림 12-3 참조**

정비 기술 팁

연결되어 있는 동안 난방 또는 에어컨 켜기

플러그인 하이브리드나 전기 자동차를 충전하는 경우 퇴근 15분 전에 스마트폰 앱으로 차량에 접근해 에어컨(A/C)이나 난방을 켜면 된다. 예를 들어, 애리조나주 피닉스에서 일하는 닛산 리프 소유자는 직장 충전소에 차량이 연결된 상태에서 전화 앱을 사용하여 에어컨을 가동한다. 차량이 100도의 뜨거운 태양 아래 있음에도 불구하고, 주인이 퇴근 준비를 할 때 실내는 멋지고 시원하다. 충전소에 연결된 상태에서 에어컨이 작동하기 때문에 리프의 주행가능거리는 영향을 받지 않으며 집까지 편안하게 이동할 수 있다. 추운 날씨에 실내를 따뜻하게 하는 방법도 마찬가지이다.

전기 자동차

EV 배터리 용량 **배터리 전기 자동차**(battery electric vehicle, BEV)라고도 불리는 **전기 자동차**(electric vehicle, EV)는 고전압 배터리 팩을 사용하여 전기 모터에 전기 에너지를 공급하여 모든 주행 조건에서 차량을 추진한다. 배터리 전력만으로 차량을 추진하는 전기 자동차를 **무공해 자동차**(zero-emission vehicles, ZEVs)라고 한다. 배터리 팩 용량(kWh)에 따라 차량의 주행가능 거리가 결정된다. 더 멀리 운전하기 전에 배터리를 충전하기 위해서는 전원을 연결해야 한다. 전기 자동차를 충전하는 데는 배터리 크기와 충전소 속도에 따라 짧게는 30분에서 길게는 12시간까지 걸릴 수 있다.

추운 날씨에 대한 우려 제너럴 모터스의 전기 자동차(EV1) 등 과거 전기 자동차 모델은 기후가 따뜻한 애리조나, 캘리포니아 남부 등의 지역으로 제한됐다. 추운 날씨는 다음과 같은 이유로 전기 자동차 사용에 큰 단점이 된다.

- 추운 온도는 배터리 효율을 저하시킨다.
- 합리적인 성능을 달성하기 위해 배터리 자체를 가열하려면 배터리의 추가 전력이 필요하다.
- 뒷좌석 난방은 차량의 주행거리를 줄이는 저항 장치나 기타 기술을 사용해야 하기 때문에 전기 자동차의 관심사이다.

더운 날씨에 대한 우려 배터리는 고온에서 제대로 작동하지 않으므로 배터리 성능을 최대화하려면 차량에 특정 유형의 배터리 냉각 장치를 추가해야 한다. 이로 인해 배터리가 제대로 작동하도록 유지하는 데 필요한 배터리 전력을 사용하기 때문에 차량 주행거리가 줄어든다. 배터리 문제 외에도 배터리는 내부와 기타 모든 부속품을 시원하게 유지하는 데 필요한 전력을 공급해야 한다. 이러한 결합된 전기 부하는 추가적인 배터리 소모를 나타내며 차량의 주행거리를 감소시킨다.

정비 기술 팁

인간과 동일한 온도 범위를 갖는 배터리

배터리는 인간에게도 가장 편안한 온도 범위 내에서 보관될 때 가장 잘 작동한다. 대부분의 사람들은 온도가 20~26°C (68~78°F)일 때 편안함을 느낀다.

- 20°C 미만에서는 대부분의 사람들이 난방을 원한다.
- 26°C 이상에서는 대부분의 사람들이 냉각을 원한다.

배터리는 동일한 온도 범위에 노출될 때 가장 좋은 성능을 발휘한다. 따라서 최상의 성능을 위해서는 배터리를 매우 좁은 온도 범위 내에서 유지하기 위해 적절한 가열 및 냉각 시스템을 사용해야 한다.

주행거리 전기 자동차가 배터리를 완전히 충전하여 주행할 수 있는 거리를 **주행거리**(range)라고 한다. 전기 자동차의 주행가능 거리는 다음을 포함한 다양한 요인에 따라 달라진다.

- 배터리 에너지 저장 용량
- 차량 중량
- 외부 온도
- 지형(언덕이 많거나 산악 지역에서 주행할 경우 배터리 에너지가 더 많이 필요함)
- 난방, 에어컨 시스템 및 기타 전기 장치 사용
- 운전 스타일이나 습관

EV 주행거리는 개선되고 있지만 EV는 대부분의 기존 차량보다 주행거리가 짧다. 많은 초기 EV는 한 번 충전으로 100마일 미만을 이동할 수 있었지만, 현재 전기 자동차의 일반적인 주행거리는 제조사와 모델에 따라 200마일을 초과한다. 일반적인 전기 자동차는 100마일(62 km)당 약 30 kW를 소비한다. ● **그림 12-4 참조**

그림 12-4 전기 자동차의 '주유량 게이지'는 남은 주행거리와 충전 상태를 뜻한다. 전기 자동차를 소유한 사람들에 따르면, 충전 후 주행거리를 쉽게 달성할 수 있다는 사실을 확인한 후 주행거리 불안은 10일 정도만 지속된다.

정비 기술 팁

휴대폰 앱을 사용하여 시트 및 스티어링 휠 히터 켜기

추운 날 충전소에 연결하지 않은 경우 대부분의 전문가들은 전력 절약을 위해 스티어링 휠과 시트 워머만 키는 것을 추천한다. 시트와 스티어링 휠을 가열하면 실내 전체의 공기를 가열하기 위해 HV 배터리를 소모하지 않고도 운전자에게 따뜻한 느낌을 줄 수 있다.

충전 비용 미국 내 전국 평균 전기 요금은 킬로와트시당 약 0.11달러이다. 250마일 주행거리의 완전 전기 자동차를 충전하는 경우(완전히 방전된 96 kWh 배터리 가정) 완전 충전에 도달하는 데 약 10.56달러가 소요된다. 이 비용은 평균적인 중앙 에어컨을 약 6시간 동안 가동하는 것과 거의 같다. 제너럴 모터스는 쉐보레 볼트의 연간 에너지 사용량이 약 2,520 kWh라고 추정한다. 이는 일반적인 온수기나 중앙 에어컨에 전력을 공급하는 데 필요한 에너지보다 작다.

100마일당 킬로와트 EPA는 또한 EV의 에너지 소비량을 100마일을 주행하는 데 필요한 시간당 킬로와트, 줄여서 **kWh/100마일**(kWh/100 mi.)로 표시한다. 예를 들어, 테슬라 모델 3는 100마일당 약 28 kW를 사용한다.

자주 묻는 질문

주행거리 불안이란 무엇인가?

주행거리 불안은 많은 운전자들이 전기 자동차를 운전할 때 목적지에 도착하기 전에 전기 배터리 에너지가 부족할 것을 두려워하며 겪는 감정이다. 이러한 증상은 매우 흔하지만 연구에 따르면 처음 전기 자동차를 구입한 후 약 2주 동안 이러한 느낌이 지속되는 것으로 나타났다. 처음 2주 동안 운전자는 차량이 완전 충전으로 얼마나 멀리 주행할 수 있는지에 대한 경험을 쌓고 정규 주행을 문제없이 완료할 수 있다는 것을 알게 된다.

레벨 1 충전

20암페어 회로 레벨 1 충전은 110/120 V 표준 전기 콘센트(20암페어 회로)를 사용한다. 레벨 1 충전 시 최대 전력은 1.9 kW이다. 이렇게 낮은 충전 속도는 밤새 차량을 충전하는 것이 최선이며, 다음 날 아침에 출발할 준비가 됨을 의미한다. 장점은 많은 주택에 110/120 V 콘센트가 설치되어 있고 20암페어 회로 차단기로 보호되는 최대 16암페어를 공급할 수 있기 때문에 설치 비용이 거의 없다는 점이다. ● **그림 12-5 참조**

레벨 1 충전은 매 시간 충전 시 2~5마일의 주행거리를 제공한다. EV를 콘센트에 연결하기 전에 회로가 냉장고나 조명과 같은 다른 가전제품에 전력을 공급하지 않는지 확인하라. 커넥터의 경

그림 12-5 (a) 제공된 120 V 충전기를 사용하여 충전 중인 쉐보레 볼트. (b) 차량을 콘센트에 꽂기 전에 항상 충전용 코드 전체를 펴야 한다. 코드가 직선으로 유지되지 않으면 전류 흐름으로 인해 코일이 생성될 뿐만 아니라 전선이 과열될 수 있으며 어떤 경우에는 실제로 절연체가 녹을 수도 있다.

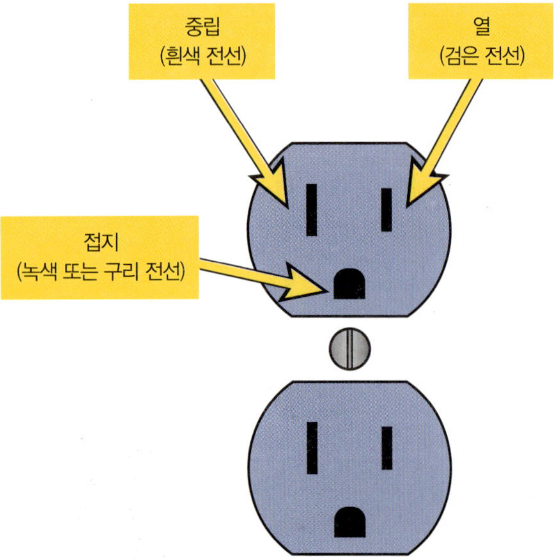

그림 12-6 감전 가능성을 방지하고 차량을 적절하게 충전하려면 전기 콘센트를 주택 배선에 올바르게 배선해야 한다.

우 거의 모든 EV에는 한쪽 끝에 콘센트용 표준 3구 가정용 플러그가 있고 차량용 표준 J1772 커넥터가 있는 휴대용 레벨 1 코드 세트가 함께 제공된다. 일반 120 VAC 콘센트에 연결했을 때 레벨 1 충전의 경우 많은 차량에서 속도를 12 A(1.4 kW)로 제한하는 반면, 표준(그리고 일반적인 가정용 배선)에서 허용하는 최대치는 16 A(1.9 kW)이다. ● **그림 12-6 참조**

정비 기술 팁

일부 발전기 사용에 대한 팁

가솔린 발전기를 사용하여 전기 자동차를 충전하려는 경우 중립과 접지를 함께 묶어야 하며 그렇지 않으면 충전기에 오류가 발생한다. 예를 들어, 혼다 EU 2000i 발전기의 소유자는 두 개의 리드(중립 및 접지)가 함께 묶여 있는 플러그를 구입하여 차량을 충전해야 하는 경우 다른 소켓에 연결할 수 있다. 전기 자동차는 접지 기준으로 핫 리드에서 120 V, 중립에서 0 V를 확인해야 한다. 일부 발전기는 60 V와 60 V를 표시한 후 차량이 접지 고장 오류를 표시할 수 있다.

NOTE: 중립 및 접지는 전기적으로 절연되어야 한다. 이는 모든 원격 패널과 모든 콘센트에도 적용된다. 서로 연결될 수 있는 유일한 장소는 서비스 접지(접지봉)가 있는 메인 패널이다. 일부 초기 발전기는 이를 결합하여 특히 가정용 전자 장비에 많은 문제를 일으켰다.

정비 사례

오래된 집의 사례

한 쉐보레 볼트 소유자는 오래된 집에 사는 친척을 방문했다. 방문 당시 그는 레벨 1(110/120 V 콘센트)인데도 충전을 하면 좋겠다고 생각했다. 방문 중에 이것은 적어도 약간의 주행거리를 늘릴 수 있었다. 아쉽게도 집이 너무 낡아서 콘센트에 별도의 접지선이 없었고 대신 중립선과 전원선(열선)만 사용하고 있었다. 차량은 제대로 접지가 되지 않아 연결이 완료되지 않았다는 것을 알고 있었다. 이 사례에서 차가 집보다 더 똑똑했다.

요약

- **불만사항:** 쉐보레 볼트가 110 V 콘센트에 연결되었으나 충전되지 않았다.
- **원인:** 콘센트에 접지 단자가 없었다.
- **조치:** 접지 단자가 없어 차량 충전이 불가능했다. 이는 전기 자동차의 정상적인 작동이자 안전 기능이므로 보정이 필요하지 않다.

레벨 1 충전 사용 시 주의사항 차량과 함께 제공되는 충전 코드의 110/120 V 플러그를 사용할 경우 부상이나 재산 피해를 방지하기 위해 다음 안전 예방조치를 준수해야 한다.

- 플러그를 전기 콘센트에 연결하기 전에 코드를 끝까지 푼다. 코드를 충전기 릴에 감긴 상태 그대로 두면 충전 중에 열이 쌓여 절연체가 녹을 수 있다. 충전하기 전에 항상 충전 코드 전체를 편다.
- 충전 코드를 전용 110/120 V, 20암페어 콘센트에 직접 연결한다. 연장 코드를 사용하지 않는다.

레벨 2 충전

전압이 높을수록 빨라지는 충전 속도 레벨 2 충전기는 208/240 V를 사용하여 약 4시간 안에 동일한 차량을 충전한다. 레벨 2 충전기는 대부분의 집에 추가할 수 있어 집에 있을 때 더 빠르게 충전할 수 있으며(최대 80암페어), 상점과 대학에서 가장 일반적으로 사용되는 충전소이다. 30암페어 정격의 208/240 V 레벨 2 충전기는 7.2 kW(240 × 30/1,000)를 제공한다. 1시간 안에 플러그인 차량에 7.2 kWh의 전기를 보낼 수 있으므로 7.2 kW 이하 정격의 온보드 충전기가 장착된 차량을 정비하는 것은 괜찮다. 집이나 콘도의 위치와 배선에 따라서 차고나 주차 장소에 레벨 2 충전 콘센트를 추가하는 데 500달러에서 2,000달러 이상이 소요될 수 있다. 레벨 2 충전은 닛산 리프의 대시보드 디스플레이에 **시간당 마일**(miles per hour, MPH)로 표시되는 **시간당 주행거리**(range per hour, RPH)를 약 25마일 추가한다. 레벨 2(220/240 VAC) 충전의 경우 차량에는 3 kW에서 10 kW 사이의 온보드 충전기가 있으며, 이는 일반적으로 실제로 얼마나 많은 kWh의 충전이 달성되는지에 대한 제한 요소이다. ● **그림 12-7 참조**

그림 12-7 닛산 리프가 대학 내 레벨 2 충전소에서 플러그에 연결되었다.

온보드 충전기 레벨 1 및 2 AC 충전은 온보드 충전기로 수행된다. 충전소는 차량에 사용 가능한 전압과 최대 전류를 알려주고 차량은 해당 전류 이하로 스스로를 제한한다. 악수(handshake, 충전소와 차량 간의 통신) 후에 충전소는 전원을 켜기만 하면 된다.

NOTE: 레벨 3의 경우 차량은 처리할 수 있는 전압의 양을 충전기에 알려주고 외부 충전기는 전압을 제한한 다음, 차량은 충전기가 제공할 수 있는 최대 전류까지 가능한 한 많은 전류를 소비한다.

? 자주 묻는 질문

무슨 소리일까?

많은 전기 자동차 소유자는 차고에 주차하는 동안 실내 온도 조절 팬이 작동하는 것처럼 자동차에서 윙윙거리는 소리가 난다고 말한다. 스마트폰 앱을 확인해 보니 실내 온도 조절 장치가 꺼져 있는 것으로 나타났다. 전기 자동차를 처음 소유한 사람은 이것을 걱정할 수 있지만 일반적으로 소음은 다음 중 하나로 인해 발생한다.

- 배터리를 냉각시켜 주는 팬은 특히 충전 중이거나 운전을 마친 후에 작동한다.
- 예를 들어, 쉐보레 볼트는 덥고 화창한 날에 차고에서 배터리를 냉각시키기 위해 에어컨이 작동하기 때문에 종종 물 흐르는 소리를 낸다.

이러한 시스템은 차량이 정지해 있고 작동하지 않을 때 작동하기 때문에 많은 전문가들은 차량이 집에 있는 동안 항상 전원을 연결해 둘 것을 권장한다. 이를 흔히 **항상 충전 중**(Always Be Charging, ABC)이라고 한다.

레벨 3 충전

DC 고속 충전 레벨 3 충전소는 440/480 V AC 입력 및 출력 DC를 사용하여 대부분의 전기 자동차를 30분 내에 80%까지 충전한다. 이렇게 높은 충전 속도는 배터리 수명에 해로울 수 있다. 충전 중인 차량의 사용설명서에 명시된 충전 지침 및 권장 사항을 항상 따르라. 레벨 3 충전기는 최대 125암페어의 직류(DC) 속도를 사용하여 차량을 충전한다. 레벨 3 충전기는 흔히 **DCFC**(DC Fast Charge, DC 고속 충전) 또는 DC Quick Charge (DCQC)라고 한다. ● **그림 12-8 참조**

레벨 3 충전소의 가격은 50,000달러 이상이 될 수 있으므로 이러한 유형의 충전기는 차량을 급속 충전하는 서비스를 판매하는 시설에 가장 적합하다. 예를 들어, DCFC는 단 20분의 충전 시간으로 60~80마일의 주행거리를 제공할 수 있다. ● **그림 12-9 참조**

레벨 3 전기 커넥터 현재 전 세계 전기 자동차 제조업체에서 사용하고 있는 네 가지 DCFC 커넥터가 있다.

- CHAdeMO: 닛산과 미츠비시 같은 기타 일본 기업들 ● **그림 12-10 참조**

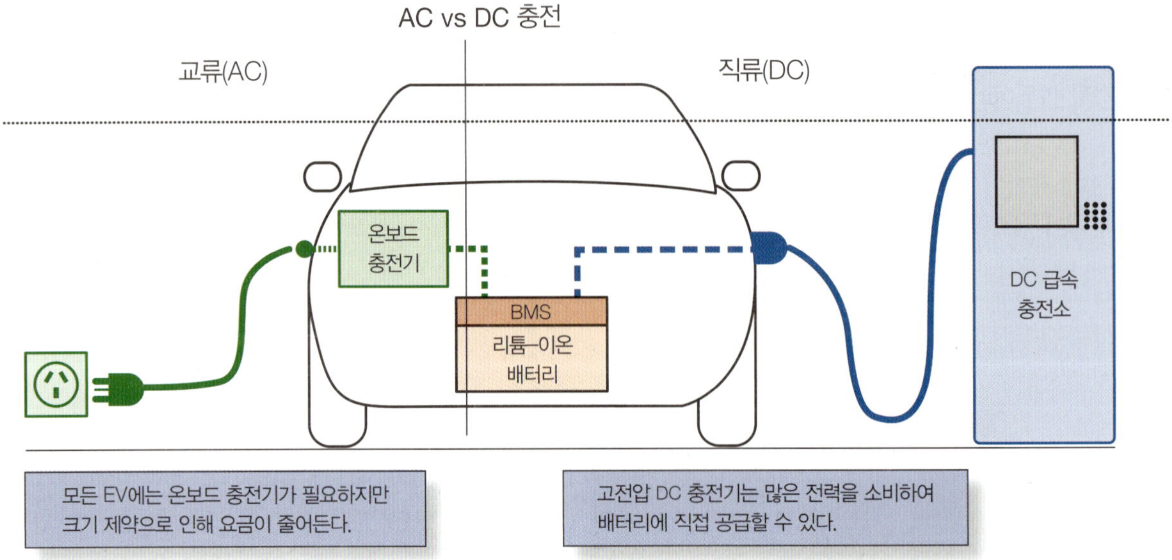

그림 12-8 레벨 1, 2, 3 충전의 차이점은 AC(레벨 1 및 2)를 사용하면 온보드 충전기가 고전압 배터리를 충전하기 위해 교류(AC)를 직류(DC)로 변환해야 한다는 것이다. 직류(레벨 3)를 사용하면 DC를 직접 배터리 충전에 사용할 수 있으므로 이 변환이 필요하지 않다.

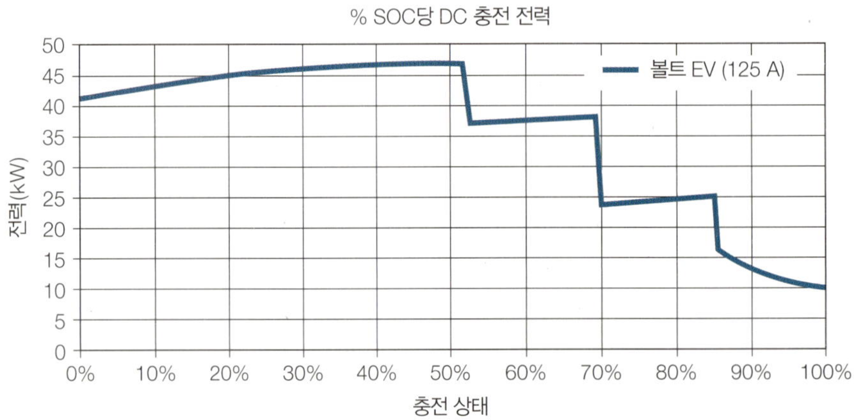

그림 12-9 충전 상태가 약 70%에 도달할 때 감소하는 일반적인 충전 속도를 보여주는 차트

그림 12-10 CHAdeMO 레벨 3 충전 플러그를 클로즈업한 모습

- **SAE 콤보 충전 시스템**(Combo Charging System, CCS): BMW, 포드, GM, VW, 기타 차량 제조업체들 ● **그림 12-11 참조**
- 테슬라 슈퍼차저: 테슬라 표준 커넥터이다. 테슬라 '슈퍼차저'는 레벨 3 충전기이며 일부 테슬라 소유자는 무료로 사용할 수 있다. 테슬라 전기 자동차는 차량이 표준 SAE J1772 충전소 플러그 또는 110/120 V 전기 콘센트에 연결될 경우 고유한 플러그 및 공급 어댑터를 사용한다. ● **그림 12-12 참조**
- **Guobiao 표준**(Guobiao standard, GB 또는 GB/T): 중국 국가 표준이다. 마힌드라와 타타 전기 자동차뿐만 아니라 BYD 및 기타 중국 회사들도 이 표준 커넥터를 사용한다. ● **그림 12-13, 표 12-2 참조**

그림 12-11 SAE 콤보 충전 시스템(CCS)은 BMW, 포드, GM, VW 및 기타 자동차 제조업체에서 사용하는 DCFC 커넥터 표준이다.

그림 12-12 테슬라 차량은 테슬라에서만 사용하는 고유한 충전 커넥터를 사용한다.

EV 소유 및 충전

사용 시간 거의 모든 EV 소유자의 경우 충전 비용을 최대한 절약하려면 **사용 시간**(time-of-use, TOU) 전기 요금제를 선택해야 한다. TOU 요금제는 비수기 기간(보통 오후 11시부터 오전 5시)에는 더 낮은 전기 요금을 제공하고, 수요가 많은 시간대에는 더 높은 전기 요금을 제공한다. 대부분의 EV는 밤새 집에 주차되어

충전 차트 요약

레벨(전압)	속도	완전 충전 시간	시간당 마일(MPH) 시간당 주행거리(RPH)
레벨 1(110/120 V)	16암페어(1.4~1.7 kW)	32 kWh 배터리의 경우 16시간 80 kWh 배터리의 경우 40시간	시간당 5마일
레벨 2(208/210/220 V)	32~48암페어(7~13 kW)	32 kWh 배터리의 경우 3.5시간 80 kWh 배터리의 경우 8시간	3.7 kW 온보드 충전기로 시간당 12마일 6.6 kW 온보드 충전기로 시간당 25마일
레벨 3(440/480 V DC)	24~250 kW	상황에 따라 다르지만 일반적으로 30분 안에 80% 충전	시간당 200마일 이상

표 12-2 마일당 충전 시간과 주행거리는 충전 중 사용 가능한 전압과 전류에 따라 달라진다.

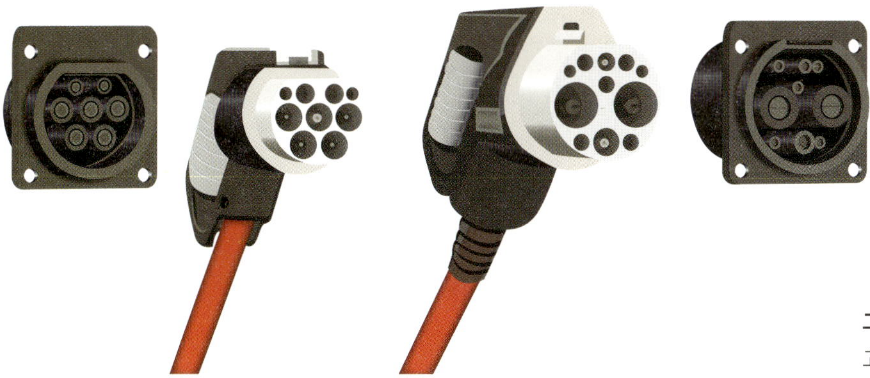
그림 12-13 GB/T 표준을 사용하는 AC(왼쪽)와 DC 고속 충전(오른쪽) 커넥터

있기 때문에 TOU 요금은 대부분의 EV 소유자에게 현명한 선택이다.

공공 충전소(PCS) **공공 충전소**(Public Charging Stations, PCS)는 여러 위치에서 사용할 수 있으며 대부분의 상업용 레벨 2 충전소에는 다음과 같은 추가 기능이 제공된다.

- 인증
- 통합 결제 게이트웨이
- 원격 모니터링용 소프트웨어

소비한 전력량을 청구하고 요금을 징수해야 한다. 전력회사는 시간이 지남에 따라 이러한 충전기에서 끌어오는 전력을 관리하기를 원할 수도 있다.

NOTE: 일부 상용 충전소는 80%에서 충전을 중지하는 반면, 다른 충전소는 30%, 45% 또는 1시간 후에 중지할 수 있으며 제한이 없는 충전소도 있다. 사용 중인 충전 시스템의 웹 사이트를 통해 위치와 충전 한도를 확인하라.

직장 및 목적지 충전 **직장 충전**(work place charging, WPC)은 차량 소유자가 직장에 있는 동안에도 대개 무료로 차량을 충전할 수 있기 때문에 매우 인기가 높다. 호텔과 모텔에서는 **목적지 충전**(destination charging)이라는 충전소를 제공하는 경우가 많다. 호텔은 장거리 여행을 하는 EV 운전자의 관심을 끌기 위해 호텔에 충전기를 추가하고 있다.

자주 묻는 질문

Plug & Charge란?

'Plug & Charge'는 EV와 충전소가 사용해야 하는 보안 통신 프로토콜을 지정하는 ISO 15118 국제 표준을 사용한다. Plug & Charge는 전기 자동차 소유자의 공공 충전 경험을 늘려준다. 지금까지 네트워크로 연결된 공공 EV 충전소에는 다음이 필요하다.

- RFID 카드
- 스마트폰 앱
- 신용 카드

일부 EV 소유자는 공공 충전소를 사용하는 것이 실망스러운 경험이라고 생각한다. 이는 스테이션이 제대로 통신하지 못하는 경우가 많고 세션을 시작하는 데 몇 번의 시도가 필요하기 때문이다. Plug & Charge를 사용하는 것은 공공 충전을 간편하게 만들며, 자체 네트워크가 있는 테슬라를 제외한 많은 EV 제조업체와 모델에서 이용 가능하다.

정비 기술 팁

전기의 언어로 말하라

대부분의 사람들은 인치와 피트, 미터와 킬로미터, 컵과 갤런, 밀리리터와 리터, 킬로바이트와 메가바이트, 기가바이트 같은 단위를 이해하지만 전기의 기본 단위는 배운 적이 없다. 헤어드라이어, 전자레인지 등 많은 가전제품의 앞면에는 와트수가 표시되어 있다. 전기가 너무 복잡하다고 생각하는 사람들이 있다. 따라서 EV의 경우 제조업체와 충전소 운영자는 충전소의 실제 전력 정격 대신 분당 또는 시간당 충전할 수 있는 주행거리를 명시하여 도움을 주려고 한다. 또한 차량 제조업체에서는 배터리의 kWh 용량 대신 차량이 달성할 수 있는 주행거리만 언급하는 경향이 있다. 최초의 배터리 전기 자동차에는 3.3 kW 정격의 충전기가 장착되었다. 240 V, 즉 레벨 2 전원 공급 장치에 연결하면 매 시간 최대 3.3 kW의 전기만 수용할 수 있다. 1와트는 전기의 기본 단위이고, 1킬로와트는 1,000와트이다. 1시간에 배터리 팩에 1킬로와트의 전기만 보낼 수 있는 충전소는 1 kWh(킬로와트시) 장치이다. 예를 들어 테슬라의 기본 충전 용량은 10 kWh이며 구매자는 충전 속도를 20 kWh인 두 배로 높이는 2차 온보드 충전기를 주문할 수 있다. 적절하게 설치된 EVSE를 통해 연결된 차량에 얼마나 많은 전류가 전달되는지 계산하려면 암페어에 볼트를 곱하고 1,000으로 나눈다. 일반적으로 레벨 2 충전소에 있는 대부분의 EV는 충전 시간당 약 25마일을 주행할 수 있다.

기타 충전 위치는 다음과 같다.

- 대규모 공장
- 중소기업
- 박물관
- 대학
- 쇼핑센터

이러한 위치의 충전소는 일반적으로 레벨 2(220/240 V)이다.

충전소 찾기 대부분의 전기 자동차는 내비게이션 시스템에 운행 경로를 입력하면 충전 장소를 표시한다. 게다가 충전소 위치를 찾는 데 사용할 수 있는 스마트폰 앱도 많이 있다. 그중 일부는 다음과 같다.

- Charge Point
- Charge Way
- Electrify America
- Drive the Arc
- EV Match

정비 기술 팁

여행하지 않는 한 80%까지만 충전한다

충전 상태(state-of-charge, SOC)가 80%를 초과하거나 20% 미만이면 배터리의 수명은 짧아진다. 고전압 배터리를 보호하고 수명을 연장하려면 차량 디스플레이 메인 화면의 메뉴를 이용해 80%까지 충전하고, 직장 충전소나 자주 사용하는 무료 충전기를 입력한다. 일반적으로 충전 속도는 80% SOC에서 떨어진 후, 다시 감소하는 95%가 될 때까지 일정하게 유지된다. 80%까지 충전된 경우에도 디스플레이에 완전히 충전되었다고 표시될 수 있으며, 충전 용량이 100%에 가까워졌다고 수동적으로 변경될 필요가 있다. 유일한 차이점은 충전 용량이 0%가 될 때까지의 마일 수이다. 배터리 성능이 저하되는 두 가지 요인은 다음과 같다.

1. 과방전은 움직일 리튬이 더 이상 남지 않으면 구리를 소모하기 시작하며 이 조치로 인해 배터리가 파괴된다.
2. 높은 충전 수준으로 인해 발생하는 열로 인해 산이 배터리를 더 빨리 소모할 수 있다.

충전소를 입력하면 차량은 충전 준비를 위해 배터리 사전 조정을 시작한다. 여행 시에만 100%까지 충전하고, 일상 주행 시에는 80%까지 충전하여 배터리 수명을 보호하라.

- Plug Share
- Pod Point

청구 비용 일부 기업은 제공하는 서비스에 가치를 더하고 주행거리에 대한 불안감을 완화하기 위한 방법으로 고객에게 무료로 충전기를 제공하는 반면, 일부 기업은 요금을 부과한다. 이는 신용 카드를 사용하여 사용한 만큼 지불하거나 ChargePoint 또는 Blink와 같은 충전 네트워크가 있는 계정을 통해 이루어질 수 있다. Blink 요금은 허용되는 주에서 분당 0.04~0.06달러 또는 kWh당 0.39~0.79달러이다. ● 그림 12-14 참조

자주 묻는 질문

지붕에 있는 태양광 패널로 내 EV를 충전할 수 있을까?

이는 멋진 아이디어처럼 들리지만 실용적이지 않다. 차량 표면을 태양광 패널로 덮으면 시간당 50와트의 전력을 생산할 수 있다. 표준 110/120 V 전기 콘센트는 시간당 약 1,400와트를 공급하여 쉐보레 볼트를 충전하는 데 8시간이 걸린다. 태양광으로 완전히 충전하려면 대략 350시간이 걸린다. 질문에 답하자면…, 아마도 아닐 것이다.

자주 묻는 질문

충전소의 정격 출력에서 내 EV가 충전되지 않는 이유는 무엇인가?

볼트 사용자 설명서에는 최소 80 kW를 사용하여 30분 안에 완전 충전이 가능하다고 명시되어 있다. 그러나 실제로 80 kW를 공급하는 DCFC 장치를 찾는 것은 어려울 수 있다. 예를 들어, 한 쉐보레 볼트 소유자는 50 kW 정격의 DCFC를 찾을 수 있었지만 이를 사용할 때 충전기는 35 kW만 공급했다. 다른 EV 소유자들도 정격 충전기 출력이 실제로 차량에 공급되는 것과 다른 동일 상황을 보고한다. 이처럼 명백하게 충전량이 줄어든 이유에는 차량 배터리가 배터리 충전에 사용되는 전류량을 제한할 수 있다는 점도 포함된다. 이는 충전 상태, 배터리 온도 또는 기타 매개변수의 결과일 수 있다. 관련된 많은 요인으로 인해 충전 요금이 얼마인지 알기가 어렵다. 충전 상태에 대한 정보를 제공하는 차량용 스마트폰 앱을 사용하는 것이 가장 좋다.

그림 12-14 상업용 충전소는 쇼핑 지역에 있는 경우가 많으며 대부분은 수수료나 kWh 단위로 분당 요금을 부과하지만, 일부 기업이나 학교에서는 무료로 사용할 수 있다.

차량 충전 절차

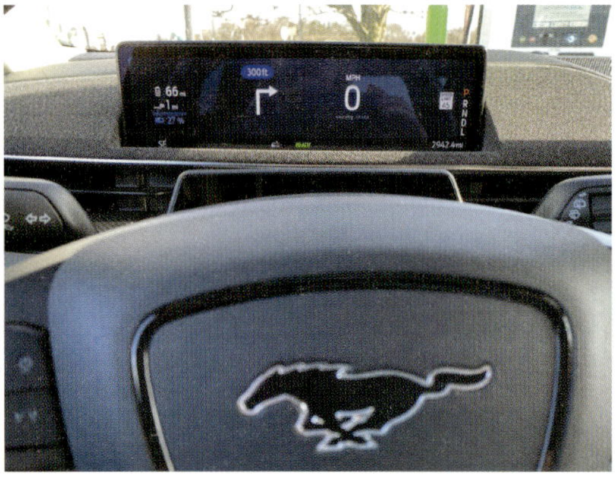

1 머스탱 마하 E 전기 SUV의 남은 충전량은 66마일(27%)이다.

2 스마트폰 앱 Plug Share를 사용하여 운전자는 레벨 3 충전소를 찾았다.

3 신용카드 방식을 선택한 후 운전자는 충전소에서 SAE CCS 충전 플러그를 떼어낸다.

4 머스탱 마하 E의 충전 포스트는 왼쪽 전면 펜더에 있다.

5 충전하는 동안 Mach E는 충전 콘센트 주변에 일련의 조명을 켜서 운전자에게 충전 수준을 알려준다. 모든 표시등이 켜지면 차량이 완전히 충전된 것이다.

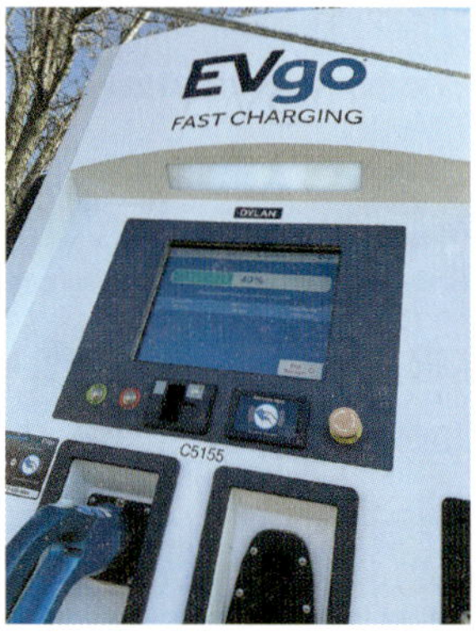

6 충전소의 디스플레이에도 변화 상태가 표시된다. 대부분의 전문가들은 HV 배터리를 보호하기 위해 여행이 아닌 경우라면 추가 주행거리가 필요할 때 80%까지만 충전할 것을 권장한다.

요약

1. 플러그인 하이브리드 자동차(PHEV)는 집이나 직장, 여행 시 콘센트에 꽂아 배터리를 충전할 수 있도록 설계된 자동차이다.
2. 전기 자동차가 배터리를 완전히 충전하여 주행할 수 있는 거리를 주행거리라고 한다.
3. 미국 내 전국 평균 전기 요금은 킬로와트시당 약 0.11달러이다. 250마일 주행거리의 완전 전기 자동차를 충전하는 경우(완전히 방전된 96 kWh 배터리 가정) 완전 충전에 도달하는 데 약 10.56달러가 든다.
4. 레벨 1 충전은 110/120 V 표준 전기 콘센트(20암페어 회로)를 사용한다. 레벨 1 충전 시 최대 전력은 1.9 kW이다.
5. 30암페어 정격의 208/240 V 레벨 2 충전기는 7.2 kW를 공급한다.
6. 레벨 3 충전소는 440/480 V AC 입력 및 출력 DC를 사용하여 대부분의 전기 자동차를 30분 이내에 80%까지 충전한다.
7. 직장 충전(WPC)은 차량 소유자가 직장에서 차량을 무료로 충전할 수 있기 때문에 매우 인기가 높다. 호텔과 모텔에서는 목적지 충전이라는 충전소를 제공하는 경우가 많다.
8. 미국전기공업협회(NEMA)가 제정한 표준은 용어, 구성, 치수 및 성능 정격을 사용하여 제품, 프로세스 또는 절차를 정의한다.
9. 미국도로교통안전국(NHTSA)에 따르면 평균적인 미국인은 연간 약 13,500마일을 이동한다. 이러한 수준의 운전에서는 대부분의 EV가 작동하는 데 연간 약 4,000 kWh의 전기가 필요하다.
10. 무선 전력 전송(WPT)은 지상에 있는 송신 패드와 차량 하부에 부착된 수신 패드 사이의 전자기 유도를 이용한다.

복습 문제

1. 하이브리드 자동차(HEV)와 플러그인 하이브리드 자동차(PHEV)의 차이점은 무엇인가?
2. 차량과 함께 제공되는 레벨 1 충전 케이블을 사용하여 차량을 충전할 때 주의사항은 무엇인가?
3. 집에서 레벨 2 충전기에 전원을 공급하는 데 사용할 수 있는 전기 콘센트 유형은 무엇인가?
4. 레벨 3(DCFC) 충전기의 일반적인 충전 속도는 얼마인가?
5. 충전소 위치를 찾는 데 사용할 수 있는 스마트폰 앱에는 어떤 것이 있는가?

마무리 퀴즈

1. 하이브리드 자동차의 플러그인 버전은 무엇으로 식별되는가?
   a. 다른 배지
   b. 일반 ICE 주유 도어 외 충전 케이블용 액세스 도어
   c. 다양한 계기판 클러스터
   d. 위 보기 중 하나
2. 레벨 1 충전에 대한 설명으로 맞는 것은 무엇인가?
   a. 110/120 V를 사용한다.
   b. 1시간 충전 시 시간당 2~5마일의 주행거리를 제공할 수 있다.
   c. 1.4~1.9 kW를 공급할 수 있다.
   d. 위 보기 모두
3. 레벨 2 충전에 대한 설명으로 맞는 것은 무엇인가?
   a. J1772 커넥터를 사용한다.
   b. 110/120 V 콘센트를 사용한다.
   c. 1.4~1.9 kW를 공급할 수 있다.
   d. EVSE가 필요하지 않다.
4. 레벨 3 충전에 대한 설명으로 맞는 것은 무엇인가?
   a. DC를 이용해 고전압 배터리를 충전한다.
   b. 110/120 V 콘센트를 사용한다.
   c. SAE J1772 커넥터를 사용한다.
   d. a와 c 둘 다

5. 일반적인 전기 자동차가 100마일(62 km)당 소비하는 전기는 약 얼마인가?
   a. 10 kWh
   b. 20 kWh
   c. 30 kWh
   d. 50 kWh
6. 레벨 3 충전기는 어떤 유형의 커넥터를 사용하는가?
   a. SAE J1772
   b. SAE 콤보 충전 시스템(CCS)
   c. NEMA 14-50
   d. NEMA 6-50
7. 목적지 충전이 의미하는 것은 무엇인가?
   a. 집에서 충전
   b. 직장에서 충전
   c. 호텔/모텔에서 충전
   d. 위 보기 중 하나
8. J1772 플러그를 사용한 충전에 대한 설명으로 맞는 것은 무엇인가?
   a. 대부분의 PHEV 및 EV를 충전할 수 있다.
   b. 110/120 V를 사용할 수 있다.
   c. 220/240 V를 사용할 수 있다.
   d. 위 보기 모두
9. 공공 충전소(PCS)에서의 청구 기준은 무엇인가?
   a. 이용 시간
   b. kWh
   c. 필요한 전압 수준
   d. a 또는 b 중 하나
10. 7.2 kW 속도의 충전을 달성하는 데 사용되는 것은 무엇인가?
   a. 레벨 1 충전기
   b. 레벨 2 충전기
   c. 레벨 3 충전기
   d. 정답 없음

Chapter 13
전기 자동차 충전 설비

학습 목표

- 국가 전기 규범(NEC), 미국 전기제조업협회(NEMA), 국가공인시험소(NRTL) 규칙 및 규정에 대해 논의할 수 있다.
- 전기 자동차를 충전하기 위한 태양열 사용에 대해 논의할 수 있다.
- 전기 자동차 충전 설비에 대해 논의할 수 있다.

핵심 용어

국가공인시험소(NRTL)
국가 전기 규범(NEC)
무선 전력 전송(WPT)
미국 전기제조업협회(NEMA)
전기 자동차 충전 설비(EVSE)

전기 자동차 충전 설비

목적과 기능 **전기 자동차 충전 설비**(Electric Vehicle Supply Equipment, EVSE)는 전기 자동차(EV)를 충전하기 위해 전기를 공급한다. 플러그인 차량 충전소의 주요 기능은 운전자에게 전기 안전을 제공하고 화재 및 감전의 위험을 해결하는 것이다. 차량에는 전기 콘센트에서 AC를 충전하여 DC의 형태로 고전압 배터리를 충전하는 충전기가 내장되어 있지만, 차량 제조업체는 전기 콘센트와 차량 사이에 EVSE를 사용하도록 요구한다. ● **그림 13-1 참조**

EVSE의 목적과 기능은 다음과 같다.

- 전기 커넥터를 차량에 연결하기 전까지는 전기 커넥터 단자에 전압 전위가 없기 때문에 감전의 위험을 줄인다.
- 차량이 EVSE와 통신하며 모든 연결부가 올바르게 연결되었는지 확인되면 충전 프로세스를 시작할 수 있다.

EVSE는 차량 탑재 충전기에 전기 에너지를 공급하는 벽걸이 박스 또는 레벨 2 충전 케이블의 일부이다. 충전을 제어하기 위해 차량 소프트웨어와 함께 작동하는 안전 구성 요소와 소프트웨어가 있다. EVSE는 차량 탑재 충전기에 AC 전류를 공급하고, 이 전류는 AC 전원을 DC로 변환하여 배터리를 충전할 수 있다.

NEMA **미국 전기제조업협회**(National Electrical Manufacturers Association, NEMA)에서 제정한 표준은 용어, 구성, 치수 및 성능 등급으로 제품, 프로세스 또는 절차를 정의한다. NEMA 14 장치는 전압 정격이 250 V인 15~60암페어의 4선 접지 장치(핫 단자 두 개, 중성 및 접지 각 한 개)이다. NEMA 14-30 및 14-50은 모두 일반 가정용이며 전기 자동차의 가정용 충전에도 사용할 수 있다.

그림 13-1 전형적인 SAE J1772 전기 자동차 충전기 플러그가 전기 자동차에 부착되어 있다. 도어 뚜껑에 표시된 플러그는 110 V(레벨 1) 또는 240 V(레벨 2)로 사용할 수 있다.

정비 기술 팁

가스 펌프와 호스를 생각하기

EVSE와 충전 코드를 호스로, 차량의 충전기를 병목으로 생각해 보자. 더 넓은 병목은 더 많은 물을 받아들일 수 있지만 호스를 통해 전달되는 물의 부피에 의해 제한된다. 호스는 물의 압력에 의해 제한된다. 플러그인 차량 충전 시 EVSE '호스'를 통해 전류를 밀어내는 '압력'은 볼트로 측정된다. 차량의 충전기는 홈 커넥터에서 배터리 팩으로 전기를 밀어낼 수 있는 속도로 평가되지만 EVSE 자체는 전류의 최대 흐름으로 평가된다. 그 부피는 암페어(amperage or amps)로 측정된다.

그림 13-2 전기 자동차 충전소에서 사용하기에 적합한 가장 일반적으로 사용되는 세 가지 콘센트. 대부분의 전문가들은 14-50이 접지 단자와 중성 단자가 따로 있기 때문에 사용을 권장한다.

- NEMA 14-30은 전기 의류 건조기에 사용된다.
- NEMA 14-50은 전기 조리용 레인지에 사용된다.
- NEMA 6-50은 두 개의 핫 단자와 접지(중립 없음)가 있는 3선 커넥터이다. 이러한 유형의 출구는 RV 파크와 캠핑장에서 종종 볼 수 있다. 전용 50 A 회로가 필요하며 용접기나 플라스마 절단기에 일반적으로 사용된다.

EVSE 장비는 모든 콘센트에 꽂을 수 있다. ● **그림 13-2 참조**

고정 배선 많은 가정 및 직장의 레벨 2 220/240 V 충전소는 최대 60암페어까지 처리할 수 있도록 차단기 제어판에 고정 배선으로 연결되어 있다. 충전기를 하우스 배선에 고정 배선으로 연결하면 충전기가 가능한 최대 충전 전류를 공급할 수 있고 콘센트의 자잘한 비용을 절약할 수 있다. 충전기를 배선에 직접 연결할 때 발생할 수 있는 단점은 향후 언제든지 교체가 필요한 경우 교체 충전기도 고정 배선으로 연결하거나 플러그를 설치해야 한다는 것이다. 플러그가 연결된 장치는 연결을 해제할 수 있어야 하며 그렇지 않은 경우에는 부품이 보이는 곳에서 연결 해제가 가능해야 한다.

경고

전기 자동차 충전소 제조업체에서는 NEMA 10-30 플러그 사용을 권장하지 않는다. 이 유형의 플러그는 보통 의류 건조기 또는 조리 기기에 사용되며 일반적으로 접지 대신 중립 배선으로 배선된다. 모든 전기 자동차 충전기 제조업체는 플러그를 접지에 연결할 것을 권장한다. 전기 자동차를 충전할 때 안전을 위해 접지가 스테이션에서 차량으로 전달된다. 접지 대신 중립을 사용하면 차량 섀시에 전하가 발생하여 충전 중 또는 충전 후 차량과 접촉 시 잠재적 안전 위험이 발생할 수 있다. NEMA 10-30 어댑터와 함께 EVSE를 사용하지 말라. 대신 전기 기술자가 NEMA 10-30 콘센트를 NEMA 14-30 콘센트로 용도 변경하는 것이 좋다.

위치 대부분의 가정용 충전 시스템은 차고에 설치되어 있지만, 내후 장치(weather proof)와 콘센트를 사용하는 경우 차량 포트나 외부에 장착할 수도 있다.

NRTL과 UL 대부분의 충전소 제조업체는 안전 기기 테스트를 위해 인터텍(Intertek, ETL 마크) 또는 언더라이터 실험실(Underwriter's Laboratory, UL 마크)과 같은 **국가공인시험소**(Nationally Recognized Testing Laboratory, NRTL)로 샘플을 보낸다. 이러한 실험실의 안전 엔지니어는 제품이 안전 인증을 받고 대중에게 판매되기 전에 통과해야 하는 광범위한 안전 테스트를 수행한다. 제조된 제품 등급판에 이러한 마크가 표시된 제품만 안전 인증을 받는다. UL 인정 구성 요소 마크는 제품이 구성 요소로 테스트를 마쳤음을 의미한다. UL 목록은 두 가지 중에서 더 엄격하며 차고 또는 차량 포트에 설치된 어느 장치로든 전기 자동차를 충전하는 것이 권장된다. UL2202를 준수하는 UL 목록 번호와 같은 UL 목록 번호: EVSE에 '전기 자동차 충전 시스템 장비 표준'이 있어야 한다. ● **그림 13-3 참조**

NEC **국가 전기 규범**(National Electric Code, NEC)은 국가화재방지국(National Fire Protection Agency)에서 파생되었다. NEC 규범은 일반 대중이 설치하고 사용할 수 있을 정도로 안전하기 위해 건물과 장비가 최소한의 규제 안전 요건을 충족해야 하는 표준이다. NEC는 미국 내 어디에서든 설치를 위해 모든 충전소가 NRTL 인증을 받도록 요구한다. 대부분의 장소에서 EVSE를 설치하려면 건축 허가가 필요하다. 허가를 받는 한 가지 이유는 건물 검사관이 충전소가 NRTL 목록에 있고 전기 설치가 NEC의 모든 측면을 충족하므로 장비를 사용하기에 안전하다는 것을 확인할 수 있는 기회를 제공하기 위해서다.

Intertek's ETL Mark | UL's Mark

그림 13-3 모든 전기 자동차 충전 설비는 인터텍(ETL 마크) 또는 언더라이터 실험실(UL 마크)과 같은 국가공인시험소(NRTL)의 안전성 시험을 통해 인증받아야 한다.

허가증 모든 EVSE 설치는 지역, 주, 국가 법규 및 규정을 준수해야 하며, 작업은 허가받은 전기 계약 업체가 수행해야 한다. 국가화재기준(National Fire Code) 외에도 지역 건물, 화재, 환경 및 전기 검사 허가 기관의 허가가 필요할 수도 있다. 많은 지역에서 설치 업체는 설치 전 허가 기관에 사이트 설치 계획서를 제출하여 승인을 받아야 한다. 시공 업체는 EVSE를 설치하기 전에 관련 법규와 규격을 숙지하고 현지 기획부서에 확인해야 한다. EVSE는 표준 안전 기능과 상태 등을 갖춘 간단한 모델에서부터 디스플레이, 충전 타이머, 스마트폰 연결, 키패드 등을 강화한 기능을 갖춘 보다 고급화된 제품에 이르기까지 다양한 레벨 2를 위한 장비를 갖추고 있다.

? 자주 묻는 질문

충전 중 '비린내'가 나는 이유는 무엇일까?

비린내는 차단기, 콘센트 또는 배선과 같은 전기 부품이 과열된 것을 의미한다. 과열을 유발할 수 있는 전기적 위험은 다음과 같다.

- 크기가 올바르지 않은 차단기/퓨즈
- 과부하 회로
- 느슨한 전선
- 마모된 코드
- 전선 절연 고장
- 규범에 맞지 않는 전기 시스템이 있는 노후 주택

비린내가 감지되면 충전소의 플러그를 뽑은 뒤 가능한 한 빨리 차단기를 차단하고 전기 기술자를 불러 회로를 테스트하고 수리한다.

EVSE 위치 일반적인 충전소에 대한 지침에 따르면 NEMA 콘센트는 지면에서 50~70 cm, 충전소가 장착될 스터드에서 30 cm(12 in.) 이내에 위치해야 한다.

EVSE 벽 유닛은 전원 코드에 걸려 넘어질 위험을 최소화하기 위해 배치되어야 한다. 즉, 케이블을 보행 구역에 두지 않고 벽 유닛을 전기 유입구에 최대한 가깝게 배치하는 것을 의미한다. 또 다른 방법은 코드가 바닥에 떨어지지 않도록 하는 오버헤드 지지대를 설치하는 것이다. ● **그림 13-4 참조**

홈 레벨 2 충전 30암페어 충전소 시스템을 설치하는 전문가는 40암페어를 처리하기 위해 홈 전력 서비스로부터 회로를 배선하고 적절한 차단기를 설치한다.

- 40암페어 EVSE에는 50암페어 차단기가 필요하다.
- 48암페어 EVSE에는 60암페어 차단기가 필요하다. ● **표 13-1 참조**
- 전기 서비스 용량이 매우 작거나 사용량이 많은 일부 가정에서는 EVSE를 처리하려면 서비스를 업그레이드해야 할 수도 있다.
- 일부 가정용 충전기는 스마트폰으로 충전기를 제어할 수 있도록 와이파이 접속이 가능하다.

전력 전기 자동차는 다양한 가전제품에 유사한 전력 소모량으로 충전할 수 있다. 220/240 V 레벨 2 충전기로 가정에서 충전하는 대부분의 전기 자동차는 약 7,200와트 이하의 전력을 소모한

차단기 (암페어)	최대 출력 (암페어)	240 V 에서의 전력 출력 (kW)	시간당 예상 범위	플러그인	하드 와이어드
60	48	11.5	36 miles (58 km)	무	유
50	40	9.6	30 miles (48 km)	유	유
40	32	7.8	25 miles (40 km)	유	유
30	24	5.7	18 miles (29 km)	무	유
20	16	3.8	12 miles (19 km)	무	유

표 13-1 회로 차단기 등급, 최대 출력, 시간당 예상 범위. 충전기는 연속 부하 장치이기 때문에 회로는 최대 부하의 125%로 평가되어야 한다. 플러그인 또는 유선 연결을 권장하는 것은 주요 충전기 공급업체의 일반적인 설치 가이드에 근거한 것이다. 설치 중인 충전기에 대한 지침과 지역 전기 코드 요구사항을 항상 따라야 한다.

다. 비교를 위해, 일반적인 전기로는 약 10,000와트를 사용하고 온수기는 4,500와트를 사용한다. 레벨 2 주택용 EVSE의 가격은 설치 전 500~2,000달러까지 다양하다.

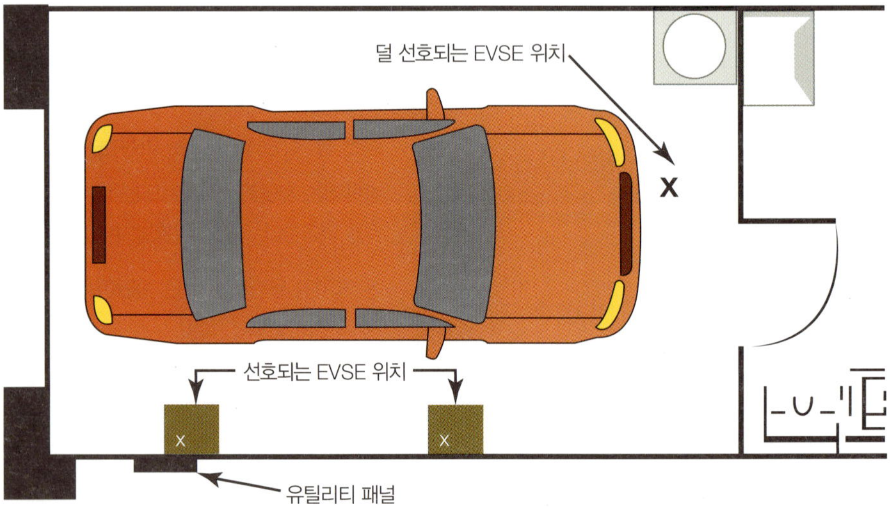

그림 13-4 충전기가 차고 내부에 장착되어 있는 경우 충전 코드가 넘어짐 주의를 발생시키지 않는 곳에 위치해야 한다. 대부분의 가정용 충전기는 차고 내에 설치되지만 내후성 충전기와 플러그를 사용하는 경우 차량 포트나 외부에도 장착할 수 있다.

정비 사례

충전되지 않는 쉐보레 볼트 사례

한 쉐보레 볼트 소유자는 때때로 차량이 J1772 충전소를 통해 충전되지만 대부분의 시간에는 충전되지 않는다고 말했다. 서비스 기술자는 차량이 충전소에서 충전되지 않는 것을 확인했다. 충전소가 아닌 차량 문제인지 여부를 확인하기 위해 서비스 기술자는 동일한 충전소를 사용하여 다른 볼트 차량을 충전해 보았다. 다른 볼트 차량은 성공적으로 충전되었고, 이로써 문제가 충전소의 결함이 아니라 차량의 결함으로 인한 것임이 드러났다. GM의 육안 검사 절차를 따라 가했을 때 문제는 수전 연결부에 수분이 들어가는 작은 균열 때문임이 밝혀졌다. 수전 연결부 내의 수분은 모니터링 회로의 저항에 영향을 미치고 충전 프로세스를 중단시켰다. 수전 연결부를 교체하자 문제가 해결되었다.

요약

- **불만사항:** 쉐보레가 충전소에서 간헐적으로 충전되지 않는다.
- **원인:** 수전 연결부에 수분이 들어갈 수 있는 작은 균열이 있었다.
- **조치:** 수전 연결부를 교체함으로써 문제가 해결되었다.

CAUTION: 충전 코드의 220/240 V 플러그를 사용할 때는 플러그를 차량에 연결하기 전에 배선을 풀어야 한다. 일반적인 케이블 정격은 전류가 흐르기 때문에 배선이 케이블에 발생하는 열을 적절하게 분산시킬 수 있다고 가정한다. 케이블을 코일로 감으면 플라스틱 절연체가 녹아 합선과 화재가 발생할 가능성이 높다.

SAE J1772 표준 충전기 플러그 대부분의 전기 자동차와 플러그인 하이브리드 자동차는 표준 충전 플러그를 사용한다. 표준 충전 플러그는 SAE 표준 J1772(2009년 업데이트)에서 지정한 규격에 부합한다. ● **그림 13-5 참조**

전기 자동차는 상대적으로 주행거리가 짧기 때문에 이러한 차량이 운행되는 지역에 충전소를 설치해야 한다. 예를 들어, 캘리포니아주에서 무공해 차량의 판매를 의무화했을 때 많은 지역에 충전소가 설치되었으며, 충전소 주변의 주차 공간은 전기 자동차 전용으로 전기 자동차 충전을 위해 무료로 사용할 수 있다. 북미에서 판매되는 차량은 SAE J1772 플러그를 장착하고 레벨 1(110/120VAC)과 레벨 2(220/240VAC)를 지원한다. ● **그림 13-6 참조**

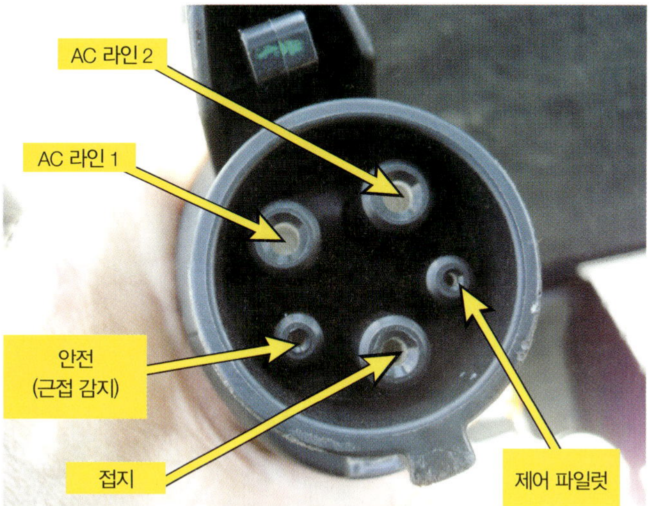

그림 13-5 J1772 플러그의 단자는 차량에 연결되고 차량과 충전기 간의 통신이 설정된 후에만 '핫(hot)' 상태이다. 그때만 플러그의 단자에 전압이 적용된다. 따라서 충전기 플러그를 사용하는 사람에게 전기 충격의 위험이 없다.

자주 묻는 질문

전기 자동차와 가솔린 동력 자동차의 1마일당 충전 비용은 얼마인가?

전기료가 kWh당 0.11달러이고 차량이 100마일을 주행하는 데 34 kWh를 소비한다면 마일당 비용은 약 0.04달러이다. 전기료가 kWh당 0.11달러인 경우 210마일 주행거리의 전기차(72 kWh 배터리가 완전히 방전되었다고 가정할 때)를 충전하면 완전 충전에 도달하는 데 약 7.92달러가 든다. 이 비용은 평균 중앙 에어컨을 약 6시간 동안 작동하는 것과 거의 같다.

이와 비교해 볼 때, 갤런당 25마일(갤런당 2.50달러)을 달성할 경우 차량 소유자(8갤런의 휘발유를 사용하기 위해 200마일을 주행하는 사람)의 비용은 마일당 20달러 또는 0.10달러 정도가 될 것이다.

다시 말해, 전기 자동차를 운전하는 1마일당 비용은 가솔린 자동차를 운전하는 비용의 약 절반이다. '연료'(전기 자동차의 경우 전기, 가솔린 자동차의 경우 가솔린) 비용뿐만 아니라, 전기 자동차가 필요로 하지 않는 오일 교환 및 에어 필터 비용이 추가로 들어간다. 이로 인해 전기 자동차는 장기적으로 운전 비용을 절약할 수 있으며 친환경적인 대안이 될 수 있다.

전기 요금은 차량의 종류, 배터리 크기, 배터리 충전 빈도, 충전기의 효율성, 주행거리에 따라 다르다. 1년에 12,000마일, 1마일당 280와트시, 1 kWh당 11.5¢를 주행하고 전기로만 주행하면 월 전기요금이 32.24달러 증가하여 휘발유 차량의 월 평균 요금보다 훨씬 적다.

그림 13-6 전기 자동차 충전소는 차량에 110/120 V 또는 220/240 V의 교류 전류를 공급한다. 차량에는 HV 배터리를 충전하기 위해 AC를 DC로 변환하는 온보드 충전기가 있다.

정비 기술 팁

충전 케이블 팁

차량과 함께 제공되는 충전 케이블은 차량이 충전 중일 때 도난당할 수 있으며, 일부 차량은 차량이 잠겨 있고 충전 플러그가 분리되어 있으면 알람이 울린다. 예를 들어 쉐보레 볼트의 경우 충전 상태에 연결되어 있고 원격 잠금 버튼을 두 번 누르면 키 포브(key fob)로 잠금 해제하여 알람을 해제하지 않고 충전기를 제거하면 알람을 설정한다. 그러나 리모컨을 눌러 한 번 잠근 경우에는 충전 코드 제거 알람이 설정되지 않는다. 차량을 집 밖이나 공공장소에서 충전하는 경우 도난을 방지하는 데 도움이 될 수 있는 몇 가지가 있다.

- 장치를 차량 내부에 배치하고 창을 닫아 장치를 내부에 안전하게 유지한다.
- 충전 해제 암에 구멍을 뚫어 잠금 장치를 설치한다. ● **그림 13-7 참조**

아우디와 같은 일부 전기 자동차에서는 차가 잠겨 있으면 케이블이 분리되지 않는다.

그림 13-7 대부분의 전기 자동차에 제공되는 충전 코드의 도난을 방지하는 한 가지 방법은 손잡이에 구멍을 뚫어 잠금 장치를 설치하여 손잡이가 해제되지 않도록 하는 것이다.

무선 충전

작동 방법 **무선 전력 전송**(Wireless Power Transfer, WPT)는 지상의 송신 패드와 차량 하부에 부착된 수신 패드 사이의 전자기 유도(자기 공명)를 이용한다. 무선 충전은 차량을 단순히 송신 패드 위에서 주행할 수 있도록 하고 통신 '통신연결확인(handshake)' 후 전기 에너지가 송신 패드에서 수신 패드로 전송되고 AC에서 DC로 변환되어 고전압 배터리를 충전한다.

무선 충전 표준 국제자동차기술자협회(SAE International)는 SAE J2954에 의거하여 무선 충전을 위한 세계적인 표준을 제정했으며, 이는 다음 세 가지 수준의 충전을 포함한다.

- WPT 1: 3.7 kW
- WPT 2: 7 kW
- WPT 3: 11 kW

WPT는 전기 자동차 충전을 쉽게 해줄 것이며, 충전소에 연결할 필요 없이 자율 주행차가 스스로 충전할 수 있도록 할 것이다. ● 그림 13-8 참조

전기 용량 결정의 두 가지 방법 전기 자동차에 필요한 전기를 결정하는 방법에는 두 가지가 있다.

1. 주행 마일당 필요한 요금으로, 일반적으로 주행 100마일당 킬로와트시(kWh/100 mi)로 표시된다.
2. 차량을 완전히 충전하는 데 필요한 전기

전기 자동차를 위해 '배터리를 충전'하는 데 필요한 전기는 배터리 크기에 따라 달라진다. 대부분의 전기 자동차 배터리는 40~100 kWh 사이를 저장할 수 있으며, 이는 한 번의 충전으로 주행거리를 결정한다. EV가 하루, 한 달 또는 한 해에 얼마나 많은 전기를 소비하는지는 주로 차량이 하루에 얼마나 멀리 주행하는지에 달려 있다. 연방고속도로청(Federal Highway Administration)에 따르면, 평균적인 미국인은 연간 거의 13,500마일의 차량을 운행한다. 그 수준의 주행에서 대부분의 전기 자동차가 작동하려면 연간 약 4,000 kWh의 전기가 필요하다.

? 자주 묻는 질문

전기 자동차를 충전하려면 얼마나 많은 태양 전지판이 필요한가?

전기 자동차에 전력을 공급하는 데 필요한 태양 전지판의 수를 계산하기 위해서는 다음과 같은 세 가지 변수를 고려해야 한다.

1. 차량의 연간 전기 사용량
2. 사용 중인 태양 전지판의 전력량
3. 태양 전지판이 얼마나 많은 전기를 생산하는지를 결정하는 지역

대부분의 태양 전지판은 320~330와트 범위에 있다. 태양 전지판의 생산은 지역마다 다를 것이며, 각 전지판은 미국 북동부 지역보다 남서쪽과 같은 화창한 기후에서 더 많은 전기를 생산한다. 장소에 따라 전기 자동차를 충전하려면 일반적으로 7~9개의 태양 전지판이 필요하다.

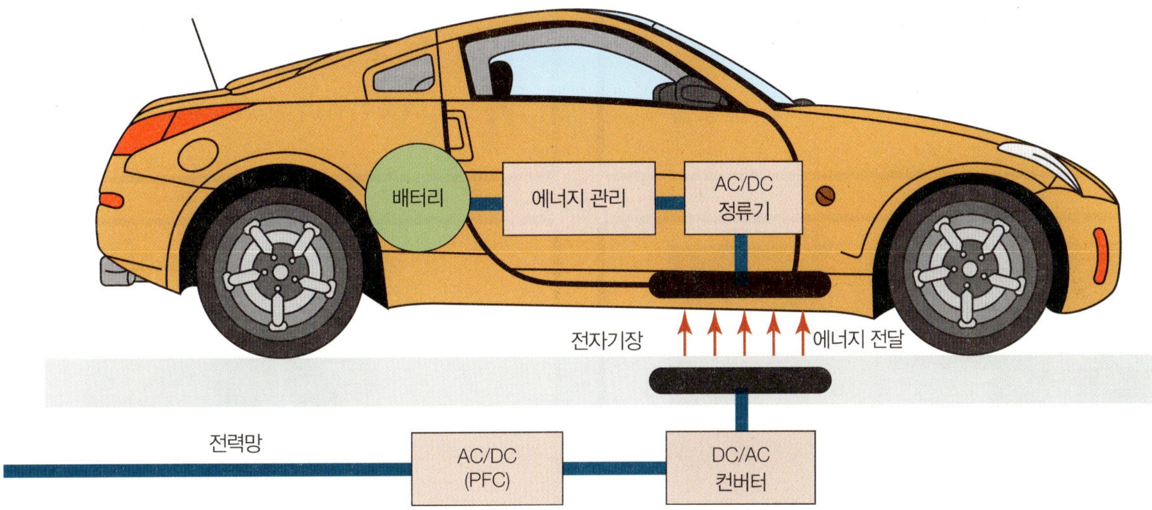

그림 13-8 무선 전력 전송(WPT)은 지상의 송신 패드와 차량 하부에 부착된 수신 패드 사이의 전자기 유도를 이용한 것으로, AC/DC 전원 장치는 안전을 위해 절연 및 역률 보정(Power Factor Correction, PFC)을 포함할 필요가 있다.

가정 내 충전소 설치 절차

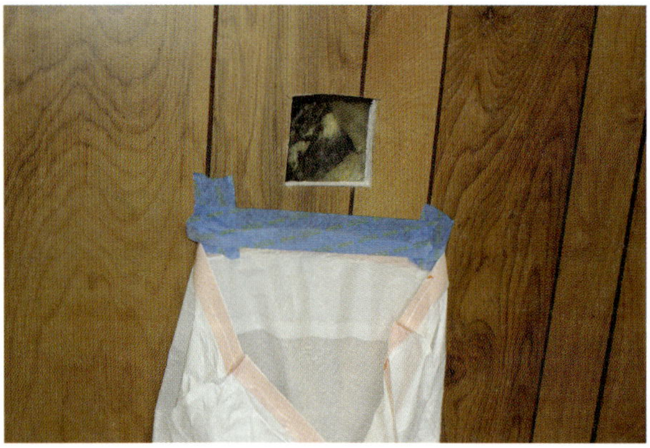

1 NEMA 14-50 콘센트를 넣기 위해 차고 벽에 구멍을 뚫는다.

2 차고에서 주택 내의 퓨즈 패널로 4개의 독립된 도체를 가진 6게이지 케이블을 배선한다.

3 케이블을 차고에서 다락방을 거쳐 퓨즈 패널로 연결한다.

4 전선을 퓨즈 패널의 60암페어 차단기에 연결한다.

5 NEMA 14-50 콘센트 박스를 차고 입구에 설치한다.

6 벽에 장착된 충전소를 콘센트에 꽂아 와이파이에 연결한다.

요약

1. 미국 전기제조업협회(NEMA)가 제정한 표준은 제품, 공정 또는 절차를 용어, 시공, 치수, 성능 등급으로 정의한다.
2. 미국 고속도로안전청(NHTSA)에 따르면, 평균적인 미국인들은 차량으로 연간 약 13,500마일을 이동한다. 이러한 수준의 주행에서 대부분의 전기 자동차는 작동을 위해 연간 약 4,000 kWh의 전기를 필요로 할 것이다.
3. 무선 전력 전송(WPT)은 지상의 송신 패드와 차량 하부에 부착된 수신 패드 사이의 전자기 유도를 이용한다.

복습 문제

1. 전기 자동차 충전 설비(EVSE)를 장착할 때 어떤 인증을 확인해야 하는가?
2. 미국 전기제조업협회(NEMA)에서 콘센트와 관련하여 정의한 것은 무엇인가?
3. 충전 중에 '비린내'가 나는 것은 무엇을 의미하는가?
4. 무선 전력 전송(WPT)은 지상의 송신 패드와 차량 하부에 부착된 수신 패드 사이에서 에너지를 전송하는 데 무엇을 사용하는가?
5. 차량 충전 코드를 사용할 때 플러그를 차량에 연결하기 전에 배선을 풀어야 하는 이유는 무엇인가?

마무리 퀴즈

1. 고전압 배터리를 충전하기 위해 AC를 전기 콘센트에서 DC로 변환하는 데 사용되는 것은 무엇인가?
   a. 전기 자동차 충전 설비(EVSE)
   b. 차량 내 충전기
   c. 차량 내 인버터
   d. 차량 내 컨버터
2. NEMA __________ 및 __________는 모두 주택용으로 사용되는 4선 접지 장치이며 전기 자동차의 가정용 충전에도 사용할 수 있다.
   a. 10-30, 10-50
   b. 14-30, 14-50
   c. 6-50, 10-50
   d. 위 보기 중 하나
3. 다음 중 건축물 및 장비가 규제 안전 최소 요건을 충족해야 하는 기준을 가리키는 코드는 무엇인가?
   a. UL
   b. NEC
   c. NRTL
   d. NEMA
4. 충전 중 '비린내'가 의미하는 것은 무엇인가?
   a. 과부하된 회로
   b. 느슨해진 전선
   c. 마모된 코드
   d. 위 보기 중 하나
5. 48암페어 EVSE에 필요한 차단기는 무엇인가?
   a. 50암페어
   b. 60암페어
   c. 70암페어
   d. 80암페어
6. 다음 중 J1772 플러그의 단자에 대한 설명으로 옳은 것은 무엇인가?
   a. 차량에 연결하고 차량과 충전기 사이에 통신이 설정될 때까지 '뜨겁지' 않다.
   b. 항상 '뜨거우며' 단자를 터치할 경우 충격 위험이 발생할 수 있다.
   c. 제어 파일럿 및 안전 단자가 포함된 전력 단자와 접지 단자
   d. a와 c 둘 다

7. 다음 중 SAE J1772 플러그를 사용하는 경우는 언제인가?
   a. 레벨 1 충전
   b. 레벨 2 충전
   c. 레벨 3 충전
   d. a와 b 둘 다
8. 대부분 차고에 설치되는 가정용 충전기를 카포트나 외부에 장착하려면 어떠한 충전기와 플러그를 사용해야 하는가?
   a. 레벨 1
   b. 레벨 2
   c. 내후 장치
   d. a 또는 b 중 하나
9. 전기료가 kWh당 0.11달러이고 차량이 100마일을 주행하는 데 34 kWh를 소비한다면 마일당 비용은 약 얼마인가?
   a. 4.00달러
   b. 8.00달러
   c. 0.04달러
   d. 0.80달러
10. 무선 전력 전송(WPT)은 지상의 송신 패드와 차량 하부에 부착된 수신 패드 사이의 무엇을 사용하는가?
   a. 블루투스
   b. CAN 버스
   c. 인터넷
   d. 전자기 유도

Chapter 14
회생 제동

학습 목표

- 회생 제동이 어떻게 작동하는지 설명할 수 있다.
- 회생 제동과 관련된 원리를 설명할 수 있다.
- 회생 제동 시스템과 관련된 부품 및 구성 요소에 대해 논의할 수 있다.
- 회생 브레이크와 관련된 서비스 주의사항을 설명할 수 있다.

핵심 용어

관성
운동 에너지
원 페달 드라이빙
회생

차량의 회생 제동

관성, 힘과 질량 움직이는 물체는 질량과 관성을 가지고 있다. **관성**(inertia)은 물체가 운동 상태를 변화시키기 위한 저항이다. 다시 말해 뉴턴의 운동 제1법칙에 따르면 "운동 중인 물체는 운동 상태를 유지하는 경향이 있고, 정지한 물체는 외부 힘에 의해 작용하지 않는 한 정지한 상태를 유지하는 경향이 있다." 전기 자동차(EV) 또는 하이브리드 자동차(HEV)는 **운동 에너지**(kinetic energy)라고 불리는 움직이는 물체의 에너지를 전기 에너지로 변환함으로써 에너지를 회수할 수 있다. 기본 물리학에 따르면, 물체를 움직이기 위해 가해지는 힘은 다음과 같은 결과를 가져온다.

$$F = ma$$

여기서 F = 힘

m = 질량

a = 가속도

물체가 가속될수록 더 많은 힘이 가해져야 한다. 배터리로부터의 에너지(와트)는 모터의 코일 권선으로부터 얻는다. 이 권선은 모터의 회전자에 자기력을 발생시켜 출력축에 토크를 발생시킨다. 이 토크는 기어와 축의 결합에 의해 차량 바퀴에 작용한다. 바퀴가 회전할 때 지면에 힘을 가하여 바퀴와 지면 사이의 마찰로 인해 차량이 표면을 따라 이동하게 된다. ● 그림 14-1 참조

모든 차량은 바퀴를 움직이도록 토크를 발생시켜 차량을 도로로 주행시키고, 이 과정에서 마찰과 손실을 발생시킨다. 일반적인 브레이크의 적용은 마찰에 의한 열을 처리할 수 있도록 특별히 설계된 마찰 장치에 불과하다. 이 마찰은 바퀴가 회전하는 것을 멈추게 하는 드럼과 회전자에 적용된다. 바퀴와 지면 사이의 마찰은 실제로 차량을 멈추게 한다. 그러나 제동 장치에서 흡수된 에너지는 열의 형태로 손실되어 차량을 추진시키는 데 도움이 될 수 있도록 나중에 회수하거나 저장할 수 없다. 운동 에너지는 속도의 제곱에 따라 증가한다. 즉, 차량의 속도가 2배로 증가하면 운동 에너지는 4배로 증가한다(속도는 2배로 증가하고 운동 에너지는 2배의 2배로 증가함). ● 그림 14-2 참조

에너지를 모터로 전달하기 관성은 자동차에서 에너지를 회수하기 위해 사용되는 물리학의 기본 특성이다. 100% 마찰 브레이크(베이스 브레이크)를 사용하는 대신 제동 토크가 바퀴에서 모터축으로 다시 전달된다. 대부분의 전기 모터의 독특한 점 중 하나

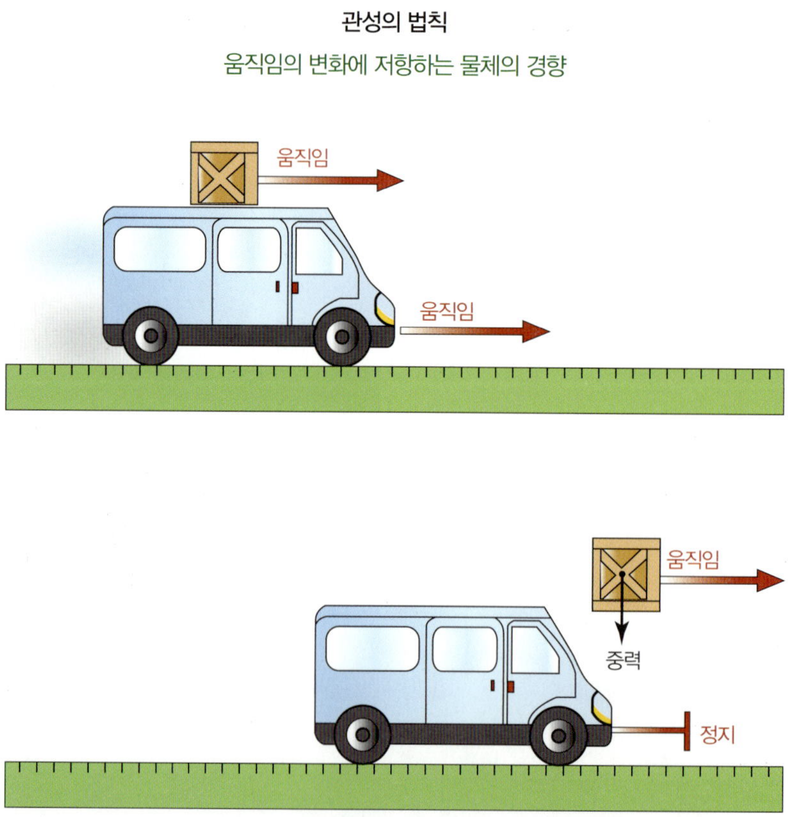

그림 14-1 어떤 물체든 외부 힘이 작용하지 않는 한 계속 운동하려는 경향이 있다.

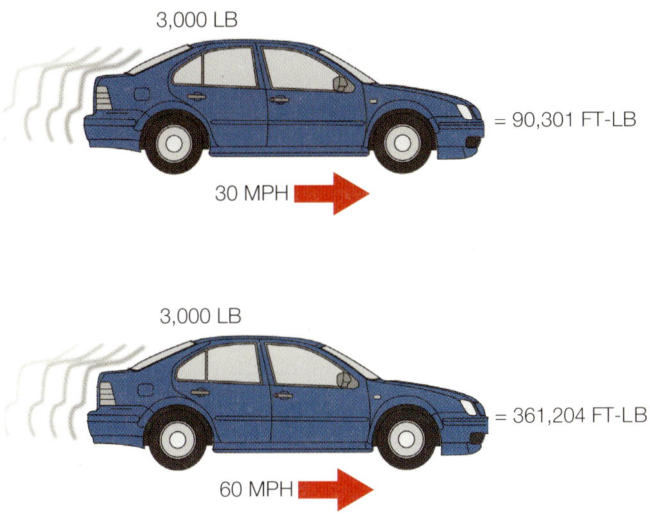

그림 14-2 차량 속도 증가의 제곱에 따라 운동 에너지가 증가한다.

? 자주 묻는 질문

질량과 무게의 차이는 무엇인가?

질량은 물체에 있는 물질의 양이다. 질량의 특성 중 하나는 관성이다. 관성은 물체가 운동을 하는 데 대한 저항이며, 운동을 시작하면 계속 운동을 하는 경향이다. 물체의 무게는 물체에 작용하는 중력이며, 질량과 중력가속도로 정의할 수 있다. 따라서 질량은 물체의 성질을 의미하며, 무게는 힘이다.

는 전기 에너지가 기계적 에너지로 변환되고 기계적 에너지가 전기 에너지로 다시 변환될 수 있다는 것이다. 두 경우 모두 매우 효율적으로 수행될 수 있다. 모터와 모터 제어기를 사용하면 바퀴에 작용하는 힘이 전기 모터축으로 토크를 전달한다. 모터축의 자석(모터의 운동 부분인 회전자)은 고정자의 전기 코일을 지나쳐 코일에 자석의 자기장을 통과시켜 전기를 생산한다. 이 전기는 전기 에너지로, 고전압 배터리를 향하여 충전된다. 이 과정을 **회생**(regeneration)이라 부르며, 간단히 '회생 에너지(reclaiming energy)'라고 한다.

회생 제동 장치의 제한 사항 최상의 회생 제동 시스템에도 항상 영향을 미치는 몇 가지 제한 사항이 있다.

- 구동 휠에서만 작동한다.
- 이 시스템은 ABS(antilock braking system)를 적절히 사용할 수 있도록 설계되어야 한다.
- 배터리는 최대 약 60±20%로 유지되어야 하며 이는 긴 배터리 수명과 회생 제동 시 배터리에 에너지를 저장할 수 있는 최적의 상태이다. 배터리를 완전히 충전할 경우 전류를 저장할 공간이 없고 차량을 감속시키고 멈추려면 기존 마찰 브레이크만 사용해야 한다. 배터리를 80% 이상 충전하면 배터리가 과열될 수도 있다.

? 자주 묻는 질문

회생 제동 중에 마찰 브레이크를 사용할까?

그렇다. 대부분의 하이브리드 차량은 정차 중에 베이스(마찰) 브레이크를 사용한다. 마찰 제동량 대비 회생 제동량은 전자식 브레이크 제어기에 의해 결정된다. 기본 브레이크는 회전자가 녹슬지 않고 차량을 정차시킬 준비가 되도록 정기적으로 사용하는 것이 중요하다. 브레이크 사용의 상대적인 비율을 나타내는 일반적인 곡선이 아래 그림에 나와 있다. ● **그림 14-3 참조**

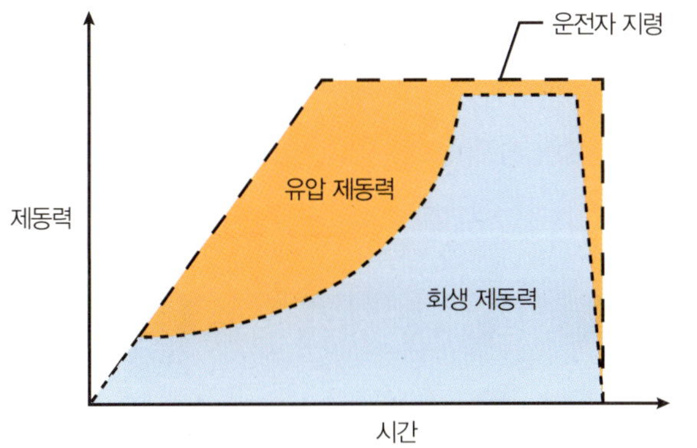

그림 14-3 회생 제동 시스템은 기계식 및 유압식 브레이크 시스템과 함께 작동하여 차량을 감속시키고 정지시키는 데 필요한 제동력을 제공한다. 회생 제동은 16 km/h(10 MPH) 미만의 속도에서는 거의 작동하지 않는다.

회생 제동 시스템의 장점 차량 유형에 따라 연료 소모량이 10~25% 감소한다.

회생 제동은 매우 강력할 수 있으며 보통 브레이크 열로 낭비되는 에너지의 약 20%를 회수할 수 있다. 회생 제동의 장점은 다음과 같다.

- 배터리 충전 소모량을 줄인다.
- 배터리 팩의 전체 수명을 연장한다.
- 연료 소모량을 줄인다.

생산되는 모든 전기 자동차와 하이브리드 자동차는 차량의 효율을 개선하기 위한 방법으로 회생 제동을 사용하며, 이 기능만으

? 자주 묻는 질문

회생 제동 브레이크가 작동하지 않는 경우는 언제일까?

회생 제동 브레이크가 작동하지 않는 특이한 상황이 있다. 예를 들어, 차량이 긴 언덕의 정상에 있고 배터리 충전 수준이 높은 경우는 어떨까? 이 상황에서는 컨트롤러가 배터리를 과충전할 수밖에 없다. 과충전은 배터리에 좋지 않으므로, 컨트롤러는 회생 제동 브레이크를 비활성화하고 기본 브레이크만 사용하게 된다. 이것이 배터리의 SOC(State of Charge, 충전 상태)를 80% 이하로 유지하는 이유 중 하나이며, 이를 통해 회생 제동 브레이크가 발생할 수 있다.

로도 연비 절감 효과가 크다. 재활용되는 에너지의 양은 차량의 무게, 속도, 감속 속도 등 여러 가지 요소에 따라 달라진다. ● **그림 14-4 참조**

회생 제동 장치의 종류

직렬 회생 제동 직렬 회생 제동 시스템에서 회생량은 브레이크 페달 위치에 비례한다. 브레이크 페달을 더 밟으면 회생 제동 시스템을 조절하는 제어기가 일반 제동에서와 같이 차량의 속도를 늦추는 데 필요한 토크를 계산한다. 브레이크 페달을 더 밟으면 서비스 브레이크가 회생 제동에 혼합되어 브레이크 페달력과 주행력에 기초하여 원하는 제동 성능을 달성한다. 직렬 회생 제동은 네 바퀴 모두에 대한 총제동을 달성하기 위해 능동적인 브레이크 관리가 필요하다. 하이브리드 자동차가 차량의 동력을 공급하기 위해 전륜 또는 후륜만을 사용하는 경우에는 이러한 제동을 달성하기가 더욱 어렵다. 이는 다른 차축이 기본 브레이크만을 사용해야 하는 반면, 회생 제동과 기본 브레이크 작용을 조합하여 구동휠을 감속 및 정지시킬 수 있다는 것을 의미한다. 모든 직렬 회생 제동 시스템은 전기 유압 브레이크(electrohydraulic brake, eHb) 시스템을 사용하며, 여기에는 전·후륜 브레이크 밸런스뿐만 아니라 브레이크 시스템 압력을 관리하는 유압 제어 유닛(ABS 모듈레이터)이 포함된다. 대부분의 하이브리드 자동차는 이러한 유형의 회생 제동 시스템을 사용한다. 회생 제동 시스템은 주로 회생 능력을 사용하며, 특히 더 높은 차속에서는 주로 회생 능력을 사용하고, 낮은 차속에서는 점진적으로 기본 제동력의 양을 증가시킨다. ● **그림 14-5 참조**

병렬 회생 제동 병렬 회생 제동 시스템은 모터에 의한 에너지 회수와 함께 베이스(마찰) 브레이크가 사용되어 발전기가 되기 때문에 덜 복잡하다. 회생 제동 시스템의 제어기는 차속에 기초하여 달성할 수 있는 회생량을 결정한다. 전체 제동 이벤트 동안 베이스 브레이크가 사용되기 때문에 전방 및 후방 브레이크 밸런스가 유지된다. 병렬 회생 제동 시스템이 포착하는 에너지의 양이 직렬 시스템보다 적으므로 연비 이득이 적다.

회생 제동 브레이크 구성 요소 ABS ECU는 회생 브레이크와 ABS 기능을 처리하며, 하이브리드 ECU에 얼마나 많은 회생 제동을 적용할지에 대한 신호를 보낸다. 하지만 ABS ECU는 어떻

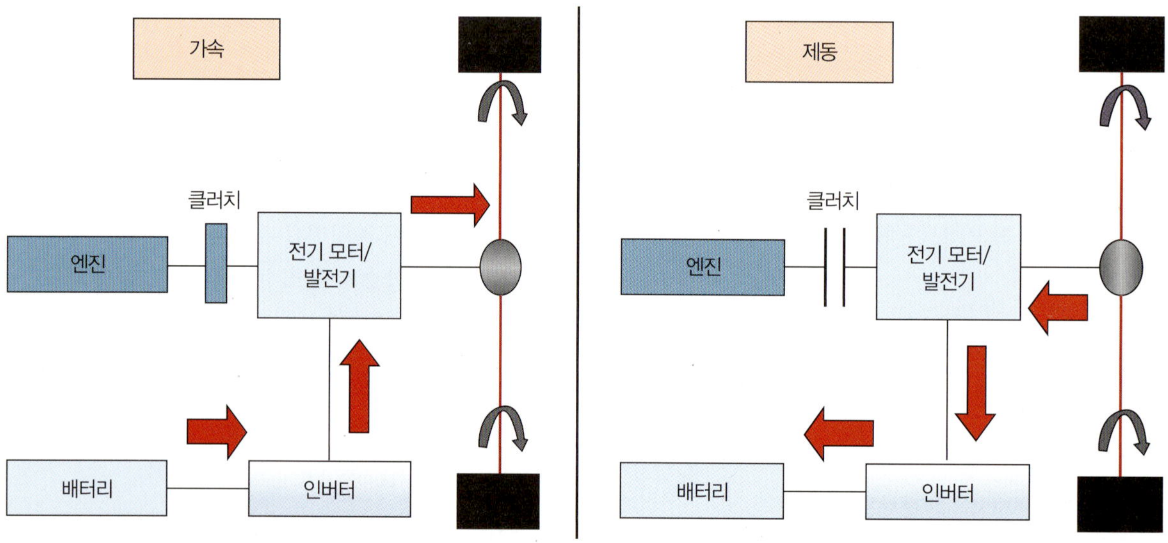

그림 14-4 가속 중에는 내연기관(ICE)과 모터/발전기가 차량을 추진하는 데 사용된다. 감속 중에는 모터/발전기에서 생성된 교류(AC)를 직류(DC)로 변환하는 인버터를 통해 에너지가 고전압(HV) 배터리로 반환된다. 이 과정은 배터리를 충전한다.

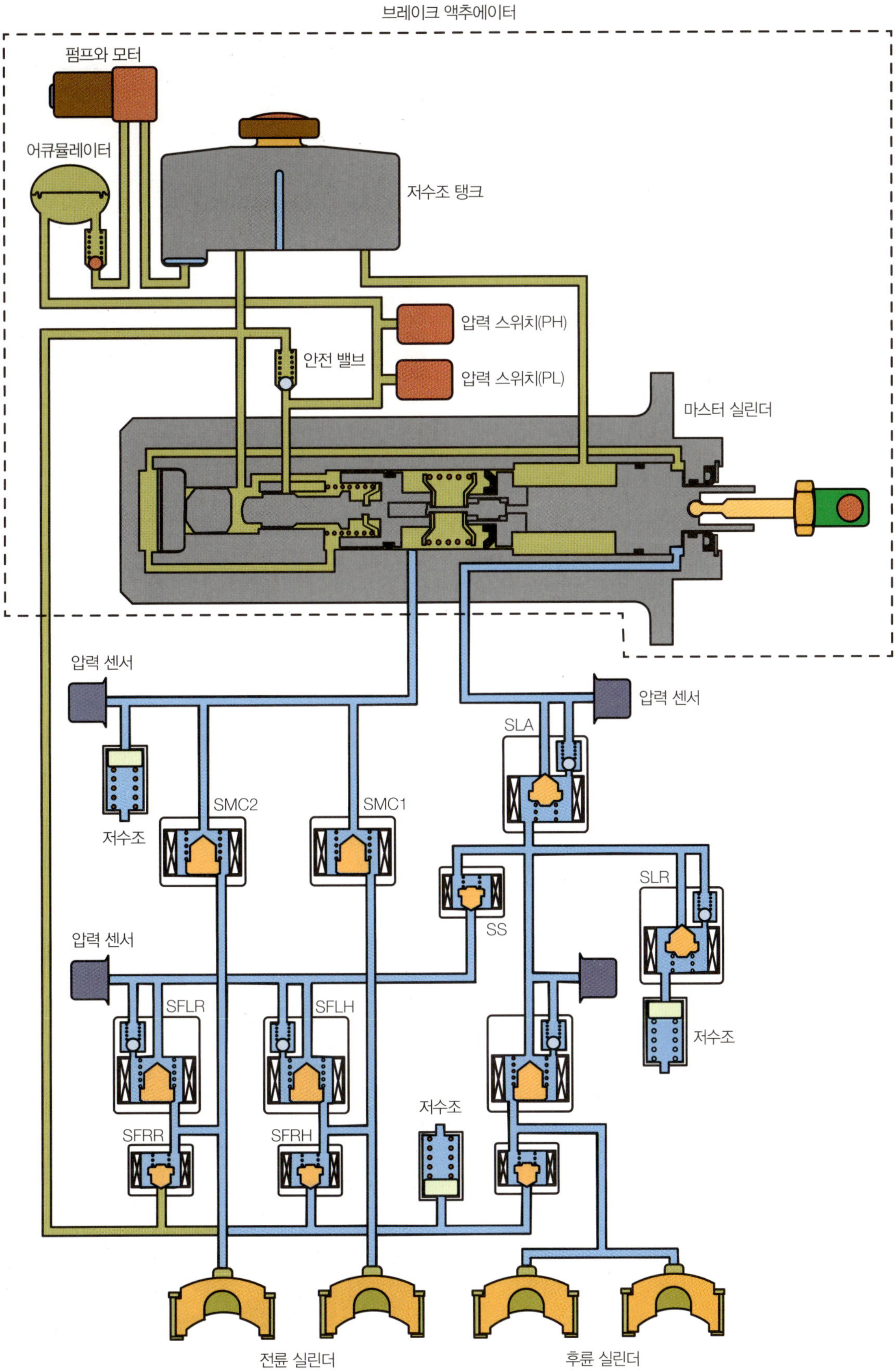

그림 14-5 토요타 프리우스 회생 제동 브레이킹 시스템 구성 요소로, 마스터 실린더와 압력 스위치가 표시되어 있다.

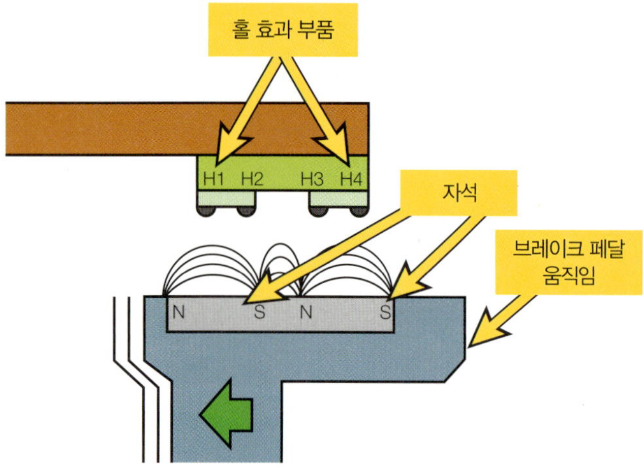

그림 14-6 무접촉식 BPP 센서는 두 개의 홀 효과 요소와 자석을 사용하여 브레이크 페달의 위치뿐만 아니라 운전자가 브레이크 페달을 밟는 속도도 결정한다.

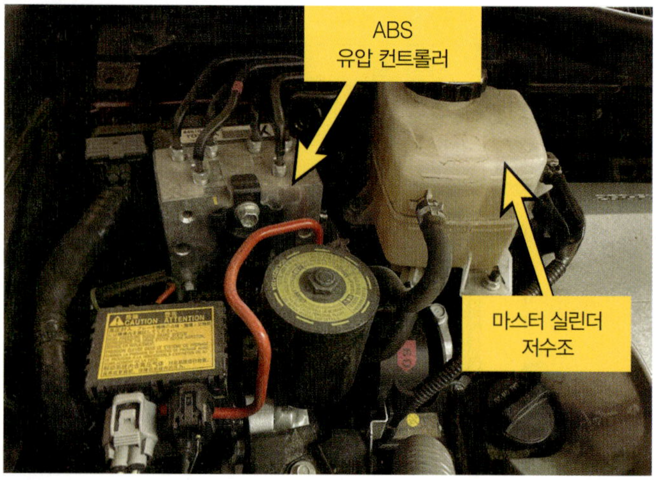

그림 14-7 토요타 하이랜더 하이브리드 자동차의 후드 아래 부품을 보여주며, 마스터 실린더 저수조와 ABS 컨트롤러가 표시되어 있다.

게 그것이 무엇을 해야 할지를 알까?

브레이크 페달의 여행을 측정하는 것이 아니라, 패드 마모에 영향을 받을 수 있는 대신 시스템은 마스터 실린더의 압력을 감지하는 압력 측정 센서를 사용한다. 일부 시스템은 브레이크 ECU에 입력 신호로 브레이크 페달 위치(BPP) 센서를 사용한다. 전형적인 BPP 센서는 진공 부스터 본체에 두 개의 홀 효과 센서 요소와 브레이크 페달에 연결된 네 개의 홀 자석이 있는 슬라이드로 구성된다. ● **그림 14-6 참조** 작동은 다음을 포함한다.

- 자석은 입력 푸시 로드에 연결된다.
- 운전자가 브레이크 페달을 밟을 때 홀 자석은 홀 센서 위를 움직인다.

이 움직임(속도와 위치)은 브레이크 제어 시스템에 의해 제동 요청으로 해석된다.

마스터 실린더의 압력이 높을수록 운전자는 브레이크 페달을 더 세게 밀고 있는 것이다. 운전자가 부드럽게 밀고 있으면 마스터 실린더 피스톤의 이동은 작을 것이고 유압 브레이크는 부드럽게만 적용될 것이다. 이러한 상황에서 운전자가 완만한 감속만을 원하는 것을 ECU는 알고 하이브리드 ECU에 소량의 재생만을 적용하도록 지시하지만, 마스터 실린더의 압력이 증가함에 따라 자동으로 적용할 수 있는 재생량도 증가한다.

전자기계식 브레이크 서보와 ESC가 동시에 고장 날 경우에도 순수 기계식 브레이크가 가능하다.

제동 장치에는 네 개의 압력 센서와 두 개의 압력 스위치가 있지만, 가장 중요한 것은 마스터 실린더 압력 센서이다. ● **그림 14-7 참조**

? 자주 묻는 질문

회생 제동 장치는 어떻게 생겼을까?

회생 제동은 바퀴의 회전을 전기 추진(구동) 모터에 적용하여 전기를 생성한다. 따라서 제동 장치 자체는 유압 제동이 여전히 존재하고 기존 제동 장치와 동일하게 작동하기 때문에 기존 제동 장치와 같은 모습을 하고 있다. 주요 차이점은 표준 휠 제동은 주로 저속에서 차량이 작동하는 반면, 기존 제동 장치는 모든 속도에서 작동한다는 것이다. 결과적으로, 하이브리드 자동차의 제동 장치는 일반 차량의 제동 장치보다 훨씬 오래 지속될 것이다.

● **그림 14-8 참조**

그림 14-8 머스탱 마하 E 전기 자동차의 전방 디스크 브레이크는 일반 차량에서 사용되는 대부분의 멀티-피스톤 전방 디스크 브레이크와 유사하게 생겼다.

? 자주 묻는 질문

하이브리드 자동차에 차량용 브레이크 선반을 사용할 수 있을까?

그렇다. 사용할 수 있다. 하이브리드 자동차의 브레이크 회전자가 가공될 필요가 있을 때 회전자는 회전하고 있다. 대부분의 하이브리드 차량에서는 전방 바퀴도 감속과 제동 중에 차량을 추진하고 전기를 생성할 수 있는 추진 모터에 연결되어 있다. 구동 바퀴가 회전할 때 모터/발전기는 전기를 생산하고 있다. 그러나 고전압 회로 배선이 분리되지 않았다면 해가 발생하지 않을 것이다.

원 페달 드라이빙

정의 **원 페달 드라이빙**(one-pedal driving)은 운전자가 정상적인 운전에서 가속하고 감속하기 위해 가속 페달만 사용하는 것을 의미한다. 테슬라는 2012년 테슬라 모델 S에서 원 페달 드라이빙을 사용하기 시작했다. 테슬라의 브레이크는 독립적이며 회생 브레이크 시스템과 연결되거나 혼합되지 않는다. 원 페달 드라이빙은 다음과 같은 과정을 포함한다.

- 가속하려면 운전자가 가속 페달을 밟는다. 더 빠르게 가속하려면 가속 페달을 더 깊게 밟는다.
- 감속(속도를 줄이기)하기 위해 운전자가 가속 페달에서 발을 떼면 차량 속도가 줄어든다. 운전자가 가속 페달에서 발을 빨리 떼면 더 많은 회생 제동이 달성되고 차량이 더 빠르게 감속된다. 감속률이 0.2 G 이상일 경우 브레이크등이 켜져 뒤따르는 운전자에게 차량이 제동 중임을 알린다. 이는 마치 운전자가 브레이크 페달을 밟은 것과 같다.

운전자는 5~7 MPH(8~11 km/h) 이하에서 완전히 정지하기 위해 여전히 브레이크 페달을 사용해야 한다. 닛산 리프에서는 'e-페달' 모드에서 차량이 완전히 정지할 수 있다. 차량이 완전히 정지하면 유압 브레이크가 작동하여 차량을 고정시킨다. 이는 대부분의 다른 차량에서 운전자가 브레이크 페달을 밟아 차량이 움직이지 않도록 해야 하는 것과는 다르다. ● **그림 14-9 참조**

예

- 닛산 리프는 재생 강도를 높이는 'L' 드라이브 선택기를 가지고 있지만, 많은 상황에서 원 페달 드라이빙을 적절하게 수행하기에는 충분하지 않다.
- 폭스바겐 e-골프와 쉐보레 볼트 EV는 운전자의 필요와 바람에 따라 원 페달 드라이빙 옵션을 제공한다.

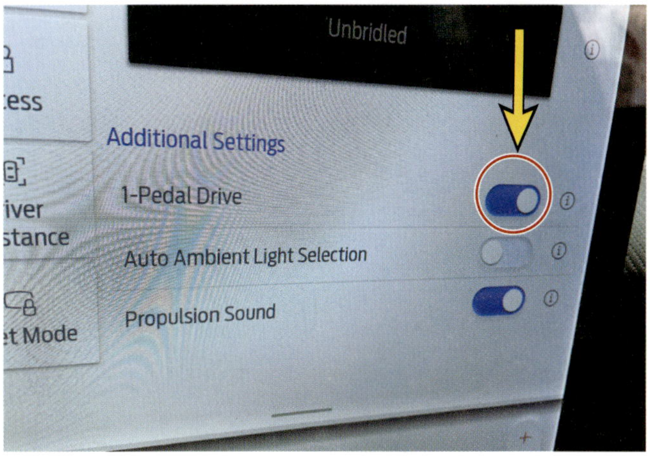

그림 14-9 전기 자동차 대시보드 디스플레이에는 원 페달 기능을 켜거나 끌 수 있는 위치가 표시되어 있다.

- 볼트의 기본 'D' 위치는 자동변속 차량처럼 작동하며, 'L' 위치는 강력한 재생을 제공하고, 공회전 크립을 없애며, 0 MPH까지 원 페달 드라이빙을 가능하게 한다.
- 아우디는 원 페달 드라이빙을 제공하지만, 운전자가 선택해야 한다. 아우디 EV의 일반 작동은 차량이 코스팅(coasting)하도록 하여 운동 에너지를 전기 에너지로 변환하지 않고 유지한다.
- 원 페달 드라이빙은 처음에는 낯설지만, 빠르게 적응하고 차량을 제어하기 쉬워진다. 브레이크 페달을 밟는 경우는 비상 상황이거나 차량이 움직이지 않도록 하고, 재생 제동이 활성화되지 않는 매우 낮은 속도에서이다.

NOTE: 원 페달 모드로 운전할 때 가속 페달에서 발을 뗄 때 브레이크등이 켜지며 차량이 감속하기 시작한다.

? 자주 묻는 질문

원 페달 드라이빙의 장점은 무엇인가?

원 페달 드라이빙이 유리한가에 대해서는 의견이 분분하다. 일부 딜러는 고객에게 주행거리를 최대화하기 위해 원 페달 드라이빙을 사용하지 말 것을 권장한다. 일부 전기 자동차 제조사는 회생 제동을 제한하고 차량이 코스팅하도록 하여 관성을 유지한다. 회생 제동은 100% 효율적이지 않다. 예를 들어, 60 MPH로 코스팅하다가 회생 제동으로 50 MPH로 감속한 뒤 다시 60 MPH로 가속하면, 60 MPH를 지속적으로 유지하는 것보다 더 많은 에너지를 소비할 수 있다. 회생 제동은 제동에 사용될 때에만 유용하다. 가장 효율적인 운전 모드는 가장 부드러운 운전이다. 즉, 급가속이나 급감속이 없어야 한다.

감속률

용어 감속률은 '피트/초²'(ft/s^2) 또는 미터/초²(m/s^2)과 같은 단위로 측정된다. 이는 차량이 특정 시간 간격 동안의 변화된 속도를 시간 간격으로 나눈 것을 의미한다.

'ft/s^2'은 영국 단위계에서 사용되며 'm/s^2'은 메트릭 체계에서 사용된다.

예 전형적인 감속률의 예는 다음과 같다.

- 편안한 감속은 약 8.5 ft/s^2(3 m/s^2) 정도이다.
- 차량 내의 느슨한 물건은 11 ft/s^2(3.5 m/s^2) 이상일 때 '날아다닐' 수 있다.
- 대부분의 차량과 경량 트럭의 최대 감속률은 16~32 ft/s^2 (5~10 m/s^2) 범위에 있다.

평균 감속률 15 ft/s^2(FPSPS)(3 m/s^2)은 55 mph(88 km/h)로 주행 중인 차량을 약 200 ft(61 m) 거리에서 4초 미만으로 정지시킬 수 있다. 감속은 또한 g(중력가속도) 단위로 표현된다. 1 g는 중력 가속도로, 초당 32피트의 가속도를 나타낸다. 일반적인 유압 제동 시스템을 사용하는 경우, 운전자는 차량을 매우 부드럽게 제동할 수 있어 차량이 거의 감속하지 않는다. 회생 제동을 사용하는 전형적인 하이브리드 차량은 스로틀을 놓고 브레이크 페달을 밟지 않은 경우에 약 0.1 g(약 3 ft/s^2)의 감속률을 표시한다. 이 감속률은 운전자가 스로틀을 놓을 때 일반적으로 기대할 수 있는 것이다. 이 약간의 감속은 운전자뿐만 아니라 승객에게도 편안한 느낌을 주는데, 이것은 재생 제동을 포함하지 않는 일반 하이브리드 차량에서 발생하는 것이다. 브레이크 페달을 밟으면 감속률이 0.1 g보다 큰 값으로 증가하며, 이로써 운전자는 일반 차량에서 발생하는 감속과 동일한 느낌을 얻게 된다. 최대 감속률은 대부분의 차량에서 0.8 g 이상이며, 대부분의 차량에서 1 g를 초과할 수 있다. ● **그림 14-10 참조**

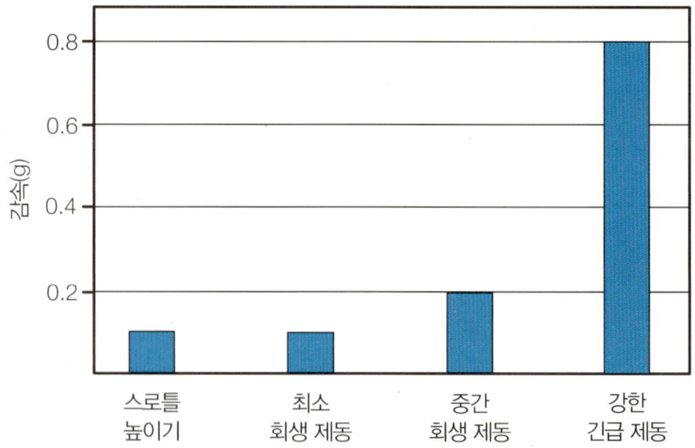

그림 14-10 비교 그림. 가장 왼쪽은 일반적으로 약 0.1 g 감속을 제공하는 스로틀 높이기, 왼쪽에서 두 번째는 약 0.1 g의 최소 회생 제동, 오른쪽에서 두 번째는 약 0.2 g의 중간 정도의 회생 제동, 가장 오른쪽은 (적어도) 0.8 g의 강한 긴급 제동으로, 회생 제동 시스템과 베이스 유압 제동 시스템을 모두 사용한다.

GM의 최신 모델 전기 자동차(EV)와 PHEV는 전기기계식 브레이크 부스터와 ABS 유닛을 결합하여 더 일반적인 마스터 실린더를 사용할 수 있다.

회생 제동 서비스

특이한 마스터 실린더 대부분의 하이브리드 자동차는 일반적인 마스터 실린더와 달리 보이지 않는 고유한 마스터 실린더를 사용한다. 일부는 하나 이상의 제동 유체 저장 탱크를 사용하며, 다른 차량에는 종종 개별로 서비스되지 않는 센서 및 기타 구성 요소가 포함되어 있다. ● **그림 14-11 참조**

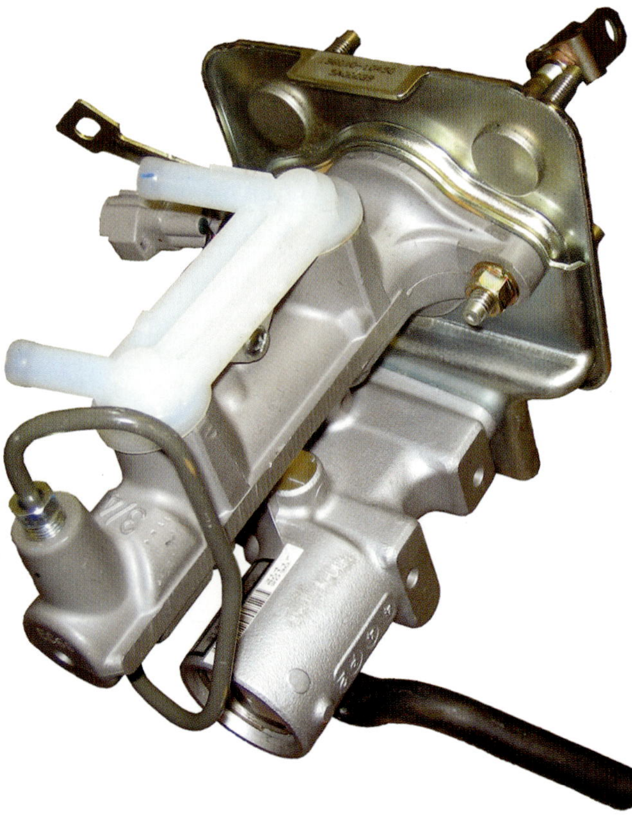

그림 14-11 토요타 하이랜더 하이브리드 자동차의 마스터 실린더

포드 이스케이프 주의사항 포드 이스케이프 하이브리드 시스템에서 회생 제동 시스템은 브레이크 시스템의 무결성을 자가 테스트하는 역할을 한다. 일정 시간이 경과한 후 브레이크 컨트롤러는 유압 제어 유닛을 활성화하고 시스템 내에서 압력을 개발할 수 있는지 확인한다.

- 이 작업은 시스템의 웨이크업 기능의 일부로 문이 열릴 때 수행된다.
- 이 자체 테스트를 수행하기 위해 시동 열쇠를 시동에 넣을 필요는 없다.
- 이는 짧은 시간 동안 브레이크 압력이 생기면서 수행된다.

브레이크 시스템 수리 시 신체적인 손상이나 차량 손상을 방지하기 위해 기술자는 다음을 수행해야 한다.

1. 브레이크 패드를 교체하려면 자기진단기에서 '패드 서비스 모드'에 들어가서 자체 테스트를 비활성화해야 한다. 이렇게 하면 브레이크 압력이 적용되지 않는다.
2. 유압 제어 유닛의 배선 하네스를 연결 해제한다. ● **그림 14-12 참조**
3. 이와 관련된 서비스 정보를 확인하여 시동 스위치를 순환시켜 패드 서비스 모드에 들어가는 방법을 확인한다.

정비 사례

회생 제동 경고 메시지

한 전기 자동차 소유자가 대시보드에 회생 제동 시스템이 저하되었다는 메시지가 표시된 것에 대해 서비스 부서에 불만을 제기했다. 이는 추울 때 리튬-이온 배터리가 방전은 문제없이 되지만 충전은 쉽지 않기 때문에 추운 날씨에는 정상으로 간주될 수 있다. 회생 제동은 모터를 발전기로 사용하고 그 전력을 저장하는 곳으로 배터리를 사용한다. 차가운 배터리는 제한적이거나 회생 제동이 전혀 작동하지 않을 수 있다. 차량을 운전하면 고전압 배터리의 온도가 상승하면서 회생 제동 시스템이 정상적으로 작동하고 대시보드에 메시지가 표시되지 않게 되었다. ● **그림 14-13 참조**

요약

- **불만사항:** 차량 소유자가 대시보드에서 제동 시스템이 저하되었다는 경고 메시지를 보았다.
- **원인:** 고전압 배터리가 추운 날씨에 회생 제동 시스템에서 충전을 받아들이지 못했다.
- **조치:** 고전압 배터리의 온도가 상승하면 메시지가 표시되지 않고 매우 추운 날씨에서는 정상 작동으로 간주된다.

그림 14-12 포드 이스케이프 또는 머큐리 마리너 하이브리드 차량의 브레이크 작업 시 후드 아래 승용차 측면에 위치한 ABS 유압 제어 유닛의 블랙 전기 커넥터 연결 해제를 보여준다.

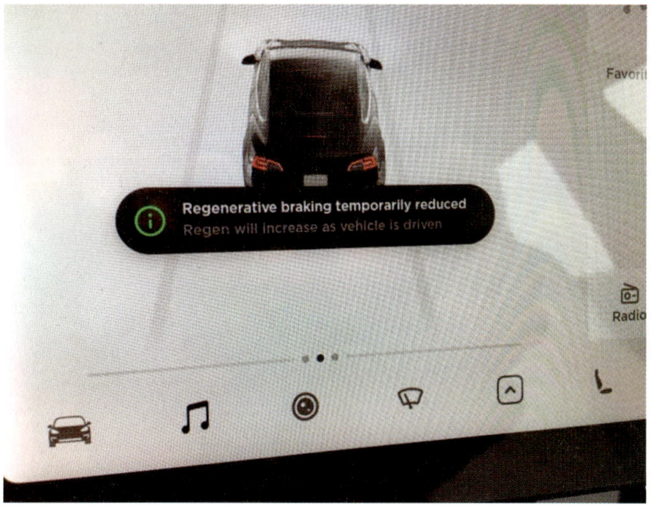

그림 14-13 대시보드에 표시된 알림으로 운전자에게 회생 제동이 저하되거나 일시적으로 감소되었음을 알려준다. 이런 경우 브레이크 페달 감각이 변경될 것이며 시스템은 베이스 브레이크를 더 많이 사용하게 되어 페달을 더 높이 밟아야 할 수 있다.

요약

1. 모든 질량(무게)을 가진 움직이는 물체는 운동 에너지를 갖고 있다.
2. 회생 제동 시스템은 움직이는 차량에서 대부분의 운동 에너지를 수집하고 나중에 차량을 추진하는 데 사용하기 위해 이 에너지를 고전압 배터리에 반환한다.
3. 회생 제동의 두 가지 유형에는 병렬 및 직렬이 포함된다.
4. 하이브리드 자동차에서는 브러시리스 DC와 AC 유도 모터가 사용되어 차량을 추진하고 제동 시 배터리로 전기 에너지를 생성한다.
5. 컨트롤러는 모터를 제어하고 필요할 때 발전기로 전환하여 회생 제동을 제공한다.

복습 문제

1. 관성이란 무엇인가?
2. 직렬 회생 제동 시스템과 병렬 회생 제동 시스템의 차이점은 무엇인가?
3. 고전압 배터리가 완전히 충전되었을 때 회생 제동 시스템에서 어떤 일이 발생하는가?
4. '원 페달 드라이빙'이란 무엇을 의미하는가?
5. 운전자가 처음으로 가속 페달을 놓고 회생 제동이 장착된 하이브리드 자동차에서 제동을 시작하면 어떻게 되는가?

마무리 퀴즈

1. 어떤 유형의 회생 제동 시스템이 전기 유압 시스템을 사용하는가?
   a. 직렬
   b. 병렬
   c. 직렬과 병렬 둘 다 사용
   d. 직렬과 병렬 모두 아님
2. 운동 에너지란 무엇인가?
   a. 운전자가 브레이크 페달에 가하는 에너지
   b. 차량을 움직이기 위해 배터리에 필요한 에너지
   c. 어떤 움직이는 물체의 에너지
   d. 차량을 움직이기 위해 모터가 생산하는 에너지
3. 관성이란 무엇인가?
   a. 질량(무게)을 가진 모든 움직이는 물체의 에너지
   b. 정지 시 브레이크 페달에 가하는 힘
   c. 구동 휠에 적용되는 전기 모터의 힘
   d. 내연기관 엔진과 전기 모터가 빠른 가속 중에 구동 휠에 공동으로 적용하는 힘
4. 회생 제동의 장점은 무엇인가?
   a. 배터리 충전량 감소
   b. 배터리 팩의 전체 수명 연장
   c. 연료 소비 감소
   d. 위 보기 모두
5. 회생 제동 시스템이 장착된 하이브리드 자동차에서 브레이크를 밟을 때 어떤 일이 발생하는가?
   a. 마찰 브레이크는 보조 용도로만 사용되며 일반 제동 중에는 사용되지 않는다.
   b. 모터는 발전기로 전환된다.
   c. 운전자는 브레이크 페달을 누르는 대신 회생 제동 시스템을 활성화하기 위해 브레이킹 레버를 조작해야 한다.
   d. 배터리가 100% SOC로 충전된다.
6. 기술자 A는 전륜구동 하이브리드 자동차는 전륜 바퀴 모터에서만 제동 시에 전기를 생성할 수 있다고 말한다. 기술자 B는 회생 제동 시스템을 장착한 차량에서 ABS(안티록 브레이킹 시스템)가 작동하지 않는다고 주장한다. 어떤 기술자의 말이 옳은가?

a. 기술자 A만 맞음
b. 기술자 B만 맞음
c. 기술자 A, B 모두 맞음
d. 기술자 A, B 둘 다 틀림

7. 회생 제동 시스템에서 전기 모터의 어떤 부분이 컴퓨터에 의해 제어되는가?
a. 회전자
b. 고정자
c. 회전자와 고정자 모두
d. 회전자나 고정자 둘 다 아님

8. 두 기술자가 감속률에 대해 논의 중이다. 기술자 A는 1 'g' 정지는 차량을 부드럽게 감속시키는 것이라고 말한다. 기술자 B는 8 ft/s^2의 감속률은 심각한 정지라고 주장한다. 어떤 기술자의 말이 옳은가?
a. 기술자 A만 맞음
b. 기술자 B만 맞음
c. 기술자 A, B 모두 맞음
d. 기술자 A, B 둘 다 틀림

9. 원 페달 시스템이란 무엇을 의미하는가?
a. 차량에 별도의 브레이크 페달이 없다.
b. 가속 및 감속을 위해 액셀러레이터 페달을 사용한다.
c. 차량은 마찰 제동은 사용하지 않고 회생 제동만 사용한다.
d. 차량은 회생 제동을 사용하지 않는다.

10. 직렬 회생과 병렬 회생 두 가지 중 어떤 것이 더 효율적인 회생 제동 유형인가?
a. 직렬 회생
b. 병렬 회생
c. 두 유형의 효율은 동일하다.
d. 언급되지 않은 세 번째 유형이 가장 효율적이다.

Chapter 15

전동식 파워 스티어링

학습 목표

- 전동식 파워 스티어링 시스템의 목적, 기능, 유형을 설명할 수 있다.
- 전동식 파워 스티어링 시스템이 어떻게 작동하는지 설명할 수 있다.
- 전동식 파워 스티어링 시스템의 고장 진단 방법을 논의할 수 있다.

이 장은 조향 및 서스펜션(A4) ASE 인증 테스트 내용 영역 'A'(스티어링 시스템 진단 및 수리)를 준비하도록 도와준다.

핵심 용어

스티어링 위치 센서(SPS)	전동식 파워 스티어링(EPS)
스티어링 축 토크 센서	칼럼 장착 전동식 파워 스티어어(C-EPS)
전동식 파워 보조 스티어링(EPAS)	파워 스티어링 제어 모듈(PSCM)

전동식 파워 스티어링

용어 모든 하이브리드 및 전기 자동차는 **전동식 파워 보조 스티어링**(electric power-assisted steering, EPAS)이라고도 불리는 **전동식 파워 스티어링**(electric power steering, EPS) 시스템을 사용한다. 전동식 파워 스티어링은 이전에 전기 모터를 사용하여 동력 보조 작업을 제공하던 유압 부품을 대체한다.

장점 장점은 다음과 같다.

- 모든 유압 라인과 엔진 구동 펌프가 필요 없기 때문에 차량 제조업체가 차량 무게와 차량 내부의 복잡성을 줄일 수 있다.
- 추운 날씨에 기동 시 파워 스티어링 펌프의 드래그 없이 엔진 부하를 감소시킬 수 있다.
- 대부분의 경우 간단한 2-와이어 연결로 차량 조립 및 차량 서비스가 용이하다.

유형 또는 형태 EPS 시스템에는 두 가지 기본 유형이 있다.

1. 랙 장착형. 랙 장착형 시스템은 보조 모터가 랙에 부착되어 있으며 흔히 R-EPS(rack-and-pinion electric power steering) 시스템이라고 한다. 다른 형태는 보조 모터가 랙을 둘러싸고 있으며 이러한 스타일을 직접 구동 전동식 파워 스티어링(D-EPS) 시스템이라고 한다. ● **그림 15-1, 그림 15-2 참조**
2. 칼럼 장착형. **칼럼 장착 전동식 파워 스티어링**(column-mounted electric power steering, C-EPS)에는 센서와 보조 모터가 차량 내부에 위치해 랙 장착 시스템처럼 열과 외부 요소에 노출되지 않는다. ● **그림 15-3 참조**

그림 15-1 토요타 하이랜더 하이브리드 EPS 어셈블리

이 유형은 가장 일반적으로 사용되며 스티어링 칼럼에 보조 모터가 있는 수동 랙 앤 피니언 스티어링 기어 어셈블리를 사용한다. 칼럼 자체에 직접 장착되지는 않지만, 또 다른 유형의 전동식 파워 스티어링은 피니언 장착형 전동식 파워 스티어링(P-EPS) 시스템이다. 이 시스템은 보조 모터가 랙 앤 피니언 스티어링 기어의 피니언 샤프트에 연결되어 있다. ● **그림 15-4 참조**

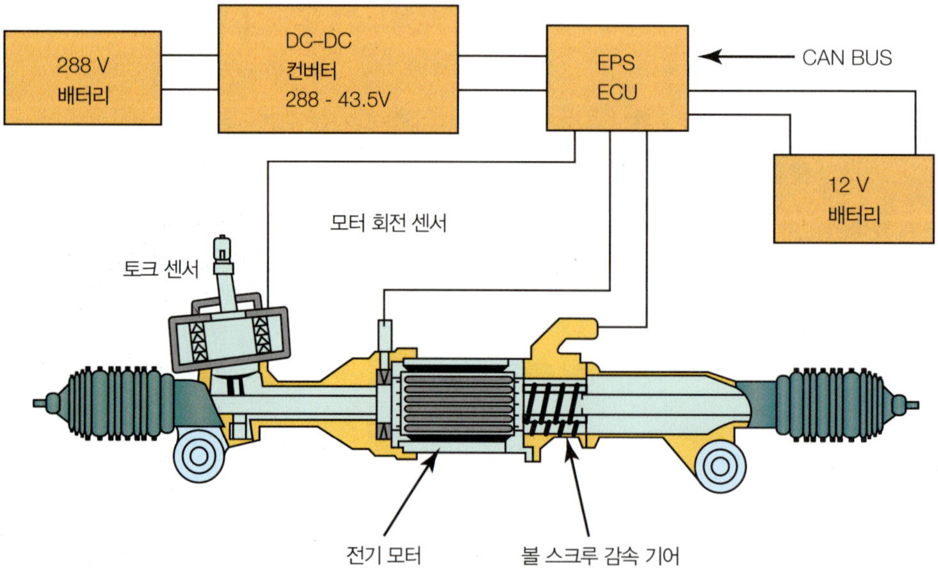

그림 15-2 토요타 렉서스 SUV에 사용되는 전동식 파워 스티어링은 장치 랙 주변에 브러시리스 DC(BLDC로 명칭) 모터를 사용하며 42 V에서 작동한다.

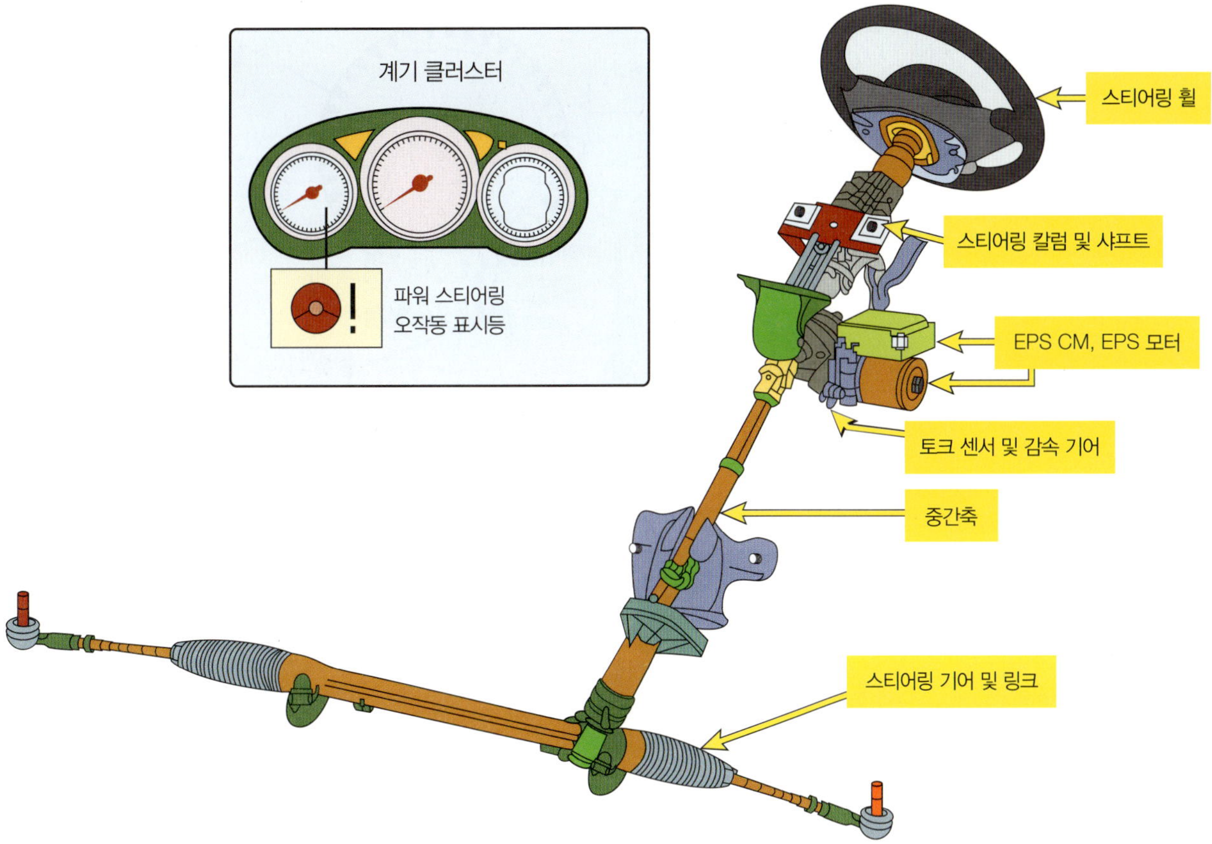

그림 15-3 대시보드 내 경고등 기호를 포함한 관련 주요 부품의 위치를 보여주는 칼럼 장착형 EPS 시스템

그림 15-4 피니언 장착 전동식 파워 스티어링 시스템

부품과 작동

사용된 모터 유형 일부 EPS 모터는 12 V에서 작동하는 반면 다른 모터는 42 V에서 작동하며 전동식 컨트롤러와 브러시리스 DC 모터를 액추에이터로 사용한다. 파워 스티어링 모터는 65 A 정격의 12 V 브러시리스 DC 양방향 모터이다. 모터는 스티어링 칼럼 하우징에 위치한 웜 기어와 감속 기어를 통해 조향을 보조한다. 모터는 최대 구동 시 약 750~1,000 W 또는 약 1마력을 소모한다. 모터 자체는 보통 어셈블리로 교체되거나 제어 유닛에 포함될 수 있다. ● **그림 15-5 참조**

EPS 제어 유닛 전동식 파워 스티어링은 EPS ECU에 의해 제어되며, 이는 스티어링 토크 센서의 입력을 기반으로 구동 동력의 필요량을 계산한다. 조향 토크 센서는 비접촉식 센서로 토션 바(torsion bar)에 가해지는 움직임과 토크를 감지한다. 운전자가 스티어링 휠에 토크를 가하면 토션 바가 비틀어지고, 토크가 많이 가해지면 바가 더 비틀린다. 그러면 EPS ECU로 보다 높은 전압의 신호가 발생한다. ● **그림 15-6 참조**

스티어링 축 토크 센서(steering shaft torque sensor) 및 스티어링 휠 위치 센서는 서로 또는 스티어링 칼럼 어셈블리와 함께 구성된다. 스티어링 칼럼 어셈블리는 파워 스티어링 모터와 모듈 어셈블리를 포함하지 않는다. 입력축에는 디텍션 링 1과 디텍션 링 2가 장착되고, 출력축에는 디텍션 링 3이 장착된다. 입력축과 출력축은 토션 바에 의해 연결된다. 스티어링 휠을 돌리면 디텍션

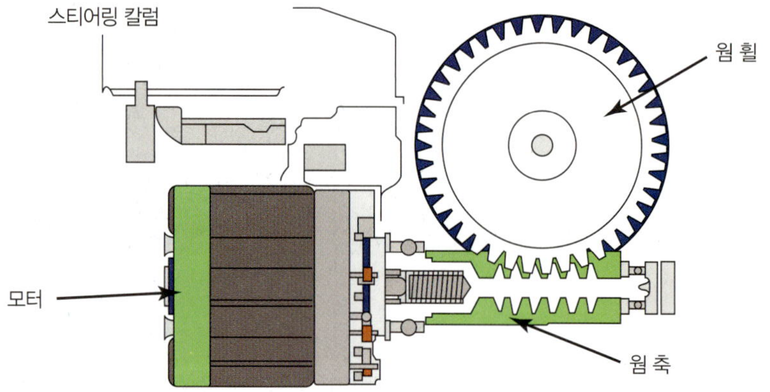

그림 15-5 많은 전동식 파워 스티어링 시스템에서 EPS 전기 모터는 웜 기어를 통해 랙을 구동한다.

링 2와 디텍션 링 3의 상대 운동 차이가 디텍션 코일에 감지되어 EPS ECU에 두 개의 신호를 보낸다. 이 두 개의 신호를 토크 센서 신호 1과 토크 신호 2라고 한다. EPS ECU는 이들 신호를 이용하여 필요 동력을 조절하고 진단에도 이용한다.

NOTE: 스티어링 휠, 스티어링 칼럼 또는 스티어링 기어를 탈거하거나 교체한 경우 자기진단기를 사용하여 토크 센서의 영점을 재설정해야 한다. 토요타 하이랜더와 렉서스 RX 400h는 차량 크기가 크기 때문에 다른 전동식 파워 스티어링 장치를 사용한다. 이 장치는 스티어링 랙에 동심형(concentric) 브러시리스 DC 모터를 사용한다. ● **그림 15-7 참조**

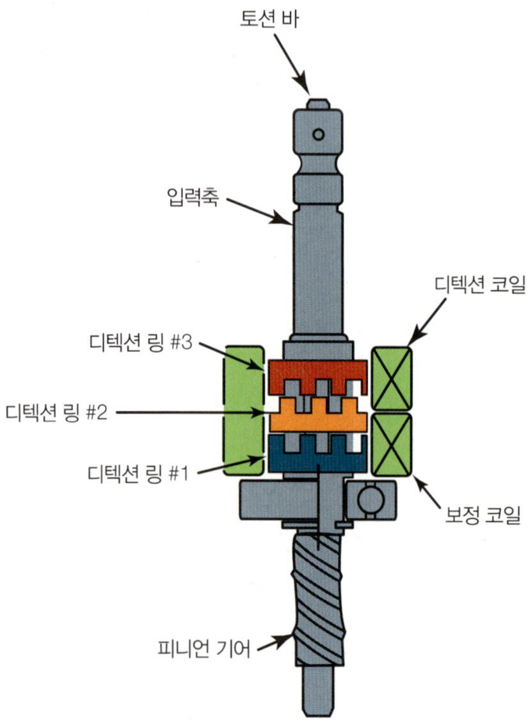

그림 15-6 토크 센서는 운전자가 스티어링 휠에 인가하는 토크를 전압 신호로 변환한다.

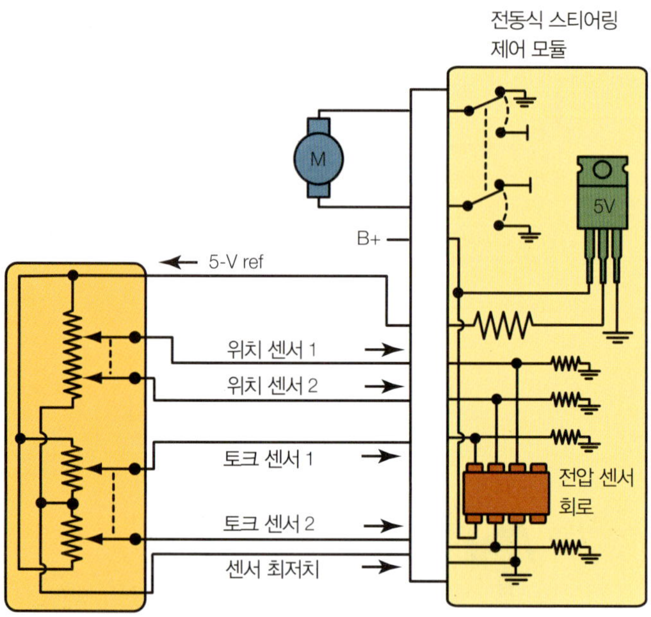

그림 15-7 EPS와 토크 및 위치 센서를 보여주는 도식

입력과 출력 EPS 시스템에는 다음 구성 요소와 센서로부터의 입력 신호 및 액추에이터 구성 요소로의 출력 신호가 포함된다.

- 파워트레인 제어 모듈(PCM)
- 차체 제어 모듈(BCM)
- 파워 스티어링 제어 모듈(PSCM)
- 배터리 전압
- 스티어링 축 토크 센서
- 스티어링 휠 위치 센서
- 파워 스티어링 모터
- 운전자정보센터(DIC)
- 시스템 기능을 수행하기 위한 직렬 데이터 통신 회로 ● **그림 15-8 참조**

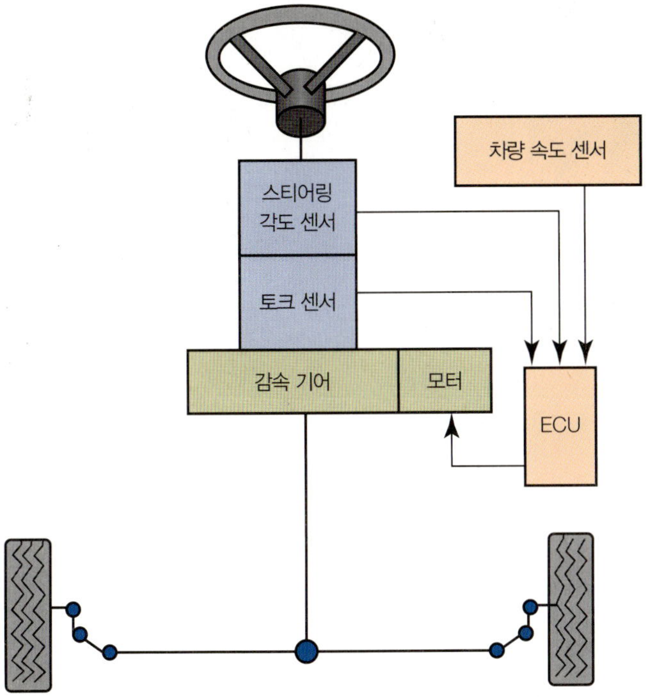

그림 15-8 다양한 전동식 파워 스티어링 구성 요소 간 관계를 보여주는 그래픽 표현

파워 스티어링 제어 모듈 **파워 스티어링 제어 모듈**(power steering control module, PSCM)과 파워 스티어링 모터는 어셈블리로 제공되며 스티어링 칼럼 어셈블리와는 별도로 제공된다. ● **그림 15-9 참조**

스티어링 휠이 회전할 때 PSCM은 스티어링 축 토크 센서의 신호 전압을 사용하여 스티어링 칼럼 축에 인가되는 토크와 스티어링 방향을 감지한 다음 파워 스티어링 모터에 적절한 전류량을 명령한다. PSCM은 직렬 데이터 통신 회로를 통해 PCM으로부터 차량 속도 메시지를 수신한다. 저속에서는 주차 중에 쉽게 회전할 수 있도록 보조 동력이 더 많이 입력되고, 고속에서는 도로 주행 상태 및 조향 안정성 향상을 위해 보조 동력이 더 적게 입력된다. 스티어링 축 토크 센서와 스티어링 휠 위치 센서는 스티어링 칼럼 어셈블리로부터 개별적으로 또는 서로 분리된 기능을 수행하지 않는다. 스티어링 칼럼 어셈블리에는 파워 스티어링 모터 및 모듈 어셈블리가 포함되어 있지 않다.

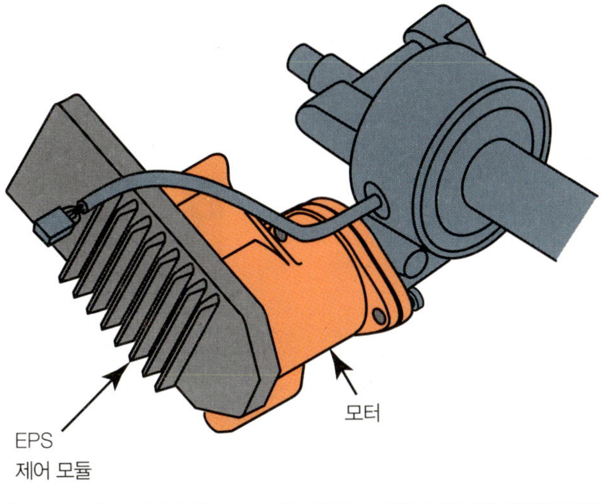

그림 15-9 일부 차량에서 PSCM은 전동식 파워 스티어링 어셈블리의 모터에 부착된다.

스티어링 축 토크 센서 PSCM은 스티어링 축 토크 센서를 메인 입력으로 사용하여 스티어링 방향과 필요한 보조 동력량을 결정한다. 스티어링 칼럼은 스티어링 휠에서 토크 센서로 이어지는 입력축과 토크 센서에서 스티어링 축 커플러로 이어지는 출력축으로 구성된다. 입력축과 출력축은 토크 센서가 위치하는 토션 바 부분에 의해 분리된다. 토크 센서는 하나의 하우징에 두 개의 서로 다른 센서를 포함한다. 이 센서는 스티어링 휠이 회전하는 방향을 감지하는 데 사용된다.

- 우회전 중에 스티어링 칼럼 샤프트에 토크가 가해지면 센서 신호 1 전압은 증가하고 신호 2 전압은 감소한다.
- 좌측 방향 전환 중에 스티어링 칼럼 샤프트에 토크가 가해지면 센서 신호 1 전압은 감소하고 신호 2 전압은 증가한다.

PSCM은 이러한 신호 전압의 변화를 스티어링 방향 및 스티어링 칼럼 샤프트 토크로 인식한다.

스티어링 휠 위치 센서 PSCM은 **스티어링 위치 센서**(steering position sensor, SPS)를 사용하여 스티어링 시스템의 중앙 위치를 결정한다. 파워 스티어링 모터가 약간의 리턴-투-센터(return-to-center) 어시스트를 제공하기 때문에 PSCM은 파워 스티어링 모터를 스티어링 시스템 중앙 위치로 이동시킬 것이며 그 이상으로는 이동하지 않는다. 이 센서는 신호 전압 범위가 0~5 V인 5 V 이중 아날로그 신호 장치이다. 이 센서의 신호 1 및 신호 2 전압 값은 스티어링 휠이 회전함에 따라 서로 2.5~2.8 V 이내에서 증감한다.

고장 감지 중대한 고장이 발생한 경우 제어 모듈은 먼저 일부 센서에 고장이 발생하더라도 동력 보조 스티어링 유지를 시도한다. 문제가 심각할 경우 차량을 수동으로 주행 및 조향할 수 있다. EPS 제어 유닛은 고장이 감지된 경우 EPS 대시 경고등이 켜진다. 시스템에 고장이 발생하더라도 오작동 표시등은 켜지지 않는다. 고장 코드는 자기진단기를 사용하여 검색할 수 있으며 EPS 경고등이 깜박이는 것으로 표시된다.

자주 묻는 질문

전기 유압식 파워 스티어링 시스템이란?

EHPS(electrohydraulic power steering)는 쉐보레 GMC 병렬 하이브리드 트럭(PHT)과 미니 쿠퍼에 사용되며, 전동 모터를 사용하여 유압 펌프를 구동하는 시스템이다. EHPS 모듈은 파워 스티어링 모터를 제어하며, 파워 스티어링 모터는 브레이크 부스터 및 스티어링 기어에 유압을 공급하는 기능을 가지고 있으며, 보조적인 기능으로는 수요에 따라 작동하여 연비를 향상시키는 기능과 속도에 따라 가변 에포트 조향을 제공하는 기능이 있다. ● **그림 15-10 참조**

그림 15-10 쉐보레 하이브리드 픽업트럭의 전기 유압식 파워 스티어링 조립체

전동식 파워 스티어링 진단

진단 절차 PSCM은 파워 스티어링 시스템 내의 오작동을 감지하는 기능을 갖추고 있다. 오작동이 감지되면 운전자정보센터에 파워 스티어링 경고 메시지가 표시된다. 또한 PSCM에는 차량의 파워트레인 구성, 모델 유형, 타이어 및 휠 크기 등에 따라 다른 올바른 스티어링 보정이 설정되어야 한다. 데이터를 검색하고 장치를 교체한 경우 재학습 절차를 수행하려면 공장 또는 애프터마켓 수준의 자기진단기가 필요하다. 전동식 파워 스티어링 시스템을 진단하고 서비스할 때 따라야 할 정확한 절차는 항상 서비스 정보를 확인하라. ● **그림 15-11 참조**

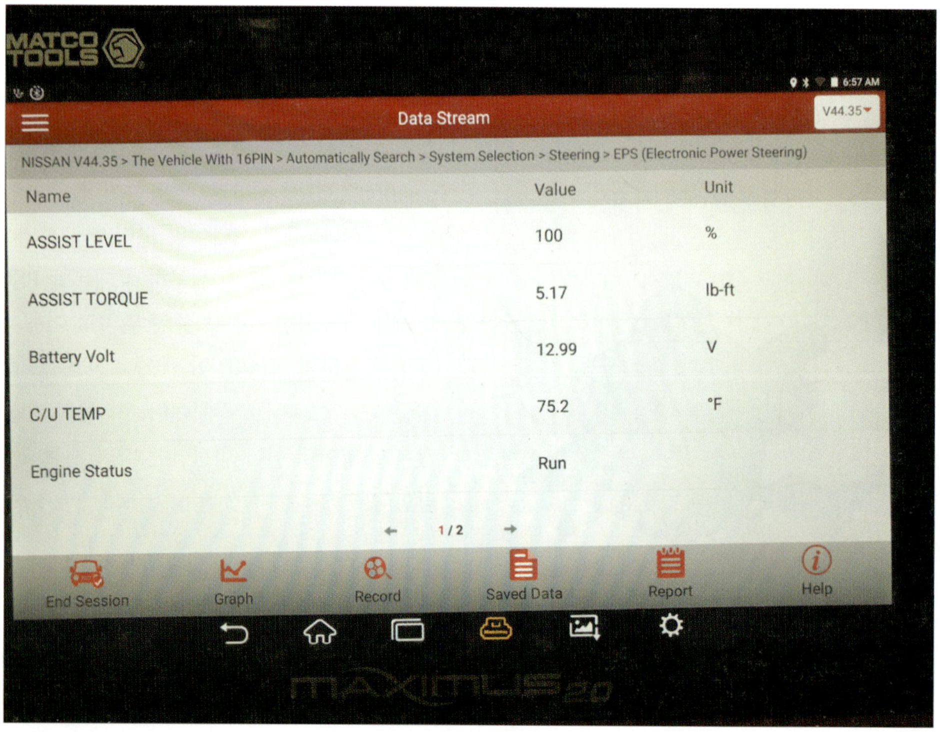

그림 15-11 전동식 파워 스티어링 시스템을 점검할 때 공장 또는 공장 수준의 자기진단기에서 사용 가능한 데이터 중 일부를 보여주는 스크린숏

정비 사례

닛산 리프 파워 스티어링 고장 사례

닛산 리프 SV의 소유주가 집까지 운전해서 진입로에 1시간 30분 동안 차를 세워두었다가 다시 차를 운전해서 차고로 들어갔다. 브레이크와 전원을 누른 후에 정상적으로 차가 켜졌지만 PS 경고등은 켜져 있었고 주행이 되지 않았으며 핸들을 돌리기도 매우 힘들었다. 중립으로 전환할 수는 있었지만 주행할 수는 없었다. 브레이크에 발을 올려놓고 다시 전원을 넣었고 정상적으로 켜져서 주행할 수 있었다.

차 소유주는 이벤트 순서를 반복했다. 차를 끈다. 브레이크를 밟는다. 파워를 누른다. PS 라이트가 켜져 있다. 스티어링이 쉽게 켜지지 않는다. 차가 주행에 들어가지 않는다. 브레이크에 발을 대고 다시 힘을 가했고 차는 정상적으로 시동이 걸렸다.

지역 대리점에서 고장을 확인할 수 있었고 12 V 배터리를 원인으로 의심했다. 12 V 배터리를 테스트한 결과 충전을 유지하지 못하는 것이 확인되어 교체했고, 이로써 고객 불만사항이 조치되었다.

요약

- **불만사항:** 파워 스티어링 경고등이 켜져 있었고 스티어링이 제대로 켜지지 않았다.
- **원인:** 12 V 배터리 불량
- **조치:** 12 V 배터리를 교체하여 하드 스티어링 및 경고등 문제를 해결했다.

EPS DTCS 대부분의 전동식 파워 스티어링 고장 진단 코드(DTC)는 섀시 관련 고장의 경우 'C' 코드 또는 데이터 통신 고장의 경우 'U' 코드이다. 동일한 샘플 DTC가 표로 정리되어 있다.

● 표 15-1 참조

고장 진단 코드(DTC)	고장에 대한 설명
C1511, C1512, C1513, C1514	토크 센서 고장 감지
C1521	모터 회로 단락
U0073	EPS 제어 모듈 통신 손실

표 15-1 전동식 파워 스티어링 시스템에 대한 샘플 DTC

요약

1. 기존 파워 스티어링에 비해 전동식 파워 스티어링을 사용하면 엔진의 가용성이 높아지고 연비가 향상된다.
2. EPS에는 랙 장착 시스템과 칼럼 장착 시스템이 기본적으로 포함된다.
3. 가장 일반적인 시스템은 칼럼 장착 보조 모터가 있는 수동 랙과 피니언 기어를 사용한다.
4. 필요한 센서에는 스티어링 휠 위치 센서와 스티어링 칼럼 토크 센서가 있다.
5. 전동식 파워 스티어링을 사용하는 일부 차량은 자가 주차가 가능하다.
6. 일부 차량은 전기 모터를 사용하여 조향 보조용 유압 펌프를 구동한다.

복습 문제

1. 전동식 파워 스티어링 시스템에는 어떤 종류가 있는가?
2. EPS 시스템에 필요한 센서는 무엇인가?
3. 전동식 파워 스티어링 시스템을 사용하면 어떤 장점이 있는가?
4. 전동식 파워 스티어링 시스템에 사용되는 모터 유형은 무엇인가?
5. 전기 유압식 파워 스티어링은 어떻게 작동하는가?

마무리 퀴즈

1. 전동식 파워 스티어링(EPS)의 두 가지 기본 유형은 무엇인가?
   a. 엔진 장착 및 칼럼 장착
   b. 칼럼 장착 및 랙 장착
   c. 전기 유압 및 랙 장착
   d. 엔진 구동 및 배터리 구동
2. 유압식 파워 스티어링과 비교했을 때 EPS의 장점은 무엇인가?
   a. 저중량
   b. 연비 향상
   c. 사용 가능한 엔진 출력 증가
   d. 위 보기 모두
3. 대부분의 EPS 시스템에서 사용되는 모터 유형은 무엇인가?
   a. AC 브러시 타입
   b. DC 브러시리스
   c. 스텝퍼
   d. 정답 없음
4. 두 명의 정비사가 EPS 시스템에 대해 논의 중이다. 정비사 A는 일부 시스템은 12 V에서 작동한다고 말한다. 정비사 B는 일부 하이브리드 자동차와 같이 42 V에서 작동한다고 말한다. 둘 중 어느 정비사의 말이 옳은가?
   a. 정비사 A만 옳다.
   b. 정비사 B만 옳다.
   c. 정비사 A와 B 모두 옳다.
   d. 정비사 A와 B 둘 다 틀리다.
5. EPS 시스템에 사용되는 일반적인 전기 모터는 대략 어느 정도의 전력을 생산하는가?
   a. $1/4$마력
   b. $1/2$마력
   c. $3/4$마력
   d. 1마력
6. 파워 스티어링 제어 모듈(PSCM)과 파워트레인 제어 모듈(PCM)은 어떤 관계인가?
   a. 보통 두 모듈 사이가 배선되어 있다.
   b. 두 모듈 간 연결이 없다.
   c. 두 모듈 사이에 직렬 데이터 라인을 사용한다.
   d. EPS 모터에 함께 장착되어 있다.
7. EPS 시스템에서 고장이 감지되면 어떤 대시 라이트가 켜지는가?
   a. '엔진 점검' 표시등
   b. '서비스 차량 곧' 표시등
   c. 파워 스티어링 경고등
   d. b 또는 c 중 하나
8. 일반적으로 고장을 진단하거나 EPS 시스템을 다시 학습하는데 필요한 진단 장비는 무엇인가?
   a. 각 특정 시스템을 검사하도록 설계된 특수 전자 진단 장비
   b. 공장 또는 공장 수준의 자기진단기
   c. 브레이크아웃 박스
   d. 12 V 테스트 조명
9. 스티어링 칼럼 샤프트에 가해지는 토크를 감지하기 위해 사용되는 센서는 무엇인가?
   a. 토크 센서
   b. 스티어링 샤프트 위치 센서
   c. 엔코더
   d. 파워 스티어링 제어 모듈
10. 다음 중 전기 유압식 파워 스티어링 시스템에 사용되는 것은?
    a. 유압 펌프에 동력을 공급하기 위한 전동 모터
    b. 종래의 유압 파워 스티어링 기어
    c. 엔진 구동 유압 파워 스티어링 펌프와 전동 모터 스티어링 기어
    d. a와 b 둘 다

Chapter 16

전기 및 하이브리드 자동차의 공기조화(HVAC) 시스템

학습 목표

- 하이브리드 자동차의 난방 및 냉각 시스템의 기능을 설명할 수 있다.
- 전기 및 하이브리드 자동차에서 모터/전자 냉각 시스템의 작동을 설명할 수 있다.
- 전기 자동차의 난방 및 에어컨(A/C) 시스템의 기능을 설명할 수 있다.
- 전기 구동 에어컨 압축기의 작동 및 특수 정비 절차에 대해 논의할 수 있다.
- 전기 자동차 배터리가 어떻게 가열 및 냉각되는지 설명할 수 있다.

핵심 용어

도그 모드
스크롤 압축기
실내 필터
액체 냉각식 응축기(LCC)
정온도 계수(PTC)
축열재(TSM)
PTC 히터

하이브리드 자동차의 내연기관 냉각 시스템

엔진 냉각 내연기관(Internal Combustion Engine, ICE) 냉각 시스템의 목적은 내연기관의 온도를 가능한 한 빨리 최적의 온도로 올리고 그 상태를 모든 운전 조건에서 유지하는 것이다. 내연기관 냉각 시스템의 냉각수 온도는 다음과 같은 여러 가지 이유로 좁은 범위 내에서 유지된다.

- 내연기관의 작동온도가 90~101°C(195~215°F) 사이일 때 내연기관은 가장 높은 효율성을 유지하며 최저의 배출 조건에서 운전될 수 있다. 낮은 작동 온도에서 내연기관의 운전은 더욱 농후한 공기와 연료의 혼합물을 필요로 하며, 이는 연료 경제성의 감소 및 배기 배출물이 증가하는 결과를 초래한다.
- 엔진은 정상 작동 온도에서 운전될 때 더 빠른 스로틀 반응 및 더 큰 출력을 제공한다.
- 낮은 온도에서의 엔진 가동은 엔진의 빠른 마모를 초래한다. 낮은 온도의 내연기관은 크랭크 케이스 내 연기의 응축을 유발하며, 그 결과 엔진 오일이 더 빨리 오염된다.
- 내연기관의 냉각 시스템은 차량 실내에 열을 제공하기도 한다. 냉각수 온도는 차량 내 난방 시스템이 제대로 작동하고 승객의 편안함을 극대화할 수 있도록 최적의 수준에서 유지되어야 한다.
- 내연기관의 과열은 효율 감소 및 내부 기계 부품의 심각한 고장을 초래할 수 있다.

내연기관 연소실 내의 온도는 3,300°C(6,000°F)를 넘을 수 있다. 이 열 에너지의 일부(대략 1/3)는 차량을 움직이기 위한 기계 에너지로 변환되지만 대부분은 폐열로 방출된다. 이 폐열의 절반은 배기 시스템을 통해 방출되고, 나머지 절반은 내연기관의 냉각 시스템에 흡수된다. 이 흡수된 열은 이후에 차량의 라디에이터를 통해 외부 공기로 방출된다. ● 그림 16-1 참조

기본 작동 모든 자동차 내연기관은 수랭식 냉각을 사용한다. 이 방식은 냉각 시스템이 밀봉되어 있고, 워터 펌프가 액체 냉각제를 엔진 내의 워터 재킷(내부 통로)을 통해 순환시켜 엔진 내 과열을 흡수한다. 가열된 냉각수는 라디에이터를 통해 열을 방출하고 온도를 낮춘 후 다시 내연기관 내부 통로로 돌아가는 사이클이 반복된다.

워터 펌프 워터 펌프는 내연기관 냉각 시스템의 '심장'이다. 대부분 내연기관의 액세서리 드라이브 벨트에 의해 구동되므로 내연기관이 작동될 때마다 냉각수를 순환시킨다. 내연기관이 처음 구동될 때 냉각 시스템은 가능한 빨리 작동 온도에 도달하도록 설계되어 있다. 따라서 냉각수는 적정 온도에 도달할 때까지 라디에이터를 통해 순환되지 않는다. 내연기관 내 워터 재킷 및 히터 코어로의 냉각수 흐름은 온도조절기(thermostat)에 의해 결정되며, 냉각수의 온도가 대략 91°C(195°F)에 도달할 때 온도조절기가 열리기 시작해서 냉각수가 라디에이터로 흐를 수 있도록 한다.

온도조절기 온도조절기가 처음으로 열리기 시작할 때 일부 냉각수는 라디에이터로 흐르고 나머지는 내연기관의 워터 재킷에서 계속 순환된다. 온도조절기를 통과하지 않는 냉각수는 내부 우회 튜브로 들어가 워터 펌프 입구로 돌아간다. 냉각수 온도가 계속 상승함에 따라 온도조절기는 점점 더 열리게 되며, 약 215°F

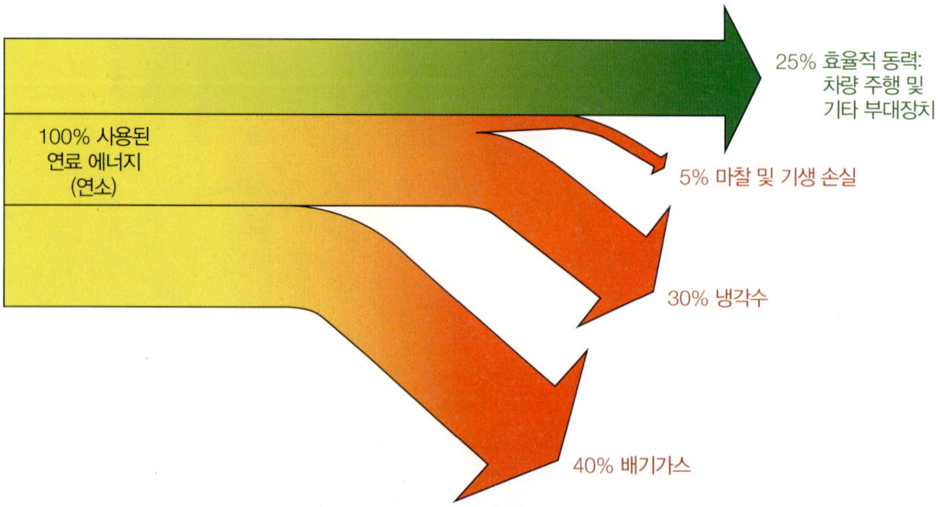

그림 16-1 내연기관에서 전체 연료 에너지의 약 1/4만이 유용한 일에 사용되며 나머지는 배기가스와 냉각수를 통해 대기로 손실된다.

그림 16-2 냉각수의 수로(녹색으로 표시됨)와 온도조절기를 보여주는 엔진의 전면 단면

(개방 온도보다 20°F 높은 온도, 약 101.6°C)에서 완전히 열린다. 이때 대부분의 냉각수가 라디에이터를 통해 흐르게 되어 냉각 시스템은 내연기관에서 열을 제거한다. 냉각수 온도가 온도조절기의 최대 개방 온도 이상으로 계속 상승하면 전기 팬이 작동하게 되며 이로 인해 라디에이터 위로 공기를 순환시켜 대기로 방출되는 열량을 늘린다. ● **그림 16-2 참조**

엔진 온도가 낮아지면 전기 팬이 꺼지고 온도조절기가 다시 닫히기 시작한다. 그 결과, 더 많은 냉각수가 워터 재킷 내에서 재순환되어 라디에이터로 들어가는 냉각수는 줄어들게 된다. 전기 팬과 온도조절기는 함께 작동하며 이는 냉각수 온도를 안정화시키고 과열 없이 내연기관을 최대 효율과 성능으로 작동하도록 도와준다.

하이브리드 자동차의 실내 난방 시스템

원리 내연기관 냉각 시스템에서 흡수된 폐열의 일부는 실내 난방 시스템의 히터 코어를 통해 방출될 수 있다. 뜨거워진 냉각수가 흐르는 히터 코어로 공기를 순환시켜 차량 실내의 온도를 올리게 된다.

부품과 작동 히터 코어는 라디에이터와 유사하지만 훨씬 작으며 일반적으로 히터 코어 유닛의 같은 방향에 입구 및 출구 파이프가 위치한다. 히터 코어는 실내의 플리넘 챔버(plenum chamber, HVAC 공기 분배 박스) 내부에 설치되어 있다. ● **그림 16-3 참조**

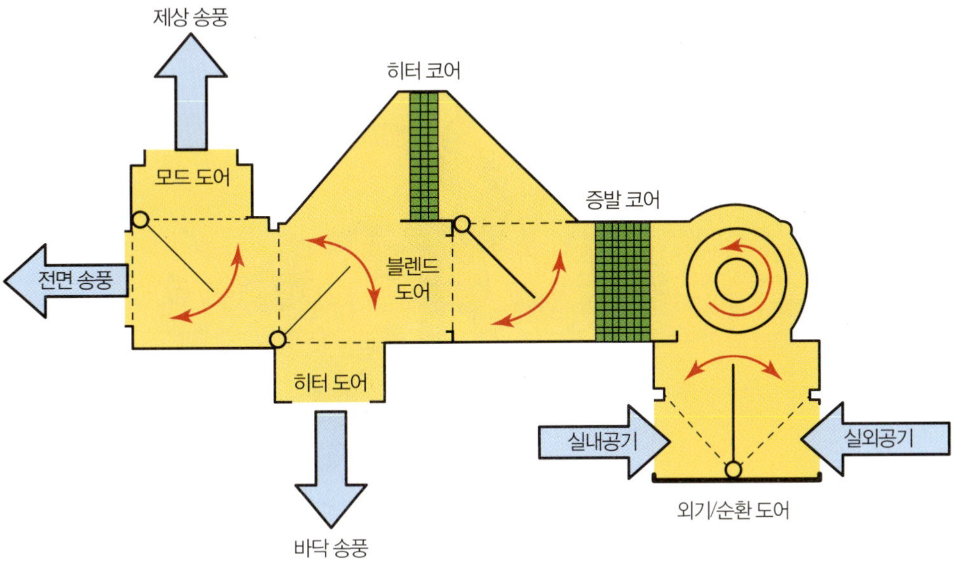

그림 16-3 일반적인 공기조화 시스템의 플리넘 챔버와 내부 구성 요소

많은 시스템에서 냉각수는 히터 코어를 계속해서 순환하므로 히터 코어는 항상 뜨겁게 유지된다. 플리넘 챔버로 들어가는 공기는 먼저 에어컨(A/C) 증발 코어를 통과한 후 블렌드 도어(공기 혼합 밸브)에 의해 히터 코어를 향하거나 우회하도록 조절된다. 공기의 온도는 블렌드 도어의 위치와 히터 코어로 향하는 공기의 비율을 변경함으로써 조절된다.

히터 코어를 통과한 공기는 히터 코어를 우회한 공기와 혼합되며, 그 이후 선택된 모드에 따라 차량 내 특정 영역으로 향하게 된다.

- 제상 모드에서는 공기가 앞유리 쪽 출구로 향하게 된다.
- 난방 모드에서는 운전자의 선호에 따라 공기가 전면 및 바닥 송풍구 또는 그중 한쪽으로 보내질 수 있다.

난방 시스템 난방 시스템에서 발생하는 열의 양은 히터 코어를 통해 순환되는 냉각수의 온도에 따라 결정된다. 내연기관이 처음 가동될 때 냉각수가 차량 실내로 열을 전달하기에 충분한 온도에 도달하는 데 어느 정도의 시간이 걸린다. 이와 같은 과정은 하이브리드 자동차에서 더 복잡해지는데, 내연기관이 공회전 제한 모드로 전환하거나 차량이 전기 모터로만 운행될 때 엔진의 냉각수 온도를 유지하는 것은 더욱 어려워진다.

전기 자동차 워터 펌프 전기 워터 펌프는 DC 모터를 사용하여 임펠러를 구동하며 대부분의 하이브리드 자동차와 일부 내연기관 차량에 사용된다. 전기 워터 펌프는 일반적으로 엔진에 부착되어 있으며 파워트레인 제어 모듈(Powertrain Control Module, PCM)에 의해 제어된다. 따라서 엔진이 가동되는 내내 작동하는 엔진 구동 방식의 워터 펌프와 다르게 전기 워터 펌프는 PCM 제어에 의해 엔진과 라디에이터로 냉각수의 순환이 필요할 때에만 작동한다. 또한 필요할 때까지 냉각수 순환을 제어함으로써 엔진 구동 방식의 워터 펌프에 비해 엔진이 운전에 도달하는 시간을 단축시키므로 연료 경제성을 향상시키고 배기 배출물을 줄일 수 있다. 전기 워터 펌프와 설치된 위치에 대한 정보는 정비 정보를 확인하라. 전기 워터 펌프는 대부분 잘 보이지 않는 곳에 설치되어 있다. ● 그림 16-4 참조

난방 모드 난방 모드에서는 에어컨 압축기가 꺼지고 증발기가 대기 온도에서 작동한다. 따라서 유입되는 공기의 온도 변화는 히터 코어로 공기 흐름을 유도하는 공기 온도 밸브에 의해서만 제어된다.

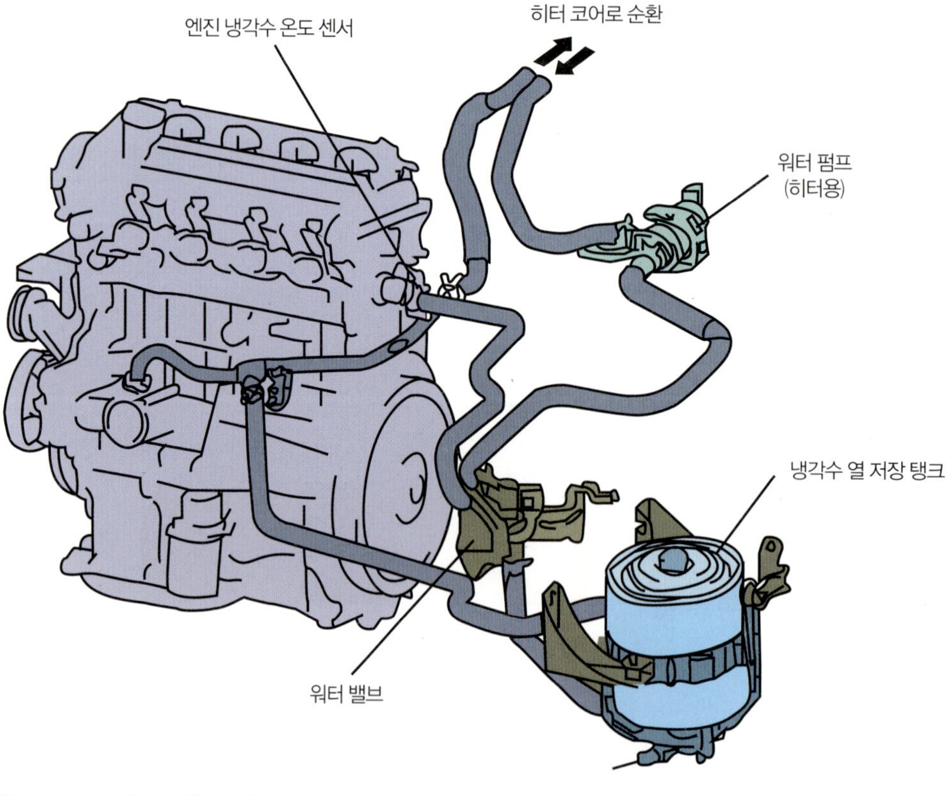

그림 16-4 토요타 및 많은 하이브리드 자동차는 엔진 내부의 냉각수 순환뿐만 아니라 차량이 공회전 제한 모드에 있을 때 히터 코어로 냉각수를 순환시키기 위해서 전기 워터 펌프를 사용한다.

NOTE: 보조 워터(냉각수) 펌프는 냉각수를 히터 코어로 순환시켜 실내를 따뜻하게 유지하는 데 도움을 주기 위해 사용되는 DC 모터 작동 워터 펌프이다. 하이브리드 자동차는 배터리 팩과 인버터를 냉각하기 위해 전기 워터 펌프를 사용한다.

작동 모드 보조 워터 펌프는 항상 작동하지는 않는다. BCM(배터리 제어 모듈) 또는 제어 모듈은 다음 조건을 기반으로 보조 워터 펌프를 제어하고 조절한다.

- 배터리 전압
- 외부 온도
- 내부 온도
- 차량 속도
- 엔진 RPM
- 냉각수 온도
- 운전자가 선택한 온도
- 블렌드 도어(공기 온도 밸브) 위치
- 팬 속도

고장 모드 고장 난 보조 워터 펌프는 일반적으로 엔진이 과열되는 결과를 초래하지는 않는다. 보조 냉각수 펌프가 작동하지 않으면 운전자는 저속 및 공회전 상태에서 난방 성능이 저하된 것을 느낄 수 있다. 이와 같은 문제는 종종 온도조절기의 결함으로 인해 발생하지만, 현명한 정비사라면 온도조절기를 교체하기 전에 차량에 보조 워터 펌프가 장착되어 있는지 확인해야 한다. 일부 하이브리드 자동차에서 보조 워터 펌프가 고장 나면 차량 시스템이 하이브리드 드라이브 시스템을 비활성화하거나 차량을 출력 제한(limp) 모드로 전환할 수 있다.

보조 워터 펌프 진단 다음 단계를 통해 보조 워터 펌프를 진단한다.

1단계: 고객의 우려사항을 확인한다. 난방이 작동하지 않음을 확인하기 위해 고객과 동일한 조건하에서 차량을 운전한다.

2단계: 엔진 냉각 시스템을 철저히 시각적으로 검사하여 누출, 냉각수 양, 상태 및 난방이 작동하지 않는 이유를 찾는다.

3단계: 자기진단기를 사용하여 코드를 확인한다. 예를 들어, 메르세데스의 P2600 코드는 보조 워터 펌프 또는 워터 펌프 회로의 결함을 나타낸다. 도어 모듈 작동 및 통신 손실과 같은 관련이 없는 것처럼 보이는 몇 가지 코드도 있지만, 이러한 코드는 보조 펌프의 작동을 중단시킬 수 있다. 자기진단기를 사용하여 워터 펌프의 작동을 명령하고 테스트할 수 있다.

4단계: 진단 중인 차량에 대한 정확한 진단 절차를 따르기 위해 정비 정보를 확인한다. 전기 보조 워터 펌프는 정비 정보에서 보조 냉각 회로로 나타내기도 한다.

정비 사례

쉐보레 볼트의 난해한 사례

고객이 쉐보레 볼트에서 냉각수 누설 및 엔진 작동 중에 난방이 되지 않는다는 불만사항을 접수했다. 볼트의 난방 시스템은 전기 모드에서 운행 시 열을 생성하기 위해 전기적 요소를 사용하고, 엔진이 작동할 때는 펌프와 밸브 어셈블리를 사용하여 엔진 냉각수를 순환시킨다. 초기 검사에서 라디에이터의 냉각수 누설이 발견되었다. 라디에이터를 교체한 후 진공 리프트 시스템을 사용하여 냉각 시스템 내 냉각수를 다시 채웠다. 이 냉각 시스템은 다른 방법을 사용하여 냉각수를 주입할 경우 시스템 내 여러 곳에서 공기가 갇힐 수 있기 때문이다. 수리 후 누설은 해결되었지만 난방 부족 문제는 해결되지 않았다. 추가 검사, 배수, 플러싱 및 시스템 재충전을 통해 누군가가 시스템에 냉각수 누수 방지제를 넣은 적이 있었음이 밝혀졌다. 누수 방지제에 의해 상단 히터 호스의 메시 필터가 막혔던 것이었다. ● **그림 16-5 참조** 이후 냉각수 히터 호스 및 파이프 어셈블리를 교체했고, 냉각수를 재주입한 후 난방 성능이 해결되었다.

요약

- **불만사항:** 냉각수 누설 및 난방 결함
- **원인:** 라디에이터 누설 및 엔진 냉각 시스템에 누수 방지제 추가
- **조치:** 라디에이터, 히터 호스, 파이프 어셈블리 교체와 냉각 시스템 내 냉각수의 올바른 재주입으로 냉각 시스템이 복원되었다.

그림 16-5 쉐보레 볼트 냉각 시스템에서 사용되는 메시 필터

냉각수 열 저장 시스템

목적 점점 더 강화되는 배출 기준을 충족하기 위해 엔지니어들은 차량의 배출가스 및 주행 품질에 미치는 냉시동의 영향을 줄이기 위해 노력하고 있다. 이를 위한 방법 중 하나는 냉각수 열 저장 시스템을 사용하는 것이다. 이 시스템은 차량의 정상 운행 중에 가열된 냉각수를 저장하여 이후 차갑게 식은 엔진을 시동하기 전에 엔진 흡기 포트를 가열하는 데 사용한다. 토요타는 이 시스템을 2세대 프리우스(2004~2009)에 적용했다.

부품과 작동 냉각수 열 저장 탱크는 서모스(Thermos) 보온병과 매우 유사하게 제작된다. 탱크는 내부 및 외부 케이싱으로 구성되며 그 사이에 진공이 형성된다. 이는 내부 케이싱으로부터의 열 전달을 방지하기 위함이다. 약 2.8리터의 냉각수가 내부 케이싱에 저장되며 이 냉각수의 열은 최대 3일 동안 유지될 수 있다. 내부 케이싱 안에 확장된 스탠드 파이프가 있으며 냉각수가 상승하면 이 스탠드 파이프를 통해 탱크를 빠져나간다. ● **그림 16-6 참조**

냉각수 밸브는 냉각수 저장 탱크, 내연기관, 그리고 차량의 히터 코어 간 냉각수 흐름을 유도하기 위해 사용된다. 냉각수 밸브는 ECM(엔진 제어 모듈)에 의해 제어되며 전기 모터, 구동 기어, 회전 밸브, 밸브 위치 센서로 구성된다. ● **그림 16-7 참조**

냉각수 저장 탱크의 펌프는 내연기관의 시동이 꺼졌을 때 냉각수를 열 저장 탱크로 이동시키기 위해 사용된다. 이 펌프는 가열된 냉각수의 저장 탱크 측면에 위치하며 탱크의 입구와 직렬로 연결된다. ● **그림 16-8 참조**

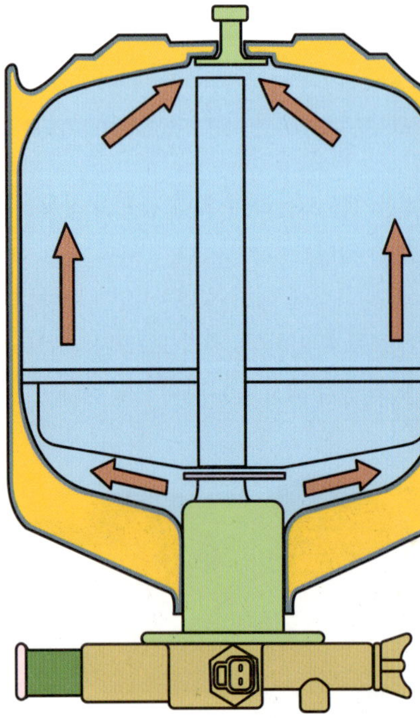

그림 16-6 냉각수 열 저장 탱크의 내부와 외부 케이싱 사이에 진공이 형성되며, 배출 온도 센서와 배수 플러그는 탱크 하단의 매니폴드에 위치한다.

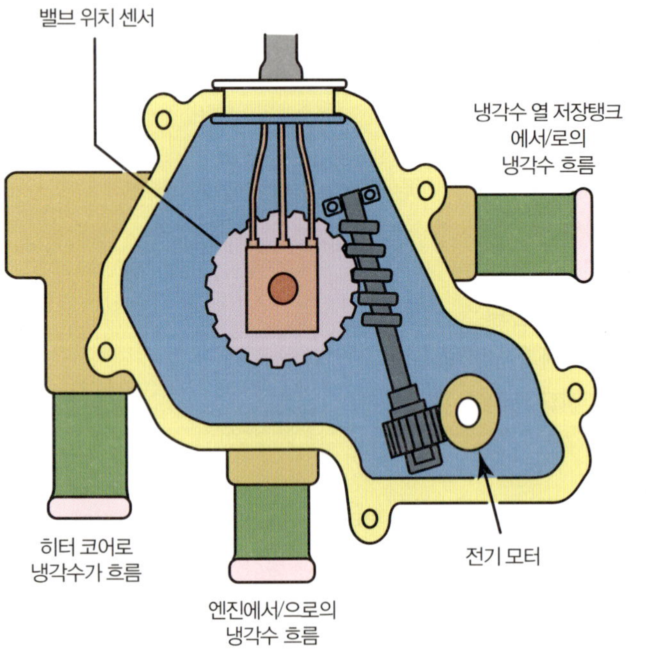

그림 16-7 냉각수 밸브 내의 밸브 위치 센서는 밸브 위치에 관한 피드백 정보를 엔진 제어 모듈로 전달한다.

그림 16-8 차량 아래에서 볼 때의 냉각수 저장 탱크와 펌프. 이 펌프는 내연기관이 꺼진 상태에서 냉각수를 탱크로 이동시킬 때 활성화된다.

PTC 히터

작동 일부 차량은 내연기관의 냉각수 온도가 낮을 때 차량 내부로 열 공급을 증진시키기 위해 전기 시스템을 사용한다. 이와 같은 방식 중 하나는 히터 코어 자체에 내장된 **PTC 히터**(PTC heaters)를 사용하는 것이다. **정온도 계수**(Positive Temperature Coefficient, PTC)는 온도가 증가함에 따라 전도체의 전기 저항이 증가하는 경향을 일컫는다. PTC 히터는 전기 에너지를 열로 변환하여 차량 내부로 더 많은 열을 공급하기 위해 사용된다.

PTC 히터는 벌집 모양의 격자 형태로 제작되어 공기 덕트 내에 위치할 수도 있다. 플리넘 챔버에서 나오는 공기는 이러한 히터를 통과한 후 차량 내부로 흘러 들어간다. ● **그림 16-9 참조**

토요타 프리우스는 히터 코어뿐 아니라 발 부분 공기 덕트 내에 PTC 히터가 있다. 이 히터는 냉각수 온도가 낮고 차량 내 온도가 최대로 설정되었을 때 공조기 전자 제어 장치에 의해 켜지게 된다. 정비 정보에서 PTC 히터는 때로 '글로우 플러그(glow plugs)'로 나타나기도 한다. ● **그림 16-10 참조**

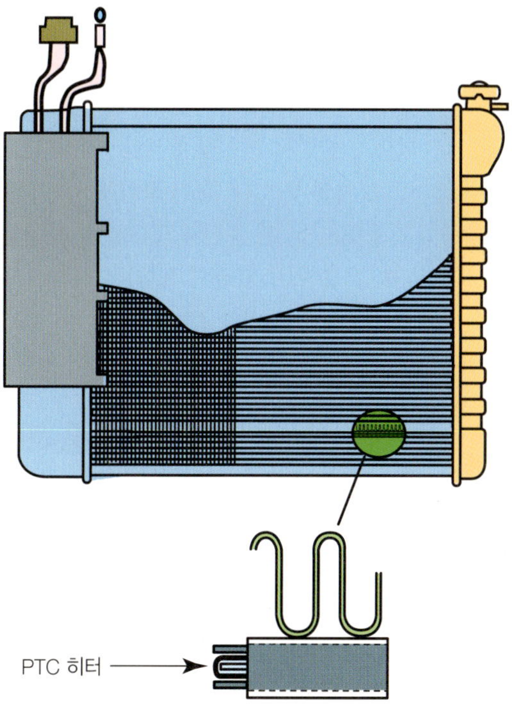

그림 16-9 PTC 히터는 냉각수의 온도가 낮을 때 차량 객실 내부로 유입되는 열을 증가시키기 위해 히터 코어 자체에 위치하기도 한다.

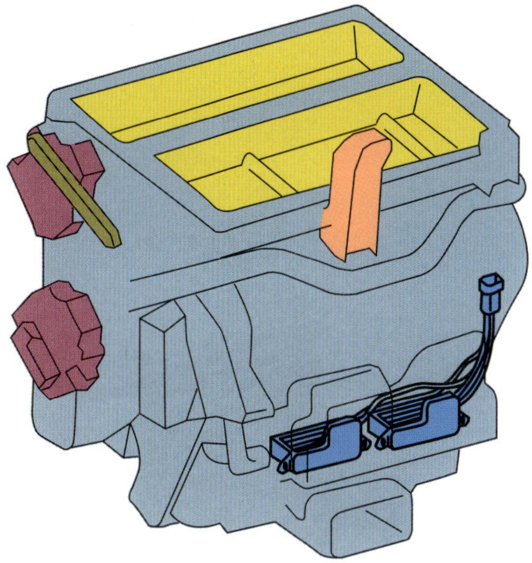

그림 16-10 토요타 프리우스에는 두 개의 PTC 히터가 발 밑 공간의 공기 덕트 내 위치한다. 이 히터는 냉각수 온도가 낮을 때 발 부분(FOOT) 또는 발 부분 및 제상(FOOT/DEF) 모드로 통풍 모드 설정 및 최대 온도가 설정된 경우 활성화된다.

하이브리드 자동차의 실내 냉방

기본 작동 에어컨 시스템의 기본 목적은 열을 한 위치에서 흡수한 다음 다른 위치에서 그 열을 방출(분산)하는 것이다. 열 에너지는 냉매(R-134a 또는 R-1234yf와 같은)에 의해 흡수되며, 흡수된 열은 냉매를 액체에서 기체 상태로 변환시킨다. 이 과정은 증발기를 사용하여 차량 내부의 열을 흡수함으로써 이루어지게 되고, 흡수된 열로 인해 냉매의 상태는 액체에서 기체로 변화하게 된다. 그 후 기체 상태로 변화된 냉매는 압축 과정을 거쳐 라디에이터 앞에 위치한 응축기로 이동하여 흡수했던 열을 외부 공기로 방출한다.

냉매를 기체에서 액체로 다시 변환하기 위해서는 냉매를 압축기로 압축시켜서 열을 집중시킨 후 응축기에서 냉각하여 과도한 열 에너지를 제거해야 한다. 그 후 액체 상태의 냉매는 유로 내 유동을 제한하여 압력 강하를 발생시키는 장치(팽창 밸브 또는 오리피스 튜브)로 보내지게 된다. 냉매가 고압 구간에서 저압 구간으로 이동하는 동안 냉매는 증발기 내에서 팽창하게 되며, 이후 증발기 내에서 기체로 변환되면서 열 에너지를 흡수한다. 그런 다음 냉매는 증발기를 빠져나와 압축기 입구로 이동함으로써 이 모든 과정의 사이클이 다시 시작된다. ● **그림 16-11 참조**

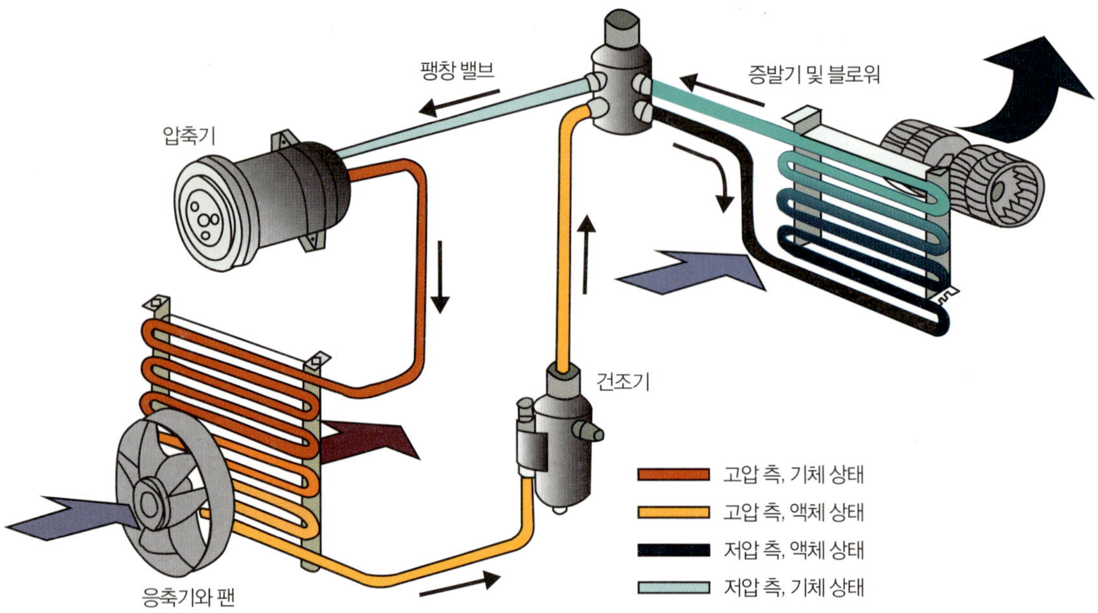

그림 16-11 최근 새로운 차량 및 모든 하이브리드 자동차는 보다 적은 냉매를 필요로 하는 팽창 밸브 방식의 시스템을 사용한다.

이러한 유형의 에어컨 시스템의 제어는 압축기의 구동 및 증발기와 응축기를 통과하여 흐르는 공기를 조절함으로써 이루어진다. 압축기는 주로 내연기관의 액세서리 드라이브에 의해 벨트로 구동된다. 벨트의 구동은 주로 전기적으로 작동하는 클러치에 의해 이뤄지게 되는데, 이 클러치에 의해 압축기와 압축기 풀리의 연결이 분리되면 내연기관이 작동하는 중에도 에어컨 시스템 내의 냉매 흐름이 정지된다.

공기 흐름 차량 실내로 들어가는 공기 흐름은 블로워 모터에 의해 제어되며, 이는 공기가 증발기를 통과한 뒤 일련의 통로와 도어(개폐 밸브)로 흐르게 한다. 대부분의 경우 차량 외부에서 공급된 신선한 공기를 냉각 또는 가열한 후 차량 실내의 여러 송풍구로 보낸다. 시스템을 재순환 모드로 설정하면 차량 실내의 공기가 공조 시스템으로 공급된다. 외기 모드 설정 시 차량 내부로 유입되는 신선한 공기는 차량 실내로 유입되기 전 **실내 필터**(cabin filter)를 거치게 된다. 이 실내 필터의 사용 목적은 다음과 같다.

1. 미세 물질 제거
2. 증발기가 막히지 않도록 먼지와 이물질 방지

또한 차량 실내로 들어오는 모든 공기는 블로워 모터에 의해 증발기 코어로 이동하여 공기 내 수분과 물기가 제거된 뒤 실내 공간으로 유입된다. ● **그림 16-12 참조**

제상 모드 제상 모드에서는 에어컨 압축기가 활성화되어 증발기 코어가 냉각된다. 공기 내의 습기는 차갑게 냉각된 증발기를 통과하는 도중 응축된 후 외부로 배출된다. 습기가 제거된 건조한 공기로 인해 차량 앞유리의 습기는 빠르게 제거되고 차량 내의 습도는 쾌적하게 유지된다.

제상 모드에서 에어컨 증발기 코어를 통과한 공기는 온도 상승을 위해 히터 코어로 보내질 수 있다. 히터 코어에 의해 데워진 공기는 제상 송풍구를 통해 나온 뒤 운전자 및 조수석 쪽 전면창 위로 흐르게 된다. 공기 온도 밸브(블렌드 도어)는 히터 코어로 흘러 들어가는 공기의 양을 조절하거나 히터 코어를 완전히 우회하도록 하여 송풍구에서 나오는 공기의 최종 온도를 결정한다.

에어컨 모드 차량 공조 시스템이 에어컨 모드로 설정되면 에어컨 압축기가 활성화되고 블로워 모터에 의해 공기는 증발기를 통과하여 순환한다. 차고 건조한 공기는 이후 공기 온도 밸브로 보내진 후 히터 코어로의 유입 유량 및 우회 유량이 조절된다. 예를 들어, 최대 냉방 효과가 필요한 경우 이 밸브는 모든 공기가 히터 코어를 완전히 우회하도록 한다. 그러나 더 따뜻한 공기가 필요한 경우 공기 온도 밸브의 위치를 변경하여 분배 덕트로 흐르는 공기의 일부를 히터 코어를 통과하게 함으로써 공기의 온도를 증가시킨다. 그 후 히터 코어에서 나오는 뜨거운 공기와 히터 코어를 우회한 차가운 공기를 혼합함으로써 공기의 최종 온도가 결정된다.

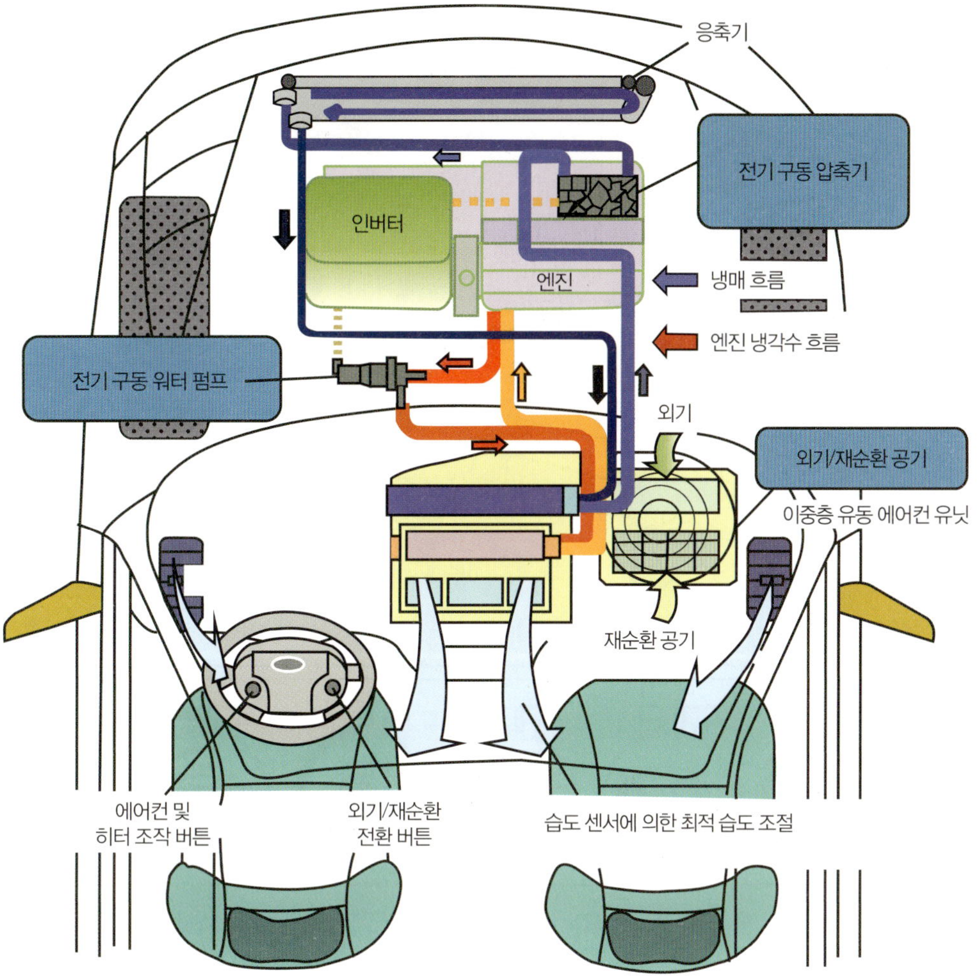

그림 16-12 공기조화(HVAC) 시스템 내 전형적인 공기 흐름. 공기는 외부 또는 실내로부터 유입되어 실내 필터를 통과한 후 증발기와 히터 코어로 흐른다.

정비 사례

간헐적으로 작동하는 블로워 모터 사례

포드 익스플로러 하이브리드 자동차 소유주가 에어컨을 사용할 때 블로워 모터가 어느 정도 작동한 다음 멈추는 불편함을 호소했다. 해당 블로워 모터는 가끔 다시 작동하기도 했다. 진단 과정 중 정비사는 이 문제를 재확인할 수 있었다. 진단 결함 코드 B10b9(블로워 제어 회로 단선 또는 열림)가 검색되었으며, 블로워 모터 회로 구성 요소를 검사하는 동안 블로워 릴레이가 만지기 어려울 정도로 뜨거웠다. 클램프형 전류 측정기를 사용하여 전류를 측정한 결과 정비사는 블로워 모터에서 최대 사양인 20 A를 초과하는 30 A의 전류가 블로워에 인가되고 있는 것을 확인했다. 블로워 모터와 릴레이를 모두 교체한 뒤 회로의 전류를 다시 테스트했다. 그 결과 블로워 모터에 14 A의 전류가 흐르는 것을 확인했고 블로워는 정상적으로 작동했다.

요약

- **불만사항:** 블로워의 간헐적인 작동
- **원인:** 블로워 모터로 흐르는 과도한 전류로 인해 회로를 차단하는 릴레이가 작동했다.
- **조치:** 블로워 모터와 릴레이 교체 후 올바른 블로워 모터 작동이 복원되었다.

하이브리드 자동차의 에어컨 구성 요소

압축기 여러 가지 다양한 종류의 압축기가 있으며, 주로 로터리 베인이나 피스톤-실린더 구조 중 하나를 사용한다. 그러나 하이브리드 자동차에서는 스크롤 압축기가 가장 흔하게 사용되고 있다. ● 그림 16-13 참조

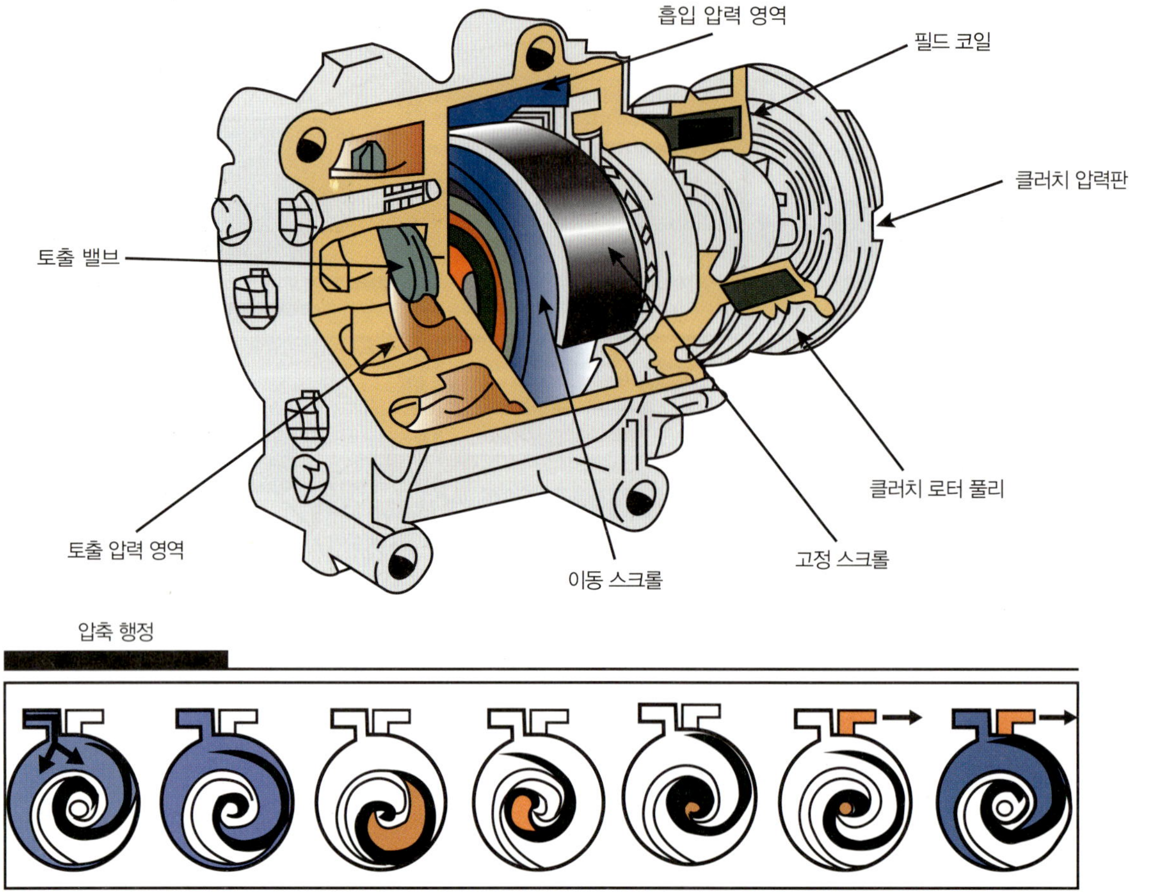

그림 16-13 스크롤 압축기의 기본 구성 요소. 화살표로 표시된 공간에 채워진 냉매의 '포켓'에 주목하라.

일부 압축기에서 내부 기계 요소 간 미끄러짐 운동을 통해 기체를 압축하는 것과 달리 **스크롤 압축기**(scroll compressor)는 내부 기계 요소의 궤적 운동을 통해 기체를 압축하는 매우 균형이 잘 잡힌 유닛으로서, 매우 효율적이고 내구성 있는 설계와 함께 소음, 진동 및 잡음(noise, vibration, and harshness; NVH) 면에서 아주 좋은 특성을 가지고 있다. 또한 다른 종류의 압축기에 비해 전력 소비가 매우 낮아 하이브리드 응용 분야에 특히 유리하다.

스크롤 압축기 내에는 다음 두 가지 주요한 구성 요소가 있다.

1. 정지 스크롤
2. 이동 스크롤

스크롤 압축기에서 이동 스크롤은 회전하지 않고 정지 스크롤 내에서 궤적 운동을 한다.

스크롤 구조의 입구(외부) 포트에서 저압 영역이 생성되며 냉매는 이 영역으로 들어가 나선형 패턴으로 이동하여 중앙의 전달 포트 쪽으로 도달한다. 이동 스크롤이 정지 스크롤 내에서 궤적 운동을 하는 동안 압축된 냉매의 '포켓'이 형성된다.

압축기는 공조 시스템의 고압 및 저압 영역으로 나뉘는 지점에 위치한다. 저압 기체 상태의 냉매는 압축기의 흡입구(입구) 포트로 들어가고, 압축된 후 고압 상태가 된 기체 냉매는 토출구(출구) 포트를 통해 빠져나간다. 냉매가 압축되는 동안 냉매의 온도는 상승하고, 그 냉매는 응축기로 이동하여 냉각된다.

압축기 구동 하이브리드 자동차에서 사용되는 압축기 구동 방식에는 두 가지 유형이 있다.

? 자주 묻는 질문

전기 구동 방식의 에어컨 압축기는 왜 엔진에 장착되는가?

에어컨 압축기가 전기적으로 구동된다면 자동차 내의 여유 공간 어디라도 설치할 수 있을 것으로 보인다. 압축기가 엔진에 장착되는 주요 이유는 엔진이 차량 내의 소음, 진동 및 잡음을 줄여 주는 큰 완충기 역할을 하기 때문이다. 이로써 압축기에서 발생하여 차량 실내로 전달되는 소음, 진동 및 잡음을 줄일 수 있다.

1. **벨트 구동식 압축기:** 이 유형은 많은 마이크로 하이브리드 자동차에서 사용되며 표준 에어컨 시스템을 사용한다. 또 다른 유형인 엔진 구동 압축기는 풀리 및 클러치를 통해 내연기관으로부터 동력을 공급받기 위한 부분과 공회전 제한(idle-stop) 상태일 때 하이브리드 배터리 팩에서 고전압을 공급받아 작동되는 모터로 구성되어 있다. 전기 모터는 기존 벨트 구동과 동시에 사용될 수 있다. ● **그림 16-14 참조**
2. **전기 구동식 압축기:** 전기 구동 방식의 에어컨 압축기는 모든 전기 및 많은 하이브리드 자동차에서 사용된다. 전기 구동식 에어컨 압축기의 두 가지 기본 구성은 다음과 같다.
   - **두 개의 고전압 전선:** 두 개의 전선을 통해 고전압 직류(DC) 전류가 공급되며, 압축기 자체에는 직류 전류를 교류 전류로 변환하는 인버터가 포함되어 있다. 이 인버터에 의해 변환된 교류 전류로 인해 압축기 내 교류(AC) 모터가 작동된다.
   - **세 개의 고전압 전선:** 세 개의 전선을 통해 외부 인버터에서 고전압 교류 전류가 공급되며, 이는 교류 압축기의 모터를 구동한다. ● **그림 16-15, 표 16-1 참조**

압축기 오일 전기 구동 방식의 압축기를 사용하는 하이브리드 차량의 에어컨 시스템은 다른 압축기와 달리 POE(폴리올 에스테르) 오일을 사용해야 한다. 일반 내연기관 차량에서 사용되는

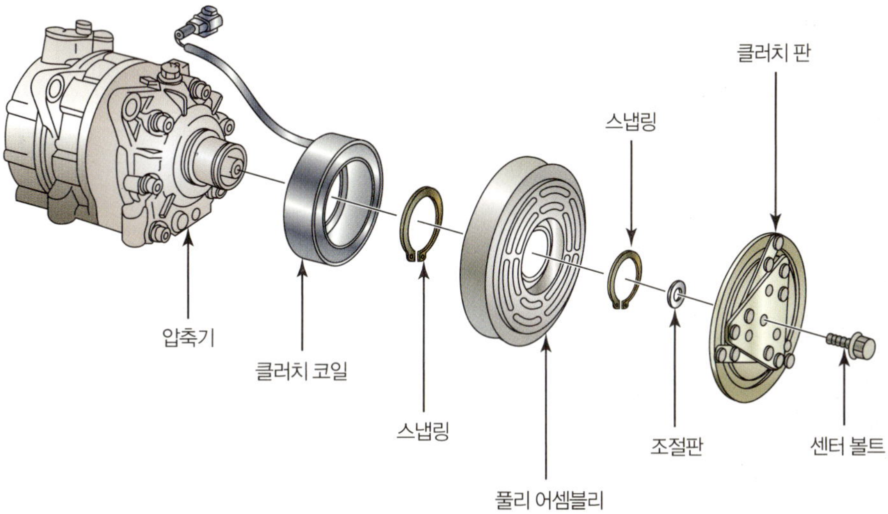

그림 16-14 에어컨 압축기의 클러치는 엔진이 구동 중일 때 필요에 따라 압축기를 활성화 및 비활성화한다.

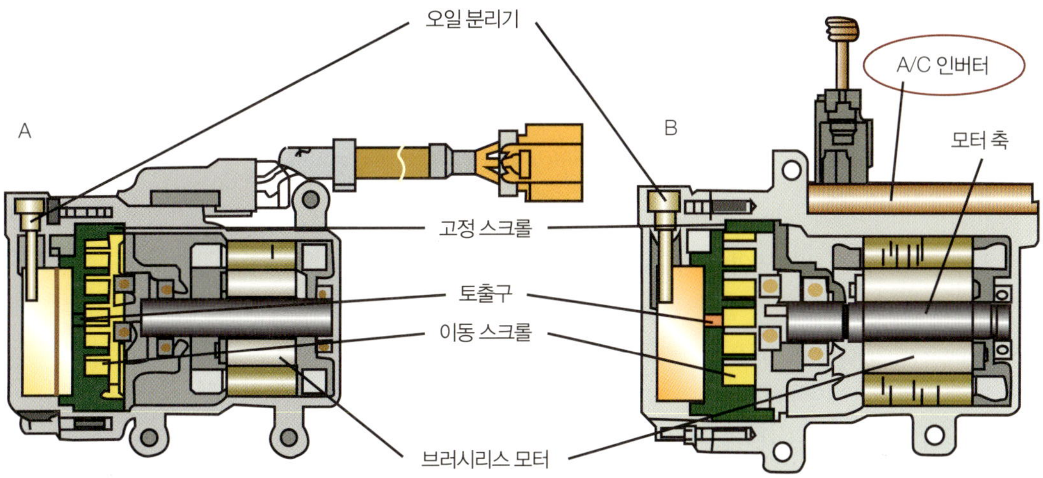

그림 16-15 하이브리드 자동차에는 두 가지 기본 압축기 유형이 사용되며, 이 압축기 내에는 냉매 오일을 압축기 내에 포집하고 유지하는 데 사용되는 오일 분리기가 포함된다. (A) 차량 인버터로부터 3상 교류 전원을 공급받아서 작동한다. (B) 배터리 팩으로부터 공급받은 고압 직류 전원은 압축기에 내장되어 있는 인버터에 의해 직류 전원으로 전환되어 모터를 구동한다.

벨트 구동식 에어컨 압축기	전기 구동식 에어컨 압축기
엔진 구동 필요	압축기 클러치 없이 작동
더 많은 열 제거 가능	전기적 구동: 구동 벨트 불필요
일반 엔진 차량과 비슷한 수준의 최적의 에어컨 성능	가변 속도 압축기 사용
공회전 제한 상태에서 작동하지 않음	공회전 제한 상태에서 작동 가능

표 16-1 벨트 구동식 에어컨 압축기와 전기 구동식 에어컨 압축기의 성능 비교

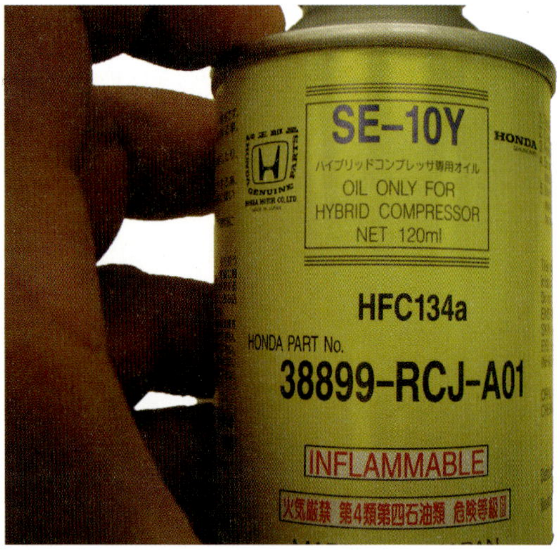

그림 16-16 혼다 하이브리드 자동차의 에어컨 시스템에 사용되는 특정 에어컨 압축기 오일

PAG(폴리알킬렌 글리콜) 오일은 약간의 전도성을 가지고 있어서 압축기 모터의 권선 부위의 절연성을 저하시킬 수 있다. 이로 인해 압축기가 전기가 통하는 상태가 되어 전기적 누설을 초래할 수 있으며, 이러한 누전은 향후 압축기 정비 및 수리 시 잠재적으로 위험할 수 있다. ● **그림 16-16 참조**

응축기 응축기는 에어컨 시스템의 고압 영역에 위치하는 열 교환기의 일종이며, 압축기로부터 높은 온도와 압력의 냉매 가스를 받아 냉매의 열을 외부 공기로 방출한다. 그 후 냉매는 응축기 출구에서 따뜻한 고압의 액체로 나오게 된다. 응축기는 길고 구불구불한 경로를 따라 하나의 긴 냉각 튜브로 제작될 수 있지만, 대부분은 여러 개의 냉각 튜브를 사용하여 병렬 형태의 경로로 제작된다. 튜브 사이에 얇은 핀 재료를 추가하거나 튜브 자체를 구획화하여 응축기의 표면적을 증가시킬 수 있으며, 이로써 충분한 공기가 냉각 표면과 접촉하여 최대의 열 방출이 가능해진다. ● **그림 16-17 참조**

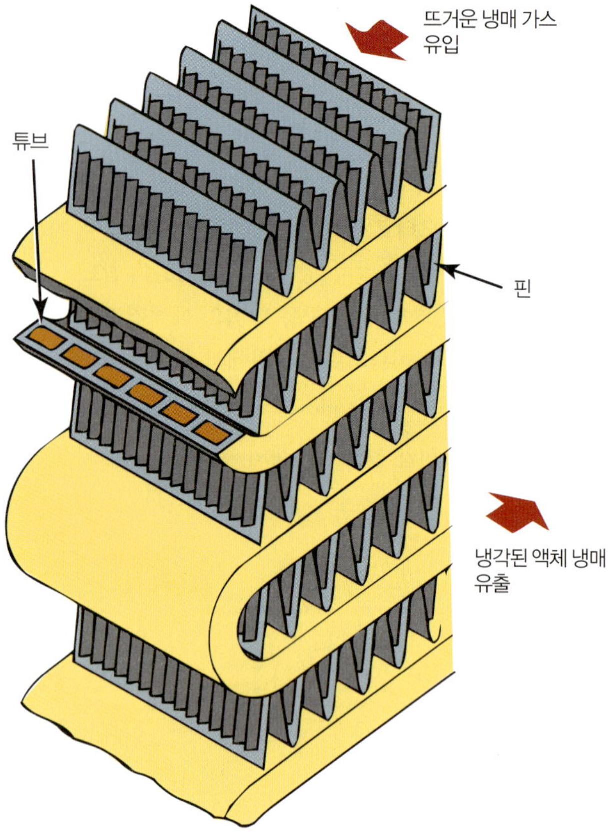

그림 16-17 응축기 구조. 냉각 용량을 높이기 위해 냉각핀과 구획화된 튜브를 사용하여 표면적을 최대화한다.

증발기는 일반적으로 차량 라디에이터 앞에 설치되며 차량의 운행 또는 냉각 팬에 의해 공기가 증발기를 통과하게 된다.

과냉각 응축기 과냉각 응축기는 대부분 최신 응축기에 사용되며, 이는 응축기 하단에 액체 밀봉을 형성하여 액체 라인이나 리시버에 기체 냉매가 공급되지 않도록 한다. 과냉각 응축기에서 리시버/드라이어는 헤더 탱크 중 하나에 통합되어 있으며, 헤더 탱크는 상단에서 하단까지 여러 지점에서 드라이어에 연결되어 있다. 리시버/드라이어를 응축기에 통합함으로써 응축기 내부의 액체/기체 분리가 개선되어 열 교환 효율이 향상된다. 이와 같은 장점으로 인해 대부분의 과냉각 응축기 설계에는 통합 드라이어가 포함된다. 일부 과냉각 시스템은 응축기 하단의 1~2개의 튜브로 다시 연결된다.

NOTE: 많은 에어컨 시스템에서 리시버/드라이어가 응축기에 부착되어 있지만 이와 같은 구성 모두가 과냉각 설계 목적으로 설치된 것은 아니다.

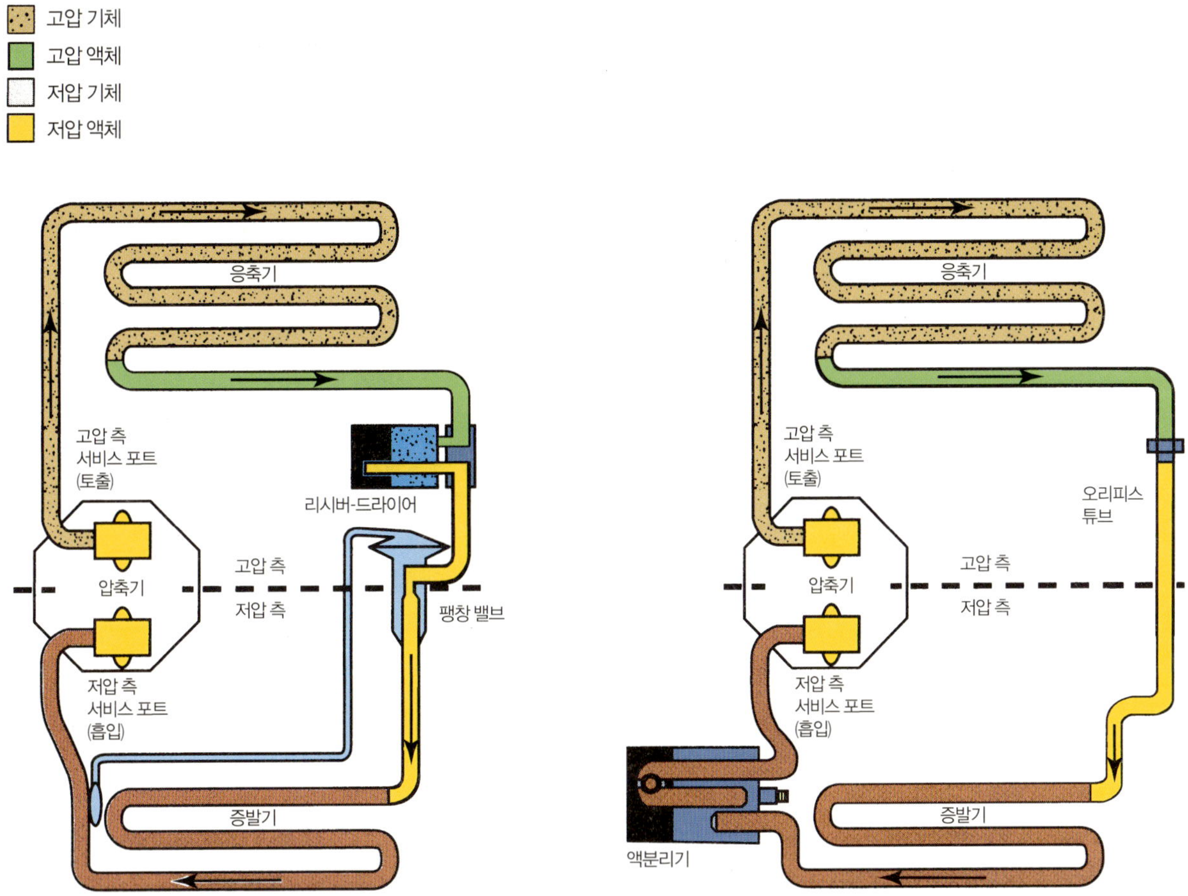

그림 16-18 팽창 밸브 시스템과 오리피스 튜브 시스템의 기본 구성 요소 및 냉매의 흐름

팽창 장치 자동차 에어컨 시스템에서 사용되는 팽창 장치에는 두 가지 주요 유형이 있다.

1. 온도 조절 팽창 밸브(Thermostatic Expansion Valve, TXV)
2. 오리피스 튜브(Orifice Tube, OT)

TXV를 사용하는 시스템과 오리피스 튜브를 사용하는 시스템에는 차이점이 존재하며, 따라서 사용된 팽창 장치 유형에 따라 시스템의 구성이 결정된다. ● **그림 16-18 참조**

- 팽창 밸브(TXV) 시스템은 고압 측에 리시버/드라이어를 사용한다.
- 오리피스 튜브 시스템은 증발기와 압축기의 흡입 포트 사이 저압 측에 액분리기(accumulator)가 있다.

증발기 에어컨 냉매 시스템에서 증발기(evaporator)는 저압 영역인 팽창 장치 다음에 위치하고 있다. 증발기의 주요 역할은 차량 실내에서 열을 제거하는 것이지만, 차량 내부로 들어오는 외부 공기가 증발기를 지날 때 공기 내 습도를 줄이는 데도 관여한다. 공기 중의 수분은 증발기의 표면에서 응축된 후 응축수는 증발기 하우징 아래에 위치한 배수로를 통해 배출된다. 또한 공기 중에 섞여 있는 꽃가루와 기타 미립자도 증발기의 습한 표면에 모인 후 응축된 물에 씻겨 증발기 배수로로 배출된다. 이 과정을 통해 외부 공기의 온습도 및 공기의 질을 조절함으로써 차량 실내에 쾌적한 공기를 공급하게 된다. 증발기도 하나의 열 교환기이므로 응축기와 유사한 구성을 가지고 있다. ● **그림 16-19 참조**

공회전 제한 시 열 저장 하이브리드 자동차 및 플러그인 하이브리드 차량은 엔진 중지/기동 시스템을 가지고 있으며, 이로 인해 에어컨 작동 중 엔진 중지/기동이 작동할 때 5~15초 정도 덕트에서 더운 공기가 나오게 된다. 그러나 더운 여름날 차량 실내의 냉방 효과가 낮아지는 것은 원하지 않을 것이다. 따라서 이를 방지하기 위해 차량 제조업체가 적용하는 방법 중 하나는 열 저장 증발기를 사용하는 것이다. **축열재**(Thermal Storage Material, TSM) 또는 **상변환 물질**(Phase Change Material, PCM)로 불리는 물질이 채워진 왁스 챔버가 증발기의 탱크 끝이나 관 사이에 있

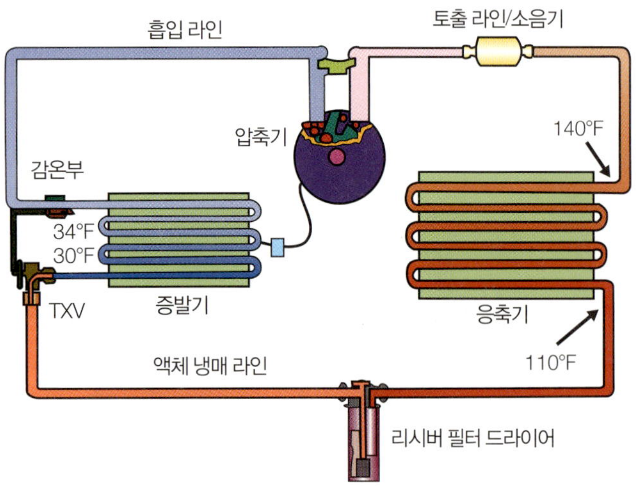

그림 16-19 대부분의 하이브리드 자동차에서 사용되는 전형적인 팽창 밸브(TXV) 시스템

다. 냉매 관 사이에 위치한 냉각 단열 케이스는 에어컨이 가동될 때 차가운 에너지를 추출한다. 그리고 에어컨 가동이 중지될 때 냉각 단열 케이스와 냉매 관에 연결된 외부 핀을 통해 냉각된 공기가 천천히 방출된다.

- 에어컨 가동이 중지되면 냉매 증기가 튜브를 통해 상승한 뒤 그 챔버에 의해 응축된다. 따라서 이와 같은 열적 사이펀 순환이 시작되어 냉각 시간이 연장된다.
- 증발기 온도가 너무 높아지면 압축기를 구동시키기 위해 엔진이 다시 기동된다.

이러한 특성으로 인해 상대적으로 짧은 시간의 운행으로도 냉각 에너지 저장이 가능하며, 이 에너지를 통해 차가운 공기를 보다 긴 시간 동안 차량 실내에 공급할 수 있다.

하이브리드 및 전기 자동차의 특수한 공조 장치 정비 전동 에어컨 압축기를 사용하는 하이브리드 및 전기 자동차를 위해 많은 제조업체에 의해 특정된 별도의 또는 다른 에어컨 정비 장비를 사용해야 한다. 시스템에서 냉매를 회수할 때 일반적으로 적은 양의 냉매 오일도 함께 제거된다. 따라서 전기 모터 내 권선의 손상이나 절연 손실로 이어질 수 있는 PAG 및 POE 오일 간의 교차 오염을 피하기 위해 별도의 지정된 에어컨 회수 장비를 사용해야 한다.

하이브리드 또는 전기 자동차의 냉매 시스템에서 염료를 사용하여 냉매의 누설을 확인할 때, POE 냉매 오일을 위한 염료를 사용하여 모터의 권선 손상이나 절연 손실을 방지해야 한다.

정비 기술 팁

열선 시트 및 열선 조향 휠 사용

추운 날, 많은 전기 자동차 운전자들은 차량 내부 모든 공간의 공기를 난방하는 대신 열선 시트 및 열선 조향 휠(핸들)을 켜서 추운 차량 내부를 안락하게 만든다. 많은 차량에서 열선 시트는 좌석 아랫부분과 등받침에 전기 열선을 사용한다. 이 열선은 좌석이나 좌석 등을 약 38°C 또는 정상 신체 온도 37°C 근처로 가열하는 데 사용된다. ● **그림 16-20 참조**

좌석 쿠션 내부에 있는 온도 센서는 좌석의 온도를 조절하는 데 사용된다. 이 센서는 온도 변화에 따라 변하는 가변 저항기로, 열선 시트 내 제어 모듈의 입력 신호로 사용된다. 열선 시트 모듈은 좌석 온도에 대한 입력 신호와 함께 하이-로우(또는 가변) 온도 제어의 입력을 이용하여 좌석 내부의 열선에 전류를 켜거나 끈다. 일부 차량은 앞좌석과 뒷좌석 모두에 열선 시트가 장착되어 있다.

열선 핸들은 일반적으로 다음의 구성 요소로 이루어져 있다.

- 핸들 림에 내장된 열선
- 열선 핸들 제어 스위치
- 열선 핸들 제어 모듈

핸들 히터 제어 스위치를 켰을 때, 신호가 제어 모듈로 전송되고 핸들 림 내부의 가장자리에 내장된 열선을 통해 전류가 흐른다. ● **그림 16-21 참조**

이 시스템은 차량의 시동 스위치가 꺼지거나 운전자가 제어 스위치를 끄기 전까지 계속 켜져 있다. 핸들의 온도는 일반적으로 약 32°C로 유지되도록 보정되며, 그 온도에 도달하기까지

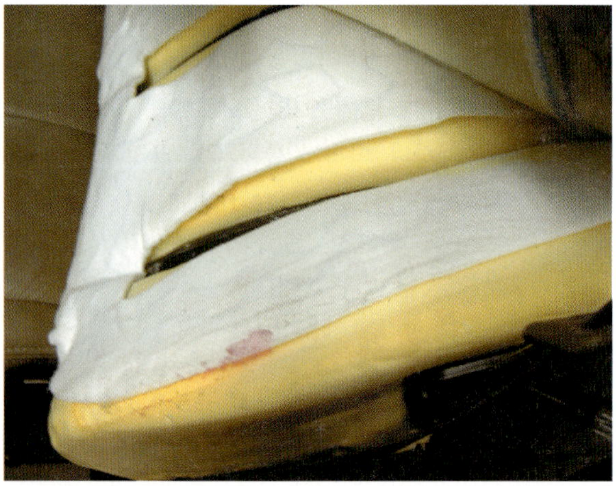

그림 16-20 열선 시트 내 전기 열선은 교체 가능한 부품이지만 정비를 위해서는 시트의 덮개를 제거해야 한다. 사진에서 노란 부분은 시트 폼 소재이고 그 위의 흰색 덮개는 교체 가능한 전기 열선이며, 그 위로 시트 소재를 덮어 마감한다.

외부 온도에 따라 약 3~4분 정도 소요된다. 대부분의 열선 핸들은 핸들의 일부만 가열하며 핸들 전체를 가열하지 않는다.

그림 16-21 열선 핸들은 사진에서 보는 것처럼 핸들에 설치되어 있는 스위치를 이용하여 조작된다.

전기 자동차의 난방

주행거리에 대한 영향 내연기관이 없는 차량은 냉각수로부터 폐열 회수가 불가능하므로 스스로 열을 생성해야 한다. 전기 자동차를 고려 중인 차량 구매자들은 매일 집에서 충전할 수는 있지만, 전기 자동차가 가능한 한 많은 거리를 주행할 수 있기를 원한다. 그러나 실제 가능한 주행거리는 주로 제조업체가 제시하는 것보다 짧은 경우가 많다. 이러한 단점을 극복하기 위해 제조업체는 전기 자동차에서 사용 가능한 에너지를 효율적으로 활용할 수 있도록 한다. 외부 환경 및 온도에 따라 난방, 환기 및 공기조화(Heating, Ventilation, and Air-Conditioning; HVAC) 시스템은 가장 큰 부가적인 에너지 소모원이 될 수 있다. 따라서 극한 온도 조건에서 공조 시스템이 활성화될 때 전기 자동차의 주행거리는 크게 감소할 수 있다.

전기 저항 난방 일부 전기 자동차는 실내 온도 조절을 위해 전기 저항 난방을 사용한다. 전기 전류의 가열 효과는 다음의 요소에 의존한다.

1. 도체의 저항(R). 더 높은 저항은 더 많은 열을 생성한다.
2. 전류의 흐름이 더 높을수록 더 많은 열이 발생한다.

금속 도체를 가열하면 전기가 흐르기 어려워진다. 전자가 금속 도체를 통과하는 동안 일부는 원자, 다른 전자 또는 불순물과 충돌한다. 이러한 충돌은 저항을 유발하고 열을 생성한다.

좋은 가열 소자는 5~25옴 사이의 저항을 가진다. 상당한 양의 열을 생성하려면 상당한 양의 전기가 필요하다. 예를 들어 테슬라 모델 3 차량은 저항 난방을 사용하여 실내를 난방하기 위해 약 4,800 W(전압 240 V에서 전류 20 A)를 소비한다. ● **그림 16-22 참조**

PTC 히터 PTC 히터를 사용하는 한 가지 방법은 히터 코어 자체에 내장된 PTC 히터를 사용하는 것이다. PTC는 전도체가 온도 증가에 따라 전기 저항이 증가하는 경향을 일컫는다. PTC 히터는 전기 에너지를 열로 변환하며, 이 열은 실내 난방을 증대시키는 데 사용된다.

PTC 히터는 벌집 모양의 격자물 형태로 공기 덕트 내에 위치한다. 플리넘 챔버를 떠나는 공기는 실내로 들어가기 전에 이러한 히터를 통과한다.

- PTC 유체 히터: 이러한 유형의 히터에서는 온도가 240°C (460°F)까지 스스로 조절되며 유체 탱크 내 설치 가능한 수중

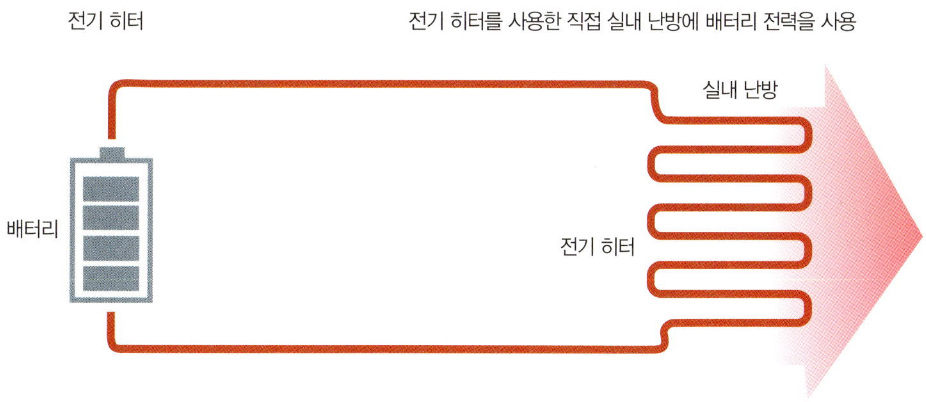

그림 16-22 전기 저항 난방은 테슬라 및 머스탱 마하 E SUV 외 많은 전기 자동차에 적용된다.

? 자주 묻는 질문

왜 히터가 실제로 꺼지지 않는가?

쉐보레 볼트 운전자들은 종종 히터를 작동한 후 꺼도 팬이 계속 작동하기 때문에 히터가 실제로 꺼지지 않는다고 생각한다. 이 현상은 저항 난방에 의해 가열된 냉각수에서 방출되는 잔열이 금속 저항 히터의 열보다 더 오래 지속되기 때문에 발생한다. 따라서 히터를 꺼도 라디에이터가 식기까지 좀 더 따뜻한 공기가 나오는 것이다.

히터(immersion heater)이거나 히터 내부로 유체가 흐르는 방식의 히터(self-contained flow-through heater)일 수 있다. 이러한 유형의 시스템에서는 전기로 냉각수를 가열한 다음, 전동 워터 펌프를 통해 히터 코어 내로 순환시킨다. 이는 하이브리드 차량이나 일반 가솔린 또는 경유 차량에서 엔진에 의해 가열된 냉각수가 워터 펌프에 의해 히터 코어를 순환하는 것과 유사한 방식이다.

- PTC 공기 히터: 이러한 히터는 240°C까지 온도를 스스로 조절하며, 주로 실내 난방에 사용되지만 배터리 팩을 가열하는 데에도 사용될 수 있다.

히트 펌프(열 펌프)

목적과 기능 많은 자동차 제조업체는 자동차의 주행거리를 극대화하기 위해 폐열을 회수하여 실내 난방을 할 수 있도록 하는 히트 펌프를 사용한다. 히터 펌프는 PTC/전기 저항 난방보다 더 효율적이다. 원천적인 히트 펌프 기술은 2014년에 1세대 기아 소울 EV에 도입되었다. 2013년 닛산 리프는 세계에서 처음으로 히트 펌프 기반의 실내 히터를 제공한 대량 생산 차량으로, 겨울철 주행거리를 연장하는 데 도움이 되었다. 다음은 히트 펌프를 사용하는 차량의 몇 가지 예이다.

- BMW i3 EV
- 재규어 I-페이스
- 아우디 E-트론
- 토요타 프리우스 프라임
- 폭스바겐 e-골프
- 기아 니로 EV
- 테슬라 모델 Y

NOTE: 대부분의 테슬라 모델의 경우 기후 제어 시스템에서 히트 펌프를 사용하지 않지만 모터 및 파워 전자 장치로부터 발생하는 폐열을 활용하여 배터리를 가열하는 데 사용된다.

히트 펌프는 드라이브 모터, 온보드 충전기 및 인버터와 같은 전력 전자 모듈(Power Electrics, PE)뿐만 아니라 배터리 팩에서 발생하는 폐열을 재활용하여 에너지를 회수할 수 있다. ● 그림 16-23 참조

부품과 작동 히트 펌프 시스템은 에어컨 시스템과 유사하지만, 시스템 운전 방향을 전환하여 실내 난방과 냉방을 모두 제공할 수 있다. 구체적으로 히트 펌프 내에는 단일 냉매 회로가 존재하지만 냉매의 순환 방향을 정방향과 역방향으로 전환함으로써 냉방과 난방을 모두 가능하게 한다. ● 그림 16-24 참조

- 난방: 히트 펌프 시스템은 외부 공기와 냉매 간의 온도 차이를 이용하여 외부 공기의 열을 실내로 전달하는 원리를 사용함으로써 실내 공기를 직접 가열하는 방식에 비해 적은 전력으

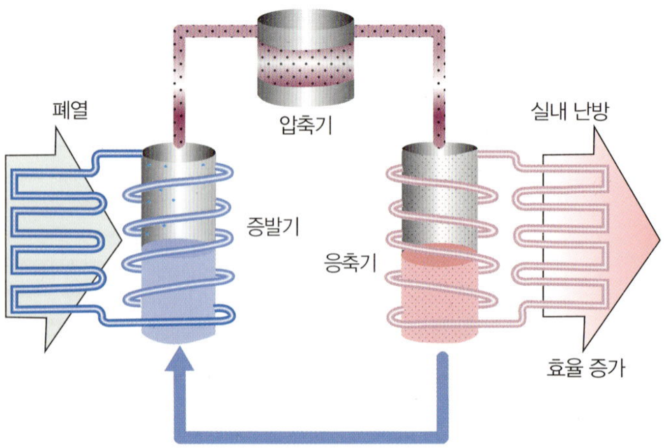

그림 16-23 히트 펌프는 기본적으로 실내 냉방과 난방을 모두 제공할 수 있는 가역(reversible) 에어컨 시스템이다.

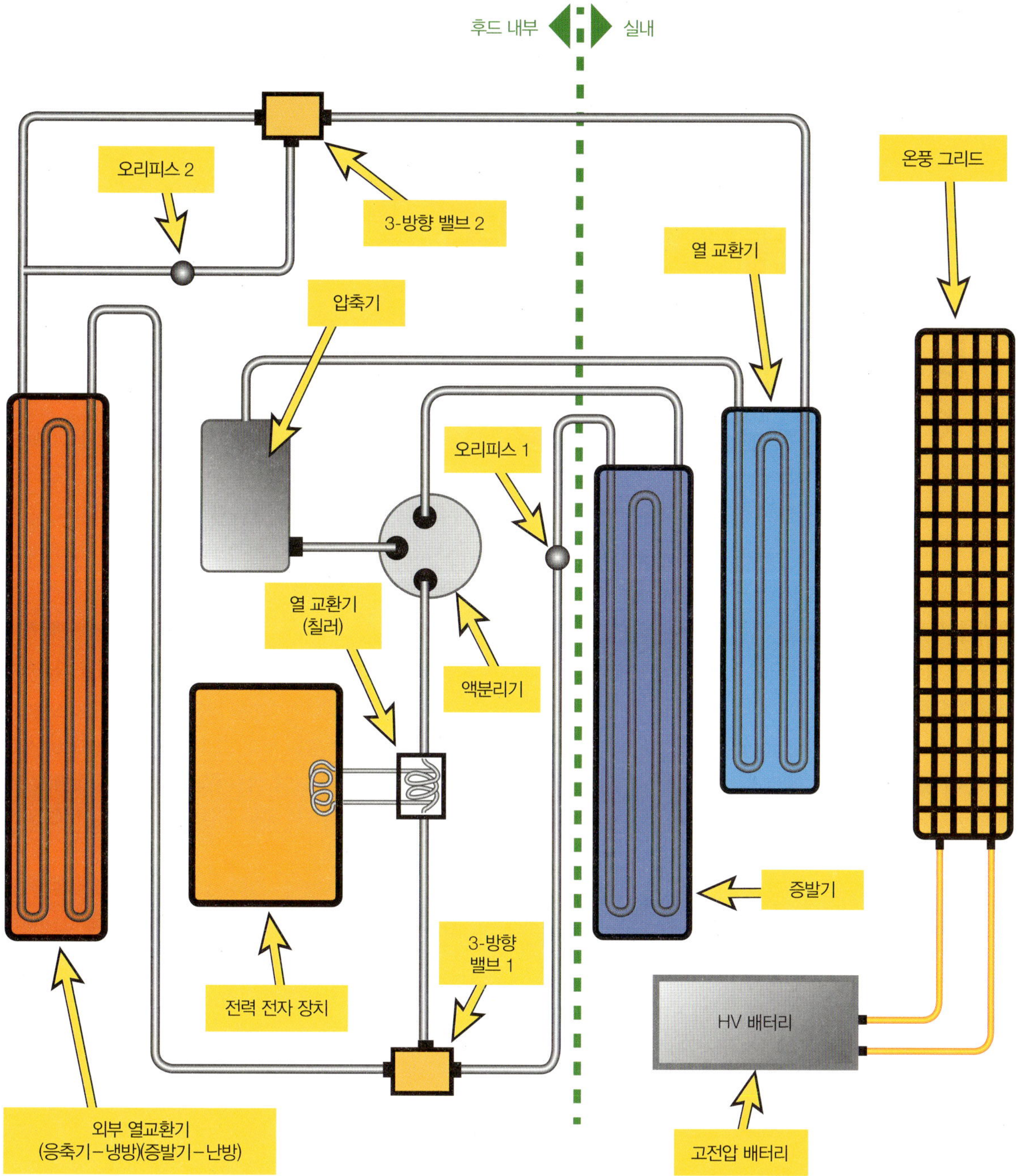

그림 16-24 히트 펌프는 기본적으로 가역 에어컨 시스템으로서 실내 냉방과 난방을 모두 제공할 수 있다. 차량 내부 전자 구성품으로부터 발생하는 폐열을 사용한다.

로도 실내 난방이 가능하게 한다. 히터가 사용될 때 외부 응축기(난방 모드인 경우 증발기의 역할)를 통과하는 냉매가 대기로부터 열을 흡수하고 이후 압축기에 의해 고온 가스로 압축된다. 고온의 냉매는 증발기(난방 모드인 경우 응축기의 역할)를 지나는 동안 열 교환을 통해 난방 덕트를 통과하는 공기로 열을 방출하고 이로 인해 따뜻해진 공기가 실내로 유입된다. 히트 펌프는 열을 생성하지 않고 열을 이동시킴으로써 실내의 공기를 직접 가열하는 것에 비해 더 적은 전기를 사용하여 실내 난방을 가능하게 한다.

- 냉방: 여름에는 히트 펌프가 실내 내부에서 열을 흡수하고 외부로 방출한다. 이는 일반적인 에어컨이 작동하는 방식과 유사하다. ● **그림 16-25 참조**

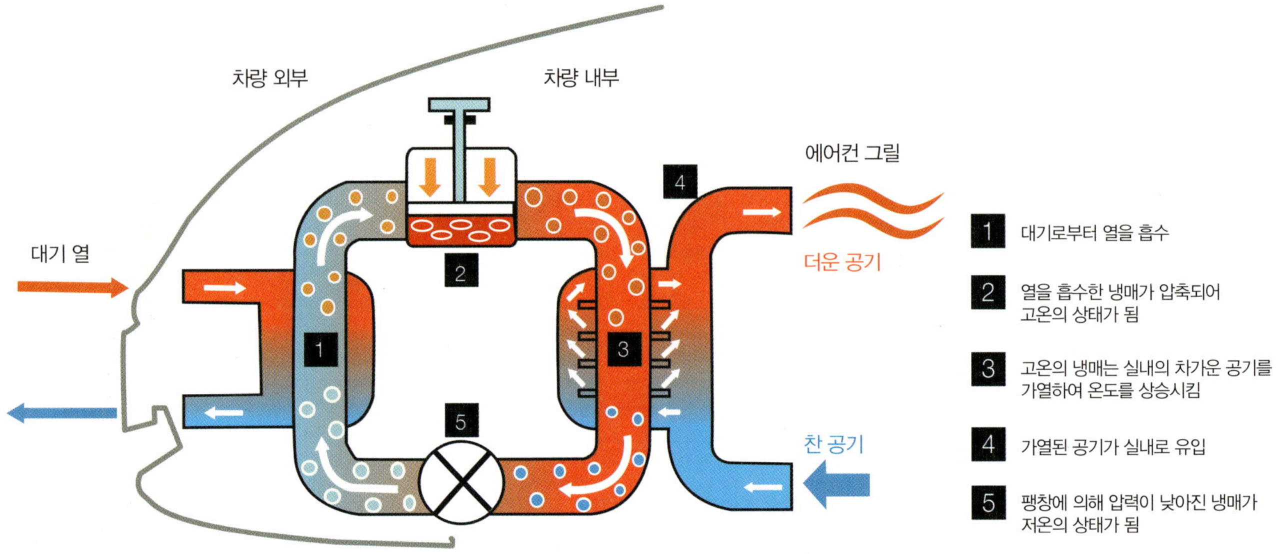

그림 16-25 일반적인 전기 자동차에서 실내와 외부, 그리고 후드 내부에 위치한 히트 펌프 시스템의 구성품

액체 냉각식 응축기(LCC) 대부분의 차량은 라디에이터 앞에 장착된 응축기를 사용하여 냉매와 공기 간 열 교환을 한다. 응축기의 역할은 차량 내부에서 열을 흡수한 냉매를 냉각하여 그 열을 외부로 방출함으로써 차량 내부의 열을 제거하는 것이다. **액체 냉각식 응축기**(Liquid-Cooled Condenser, LCC)는 두 유체 사이의 열 교환을 통해 열을 제거하는 열 교환기이다. 액체 냉각식 응축기는 냉매 증기를 액체로 응축시키고 그 과정에서 발생하는 열을 액체에 전달한다. 예를 들어 테슬라 모델 Y의 경우 공기-글라이콜 기반 냉각수 저온 라디에이터를 사용한다. 이 라디에이터는 응축기로 차가운 냉각수를 보내서 냉매의 열을 제거하여 이를 액체로 응축시킨다. 제어 전자 장치는 차량 열 관리 시스템의 구성 요소를 제어하여 다음을 수행한다.

1. 실내 난방
2. 실내 냉방
3. 배터리 시스템 가열
4. 배터리 시스템 냉각
5. 구동계(drivetrain) 냉각

제어 전자 장치는 압축기를 효율 모드 또는 압축기가 열을 생성하는 손실 모드로 작동하도록 제어할 수 있다. 이 제어 전자 장치 또한 차량 열 관리 시스템의 구성 요소를 제어하여 배터리를 예열할 수 있다.

? 자주 묻는 질문

공조(HVAC) 시스템은 얼마나 많은 에너지를 사용하는가?

쉐보레 볼트의 자기진단기를 사용하여 에어컨 시스템의 에너지 소비량을 측정한 결과, 최대 370 V에서 22 A(6,600~8,000 W)였다. 일반적인 자동차 히트 펌프는 1 kW의 전력을 사용하여 2~3 kW에 해당하는 열을 생성하며 이는 약 16°C(60°F)의 온도를 상승시킨다.

일반적으로, 차량 실내를 −18°C(0°F)에서 적절히 난방하려면 최소 3,500 W의 열이 필요하다. 이를 위해서는 에어컨보다 약 3배 큰 히트 펌프가 필요하며, 여전히 저항성 히터가 필요할 수 있다.

NOTE: 히트 펌프의 사용은 추운 날씨에 주행거리를 늘리는 데 유리하지만, 환경보호청(EPA)은 저온 조건 시험에서 실내 난방의 영향을 테스트하지 않기 때문에 실제로는 차량의 EPA 예상주행거리를 증가시키지는 않는다.

? 자주 묻는 질문

'도그 모드'가 무엇인가?

도그 모드(dog mode, 또는 *애완동물 모드*)는 테슬라 및 일부 다른 전기 자동차에 탑재된 기후 제어 기능으로, 주인이 애완동물을 차량에 남겨둘 때 에어컨 또는 히터를 작동한 채로 두는 기능이다. 이 기능은 기후 제어 설정에서 '기후 제어 유지(Keep Climate On)' 설정 아래에서 'Dog'를 선택하여 활성화할 수 있다. 그러면 "내 주인이 곧 돌아올 거예요. 걱정 마세요! 히터 또는 에어컨이 켜져 있고 72°F입니다."라는 메시지가 표시된다. 주인이 오랜 시간 동안 자리를 비울 경우 배터리 잔량이 20% 미만으로 떨어지면 주인의 휴대전화로 알림이 전송되어 애완동물에게 돌아갈 것을 요청한다. ● **그림 16-26 참조**

NOTE: 테슬라에는 차량이 잠긴 상태에서 기후 제어 시스템의 작동을 유지할 수 있는 '캠프 모드(camp mode)'라는 기능이 있다. 기본적으로 이 모드는 차량에서 잠을 잘 때 사용된다.

그림 16-26 도그 모드가 활성화되면 차량의 대형 중앙 디스플레이에 메시지가 나타나며, 주변 사람들에게 애완동물이 차량 안에서 안전하게 보호되고 있음을 알린다.

요약

1. 히터 코어는 차량의 히터 및 에어컨 구성 요소를 위한 플리넘 챔버(HVAC 공기 분배 박스) 안에 위치한다.
2. 난방 시스템에서 발생되는 열량은 히터 코어를 순환되는 냉각수의 온도에 따라 결정된다.
3. 보조 워터 펌프는 DC 모터로 구동되는 워터 펌프로, 냉각수를 히터 코어에 순환시키는 데 사용된다.
4. 에어컨 시스템의 기본 목적은 열을 한 장소에서 흡수하고 다른 장소에서 열을 방출(분산)하는 것이다.
5. 차량으로 들어오는 외부의 신선한 공기는 실내 필터를 거쳐 유입된다.
6. 하이브리드 자동차에서 사용되는 압축기 구동에는 벨트 구동 방식과 전기 구동 방식이 있다.
7. PTC 히터는 전기 에너지를 열로 변환하고, 이 열은 실내로 유입되는 열을 증가시키는 데 사용된다.
8. 히트 펌프는 PTC/전기 저항 난방보다 더 효율적이다.
9. 액체 냉각식 응축기는 냉매 증기에서 열을 제거하고 그 열을 흐르는 액체로 전달하는 열 교환기이다.

복습 문제

1. 보조 워터(냉각수) 펌프의 목적과 기능은 무엇인가?
2. 인버터가 에어컨 압축기의 내부에 있는지 외부에 있는지 어떻게 판단할 수 있는가?
3. 전동 에어컨 압축기에는 어떤 유형의 냉매 오일이 사용되는가?
4. TXV 에어컨 시스템과 오리피스 튜브 에어컨 시스템 구성 부품에는 어떤 차이점이 있는가?
5. 히트 펌프 HVAC 시스템의 장점은 무엇인가?

마무리 퀴즈

1. 일반적인 하이브리드 자동차는 어디에서 나오는 폐열을 사용하여 실내를 난방하는가?
   a. 모터/발전기
   b. 내연기관
   c. 브레이크
   d. 배기

2. 대부분의 하이브리드 자동차와 일부 내연기관에서 사용되는 전기 워터 펌프는 임펠러를 구동하기 위해 무엇을 사용하는가?
   a. 스텝 모터
   b. 교류 동기 모터
   c. 직류 모터
   d. 위 보기 모두

3. 차량으로 들어오는 신선한 공기는 어디를 거쳐 차량 실내로 유입되는가?
   a. 실내 필터
   b. 농형 블로워
   c. 증발기
   d. 응축기

4. 가장 많이 사용되는 에어컨 압축기 유형은 __________ 설계이다.
   a. 피스톤
   b. 스크롤
   c. 용량 가변형
   d. a와 c

5. 전기로 구동되는 에어컨 압축기에 두 개의 주황색 케이블이 있으면 그 압축기는 무엇을 의미하는가?
   a. 12 V 보조 배터리로 구동됨
   b. 내장 인버터가 있음
   c. 외부 인버터를 사용함
   d. 정답 없음

6. 다음 중 차량 실내로 공급되는 열을 증가시키는 데 사용되도록 전기 에너지를 열로 변환하는 것은 무엇인가?
   a. 히터 코어
   b. 부동액/냉각수
   c. PTC 히터
   d. 12 V 보조 배터리

7. 많은 자동차 제조업체에서 사용하는 것으로, 자동차의 주행거리를 극대화하기 위해 폐열을 회수하여 실내 난방을 하는 것은 무엇인가?
   a. 히트 펌프
   b. 스크롤 압축기
   c. 가변 압축기
   d. PTC

8. 냉매 증기를 액체로 응축시키고 그 과정에서 발생하는 열을 액체에 전달하는 열 교환기는 무엇인가?
   a. 스크롤 압축기
   b. 공기 대 공기 열 교환기
   c. 액체 냉각식 응축기
   d. 위 보기 모두

9. 다음 중 전기 자동차 배터리 가열 방법은 무엇인가?
   a. PTC 유체 히터
   b. PTC 공기 히터
   c. 히터 패드
   d. 위 보기 모두

10. 도그 모드 또는 애완동물 모드는 어떤 용도로 사용되는가?
    a. 개나 애완동물을 따뜻하게 유지하기 위해 뒷좌석을 가열하는 용도
    b. 개나 애완동물을 시원하게 유지하기 위해 시트를 냉각하는 용도
    c. 운전자가 없는 동안 잠긴 차량에 갇혀 있을 때 애완동물에게 편안한 실내 온도를 유지하는 용도
    d. 위 보기 모두

Chapter 17
EV와 HEV 변속기

학습 목표

- 하이브리드 자동차(HEV) 변속기의 기능을 설명할 수 있다.
- ICE와 전기 모터 사이에 필요한 관계성을 이해할 수 있다.
- 보조 전기 펌프 또는 유압 충격 저장 발전기의 목적을 설명할 수 있다.
- 하이브리드 자동차에서 동력 분할 시스템과 eCVT의 차이점을 설명할 수 있다.
- 전기 자동차의 변속 작동을 논의할 수 있다.
- 전기 자동차의 2단 기어 작동을 설명할 수 있다.

핵심 용어

유압 충격 저장 누적기
전기 보조 펌프
토크

변속기와 트랜스액슬

목적과 기능 모든 차량은 동력원에 관계없이 합리적인 가속과 효율성을 달성하기 위해 변속기를 사용해야 한다. 내연기관(ICE) 차량의 변속기는 엔진과 도로 속도에 따라서 토크와 마력을 이상적인 범위로 유지하도록 설계되었다. 변속기 디자인은 기존 ICE와 비교하여 하이브리드 파워트레인에 결합될 때와 완전 전기 파워트레인의 일부에 결합될 때가 다르다. 내부 전기 모터가 대부분의 동력을 담당한다. 변속기는 다음을 제공해야 한다.

- 정지 상태에서 차량을 가속하기 위해 구동 휠에 적용된 토크
- 더 높은 속도에서 파워트레인이 효율적으로 작동하도록 허용된 동력

파워트레인 구성 후륜구동(RWD) 응용 분야에서는 구동 휠에 토크를 전달하기 위해 후방 차축의 구동축 및 차동 장치와 함께 변속기를 사용하는 것이 가장 일반적이다. 렉서스 GS450h와 LS600h는 모두 후륜구동 하이브리드 자동차의 예이다. 포드 머스탱 마하-E 표준 구성은 후륜구동 전기 자동차의 예이다. 전륜구동(FWD) 차량에서는 트랜스액슬 어셈블리가 구동 휠에 토크를 전달하기 위해 하프 축과 함께 사용된다. 트랜스액슬은 변속기, 차동 장치, 최종 구동 기어가 하나의 어셈블리로 함께 구성된 조합이다. 토요타 프리우스와 현대 소나타 하이브리드는 FWD 하이브리드 자동차의 예이다. 쉐보레 볼트는 FWD 전기 자동차의 예이다. ● **그림 17-1 참조**

사륜구동(4WD or AWD) 차량에서는 트랜스퍼 케이스 또는 후면 전기 모터를 사용하여 네 바퀴 모두에 동력을 분배한다. 토요타 하이랜더/렉서스 RX450h는 4WD 모델에서 차량 전면에서 트랜스액슬을 사용하고 전기 모터를 사용하여 뒷바퀴를 구동한다. 포드 이스케이프 하이브리드의 4WD 버전은 트랜스액슬에서 별도의 동력 인출 장치(PTO)를 사용하여 후면 액슬을 기계적으로 구동한다.

차량 변속기 구성의 예

차량	전륜구동/ 후륜구동/ 사륜구동	구성
토요타 프리우스 2001~2009년식	전륜구동	ECVT 2 모터/1 유성 기어 장치
쉐보레 볼트 2011~2015년식	전륜구동	ECVT 2 모터/1 유성 기어 장치/ 클러치
토요타 프리우스 2010~2015년식	전륜구동	ECVT 2 모터/2 유성 기어 장치
토요타 프리우스 2016~2021년식	전륜구동/ 사륜구동	ECVT 2 모터/2 유성 기어 장치/ 단방향 클러치
제너럴 모터스 2모드 2009년식	전륜구동/ 사륜구동	ECVT 2 모터/3 유성 기어 장치/ 클러치
혼다 어코드 하이브리드 2015년식	전륜구동	ECVT 2 모터/2 유성 기어 장치
닛산 리프 2011년식	전륜구동	기어 감속 장치가 포함된 전기모터
쉐보레 볼트 2017~2019년식	전륜구동	기어 감속 장치가 포함된 전기모터

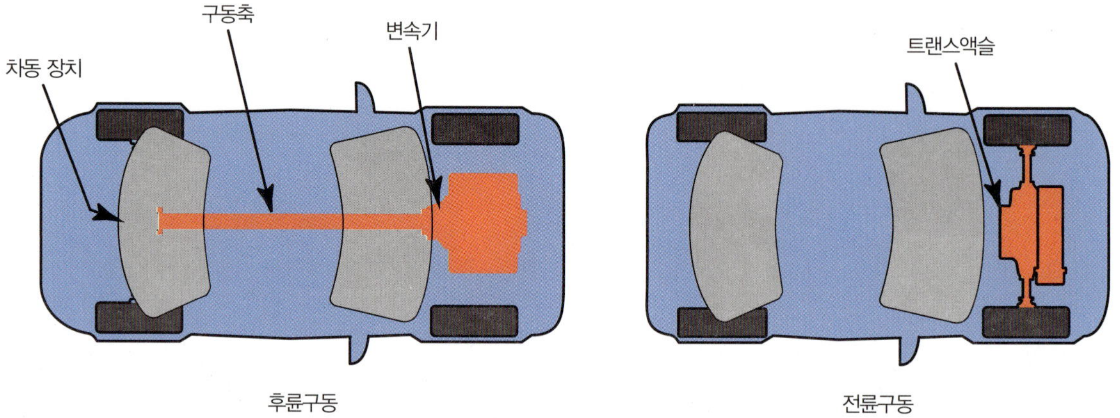

그림 17-1 후륜구동(RWD) 차량은 변속기를 사용하여 후방 차동 장치와 최종 구동 장치에 토크를 보낸다. 전륜구동(FWD) 차량은 트랜스액슬을 사용하여 트랜스액슬 케이스 안에 차동 장치와 최종 구동 장치가 통합되어 있다.

관련 법칙

토크 전달 차량을 움직이려면 토크는 반드시 구동 바퀴에 전달되어야 한다. **토크**(torque)는 회전하는 힘이다.

차량을 가속시키기 위해 구동 바퀴에 토크가 적용된다. 차량 변속기는 가속이 필요할 때 저속에서 엔진 토크를 높이고, 차량이 순항할 때 최고의 연비를 위해 엔진 속도를 줄이는 역할을 한다. ICE는 상대적으로 좁은 RPM 범위에서만 토크를 생성한다는 점에서 전기 모터와 매우 다르다. ● **그림 17-2 참조**

ICE는 토크 피크 근처에서 작동할 때 가장 효율적이다. 이것이 엔진이 가장 효율적으로 일할 때의 RPM이며, 일반적으로 엔진이 최고의 연비를 제공할 수 있는 지점이다. 그러나 차량 작동의 모든 단계에서 엔진을 이 범위로 유지하는 것은 어렵다. 자동차 엔지니어들은 두 가지 방법으로 이러한 어려움을 극복한다.

1. 엔진이 토크를 생성하는 RPM 범위를 늘린다(토크 곡선을 '평탄화').
2. 변속기 기어 비율의 수를 늘린다.

변속비가 높을수록 차량 주행속도를 가장 효율적인 엔진 RPM에 맞추기가 더 쉽다. 따라서 토크 증가는 속도를 희생하면서 발생한다. 즉, 변속기에서 토크가 증가하면 출력 속도는 감소한다. ● **그림 17-3 참조**

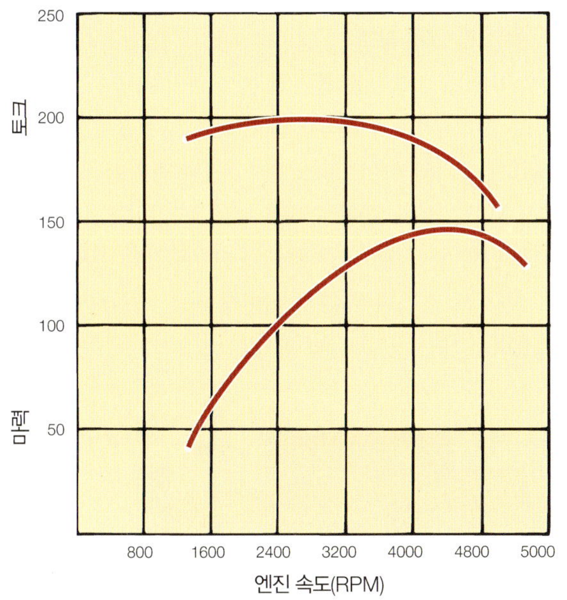

그림 17-2 일반적인 내연기관의 엔진 토크와 마력 출력을 보여주는 그래프. ICE는 높은 RPM에서 최대 토크를 생성하는 반면 전기 모터는 낮은 RPM에서 최대 토크를 생성한다.

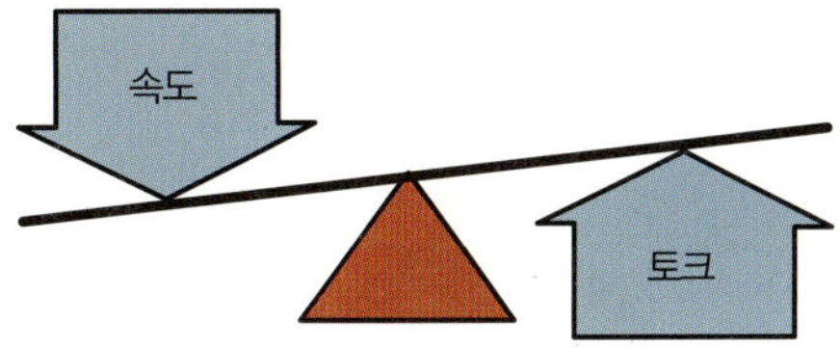

그림 17-3 변속기의 출력 속도가 감소하면 출력 토크가 증가한다.

다중 속도 변속기/트랜스액슬 몇 년 전에는 자동변속기가 장착된 차량에 오직 두 개, 세 개, 네 개의 기어비만 있는 것이 일반적이었다. 현재는 5단, 6단, 7단, 8단, 10단 자동변속기가 일반화되고 있다. 연비와 배출가스 감소가 강조되면서 무한한 기어비와 엔진 효율을 극대화할 수 있는 최상의 기회를 제공하는 무단변속기(CVT)가 인기를 끌고 있다.

HEV 변속기

분류 HEV 변속기는 장착되는 하이브리드 차량의 레벨에 따라 다르다. 스톱-스타트 시스템을 갖춘 마일드 하이브리드에는 일반적으로 단일 전기 모터가 있는 변속기가 포함된다. 완전 하이브리드에는 일반적으로 두 개의 전기 모터가 있는 변속기가 포함된다.

전기 보조 펌프 기존 자동변속기를 하이브리드 파워트레인에 적용하기 위해 ICE 공회전 정지 시 변속기의 유체 압력을 유지하기 위해 **전기 보조 펌프**(electric auxiliary pump)가 사용된다. 이 펌프는 DC 브러시리스(AC 동기) 모터로 구동되며, 올바른 작동 주파수와 펄스폭을 제공하려면 특수 컨트롤러가 필요하다. 보조 펌프가 작동하면 유압이 변속기 조절 밸브로 전달되고 수동 밸브로 전달되어 해당 클러치로 전달된다. 이것은 ICE가 공회전 정지 상태에 있을 때 변속기가 이동하는 것에서 '중립'으로 전환되는 것을 방지한다. ICE가 다시 시작되면 보조 펌프가 꺼지고 기계적으로 구동되는 변속기 유체 펌프에 의해 유압이 다시 공급된다. ● **그림 17-4 참조**

유압 충격 저장 누적기 유휴 정지 모드 후 ICE가 다시 시작될 때 **유압 충격 저장 누적기**(hydraulic impulse storage accumulator)가 유체 압력을 제공하는 데 사용된다. 정상적인 엔진 작동 중에 기계식 변속기 펌프는 유압을 제공하고 누적기를 충전한다. 엔진이 재시동되면 누적기는 초기 유압을 제공하고 기계식 펌프는 압력의 지속을 제공한다. 누적기의 압력 방출이 확실해지면 가속이 지연되지 않으며 전기 보조 펌프가 필요 없다. ● **그림 17-5 참조**

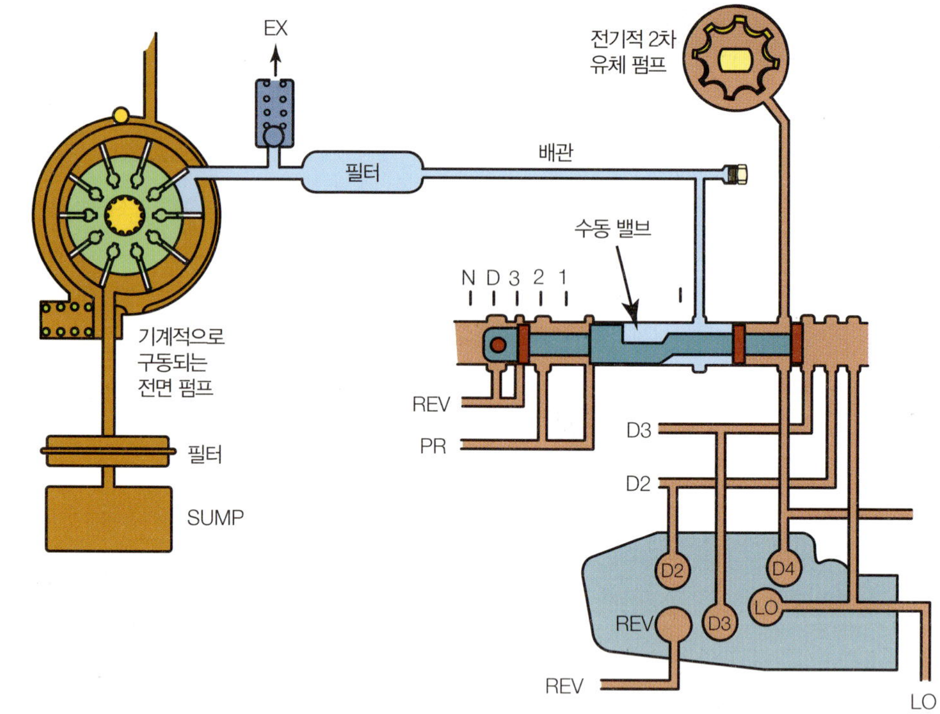

그림 17-4 이 GM 변속기의 유압 회로 다이어그램에는 기계식 펌프와 전기식 2차 유체 펌프가 포함되어 있다.

GM 병렬 하이브리드 트럭(PHT)

설명 2004~2008년형 쉐보레 실버라도/GMC 시에라 병렬 하이브리드 트럭(PHT)의 변속기는 하이브리드 파워트레인의 새로운 역할에 맞게 약간의 수정을 거친 4L60E 전자 제어식 자동 변속기 설계를 기반으로 한다. 이것은 4단 전진 속도와 1단 후진 속도가 있으며, 4단 속도는 오버드라이브이다. 주로 중대형 배기량 엔진용으로 설계되었으며 GM 픽업 및 SUV에 광범위하게 사용된다. 하이브리드 픽업에 사용되는 특정 모델은 M33으로 알려져 있다.

작동 공회전 정지 모드에서는 엔진이 정지하고, 차례로 변속기 오일 펌프가 정지되고 변속기가 '중립' 상태가 된다. 이를 방지하기 위해 변속기 오일 팬 내부의 밸브 바디에 전기식 2차 유체 펌프가 설치된다. 엔진이 공회전 정지 상태에 들어갈 때마다 전기 유체 펌프가 켜져 변속기 전진 클러치의 오일 압력을 유지하고 구동계를 엔진에 연결된 상태로 유지한다. 그 결과 차량이 다시 작동할 때 공회전 정지와 엔진 재시동 사이의 전환이 더욱 원활해진다. ● **그림 17-6 참조**

기존의 4L60E 변속기는 엔진의 간섭 없이 차량이 관성 주행이나 제동을 할 수 있도록 제작되었다. 회생 제동을 활성화하기 위해 4L60E 변속기의 하이브리드 버전은 D4 범위 및 3단 또는 2단 기어에서 코스트 또는 제동 중에 오버런 클러치를 적용하도록 만들어졌다. 이를 통해 토크 컨버터를 통해 동력이 다시 전송될 수 있으며, 이 토크 컨버터는 42 V 배터리 팩을 재충전하기 위한 전류를 생성하는 데 사용될 수 있다.

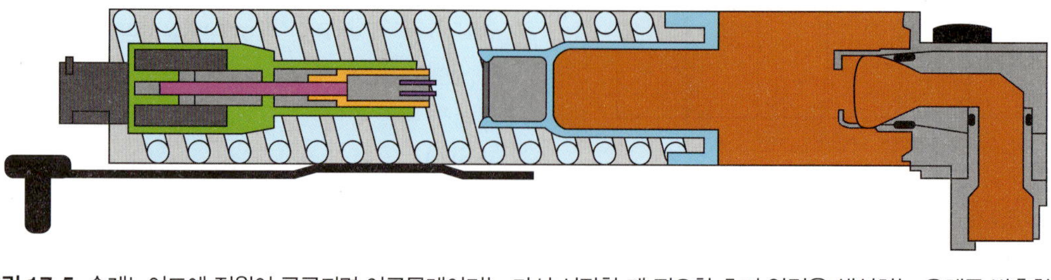

그림 17-5 솔레노이드에 전원이 공급되면 어큐뮬레이터는 다시 시작할 때 필요한 초기 압력을 생성하는 유체를 방출한다.

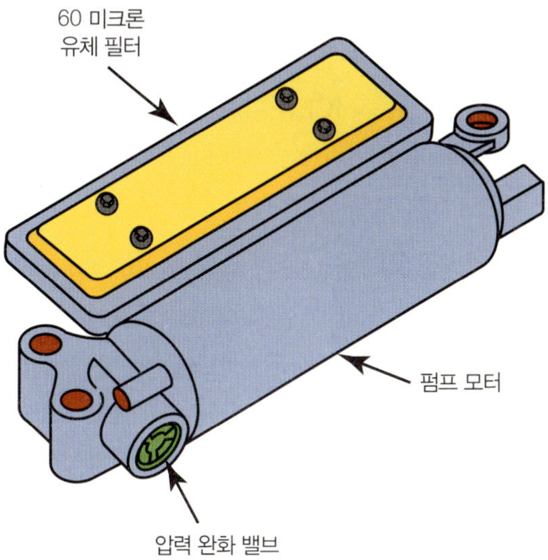

그림 17-6 GM 하이브리드 픽업 변속기의 전기 보조 유체 펌프

정비 4L60E 모델 M33의 변속기 정비는 오일 및 필터 교체로 제한된다. 이 변속기에는 Dexron VI 유체가 필요하다. 전기 2차 유체 펌프의 필터는 교체가 가능하지만 정기적인 유지 관리 품목은 아니다. 변속기 압력 테스트는 변속기 케이스에 있는 라인 압력 탭을 사용하여 수행할 수 있다. 이러한 테스트는 변속기 측면의 피팅에 압력 게이지를 부착하고 다양한 부하 조건과 도로 속도에서 변속기를 작동하여 수행되는 경우가 가장 많다. 테스트 결과는 기록되고 차트와 비교되어 변속기의 어떤 영역이 오작동할 수 있는지 판단하는 데 도움이 된다.

자기진단기를 사용하여 DTC(진단 문제 코드)에 액세스하고 변속기 솔레노이드의 양방향 테스트를 수행할 수도 있다. 다음 중 하나가 발생한 경우 자기진단기를 사용하여 TAP(변속기 적응형 압력) 값을 삭제할 수도 있다.

1. 변속기를 정밀 검사하거나 교체한 경우
2. 적용 또는 해제 구성 요소의 수리 또는 교체(밴드, 클러치, 서보, 피스톤 등)
3. 라인 압력에 직접적인 영향을 미치는 부품의 수리 또는 교체

GM 2-모드 하이브리드 변속기

설명 2009~2013년형 제너럴 모터스 하이브리드 트럭에 사용된 2-모드 하이브리드 변속기에는 2ML70이라는 라벨이 붙어 있다. 이 장치는 하이브리드 구동계에 60 kW 모터 두 개, 300 V 배터리 팩 및 V8 엔진을 갖추고 있다. 2-모드 하이브리드 자동차는 주행 조건에 따라 약 25% 정도 연비를 높일 수 있다. 모든 하이브리드와 마찬가지로 두 가지 모드는 가솔린 엔진의 동력과 전기 모터의 동력을 결합하며 다음을 포함한다.

- 손실될 수 있는 운동 에너지를 포착하는 회생 제동
- 공회전 정지

일부 풀 하이브리드 시스템에는 단일 유성 기어 세트를 사용하여 엔진 출력을 분할하여 바퀴를 구동하거나 배터리를 충전하는 단일 작동 모드가 있다. 이러한 시스템은 가솔린 엔진(ICE)을 가동하지 않고도 차량을 이동할 수 있기 때문에 저속에서 효과적이다. 그러나 더 빠른 속도에서는 엔진이 필요할 때 전기 모터를 사용하는 것이 훨씬 적은 이점을 제공한다. 결과적으로 전기 모터와 가변 변속기를 통해 동력을 전달하는 것은 기어를 사용하는 순수 기계 동력 경로를 통해 차량을 구동하는 것보다 효율성이 약 20% 정도 낮다.

구성품 2-모드 장치는 사실상 전자 가변변속기(EVT)이다. 여기에는 네 개의 다중판 클러치가 있는 세 개의 간단한 유성 기어 세트가 포함된다. 부드럽고 효율적인 작동을 위해 두 개의 EV 비율과 네 개의 고정 기어비가 있다. 2-모드 전송의 구성 요소는 다음과 같다.

- 두 개의 60 kW 전기 모터/발전기 어셈블리
- 세 개의 유성 기어 세트(한 개는 M/G A라고 불리는 모터/발전기 A 앞에 위치하며, 다른 하나는 두 개의 모터/발전기 사이에 위치해 있다. 마지막 유성 기어 세트는 M/G B라고 불리는 모터/발전기 B 뒤에 위치해 있다.)
- 네 개의 습식 플레이트 클러치[두 개의 마찰(회전) 및 두 개의 (반작용/고정) 클러치 어셈블리] ● **그림 17-7 참조**

차량은 무한히 낮은 값에서 1.7:1까지 가변 비율로 EV 1에서 움직이기 시작한다. 엔진이 꺼진 상태에서 차량이 출발하면 M/G A는 엔진 크랭크축을 회전시켜 작동을 시작할 수 있다. EV 2의 비율은 1.7:1에서 0.5:1 사이이다.

첫 번째 작동 모드 첫 번째 모드는 정지 상태에서 2단 기어로 가속하는 모드이다. 저속 및 경부하에서 차량은 다음을 통해 추진될 수 있다.

- 전기 모터만
- ICE 단독
- 또는 두 가지의 조합(전기 모터 및/또는 ICE)

그림 17-7 2-모드 변속기에는 차량을 추진하기 위해 고전압 배터리 팩에서 전기 에너지를 운반하고 또한 감속 중에 배터리를 충전하기 위해 장치에 들어가는 주황색 고전압 케이블이 있다.

이 모드에서는 특정 조건에서 엔진(작동 중인 경우)이 꺼질 수 있으며 모든 것은 전력만으로 계속 작동한다. 하이브리드 시스템은 필요에 따라 언제든지 ICE를 다시 시작할 수 있다. 모터/발전기 중 하나는 고전압 배터리를 충전하는 발전기로 작동하고, 다른 하나는 차량 추진을 보조하는 모터로 작동한다.

두 번째 작동 모드 두 번째 모드에서는 차량이 2단 기어에서 오버드라이브까지 이동한다. 더 높은 부하와 속도에서는 ICE가 항상 실행된다. 두 번째 모드에서는 모터/발전기 및 유성 기어 세트를 사용하여 토크와 마력을 최대로 유지한다. 차량 속도가 증가함에 따라 네 개의 고정 비율 유성 기어의 다양한 조합이 결합 및/또는 분리되어 엔진 토크를 배가시키고 모터/발전기 중 하나가 고전압 배터리를 충전하는 발전기로 작동할 수 있게 한다. ● **그림 17-8 참조**

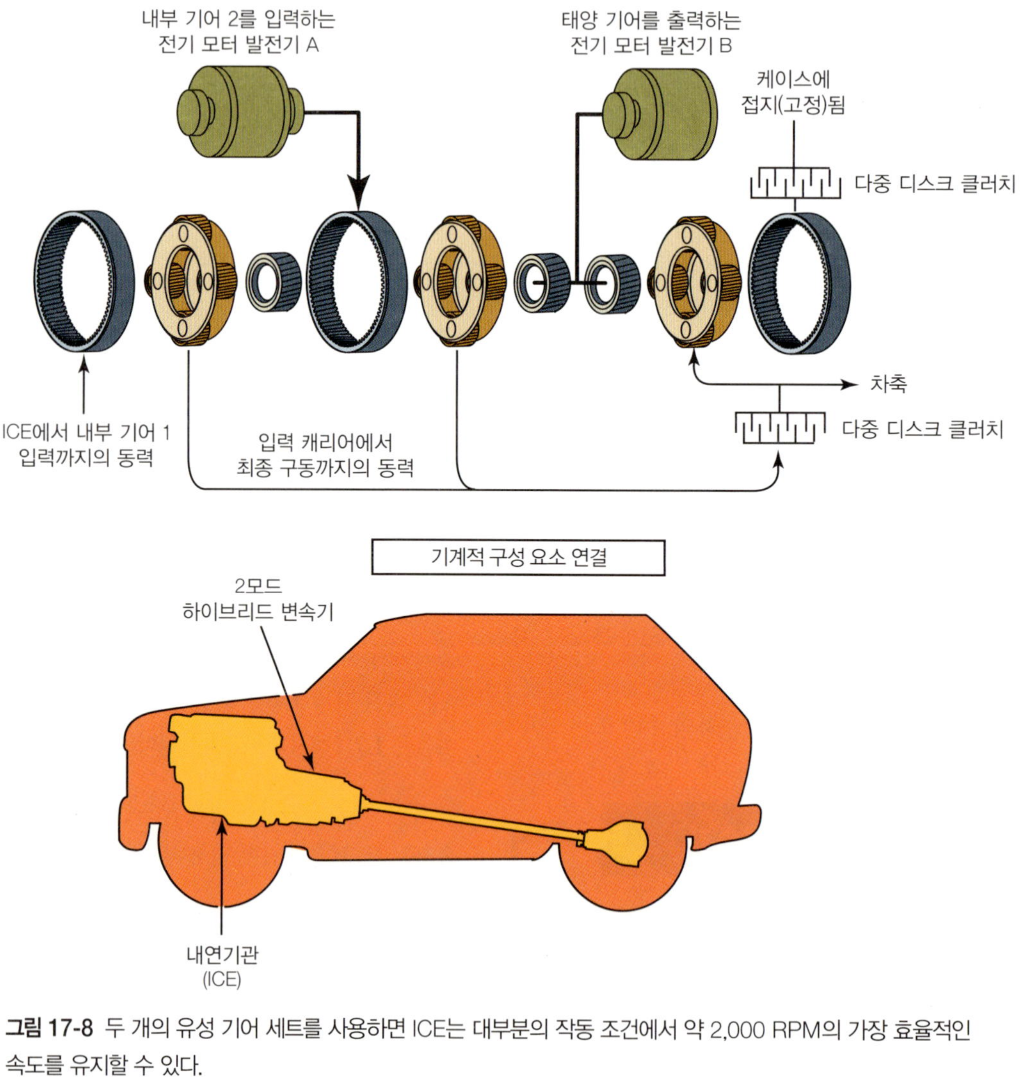

그림 17-8 두 개의 유성 기어 세트를 사용하면 ICE는 대부분의 작동 조건에서 약 2,000 RPM의 가장 효율적인 속도를 유지할 수 있다.

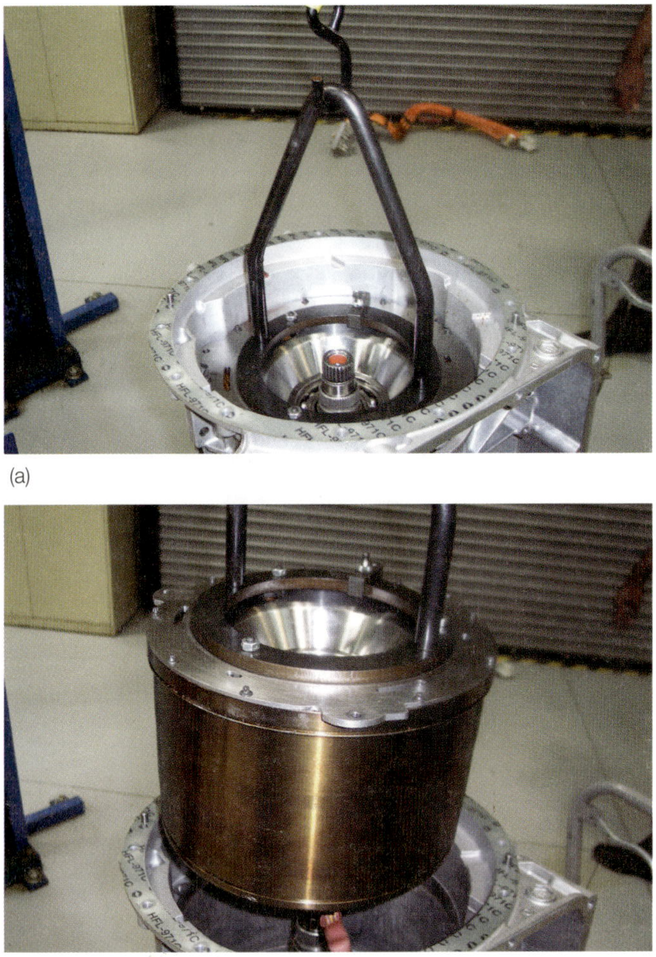

(a)

(b)

그림 17-9 (a) 2ML70 변속기를 분해하려면 특수 도구와 리프트 또는 엔진 호이스트를 사용해서 모터 어셈블리를 제거해야 한다. (b) 변속기에서 제거된 후의 모터 어셈블리

2-모드 정비 일상적인 정비는 2-모드 전송에 필요하거나 요구되는 전부이다. 첫 번째 예정된 오일 교환까지 오일 레벨 점검과 육안 검사만 필요하다. 항상 Dexron VI를 사용하라. 시스템 오류로 인해 진단 문제 코드가 설정되는 경우가 많다. 장치 수리를 위해서는 모터 어셈블리를 제거하기 위해 엔진 호이스트 또는 차량 리프트의 리프트 암이 필요하다. ● **그림 17-9 참조**

포드/링컨 10R80 MHT

설명 10R80 MHT는 2020년형 익스플로러와 2020년형 링컨 에비에이터 플러그인 하이브리드에 도입된 모듈식 10단 하이브리드 변속기이다. 변속기는 대부분의 하이브리드 변속기와 달리 여전히 토크 컨버터를 사용한다는 점에서 독특하다. 토크 컨버터를 계속 사용하면 견인 및 운반 능력이 향상된다. 전기 모터와 분리 클러치는 엔진과 토크 컨버터 사이에 배치된다. 스톱-스타트 기능을 제공하는 것 외에도 전기 모터는 저속 토크와 추가 출력을 제공한다. MTH 변속기는 비하이브리드 모델(10R80)보다 6인치 더 길고 동일한 구성 요소를 90% 공유한다. ● **그림 17-10 참조**

구성 요소 하이브리드 드라이브 유닛의 변속기 구성 요소는 다음과 같다.

- 전동기
- 리졸버(속도 센서)
- 고전압 연결
- 저전압 연결

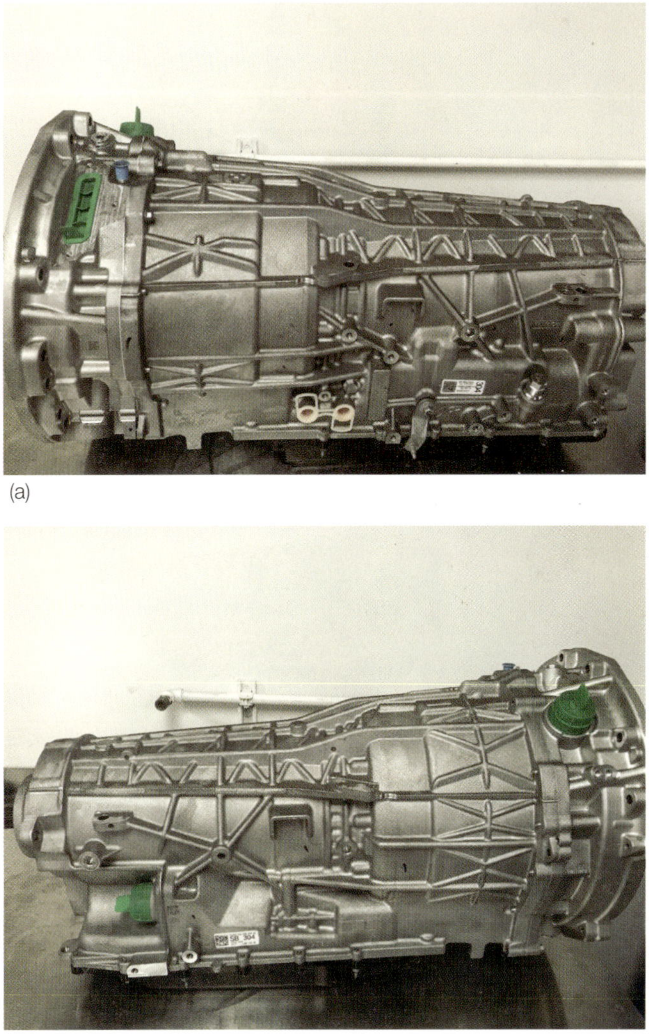

(a)

(b)

그림 17-10 (a) 변속기의 운전자 측에는 고전압 연결부와 변속 레벨 어셈블리가 포함되어 있다. 변속기의 하이브리드 부분은 개스킷 앞쪽에 있다. (b) 변속기의 조수석 측에는 저전압 연결부가 포함되어 있다.

하이브리드 구동 장치는 변속기에서 하나의 단위로 제거된다. 장치의 무게 때문에 이 작업을 완료할 때 엔진 호이스트와 특수 어댑터를 사용하는 것이 좋다. ● **그림 17-11 참조**

전기 모터는 33 kW의 동력을 생산하는 영구 자석 3상 모터이다. ● **그림 17-12 참조**

리졸버(속도 센서)는 전기 모터의 속도, 위치, 회전 방향을 파워트레인 제어 모듈(PCM)에 제공한다. ● **그림 17-13 참조**

변속기의 고전압 커넥터를 사용하면 변속기의 하이브리드 섹션에 있는 전기 모터를 주황색 고전압 절연 배선을 통해 인버터 시스템 제어기(ISC)에 연결할 수 있다. ● **그림 17-14 참조**

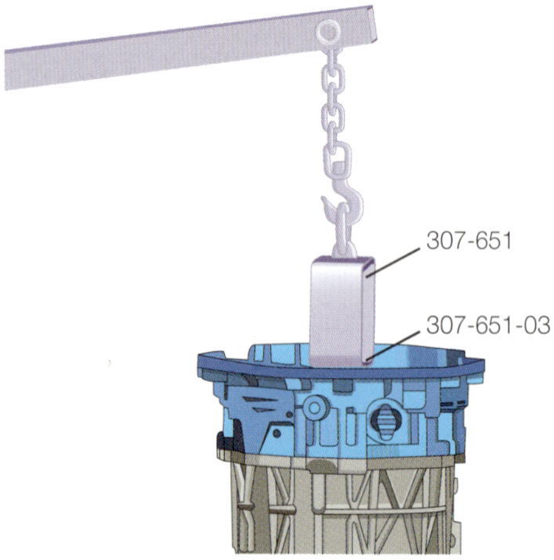

(a)

(b)

그림 17-11 (a) 엔진 호이스트와 어댑터는 변속기의 하이브리드 부분을 제거하는 데 사용된다. (b) 변속기에서 제거된 후 두 개의 나무 블록 위에 놓인 변속기의 하이브리드 부분

(a)

(b)

그림 17-12 (a) 회전자를 제거한 후 하우징에 부착된 모터 권선. (b) 권선에서 분리된 후의 회전자와 토크 컨버터 어셈블리

변속기의 저전압 커넥터는 파워트레인 제어 모듈을 통한 기존 변속기 제어와 모니터링을 제공한다. ● **그림 17-15 참조**

정비 특정 간격으로 수행되는 정비 절차에는 변속기 오일과 필터가 포함된다. 변속기의 비하이브리드 부분에 오류가 발생하는 경우 자세한 점검 절차가 제공된다. 변속기의 하이브리드 부분에

그림 17-13 리졸버는 모터 하우징 하단에 있는 하우징에 볼트로 고정된 검은색과 회색의 전기 센서이다.

그림 17-14 세 개의 대형 평면 커넥터를 사용하면 고전압 케이블을 통해 전기 모터를 ISC에 연결할 수 있다.

장애가 발생하면 유닛으로 교체된다. 솔레노이드 및 센서와 같은 대부분의 전기 부품은 파워트레인 제어 모듈(PCM)에 의해 모니터링되며 진단 문제 코드(DTC)와 관련된 특정 진단이 지원된다. 외부 전기 부품은 수리 가능하다.

그림 17-15 저전압 커넥터는 전송 제어 및 모니터링용이다.

토요타/렉서스 동력 분할 시스템

응용 분야 토요타/렉서스 동력 분할 장치 구동 시스템은 다음 모델에 사용된다.

- 토요타 프리우스
- 토요타 코롤라 하이브리드
- 토요타 시에나
- 토요타 벤자
- 토요타 캠리 하이브리드
- 렉서스 CT200h
- 토요타 하이랜더
- 토요타 라바 하이브리드
- 렉서스 RX400h와 RX450h

설명 동력 분할 트랜스액슬은 직·병렬 하이브리드 기술이다. 차량 작동의 대부분 단계에서 시스템은 동시에 직렬 및 병렬로 작동한다. 제어 시스템은 복잡하지만 기본 트랜스액슬은 단일 유성 기어 세트(동력 분할 장치)와 MG1 및 MG2라고 하는 두 개의 전기 모터/발전기 주변에 설치되어 설계상 매우 간단하다. ● **그림 17-16 참조**

유성 기어 세트는 세 가지 주요 구성 요소로 구성된다.

1. 링 기어
2. 유성 캐리어
3. 태양 기어

그림 17-16 토요타 하이브리드 시스템은 두 개의 전기 모터/발전기(MG1 및 MG2)와 간단한 유성 기어 세트인 동력 분할 장치로 함께 연결된 ICE를 사용한다.

동력 분할 트랜스액슬에서는 대형 전기 모터/발전기(MG2)가 트랜스액슬 최종 드라이브와 유성 링 기어에 직접 부착된다. ICE는 플래닛 캐리어에 연결되고, 소형 전동기/발전기(MG1)는 태양 기어에 연결된다. ● **그림 17-17 참조**

유성 링 기어는 항상 구동 휠과 같은 방향으로 회전하며 속도는 차량 속도에 정비례한다. 즉, 링 기어가 움직이지 않으면 차량도 움직이지 않는다. 동력 분할 장치는 ICE(유성 캐리어에 부착됨)가 토크 출력을 태양 기어(MG1)와 링 기어(MG2 및 구동 휠) 사이에 분배하기 때문에 그렇게 명명되었다.

유성 기어 세트의 기어비로 인해 ICE는 토크의 72%를 링 기어에 보내고 나머지 28%를 태양 기어에 보낸다. 토크 분할 비율은 유성 링 기어와 태양 기어의 톱니 수에 따라 결정되기 때문에 트랜스액슬이 작동하는 모드에 관계없이 동일하게 유지된다. ● **그림 17-18 참조**

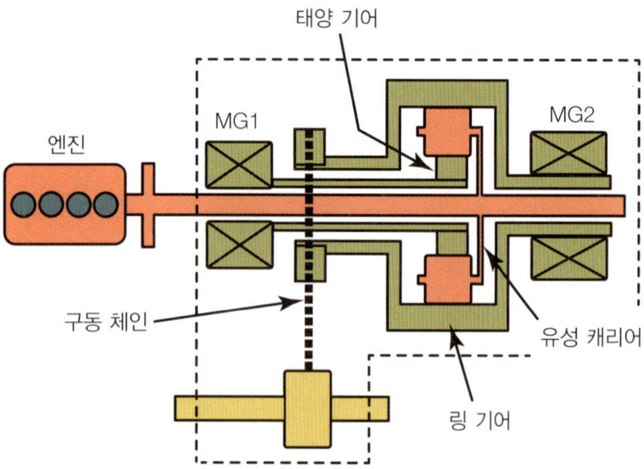

그림 17-17 토요타 하이브리드 시스템의 동력 분할 장치. 차량은 MG2(및 링 기어)가 회전할 때만 움직인다.

토크 분할 비율은 항상 동일하지만 출력 분할 비율은 다양한 부품의 RPM에 따라 달라진다. 마력은 작업이 수행되는 속도이며 토크와 RPM의 함수이다. 샤프트에 토크가 적용되었지만 RPM이 0으로 유지되면 작업이 수행되지 않고 샤프트를 통해 마력이 전달되지 않는다. 토크 분할 유성 기어 세트에도 동일한 원리가 적용된다. 태양 기어가 정지되어 있으면 여전히 ICE 토크의 28%를 받지만 모든 엔진 마력은 링 기어를 통해 구동 휠로 전달된다.

작동

- **차량이 정지되었다.** 차량이 정지되면 차량 구동 시스템 내에서는 아무 일도 일어나지 않는다. ICE가 차단되고 전기 모터/발전기도 모두 차단된다. 차량 내부에는 보조 배터리의 전기 에너지를 사용하는 회로가 있지만 구동 시스템 자체는 사실상

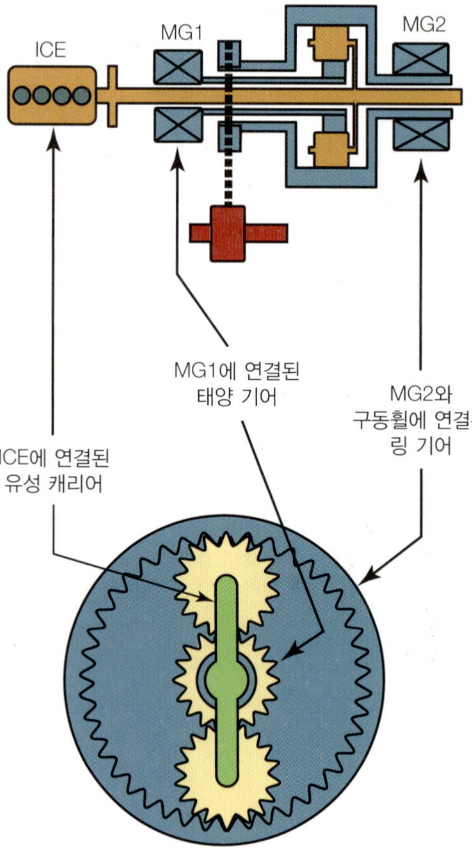

그림 17-18 토요타 하이브리드 시스템에 사용된 유성 기어 세트는 태양 기어에 비해 링 기어의 톱니 수가 2.6배 더 많다. 이는 ICE(유성 캐리어에 부착됨)가 토크의 72%를 링 기어(구동 휠)에 전달하고 토크의 28%를 태양 기어(MG1)에 전달함을 의미한다.

불활성이다. 토요타 하이브리드 시스템은 보조 시동 장치를 사용하지 않고 대신 모든 조건에서 시동을 위해 MG1을 사용한다. ● **그림 17-19 참조**

- 가속. 차량이 저속 및 가벼운 가속으로 주행할 때는 MG2만으로 주행한다. ● **그림 17-20 참조** 낮은 차량 속도에서는 전기 모터가 내연기관보다 더 효율적이기 때문이다. 고전압(HV) 배터리의 전류는 인버터를 거쳐 MG2로 전달되어 차량을 움직인다. 모노그래프로 알려진 특수 그래프는 다양한 요소 간의 속도 관계를 보여준다. 엔진이 정지(0 RPM)하면 MG2는 전진(+)하고, 이로 인해 MG1은 후진(-)한다. ● **그림 17-21 참조**
- 일반 운전. 더 높은 차량 속도가 필요할 때 ICE의 출력이 MG2의 출력과 결합될 수 있도록 ICE는 반드시 시동되어야 한다. 차량이 전진하는 동안 링 기어는 이미 시계 방향으로 회전하고 있다. 유성 캐리어(ICE에 부착된)는 고정되어 있으므로 태양 기어(MG1에 의해 구동되는)를 사용하여 유성 캐리어를 시계 방향으로 구동하고 ICE를 시동시킨다. HV 배터리의 전류는 인버터를 통해 전달되고 MG1이 모터로 작동하는데, 이는 시계 방향으로 회전하고 ICE를 최대 1,000 RPM까지 회전시켜 시동을 건다. ● **그림 17-22 참조**

ICE가 시작되면 MG1은 발전기로 작동하지만 반시계 방향으로 회전한다. 이제 ICE 출력이 구동 휠(링 기어)과 MG1(태양 기어) 사이에 나뉘거나 '분할'된다. MG1에서 생성된 동력은 차량 이동을 돕기 위해 MG2로 전달되거나 필요한 경우 HV 배터리를 재충전하는 데 사용된다. ● **그림 17-23, 그림 17-24 참조**

- 풀 스로틀 가속 및 고속 크루즈: 더 큰 가속이 필요할 때 MG2와 ICE는 계속해서 차량 구동 휠에 토크를 보내지만 MG2는 또한 HV 배터리로부터 동력을 공급받아 출력을 높일 수도 있다. 수요가 더욱 증가함에 따라 더 많은 출력을 위해 ICE 속도가 증가한다. ICE 속도를 높이려면 태양 기어(MG1)가 시

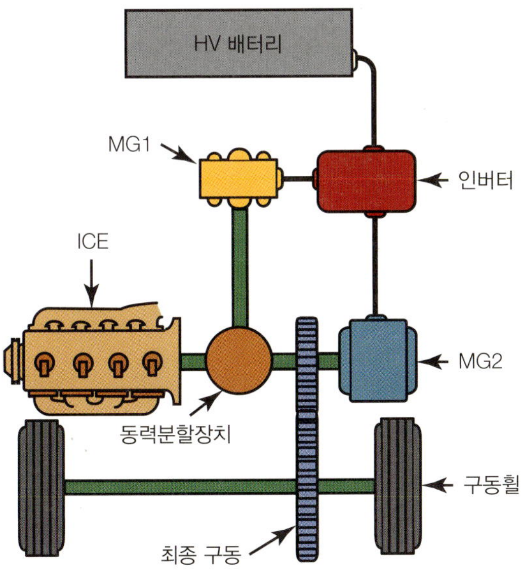

그림 17-19 차량이 정지하면 ICE와 모터/발전기가 모두 차단된다.

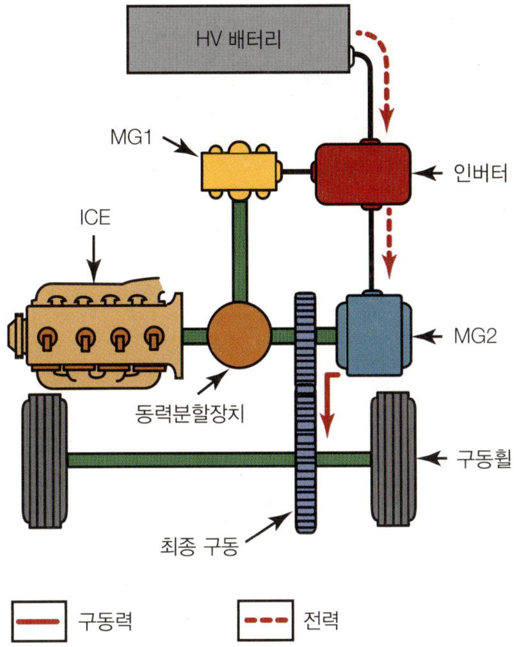

그림 17-20 가벼운 가속도에서는 차량을 움직이기 위해 전원이 MG2로 전송된다.

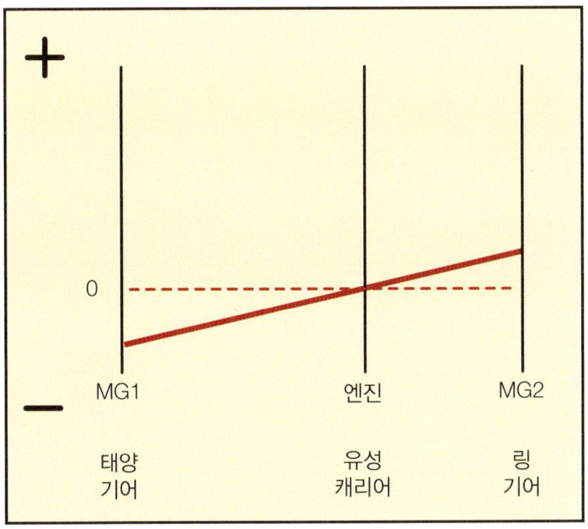

그림 17-21 가벼운 가속하에서 엔진은 정지(0 RPM)하고 MG2는 전진하고(+) MG1은 후진한다(−).

그림 17-22 ICE를 시작하기 위해 MG1(태양)은 모터 역할을 하고 시계 방향(CW)으로 회전하고, (ICE에 부착된)유성 캐리어도 CW로 회전하게 한다.

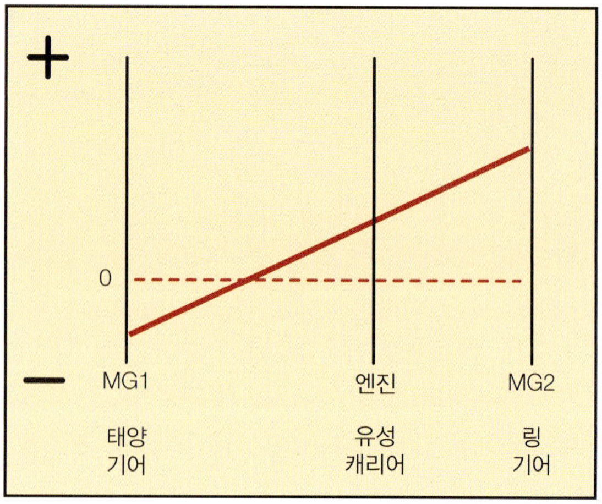

그림 17-24 일반 운전: 엔진이 작동 중이고, MG2가 전진하고(+), MG1이 후진(−)한다.

계 방향으로 회전해야 한다. 이 시간 동안 MG1을 모터로 구성할 수 있으며 에너지 재순환 단계 동안 MG2에서 동력을 끌어온다. ● **그림 17-25, 그림 17-26 참조**

- 감속 및 제동: 차량이 감속함에 따라 MG2가 발전기로 구성된다. 차량의 운동 에너지(이동 에너지)는 MG2에 의해 전기 에너지로 변환된다. ICE와 MG1이 차단되고 MG2의 전류가 인버터를 통해 전송되어 HV 배터리를 재충전하는 데 사용된다.

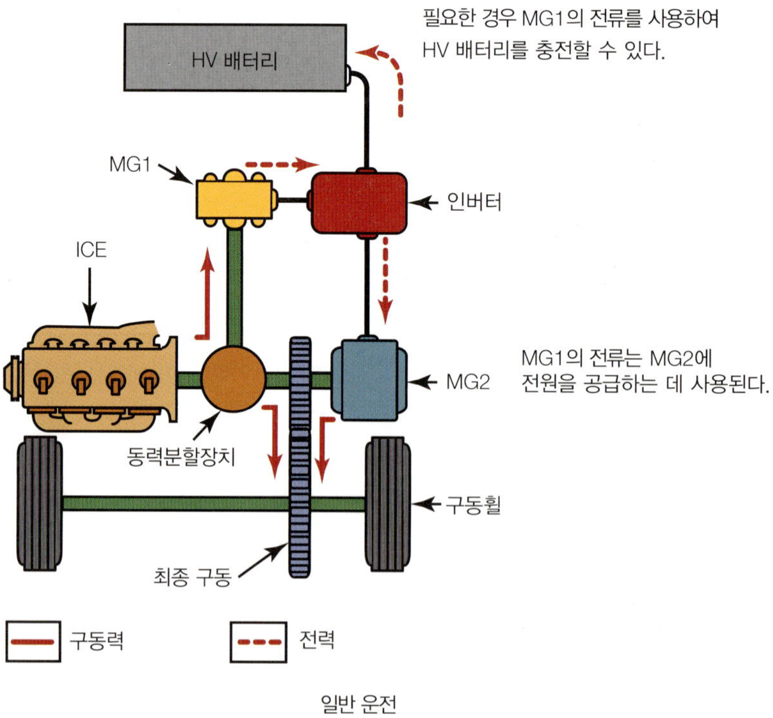

그림 17-23 일반 운전: ICE가 이제 실행 중이며 일부 토크가 MG1을 구동하는 데 사용된다. MG1에서 생성된 전기는 MG2에 동력을 공급하거나 HV 배터리를 재충전하는 데 사용된다.

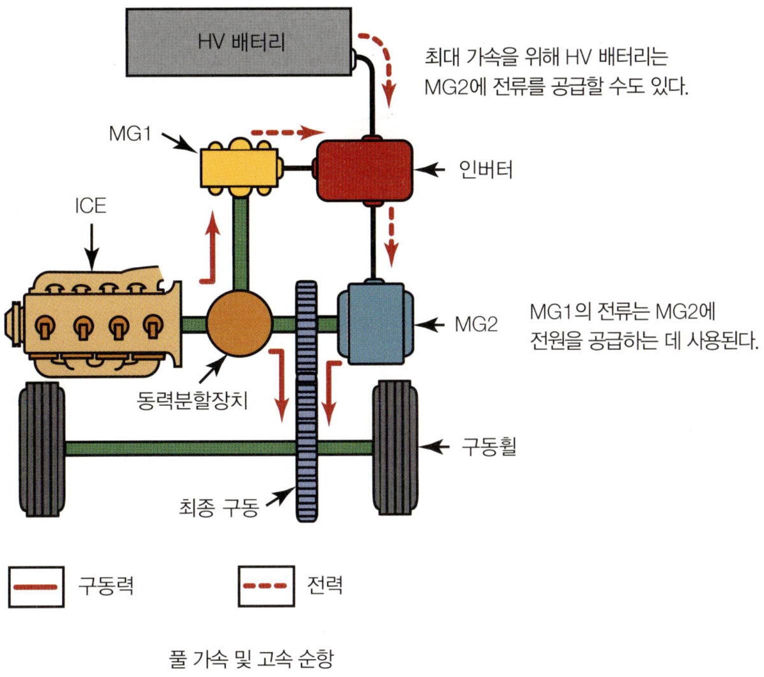

그림 17-25 풀 스로틀 가속 및 고속 순항: 가속에 대한 수요가 증가함에 따라 MG1의 동력이 HV 배터리의 동력과 결합되어 MG2에서 더 높은 출력을 생성한다. MG2를 발전기로 구성하고 그 동력을 MG1(이후 모터 역할을 함)에 보내는 것도 가능하다.

● **그림 17-27 참조**

- 반전: 역방향을 선택하면 HV 배터리에서 인버터로, 그리고 MG2로 전원이 공급된다. MG2는 차량을 후진하기 위해 반대 방향으로 작동하지만 이때 구동 시스템의 다른 구성 요소는 꺼진다. 차량이 후진할 때는 ICE가 작동하지 않다. ● **그림 17-28 참조**

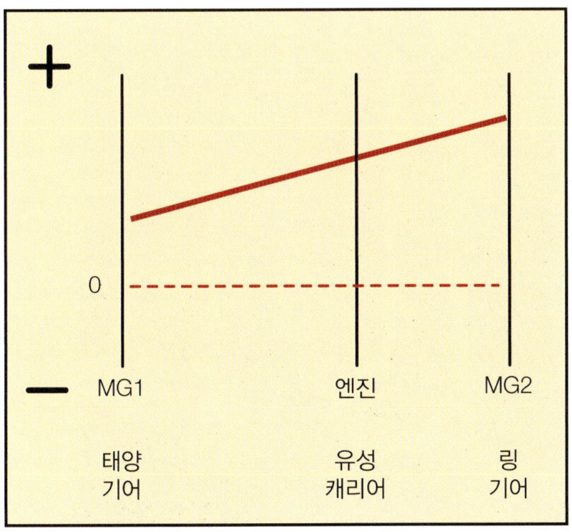

그림 17-26 풀 스로틀 가속 및 고속 순항: 이 그래프는 MG2의 동력을 사용하여 모터 역할을 하는 MG1을 보여준다. 이렇게 하면 ICE의 속도가 증가하여 더 높은 출력을 생성할 수 있다.

구성 토요타 동력 분할 트랜스액슬은 두 개의 주요 어셈블리로 구성된 알루미늄 케이스로 제작되었다. 이들은 MG1 어셈블리와 MG2 어셈블리로 알려져 있으며 각각 해당 모터/발전기를 수용한다.

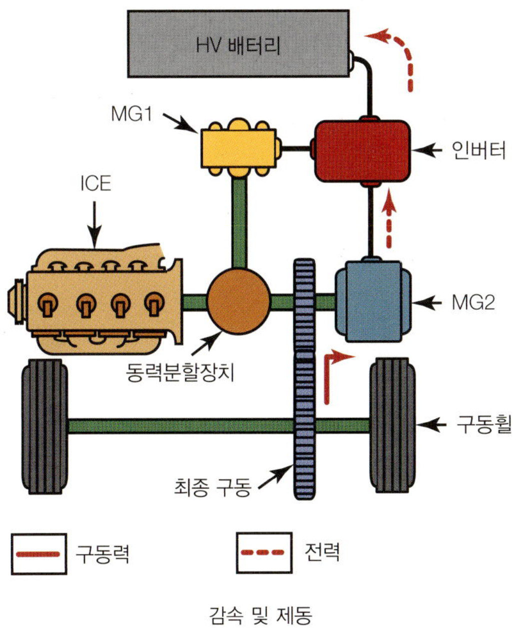

그림 17-27 감속 및 제동: MG2는 발전기로 구성되어 HV 배터리를 재충전한다.

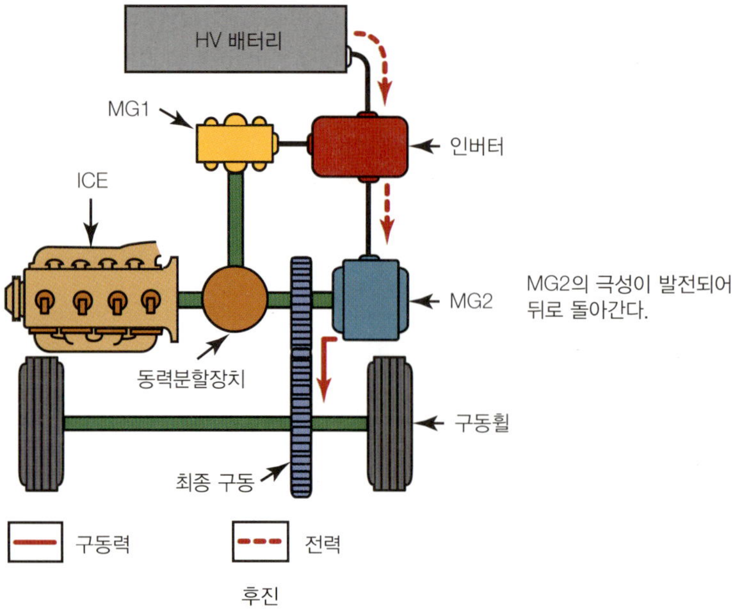

그림 17-28 후진: MG2만 사용하여 차량을 후진으로 이동한다. 이는 MG2의 방향을 반대로 함으로써 달성된다.

각 모터/발전기는 두 가지 기능을 수행한다.

- MG1: ICE를 작동시키고 전류를 생성하여 고전압 배터리를 충전하는 데 사용된다.
- MG2: 차량을 추진하고 감속 중에 고전압 배터리를 충전하는 데 사용된다.

이러한 주요 어셈블리 각각에는 자체 워터 재킷이 있어 하우징의 모터/발전기 권선을 냉각하는 기능이 있다. 각 주요 어셈블리에는 두 개의 워터 재킷 유니온이 있고, 이는 별도의 인버터 냉각 시스템에서 모터로 냉각수를 보낸다. ● **그림 17-29 참조**

(a)

(b)

그림 17-29 (a) 냉각수는 벨하우징 영역의 링 아래에서 순환하여 MG1에서 생성된 열을 제거한다. (b) MG2에서 발생하는 열을 제거하기 위해 변속기 후면 근처의 통로에서 냉각수를 순환시킨다.

다음 구성 요소는 공통 축에 조립된다.

- 내연기관(ICE)
- MG1
- 동력분할장치
- MG2
- 오일 펌프

최종 드라이브는 두 개의 주요 어셈블리 사이에 위치하며 전면 구동 휠에 토크를 전달하기 위해 기존의 개방형 차동 장치를 활용한다. 체인 드라이브는 동력 분할 장치의 링 기어를 카운터 드라이브 기어에 연결하며, 이는 차동 어셈블리의 링 기어와 맞물리는 카운터 구동 기어를 구동한다. ● **그림 17-30 참조**

이 시스템은 기존의 클러치나 토크 컨버터를 사용하지 않는다. 이 설계를 사용하면 입력 샤프트에서 엔진을 분리할 필요가 없다. MG1(태양 기어)을 발전기로 사용하면 차량이 정지(링 기어 정지)된 상태에서도 어떤 속도로든 엔진이 회전할 수 있기 때문이다. ICE는 댐퍼 디스크 메커니즘을 통해 트랜스액슬 입력 샤프트에 직접 연결된다. ● **그림 17-31 참조**

트랜스액슬 오일 펌프는 MG2 어셈블리 후면에 위치하며 ICE의 입력 샤프트에 부착된다. ● **그림 17-32 참조** ICE가 작동 중일 때만 펌프에 의해 오일이 순환된다.

차량이 MG2로만 구동되는 경우 트랜스액슬은 최종 구동 기어의 움직임에 따라 비말 윤활 처리된다. 2001~2003년형 프리우스용 트랜스액슬에는 케이블로 작동되는 주차 잠금 장치가 있다. 이는 2004년 모델부터 전기로 작동되는 메커니즘으로 교체되었다. ● **그림 17-33 참조**

그림 17-30 전면 덮개를 제거한 후 최종 드라이브 어셈블리의 구성 모습

그림 17-31 플라이휠과 클러치 어셈블리는 엔진과 변속기 사이의 완충 장치 역할을 한다.

그림 17-32 커버가 제거되면 변속기 오일 펌프가 변속기 후면에 보인다.

정비 지정된 간격으로 수행해야 하는 정비 절차에는 트랜스액슬 오일 및 인버터(고전압) 시스템용 냉각수 교체가 포함된다. 트랜스액슬 어셈블리 하단에는 두 가지 모두를 위한 배수 플러그가 있다. 트랜스액슬 오일은 케이스 전면에 있는 구멍을 통해 보충되며, 레벨은 구멍 바닥에서 지정된 거리까지 올라간다. 냉각수는 인버터 어셈블리에 있는 저장소에서 재충전되며 차량 정비 전에 적절하게 냉각수를 빼내야 한다. 차량을 정비할 때는 항상 권장되는 유체 및 절차를 따른다.

그림 17-33 전자 작동 주차 잠금 장치는 2004년 모델부터 외부에 장착된다.

NOTE: 인버터 냉각 시스템을 재충전하는 가장 빠르고 안정적인 방법은 공기 리프트 유체 교환 기계를 사용하는 것이다. 이는 냉각 시스템을 진공 상태로 만든 다음 진공 시스템에 냉각수를 주입한다. 이 방법은 시스템을 빠르게 채우고 기포를 제거한다.

토요타 하이브리드 eCVT 변속기

목적과 기능 토요타 전자 제어 무단 변속기(eCVT)는 토요타 동력 분할 변속기와 유사하다. 그러나 MG1이 엔진과 트랜스액슬의 최종 구동 장치 사이의 기어비를 제어할 수 있도록 다르게 제작되었다. 이를 통해 최적의 엔진 RPM을 유지하여 ICE가 작동 중일 때 이상적인 배기관 배출 및 연비를 달성한다. 토요타는 이 변속기를 용도에 따라 P610과 P710이라고 부른다.

설명과 작동 eCVt 변속기는 엔진과 MG1 사이에서 유성 기어 세트를 사용하여 최종 구동에 대한 기어비를 제어한다. 이러한 배열을 통해 ICE는 구동 휠에 동력을 공급할 수 있다. 기어 세트의 유성 캐리어는 엔진 크랭크축에 연결되어 엔진과 동일한 속도로 회전한다. 변속기 오일 펌프도 유성 캐리어에 연결되어 ICE가 작동할 때 윤활 압력을 제공한다. 유성 기어의 태양 기어는 MG1에 연결되어 있다. 기어 세트의 링 기어는 최종 구동 어셈블리의 피니언을 회전시켜 차량을 이동시키는 카운터 기어와 연결된다.

그림 17-34 기어 세트는 최종 구동 어셈블리에 동력을 전달하는 데 사용된다.

MG1의 속도와 방향에 따라 변속기가 작동하는지, 언더드라이브(UD), 다이렉트 드라이브 또는 오버드라이브(OD) 작동 모드로 작동하는지 여부가 결정된다. MG1의 작동은 변속기 내에서 무한 가변 비율을 제공하며 기존 벨트 및 풀리 시스템의 필요를 없애준다. MG1은 ICE를 시작하고, 고전압 배터리용 전원을 생성하고, 필요한 경우 MG2에 전원을 공급하는 데 사용된다. ● **그림 17-34 참조**

MG2는 카운터 기어를 통해 최종 구동 어셈블리에 연결되어 전기 모드에서 차량을 움직인다. MG2는 감속 시 발전기로 작동하여 회생 제동을 제공한다.

하이브리드 전기 리어 액슬

목적과 기능 전자식 리어 액슬은 후방 구동축을 사용하지 않고 AWD 시스템에 사용된다. 예를 들어, RAV4와 하이랜더에 사용된 토요타 Q211과 제조사에 상관없이 오늘날 사용되는 거의 모든 시스템은 비슷한 디자인이다. 변경되는 유일한 항목은 전기 모터의 킬로와트 정격에 따른 구성 요소의 크기이다. 전기 리어 액슬은 토요타가 MGR(모터 제너레이터 리어)이라고 부르는 단일 모터를 사용한다. ● **그림 17-35 참조**

전기 리어 액슬에는 세 가지 작동 모드가 있다.

- 시동 모드: 리어 액슬은 최대 약 3 MPH까지 소량의 토크를 제공한다.
- 모드 2: 일반 운전 중에는 앞바퀴 미끄러짐이 감지되지 않는 한 토크가 전달되지 않는다.
- 모드 3: 감속 시 추가 회생 제동을 제공한다.

그림 17-35 리어 액슬 어셈블리의 단면도는 전기 모터와 전달 기어의 배열을 보여준다.

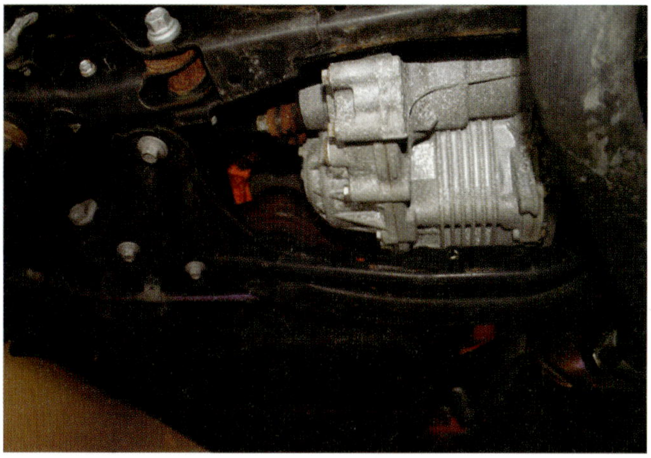

그림 17-36 전륜구동 HEV인 토요타 RAV4 하이브리드의 후면 모터 장치

설명과 작동 전기 리어 액슬이 장착된 차량은 세 개의 전기 모터를 제어하는 특수 인버터를 사용한다. 장치는 3-피스 케이스에 들어 있다. 이 장치는 자동 변속기 오일로 채워져 있으며 스플래시 윤활 및 냉각에 의존한다. 최종 구동의 링 기어가 회전하면 변속기 오일이 전기 모터를 포함한 장치 전체에 발생하는 모든 열을 흡수한다. 열은 케이스 외부에 성형된 냉각 핀을 통해 방출된다. Q211의 전기 모터 정격은 67마력(55 kW)이다. 이것의 상태, 속도 및 위치는 기술자가 교체 장치를 교정할 수 없기 때문에 정비할 수 없는 리졸버에 의해 결정된다. 전기 모터 고정자에는 하이브리드 제어 모듈에 피드백을 제공하는 온도 센서가 포함되어 있다. MGR의 로터는 회전하면서 MGR 구동 기어를 회전시킨다. MGR 구동 기어는 최종 구동 어셈블리의 링 기어를 돌리는 카운터 기어를 돌린다. 각각의 후면 하프 샤프트는 최종 구동 어셈블리에 스플라인으로 연결된다. 장치에는 유체를 정비해야 하는 경우를 대비해 유체 보충 플러그, 배출 플러그 및 레벨 점검 플러그가 포함되어 있다. ● **그림 17-36 참조**

정비 기술 팁

더 나은 연비를 위해 사륜구동 하이브리드를 선택한다

토요타/렉서스 하이브리드의 사륜구동 버전은 일반적으로 전륜구동 버전에 비해 연비가 더 좋다. 그 이유는 감속 시 후방 모터를 이용해 전기 에너지를 다시 고전압 배터리로 공급하기 때문이다. 이 후방 전기 모터는 MG2와 함께 재생에 사용된다.

하이브리드 변속기 진단

관련 단계 하이브리드 자동차(HEV) 변속기 문제를 진단할 때 다음 단계를 수행한다.

1단계: 첫 번째 단계로 고객 불만사항을 확인한다.

2단계: 유체 레벨 및 상태를 확인한다.

3단계: 저장된 진단 문제 코드(DTC)를 확인한다.

4단계: 관련 기술 서비스 게시판(TSB)이 있는지 확인한다.

5단계: 적응 값 확인을 포함하여 자기진단기 데이터를 확인한다. ● **그림 17-37 참조**

6단계: 최근 사고로 인한 피해, 이전의 수리, 기타 문제 점검 등을 포함한 육안 검사를 수행한다.

7단계: 공장 또는 향상된 애프터마켓 자기진단기를 사용하여 변속기의 양방향 제어를 수행하여 작동을 확인한다. 이는 문제가 변속기/트랜스액슬 내부에 있는지 외부에 있는지 확인하는 데 도움이 된다.

8단계: 문제의 근본 원인을 찾아 해결한다.

차량 서비스를 받기 위해 항상 지정된 진단 및 수리 절차를 따른다.

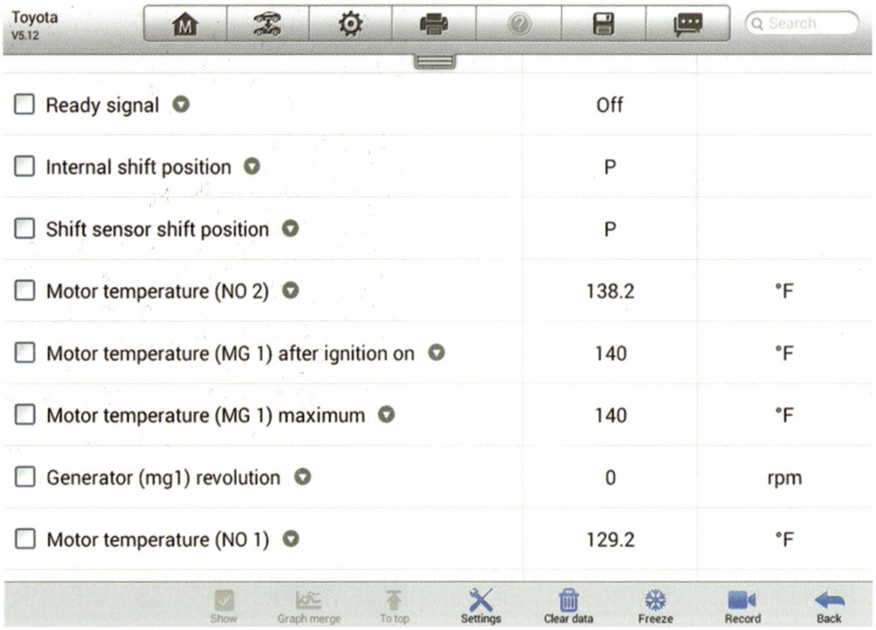

Ready signal	Off	
Internal shift position	P	
Shift sensor shift position	P	
Motor temperature (NO 2)	138.2	°F
Motor temperature (MG 1) after ignition on	140	°F
Motor temperature (MG 1) maximum	140	°F
Generator (mg1) revolution	0	rpm
Motor temperature (NO 1)	129.2	°F

그림 17-37 변속기 제어 모듈의 데이터 디스플레이에는 다양한 센서와 스위치의 실시간 값이 표시된다.

전기 자동차 변속기

가속도 대 최고 속도 대부분의 생산 전기 자동차는 단일 속도 변속기를 사용한다. ICE는 효율적으로 작동할 수 있는 RPM 범위가 좁기 때문에 많은 기어가 필요하다. 전기 모터의 경우 해당 창이 훨씬 더 넓기 때문에 단일 속도는 저속 가속 및 고속도로 주행 모두에 적합하다. 어느 정도 타협이 필요하므로 EV 제조업체는 일반적으로 최고 속도 대신 최적의 저속 가속을 위해 시스템을 설계한다. 대부분의 전기 자동차의 최고 속도는 110~125 MPH(180~200 km/h)이다. 최고 속도에서 전기 모터 RPM은 제조사와 모델에 따라 10,000 RPM과 18,000 RPM이다.

단일 속도 기어링 모터와 드라이브트레인의 목적은 배터리 동력을 실제 휠 동력으로 변환하는 비율을 높이는 것이다. 에너지 변환 효율의 1% 포인트마다 범위가 2% 더 늘어난다. 대부분의 순수 전기 차량에는 단일 속도 변속기/트랜스액슬만 장착되어 있지만 뛰어난 성능과 최대 230 lb-ft(315 Nm)의 모터 토크와 188 HP(140 kW)의 최대 출력을 제공할 수 있다.

포드 머스탱 마하-E 보그워너(BorgWarner)는 포드 머스탱 마하-E에 사용되는 통합 드라이브 모듈(iDM)을 생산하고 있다. iDM은 다음 구성 요소를 포함하는 하나의 콤팩트 어셈블리로 구성된다.

- 전기 견인 모터
- 단일 속도 변속기
- 열 관리 시스템(액체 냉각)
- 모터 및 동력 전자 장치

iDM은 평행축 기어링을 사용하는 대신 전기 모터와 동일한 축에 출력이 있는 동심 설계를 특징으로 하여 더욱 콤팩트한 패키지를 제공한다.

쉐보레 볼트 쉐보레 볼트 구동 장치는 전기 모터와 최종 구동 어셈블리로 구성된다. ● **그림 17-38 참조**

그림 17-38 쉐보레 볼트에 설치된 전기 모터 및 최종 구동 어셈블리

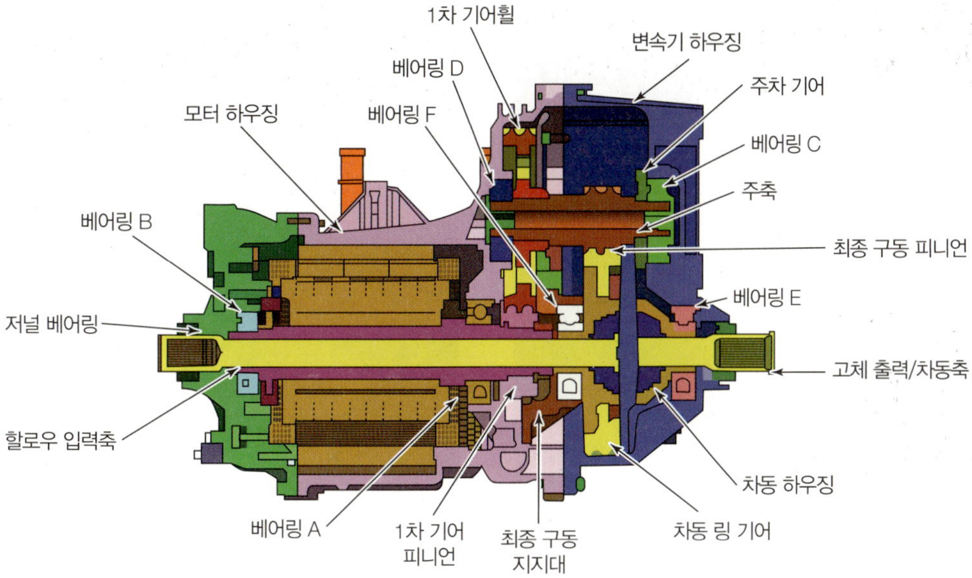

그림 17-39 쉐보레 볼트 전기 모터 및 최종 구동 어셈블리의 CATIA 제도

전기 모터는 영구 자석 동기 AC 모터이다. 정격 출력은 150 kW, 최대 회전 속도는 8,810 RPM(2017년식 사양)이다. 구동 장치의 최종 구동부는 전기 모터 출력단의 구동 기어, 메인 샤프트 및 차동 어셈블리에 장착되는 링 기어로 구성된다. ● **그림 17-39 참조**

최종 구동 어셈블리는 전기 모터와 구동 휠 사이에 7.05:1의 기어 감속을 제공한다. 구동 장치는 Dexron HP 변속기 오일을 사용하여 내부적으로 윤활 및 냉각된다. ● **그림 17-40 참조**

열은 냉각수를 사용하여 변속기에서 외부 라디에이터로 전달된다. ● **그림 17-41 참조**

구동 장치는 지정된 절차와 제너럴 모터스가 제공한 특수 도구로 완벽하게 정비할 수 있다.

닛산 리프 리프의 파워트레인의 중심에는 3단계의 AC 전기 모터가 있다. 80 kW의 동력을 생산하며 0.1초 이내에 최대 토크를 생산할 수 있다. 이 모터에는 고밀도 고정자 권선이 있는 영구 자석 회전자 코어가 있다. 206.5파운드-피트의 토크를 생성하고 무

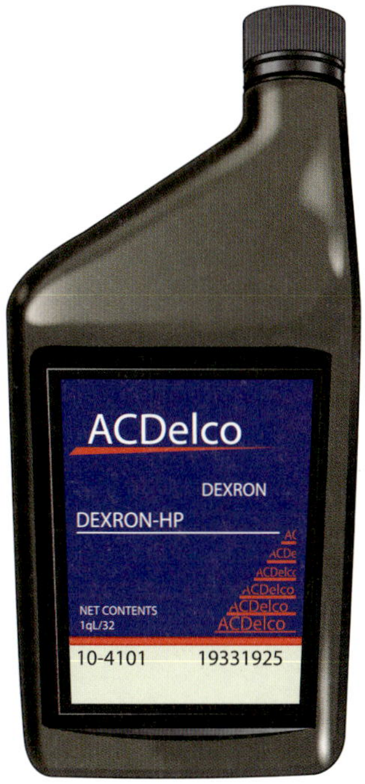

그림 17-40 Dexron HP 합성 변속기 오일은 볼트 최종 구동 어셈블리용으로 지정되었다.

그림 17-41 냉각수는 왼쪽 호스를 통해 들어가고 열을 흡수하는 통로를 통해 이동한 후 오른쪽 호스를 통해 라디에이터로 나간다.

그림 17-42 2011년형 닛산 리프에 설치된 전기 모터 어셈블리와 감속기

그림 17-43 리졸버의 외부 연결

게는 129파운드이다. ● **그림 17-42 참조**

VCM(차량 제어 모듈)에 회전자 위치와 속도를 입력하기 위해 리졸버가 통합되어 있다. 제조상의 변화를 수정하기 위한 리졸버 교정 데이터가 트랙션 모터 하우징에 인코딩되어 있다. ● **그림 17-43 참조**

리프에는 기존 변속기 대신 견인 모터의 토크를 구동 휠로 전달하는 감속기가 통합되어 있다. 감속기는 낮은 모터 속도와 높은 모터 속도 모두에서 이상적인 토크를 제공하도록 모터 출력을 지시한다. 작고 가벼운 감속기는 마찰로 인한 에너지 손실을 최소화한다. 리프의 감속기는 전기 구동 모터에 연결된다. 구성품으로는 입력 기어, 메인 기어, 메인 샤프트, 파이널 기어, 차동 장치, 파킹 유닛 등이 있다. ● **그림 17-44 참조**

닛산은 현재 전기 모터 조립용 내부 부품을 서비스하고 있지 않으나, 감속기를 수리하는 절차가 있다. 주기적인 유지관리에 따라 감속기의 오일 레벨을 검사해야 한다. 오일 레벨이 낮은 것으로 확인되면 닛산 순정 Matic Fluid S를 원하는 레벨까지 채워야 한다. 감속기는 약 1.1리터의 윤활유를 담는다.

2단 기어링 원래 테슬라 로드스터는 2단 변속기가 특징이었으며 현재 포르쉐 타이칸에도 2단 변속기가 사용되고 있다. 전기 자동차에 다단 변속기를 사용하면 가솔린 자동차와 동일한 이점을 얻을 수 있는데, 저속 가속도가 향상되고, 고속에서는 전기 모터의 회전 속도가 낮아져 효율이 높아진다. 포르쉐 타이칸의 후방 기어박스는 단일 유성 기어 세트와 두 개의 클러치를 사용하여 비율 변경을 생성한다. 하나의 클러치는 후방 모터를 완전히 분리하는 데 사용되므로 전방(단일 속도) 차축만 사용하여 효율적인 주행이 가능하다. 대부분의 주행에서 타이칸은 리어 액슬을 최고 기어로 작동한다. 1단 기어 시동은 스포츠 또는 스포츠 플러스 모드에서 발생한다.

? 자주 묻는 질문

중립으로 전환하면 어떻게 되는가?

중립을 선택하면 전원 연결만 끊어질까? 아니면 모터가 자유롭게 회전할까? 중립에서는 전기 견인 모터에 전원이 공급되지 않는다. 모터는 절대 분리되지 않는다.

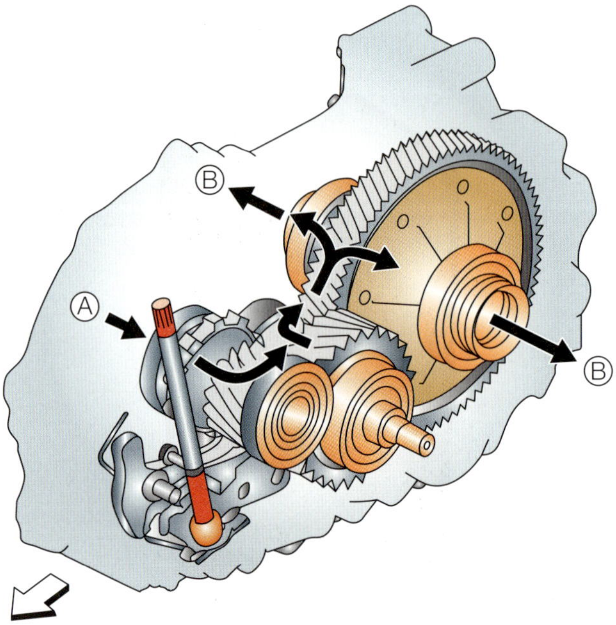

그림 17-44 감속기를 통한 동력 흐름

요약

1. 변속기는 정차 상태에서 차량을 가속하기 위해 구동 휠에 토크를 가하고, 더 높은 속도에서는 엔진이 효율적으로 작동할 수 있도록 동력을 제공하는 역할을 한다.
2. 차량을 움직이기 위해서는 구동 휠에 토크를 가해야 한다.
3. 기존 자동변속기를 하이브리드 파워트레인에 적용하기 위해 내연기관(ICE) 공회전 정지 시 변속기의 유체 압력을 유지하기 위해 전기식 보조 펌프가 사용된다.
4. 동력 분할 트랜스액슬은 직렬-병렬 하이브리드 기술이다. 차량 작동의 대부분 단계에서 시스템은 동시에 직렬 및 병렬로 작동한다.
5. 각 모터/발전기는 두 가지 기능을 수행한다. MG1은 ICE를 작동시키고 전류를 생성하여 고전압 배터리를 충전하는 데 사용된다. MG2는 차량을 추진하고 감속 중에 고전압 배터리를 충전하는 데 사용된다.
6. eCVT 설계 변속기는 벨트나 체인을 사용하지 않는 대신 평행 기어 설계를 사용한다.
7. 대부분의 순수 전기 자동차에는 단일 속도 변속기/트랜스액슬만 장착되어 있다.
8. 전기 자동차에 다단 변속기를 사용하면 가솔린 자동차와 동일한 이점을 얻을 수 있어 저속 가속도가 향상되고, 고속에서는 전기 모터의 회전 속도가 낮아져 효율이 높아진다.

복습 문제

1. FWD, RWD, AWD 파워트레인 구성의 차이점은 무엇인가?
2. 변속기가 어떻게 토크를 전달하고 연비를 최적화하는지 설명하라.
3. 토요타의 동력 분할 시스템이 어떻게 구동 휠에 동력을 전달하는지 설명하라.
4. 전기 자동차의 1단 기어와 2단 기어의 차이점은 무엇인가?
5. 일반적인 전기 자동차의 단일 속도 변속기 작동을 설명하라.

마무리 퀴즈

1. GM 2-모드 하이브리드 자동차에서 전기 모드만으로 차량의 동력을 공급할 수 있는 경우는 언제인가?
   a. 첫 번째 모드 동안
   b. 두 번째 모드 동안
   c. 첫 번째 또는 두 번째 모드 동안
   d. 모드에 관계없이 고부하 조건 동안
2. 다음 중 하이브리드 차량에 사용되는 자동 변속기의 수정에 포함되는 것은 무엇인가?
   a. 전기 보조 변속기 유체 펌프
   b. 수정된 토크 컨버터 잠금 일정
   c. 유압 충격 저장 누적기
   d. 위 보기 모두
3. 토요타/렉서스 하이브리드 전기 자동차에서 역방향은 어떻게 달성되는가?
   a. ICE는 방향을 바꾸고 구동 휠에 동력을 공급한다.
   b. MG2는 차량을 역방향으로 구동하는 데 사용된다.
   c. MG1은 차량을 역방향으로 구동하는 데 사용된다.
   d. 모델과 연도에 따라 b 또는 c
4. 전기 리어 액슬이 장착된 FWD 하이브리드 자동차에 대한 설명으로 맞는 것은?
   a. 전륜구동 기능을 가지고 있다.
   b. 특수 인버터를 사용한다.
   c. 액슬 유닛을 위한 별도의 리졸버와 온도 센서가 있다.
   d. 위 보기 모두 정답

5. 전기 자동차 변속기 어셈블리의 최종 구동 어셈블리에 대한 설명으로 맞는 것은?
   a. 전기 모터에서 구동 휠로 토크를 전달한다.
   b. 저속 및 고속에서 이상적인 토크를 생성하기 위해 모터 속도를 줄인다.
   c. 어셈블리를 위한 주차 메커니즘을 제공한다.
   d. 위 보기 모두 정답

6. 하이브리드 자동차 변속기 진단의 첫 번째 단계는 무엇인가?
   a. 유체 레벨을 확인한다.
   b. 고객의 불만사항을 확인한다.
   c. 문제 코드를 확인한다.
   d. 기술 서비스 게시판(TSB)을 확인한다.

7. 토요타/렉서스 하이브리드 자동차에서 MG1의 목적은 무엇인가?
   a. ICE 구동
   b. HV 배터리 충전
   c. MG2에 추가 동력 제공
   d. 위 보기 모두

8. 토요타/렉서스 동력 분할 하이브리드 시스템의 오일 펌프에 대한 설명으로 맞는 것은?
   a. ICE가 작동 중일 때에만 회전한다.
   b. MG2 뒤의 변속기 후면 커버에 있다.
   c. MG2가 작동 중일 때에만 회전한다.
   d. a와 b 모두 정답

9. 포드/링컨 10R80 MHT 변속기의 전기 모터가 제공하는 것으로 맞는 것은?
   a. 스톱-스타트 기능
   b. 추가 동력
   c. 추가 저속 토크
   d. 위 보기 모두 정답

10. GM 병렬 하이브리드 트럭의 특징으로 맞는 것은?
   a. 스톱-스타트 기능
   b. 회생 제동
   c. 완전 전기 모드
   d. a와 b 모두 정답

Chapter 18

EV와 HEV 운전자 보조 시스템

학습 목표

- 첨단 운전자 보조 시스템의 목적과 기능을 설명할 수 있다.
- 사각지대 모니터와 주차 보조 장치 및 셀프 주차 시스템에 대해 논의할 수 있다.
- 차선 이탈 경고와 차선 유지 보조 시스템에 대해 설명할 수 있다.
- 적응형 크루즈 컨트롤 시스템이 어떻게 작동하는지 설명할 수 있다.
- 후측방 경고 시스템에 대해 논의할 수 있다.
- 자동 비상 제동 및 충돌 전 시스템에 대해 설명할 수 있다.
- 첨단 운전자 보조 시스템의 진단 및 보정 절차를 설명할 수 있다.

핵심 용어

빛 감지 및 범위 지정
사각지대 모니터(BSM)
셀프주차
인간-기계 인터페이스(HMI)
인공지능(AI)
자동 비상 제동(AEB)
적응형 크루즈 컨트롤(ACC)
전자기 주차 센서(EPS)
주차 보조 시스템
지능형 속도 조언(ISA)
차선 유지 보조(LKA)
차선 이탈 경고 시스템(LDWS)
첨단 운전자 보조 시스템(ADAS)
초음파 물체 센서
햅틱 액추에이터
후측방 경고(RCTW)

첨단 운전자 보조 시스템

운전자 보조의 기초 전기 자동차 또는 하이브리드 자동차의 기존 시스템 중 상당수는 다음을 포함한 운전자 보조 시스템의 기초이기도 하다.

- 엔진 구동 유압 펌프 없이 전자식 파워 스티어링(EPS)을 통해 운전자가 차량을 손쉽게 조종할 수 있으며, 또한 운전자 보조 시스템을 통해 차량이 차선을 벗어나면 다시 차선으로 돌아오게 차량을 조종할 수 있게 한다.
- 잠김 방지 제동 시스템(ABS)을 통해 운전자는 미끄러운 도로를 안전하게 운전할 수 있으며, 비상 브레이크 보조 시스템의 일부로서 장애물이 감지되었을 경우 차량을 긴급 정지할 수 있다.
- 전자 스로틀 제어(ETC) 시스템을 통해 운전자는 부드러운 가속을 할 수 있으며, 적응형 크루즈 컨트롤 시스템 작동 시 적절한 차간 거리를 유지할 수 있다.

목적 **첨단 운전자 보조 시스템**(advanced driver assist systems, ADASs)의 목적은 다음을 함으로써 운전자에게 도움을 주는 시스템을 제공하는 것이다.

- 중앙선에 너무 가까워지거나 도로 오른쪽으로 너무 멀어지는 등의 잠재적인 문제를 운전자에게 경고한다.
- 앞차와의 거리를 확보하는 동시에 가속 페달을 밟아 설정된 속도를 유지하는 등 운전자가 올바른 운전 습관을 유지할 수 있도록 도와준다.
- 앞차가 급정거하는 경우 운전자가 충돌을 피할 수 있도록 도와준다.
- 주차 보조 시스템을 통해 전면 또는 후면 범퍼와 물체가 가까워지면 초음파 센서가 이를 감지해 더 안전하게 주차하도록 도와준다.

CAUTION: 첨단 운전자 보조 시스템은 운전자 지원으로서 설계되었으며 운전자를 대체하도록 설계되지 않았다. 주변 상황을 항상 파악하고 차량을 제어할 수 있는 것은 운전자의 책임이다.

인간–기계 인터페이스(HMI)

정의 과거에는 **인간–기계 인터페이스**(human-machine interface, HMI)가 매우 기본적이었다. 차량(기계)이 무엇을 하고 있는지 운전자에게 알려주기 위해 차량에는 다음과 같은 기능이 대부분 장착되어 있었기 때문이다.

- 속도계
- 연료량 게이지(HV 배터리 충전량)
- 외기 온도
- 타이어 공기압
- 계기판/대시보드 경고 아이콘

소통 방법 첨단 기술이 적용된 차량은 다음을 사용하여 운전자 또는 탑승자와 통신해야 한다.

1. 시각적 디스플레이(눈)
2. 소리
3. 촉각(진동을 생성하기 위해 오프셋 웨이트를 회전시키는 DC 모터를 사용하여 생성되는 시트 또는 스티어링 휠의 '햅틱' 피드백 진동이라 부름)

관련된 하드웨어는 다음을 포함한다.

1. 디스플레이
2. 스피커
3. 마우스, 조이스틱, 터치스크린 등의 입력 장치
4. 음성 명령을 위한 마이크

? 자주 묻는 질문

디지털 디스플레이를 어떻게 재부팅하는가?

대부분의 전기 자동차의 경우 후드 아래 응급 구조대 루프를 당긴 다음 퓨즈 박스 옆의 음극 배터리 단자를 분리한다. 5분 정도 기다린 후 배터리 단자를 다시 연결하고 응급 구조대 루프를 다시 연결한다.

테슬라 모델 3에서는 디스플레이가 재부팅될 때까지 스티어링 휠의 두 스크롤 휠을 모두 누른다. 스티어링 휠 양쪽에 있는 두 스크롤 휠을 최대 10초 동안 길게 누르면 메인/중앙 화면이 재부팅된다. 터치스크린이 꺼질 때까지 양쪽 스크롤 휠을 누르고 있으면 소프트 재부팅이 수행된다. 하드 재부팅은 동일한 작업을 수행하지만 터치스크린에 테슬라 로고가 나타날 때까지 브레이크 페달을 누르고 있는 것으로 알려져 있다. '재부팅'의 또 다른 변형은 터치스크린에서 자동차 전원을 끄고 몇 분 동안 그대로 두는 것이다(차 안에 있어야 함).

머스탱 마하 E에서 SYNC 4 시스템을 재부팅하려면 볼륨 낮추는(Volume Down) 버튼과 앞으로(Forward) 탐색 버튼을 누른다. 화면이 재부팅될 때까지 두 버튼을 동시에 눌러준다.

그 뒤에서 소프트웨어는 방대한 양의 정보를 분류하고 이를 운전자가 필요에 따라 상황을 이해하고 대응할 수 있는 수준으로 줄이는 데 사용된다.

사각지대 모니터

기능과 용어 **사각지대 모니터**(blind spot monitor, BSM)는 차량 측면과 후방에 있는 다른 차량을 감지하는 차량 기반 센서 장치이다. 경고는 다음 중 하나일 수 있다.

- 시각: 일반적으로 외부 백미러 중 하나 또는 둘 모두에 경고등이 있다. ● **그림 18-1 참조**
- 가청: 일반적으로 경고음 또는 부저 소리가 난다.
- 진동(촉각): **햅틱 액추에이터**(haptic actuator)라고 하는 진동이 스티어링 휠이나 운전석에 자주 발생한다. ● **그림 18-2 참조**

사용되는 용어는 차량 제조업체에 따라 다르며 다음을 포함한다.

- 어큐라: 사각지대 정보(BSI)
- 아우디: 사이드 어시스트
- BMW: 능동형 사각지대 감지
- 뷰익: 측면 사각지대 경고
- 캐딜락: 측면 사각지대 경고
- 쉐보레: 측면 사각지대 경고

그림 18-1 사각지대 모니터링 시스템은 일반적으로 사이드미러 또는 사이드미러 근처의 'A' 필러에 있는 경고 시스템을 사용하여 잠재적인 사각지대에 차량이 있음을 운전자에게 경고한다.

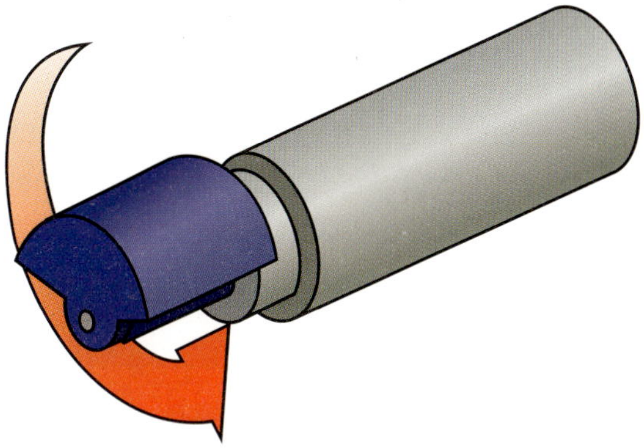

그림 18-2 좌석이나 운전대를 흔들리게 하는 액추에이터를 햅틱 액추에이터라고 한다. 진동은 균형이 맞지 않는 무게의 DC 모터를 사용하여 생성된다. 모터가 회전하면 진동이 발생한다.

닷지: 사각지대 모니터링
피아트: 사각지대 모니터링
포드: 사각지대 정보 시스템(BLIS)
GMC: 측면 사각지대 경고
혼다: 차선 감시 시스템
현대자동차: 사각지대 감지
인피니티: 사각지대 개입 시스템
지프: 사각지대 모니터링
랜드로버: 사각지대 모니터
렉서스: 사각지대 모니터
마쯔다: 사각지대 모니터링(BSM)
메르세데스-벤츠: 능동형 사각지대 지원
미쓰비시: 사각지대 경고(BSW)
닛산: 사각지대 경고
포르쉐: 차선 변경 지원
스바루: 사각지대 감지
토요타: 사각지대 모니터
볼보: 사각지대 정보 시스템(BSIS)

부품과 작동 처음 시동을 걸면 아웃사이드 미러 디스플레이가 잠시 켜져 시스템이 켜져 있고 작동 중임을 나타낸다. 일반적인 감지 영역에는 다음이 포함된다.

- 대부분의 시스템은 탑승자가 탄 오토바이만큼 작은 물체를 감지하도록 설계되었다.
- 감지 영역은 차량 측면과 후면에서 약 3 m까지 확장된다.
- (지면 위) 약 0.6~1.8 m 높이에 있는 물체를 감지할 수 있다.

NOTE: 사각지대 모니터링 시스템은 벽, 연석, 다리, 주차된 차량 등 움직이지 않는 물체를 감지하지 못한다.

사각지대 모니터링 시스템이 설계된 대로 작동하지 않는 경우 서비스 정보에서 지정된 문제 해결 및 수리 절차를 확인하라.

주차 보조 시스템

기능 및 구성 요소 **주차 보조 시스템**(parking-assist system)은 운전자가 천천히 이동하는 동안 다른 물체와의 접촉을 방지하는 데 사용된다. 5 MPH(8 km/h) 미만의 속도로 후진할 때 시스템은 차량 주변에 있는 물체를 지속적으로 모니터링한다. 주차 보조 시스템은 일반적으로 폭이 3인치(8 cm), 높이가 10인치(25 cm)를 초과하는 물체를 감지할 수 있지만, 범퍼 아래나 차량 아래에 있는 물체는 감지할 수 없다. 차량이 물체에 가까워질수록 스피커에서 경고음이 울리고, 물체에 가까워질수록 경고음 간격이 짧아진다. 주차 보조 시스템에는 일반적으로 다음과 같은 구성 요소가 포함된다.

- **초음파 물체 센서**(ultrasonic object sensors)는 주변 물체와의 거리를 측정하는 데 사용되며 펜더, 전면 및 후면 범퍼 어셈블리에 내장된다. 센서는 음향 펄스를 전송하고 제어 장치는 반사된 각 신호의 반환 간격을 측정하여 물체 거리를 계산한다. ● 그림 18-3 참조
- **전자기 주차 센서**(electromagnetic parking sensors, EPS)는 차량이 천천히 그리고 물체를 향해 움직이는 것을 감지한다. 감지한 센서는 계속해서 장애물이 있다는 신호를 보낸다. 차량이 계속해서 물체를 향해 움직이면 장애물이 가까워질수록 경보 신호가 점점 더 강해진다. 전자기 주차 센서는 범퍼에 구멍이 필요하지 않으며 차량 외부에서 볼 수 없다. BSM은 차량의 전면, 후면, 측면을 모니터링하는 것 이상의 기능을 포함할 수 있는 옵션이다. 여기에는 주차 공간에서 후진할 때 양쪽에서 차량이 접근할 때 경보를 울릴 수 있는 후측방 경고가 포함될 수 있다.

시스템은 물체 거리를 나타내는 빈도와 함께 경고음으로 운전자에게 경고한다. 신호음이 빠르게 울릴수록 차량이 물체에 더 가까워진 것이다. 연속 신호음은 미리 정의된 최소 거리를 나타낸다. 시스템에는 물체 거리를 표시하기 위해 LED 또는 LCD 판독값과 같은 시각 보조 장치가 포함될 수 있다. 차량은 인포테인먼트 화면에 차량 픽토그램을 포함할 수 있다. ● 그림 18-4 참조

작동 차량 시동을 걸면 시스템이 자동으로 활성화된다. 대시보드나 운전자 정보 센터의 표시등은 시스템이 켜져 있음을 나타낸다. 주차 보조 시스템은 엔진이 시동된 시점부터 차량 속도가 약 6 MPH(10 km/h)를 초과할 때까지 활성화된다. 차량이 후진할 때도 활성화된다. 주차 보조 시스템은 마지막으로 차량을 주행했을 때 운전자가 시스템을 껐더라도 다음 번 엔진 시동을 걸면 자동으로 다시 활성화된다.

진단 주차 보조 제어 모듈은 결함을 감지하고 진단 문제 코드를 저장할 수 있다. 제어 모듈에서 오류가 감지되면 빨간색 램프가

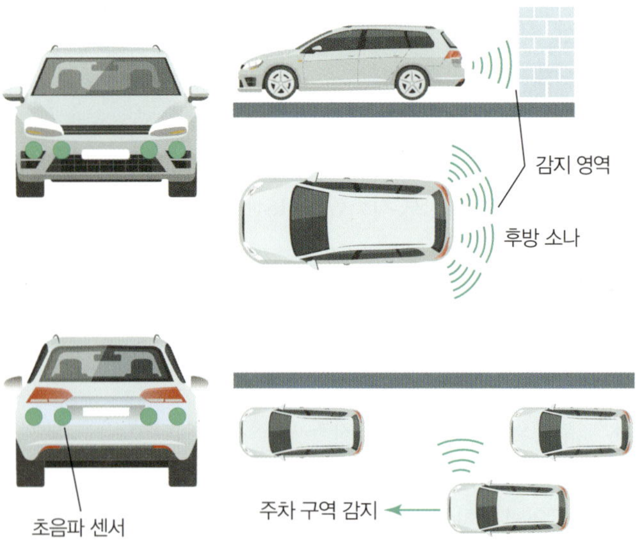

그림 18-3 후면 범퍼에 있는 작은 원형 버튼은 물체와의 거리를 감지하는 데 사용되는 초음파 센서이다.

그림 18-4 쉐보레의 대시 디스플레이는 차량의 전면과 왼쪽 전면에서 물체가 감지되고 있음을 보여준다.

정비 기술 팁

재도색된 범퍼를 확인한다

범퍼에 내장된 초음파 센서는 페인트가 센서를 덮고 있기 때문에 페인트 두께에 민감하다. 시스템이 물체에 반응하지 않는 것 같거나 범퍼를 다시 칠한 경우에는 비철 페인트 두께 측정기를 사용하여 페인트 두께를 측정하라. 최대 허용 페인트 두께는 6밀(mils, 0.006인치 또는 0.15밀리미터)이다.

깜박이고 시스템이 비활성화된다. 일반적으로 주차 보조 모듈은 자기진단기를 사용하여 접근할 수 없으므로 서비스 정보 진단 절차를 따른다.

셀프주차 자동주차 차량이라고도 불리는 **셀프주차**(self-parking) 차량은 카메라를 사용하고 전자 파워 스티어링을 제어하여 차량을 주차 공간으로 안내한다. 많은 고급 시스템에서는 운전자가 아무것도 추가하지 않아도 되지만, 초기 시스템에서는 운전자가 스로틀과 브레이크를 제어해야 한다. ● **그림 18-5 참조**

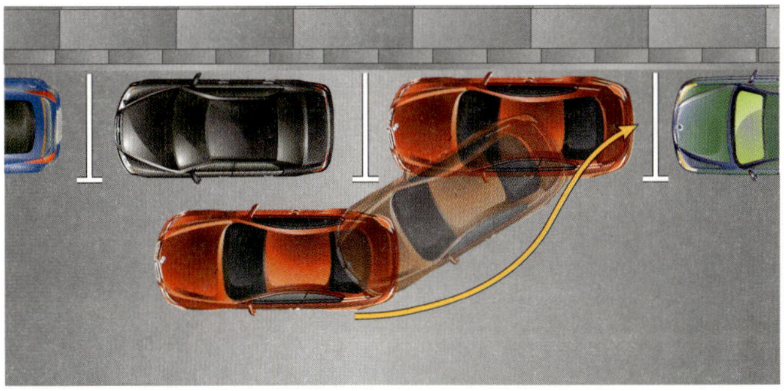

그림 18-5 셀프주차 가능 차량은 운전자의 입력이 거의 또는 전혀 없이 평행 주차하거나 주차 공간에 진입할 수 있다.

차선 이탈 경고

부품과 작동 **차선 이탈 경고 시스템**(lane departure warning system, LDWS)은 카메라를 사용하여 차량이 포장도로의 차선 표시선을 넘어가는지 감지한다. 일부 시스템은 두 대의 카메라를 사용하며, 각 외부 백미러에 하나씩 장착된다. 일부 시스템은 앞 범퍼 아래에 있는 적외선 센서를 사용하여 도로 표면의 차선 표시를 모니터링한다. 시스템 이름은 다음을 포함하며 차량 제조업체에 따라 다르다.

- 혼다/어큐라: 차선 유지 보조 시스템(LKAS)
- 토요타/렉서스: 차선 모니터링 시스템(LMS)
- 제너럴 모터스: 차선 이탈 경고(LDW)
- 포드: 차선 이탈 경고(LDW)
- 닛산/인피니티: 차선 이탈 방지(LDP) 시스템

차량이 차선을 넘어가는 것을 카메라가 감지하면 이탈이 감지되는 쪽에서 경고음이 울리거나 운전석 쿠션에 장착된 진동 장치가 작동한다. 감지된 방향과 동일한 방향으로 방향지시등을 켜면 이 경고가 발생하지 않는다. ● **그림 18-6 참조**

진단과 서비스 LDWS 결함을 서비스하거나 수리하기 전에 서비스 정보에서 시스템 작동 방식에 대한 설명을 확인한다. 시스템이 설계된 대로 작동하지 않는 경우 센서나 카메라를 육안으로 검사하여 센서에 영향을 미칠 수 있는 도로 잔해로 인한 손상이나 신체 손상의 흔적이 있는지 확인한다. 육안 검사 후 차량 제조업체가 권장하는 진단 절차에 따라 시스템 결함을 찾아 수리한다.

CAUTION: 강한 세척제를 사용하여 카메라 렌즈를 청소하지 않는다. 카메라 렌즈 코팅이 손상되는 것을 방지하려면 순한 비누와 물로 렌즈를 청소한다.

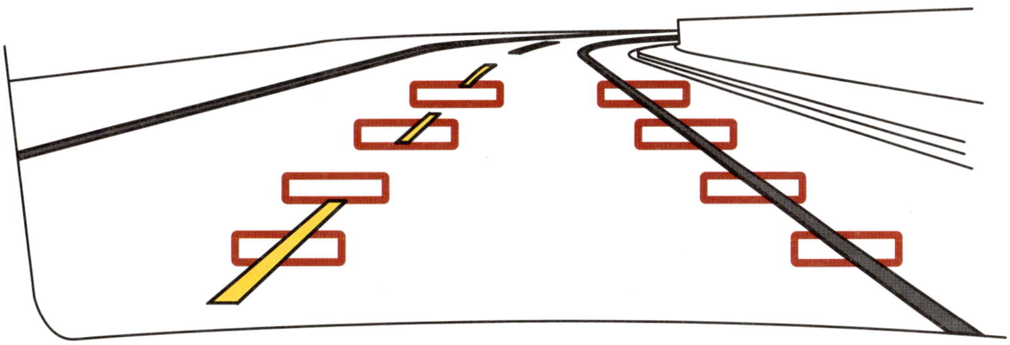

그림 18-6 차선 이탈 경고 시스템은 종종 카메라를 사용하여 도로 선을 감지하고 방향지시등이 켜지지 않는 한 차량이 차선 내에 머물지 않는 경우 운전자에게 경고한다.

차선 유지 보조

목적과 기능 차선 유지 보조 시스템(LKAS)이라고도 불리는 **차선 유지 보조**(lane keep assist, LKA)의 목적은 차량이 차선을 벗어나는 경우 운전자에게 경고하는 것뿐만 아니라 운전자의 반응이 없을 때 자동으로 전동식 파워 스티어링 시스템을 사용하여 조종하는 것이다. ● **그림 18-7 참조**

부품과 작동 대부분의 차선 유지 보조 시스템은 전방 도로를 선명하게 볼 수 있도록 내부 백미러 앞에 장착된 카메라를 사용한다. 일반적인 LKAS는 차량 전방 40도 시야를 관찰하는 카메라를 사용하여 약 160피트(50 m) 전방의 도로와 40 MPH(60 km/h) 이상의 차량 속도를 모니터링할 수 있다. 카메라는 중앙선, 차선 분리선, 그리고 종종 안개선이라고 불리는 오른쪽 페인트 선을 포함하는 차선 표시를 감지할 수 있는데 이는 시야가 좋지 않거나 안개가 낀 상황에서도 운전자가 도로의 오른쪽을 볼 수 있도록 도와주기 때문이다. 카메라가 차량이 차선 표시에 가까워지기 시작하는 것을 감지하면 차량은 다음 기능을 수행한다.

1. 경고음으로 운전자에게 경고하거나 대시보드에 LKA 심벌을 점등한다. 일부 차량에서는 경고에 운전자의 주의를 끌기 위해 스티어링 휠을 진동시키는 것이 포함된다.
2. 경고 후에도 운전자가 시정 조치를 취하지 않으면 LKAS는 전력 스티어링을 사용하여 차량을 두 차선 표시 사이의 차선으로 다시 조종한다.

적응형 크루즈 컨트롤

목적과 기능 **적응형 크루즈 컨트롤**(adaptive cruise control, ACC)은 레이더 크루즈 컨트롤이라고도 하며 전방 차량과의 거리를 확보하여 운전자가 차량을 더 잘 제어할 수 있도록 해준다. 앞차가 감속할 경우 ACC는 감속 차량을 감지하고 자동으로 차량 속도를 줄여 안전거리를 유지한다. 차량 속도가 빨라지면 ACC를 통해 차량이 미리 설정된 속도까지 속도를 높일 수도 있다. 이를 통해 혼잡한 지역에서의 운전이 더 쉽고 덜 피곤해진다.

용어 제조사에 따라 적응형 크루즈 컨트롤은 다음과 같이 불리기도 한다.

- 적응형 크루즈 컨트롤(아우디, 포드, 제너럴 모터스, 현대)
- 다이내믹 크루즈 컨트롤(BMW, 토요타/렉서스)
- 능동형 크루즈 컨트롤(미니 쿠퍼, BMW)
- 자율 크루즈 컨트롤(메르세데스)

전방 레이더를 이용해 전방 차량과의 거리를 감지하고 확실한 거리를 유지해 준다. 이러한 유형의 크루즈 컨트롤 시스템은 다음 조건에서 작동한다.

- 속도는 20~100 MPH(30~161 km/h)이다.
- 최대 500피트(150 m) 떨어진 물체를 감지하도록 설계되었다.
- 크루즈 컨트롤 시스템은 거리와 상대 속도를 모두 감지할 수 있다. ● **그림 18-8 참조**

그림 18-7 차선 유지 보조 시스템은 차량이 차선 내에 있지 않음을 운전자에게 경고할 뿐만 아니라 전동식 파워 스티어링을 사용하여 실제로 스티어링 휠을 움직여 차량을 차선으로 다시 들어오게 한다. 운전자가 이전에 차량이 조향을 제어하는 것을 경험한 적이 없다면 이 동작은 운전자를 놀라게 할 수 있다.

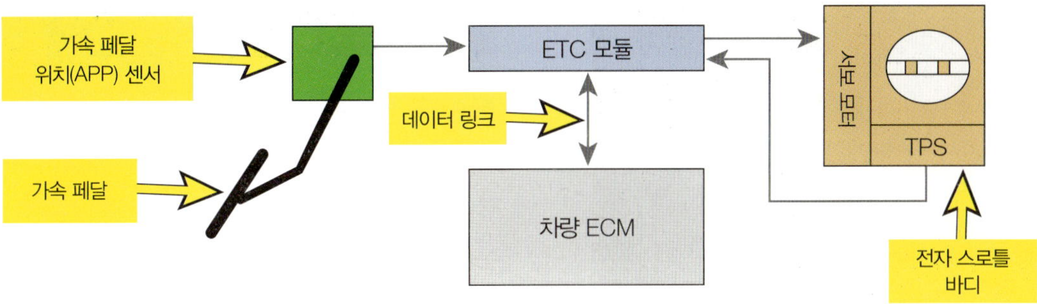

그림 18-8 적응형 크루즈 컨트롤은 레이더를 사용하여 앞에 있는 다른 차량과의 거리를 결정할 수 있다. 제어 장치는 운전자가 선택한 속도를 확인하고 차량 간 거리를 설정하여 어떤 조치가 필요한지 결정한다. 그런 다음 PCM은 잠김 방지 브레이크/전자 안정성 제어 시스템을 통해 스로틀이나 브레이크를 작동하여 필요한 경우 차량 속도를 늦추고 설정된 거리를 유지할 수 있다.

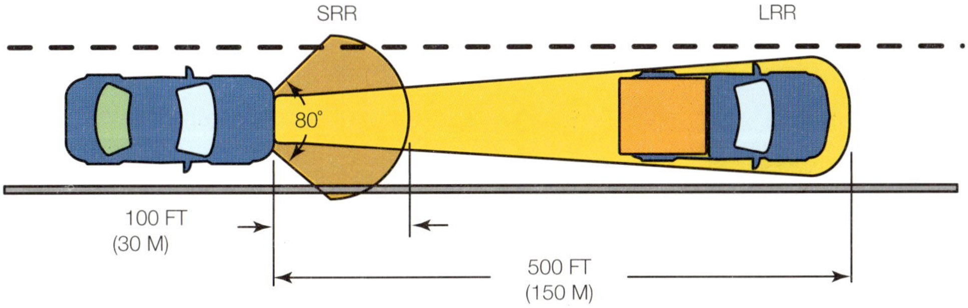

그림 18-9 대부분의 레이더 크루즈 컨트롤 시스템은 장거리 및 단거리 레이더를 모두 사용한다. 일부 시스템은 광학 또는 적외선 카메라를 사용하여 물체를 감지한다.

부품과 작동 레이더 크루즈 컨트롤 시스템은 장거리 레이더(LRR)를 사용하여 움직이는 차량 전방에 있는 멀리 있는 물체를 감지한다. 일부 시스템은 단거리 레이더(SRR) 및/또는 적외선(IR) 또는 광학 카메라를 사용하여 이동 차량과 전방 차량 사이의 거리가 줄어드는 시점을 감지한다. ● **그림 18-9 참조**

레이더 주파수에는 다음이 포함된다.

- 76~77 GHz(장거리 레이더)
- 24 GHz(단거리 레이더)

진단과 서비스 레이더 크루즈 컨트롤이 제대로 작동하지 않으면 일반적으로 대부분의 차량 그릴 뒤에 있는 센서가 가려져 있지 않은지 확인한다. 시스템이 두꺼운 진흙, 얼음, 눈으로 덮여 있으면 시스템이 작동하지 않는다. 또한 일부 애프터마켓 차량 전면 커버가 센서 시야를 방해한다. 센서를 교체하는 경우 일부 시스템에서는 특수 도구를 사용하여 재정렬해야 한다. 구체적인 지침은 항상 제조업체의 서비스 정보를 참조한다.

정비 사례

레이더 크루즈 컨트롤이 작동하지 않는 사례

렉서스 NX 300h 하이브리드 자동차 운전자가 가벼운 눈보라 속에서 주행 후 센서에 결빙이 생겨 레이더 크루즈 컨트롤이 작동하지 않는 상황을 겪었다. 전면을 점검한 결과 전면 그릴에 얼음이 쌓여 있는 것이 발견되었다. 얼음 긁는 브러시를 사용하여 그릴을 청소하여 레이더 크루즈 컨트롤이 제대로 작동하도록 복원했다. ● **그림 18-10 참조**

요약

- **불만사항:** 레이더 크루즈가 작동을 멈추고 센서를 청소하라는 메시지가 나타났다.
- **원인:** 그릴에 얼음이 쌓였다.
- **조치:** 브러시를 사용하여 그릴 전면을 청소하여 레이더 크루즈 컨트롤이 제대로 작동하도록 복원했다.

(a)

(b)

그림 18-10 (a) 크루즈 컨트롤이 작동을 멈추면 대시 경고 메시지가 나타난다. (b) 렉서스 하이브리드의 전면에 레이더 크루즈 컨트롤이 작동하는 데 필요한 레이더 신호를 차단할 정도의 얼음이 쌓여 있다.

? 자주 묻는 질문

지능형 속도 조언(ISA)이란 무엇인가?

지능형 속도 조언(Intelligent Speed Advice, ISA)은 표지판 인식 카메라나 내비게이션 시스템(GPS)을 사용하여 속도 제한을 결정하고, 이를 통해 운전자에게 게시된 제한 속도를 경고한다. 일부 ISA 시스템은 중단되지 않는 한 차량이 현재 속도 제한을 넘어서 가속하는 것을 방지하기 위해 엔진 출력을 제한하여 차량 속도를 자동으로 제한한다. 유럽 신차 평가 프로그램(Euro NCAP)은 차량에 이 시스템이 장착되어 있는지 자동차 제조업체에 수여하는 유럽 자동차 안전 성능 평가 프로그램이다.

후측방 경고(RCTW)

목적 **후측방 경고**(rear cross-traffic warning, RCTW) 시스템은 차량이 후진 중 후방에서 교차할 때 소리로 경고한다. 일부 차량은 충돌을 피하기 위해 자동으로 제동할 수 있다.

부품과 작동 후측방 경고는 주차 공간에서 후진할 때 양쪽에서 접근하는 차량이 있는 경우 운전자에게 경고하는 데 사용된다. 이 시스템은 차량 양쪽의 뒤 범퍼 근처에 설치된 레이더 센서를 사용한다. 이 센서는 차량의 왼쪽이나 오른쪽에서 접근하는 차량을 감지할 수 있다. 차량이 후진할 때 활성화되며 양쪽에서 최대 65피트(20 m) 떨어진 차량을 감지한다. 시스템은 일반적으로 다음 조건에서 작동하도록 설계되었다.

- 차량이 후진 중이고 속도가 5 MPH(8 km/h) 미만인 경우
- 5~18 MPH(8~29 km/h)의 속도로 접근하는 다른 차량을 감지

차량이 감지되면 시스템은 경고음을 울리고 종종 사이드 미러 표시등을 깜박인다. 폭우나 눈이 올 경우 또는 후방 센서 중 하나가 차단되면 후측방 경고가 작동하지 않을 수 있다. ● **그림 8-11, 그림 8-12 참조**

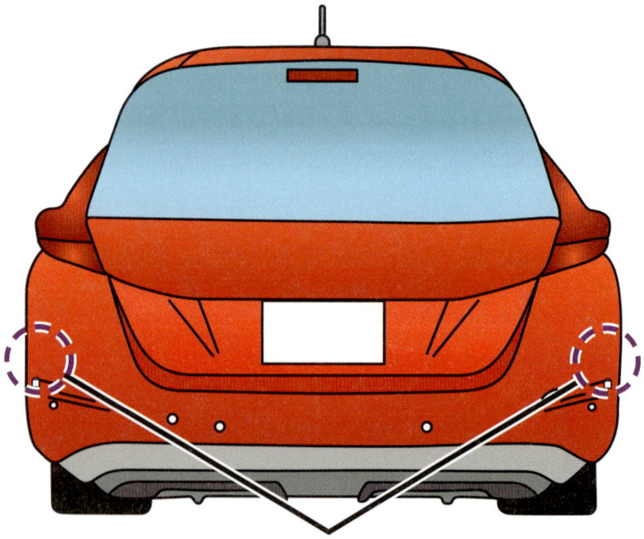

그림 18-11 후측방 경고 시스템은 차량 후방 모서리에 있는 레이더 센서를 사용하여 측면에서 접근하는 움직이는 차량을 감지할 수 있다.

그림 18-12 기어 셀렉터가 후진에 있는 상태에서 차량이 측면에서 접근하는 경우 경고가 울린다.

자동 비상 제동

목적과 기능 **자동 비상 제동**(automatic emergency braking, AEB) 시스템이 개입하여 필요한 경우 자동으로 브레이크를 적용한다. 자동 제동은 레이더 크루즈 컨트롤이 포함된 안전 패키지의 일부인 경우가 많으며 충돌 가능성이 있는 경우 브레이크를 적용한다. 다른 물체까지의 거리를 감지하기 위해 시스템에 따라 레이더, 수중 음파 탐지기 및/또는 카메라와 같은 센서가 사용된다. 일반적으로 잠금 방지 제동 시스템(ABS) 컨트롤러인 컨트롤러는 충돌 가능성이 있는 경우 경고를 보낸다. 이 경고에는 다음 중 하나 이상이 포함될 수 있다.

1. 버저
2. 대시보드에 경고등이 깜박임
3. 운전석의 진동

경고를 무시하면 자동 제동 시스템이 개입하여 브레이크 보조 장치를 제공하거나 자동으로 브레이크를 작동하여 충돌을 방지하기 위해 최대 제동력을 발휘한다. ● **그림 18-13 참조**

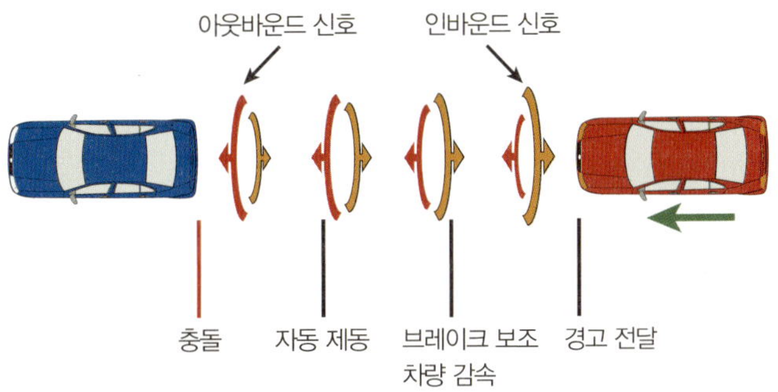

그림 18-13 센서는 충돌이 발생할 수 있을 만큼 거리가 빠르게 가까워지는 시기를 감지하는 데 사용되며, 필요한 경우 시스템이 개입하여 자동으로 브레이크를 적용한다.

사전 충돌 시스템

목적 충돌 방지 시스템의 목적은 전방 도로를 모니터링하고 충돌 방지에 대비하며 운전자와 승객을 보호하는 것이다. 사전 충돌 또는 충돌 방지 시스템은 다음 시스템을 사용한다.

1. 차량 앞의 물체를 감지하기 위해 레이더 크루즈 컨트롤 시스템에서 사용하는 장거리 및 단거리 레이더 또는 감지 시스템
2. 잠금 방지 브레이크 시스템(ABS)
3. 적응형 (레이더) 크루즈 컨트롤
4. 브레이크 보조 시스템

용어 충돌 전 시스템은 차량 제조사에 따라 다양한 이름으로 불릴 수 있다. 그중 일부는 다음과 같다.

- 포드/링컨: 브레이크 지원을 통한 충돌 경고
- 혼다/어큐라: 충돌 완화 브레이크 시스템(CMBS)
- 메르세데스-벤츠: 사전 안전 또는 주의 지원
- 토요타/렉서스: 사전 충돌 시스템(PCS) 또는 첨단 사전 충돌 시스템(APCS)
- 제너럴 모터스: 사전 충돌 시스템(PCS)
- 볼보: 브레이크 지원을 통한 충돌 경고 또는 브레이크 지원 작동을 통한 충돌 경고

시스템은 차량 앞의 물체를 모니터링하여 작동하며 다음 작업을 통해 충돌을 방지할 수 있다.

- 알람이 울린다.
- 경고등이 깜박인다.
- 브레이크를 밟고 차량을 완전히 정지시킨다(필요시).

운전자가 반응하지 않으면 차량은 다음과 같은 조치를 취한다.

1. 브레이크를 최대로 작동시켜 차량 속도를 최대한 줄인다.
2. 탑승자가 차량에서 튕겨져 나가는 것을 방지하기 위해 모든 창문과 선루프를 닫는다.
3. 좌석을 수직 위치로 이동한다.
4. 머리 받침대를 올린다(전동식인 경우).
5. 안전벨트를 미리 조인다.
6. 에어백과 안전벨트 텐셔너는 충돌 중에 설계된 대로 작동한다. ● **그림 18-14 참조**

힐 스타트 어시스트 포함

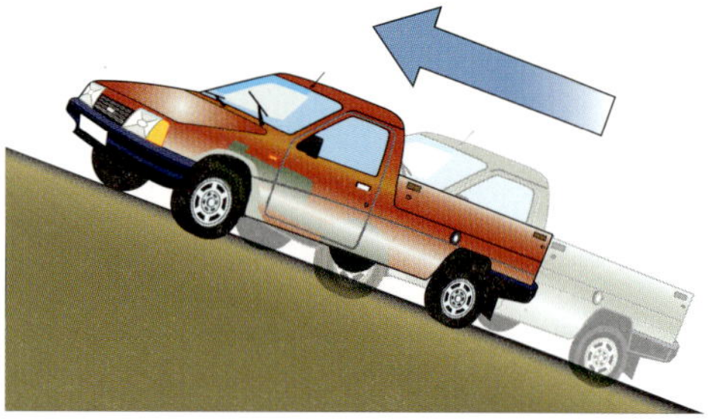

힐 스타트 어시스트 미포함

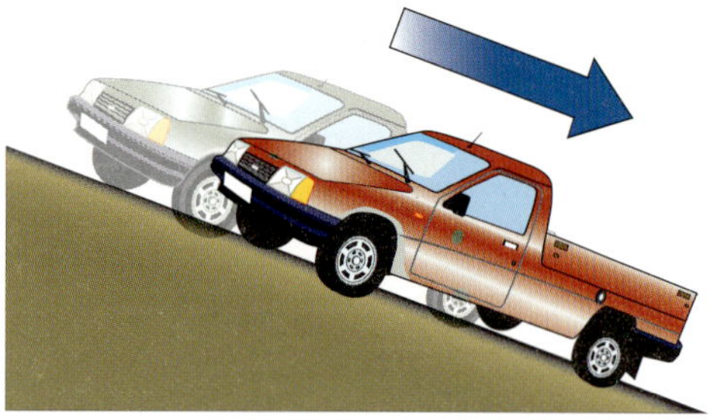

그림 18-14 사전 충돌 시스템은 먼저 충돌을 방지하도록 설계되었으며, 필요한 경우 충돌을 준비하기 위해 상호 작용한다.

정비 사례

테슬라 모델 Y의 사례

테슬라 모델 Y 소유자는 자동차 전시회 참가 등록 시 밝은 노란색 전단지(표준 프린터 용지 크기)를 받았고 대시보드에 붙이라는 말에 그렇게 했다. 그때부터 차량이 말을 안 듣기 시작했다. 가속 페달을 밟으면 차량은 짧은 순간에 계속해서 브레이크를 밟아 계속 정지하려고 했다. 유일하게 달라진 점은 대시보드에 있는 노란색 전단지뿐이었다. 운전자는 대시보드에서 전단지를 제거했고 차량은 정상적으로 작동할 수 있었다. 밖은 어두웠고 밝은 노란색 전단지가 전면 유리창에 반사되어 차량 전면에 홀로그램을 만들고 있었다. 이로 인해 전방 카메라가 전방의 물체를 인식하고 충돌 경고 시스템이 활성화되었을 수 있다.

요약

- **불만사항:** 가속 페달을 밟았을 때 차량이 짧은 순간에 브레이크를 밟아 계속 정지하려고 했다.
- **원인:** 밝은 노란색 전단지가 대시보드 위에 배치되어 전면 카메라를 속이는 반사 효과를 만들었다.
- **조치:** 전단지를 대시보드에서 제거하여 올바른 차량 작동을 복원했다.

카메라

목적과 기능 카메라는 인간의 눈을 대체하기 위해 사용된다. 카메라는 레이더보다 물체를 더 잘 인식할 수 있다. 레이더는 물체를 감지할 수 있는 반면 카메라는 물체를 인식하는 데 사용된다.

부품과 작동 렌즈 앞의 물체에서 반사된 빛은 렌즈를 통과하여 초점에 모인다. 그런 다음 빛은 전하결합소자(Charge-Coupled Device, CCD)로 전달된다. CCD는 전하를 이동시켜 디지털 값으로 변환하는 장치이다. CCD 이미지 센서에서 픽셀은 금속산화물반도체(metal-oxide-semiconductors, MOS) 커패시터로 표시된다. 이러한 커패시터를 사용하면 들어오는 광자를 반도체-산화물 인터페이스에서 전자 전하로 변환할 수 있다. ● **그림 18-15 참조**

계산에는 이미지와 차량 속도가 사용되며 컨트롤러가 시정 조치를 명령할 수 있도록 차량이 얼마나 가깝고 빠르게 접근하는지 결정한다. 컨트롤러는 시야 내(여러 프레임에 걸쳐) 물체의 크기를 기준으로 충격까지의 거리를 계산한다.

물체가 충격에 가까워지면 차량은 교정 조치를 취한다. 계산에서는 시야에 나타나는 물체의 크기와 차량 속도를 곱하여 충돌 시간을 결정한다.

진단 카메라 시스템의 진단은 DTC를 읽는 것부터 시작된다. 폭우, 눈, 얼음이나 진흙이 쌓이면 카메라 작동이 영향을 받을 수 있다. 수리하기 전에 카메라 렌즈에 시야를 가리는 것이 없는지 확인하는 것이 중요하다. 하나 이상의 카메라를 교체하거나 전면 유리, 범퍼 커버, 거울 또는 도어와 같은 장착 부품을 교체하는 경우 카메라 보정이 필요하다.

레이더 시스템

정의 LiDAR는 **빛 감지 및 범위 지정**(Light Detection and Ranging) 또는 빛 이미징, 감지 및 범위 지정을 의미한다. LiDAR 시스템은 물체에서 반사되어 해석을 위해 되돌아오는 광 펄스를 방출한다. LiDAR 시스템은 300야드(300 m) 거리에서 3D 이미지를 생성할 수 있는데, 이는 카메라가 물체를 감지할 수 있는 것보다 훨씬 더 먼 거리이다. LiDAR는 물체를 감지하는 것뿐만 아니라 카메라처럼 물체를 인식하는 데에도 사용된다. 이러한 시스템은 근처 물체의 거리, 위치 및 상대 속도를 측정하고 다른 온보

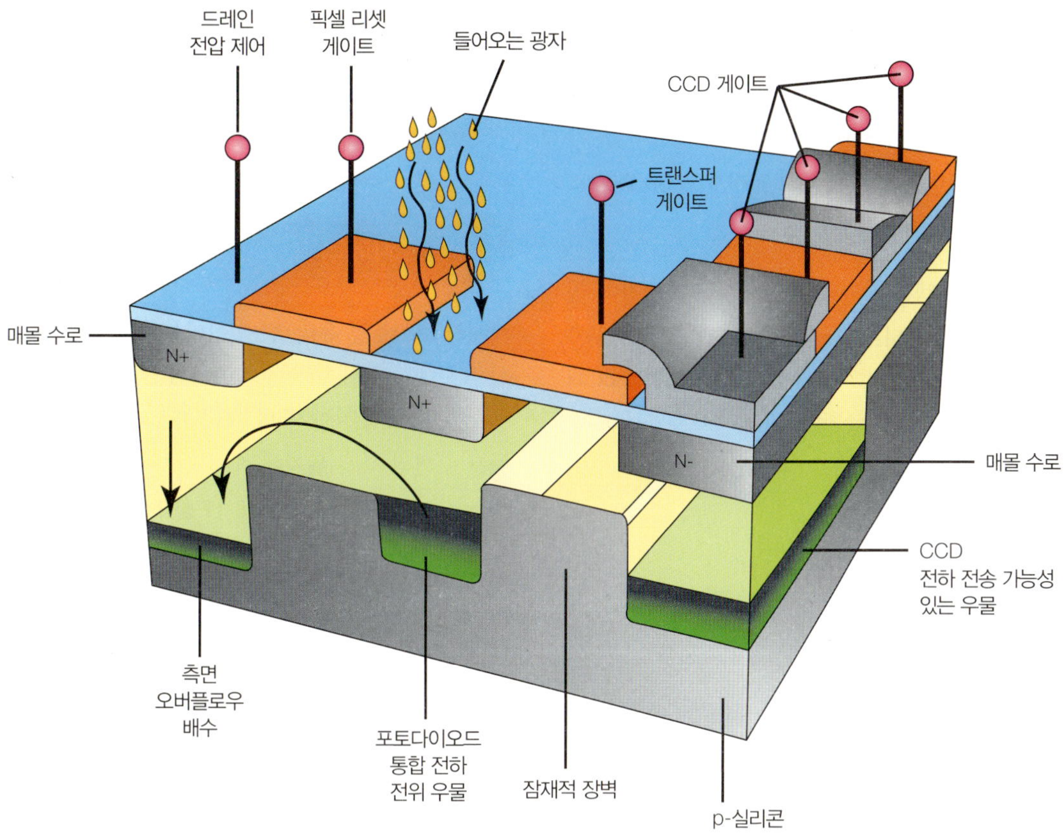

그림 18-15 전하결합소자(CCD)는 실리콘 표면에 픽셀이라고 불리는 감광 요소를 형성하는 집적 회로이다. 빛 광자는 전자 장치에서 사용할 수 있는 전하를 생성하고 장치 이미지의 디지털 복사본으로 전환된다.

드 레이더 및 카메라 센서의 데이터를 확인하고 검증하는 데 사용된다. 악천후는 LiDAR 작동을 저하시킨다. 빛의 펄스는 비나 눈에 반사되어 물체를 정의하기 어렵게 만든다. ● **그림 18-16 참조**

부품 및 작동 LiDAR는 일반적으로 지붕에 회전하는 물체를 사용하는 프로토타입 자율주행차량에서 볼 수 있으며, 센서의 레이저 광이 차량 주변의 모든 물체를 볼 수 있다. 이러한 유형의 센서

그림 18-16 LiDAR는 레이저의 빛을 사용하여 주변 지역의 사진을 생성하는 감지 시스템이다.

는 매우 비싸며 차고나 세차장으로 운전해야 하는 대부분의 차량에는 실용적이지 않다. 최신 LiDAR 시스템은 차량 주변의 물체를 감지할 수 있는 고체(움직이지 않는) 센서를 사용한다. LiDAR 시스템에는 905나노미터 또는 1,550나노미터를 포함하여 두 가지 파장이 사용된다. 나노미터는 10억분의 1미터(0.000000001 m)에 해당하는 길이의 미터법 단위이다.

진단과 교정 LiDAR 시스템은 자가 진단이 가능하고 고장이 있다고 판단되면 DTC를 저장한다. 문제 코드는 진단 검사 도구를 통해 접근할 수 있다. 시스템 보정은 차량별 지침에 따라 배치된 타깃을 사용하여 정적 방식으로 수행된다. 여러 센서가 동시에 교정되므로 정적 교정이 사용된다. 구체적인 정보는 제조업체의 서비스 정보를 참조하라.

운전자 지원 진단

VIN 디코더 차량에 어떤 ADAS가 장착되어 있는지 확인하려면 제너럴 모터스에서 제작한 차량의 차량 식별 번호(VIN) 또는 일반 생산 주문(RPO)을 사용한다. 미국 도로교통안전국(NHTSA) 웹사이트를 포함하여 다양한 온라인 VIN 디코더를 사용할 수 있다. https://vpic.nhtsa.dot.gov/decoder/를 방문하여 VIN을 입력하고 'decode'를 선택하라. 결과에는 해당 차량에 사용된 모든 ADAS가 표시된다.

진단 단계 다른 시스템이나 결함 문제를 해결하는 것과 마찬가지로 진단 절차 단계에는 다음이 포함된다.

1단계: 고객의 우려 사항을 확인한다. 고객의 우려 사항을 확인하고 시스템 작동 방식에 대한 오해가 아니라 실제 결함인지 판단한다.

2단계: 육안 검사를 실시한다. 도로 잔해 및/또는 경미한 충돌 손상 등 첨단 운전자 보조 시스템의 작동에 영향을 미칠 수 있는 물리적 결함이 있는지 확인한다.

3단계: 저장되었거나 보류 중인 진단 문제 코드가 있는지 확인한다. 전체 모듈 스캔을 수행하여 모든 모듈의 결함을 확인함으로써 모든 모듈을 점검한다.

4단계: 확인된 결함을 서비스하거나 수리하기 위해 따라야 할 지정된 절차에 대한 서비스 정보를 확인한다.

5단계: 필요에 따라 지정된 절차와 센서의 정적 교정을 수행한다.

6단계: 필요에 따라 센서의 지정된 동적 교정을 수행한다.

7단계: 수리 확인을 위해 결함 확인 시와 동일한 작동 조건에서 차량을 시운전한다.

8단계: 모든 첨단 운전자 보조 시스템 관련 진단 문제 코드(DTCs)를 삭제하고 차량을 고객에게 반환한다.

카메라 및 레이더 센서 보정

카메라 보정 앞 유리, 범퍼 커버, 거울 또는 도어와 같은 장착 구성 요소에서 하나 이상의 카메라를 교체하는 경우 카메라 보정이 필요하다. 보정은 매장 내 정적 프로세스이다. 큰 패턴의 매트가 차량 주변의 특정 위치에 배치되고 자기진단기를 사용하여 프로세스를 시작한다. ● 그림 18-17 참조

일반적인 절차 일부 카메라 시스템에는 카메라를 보정할 수 있는 특정 대상이 필요하다. 특별한 타깃, 공장 또는 공장 수준의 자기진단기가 필요하지 않은 일부 차량은 학습 과정을 모방한다. 그들은 종종 차량 주변 바닥에 테이프로 고정된 선을 사용하여 타깃으로 사용한다. ● 그림 18-18 참조

일부 시스템에서는 학습을 완료하기 위해 특정 작동 조건에서 차량을 느린 속도로 주행해야 한다. 이 프로세스는 최종적으로 정확한 보정을 수행하는 데 사용된다. 서비스 중인 차량에 대한 구체적인 진단 및 보정 정보는 서비스 정보를 참조한다.

레이더 보정 장치를 교체하거나 재설치할 때마다 레이더 보정이 필요하다. 대부분의 경우 그릴이나 페시아(fascia)를 제거하거나 교체할 때마다 보정 절차를 수행해야 한다. 보정 프로세스는 정적(매장 내)이거나 동적(이동 중)이거나 이 두 가지가 결합된 방식일 수 있다. 정적 프로세스에는 자기진단기 사용과 조준 절차가 포함된다. 조준 절차에는 제조업체별 대상이 필요하다. ● 그림 18-19, 그림 18-20 참조

서비스 중인 차량에 대한 특정 진단 및 보정 정보는 서비스 정보를 확인한다.

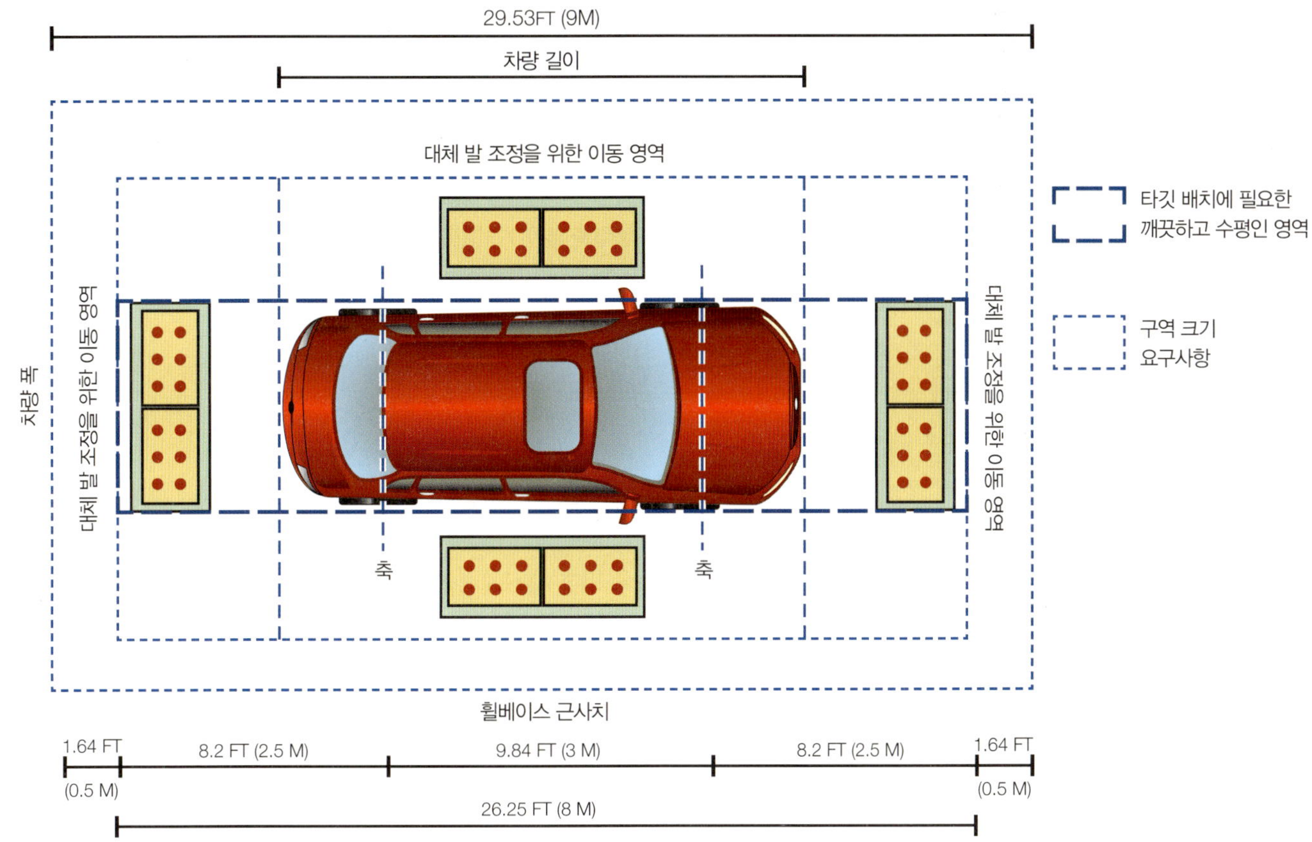

그림 18-17 첨단 운전자 지원 시스템이 장착된 차량의 카메라를 보정하는 데 사용되는 일반적인 카메라 보정 작업장 요구사항이다. 차량 주변은 개방되어 있어야 하며 카메라 보정에 영향을 줄 수 있는 물체나 창문이 없어야 한다.

그림 18-18 첨단 운전자 지원 시스템이 장착된 차량의 카메라를 보정하는 데 필요한 일반적인 대상 설정이다. 항상 서비스 중인 차량에 대해 지정된 보정 절차를 따른다.

그림 18-19 레이더 센서를 보정하기 전에 타깃을 차량 전면의 매우 정확한 위치에 설치해야 한다. 관련된 측정에는 그림과 같이 특수 도구를 사용하여 차량의 정확한 중심을 찾는 것이 포함된다.

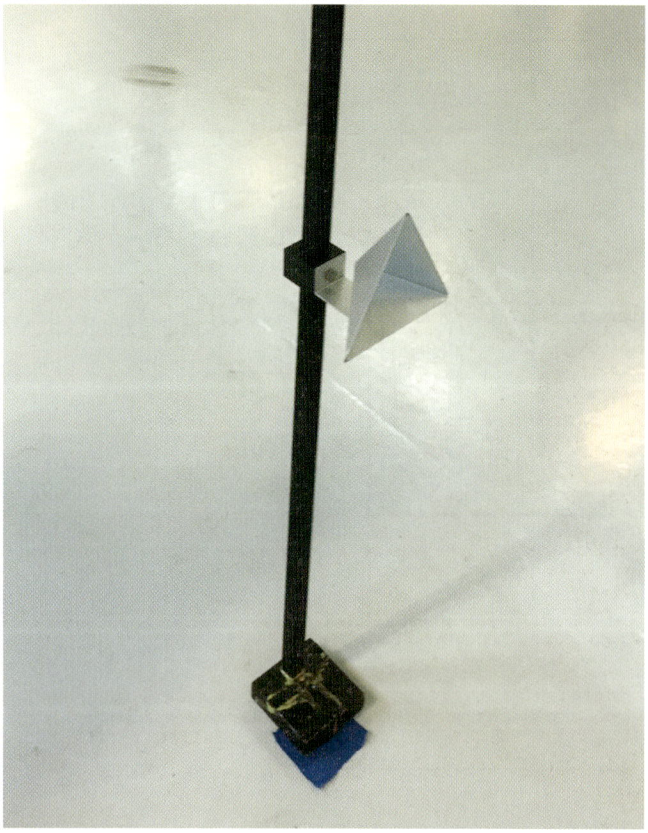

그림 18-20 일반적인 레이더 표적은 차량 중앙선과 정면으로부터의 정확한 거리 및 지정된 높이로부터 신중하게 측정한 후 지정된 위치에 배치된다.

자율주행차량 운행

정의 SAE(자동차 엔지니어)는 자율주행차(AV)를 운전 환경을 모니터링하고 운전자 입력 없이 내비게이션 결정을 내리는 자동 운전 시스템을 사용하는 차량으로 정의한다.

역사 자율주행 자동차는 1500년대 다빈치의 자체 추진 카트(Self-Propelled Cart)에 뿌리를 두고 있다. 항공기 자동 조종 장치와 크루즈 컨트롤에 사용된 기술은 초기 테스트 차량의 기초를 제공했다. 1970년대와 1980년대에 걸쳐 카메라와 컴퓨터 기술이 발전하여 무인 차량이 지정된 지역에서 짧은 거리를 느린 속도로 이동할 수 있게 되었다. 1990년대 MQ-1 프레데터(Predator) 항공기의 기술을 통해 테스트 차량에서 최초로 레이더와 열화상을 사용할 수 있게 되었다. 2015년 테슬라는 모든 모델 S 차량에 '오토파일럿(Autopilot)' 소프트웨어를 다운로드하여 고속도로 및 고속도로 주행 시 최초로 핸즈프리 운전 기능을 제공했다.

장점 자율주행차는 비자율주행차가 제공하지 않는 주요 이점을 가질 수 있다. 자율주행차의 차량 간 통신은 교통사고를 줄여야 한다. 차량의 정밀한 운전 및 내비게이션 기술을 통해 도로 용량을 늘리고 혼잡을 줄일 수 있으며 특정 장애가 있는 사람들의 운전이 더 쉬워진다. 자율주행차는 운영 체제의 정확한 특성으로 인해 잠재적으로 보험 비용을 절감하고 속도 제한 및 탑승자의 생산성을 높일 수 있다.

우려 사항 자율주행차로의 전환은 다음과 같은 몇 가지 주요 우려 사항을 야기한다.

- 차량 통제권을 컴퓨터에 양보하는 것에 대한 비자율주행차 운전자들의 거부감이 우려된다.
- 하드웨어 기능이 사이버 보안 및 개인 정보 보호와 얼마나 잘 관련되어 있는지에 대한 우려도 있다.
- 자동 제어에서 운전자 제어로의 전환 관리와 오류 발생 시 책임 부담에 대한 우려가 있다.
- 하나 이상의 센서 또는 운영 체제에 오류가 발생하거나 센서 판독 값에 영향을 미치는 기상 조건으로 인해 오류가 발생할 수 있다.
- 테스트에서 자율주행차 탑승객 중 일부가 멀미 증상을 보였다.

자동화 수준

SAE 정의 자동차 산업 표준을 제정하는 SAE International은 차량 성능을 5가지 레벨로 분류하는 표준(J3016)을 만들었다. SAE J3016은 미국 교통부(DOT)에서 자동화의 5가지 수준을 정의하기 위한 기준으로 공식 채택되었다. ● **표 18-1, 그림 18-21 참조**

차량이 비자동화에서 부분 자동화, 그리고 완전 자동화로 전환함에 따라 운전자가 완료해야 하는 작업을 완수하려면 수많은 시스템이 필요하다. 사용되는 시스템은 제조업체와 원하는 자동화 수준에 따라 결정된다.

레벨 0 시스템 레벨 0 시스템에는 항상 차량 전체를 지속적으로 제어하는 운전자에 대한 지원이 포함되지 않는다. 그러나 대부분의 치명적인 사고는 운전자의 실수로 인해 발생하기 때문에 운전자를 통제할 수 없는 안전 시스템이 강조된다. 치명적인 사고는 종종 다음 중 하나 이상으로 인해 발생한다.

- 산만한 운전: 이는 차량에 있는 다른 사람들이 운전자의 주의를 산만하게 하는 방식으로 말하거나 행동하기 때문일 수 있

SAE 레벨	차량 성능
레벨 0	자동화 없음: 운전자가 항상 차량을 완벽하게 제어할 수 있다.
레벨 1	운전자 지원: 운전자는 차량을 제어하지만 레이더 크루즈 컨트롤을 통해 속도를 유지하고 차량 간 거리를 확보하는 데 도움을 받는다.
레벨 2	부분 자동화: 차량은 속도와 다른 차량 간의 거리를 유지할 수 있으며 도로를 따라 가속, 제동, 회전도 할 수 있다. 운전자가 운전대에 손을 얹고 있어야 한다.
레벨 3	조건부 자동화: 차량은 대부분의 운전 조건에서 스스로 운전할 수 있다. 운전자는 자유롭게 운전대에서 손을 떼어도 되며, 차량이 스스로 운전하는 동안에도 영상 등을 볼 수 있다.
레벨 4	고도의 자동화: 차량은 대부분의 주행 조건에서 스스로 운전할 수 있지만, 자동화 시스템이 처리할 수 없는 상황에서는 운전자가 개입해야 할 수도 있다.
레벨 5	완전 자동화: 차량은 모든 조건에서 운전자의 개입 없이 모든 기능을 처리할 수 있다.

표 18-1 SAE J3016 수준의 자동화된 차량 성능

다. 운전 중 문자 메시지를 보내는 것도 운전 부주의로 인한 사고의 주요 원인이다.

- 음주 운전: 미국 도로교통안전국(NHTSA)에 따르면 매년 10,000명 이상의 사람들이 음주 운전 사고로 사망한다.

레벨 1 시스템 레벨 1 시스템은 크루즈 컨트롤을 사용하여 일정한 차량 속도를 유지하므로 운전자가 고속도로 속도 운전하기가 더 쉽다. 크루즈 컨트롤은 교외 지역에서도 운전자가 과속을 방지하기 위해 일정한 속도를 유지하는 데 사용할 수 있다. 이러한 시스템은 사망자 수를 줄이지는 못하지만 운전을 더 쉽게 해주는 첫 번째 운전자 보조 장치이다.

레벨 2 시스템 현재 많은 제조업체들이 SAE 레벨 2가 장착된 차량을 제공하고 있다. 레벨 2 시스템에는 다음이 포함된다.

- 적응형 크루즈 컨트롤: 레이더 크루즈 컨트롤이라고도 하는 적응형 크루즈 컨트롤은 레이더, 레이저, 카메라 또는 센서 조합을 사용하여 앞 차량과 일정한 거리를 유지한다.
- 사각지대 경고(BSW)
- 차선 이탈 경고
- 후측방 경고(RCTW)
- 백업 카메라: 백업 카메라는 많은 차량의 선택 사양 또는 표준 장비이며 기어 선택 장치가 후진될 때 운전자에게 차량 뒤 영역을 볼 수 있게 해준다.
- 전방 충돌 경고(FCW)
- 자동 비상 제동(AEB)
- 셀프주차

많은 첨단 시스템에서는 운전자가 입력을 추가해야 할 수도 있고 추가하지 않아도 될 수 있지만, 초기 시스템에서는 운전자가

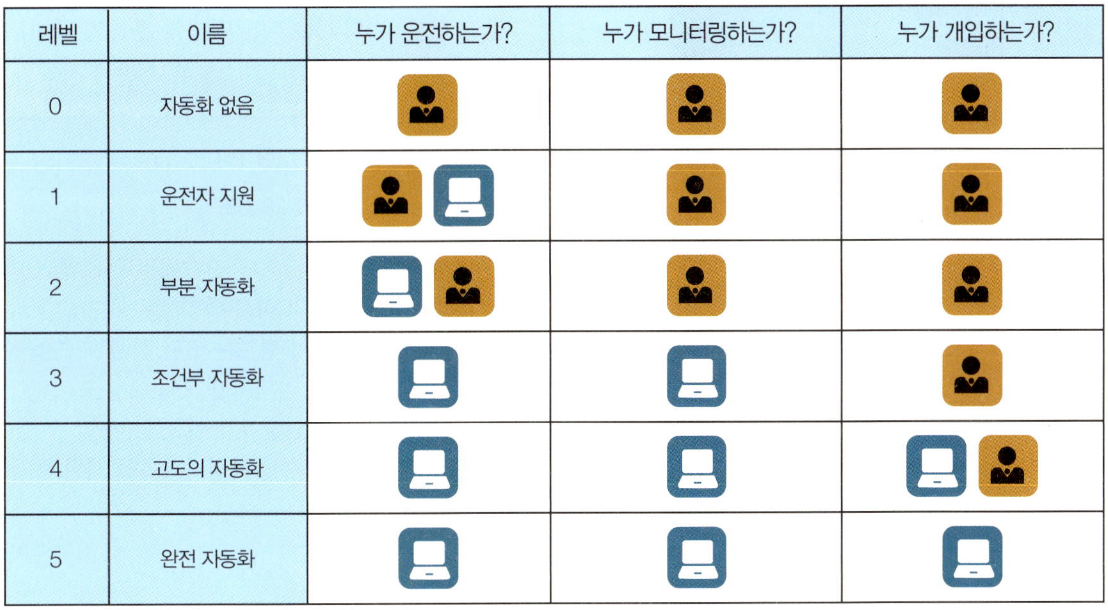

그림 18-21 누가 운전하고 상황을 모니터링하는지, 누가 회피 조치가 필요한 상황에 개입할 수 있는지를 보여주는 그래픽 예시

스로틀과 브레이크를 제어해야 한다. 레벨 2 시스템 중 상당수는 함께 그룹화되어 있으며 일반적으로 첨단 운전자 보조 시스템(ADAS)이라고 한다. 이러한 시스템은 현재 표준 또는 옵션 장비이며 작동 및 서비스 절차는 서비스 정보에서 확인할 수 있다.

레벨 3, 4, 5 시스템 레벨 3, 4, 5가 가능한 자율주행차에는 레이더, LiDAR, 카메라가 장착되어 차량 주변의 물체를 감지한다. 또한 이러한 차량은 다른 차량과 통신해야 한다. 다른 시스템은 교통 및 도로 상황에 따라 작동하고 반응할 수 있어야 한다. 모든 차량이 레벨 5 자동화인 경우 다음과 같은 이점이 있을 수 있다.

- 고속도로에서의 사고와 사망이 감소한다.
- 차량이 서로 가깝게 주행할 수 있어 혼잡이 줄어들고 도로에서 더 많은 교통량이 더 빨리 이동할 수 있다.
- 운전자가 차량에 오르거나 내릴 필요가 없기 때문에 차량을 서로 가깝게 셀프주차할 수 있어 주차 공간이 확보되고 특히 도시 지역에서 추가 주차의 필요성이 줄어든다.

컴퓨터 전력 요구 자율주행 레벨 5 자율주행차에서는 데이터 처리량이 기하급수적으로 증가해야 한다. 센서, 차량에 장착된 차량 시스템 및 모든 데이터를 보관하는 클라우드의 모든 디지털 정보를 해석하고 처리하려면 차량에 충분한 컴퓨팅 성능이 필요하다. 자동차 전자 장치에 사용되는 아키텍처는 전통적으로 개별 전자 제어 장치로 구성되어 있으며 자율주행을 위해 이를 개선하고 강화할 수 있다.

인공지능(AI)

자동차 산업은 승용차, 상업용 트럭, 산업용 애플리케이션을 위한 자동화 및 자율주행 시스템을 포함하여 운송 산업을 위한 **인공지능**(artificial intelligence, AI) 시스템을 개발하기 위해 노력하고 있다. 인공지능은 프로그래밍과 훈련을 통해 수행되는 기계 학습으로, 컴퓨터가 인간과 매우 유사하게 반응할 수 있도록 해준다. 이를 통해 차량은 주변 환경을 이해하고 센서 및 카메라 데이터를 처리할 수 있다. 이러한 컴퓨터는 초당 3,000만 번의 딥 러닝 작업을 수행할 수 있으며 초당 1 GB의 데이터 전송을 지원하는 대역폭이 필요한 것으로 추정된다. ● **그림 18-22 참조**

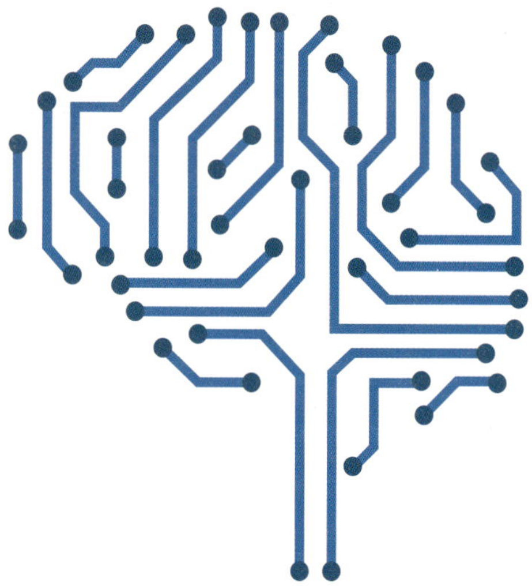

그림 18-22 인공지능에는 센서의 입력과 주변 환경에 대한 지식을 기반으로 판단을 내리는 데 필요한 하드웨어와 소프트웨어가 포함된다.

단거리 전용 통신(DSRC)

목적과 기능 차량 간 통신은 물론 차량과 인프라 간 통신에도 단거리 전용 통신(dedicated short-range communication, DSRC)이 사용된다. 5.9 GHz 주파수와 75 MHz 대역폭을 사용하여 속도, 위치, 방향 및 트래픽과 같은 중요한 정보를 전송한다. DSRC는 대기 시간이 짧은 오픈 소스 네트워크로, 밀리초 단위로 메시지를 전송할 수 있다. 시스템의 작동 범위는 약 1,000피트(300미터)이다.

부품과 작동 DSRC는 다른 형태의 통신으로부터 간섭 없이 안전하게 통신이 이루어질 수 있도록 차량에 장착된 도로 장비와 온보드 장비의 네트워크로 지원된다. 송신기와 수신기는 차량 통신을 위해 IEEE 802.11p와 IEEE 1609에 정의된 프로토콜에 따라 작동한다. ● **그림 18-23 참조**

진단과 보정 DSRC 시스템 진단에는 하드웨어 테스트와 신호 강도 테스트가 포함된다. 하드웨어에는 자가 진단 기능과 오류 코드 저장 기능이 있다. 이 정보는 진단 검사 도구를 통해 액세스할 수 있다. 하드웨어는 수리되지 않으며 대신 교체된다. 소프트웨어는 제조업체나 서비스 기술자가 업그레이드할 수 있다. 신호 강도는 DSRC 장치의 주파수를 측정하도록 설계된 특정 장비를 사용하여 측정된다.

그림 18-23 단거리 전용 통신(DSRC)은 차량 간 통신에 사용되어 사고를 예방하고 모든 사람을 더 안전하게 만든다.

요약

1. 첨단 운전자 보조 시스템은 운전자 지원으로서 설계되었으며 운전자를 대체하기 위한 것이 아니다.
2. 사각지대 모니터(BSM)는 차량의 측면과 후방에 있는 다른 차량을 감지하는 차량 기반 센서 장치이다.
3. 주차 보조 시스템은 천천히 이동하면서 운전자가 다른 물체와의 접촉을 방지하는 데 사용된다.
4. 자동주차 차량이라고도 불리는 셀프주차 차량은 카메라를 사용하고 전동식 파워 스티어링을 제어하여 차량을 주차 공간으로 안내한다.
5. 차선 이탈 경고 시스템(LDWS)은 카메라를 사용하여 차량이 포장도로의 차로 표시선을 넘어가는지 감지한다.
6. 차선 유지 보조 시스템(LKAS)이라고도 불리는 차선 유지 보조(LKA)는 차량이 차선을 벗어날 경우 운전자에게 경고할 뿐만 아니라, 응답이 없을 경우 전동식 파워 스티어링 시스템을 사용하여 차량을 다시 차선으로 되돌아오도록 조종한다.
7. 레이더 크루즈 컨트롤이라고도 불리는 적응형 크루즈 컨트롤(ACC)은 전방 차량과의 후방 거리를 확실하게 유지하여 운전자가 차량에 대한 더 많은 제어력을 제공한다.
8. 후측방 경고(RCTW) 시스템은 차량이 후진 중 후방에서 교차할 때 소리로 경고한다. 일부 차량은 충돌을 피하기 위해 자동으로 제동할 수 있다.
9. 자동 비상 제동(AEB) 시스템이 개입하여 필요한 경우 자동으로 브레이크를 작동한다.
10. 사전 충돌 시스템의 목적과 기능은 전방 도로를 모니터링하고 충돌 방지에 대비하며 운전자와 승객을 보호하는 것이다.
11. 차량에 어떤 ADAS가 장착되어 있는지 확인하려면 차량 식별 번호(VIN) 또는 제너럴 모터스에서 제작한 차량의 일반 생산 주문(RPO)을 사용하라.
12. ADAS 진단에는 문제의 근본 원인을 찾아 수정하고 레이더와 카메라를 적절하게 보정하는 8단계가 포함된다.

복습 문제

1. 주차 보조 시스템은 어떤 유형의 센서를 사용하는가?
2. 차선 이탈 경고와 차선 유지 보조의 차이점은 무엇인가?
3. 자동 비상 제동 및 사전 충돌 제어 시스템에는 어떤 유형의 센서가 사용되는가?
4. 첨단 운전자 보조 시스템의 목적과 기능은 무엇인가?
5. 자율주행차의 카메라 보정은 언제 필요한가?

마무리 퀴즈

1. 다음 중 첨단 운전자 보조 시스템의 기능이 아닌 것은 무엇인가?
   a. 자가 운전 기능
   b. 운전자의 짐을 덜어줌
   c. 앞차가 급정차할 경우 운전자가 충돌을 피할 수 있도록 도와줌
   d. 운전자에게 잠재적인 문제를 알림

2. 사각지대 모니터(BSM) 경고는 __________일 수 있다.
   a. 시각적
   b. 청각적
   c. 진동(촉각)
   d. 위 보기 중 하나

3. 셀프주차 차량은 _________을(를) 사용하고 _________을(를) 제어하여 차량을 주차 공간으로 제어한다.
   a. 레이더, 조절판
   b. 카메라, 전동식 파워 스티어링
   c. 음파 센서, 브레이크
   d. 사다르, 전동식 파워 스티어링

4. 차선 유지 보조(LKA)의 목적은 무엇인가?
   a. 차선을 벗어나면 운전자에게 경고하기 위함이다.
   b. 운전자의 입력이나 제어 없이 차량을 자가 운전하기 위해 적응형 크루즈 컨트롤과 함께 사용된다.
   c. 차선 내에서 차량을 유지하기 위해 전동식 파워 스티어링을 사용한다.
   d. a와 c 둘 다

5. 후측방 경고는 주차 공간에서 후진할 때 양쪽에서 접근하는 차량이 있는 경우 운전자에게 경고하는 데 사용된다. 이를 위해 차량의 양쪽 뒷범퍼 근처에 설치된 것은 무엇인가?
   a. 소나
   b. 초음파
   c. 레이더
   d. 카메라

6. 주차 보조 시스템은 차량이 물체에 가까워지면 운전자에게 경고한다. 대부분의 시스템에서 감지할 수 없는 개체 유형은 무엇인가?
   a. 너비가 3인치(8 cm)보다 큰 물체
   b. 높이가 10인치(25 cm)보다 큰 물체
   c. 차량 밑의 물체
   d. 위 보기 중 하나

7. 다음 중 레이더와 카메라 보정에서 제외되는 것은 무엇인가?
   a. 공장 또는 공장 수준의 자기진단기
   b. 차량 주변의 정밀하게 지정된 위치에 설정된 특수 목표
   c. 정적 및 동적 보정이 모두 필요하다.
   d. 카메라 보정을 위해 차량을 10번 회전한다.

8. LiDAR 시스템에서 가능한 것은 무엇인가?
   a. 300야드에서 3D 이미지 생성
   b. 물체 인식
   c. 거리, 위치, 속도 측정
   d. 위 보기 모두

9. 전용 단거리 통신(DSRC) 시스템에서 가능한 것은 무엇인가?
   a. 300야드에서 3D 이미지 생성
   b. 물체 인식
   c. 거리, 위치, 속도 측정
   d. 밀리초 단위로 메시지 전송

Chapter 19

연료전지와 첨단 기술

학습 목표

- 연료전지가 어떻게 전기를 생산하는지 설명하고, 연료전지의 장점과 단점을 나열할 수 있다.
- 연료전지의 유형과 이를 사용하는 차량 시스템을 나열할 수 있다.
- 연료전지 하이브리드 자동차에서 울트라커패시터와 트랜스액슬이 어떻게 작동하는지 설명할 수 있다.
- 에너지원으로 수압을 사용하는 것을 논의할 수 있다.
- HCCI 연소 과정을 설명할 수 있다.
- 대체 전력원에 대해 논의할 수 있다.

핵심 용어

고분자 전해질 연료전지(PEFC)
균일 충전 압축 점화(HCCI)
멤브레인 전극 어셈블리(MEA)
비에너지
양성자 교환막(PEM)
에너지 운반체
연료전지
연료전지 스택
연료전지 자동차(FCV)
연료전지 하이브리드 자동차(FCHV)
울트라커패시터
저등급 열
전기분해

연료전지 기술

배경 **연료전지**(fuel cell)는 수소와 산소의 화학 에너지가 전기 에너지로 변환되는 전기화학적 장치이다. 연료전지의 원리는 1639년 웨일즈의 의사인 윌리엄 그로브 경(Sir William Grove)이 처음 발견했다. 1950년대에 미 항공우주국(NASA)은 우주 탐사 차량에 동력을 공급하는 장치를 만드는 데 이 원리를 적용했다. 연료전지는 배출 가스를 줄이거나 전혀 발생시키지 않으면서 가정과 차량에 전력을 공급하기 위해 개발되고 있다. ● 그림 19-1 참조

부품과 작동 연료전지의 화학적 반응은 **전기분해**(electrolysis)와 반대이다. 전기분해는 전류를 물에 통과시켜 물을 구성 요소인 수소와 산소로 분해하는 과정이다. 전기분해를 위해서는 에너지가 필요하지만, 연료전지에서 수소와 산소를 재결합시켜 동일한 에너지를 회수할 수 있다. 수소는 연료로 사용될 수 있지만 에너지원은 아니다. 대신, 수소는 단지 **에너지 운반체**(energy carrier)일 뿐이다. 왜냐하면 수소를 생성하고 연료로 사용할 수 있도록 저장하려면 에너지를 소비해야 하기 때문이다.

수소 동력 배터리 연료전지는 수소로 구동되는 배터리이다. 수소는 훌륭한 연료이다. 왜냐하면 같은 양의 화석연료와 비교할 때 **비에너지**(specific energy)가 매우 높기 때문이다. 1 kg의 수소는 휘발유 1 kg의 3배에 달하는 에너지를 함유하고 있다. 수소는 지구상에서 가장 흔한 원소이지만 자연계에서 그 자체로는 존재하지 않는다. 수소는 공기보다 14배나 가볍다.

수소 자원 수소는 지역 자원을 이용해 국내에서 생산되는 저탄소, 무독성 연료이다. 이는 수소의 자연적인 경향이 대기 중의 산소와 반응하여 물(H_2O)을 형성하는 것이기 때문이다.

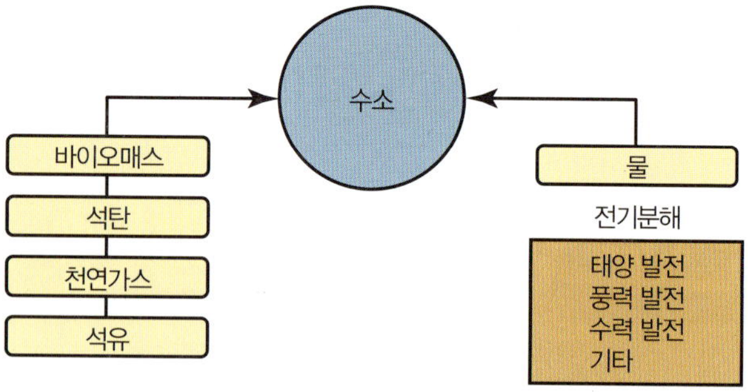

그림 19-2 수소는 자연계에 그 자체로 존재하지 않는다. 더 복잡한 다른 물질과 분리하려면 에너지를 소비해야 한다.

수소는 천연가스나 원유와 같은 다른 많은 화합물에서도 발견된다. 연료로 사용하기 위해 수소를 저장하려면 이러한 물질로부터 수소를 분리하는 다양한 공정을 수행해야 한다. 예를 들어, 전기분해라는 공정을 통해 산소로부터 수소를 분리하기 위해 전류를 사용하여 물에서 수소를 생산할 수 있다. ● 그림 19-2 참조

연료전지의 장점 연료전지는 전기를 생성하여 전기 구동 모터에 전력을 공급하고 차량의 나머지 전기 시스템에 전력을 공급함으로써 차량을 이동하는 데 사용할 수 있다. 장점은 다음과 같다.

- 연료전지는 수소와 산소로 구동되기 때문에 자체적으로 CO_2와 같은 탄소 배출을 발생시키지 않는다. 유일한 배출물은 수증기와 열이며, 이로 인해 연료전지는 무공해차량(ZEV)의 이상적인 후보이다.
- 연료전지는 일반적인 내연기관(ICE)에 비해 에너지 효율도 훨씬 높다. ICE로 구동되는 차량의 효율은 15~20%인 반면, 연료전지 차량은 40% 이상의 효율을 달성할 수 있다.

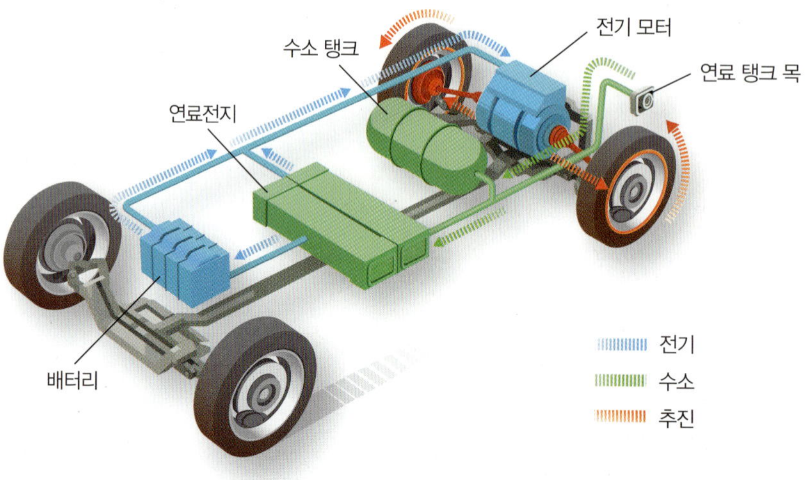

그림 19-1 연료전지 차량은 연료전지와 고전압 배터리를 사용하여 전기 구동 모터에 전력을 공급한다.

- 연료전지는 움직이는 부품이 거의 없으며 신뢰성이 매우 높다. 자동차 제조업체는 모든 운전 조건에서 만족스럽게 작동하는 저렴하고 내구성이 뛰어나며 콤팩트한 연료전지를 개발하기 위해 수년과 수백만 달러를 투자했다.

연료전지 자동차(fuel-cell vehicle, FCV)는 연료전지를 유일한 동력원으로 사용하는 반면, **연료전지 하이브리드 자동차**(fuel-cell hybrid vehicle, FCHV)는 자동차에 동력을 공급하는 데 사용할 수 있는 전기 저장 장치도 갖추고 있다. 연료전지 차량 대부분의 새로운 디자인은 이제 이 접근 방식을 통해 달성할 수 있는 효율성과 주행성이 크게 향상되었기 때문에 하이브리드 구성을 기반으로 한다. ● **그림 19-3 참조**

연료전지의 단점 주요 자동차 제조업체가 계속해서 시범 차량을 제작하고 연료전지 시스템 설계를 개선하기 위해 노력하고 있지만, 연료전지로 구동되는 차량은 대량 생산되지 않았다. 연료전지에는 다음과 같은 여러 가지 단점이 있다.

- 높은 비용
- 급유 인프라 부족
- 안전 인식
- 차량 주행거리 부족
- 내구성 부족
- 추운 날씨 시동 문제
- 출력 밀도 부족

이러한 모든 문제는 연구자들이 적극적으로 해결하고 있으며 상당한 개선이 이루어지고 있다. 비용과 성능 수준이 현재 자동차 수준에 도달하면 연료전지가 주류 기술로 채택될 수 있다.

그림 19-3 토요타 FCHV는 하이랜더 플랫폼을 기반으로 하며 설계에 토요타 하이브리드 시너지 드라이브(HSD) 기술을 많이 사용한다.

연료전지 유형 연료전지에는 다양한 유형이 있으며, 이는 설계에 사용되는 전해질 유형에 따라 구별된다. 일부 전해질은 실온에서 가장 잘 작동하는 반면 다른 전해질은 최대 871℃(1,600°F)에서 작동하도록 만들어졌다.

자동차 응용분야에 가장 적합한 연료전지 설계는 **양성자 교환막**(Proton Exchange Membrane, PEM)이다. PEM 연료전지가 작동하려면 수소가 있어야 하며, 이는 차량에 저장되거나 필요에 따라 다른 유형의 연료에서 생성될 수 있다. 연료전지에는 여러 가지 유형이 있는데, PEM 유형을 제외하고 대부분은 발전 장치로 사용하기에 가장 적합하다.

연료전지의 유형과 가장 일반적인 용도에 대한 비교를 표로 정리했다. ● **표 19-1 참조**

PEM 연료전지 작동 양성자 교환막 연료전지는 **고분자 전해질 연료전지**(Polymer Electrolyte Fuel Cell, PEFC)라고도 한다. PEM 연료전지는 가볍고 콤팩트한 디자인은 물론 주변 온도에서도 작동할 수 있는 능력으로 잘 알려져 있다.

이는 PEM 연료전지가 광범위한 예열 기간 없이 신속하게 시동되고 최대 전력을 생산할 수 있음을 의미한다. PEM은 백금이나 팔라듐 같은 촉매로 양면을 코팅한 막을 기반으로 한 단순한 디자인이다.

- 막의 각 측면에 하나씩 두 개의 전극이 있다. 이는 막 표면에 수소와 산소를 분배하고 폐열을 제거하며 전류 흐름 경로를 제공하는 역할을 한다.
- 막, 촉매 코팅 및 전극을 포함하는 PEM 연료전지의 일부는 **멤브레인 전극 어셈블리**(Membrane Electrode Assembly, MEA)로 알려져 있다.
- 음극(양극)에는 수소 가스가 흐르고, 산소는 양극(음극)으로 보내진다. 수소는 촉매 존재 시 H 이온(양성자)으로 분해되는 H_2 분자 형태로 음극으로 보내진다. H 원자의 전자(e)는 외부 회로를 통해 전송되어 작업을 수행하는 데 사용할 수 있는 전기를 생성한다.
- 이 동일한 전자는 양극으로 보내져 막을 통과하여 촉매 존재 하에 산소와 반응한 H 이온과 재결합한다. 이는 PEM 연료전지에서 배출되는 유일한 배출물인 H_2O와 폐열을 생성한다. ● **그림 19-4 참조**

연료전지 스택 단일 연료전지는 1 V 미만의 전위를 생성하므로 그 자체로는 특별히 유용하지 않다. 수백 개의 연료전지를 **연료전지 스택**(fuel-cell stack)에 함께 구성하는 것이 더 일반적이다. 이러한 배열에서는 연료전지가 직렬로 연결되어 스택의 총전압이

	연료전지 유형			
	PEM(고분자 전해질막)	PAFC(인산 연료전지)	MCFC(용융탄산염 연료전지)	SOFC(고체산화물 연료전지)
전해질	폴리머의 술폰산	오르토인산	리튬과 칼륨 탄산염	이트륨 안정화 지르코니아
연료	천연가스, 수소, 메탄올	천연가스, 수소	천연가스, 합성가스	천연가스, 합성가스
작동온도(°F)(°C)	176~212°F, 80~100°C	360~410°F, 180~210°C	1,100~1,300°F, 600~700°C	1,200~3,300°F, 650~1,800°C
전기 효율성	30~40%	40%	43~44%	50~60%
제조사	Avista, Ballard, Energy Partners, H-Power, International, Plug Power	ONSI Corp.	Fuel Cell Energy, IHI, Hitachi, Siemens	Honeywell, Siemens-Westinghouse, Ceramic
응용분야	차량, 휴대용 동력 장치, 소형 고정 동력 장치	고정식 동력 장치	산업 및 기관용 전원 장치	고정식 동력 장치, 군용 차량

표 19-1 차량용보다는 고정식 발전에 가장 적합한 연료전지를 포함한 연료전지의 종류와 세부사항

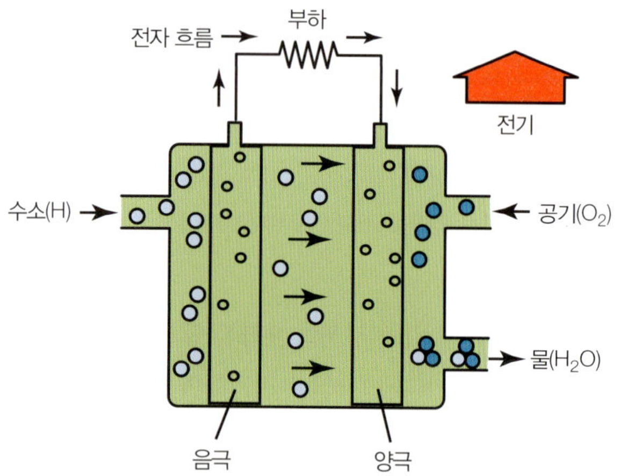

그림 19-4 고분자 전해질 막은 H^+ 이온(양성자)만 통과하도록 허용한다. 이는 전자가 외부 회로를 따르고 부하를 통과하여 작업을 수행해야 함을 의미한다.

개별 전지 전압의 합이 된다. 연료전지는 빵 한 덩어리를 이루는 조각들처럼 스택의 끝에서 끝까지 배치된다. 자동차 연료전지 스택은 구성 시 400개 이상의 셀을 포함한다. ● 그림 19-5 참조

연료전지 스택의 총전압은 어셈블리에 통합된 개별 셀의 수에 따라 결정된다. 그러나 스택의 전류 생성 능력은 전극의 표면적에 따라 달라진다. 연료전지 스택의 출력은 전압과 전류(전압 × 전류 = 전력)와 연관되어 있기 때문에 셀 수를 늘리거나 셀 표면적을 늘리면 출력이 증가한다. 일부 연료전지 차량은 전력 출력 요구사항 및 공간 제약에 따라 두 개 이상의 스택을 사용한다.

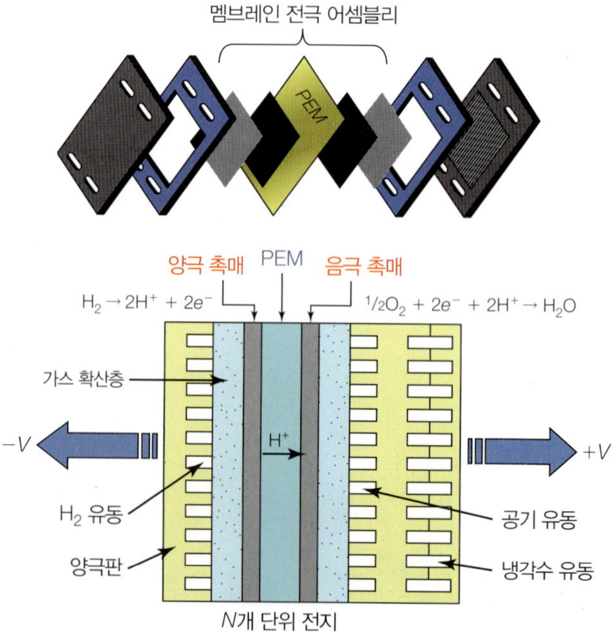

그림 19-5 연료전지 스택은 직렬로 연결된 수백 개의 개별 전지로 구성된다.

정비 기술 팁

PEM 연료전지 촉매를 오염시키는 일산화탄소(CO)

PEM 연료전지에서는 연료가스의 순도가 매우 중요하다. PEM 양극에 공급되는 수소 흐름에 일산화탄소가 10 PPM(parts per million) 이상 존재하면 촉매가 점차 오염되어 결국 연료전지가 작동하지 않게 된다. 이는 순도가 '99.999% 순도'여야 함을 의미한다. 이는 개질 과정에서 수소로부터 모든 CO를 제거하기 어렵기 때문에 가솔린과 같은 탄화수소를 개질하여 수소가 생성되는 자동차에서 가장 우려되는 부분이다. 이러한 응용분야에서는 촉매의 CO 중독을 방지하기 위해 몇몇 수소 정화 수단을 사용해야 한다.

수소 연료 재급유

연료 급유 절차 수소는 충전소 지상에 저장되는 압축가스이다. 대부분의 수소 충전소에서는 유조선 트럭으로 연료가 공급되지만 일부 충전소에서는 현장에서 연료를 만든다. CNG와 마찬가지로 수소는 일반적으로 킬로그램(2.2 lb) 단위로 판매된다. 차량을 충전하는 데는 몇 분밖에 걸리지 않으며, 연료전지 전기 자동차(FCEV)에서 주행거리를 늘리려면 수소를 고압에서 충전해야 한다. 수소를 채우는 것은 바비큐 탱크에 프로판을 넣는 것과 매우 유사하다. 노즐을 콘센트에 고정하기만 하면 된다. 밀봉이 단단히 이루어지면 디스펜서는 고압의 기체 수소를 탱크 안으로 밀어 넣는다. 탱크가 가득 차면 디스펜서가 멈추게 되고 그러면 노즐을 분리할 수 있다. 수소 충전소를 찾으려면 미국 에너지부 웹사이트(https://www.afdc.energy.gov/stations/#/find/nearest)를 방문하라. ● **그림 19-6 참조**

사용된 압력 수소 충전소에서 가장 일반적으로 사용되는 두 가지 압력은 다음과 같다.

- H35 = 35 MPa(5,000 PSI)
- H70 = 70 MPa(10,000 PSI)

압력이 높을수록 탑재된 저장 탱크에 더 많은 수소를 추가할 수 있다. 수소 연료 공급 속도는 디스펜서가 압축열을 상쇄할 수 있는 냉각량과 직접적인 관련이 있다. 수소 공급에 사용되는 세 가지 온도는 다음과 같다.

- T40 충전소 H_2 @ −40°C
- T30 충전소 H_2 @ −30°C
- T20 충전소 H_2 @ −20°C

SAE J2601 SAE 국제 제정 표준 J2601은 수소 연료전지 전기 자동차(FCEV)의 수소 급유 프로토콜에 대한 표준이다. 이 표준은 전 세계적으로 수소 연료 충전소에 사용된다. 표준 J2601 연료 공급 프로토콜은 초기 시작 조건을 기반으로 목표 압력에 도달할 때까지 디스펜서가 연료를 공급하는 간단한 제어를 사용하여 일관된 수소 연료 공급을 제공한다. 따라서 H70-T40(−40°C에서 10,000 PSI) 연료 공급 장치를 사용하면 일반적으로 3분 이내에 연료전지 차량에 수소 연료를 공급하여 이러한 빠른 연료 공급이 가능하다.

(a) (b)

그림 19-6 (a) 캘리포니아 로스앤젤레스의 셸(Shell) 주유소에 위치한 수소 연료 충전소. (b) 측면의 문이 열려 차단 밸브가 있는 충전 노즐이 표시된다. 이 충전소의 수소는 물과 전기를 이용해 디스펜서의 지붕에서 만들어진다. 전류는 물속의 산소와 수소를 분리한 다음 수소를 압축하여 역시 지붕에 있는 저장 탱크로 보낸다.

직접 메탄올 연료전지

목적과 기능 고압 실린더는 연료전지에 사용하기 위해 차량에 수소를 저장하는 한 가지 방법이다. 이는 간단하고 가벼운 보관 방법이지만, 충분한 차량 주행거리를 제공하지 못하는 경우가 많다. 또 다른 접근법은 수소 가스 대신 액체 메탄올을 사용하여 수정된 PEM 연료전지에 연료를 공급하는 것이었다. ● 그림 19-7 참조

작동 메탄올은 천연가스에서 가장 흔히 생산되며 화학식은 CH_3OH이다. 상온에서 액체 상태로 존재하기 때문에 기체 수소보다 에너지 밀도가 높고, 압축기나 다른 고압 장비가 필요 없어 취급이 용이하다. 이는 연료전지 차량에 고압가스 대신 액체로 연료를 공급할 수 있다는 것을 의미하며, 이는 연료 공급 과정을 단순화하고 차량 주행거리를 더 늘려준다. ● 그림 19-8 참조

? 자주 묻는 질문

PEM 연료전지에서 가습기의 역할은 무엇인가?

PEM 연료전지의 고분자 전해질 멤브레인 어셈블리는 양이온 전도체 및 가스 분리기 역할을 한다. 그러나 촉촉하게 유지되어야만 이러한 기능을 효과적으로 수행할 수 있다. 연료전지 자동차는 공기 압축기를 이용해 각 셀의 양극에 공기를 공급하는데, 공기의 수분 함량을 높이기 위해 가습기를 먼저 통과시키는 경우도 있다. 그런 다음 습한 공기가 멤브레인 어셈블리와 접촉하여 전해질을 촉촉하게 유지하고 올바르게 작동하게 한다.

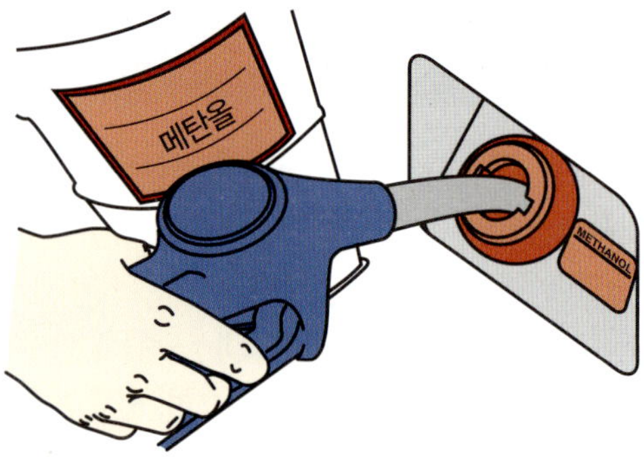

그림 19-8 직접 메탄올 연료전지는 가솔린 구동 차량과 유사하게 연료를 공급할 수 있다.

단점 불행하게도 직접 메탄올 연료전지는 여러 가지 문제를 안고 있으며, 그중 가장 중요한 것은 메탄올 자체의 부식성이다. 이는 메탄올을 기존 탱크에 저장할 수 없으므로 취급과 저장을 위한 별도의 인프라가 필요함을 의미한다. 또 다른 문제는 메탄올이 멤브레인 어셈블리를 가로질러 이동하여 전지 성능을 감소시키는 '연료 교차'이다. 직접 메탄올 연료전지는 또한 구성 시 훨씬 더 많은 양의 촉매가 필요하므로 비용이 많이 든다. 이러한 과제로 인해 연구자들은 비용을 낮추고 전지 성능을 향상시킬 수 있는 대체 전해질 재료와 촉매를 찾게 되었다.

NOTE: 직접 메탄올 연료전지는 자동차 응용분야에서 사용되지 않을 것이다. 그러나 휴대폰이나 노트북 컴퓨터와 같은 저전력 응용분야에는 매우 적합하다.

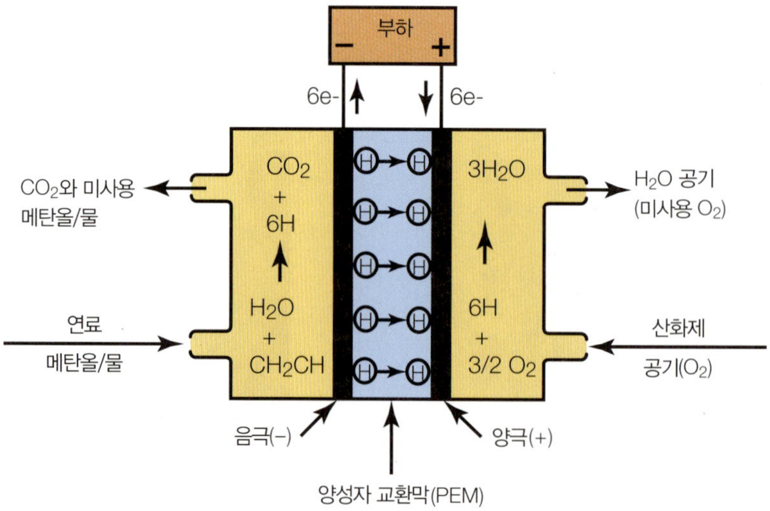

그림 19-7 직접 메탄올 연료전지는 수소 가스 대신 연료로 메탄올/물 용액을 사용한다.

연료전지 자동차 시스템

연료전지 가습기 PEM 연료전지 내부의 물 관리는 매우 중요하다. 물이 너무 많으면 산소가 양극과 접촉하는 것을 방해할 수 있고, 물이 너무 적으면 전해질이 건조해져 전도도가 낮아질 수 있다. 물의 양과 물이 연료전지에 존재하는 위치는 연료전지가 얼마나 낮은 온도에서 시동되는지 결정하는 데에도 중요하다. 연료전지에서 물이 얼면 시동이 안 될 수 있기 때문이다. 가습기의 역할은 음극에서 증발하는 물을 재활용하여 연료전지에 충분한 수분을 공급하여 균형을 이루는 것이다. 가습기는 연료전지 스택의 음극으로 이어지는 공기 라인에 위치한다. ● **그림 19-9 참조**

일부 최신 PEM 설계는 유입되는 반응 가스를 미리 가습할 필요가 없는 방식으로 셀의 물을 관리한다. 이는 가습기 조립의 필요성을 없애고 시스템을 전반적으로 더 단순하게 만든다.

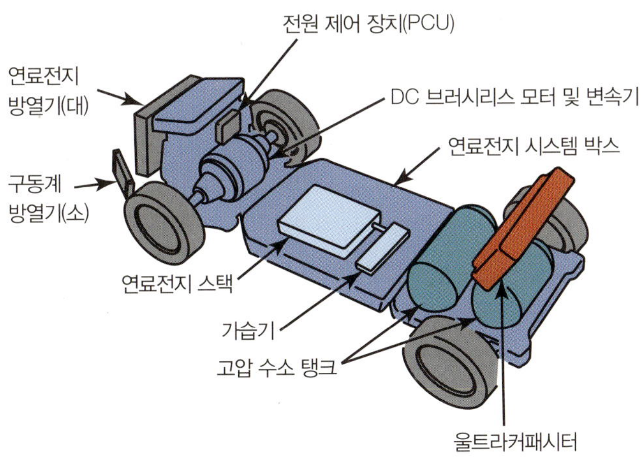

그림 19-9 혼다 FCX 연료전지 차량의 파워트레인 레이아웃. 멤브레인 전극 어셈블리의 수분 수준을 유지하기 위해 연료전지 스택 뒤에 가습기를 사용하는 것에 유의하라.

연료전지 냉각 시스템 정상 작동 중에는 연료전지에서 열이 발생한다. 과도한 열은 고분자 전해질막의 파손으로 이어질 수 있으므로 연료전지 스택에서 폐열을 제거하기 위해 액체 냉각 시스템을 활용해야 한다. 이와 관련하여 엔지니어의 주요 과제 중 하나는 연료전지에서 발생하는 열이 **저등급 열**(low-grade heat)로 분류된다는 사실이다. 이는 냉각수 온도와 주변 공기 온도 사이에 작은 차이만 있음을 의미한다. 이러한 조건에서는 열 전달이 매우 느리므로 반드시 표면적이 훨씬 더 넓은 열 교환기를 사용해야 한다. ● **그림 19-10 참조**

그림 19-10 혼다 FCX는 연료전지 냉각을 위해 하나의 대형 라디에이터를 사용하고 구동계 구성 요소 냉각을 위해 양쪽에 있는 두 개의 작은 라디에이터를 사용한다.

경우에 따라 엔진룸 전면의 사용 가능한 공간이 부족한 경우 열 교환기를 차량의 다른 영역에 배치할 수 있다. 토요타 FCHV의 경우 냉각 시스템의 열 방출 용량을 높이기 위해 보조 열 교환기를 차량 아래에 배치한다. ● **그림 19-11 참조**

그림 19-11 토요타 FCHV 엔진실 앞쪽은 공간에 제약이 있어 보조 열 교환기가 차량 아래에 위치하여 연료전지 스택을 냉각시킨다.

연료전지 냉각 시스템의 작동을 위해 전기 워터펌프와 팬 구동 모터가 사용된다. 이러한 장비와 기타 지원 장치는 연료전지에 의해 생성된 전력을 사용하므로 차량의 전체 효율을 감소시키는 경향이 있다.

공기 공급 펌프 모든 주행 조건에서 적절한 성능을 발휘하려면 연료전지 스택에 적절한 압력과 유량으로 공기가 공급되어야 한다. 이 기능은 대기 공기를 압축하여 연료전지 양극(음극)에 공급하는 내부에 장착된 공기 공급 펌프에 의해 수행된다. 이 펌프는 종종 고전압 전기 구동 모터로 구동된다.

자주 묻는 질문

메탄올은 언제 '탄소 중립' 연료로 간주되는가?

전 세계 메탄올의 대부분은 천연가스를 개질하여 생산된다. 천연가스는 탄화수소이지만 지하 저장소에 남아 있는 한 대기의 탄소 함량을 증가시키지 않는다. 그러나 연료로 사용되는 천연가스는 여분의 탄소를 대기 중으로 방출해서 지구 온난화의 원인이 된다고 한다. 천연가스는 탄소 중립 연료가 아니며, 천연가스로 만든 메탄올도 마찬가지이다.

연료전지 하이브리드 자동차

목적과 기능 하이브리드화(hybridization)는 제동 중에 한 번 손실되거나 정상적인 작동 시 손실된 에너지를 나중에 고전압 배터리에 사용하기 위해 저장하므로 기존 구동트레인을 사용하는 차량의 효율성을 높이는 경향이 있다. 하이브리드 설계 개념을 연료전지 차량에 적용하면 이와 동일한 이점을 얻을 수 있다. 연료전지 자동차의 유일한 동력원은 연료전지인 반면, 연료전지 하이브리드 자동차는 연료전지와 축전 장치에 동력을 모두 의존한다. 이 설계를 통해 주행성도 향상되었는데, 이는 축전 장치가 에너지를 구동 모터에 즉시 공급하고 연료전지 측의 '스로틀 지연'을 극복할 수 있기 때문이다.

2차 전지 모든 하이브리드 차량 설계에는 회생 제동 및 기타 응용분야에서 생성되는 전기 에너지를 저장하는 수단이 필요하다. 대부분의 FCHV 설계에서는 고전압 NiMH(니켈수소화물) 배터리 팩이 2차 전지로 사용된다. 이는 대부분 차량 뒤쪽 근처, 뒷좌석 아래 또는 뒤에 위치한다. ● **그림 19-12 참조**

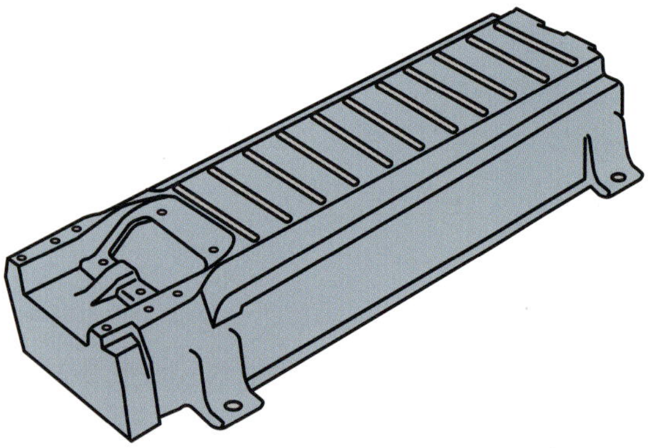

그림 19-12 연료전지 하이브리드 자동차의 2차 전지는 연료전지 스택과 마찬가지로 직렬로 연결된 많은 개별 셀로 구성된다.

2차 전지는 여러 개의 저전압 셀을 직렬로 연결해 고전압 배터리를 만든다는 점에서 연료전지 스택과 유사하게 제작된다.

수소 저장

목적과 기능 연료전지 하이브리드 자동차의 문제 중 하나는 합리적인 차량 주행거리를 허용하기 위해 충분한 수소를 차량 내부에 저장하는 방법이다. 현대 운전자들은 주유소 사이에 최소 300마일을 유지하는 데 익숙해졌는데, 이는 차량에 수소 연료를 공급할 때 달성하기 매우 어려운 목표이다. 수소는 파운드당 에너지 함량이 매우 높지만 에너지 밀도는 기존 액체 연료보다 낮다. 이는 기체 수소는 고압에서도 물리적 밀도(단위 부피당 질량)가 매우 낮기 때문이다. ● **그림 19-13 참조**

연료전지 하이브리드 자동차에 사용하기 위해 다양한 수소 저장 방법이 고려되고 있다. 여기에는 고압 압축가스, 액화 수소 및 금속 수소화물의 고체 저장이 포함된다. 효율적인 수소 저장은 연료전지가 자동차에 적용되기 위해 해결해야 할 기술적 문제 중 하나이다. 내부 수소 저장 문제를 해결하기 위해 많은 연구가 진행되고 있다.

고압 압축가스 현재 대부분의 연료전지 하이브리드 자동차는 탱크에 고압가스로 저장된 압축 수소를 사용한다. 이 접근 방식은 모든 저장 가능성 중에서 가장 덜 복잡하지만 에너지 밀도도 가

그림 19-13 토요타 미라이 연료전지 차량 아래에 있는 수소 저장 탱크. 이 차량은 탄소섬유 강화 연료 탱크 두 개를 사용한다.

장 낮다. 차량의 사용하지 않는 공간에 맞추기 위해 하나의 대형 탱크보다는 여러 개의 소형 저장 탱크를 사용하는 경우가 많다. 이 접근 방식의 한 가지 단점은 필요한 압력에서 가스를 저장하는 데 실린더만 사용할 수 있다는 것이다. 이로 인해 실린더 외부 주변에 사용되지 않는 공간이 많이 생기고 수소 저장 용량이 더욱 감소한다. 5,000 PSI(350 bar)의 압력을 사용하는 것이 일반적이다. ● **그림 19-14 참조**

많은 최신 시스템은 연료전지 구동 차량의 주행거리를 늘리기 위해 최대 10,000 PSI(700 bar)의 압력을 사용한다. 압축 수소 저장에 사용되는 탱크는 일반적으로 여러 층의 탄소 섬유로 감싼 알루미늄 라이너와 유리 섬유의 외부 코팅으로 만들어진다. 압축된 수소 저장 탱크에 연료를 공급하기 위해 기존 차량에 사용되는 필러 넥(filler neck) 대신 특수 고압 피팅을 설치한다. ● **그림 19-15 참조**

또한 주유 과정에서 차량과 주유소 간의 통신을 활성화하는 데 사용되는 특수 전기 커넥터도 있다. ● **그림 19-16 참조**

주유소는 차량 고압 급유 피팅에 연결하기 위해 특수 커플러(coupler)를 사용한다. 커플러를 차량 피팅에 배치하고 커플러의 레버를 회전시켜 밀봉하고 제자리에 고정시킨다.

액체수소 수소는 에너지 밀도를 높이기 위해 액화할 수 있지만 이를 위해서는 −423°F(−253°C)의 극저온 탱크에 저장해야 한다. 이는 차량의 주행거리를 늘리지만 수소를 액화하는 데 많은 양의 에너지가 필요하고 저장 중에 일정량의 액체수소가 '끓어오르기' 때문에 전반적인 효율에 영향을 미친다.

1리터의 액체수소는 휘발유 1리터의 에너지 함량의 1/4에 불과하다. ● **그림 19-17 참조**

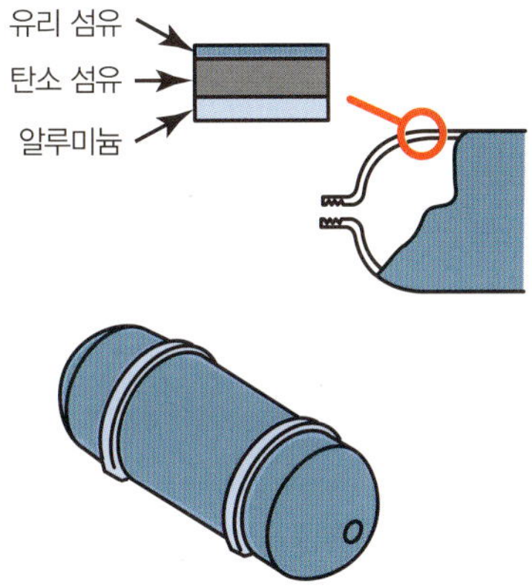

그림 19-14 토요타 FCHV는 350 bar 정격의 고압 저장 탱크를 사용한다. 이는 평방 인치당 5,000파운드에 해당한다.

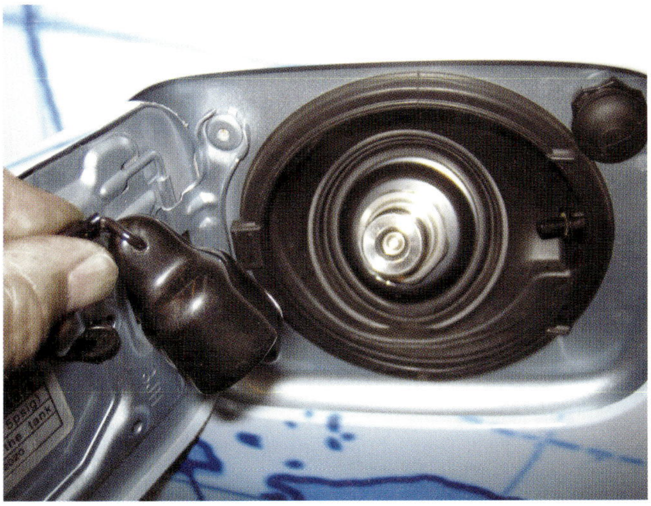

그림 19-15 연료전지 하이브리드 자동차에 연료를 공급하는 데 사용되는 고압 피팅

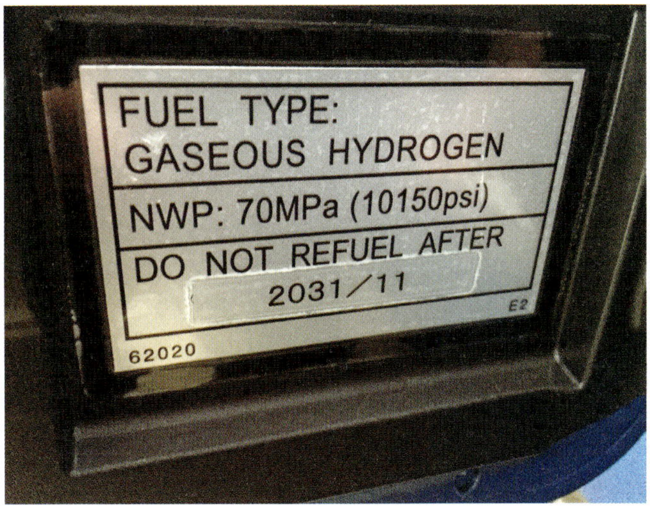

그림 19-16 이 고압 수소 저장 탱크는 2031년에 교체되어야 한다.

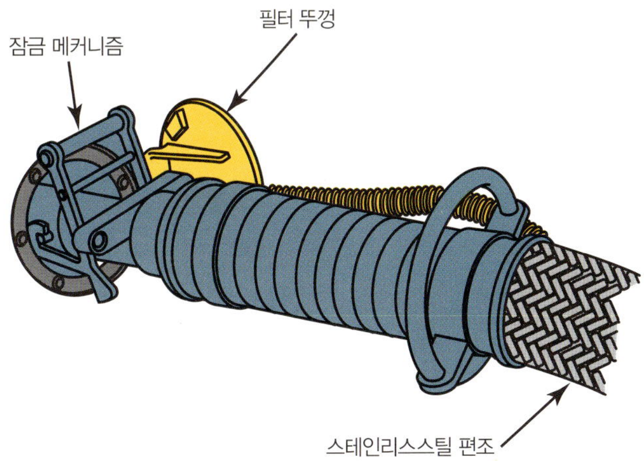

그림 19-17 차량에 액체수소 연료 재급유하기

수소의 고체 상태 저장 수소를 고체 형태로 저장하는 방법 중 하나는 NiMH 배터리의 작동 방식과 유사한 금속 수소화물로 저장하는 것이다.

데모 차량은 저압에서 금속 수소화물로 약 6.6파운드(3.3 kg)의 수소를 저장하는 경량 섬유로 포장된 저장 탱크를 차체 아래에 갖추고 있다. 이 정도의 연료로 차량은 거의 200마일을 이동할 수 있다.

- 수소 1 kg은 휘발유 1갤런과 같다.
- 3갤런의 물은 1 kg의 수소를 생성한다.

금속 수소화물은 기체 수소 분자가 개별 수소 원자로 분리되어 저장 탱크의 금속 원자와 결합할 때 형성된다. 이 공정에서는 수소를 빠르게 흡수할 수 있는 분말 금속 합금을 사용하여 이를 실현한다.

울트라커패시터

목적과 기능 배터리에 전기 에너지를 저장하는 대안은 울트라커패시터를 사용하는 것이다. 커패시터는 DC를 차단하지만 AC는 통과시키는 전기 장치로 가장 잘 알려져 있다. 그러나 커패시터는 전기 에너지를 저장하는 데에도 사용할 수 있으며 화학 반응 없이 이를 수행할 수 있다. 대신, 커패시터는 양전하와 음전하 사이의 정전기적 인력 원리를 사용하여 전기 에너지를 저장한다.

부품과 작동 울트라커패시터는 기존 커패시터와 매우 다르게 제작되었다. **울트라커패시터**(ultracapacitor) 셀은 두 개의 활성탄 전극이 유기 전해질에 담겨 있는 이중층 기술을 기반으로 한다. 전극은 표면적이 매우 넓으며 이온 이동을 허용하지만 전극이 닿는 것을 방지하는 멤브레인으로 분리되어 있다. ● 그림 19-18 참조

전해질 내에서 이온이 이동하면서 충전과 방전이 발생하지만 화학 반응은 일어나지 않는다. 울트라커패시터는 빠르고 효율적으로 충전 및 방전할 수 있어 연료전지 하이브리드 자동차의 전기 보조 애플리케이션에 특히 적합하다.

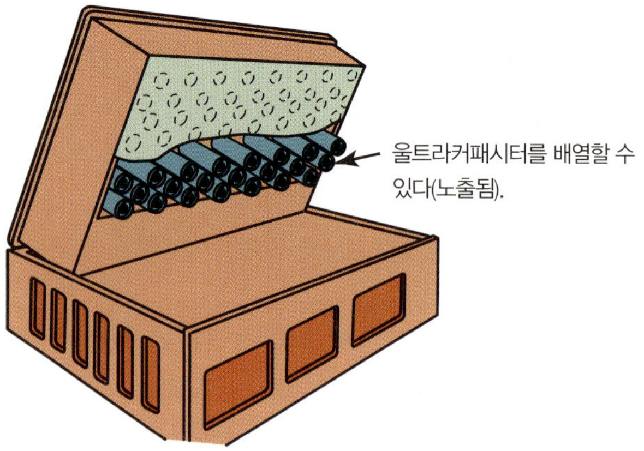

그림 19-19 하이브리드 자동차의 고전압 배터리 대신 울트라커패시터를 사용할 수 있다. 그림은 혼다 FCX 연료전지 하이브리드 자동차의 예시이다.

연료전지 하이브리드 자동차에 사용되는 울트라커패시터는 병렬로 연결된 여러 개의 원통형 셀로 구성된다. ● 그림 19-19 참조

이로 인해 총정전용량은 각 개별 셀 값의 합이다. 예를 들어 10개의 1.0패럿 커패시터를 병렬로 연결하면 총정전용량은 10.0패럿이 된다. 커패시턴스가 클수록 전기 저장 능력이 커진다는 의미이며, 이는 연료전지 하이브리드 자동차의 전기 모터에 대한 보조력이 향상되는 데 기여한다.

장점 울트라커패시터는 우수한 사이클 수명을 갖고 있어 성능 저하 없이 여러 번 완전히 충전 및 방전될 수 있다. 또한 넓은 온도 범위에서 작동할 수 있으며 많은 배터리 기술과 유사한 정도로 저온에 의한 영향을 받지 않는다.

단점 울트라커패시터의 한 가지 주요 단점은 특정 에너지가 부족하다는 것이다. 즉, 울트라커패시터는 장기간 방전 주기가 아닌 갑작스러운 에너지 폭발에 가장 적합하다. 울트라커패시터 성능의 이러한 측면과 다른 측면을 개선하기 위한 연구가 진행되고 있다.

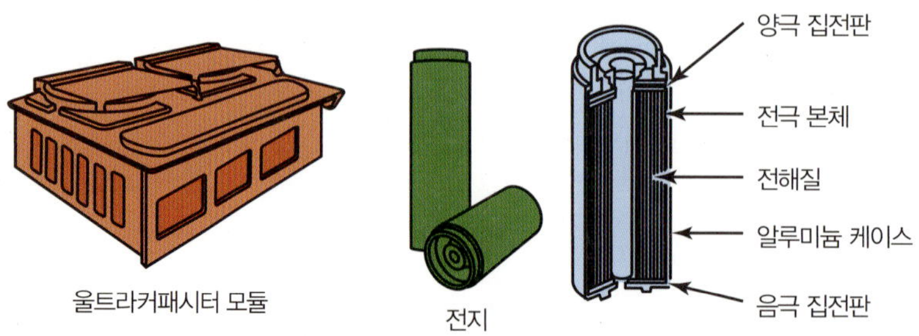

그림 19-18 혼다 울트라커패시터 모듈 및 개별 셀의 구성

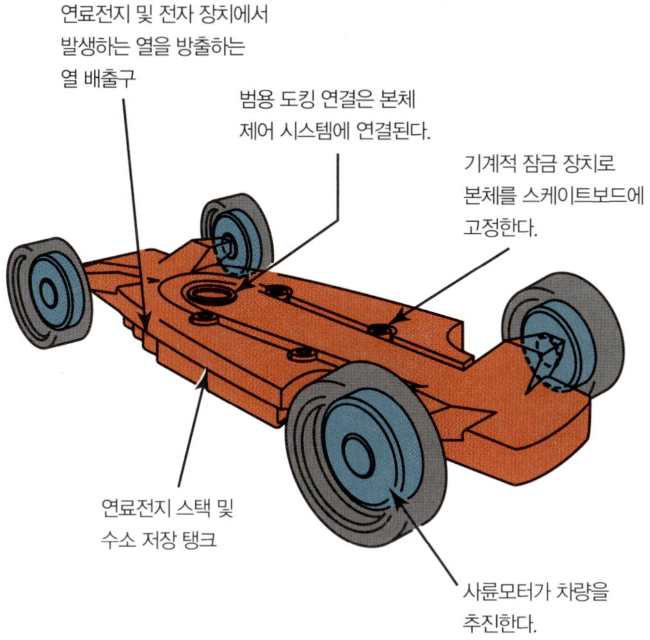

그림 19-20 제너럴 모터스의 '스케이트보드' 개념은 네 모서리 모두에 휠 모터가 있는 연료전지 추진 시스템을 사용한다.

연료전지 차량 트랜스액슬

목적과 기능 일부 연료전지 하이브리드 자동차는 단일 전기 구동 모터와 트랜스액슬을 사용하여 차량에 동력을 전달한다. 휠 모터를 사용하여 개별 휠을 구동하는 것도 가능하다. 이 접근 방식은 섀시에 상당한 양의 스프링 하중을 추가하지만 각 개별 휠에 적용되는 토크를 더 효과적으로 제어할 수 있다. ● **그림 19-20 참조**

수소 연료 시스템 외에도 연료전지 하이브리드 자동차는 구동계가 전기로 구동된다는 점에서 사실상 순수 전기 자동차이다. 전기 모터는 낮은 RPM에서 높은 토크를 생성하고 전체 RPM 범위에서 일관된 전력 출력을 유지할 수 있기 때문에 자동차 애플리케이션에 매우 적합하다. 이는 낮은 RPM에서 매우 적은 토크를 생성하고 상당한 마력이 생성되는 좁은 범위를 갖는 ICE로 구동되는 차량과 대조적이다.

ICE 구동 차량은 차량을 빠르게 가속하고 ICE의 효율성을 극대화하기 위해 다양한 속도 범위를 갖춘 복잡한 변속기가 필요하다. 연료전지 하이브리드 자동차는 최종 구동력의 간소한 감소와 구동 휠에 동력을 전달하기 위한 차동 장치만 필요한 전기 구동 모터를 사용한다. 기어 변속이 필요하지 않으며 토크 컨버터 및 클러치와 같은 메커니즘이 완전히 제거된다. 전기 구동 모터가 단순히 반대 방향으로 구동되기 때문에 후진 기어도 필요하지 않다. 연료전지 하이브리드 자동차에 사용되는 트랜스액슬은 움직이는

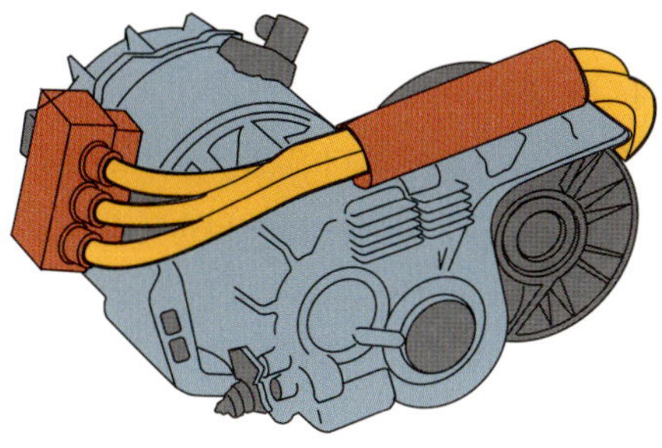

그림 19-21 토요타 FCHV의 전기 구동 모터 및 트랜스액슬 어셈블리. 세 개의 주황색 케이블은 이 모터가 고전압 3상 교류 전류로 구동된다는 것을 나타낸다.

부품이 거의 없어 매우 단순하므로 내구성이 뛰어나고 조용하며 신뢰성이 뛰어나다. ● **그림 19-21 참조**

연료전지 견인 모터 연료전지 차량에 사용되는 전기 구동 모터 뒤에 있는 기술의 대부분은 캘리포니아 ZEV 의무화 초기에 개발되었다. 이 시기는 캘리포니아주에서 제정된 할당량을 충족하기 위한 노력의 일환으로 주요 자동차 제조업체가 배터리 구동 전기 자동차를 제작하던 시기였다. ZEV 명령 규칙은 결국 완화되어 다른 유형의 차량이 크레딧을 대체할 수 있게 되었지만, 순수 전기 차량용으로 개발된 기술은 이제 이러한 다른 차량 설계에도 적용되었다.

연료전지 하이브리드 자동차에 사용되는 전기 견인 모터는 현재 하이브리드 자동차에 사용되는 것과 매우 유사하다. 일반적인 구동 모터는 AC 동기식 설계를 기반으로 하며 때로는 DC 브러시리스 모터라고도 한다. 이 설계는 정류자나 브러시를 사용하지

그림 19-22 연료전지 하이브리드 자동차의 구동 모터는 종종 토요타 하이브리드 자동차에서 볼 수 있는 것과 유사한 고정자 어셈블리를 사용한다. 회전자는 고정자 내부에서 회전하며 회전자의 외부에는 영구 자석이 있다.

않고 대신 3상 고정자와 영구 자석 회전자를 갖기 때문에 신뢰성이 매우 높다. ● **그림 19-22 참조**

전자 컨트롤러(인버터)는 모터에 필요한 3상 고전압 AC를 생성하는 데 사용된다. 모터 자체는 매우 단순하지만 모터에 전력을 공급하고 제어하는 데 필요한 전자 장치는 복잡하다.

일부 연료전지 하이브리드 자동차는 단일 전기 구동 모터와 트랜스액슬을 사용하여 차량에 동력을 전달한다. 휠 모터를 사용하여 개별 휠을 구동하는 것도 가능하다. 이 접근 방식은 섀시에 상당한 양의 스프링 하중을 추가하지만 각 개별 휠에 적용되는 토크를 더 효과적으로 제어할 수 있다.

연료전지 전력 제어 장치 연료전지 하이브리드 자동차의 구동계는 연료전지 출력을 제어하고 다양한 구성 요소 사이의 전기 흐름을 제어하는 전력 제어 장치(PCU)에 의해 제어된다. PCU의 기능 중 하나는 연료전지 스택의 직류를 차량 구동 모터에 사용하기 위해 3상 교류로 바꾸는 인버터 역할을 하는 것이다. ● **그림 19-23 참조**

2차 전지로 들어오고 나가는 전력은 다음을 담당하는 전력 제어 장치를 통해 전달된다.

- 배터리 팩의 충전 상태 유지
- 연료전지 스택 출력 제어 및 지시 ● **그림 19-24 참조**

회생 제동 중에는 전기 구동 모터가 발전기 역할을 하며 차량의 운동(이동) 에너지를 전기로 변환하여 고전압 배터리 팩을 재충전한다. PCU는 모터(발전기)로부터 3상 전력을 공급받아 이를 DC 전압으로 변환(또는 정류)하여 배터리로 보내야 한다. 연료전지의 DC 전력도 PCU를 통해 처리되어 배터리 팩을 충전한다.

DC-DC 변환기는 2차 배터리 팩의 고전압을 차량 전기 시스템의 나머지 부분에 필요한 12 V로 변환하기 위해 하이브리드 자동차에 사용된다. 차량에 따라 전자 보조 파워 스티어링과 같은 부

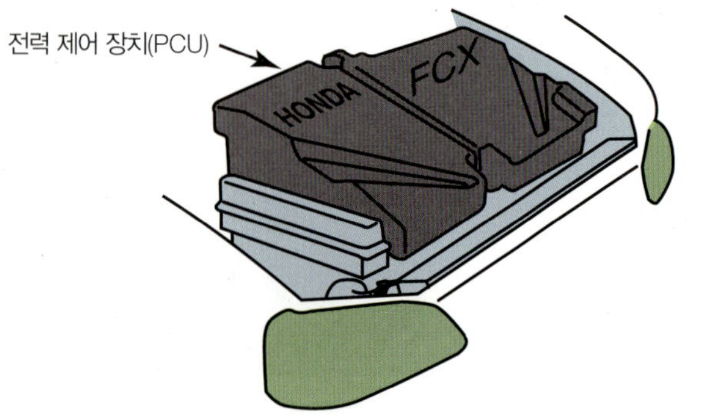

그림 19-23 혼다 FCX 연료전지 하이브리드 자동차의 전력 제어 장치(PCU)는 후드 아래에 있다.

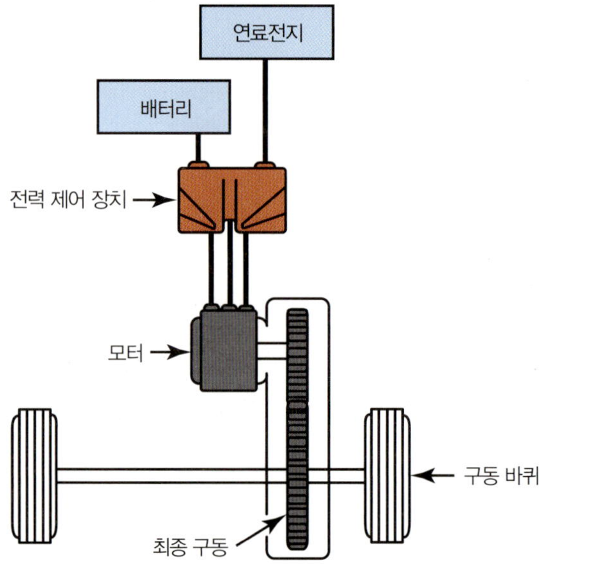

그림 19-24 토요타의 FCHV는 연료전지, 배터리 및 구동 모터 사이의 전기 에너지 흐름을 지시하는 전력 제어 장치를 사용한다.

속품을 작동하는 데 42 V가 필요할 수도 있다. 연료전지 하이브리드 자동차에서는 DC-DC 컨버터 기능이 PCU에 내장되어 전력 분배를 전적으로 담당할 수 있다.

HCCI

용어 **균일 충전 압축 점화**(Homogeneous Charge Compression Ignition, HCCI)는 연소 과정이다. HCCI는 스파크 점화를 사용하지 않고 매우 희박한 가솔린 공기-연료 혼합물을 연소하는 것이다. 이는 저온의 화학적으로 제어되는(불꽃 없는) 연소 과정이다. ● **그림 19-25 참조**

HCCI 연소는 제어하기가 어렵고 온도, 압력 및 연료 유형의 변화에 매우 민감하다. HCCI의 도전은 어렵지만 가솔린 엔진을 사용하면 비용의 50%로 디젤 효율의 80%(연비 20% 증가)를 제공할 수 있다는 장점이 있다. HCCI를 사용하는 디젤 엔진은 가솔린과 유사한 배기가스를 배출할 수 있다. 기존의 포트 연료 분사 시스템에서처럼 스파크와 분사 타이밍은 더 이상 중요한 요소가 아니다.

HCCI의 미래 이 연소 과정을 사용하기 위해서는 많은 연구와 개발이 수행되어야 하지만, 공회전에서 중간 부하까지, 주변 온도에서 따뜻한 작동 온도까지 우수한 성능을 발휘할 뿐만 아니라 냉간 시동 및 실행 기능도 제공하는 것으로 나타났다. 엔진은 고속도로 속도의 순항 조건과 같이 가벼운 스로틀 설정에서 HCCI

모드에서만 작동하기 때문에 엔지니어는 HCCI 모드 안팎으로의 전환을 개선해야 한다. HCCI 작동 모드에서 작동하는 동안 발생하는 연소 소음과 진동을 줄이기 위해 피스톤과 연소실 형상에 대한 작업도 진행 중이다.

진행 중인 연구는 실제 작동 조건에서 연비를 개선하고 비용을 제어하는 데 중점을 두고 있다.

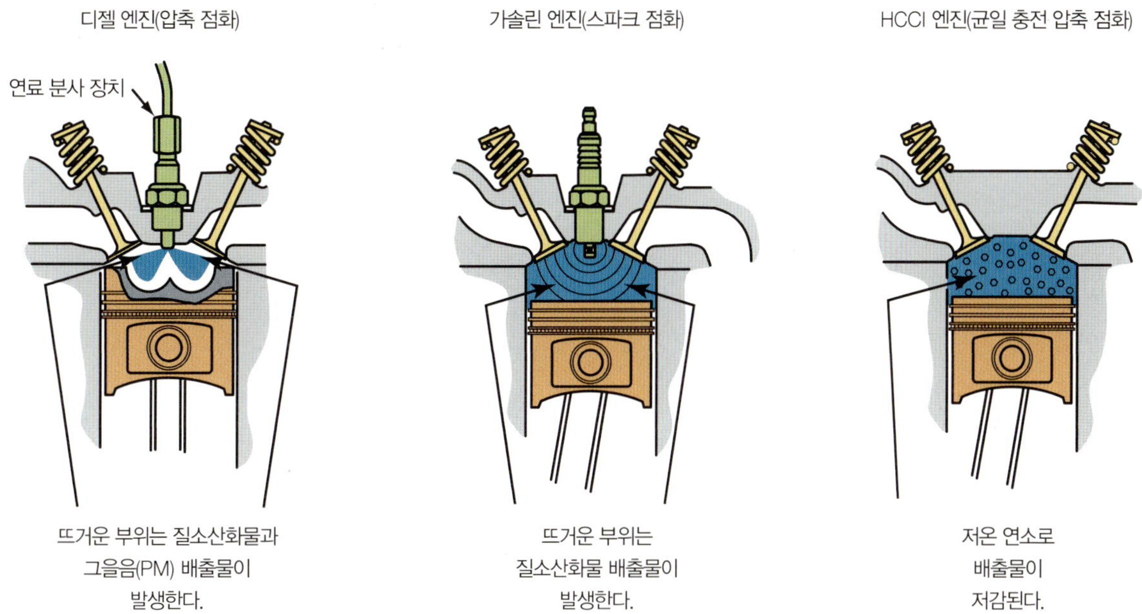

그림 19-25 디젤 엔진과 기존 가솔린 엔진 모두 연소실에서 생성되는 높은 최고 온도로 인해 배기가스를 배출한다. HCCI 작동 중 낮은 연소 온도 배출가스 감소와 함께 효율성이 높아진다.

요약

1. 연료전지는 수소와 산소의 화학 에너지를 전기 에너지로 변환하는 전기화학장치이다.
2. 연료전지 자동차(FCV)는 연료전지를 유일한 동력원으로 사용하는 반면, 연료전지 하이브리드 자동차(FCHV)는 자동차에 동력을 공급하는 데 사용할 수 있는 전기 저장 장치도 갖추고 있다.
3. 압력이 높을수록 탑재된 저장 탱크에 더 많은 수소를 추가할 수 있다. 수소 연료 공급 속도는 디스펜서가 압축열을 상쇄할 수 있는 냉각량과 직접적인 관련이 있다.
4. 울트라커패시터는 기존 커패시터와 매우 다르게 제작되었다. 울트라커패시터 셀은 두 개의 활성탄 전극이 유기 전해질에 담겨 있는 이중층 기술을 기반으로 한다.
5. 균일 충전 압축 점화(HCCI)는 연소 과정이다. HCCI는 스파크 점화를 사용하지 않고 매우 희박한 가솔린 공기-연료 혼합물을 연소한다. 이는 저온의 화학적으로 제어되는 (불꽃 없는) 연소 과정이다.

복습 문제

1. 연료전지는 어떻게 작동하는가?
2. 연료전지의 장점과 단점은 무엇인가?
3. 수소는 어떻게 생산되는가?
4. 울트라커패시터는 어떻게 작동하는가?
5. 수소를 사용하면 어떤 장점과 단점이 있는가?

마무리 퀴즈

1. 연료전지는 무엇으로부터 전기를 생산하는가?
   a. 가솔린/산소
   b. 질소/수소
   c. 수소/산소
   d. 물/산소
2. 연료전지의 부산물(배출물)은 무엇인가?
   a. 수증기
   b. 일산화탄소
   c. 이산화탄소
   d. 비메탄 탄화수소
3. 다음 중 차량에 동력을 공급하는 데 사용될 가능성이 가장 높은 연료전지 유형은 무엇인가?
   a. PAFC
   b. MCFC
   c. PEM
   d. SOFC
4. 연료전지에 직접 전력을 공급하는 데 사용할 수 있는 액체 연료는 무엇인가?
   a. 메탄올
   b. 바이오디젤
   c. 에탄올
   d. 무연 휘발유
5. 울트라커패시터의 기능이 아닌 것은 무엇인가?
   a. AC 통과 가능
   b. DC로 충전 가능
   c. DC 방전
   d. DC 통과 가능
6. 수소 충전소에서 일반적으로 사용되는 압력은 다음 중 무엇을 포함하는가?
   a. H35
   b. H70
   c. H93
   d. a 또는 b
7. 수소 저장 탱크는 일반적으로 무엇으로 제작되는가?
   a. 강철
   b. 알루미늄
   c. 탄소 섬유
   d. b와 c 둘 다
8. HCCI는 가솔린 엔진에서 어떤 부품이나 구성 요소를 제거하는 프로세스인가?
   a. 연료 탱크
   b. 배터리
   c. 연료 분사 장치
   d. 점화 장치
9. 수소는 무엇으로부터 생성될 수 있는가?
   a. 물
   b. 천연 가스
   c. 원유
   d. 위 보기 중 하나
10. 수소 충전소를 설명할 때 H70-T40이 의미하는 것은 무엇인가?
    a. 수소의 종류
    b. 온도 및 압력 등급
    c. 저장 탱크의 크기
    d. 탱크를 채우는 데 필요한 예상 시간

Chapter 20
긴급 구조 절차

학습 목표

- 긴급 구조 표준 운영 절차를 다룰 수 있다.
- 전기 자동차와 하이브리드 자동차를 식별할 수 있다.
- 하이브리드 자동차 고전압을 안전하게 차단할 수 있다.
- 하이브리드 자동차에서 유출물을 안전하게 처리할 수 있다.
- 전기 자동차와 하이브리드 자동차의 긴급 구조 문제를 검토할 수 있다.

핵심 용어

개인 보호 장비(PPE)
국제소방훈련협회(IFSTA)
미국 중앙소방학교(NFA)
미국 화재예방협회(NFPA)
사고
위험물(HAZMAT)
이중 절단 방식
절단 라인
표준 운영 절차(SOP)
표준 운영 지침(SOG)
핫 스틱

전기 자동차와 하이브리드 자동차 긴급 구조 절차

우려되는 이유 누구나 내연기관 소리에 익숙하고 차량이 언제 운행되는지 알 수 있는 반면에 전기 자동차와 하이브리드 자동차는 엔진 소리가 나지 않는다. 차량에 접근하는 게 안전한지, 탑승한 사람을 구조하기 전에 긴급 구조 판단하는 것이 어려울 수 있다.

사고 전기 자동차 또는 하이브리드 자동차와 관련된 **사고**(incident)는 다음과 같은 것을 포함한다.

1. 차량 충돌
2. 화재
3. 충돌과 화재
4. 물에 잠기거나 부분적으로 침수된 차량

표준 운영 절차(SOP)/표준 운영 지침(SOG) 사고가 발생해서 긴급 구조해야 할 때면 무엇을 찾을지 또는 어떻게 그 상황을 처리할지 확실히 알지 못한다. 긴급 구조를 위한 최선의 방법은 **표준 운영 절차**(standard operating procedures, SOP)와 **표준 운영 지침**(standard operating guidelines, SOG)을 따르는 것이다. 표준 운영 절차/표준 운영 지침의 절차와 가이드라인은 관련 부서의 모든 사람이 특정 방식으로 공통된 업무를 수행하도록 보장하기 위해 사용된다.

SAE 권장 지침(RP) 표준 J2990은 세 가지 범주로 분류된 잠재적 위험을 언급한다.

1. 화학
2. 전기
3. 열

차고 화재나 홍수와 같은 사고로 인해 2차 사고가 발생할 수 있다. 차량 추진력에 사용되는 니켈-금속 수소(NiMH)와 리튬-이온(Li-ion) 배터리 및 표준 운영 절차는 인명 피해를 재산 피해보다 우선으로 고려해야 한다고 규정한다. 표준 운용 절차에는 다음을 포함한 적절한 개인 보호 장비(PPE)의 사용도 포함된다.

- 안면 보호대가 있는 헬멧을 포함한 보호복
- 자가 호흡 장치(SCBA)
- 고무 절연 장갑 위에 가죽 보호 장갑을 포함한 고전압 절연 장갑
- 공구가 필요한 경우 절연 공구를 사용할 수 있도록 한다. ● **그림 20-1 참조**

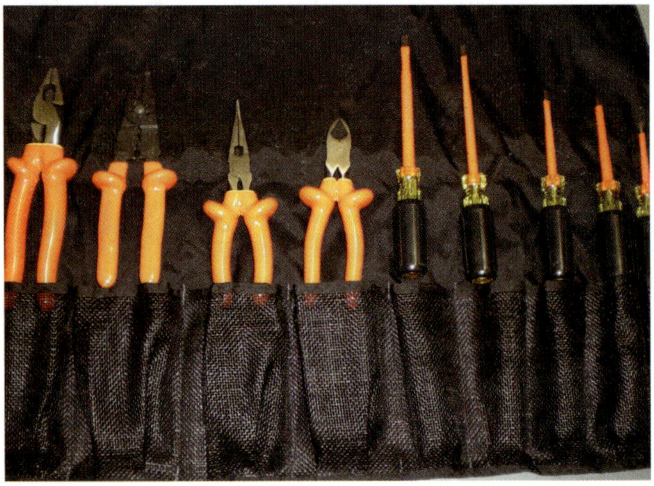

그림 20-1 탑승자를 구조하거나 하이브리드 자동차의 고전압 배터리 케이블을 분리하기 위해 공구가 필요한 경우에는 절연 공구를 사용한다.

시각적 분석 사고 현장에 접근할 때 가장 먼저 고려해야 할 사항은 항상 다음을 포함한 사람들의 안전이다.

- 차량 탑승자
- 긴급 구조
- 사고 현장 근방에 사람

만약 사고 현장의 초기 시각적 평가가 하이브리드 자동차와의 관련성을 가리킨다면 차량이 하이브리드인지 확인하기 위한 점검을 실시한다.

전기 자동차 또는 하이브리드 자동차 식별 차량이 하이브리드 차량인지 확인하려면 차량의 후면, 전면 또는 측면에서 "HYBRID"라는 단어를 찾는다. 대부분의 전기 자동차와 하이브리드 자동차는 가솔린 동력 자동차와 동일하거나 적어도 유사해

그림 20-2 하이브리드 또는 전기 자동차의 식별은 렉서스 RX450h의 측면과 같이 작은 경우가 많다.

그림 20-3 폭스바겐 ID4 전기 자동차의 보닛. 먼저 격벽 부근 마스터 실린더 리저버와 앞쪽 플라스틱 커버 부품 옆의 12 V 보조 배터리가 기존의 내연 차량과 동일한 것처럼 보인다.

보이며, 특히 충돌한 경우에는 더욱 유사하게 보인다. ● **그림 20-2, 그림 20-3 참조**

전기 자동차 및 하이브리드 자동차 점검 항목

주황색 케이블 후드 아래쪽의 주황색 케이블 또는 차량 하부에 볼트로 고정된 주황색 실드선으로 하이브리드 자동차임을 알 수 있다. 하이브리드 배지 또는 라벨이 보이지 않는 경우(예: 손상으로 인해), 후드 아래에 주황색 케이블이 있거나 차량 아래에 주황색 실드선이 있으면 하이브리드 자동차로 식별한다. 고전압은 2선 또는 3선의 높은 내구성을 갖는 주황색 케이블을 통해 고전압 배터리 모듈과 모터 사이를 흐른다. 일부 하이브리드 자동차에서는 고전압 케이블이 에어컨(A/C) 컴프레서(장착된 경우)로 전류가 인가된다. 고전압 케이블은 견고한 주황색 플라스틱 보호 실드 내부의 배터리 박스와 엔진 룸 사이에 차량 아래로 배선되어 있다. ● **그림 20-4 참조**

12 V 보조 배터리 대부분의 전기 자동차 및 하이브리드 자동차에 사용되는 12 V 보조 배터리는 보이지 않게 장착되어 있으며, 종종 검은색 플라스틱 패널 아래에 가려져 있다. 일반적으로 납산(lead-acid) 12 V 배터리의 위치는 다음과 같다.

- 후드 아래(예: 닛산 리프, 쉐보레 Bolt(EV), 폭스바겐 ID4, 머스탱 마하 E)
- 트렁크 내[예: 토요타/렉서스 HEVs, 쉐보레 Volt(SHEV)]

그림 20-4 엔진 커버 위의 다른 표식과 마찬가지로 하이브리드 자동차는 후드 아래에 주황색 케이블이 있어서 식별할 수 있다.

경고

긴급 구조 절차를 수행하기 전에 고전압 시스템을 제대로 차단하지 않으면 감전으로 인해 심각한 부상을 입거나 사망에 이를 수 있다. 심각한 부상이나 사망을 방지하기 위해 적절한 개인 보호 장비(PPE)를 착용하지 않은 상태에서 고전압 케이블이나 고전압 부품을 만지지 않는다.

자주 묻는 질문

케이블의 색상은 무엇을 의미할까?

하이브리드 자동차에는 고전압 케이블을 덮고 보호하기 위한 플라스틱 도관이 장착되어 있다. 이 플라스틱 도관은 잠재적인 위험을 식별하는 데 도움이 되도록 색상으로 구분되어 있다. 케이블 색상과 그 의미는 다음과 같다.

- **검은색:** 12 V 케이블. 감전 위험은 없지만 에어백과 프리텐셔너에 전원을 공급할 수 있다.
- **빨간색:** 12 V
- **파란색:** 42 V. 감전 위험은 없지만 개방된 회로에서 아크 방전 상태를 유지할 수 있다. 파란색은 일부 전동식 파워 스티어링 시스템(EPS) 및 벨트 알터네이터 스타터(BAS) 시스템과 같은 마일드 하이브리드에 사용된다. ● **그림 20-5 참조**
- **노란색:** 42 V. 감전 위험은 없지만 개방된 회로인 경우 아크 방전을 유지한다. 보통 전동식 파워 스티어링에 사용된다.
- **주황색:** 60 V 이상의 고전압을 표시한다. 감전 충격은 심한 화상이나 사망을 유발할 수 있다.

그림 20-5 제너럴 모터스 마일드 하이브리드 자동차의 후드 아래에 보이는 파란색 케이블

그림 20-6 뒷좌석 아래에 위치한 토요타 하이랜더 하이브리드 자동차 배터리 팩

긴급 구조는 차량의 제조사와 모델을 식별한 후 가능한 한 빨리 지침을 확인해야 한다. 전기 자동차와 하이브리드 자동차에서도 이 보조 배터리는 고전압 배터리 제어 시스템에 전원을 공급한다. 일부 긴급 상황에서는 배터리에 연결된 음극 케이블을 분리하거나 절단할 수도 있다.

고전압 배터리 전기 모터는 고전압 배터리 모듈에 의해 동력을 공급받는다. 고전압 배터리 모듈은 플라스틱 용기에 담겨 견고한 금속 상자 안에 놓여 있다. ● **그림 20-6 참조**

배터리 박스 내부의 모든 구성 요소는 차체와 완전히 절연되고 격리되어 있다. 충돌로 인한 잠재적인 손상에서 안전을 극대화하기 위해 고전압 배터리는 뒷좌석 시트 뒤쪽이나 뒷좌석 아래쪽에 장착되어 있다. ● **그림 20-7 참조**

? 자주 묻는 질문

차량 아래에 있는 배터리는 어떻게 탈거할까?

일부 차량에는 차량 아래 또는 패널 뒤에 12 V 보조 배터리가 있어 고전압 배터리 단자 또는 케이블에 접근하기 위해서는 이를 탈거해야 한다. 이 경우 차량 제조업체는 고전압 회로의 전원을 차단하기 위해 따라야 할 올바른 절차로 퓨즈 또는 릴레이를 제거할 것을 명시하고 있다. 제거해야 할 올바른 퓨즈로 쉽게 인식되지 않을 수 있는 퓨즈를 찾는 대신 모든 퓨즈와 릴레이를 제거하는 방법이 제안된다. 많은 하이브리드 자동차는 하나 이상의 퓨즈 패널 또는 릴레이 모듈을 사용한다. 긴급 구조 차량 정보를 확인하는 것이 가장 좋다. 이렇게 하면 12 V 전원이 고전압 컨트롤러에서 제거되고 고전압이 배터리 팩에 분리되어 유지한 상태로 된다.

NOTE: 니켈 메탈 수소(NiMH) 배터리 셀의 제조에는 인체 조직을 부식할 수 있는 고알칼리성 액체 전해질이 소량 사용된다. 그러나 완성된 셀에서는 전해액이 전지 분리막에 흡수되어 금속 케이스에 밀봉되고, 누설이 발생하는 경우는 극히 드물다. 전해액은 불연성, 폭발성이 없으며 정상 작동 조건에서 유해한 연기나 가스를 발생시키지 않는다.

긴급 구조 안전

핫 스틱 하이브리드 자동차에 접근할 때 긴급 구조로 사용할 수 있는 한 가지 옵션은 **핫 스틱**(hot stick)이다. 핫 스틱은 건물이나 차량에서 고전압 선을 당겨낼 때 사용하는 긴 도구이다. ● **그림 20-8 참조**

긴급 구조 시 사용할 수도 있으며, 탑승자에게 접근할 수 있도록 고전압 주황색 케이블을 이동시키는 데도 사용할 수 있다.

셰퍼드 후크 일부 차량 제조업체는 한쪽 끝에 큰 루프가 있는 긴 후크를 사용하여 고전압에 감전된 사람을 붙잡아서 고전압을 제거하도록 명시하고 있다. 이 도구는 일반적으로 셰퍼드 후크라고 불리며 전기 전도성이 없는 섬유 유리로 만들어진다.

에어백과 텐셔너 모든 하이브리드 자동차에는 프론트 에어백과 프론트 시트 벨트 프리텐셔너가 장착되어 있다. 대부분의 하이브리드 자동차에는 앞좌석 탑승자를 위한 사이드 에어백도 장착되어 있으며, 사이드 커튼 에어백도 장착되어 있다. 이러한 에어백

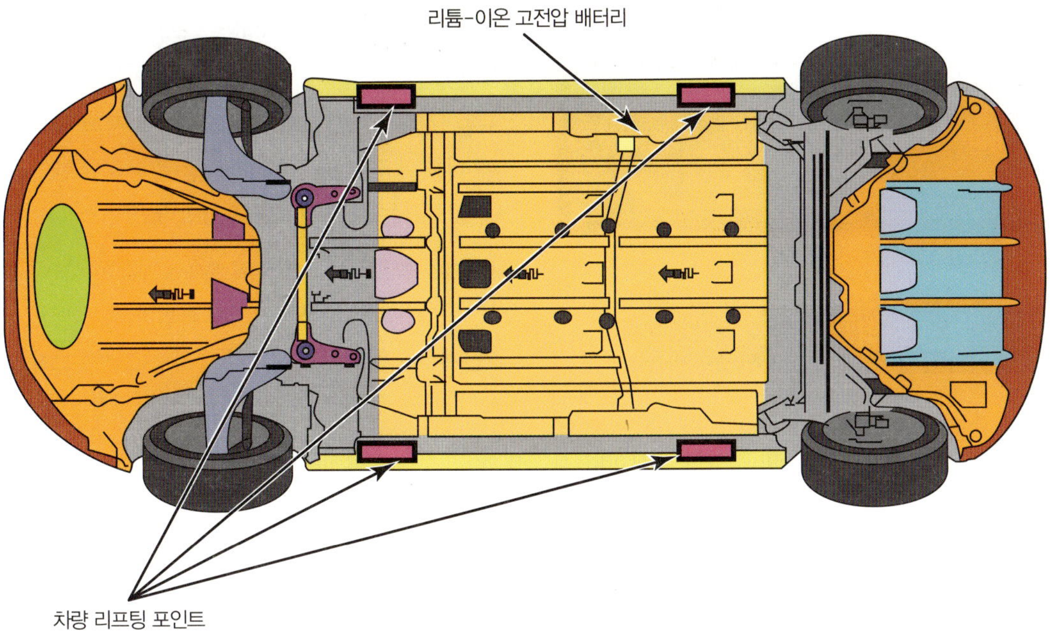

그림 20-7 전기 자동차의 고전압 배터리와 리프팅 포인트 위치를 나타낸 차량 하부 그림

시스템은 12 V 보조 배터리 전원이 차단된 후 최대 3분 후에 비활성화되는 발화 장치를 사용한다. 비활성화 시간 동안 부상 위험을 줄이기 위해 다음 단계를 수행하는 것이 필요하다.

- 전개되지 않은 프런트 에어백의 작동 경로에서 벗어나며, 프론트 에어백이 보관되어 있는 스티어링 휠이나 대시보드의 중앙을 절개하지 않는다.
- 사이드 커튼 에어백 인플레이터가 보관되어 있는 리어 C 필러를 절개하지 않는다. ● **그림 20-9 참조**

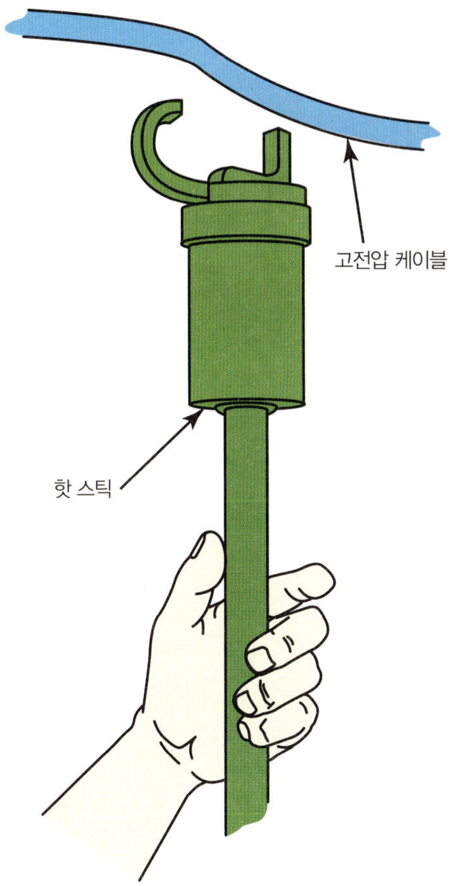

그림 20-8 핫 스틱의 끝 부분은 긴급 구조 시에 감전된 사람을 붙잡거나 고전압 케이블을 분리하는 후크로 구성되어 있으며, 스틱은 절연체인 섬유 유리로 만들어졌다.

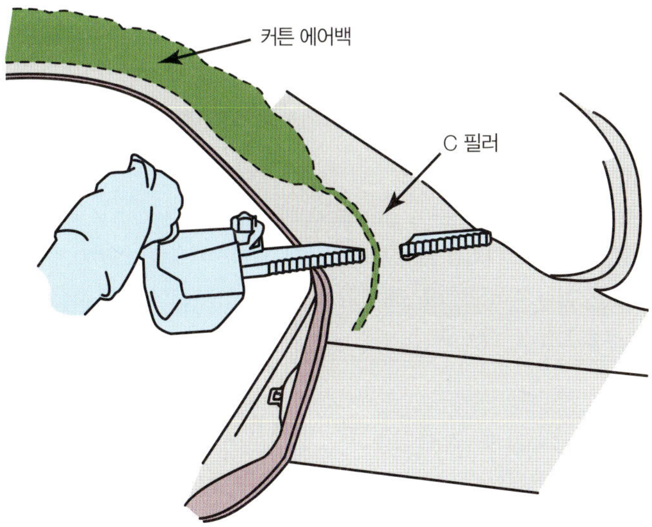

그림 20-9 커튼 에어백이 전개될 수 있기 때문에 루프 필러를 절개할 때는 주의가 필요하다.

경고

찌는 듯한 폭염(160~180°C)은 의도하지 않은 에어백 전개를 유발할 수 있다. 에어백 또는 인플레이터 전개로 인한 부상을 방지하기 위해 권장 절차를 준수한다.

감전 전위

쇼크 위험물 위치 전기적으로 충전된 활선('hot' or 'live') 상태인 고전압 부품을 보호 장비 없이 접촉하면 심각한 부상이나 사망을 초래할 수 있다. 그러나 다음과 같은 이유로 하이브리드 자동차에서 전기 충격을 받을 가능성은 거의 없다.

1. 고전압 배터리 박스가 손상되어 부품이 노출되었거나, 적절한 안전조치 없이 박스가 개방된 상태에서 배터리 모듈 혹은 다른 고전압 부품과 접촉하는 경우
2. 고전압으로 작동하는 에어컨 컴프레서와 같은 고전압 부품이나 전기 모터 주황색 케이블로 식별되는 장치를 접촉하는 경우
3. 고전압 케이블은 주황색으로 쉽게 식별할 수 있으며 접촉을 피할 수 있다.
4. 점화 스위치를 끄면 시스템 메인 릴레이(SMR)는 고전압 케이블의 전원을 차단한다.

위험한 상태 고전압(주황색) 케이블은 다음과 같은 경우 언제든지 뜨거워질 수 있다.

- 점화 스위치가 켜져 있다.
- 자동 공회전 정지 기능에 의해 엔진이 꺼졌다.
- 에어컨은 전기 구동 A/C 컴프레서를 사용하는 차량에서 켜진다.

NOTE: 고전압 케이블이 '활선'할 수 있는 세 가지 상황에서 공통적인 조건은 점화 스위치가 켜져 있다는 것이다. 따라서 점화 스위치가 꺼지면 고전압을 제어하는 시스템 메인 릴레이가 차단되기 때문에 고전압 케이블로 전류가 유입되지 않는다.

비상 구조

표준 운영 절차(SOP) 준수 도착 즉시 비상 구조자는 사고 차량에 대한 표준 운영 절차(SOP)를 준수해야 한다. 일반적으로 표준 운영 절차는 다음 단계를 포함한다.

1단계: 가능한 한 빨리 차량을 식별하여 전기 자동차인지 하이브리드 자동차인지를 확인한다.

2단계: 다음 절차를 수행하여 차량을 비활성화한다.

- 점화 키 또는 스마트키를 제거한다.
- 스마트키가 차량 근처에 있으면 차량의 전원을 계속 켜놓을 수 있기 때문에 점화 키 또는 스마트키를 차량에서 최소 4.5 m 떨어진 곳으로 이동시킨다.
- "READY" 표시등이 꺼져 있는지 확인한다(장착된 경우).
- 변속기를 주차(PARK) 또는 중립(Neutral) 위치에 놓는다.
- 차량의 측면으로 접근하며, 가능하면 차량 앞쪽이나 뒤쪽으로 걸어가는 것을 피한다.

3단계: 차량 안정 상태를 유지하기 위해 차량 휠을 고정시키고, 가능한 경우 변속기를 주차 브레이크로 설정한다.

CAUTION: 고압 전원 케이블, 배기 시스템 또는 연료 시스템 아래에 차량용 지지대(cribbing) 박스를 놓지 않는다.

4단계: 탑승자에게 접근하여 필요에 따라 다음과 같은 일반적인 탈거 절차를 진행한다.

- 조향 칼럼을 앞으로 당겨 탑승자로부터 떨어지게 한다.
- 전방 필러 A를 절단한다.
- 차량 루프를 탈거한다.
- 차량 도어 제거 및 탈거. 차량 도어는 수공구, 전동 공구, 유압 공구 등과 같은 구조 장비로 탈거할 수 있다.
- 대시보드를 탈거한다.
- 긴급 구조 시에 고전압 케이블, 배기 장치 또는 연료 장치 아래에 차량용 지지대(cribbing) 또는 구조용 리프트 에어 잭을 놓지 않는다.

5단계: 점화 스위치를 끈다. 점화 스위치를 끄고 점화 키 또는 스마트키를 차량에서 멀리 이동하여 고전압 시스템을 비활성화한다.

6단계: 12 V 보조 배터리 케이블을 분리 또는 절단한다.

? 자주 묻는 질문

절단 라인이란?

절단 라인(cut line)은 노란색 테이프에 점선으로 프린트된 상태로 양극 또는 음극 12 V 배터리 케이블에 감겨 있다. 12 V 전기 시스템을 비활성화하기 위해 케이블을 절단하는 것이 첫 번째 긴급 구조이다. 일부 하이브리드 자동차만 배터리 케이블에 이러한 절단 라인이 표시되어 있다. 절연 라인을 차단할 때는 **이중 절단 방식**(double cut method)이 선호된다. 이중 절단 방식이란 배터리 케이블에 첫 번째 절단 라인을 절단하고 약 2인치를 이동한 후 다시 절단하여 케이블이 손상되어 접촉하지 않도록 하는 것을 의미한다. 12 V를 절단하면 고전압 시스템의 전원이 차단되고 배터리 팩 자체를 제외한 주황색 케이블에는 고전압이 차단된다. ● 그림 20-10 참조

그림 20-10 배터리 케이블 위 점선은 긴급 구조 시에 12 V 배터리 케이블의 절단 위치를 표시한다. 보조 배터리를 절단하면 고전압 시스템도 동시에 차단된다.

차량 화재

표준 운영 절차(SOP)/표준 운영 지침(SOG) 따르기 미국 화재예방협회(National Fire Protection Association, NFPA), 국제소방훈련협회(International Fire Service Training Association, IFSTA) 또는 미국 중앙소방학교(National Fire Academy, NFA)가 권장하는 바에 따라 적절한 차량 화재 진압 방법을 사용하여 화재에 접근하여 진화한다. 물(사용 가능한 경우 폼)이 적합한 소방 물질임이 입증되었다. 빠르고 공세적인 화재 진압을 하고 많은 양의 물을 사용한다. 공세적 팀은 화재가 진압되고 정밀 검사 작업이 시작될 때까지 하이브리드 자동차임을 식별하지 못할 수 있다. 물을 쉽게 구할 수 없는 경우 건조 분말 또는 CO_2 소화기를 사용할 수도 있다.

NOTE: 고전압 배터리 팩에 화재가 발생하면 화재 현장 지휘관은 공세적 진압과 방어 진압 중 어느 쪽을 취할지를 결정해야 한다.

공세적 화재 진압 차량 하단부에 있는 고전압 배터리 팩과 안전거리를 두고 많은 양의 물로 진화하면 배터리 팩에 있는 배터리 모듈 사이를 점화 온도보다 낮은 지점까지 냉각하여 고전압 배터리 팩 화재를 효과적으로 제어할 수 있다. 물에 의해 꺼지지 않는 나머지 모듈은 모두 자체적으로 연소된다.

방어적 화재 진압 만일 방어적 화재 진압을 하기로 결정하면, 화재 진압 대원은 안전거리를 확보하고 고전압 배터리 모듈이 전부가 연소하도록 한다. 이러한 방어적 진화 작업 중에 소방관들은 연기 경로로의 노출로부터 보호하거나 이를 통제하기 위해 물줄기나 소화기 분무를 사용할 수 있다.

위험물 이슈

위험물(HAZMAT) 하이브리드 자동차에는 다른 차량에 사용되는 것과 동일한 일반적인 차량용 액체 연료가 포함되어 있다. 이러한 액체 연료 및 화학 물질은 **위험물**(hazardous materials, HAZMAT)로 간주할 수 있다.

12 V 보조 배터리 하이브리드 자동차에 사용되는 기존의 12 V 배터리는 납산형 배터리이다. 12 V 배터리가 손상되면 액체 전해질이 쏟아질 수 있다. 이 황산 용액은 베이킹 소다를 사용하여 중화시킬 수 있다. 많은 전기 자동차 및 하이브리드 자동차에 장착된 대부분의 12 V 보조 배터리는 보이지 않는 곳에 위치해 있으며, 종종 검은색 석고 패널 아래에 장착되어 있다. 이러한 배터리는 후드 아래(쉐보레 Bolt, 폭스바겐 ID4, 머스탱 마하 E) 또는 토요타/렉서스 하이브리드 자동차와 같은 뒷좌석 구획 영역에 위치할 수 있다.

긴급 구조 시 차량의 제조사와 모델을 식별한 후 가능한 한 빨리 지침을 확인해야 한다.

고전압(HV) 배터리 고전압 NiMH 배터리 전해액은 인체 조직에 부식성이 있는 가성 알칼리성(pH 13.5)이다. 그러나 분리막 물질에 전해질이 흡수되어 배터리 모듈에 금이 가더라도 통상적

으로 유출되거나 누출되지 않으며, 금속 배터리 팩 케이스와 플라스틱 배터리 모듈을 모두 파괴하는 큰 재앙적 파괴는 드물다. 납산 배터리 전해액 유출을 중화하기 위해 베이킹 소다를 사용하는 것과 유사하게 희석된 붕산 용액 또는 식초를 사용하여 NiMH 배터리 전해액 유출을 중화한다. 다음의 **개인 보호 장비**(personal protective equipment, PPE)를 사용하여 NiMH 전해액 유출을 처리한다.

- 스플래시 실드 또는 안전 고글
- 고무, 라텍스 또는 니트릴 장갑
- 알칼리성 소재에 적합한 앞치마
- 고무 부츠

붕산 용액 또는 식초를 사용하여 NiMH 전해질을 중화한다(붕산 용액은 붕산 800 g에 물 20리터이다).

침수 차량

하이브리드 자동차가 물에 잠기면 고전압 시스템 메인 릴레이는 배터리 자체를 제외한 모든 시스템의 고전압을 차단한다. 시스템 메인 릴레이는 고전압 시스템과 차체(접지) 사이의 전기적 연결을 감지하는 회로에 의해 개방된다. ● **그림 20-11 참조**

침수된 하이브리드 자동차가 감전 충격을 주는 위험이 없어야 한다. 그래서 침수된 하이브리드 자동차를 정상적인 사고로 취급한다. 일반적으로 차량이 하이브리드 자동차인지 여부는 물에 완전히 잠기거나 부분적으로 잠기는 하이브리드 자동차를 다루기 전까지는 알 수 없다. 다음 단계를 수행하여 전체 또는 부분적으로 침수된 하이브리드 자동차에 대한 구조 절차를 수행한다.

1단계: 탑승자를 구조한다.

2단계: 물에서 차량을 빼낸다.

3단계: 가능하면 차량 내의 물을 빼낸다.

NOTE: 침수되었었거나, 침수돼 있는 차체 또는 프레임 접촉으로 인한 감전 위험은 없다.

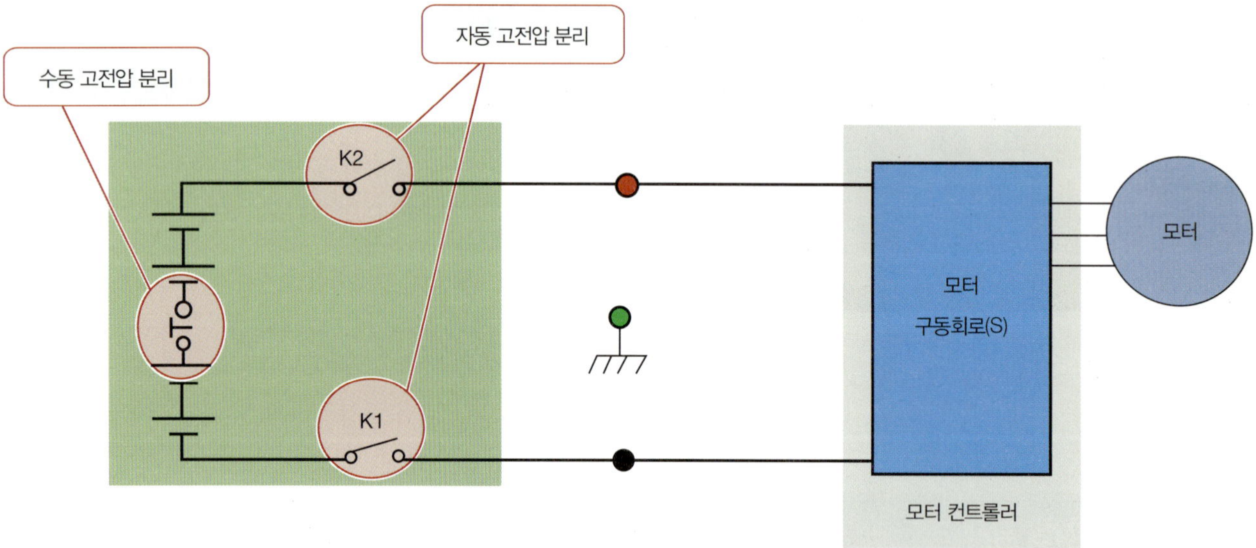

그림 20-11 차량 충돌 또는 침수 시 시스템 메인 릴레이는 고전압을 차단하며, 고전압은 차량 섀시 접지에 연결되어 있지 않다.

요약

1. 전기 자동차 또는 하이브리드 자동차와 관련된 모든 사고는 표준 운영 절차(SOP)에 따라 처리해야 한다.
2. 하이브리드 자동차에 대한 식별 내용은 다음과 같다.
   - 엠블럼
   - 주황색 케이블
3. 배선 전선 색상과 그 의미는 다음과 같다.
   - 검은색: 12 V
   - 빨간색: 12 V
   - 노란색: 42 V
   - 파란색: 42 V
   - 주황색: 60 V 이상
4. 고전압 시스템의 전원을 차단하려면 12 V 보조 배터리를 분리해야 한다. 최적의 결과를 얻으려면 이중 차단 방식을 사용한다.
5. 절단 라인은 종종 12 V 배터리 케이블에 표시되어 12 V 시스템을 비활성화하기 위해 절단해야 하는 위치를 표시하며, 고압 시스템의 전원을 차단한다.
6. 고전압 배터리와 12 V 배터리의 위치는 제조사, 모델, 차량 연식 또는 뒷좌석 뒤쪽에 따라 달라질 수 있다. 12 V 보조 배터리는 후드 아래 또는 트렁크 영역에 있다.
7. 하이브리드 자동차에 사고가 발생했을 때 구조 단계는 다음과 같다.
   1단계: 차량을 식별한다.
   2단계: 고전압을 차단한다.
   3단계: 차량 휠 고정 및 가능하면 주차 브레이크한다.
   4단계: 승객에게 접근한다.
   5단계: 엔진을 끈다.
   6단계: 12 V 배터리 케이블을 분리하거나 절단한다.
8. 하이브리드 자동차에 화재가 발생한 경우 표준 운영 절차(SOP)를 실행한다.
9. 대부분의 하이브리드 자동차는 일반적인 차량과 관련된 다른 사고에서는 흔히 볼 수 없는 위험물질을 생성하지 않는다.

복습 문제

1. 배선이 띠는 다양한 색상이 의미하는 것은 무엇인가?
2. 하이브리드 자동차와 관련된 사고를 처리할 때는 어떤 단계를 따라야 하는가?
3. 긴급 구조 시에 12 V 전원 케이블을 '이중 절단'해야 하는 이유는 무엇인가?
4. 공세적 화재 진압과 방어적 화재 진압 시에 긴급 구조의 차이점은 무엇인가?
5. 물에 잠긴 차량을 긴급 구조 시 감전 충격 위험이 없는 이유는 무엇인가?

마무리 퀴즈

1. 표준 운영 절차(SOP)를 수행할 때 우선순위가 가장 높은 것은 무엇인가?
   a. 인명을 구하거나 보호한다.
   b. 차량이 손상되지 않도록 보호한다.
   c. 화재를 진압한다.
   d. 동물을 구조한다.
2. 전기 자동차 또는 하이브리드 자동차가 관련될 수 있는 사고에서 구조 작업 시 어떤 개인 보호 장비(PPE)를 사용해야 하는가?
   a. 얼굴 가리개가 달린 헬멧
   b. 자가 호흡 장치(SCBA)
   c. 고전압 절연 장갑
   d. 위의 보기 모두

3. 긴급 구조 시 전기 자동차 또는 하이브리드 자동차를 식별할 수 있는 방법은 무엇인가?
   a. 차량 전면, 측면 또는 후면의 엠블럼
   b. 주황색 케이블
   c. 파란색 케이블
   d. a와 b 둘 다

4. 하이브리드 자동차와 관련된 화재는 무엇을 사용하여 진화해야 하는가?
   a. 물이나 소화기
   b. 다량의 물만 사용
   c. 건식 화학 소화기만 사용
   d. CO_2 소화기만 사용

5. 12 V 보조 배터리 케이블의 색상은 무엇인가?
   a. 파란색
   b. 노란색
   c. 빨간색 혹은 검은색
   d. 주황색

6. 전기 감전 충격 위험을 나타내는 색상 와이어 또는 케이블은 무엇인가?
   a. 노란색
   b. 빨간색 혹은 검은색
   c. 주황색
   d. 파란색

7. 12 V 보조 배터리는 어디에 있는가?
   a. 후드 밑
   b. 2열 시트 밑
   c. 트렁크 안
   d. 위 보기 중 하나

8. 12 V 배터리 케이블을 이중 절단해야 하는 이유는 무엇인가?
   a. 절단 부위가 접촉할 가능성을 방지하기 위해
   b. 고전압에서 아크가 발생하는 것을 방지하기 위해
   c. 회로가 절단되었는지 확인하기 위해
   d. 위 보기 모두

9. 고전압 배터리의 전해질이 유출된 경우 이를 중화하기 위해 무엇을 사용해야 하는가?
   a. 베이킹 소다
   b. 식초 또는 붕산
   c. 물
   d. CO_2

10. 다음 중 고전압 시스템이 차단되는 경우는 언제인가?
   a. 엔진이 꺼짐
   b. 에어백이 전개됨
   c. 차량이 물에 잠김
   d. 위 보기 중 하나

부록

전기 및 하이브리드 자동차 전문가(L3) ASE형 인증 시험 견본

범위	문항수	비율
A. 배터리 시스템	11	25%
B. ICE	6	13%
C. 구동 시스템	9	20%
D. 전력 전자	13	29%
E. 하이브리드 지원 시스템	6	13%
합계	45	100%

A. 배터리 시스템

1. 하이브리드 자동차 제조업체가 규정하는 고전압(HV) 보호장갑의 규격은 무엇인가?
   a. SAE J1930
   b. UL 1140-A
   c. ANSI 클래스 "0"
   d. OSHA 표준 1000

2. 전기 자동차나 하이브리드 자동차에서 사용하는 디지털 멀티미터(DMM)의 규격은 무엇인가?
   a. CAT III
   b. SAE J1930
   c. 10 MΩ
   d. UL 1100

3. 고전압 배터리 팩의 성능이 저하되었음을 나타내는 자기진단기의 PID는 무엇인가?
   a. 내부 저항
   b. 충전 상태(SOC)
   c. 배터리 전압
   d. 위 보기 모두

4. 대부분의 하이브리드 자동차에서 ICE가 고전압 배터리 충전을 시작하는 충전 상태(SOC)는 무엇인가?
   a. 30%
   b. 40%
   c. 50%
   d. 60%

5. 고전압 배터리를 점검할 때 자기진단기에서 가장 먼저 확인해야 하는 데이터는 무엇인가?
   a. 충전 상태(SOC)
   b. 내부 저항
   c. 외부 저항
   d. 전해질 수위

6. 전압 누출/절연 손실을 확인하기 위해 사용해야 하는 장비는 무엇인가?
   a. CAT III DMM
   b. 절연 테스터
   c. 저항계
   d. 고임피던스 전압계

7. 차량에서 고전압 배터리를 제거했더니 일부 모듈의 커넥터가 부식된 것이 확인되었다. 기술자 A는 커넥터를 교체해야 한다고 말하고 기술자 B는 배터리 모듈의 충전 상태를 확인하여 모두 규격 내에 있는지 확인해야 한다고 말한다. 어느 기술자의 말이 맞는가?
   a. 기술자 A
   b. 기술자 B
   c. 기술자 A와 B 모두 맞음
   d. 기술자 A와 B 모두 틀림
8. 고전압 배터리는 다음 중 어떤 것을 사용하여 냉각하는가?
   a. 전기 펌프로 냉각수를 순환시키는 별도의 냉각 시스템
   b. 전기 블로워에 의해 순환되는 실내 또는 외부 공기
   c. 고전압 배터리 모듈 어셈블리 주위에서 냉매를 순환시키는 ICE 냉각 시스템
   d. a 또는 b 중 하나
9. 고전압 배터리의 성능이 저하되면 나타나는 증상은 무엇인가?
   a. 계기판의 경고등
   b. 연비 감소
   c. ICE가 전체 또는 대부분의 시간 동안 작동
   d. 위 보기의 일부 또는 전부
10. 하이브리드 자동차 배터리의 정상 내부 저항 값은 얼마인가?
   a. 15~40 mΩ
   b. 1.5~5.0 Ω
   c. 3~7 Ω
   d. 10~15 Ω
11. 고전압 배터리 점검 시 고장 진단 코드가 발생할 수 있는 배터리 블록 간 전압 차이는 얼마 이상인가?
   a. 2.2 V
   b. 1.2 V
   c. 0.3 V
   d. 0.1 V

B. ICE

12. ICE가 항상 작동하도록 하기 위해 공회전 제한 기능을 해제하는 방법은 무엇인가?
   a. 대시보드의 버튼을 누른다.
   b. 정해진 절차를 따른다.
   c. 히터를 켠다.
   d. 모든 문을 연다.
13. 일반적으로 하이브리드 자동차에 사용하는 엔진 오일 점도의 SAE 규격은 무엇인가?
   a. 0W-20
   b. 0W-30
   c. 5W-30
   d. 10W-40
14. 자기진단기에서 ICE에 달린 모터/발전기가 '양(+) 토크'로 표시되는 경우는 무엇을 의미하는가?
   a. 모터/발전기가 ICE를 구동하고 있다(크랭크 모드).
   b. ICE가 모터/발전기에 전원을 공급한다(런 모드).
   c. 모터/발전기가 고전압 배터리를 충전 중이다.
   d. 모터/발전기가 구동 모터에 전기 에너지를 공급하고 있다.
15. ICE의 시동이 걸리지 않을 때 대부분의 원인은 무엇인가?
   a. 연료가 없음
   b. 보조 12 V 배터리가 방전되었거나 결함이 있음
   c. ICE의 연료 펌프에 결함이 있음
   d. 고전압 배터리가 충전 상태(SOC) 50% 미만으로 방전되었음
16. 자기진단기가 필요한 경우는 언제인가?
   a. 보조 12 V 배터리의 SOC를 확인할 때
   b. 엔진 오일 수위를 확인할 때
   c. 압축 압력 시험을 할 때
   d. 위 보기 모두
17. ICE 냉각 시스템은 무엇을 사용하는가?
   a. 수랭식 전자 냉각 시스템에 사용되는 것과 동일한 냉각수
   b. 장기적인 내식성을 갖는 순수(100%) 부동액
   c. ICE 또는 전기 워터 펌프
   d. a와 c

C. 구동 시스템

18. 영구 자석 회전자를 안전하게 제거 또는 설치할 때 필요한 장비는 무엇인가?
   a. 고전압 절연 장갑
   b. 특수 홀더/설치기
   c. 절연 공구(렌치 및 플라이어)
   d. 위 보기 모두

19. 하이브리드 자동차(HEV) 고장 진단 코드에 해당하는 설명은 무엇인가?

a. 글로벌 코드(P0XXX)만 해당한다.

b. P0A30과 같은 코드를 포함할 수 있다.

c. 대부분의 경우 결함을 정확히 파악할 수 있다.

d. b와 c

20. 절연 테스터는 고전압 케이블과 섀시 접지 사이의 연속성을 확인하기 위해 무엇을 인가하는가?

a. 고전압 펄스

b. 12 V 전압에서 흐르는 높은 전류

c. 두 부품 사이의 저항

d. 저전압(약 2 V) 및 저전류(약 0.5 A)

21. 동력 전달계(drivetrain)에서 소음이나 떨림의 발생 위치를 알 수 있는 데이터는 무엇인가?

a. 고전압 배터리의 낮은 SOC

b. 보조 배터리 고장 코드

c. 구동 모터의 절연에 대한 고장 진단 코드(DTC)

d. 리졸버 고장에 대한 고장 진단 코드(DTC)

22. 절연에 대한 고장 진단 코드(DTC)가 발생한 경우 가장 먼저 점검해야 위치는 어디인가?

a. 고전압 차단 플러그

b. DTC 설명에 명시된 위치

c. 섀시 접지 연결에서 가장 가까운 위치

d. 고전압 배터리에서 가장 가까운 위치

23. 대부분의 HEV 변속기에 사용되는 윤활유의 종류는 무엇인가?

a. POE 오일

b. ATF 규격 윤활유

c. POA 엔진 오일

d. 실리콘 그리스

24. 회전자 위치 센서(리졸버) 고장에 대한 고장 진단 코드(DTC)가 발생했다. 기술자 A는 이 부품은 고장이 발생하면 교체가 가능한 부품이라고 말하고, 기술자 B는 이 부품이 구동 모터 어셈블리의 일부이며 어셈블리 단위로 교체해야 한다고 말한다. 어느 기술자의 말이 맞는가?

a. 기술자 A

b. 기술자 B

c. 기술자 A와 B 모두 맞음

d. 기술자 A와 B 모두 틀림

25. 인버터/컨버터와 같은 고전압 구성품의 커버를 제거하기 위해 분리한 2선 커넥터의 용도는 무엇인가?

a. 커버가 제거된 경우 고장 진단 코드를 설정하는 데 사용

b. 작업자 보호를 위해 고전압 시스템을 차단하고 커패시터를 방전하는 데 사용

c. 인버터/컨버터 과열에 대한 계기판 경고등을 켜도록 트리거하는 데 사용

d. 커버가 올바르게 접지되도록 접지 연결에 사용

26. 대부분의 하이브리드 자동차(HEV)의 주차 폴(pawl)에 대한 설명으로 올바른 것은 무엇인가?

a. 케이블을 사용하여 기계적으로 연결한다.

b. 주차 폴 대신 전자석을 사용하여 주차 시 차량이 구르는 것을 방지한다.

c. 모터를 사용하여 주차 폴을 이동한다.

d. 구동 모터를 사용하여 주차 시 차량이 움직이지 않도록 한다.

D. 전력 전자

27. 고전압 배터리 모듈의 내부 저항에 대한 설명으로 올바른 것은 무엇인가?

a. 자기진단기를 사용하여 확인할 수 있다.

b. 배터리 팩에서 모듈을 제거한 후 저항계를 사용하여 측정할 수 있다.

c. 특수 고전압 테스터를 사용하여 확인해야 한다.

d. 구동 모터의 전류 소모량과 고전압 배터리 SOC를 사용하여 계산할 수 있다.

28. ICE가 따뜻할 때나 공회전 시 멈추지 않는 원인은 무엇인가?

a. ICE MAF 센서의 문제

b. 고전압 배터리의 낮은 SOC

c. 고전압 배터리 고장

d. b 또는 c 중 하나

29. 하이브리드 자동차(HEV) 작업을 할 때 디지털 멀티미터(DMM)에 사용하는 테스트 리드의 규격은 무엇인가?

a. 악어 클립이 있는 리드

b. CAT III 등급 리드

c. DOT 승인 리드

d. SAE 승인 리드

30. 공장 수준의 애프터마켓 자기진단기를 사용하여 고장 진단 코드(DTC) P0A80과 P3006을 찾았다. 이 코드가 의미하는 것은 무엇인가?
   a. P0A30은 모든 숫자 대신 문자가 포함되어 있기 때문에 잘못된 코드이다.
   b. P3006은 공장 DTC이다.
   c. 두 코드 모두 글로벌 자기진단기를 사용하여 발견할 수 있다.
   d. P0A30은 공장 코드이다.

31. 계기판에 마스터 경고등이 켜져 있고, 많은 DTC가 설정되어 있으며 경고등이 켜졌을 때 운전자가 차량의 연료가 부족하다고 말했다. 이 문제를 해결하는 가장 좋은 방법은 무엇인가?
   a. 절연 확인을 위해 고전압 시스템의 회로 점검을 수행한다.
   b. 고전압 배터리 서비스 플러그를 분리하고 고전압 시스템 및 구동 시스템과 관련된 시스템 손상 여부를 확인한다.
   c. 코드를 지우고 다시 발생하지 않는지 확인한다.
   d. 엔진 오일을 점검하고 적절한 수위로 복구한다.

32. 고전압 서비스 플러그를 분리하기 전에 해야 할 일은 무엇인가?
   a. 고전압 절연 장갑 착용
   b. 12 V 보조 배터리 또는 퓨즈/릴레이 분리
   c. 고전압 플러그에 접근하는 방법을 알기 위해 서비스 정보 확인
   d. 위 보기 모두

33. 시동 버튼을 누르면 계기판에 불이 들어오지만 차량이 움직이지 않고 준비완료 표시등이 켜지지 않는 경우 가장 가능성이 큰 원인은 무엇인가?
   a. 충전량이 적은 12 V 보조 배터리
   b. 운전자가 브레이크 페달을 밟지 않아 시스템이 ACC 모드에 있음
   c. 방전된 고전압 배터리 팩
   d. 시동 버튼의 고장

34. 인버터/컨버터에서 냉각수로 열을 전달하는 데 사용되는 것은 무엇인가?
   a. 열 전도성 그리스
   b. 엔진 오일
   c. ATF
   d. 실리콘 그리스

35. 사고 난 하이브리드 자동차(HEV) 점검 중 서비스 기술자가 고전압 케이블이 손상되지 않았는지 혹은 전기 절연이 끊어지지 않았는지 확인하려고 한다. 이때 테스트는 어떻게 진행하여야 하는가?
   a. 양쪽 끝의 케이블을 모두 분리하고 두 케이블 사이의 저항을 측정한다. 저항은 10 kΩ 이상이어야 한다.
   b. 서비스 플러그를 분리하여 커패시터가 방전되도록 한 다음 두 단자 사이의 전압을 측정한다.
   c. 차량에서 고전압 케이블을 제거한 후 저항을 측정하며 값은 30 cm당 0.1 Ω 미만이어야 한다.
   d. 고전압 케이블을 분리한 후 절연 테스터를 사용한다. 이때 테스터 리드 하나를 케이블 단자에 연결하고 다른 하나는 상태가 좋은 섀시 접지에 연결한다. 테스터의 결과는 1 mΩ 이상이어야 한다.

36. 12 V 보조 배터리를 충전하였음에도 충전량이 부족하여 여러 번 교체했다. 자기진단기와 DMM에 표시된 배터리 전압이 11.2 V로 표시될 때 가장 큰 원인은 무엇인가?
   a. 너무 작은 보조 배터리 사용
   b. DC/DC 컨버터 고장
   c. 알터네이터(발전기) 고장
   d. 인버터 고장

37. 고전압 커패시터의 위치는 어디인가?
   a. 대부분의 하이브리드 자동차에서 고전압 배터리 팩 아래에 위치
   b. 인버터/컨버터 박스 내부
   c. 일반적으로 ICE에 부착되어 ICE 냉각 시스템을 공유
   d. 차량 하부의 고전압 배터리와 ICE 사이

38. AC/DC 인버터 냉각 펌프가 작동하지 않아 교체하려고 한다. 어떤 종류의 냉각수를 채워야 하는가?
   a. 미리 혼합된 범용 냉각수
   b. 권장되는 냉각수
   c. 유전체가 첨가된 파란색 냉각수
   d. 위 보기 중 하나

39. 시스템 메인 릴레이(SMR)가 차단되어 차량이 비활성화될 수 있는 경우는 언제인가?
   a. 에어백이 작동한 경우
   b. 차량이 물에 잠긴 경우
   c. 시스템이 고전압 시스템과 섀시 접지 사이의 절연에 고장을 감지하는 경우
   d. 위 보기 중 하나

E. 하이브리드 지원 시스템

40. 고전압 절연 장갑 착용 전 검사하는 방법은 무엇인가?

a. 찢어지거나 구멍이 있는지 육안 검사

b. 장갑을 말아서 공기를 가두고 공기가 새는지 확인

c. 전압계를 사용하여 고무의 저항을 확인(10 kΩ 이상이어야 함)

d. a와 b 둘 다 수행

41. 차주가 산악 지역에서 운전할 때 고전압 배터리 디스플레이가 눈금의 맨 위에 표시된다는 불만사항을 호소했다. 또한 브레이크 페달을 밟기가 더 어려워지고 차량 속도를 늦추기 위해 더 많은 힘이 필요했다고 말한다. 이 경우 가장 가능성이 큰 원인은 무엇인가?

a. 정상 동작

b. 마스터 실린더 고장

c. 고전압 배터리 SOC 고장으로 회생 제동 시스템이 일반 유압 브레이크로 기본 설정

d. 운전자 실수

42. 대부분의 하이브리드 자동차에서 브레이크를 정비하기 전에 수행해야 하는 조치는 무엇인가?

a. 브레이크 유압 시스템을 서비스 모드로 설정해야 한다.

b. 축전지를 방전하려면 브레이크 페달을 30회 이상 밟아야 한다.

c. 고전압 서비스 플러그를 분리하여 차량에서 떨어진 안전한 위치에 두어야 한다.

d. 위 보기 모두

43. 대부분의 하이브리드 자동차 고장 진단 코드에는 '하위 코드'도 포함된다. 하위 코드의 목적은 무엇인가?

a. 서비스 기술자가 고장 위치를 찾는 데 도움을 준다.

b. 엔지니어만 사용할 수 있으며 서비스 기술자가 사용해서는 안 된다.

c. 고장이 발생했을 때 고전압 배터리의 전압을 나열한다.

d. 시스템의 세부 사항을 설명하는 서비스 정보의 영역을 보여준다.

44. 전동 파워 스티어링에 연결되는 전선 중 노란색 선은 무엇을 의미하는가?

a. 위험한 고전압(주황색 케이블보다 낮지만 여전히 치명적임)

b. 12 V 회로

c. 42 V 회로

d. 60 V 회로

45. 하이브리드 자동차의 에어컨 컴프레서가 고장 나서 교체할 때 해야 할 조치는 무엇인가?

a. PAG 냉매 오일 사용

b. 지정된 비전도성 냉매 오일 사용

c. 컴프레서의 고전압 케이블 교체

d. 배기 과정에서 대용량 진공 펌프 사용

해답

1. c	**10.** a	**19.** d	**28.** d	**37.** b
2. a	**11.** c	**20.** a	**29.** b	**38.** b
3. d	**12.** b	**21.** c	**30.** b	**39.** d
4. c	**13.** a	**22.** b	**31.** c	**40.** d
5. a	**14.** a	**23.** b	**32.** d	**41.** a
6. b	**15.** b	**24.** a	**33.** b	**42.** a
7. c	**16.** c	**25.** b	**34.** a	**43.** a
8. d	**17.** a	**26.** c	**35.** d	**44.** c
9. d	**18.** b	**27.** a	**36.** b	**45.** b

용어 사전

가변 밸브 타이밍(Variable Valve Timing, VVT) 크랭크축과 연결된 캠축의 타이밍을 변경하기 위해 전기 및 유압 액추에이터를 사용한다. 연소 행정의 다양한 지점에서 밸브를 작동하여 성능을 향상시킬 수 있다.

개인 보호 장비(personal protective equipment, PPE) 서비스 기술자는 차량에서 작업할 때 부상을 입지 않도록 보호하기 위해 보안경, 고전압 장갑과 같은 개인 보호 장비를 착용해야 한다.

격리(sequestration) 대기 중 이산화탄소를 토양에 저장하는 과정을 격리라고 한다.

격자선(graticule) 전형적인 스코프 화면은 일반적으로 수직(위-아래)으로 8 또는 10개의 그리드와 수평(좌-우)으로 10개의 격자로 구성된다. 측정 기준으로 사용되는 투명한 스케일(또는 격자 패턴)은 격자선이라고 부르며, 일반적으로 8310 또는 10310 구획으로 되어 있다.

고분자 전해질 연료전지(Polymer Electrolyte Fuel Cell, PEFC) 양성자 교환막 연료전지는 고분자 전해질 연료전지라고도 한다. PEM 연료전지는 가볍고 콤팩트한 디자인은 물론 주변 온도에서도 작동할 수 있는 능력으로 잘 알려져 있다.

고전압(high-voltage, HV) 고전압 절연장갑을 착용하지 않고 맨손으로 고전압 회로를 만지면 심각한 화상 또는 사망을 초래할 수 있다.

고정자(stator) 전기 모터에서 정지한 부분

공공 충전소(Public Charging Stations, PCS) 여러 위치에서 사용할 수 있으며 대부분의 상업용 레벨 2 충전소

관성(inertia) 물체가 운동 상태를 변화시키기 위한 저항이다.

교류(alternating current, AC) 교류의 전하는 주기적으로 방향을 바꾼다.

국가 전기 규범(National Electric Code, NEC) 국가화재방지국(National Fire Protection Agency)에서 파생되었다. NEC 규범은 일반 대중이 설치하고 사용할 수 있을 정도로 안전하기 위해 건물과 장비가 최소한의 규제 안전 요건을 충족해야 하는 표준이다.

국가공인시험소(Nationally Recognized Testing Laboratory, NRTL) 이러한 실험실의 안전 엔지니어는 제품이 안전 인증을 받고 대중에게 판매되기 전에 통과해야 하는 광범위한 안전 테스트를 수행한다.

국제소방훈련협회(International Fire Service Training Association, IFSTA) 국제소방훈련협회가 권장하는 바에 따라 적절한 차량 화재 진압 방법을 사용하여 화재에 접근하여 진화한다.

국제전기기술위원회(International Electrotechnical Commission, IEC) 국제전기기술위원회는 측정 전압에 따라서 디지털 멀티미터와 리드선을 여러 카테고리로 구분한다. 이 카테고리는 과전압 보호 등급임을 나타내며, CAT I, CAT II, CAT III, CAT IV로 구분된다. CAT 등급이 높을수록 큰 에너지를 갖는 부품에 대한 전압을 측정할 때 엔지니어 보호 등급이 높다는 것을 의미한다. 각 CAT에는 다양한 전압 측정 등급이 있다.

균일 충전 압축 점화(Homogeneous Charge Compression Ignition, HCCI) 스파크 점화를 사용하지 않고 매우 희박한 가솔린 공기-연료 혼합물을 연소하는 것이다.

내연기관(Internal Combustion Engine, ICE) 연소 과정에서 연료에 포함된 에너지를 열에너지로 변환한다.

농형 회전자(squirrel-cage rotor) 양단에 연결된 다수의 평행하고 두꺼운 구리 또는 알루미늄 도체로 구성된 링으로 구성된다.

능동 밸런싱(active balancing) 가장 많이 충전된 셀에서 에너지를 가져와서 가장 적게 충전된 셀로 전달함으로써 달성된다.

니켈, 망간 및 코발트(nickel, manganese, and cobalt; NMC) 양극재로 니켈, 망간 및 코발트 조합을 사용한다. 이 양극재는 에너지는 약간 부족하지만 휘발성이 덜하며 온도 변화도 잘 견딘다.

니켈, 코발트 및 알루미늄(nickel, cobalt, aluminum; NCA) 테슬라는 니켈, 코발트 및 알루미늄 양극재를 사용한다. 이 소재는 긴 배터리 수명과 빠른 충전 기능을 제공한다.

니켈-수소(nickel-metal hydride, NiMH) 현재 생산되는 대부분의 하이브리드 자동차의 고전압 배터리에는 니켈-수소 배터리 기술이 적용된다. 니켈-수소 배터리는 높은 에너지 밀도, 수명과 안정성 같은 성능 특성으로 인해 이러한 응용 분야에 주로 사용된다.

동력(power) 단위 시간당 한 일의 양으로 정의된다. 이는 단위 시간당 소비되는 에너지의 양과 같다.

듀티 사이클(duty cycle) 한 번의 완전한 사이클 동안에 신호가 켜지는 시간의 백분율을 나타낸다.

디지털 멀티미터 전류, 저항, 전압을 측정하는 데 사용된다.

디지털 스토리지 오실로스코프(digital storage oscilloscope, DSO) 디지털 스코프는 1회성 이상 신호 또는 영구적인 신호의 샘플을 수집하여 저장하므로 디지털 스토리지 오실로스코프라고 한다.

렌츠의 법칙(Lenz's law) 유도 전류는 자기장이 전류를 유도하는 운동에 반대되도록 움직인다. 이 원리를 렌츠의 법칙이라고 한다.

록스미스 ID(locksmith ID) 모듈을 다시 프로그래밍하거나 교체 시 프로그래밍해야 하는 경우 프로세스 중에 보안 코드 또는 주요 특정 정보를 다시 입력해야 하는 경우가 많다. 이 정보를 얻으려면 매장이나 서비스 기술자가 등록된 차량 보안 전문가여야 하며 록스미스 ID 번호가 있어야 한다.

리졸버(resolver) 대부분의 전기 모터는 내부 센서를 사용하여 회전자의 위치, 속도, 방향을 감지하는 데 리졸버 또는 엔코더가 사용된다.

리튬인산철(lithium iron phosphate, LiFePO4) 자동차용으로 설계된 또 다른 양극재는 리튬인산철이다. 이 소재는 고온에서 안정적이며 세계적으로 공급이 제한적인 코발트를 포함하지도 않는다.

마이크로 하이브리드(micro hybrid) 아이들 스톱 기능을 포함하지만 내연기관을 시동하지 않고는 자체적으로 차량을 추진할 수 없다.

마일드 하이브리드(mild hybrid) 아이들 스톱 및 회생 제동 기능이 통합되어 있지만, 내연기관의 도움 없이 전기 모터를 사용하여 차량을 스스로 추진할 수 없다.

매입형 영구 자석(Interior Permanent Magnets, IPMs) 영구 자석이 회전자의 내부에 위치하며 매입형 영구 자석이라고 한다.

메그옴(megohm) 저항 단위로 정의되며 대문자 M과 약어 meg를 사용하며 백만 옴 MΩ과 같다.

멤브레인 전극 어셈블리(Membrane Electrode Assembly, MEA) 막, 촉매 코팅 및 전극을 포함하는 PEM 연료전지의 일부는 멤브레인 전극 어셈블리로 알려져 있다.

목적지 충전(destination charging) 호텔과 모텔에서는 목적지 충전이라는 충전소를 제공하는 경우가 많다.

무공해 자동차(zero-emission vehicles, ZEVs) 배터리 전력만으로 차량을 추진하는 전기 자동차를 말한다.

무선 전력 전송(Wireless Power Transfer, WPT) 지상의 송신 패드와 차량 하부에 부착된 수신 패드 사이의 전자기 유도(자기 공명)를 이용한다.

미국 자동차 서비스 태스크 포스(National Automotive Service Task Force, NASTF) OEM 외부에 고용된 자동차 전문가가 현대적인 자동차들을 진단하고 수리하기 위해 필요한 모든 정보, 교육, 도구를 보유할 수 있도록 하는 자동차 서비스 산업, 도구 산업, OEM의 협력 조직이다.

미국 전기제조업협회(National Electrical Manufacturers Association, NEMA) 미국 전기제조업협회에서 제정한 표준은 용어, 구성, 치수 및 성능 등급으로 제품, 프로세스 또는 절차를 정의한다.

미국 중앙소방학교(National Fire Academy, NFA) 소방관 교육을 전담하는 기관

미국 화재예방협회(National Fire Protection Association, NFPA) 소방 서비스 및 관련 분야에서 소방 교육 자료가 필요한 분야를 파악하고 교육 자료 개발 및 검증을 추진하는 협회

미국국가표준협회(American National Standards Institute, ANSI) 미국의 자발적 표준화 및 적합성 평가 시스템을 관리하고 조정하는 민간 비영리 단체이다.

미국재료시험협회(American Society for Testing and Materials, ASTM) 미국재료시험협회로 알려진 ANSI 인터내셔널은 산업계의 부품 테스트 필요성을 해결하기 위해 한 세기도 더 전에 설립되었다.

밀리옴(milliohm, 복수형 milliohms) 1/1,000옴으로 정의되며 mΩ은 소문자 m으로 축약된다.

방사 조도(irradiance) 태양 복사의 양을 정의할 때 사용하는 용어

배터리 관리 시스템(Battery Management System, BMS) 배터리 팩 내의 배터리 셀을 관리하는 전자 시스템이다.

배터리 밀도(battery density) 배터리가 저장할 수 있는 단위질량당 에너지 양(kWh/kg) 또는 단위 부피당 에너지 양(kWh/liter)을 나타낸다.

배터리 전기 자동차(battery electric vehicle, BEV) 전기 자동차라고도 불리는 배터리 전기 자동차는 고전압 배터리 팩을 사용하여 전기 모터에 전기 에너지를 공급하여 모든 주행 조건에서 차량을 추진한다.

배터리 제어 모듈(Battery Control Module, BCM) 하이브리드 제어 모듈로부터의 요청에 따라 고전압 배터리의 작동을 제어한다.

벨트 교류 발전기 스타터(belt alternator starter, BAS) 가장 일반적인 조기 스톱-스타트 시스템이었다. BAS 시스템은 사용할 수 있는 가장 저렴한 시스템이었으며 여전히 하이브리드 차량에 요구된다.

변속기 제어 모듈(transmission control module, TCM) 레인지 선택 스위치를 모니터링하여 운전자가 선택한 기어를 결정한다.

부스트 컨버터(boost converters) 낮은 고전압 배터리에서 동작하는 고전압 시스템을 향상시키기 위해 사용된다.

부하 테스트(load test) 12 V 배터리의 상태를 확인하는 테스트 중 하나이다.

브러시리스 모터(brushless motors) 브러시리스 모터에는 AC 유도 모터와 AC 동기 모터의 두 가지 종류가 있다.

비에너지(specific energy) 배터리의 단위 질량당 배터리 에너지 함량이다. 비에너지의 단위는 킬로그램당 와트시(kg/Wh)이다.

빛 감지 및 범위 지정(Light Detection and Ranging) 첨단 운전자 보조 시스템에 사용되는 센서의 일종으로 레이저를 사용하여 물체를 감지한다.

사각지대 모니터(blind spot monitor, BSM) 차량 측면과 후방에 있는 다른 차량을 감지하는 차량 기반 센서 장치이다.

사고(incident) 사고는 1. 차량 충돌, 2. 화재, 3. 충돌과 화재, 4. 물에 잠기거나 부분적으로 침수된 차량과 같은 것을 포함한다.

사용 시간(time-of-use, TOU) TOU 요금제는 비수기 기간(보통 오후 11시부터 오전 5시)에는 더 낮은 전기 요금을 제공하고, 수요가 많은 시간대에는 더 높은 전기 요금을 제공한다.

산업안전보건국(Occupational Safety and Health Administration, OSHA) 산업안전보건국 요구 조항은 고전압 절연 장갑의 안전성 검사를 할 수 있는 고전압 안전 절연 장갑 검사소에서 6개월마다 검사하도록 명시하고 있다.

성층권(stratosphere) 대류권이라고 불리는 하층 대기에는 약간의 오존이 존재하지만, 성층권이라고 불리는 상층 대기에 비해 오존양이 적다.

세계 공조 경량 자동차 시험 절차(Worldwide Harmonized Light Vehicles Test Procedure, WLTP) 미국에서는 환경보호국(EPA)이 전기 자동차 주행거리를 추정하고, 유럽에서는 세계 공조 경량 자동차 시험 절차를 사용한다.

셀프주차(self-parking) 자동주차 차량이라고도 불리는 셀프주차 차량은 카메라를 사용하고 전자 파워 스티어링을 제어하여 차량을 주차 공간으로 안내한다.

수동 밸런싱(passive balancing) 가장 많이 충전된 셀에서 에너지를 끌어내어 열로 방출시키는 것으로, 일반적으로 저항을 통해 이루어진다.

수력 발전(hydroelectricity) 흐르는 물의 에너지를 수력 발전기 터빈을 돌리는 기계적 에너지로 변환하여 발전하는 방식이다.

스너버(snubbers) 코일이 들어 있는 회로가 켜지고 꺼질 때 발생할 수 있는 고전압 서지를 제어하기 위해 회로에 배열된 커패시터와 저항이다.

스모그(smog) 연기 또는 안개처럼 보이는 상태를 설명하는 데 사용되는 용어

스크롤 압축기(scroll compressor) 내부 기계 요소의 궤적 운동을 통해 기체를 압축하는 매우 균형이 잘 잡힌 유닛으로서, 매우 효율적이고 내구성 있는 설계와 함께 소음, 진동 및 잡음(noise, vibration, and harshness; NVH) 면에서 아주 좋은 특성을 가지고 있다.

스티어링 위치 센서(steering position sensor, SPS) PSCM은 스티어링 위치 센서를 사용하여 스티어링 시스템의 중앙 위치를 결정한다.

스티어링 축 토크 센서(steering shaft torque sensor) 스티어링 축 토크 센서 및 스티어링 휠 위치 센서는 서로 또는 스티어링 칼럼 어셈블리와 함께 구성된다.

시간당 마일(miles per hour, MPH) 레벨 2 충전은 닛산 리프의 대시보드 디스플레이에 시간당 마일로 표시되는 시간당 주행거리를 약 25마일 추가한다.

시간당 주행거리(range per hour, RPH) 레벨 2 충전은 닛산 리프의 대시보드 디스플레이에 시간당 마일로 표시되는 시간당 주행거리를 약 25마일 추가한다.

시간축(기준 시간, time base) 시간축 설정은 디비전(division, 한 칸)이라고 하는 각 블록에 표시할 시간을 설정하는 것을 의미한다.

시스템 메인 릴레이(System Main Relay, SMR) 배터리와 고전압 시스템 내 다른 구성 요소들을 연결하여 고전압 회로를 제어하는 고용량(heavy duty) 릴레이이다.

실내 필터(cabin filter) 사용 목적은 1. 미세 물질 제거, 2. 증발기가 막히지 않도록 먼지와 이물질 방지이다.

압력 변환기(pressure transducer, 압력 트랜스듀서) 압력을 전기 신호로 변환하는 전기 장치이다.

액체 냉각식 응축기(Liquid-Cooled Condenser, LCC) 두 유체 사이의 열 교환을 통해 열을 제거하는 열 교환기이다.

액티브 그릴 셔터(Active Grille Shutters, AGS) 닫혀 있을 때 공기가 차량 아래로 흐르도록 하여 공기저항을 줄이도록 설계되어 있다. 냉각이 필요한 경우 AGS를 열어 공기가 라디에이터를 통과할 수 있도록 한다. 연비를 개선하기 위해 모든 유형의 차량에 사용된다.

앳킨슨 사이클(Atkinson cycle) 흡기 밸브의 닫힘 시점을 늦추어 압축 압력을 감소시키고 팽창 행정을 연장하는 엔진이다.

양성자 교환막(Proton Exchange Membrane, PEM) 자동차 응용분야에 가장 적합한 연료전지 설계는 양성자 교환막이다. PEM 연료전지가 작동하려면 수소가 있어야 하며, 이는 차량에 저장되거나 필요에 따라 다른 유형의 연료에서 생성될 수 있다.

에너지(energy) 일을 할 수 있는 능력으로 정의된다.

에너지 운반체(energy carrier) 수소는 연료로 사용될 수 있지만 에너지원은 아니다. 대신, 수소는 단지 에너지 운반체일 뿐이다.

에너지 효율비(energy efficiency ratio, EER) 냉방철에 냉각 장비의 상대적인 전력 효율을 나타내는 값

엔진 제어 모듈(engine control module, ECM) 엔진이 작동 중일 때 모든 엔진 제어 시스템을 담당한다.

연료전지(fuel cell) 수소와 산소의 화학 에너지가 전기 에너지로 변환되는 전기화학적 장치

연료전지 스택(fuel-cell stack) 수백 개의 연료전지를 함께 구성하는 것

연료전지 자동차(fuel-cell vehicle, FCV) 연료전지를 유일한 동력원으로 사용한다.

연료전지 하이브리드 자동차(fuel-cell hybrid vehicle, FCHV) 자동차에 동력을 공급하는 데 사용할 수 있는 전기 저장 장치도 갖추고 있다.

예상주행가능거리계(Guess-O-Meter, GOM) 대시보드에서 단위 킬로

와트시당 마일(miles/kWh)을 나타내는 디스플레이를 예상주행가능거리계라고 부르는데, 이것은 정확하지 않은 경우가 많기 때문이다.

오른손 법칙(right-hand rule) 자동차에 사용되는 대부분의 회로는 전류 흐름(+에서 −)에 대한 기존 이론을 사용하므로 오른손 법칙을 사용하여 자속선의 방향을 결정한다.

오실로스코프(oscilloscope, 보통 스코프라고 함) 전압이 변하는 시기를 표시하는 타이머가 있는 시각적 전압계이다.

오존(ozone) 세 개의 산소 원자로 구성되어 있으며 줄여서 O_3라 한다. 오존은 대기 중에서 자연적으로 발생하며 천둥 번개 후 냄새로 감지할 수 있다. 오존은 강력한 깨끗한 냄새가 나며, 높은 농도에서는 폐와 호흡기를 자극할 수 있다.

오존층 파괴 물질(Ozone-Depletion Substances, ODS) 냉장, 에어컨, 화재 및 폭발 방지 용매 등에 사용되는 특정 인공 화학물질은 오존층을 파괴하는 대기 반응을 유발할 수 있다. 오존층 파괴 물질은 염소불화탄소(CFCs), 수소염소불화탄소(HCFCs), 할론, 브롬화 메틸(무색 유독가스) 등이다.

온실가스(greenhouse gases, GHG) 지구 대기 중의 기체로, 너무 높은 농도인 경우에 열이 대기 밖으로 빠져나가는 것을 막아 지구의 온도를 상승시킨다.

와트(watt) 1볼트의 전위차를 갖는 회로에 1암페어의 전류가 흐르는 전력의 단위

와트시(watt-hour) 1와트를 1시간 동안 행한 것과 동일한 에너지 단위이며 1와트시는 3,600줄과 같다.

와트의 법칙(Watt's law) 와트의 법칙으로 불리는 전력 공식은 전력(P), 전압(E), 전류(I) 사이의 관계를 보여준다. 이는 $P = I \times E$와 $P/E = I$, $P/I = E$로 표현된다.

외부 트리거(external trigger) 측정 신호가 신호 픽업 리드가 아닌 다른 외부 소스로부터 수신될 때 파형이 시작되는 경우

운동 에너지(kinetic energy) 움직이는 물체의 에너지로서 전기 에너지로 변환함으로써 에너지를 회수할 수 있다

울트라커패시터(ultracapacitor) 울트라커패시터 셀은 두 개의 활성탄 전극이 유기 전해질에 담겨 있는 이중층 기술을 기반으로 한다. 최대 전력 수요 동안 빠른 에너지의 분출을 제공한다.

원 페달 드라이빙(one-pedal driving, 한 페달 운전) 운전자가 정상적인 운전에서 가속하고 감속하기 위해 가속 페달만 사용하는 것을 의미한다.

위험물(hazardous materials, HAZMAT) 하이브리드 자동차에는 다른 차량에 사용되는 것과 동일한 일반적인 차량용 액체 연료가 포함되어 있다. 이러한 액체 연료 및 화학 물질은 위험물로 간주할 수 있다.

유압 충격 저장 누적기(hydraulic impulse storage accumulator) 유휴 정지 모드 후 ICE가 다시 시작될 때 유압 충격 저장 누적기가 유체 압력을 제공하는 데 사용된다.

음극선관(cathode ray tube, CRT) 아날로그 스코프는 텔레비전 화면과 유사한 음극선관을 사용하며 스코프 화면에는 전압 패턴을 전기 신호를 지속적으로 표시한다.

이중 절단 방식(double cut method) 배터리 케이블에 첫 번째 절단 라인을 절단하고 약 2인치를 이동한 후 다시 절단하여 케이블이 손상되어 접촉하지 않도록 하는 것을 의미한다.

인간-기계 인터페이스(human-machine interface, HMI) 과거에는 인간-기계 인터페이스가 매우 기본적이었다. 차량(기계)이 무엇을 하고 있는지 운전자에게 알려주기 위해 차량에는 속도계, 연료량 게이지(HV 배터리 충전량), 외기 온도, 타이어 공기압, 계기판/대시보드 경고 아이콘과 같은 기능이 대부분 장착되어 있었기 때문이다.

인공지능(artificial intelligence, AI) 프로그래밍과 훈련을 통해 수행되는 기계 학습으로, 컴퓨터가 인간과 매우 유사하게 반응할 수 있도록 해준다.

인버터(inverters) DC(직류)를 AC(교류)로 변환할 수 있는 전자 장치

일(work) 물체에 힘(토크)이 가해질 때 물체가 실제로 움직인 것으로 정의된다.

자동 비상 제동(automatic emergency braking, AEB) 이 시스템이 개입하여 필요한 경우 자동으로 브레이크를 적용한다.

자속선(flux line) 전자기장은 기존의 자석 주변의 자기장보다 몇 배 더 강해질 수 있다. 또한 도체 주변의 자계 강도는 전류를 조절하여 제어할 수 있다. 이러한 자기력선을 자속선이라고 한다.

자외선 방사선(Ultraviolet(UV) radiation) 생물에 미치는 영향에 따라 세 가지로 구분하며 다음과 같이 표시한다.

- 자외선 'A', 줄여서 UVA는 오존층에 흡수되지 않고 일반적으로 생물체에 피해를 주지 않는다.
- 자외선 'B', 약칭 UVB는 오존층에 부분적으로만 흡수되어 생물체에 피해를 줄 수 있다.
- 자외선 'C', 약칭 UVC는 오존층에 거의 완전히 흡수되며 건강에 대한 우려가 거의 없는 것으로 나타났다.

저등급 열(low-grade heat) 냉각수 온도와 주변 공기 온도 사이에 작은 차이만 있음을 의미한다.

저소음 타이어(noise-reducing tire) ICE가 장착된 차량에서 일반적인 엔진 소음에 의해 가려지는 130~240 Hz 범위의 소음을 제거하는 것이 목적이다.

적응형 크루즈 컨트롤(adaptive cruise control, ACC) 레이더 크루즈 컨트롤이라고도 하며 전방 차량과의 거리를 확보하여 운전자가 차량을 더 잘 제어할 수 있도록 해준다.

전기 보조 펌프(electric auxiliary pump) 기존 자동변속기를 하이브리드 파워트레인에 적용하기 위해 ICE 공회전 정지 시 변속기의 유체 압력을 유지하기 위해 사용된다.

전기 분배 시스템(Electrical Distribution System, EDS) 주요 기능은 배터리 팩을 통해 전기 전도 경로를 제공하는 것이다.

전기 자동차(electric vehicle, EV) 배터리 전기 자동차라고도 불리는 전기 자동차는 고전압 배터리 팩을 사용하여 전기 모터에 전기 에너지를 공급하여 모든 주행 조건에서 차량을 추진한다.

전기 자동차 충전 설비(Electric Vehicle Supply Equipment, EVSE) 전기 자동차(EV)를 충전하기 위해 전기를 공급한다.

전기분해(electrolysis) 전류를 물에 통과시켜 물을 구성 요소인 수소와 산소로 분해하는 과정

전기자(armature) 많은 도체로 구성된 전기자는 이 강한 자기장 내부에 설치되며 전기자와 계자 코일 사이의 간격은 거의 없다.

전동식 파워 보조 스티어링(electric power-assisted steering, EPAS) 전동식 파워 스티어링은 이전에 전기 모터를 사용하여 동력 보조 작업을 제공하던 유압 부품을 대체한다.

전동식 파워 스티어링(electric power steering, EPS) 모든 하이브리드 및 전기 자동차는 전동식 파워 보조 스티어링(EPAS)이라고도 불리는 전동식 파워 스티어링 시스템을 사용한다.

전류 클램프(current clamp, 앰프 클램프) 전기 시스템의 전선, 케이블 또는 기타 전기 도체 주위에 조(jaw)를 벌려서 끼운 다음 전원 분리 및 차단 없이 전류를 측정할 수 있는 프로브

전자기(electromagnetism) 전류를 사용하여 자기장을 생성하는 것

전자기 유도(electromagnetic induction) 움직이는 자기장에 의해 도체에 전압(전기)이 생성되는 것

전자기 주차 센서(electromagnetic parking sensors, EPS) 차량이 천천히 그리고 물체를 향해 움직이는 것을 감지한다.

절단 라인(cut line) 노란색 테이프에 점선으로 프린트된 상태로 양극 또는 음극 12 V 배터리 케이블에 감겨 있다. 12 V 전기 시스템을 비활성화하기 위해 케이블을 절단하는 것이 첫 번째 긴급 구조이다.

절연 게이트 바이폴라 트랜지스터(insulated-gate bipolar transistors, IGBT) PDU를 통과하는 전류 흐름은 6개의 절연 게이트 바이폴라 트랜지스터에 의해 제어된다.

절연 손실 테스트(loss of isolation test) 고전압 시스템과 섀시 접지 사이의 원치 않는 연속성을 감지하기 위해 수행된다. 이 테스트는 고전압 누출 문제를 감지하고 결함이 복구되었는지 확인하기 위해 수행된다.

정류자(commutator) 회전 스위치는 매 사이클마다 두 번씩 전류의 방향을 바꾸어 전기자를 통해 흐르므로 전자석의 극이 모터 외부의 영구 자석을 밀고 당기게 된다.

정온도 계수(Positive Temperature Coefficient, PTC) 온도가 증가함에 따라 전도체의 전기 저항이 증가하는 경향

제어기 영역 네트워크(Controller Area Network, CAN) CAN 프로토콜은 2003년 이후의 차량 진단을 위해 환경보호국(EPA)의 승인을 받았으며 모든 차량에 대한 법적 요구사항이 되었다.

주차 보조 시스템(parking-assist system) 운전자가 천천히 이동하는 동안 다른 물체와의 접촉을 방지하는 데 사용된다.

주파수(frequency) 헤르츠(hertz) 단위로 측정된 초당 사이클 수

주행거리(range) 전기 자동차가 배터리를 완전히 충전하여 주행할 수 있는 거리

주행거리 불안(range anxiety) 전기 자동차의 많은 잠재적인 소유자들이 차량이 목적지까지 도달하지 못하는 주행거리 문제로 주행 불가능 상태로 도로 위에 갇힐지 모른다는 두려움이다.

줄(joule) 미터법을 기준으로 한 SI계(국제단위계)에서 에너지는 줄 단위로 측정되며 1줄은 어떤 물체를 1뉴턴의 힘으로 1미터의 거리를 이동하는 기계적인 일을 할 때 물체에 전달되는 에너지로 정의된다.

중형 하이브리드(medium hybrid) 엔진 정지/시동, 회생 제동, 파워 어시스트를 제공하는 144~158 V 배터리를 사용한다.

지능형 속도 조언(Intelligent Speed Advice, ISA) 표지판 인식 카메라나 내비게이션 시스템(GPS)을 사용하여 속도 제한을 결정하고, 이를 통해 운전자에게 게시된 제한 속도를 경고한다.

지열 에너지(geothermal energy) 지구의 열에서 추출한 에너지

지열 히트 펌프(geothermal heat pump, GHP) 지열은 지열 히트 펌프 시스템을 사용하여 추운 날씨에 실내를 따뜻하게 할 수 있으며 더운 날씨에는 실내를 냉각시킬 수도 있다.

직류(direct current, DC) 직류에서 전하(전류)는 한 방향으로만 흐른다.

직장 충전(work place charging, WPC) 차량 소유자가 직장에 있는 동안에도 대개 무료로 차량을 충전할 수 있기 때문에 매우 인기가 높다.

차량음향경고시스템(Acoustic Vehicle Alerting System, AVAS) 차량이 저속으로 주행할 때마다 엔진 경고음을 발생시키는 시스템

미국도로교통안전국(NHTSA) 2020년 9월까지 규정을 준수하여 시속 30 km 미만의 속도로 주행할 때 이 장치가 경고음을 내도록 요구하고 있다.

차선 유지 보조(lane keep assist, LKA) 차선 유지 보조 시스템(LKAS)이라고도 불리며 목적은 차량이 차선을 벗어나는 경우 운전자에게 경고하는 것뿐만 아니라 운전자의 반응이 없을 때 자동으로 전동식 파워 스티어링 시스템을 사용하여 조종한다.

차선 이탈 경고 시스템(lane departure warning system, LDWS) 카메라를 사용하여 차량이 포장도로의 차선 표시선을 넘어가는지 감지한다.

차체 제어 모듈(body control module, BCM) 공조 시스템의 작동과 운전석 도어 스위치, 운전석 안전벨트를 모니터링한다.

채널(channel) 각각에 대한 리드가 필요한 측정 신호의 수를 채널이라고 한다. 채널은 스코프에 대한 입력이다.

첨단 운전자 보조 시스템(advanced driver assist systems, ADASs) 운전자에게 도움을 주는 다양한 시스템

초음파 물체 센서(ultrasonic object sensors) 주변 물체와의 거리를 측정하는 데 사용되며 펜더, 전면 및 후면 범퍼 어셈블리에 내장된다.

축열재(Thermal Storage Material, TSM) 축열재 또는 상변환 물질(Phase Change Material, PCM)로 불리는 물질이 채워진 왁스 챔버가 증발기의 탱크 끝이나 관 사이에 있다. 냉매 관 사이에 위치한 냉각 단열 케이스는 에어컨이 가동될 때 차가운 에너지를 추출한다.

충전 상태(state-of-charge, SOC) 배터리에 저장될 수 있는 사용 가능한 용량의 비율

칼럼 장착 전동식 파워 스티어링(column-mounted electric power steering, C-EPS) 칼럼 장착 전동식 파워 스티어링 센서와 보조 모터가 차량 내부에 위치해 랙 장착 시스템처럼 열과 외부 요소에 노출되지 않는다.

킬로와트(kilowatt, kW) 전력의 단위. 엔진 출력은 일반적으로 와트 또는 킬로와트(1,000와트는 1킬로와트와 동일)로 표시된다.

킬로와트시(kilowatt-hour, kWh) 에너지의 단위. 배터리 용량은 킬로와트시로 측정된다.

탄소(carbon, C) 역사를 살펴볼 때 세계적으로 사용되는 대부분의 에너지는 탄소를 포함한 유기 연료를 연소하여 생산해 왔다.

탄소 발자국(carbon footprint) 인간 활동에 의한 에너지 관련 배출물과 열, 빛, 동력, 냉동 및 모든 운송 관련 배출 가스를 포함한다. 탄소 발자국은 사람이나 조직이 기후에 미치는 영향을 온실가스(GHG, 대부분 CO_2)의 총량으로 나타낸 것이다.

탄수화물(carbohydrates) 탄소 기반 생물학에서 탄수화물 내 기본적인 에너지 저장 화합물은 탄소 원자들의 단일 결합에 의한 사슬로 연결되어 있다.

태양광 발전(photovoltaics, PV) 원자 수준에서 빛을 전기로 직접 변환하는 것

태양 전지(solar cell) 태양 전지라 불리는 광전지는 실리콘과 같은 반도체 물질로 만들어진다.

토크(torque) 회전하는 힘을 지칭하는 용어이며, 토크는 회전하는 움직임을 만들어 낼 수 있다.

트리거 기울기(trigger slope) 디스플레이를 시작하기 위해 파형이 가져야 하는 전압 방향

트리거 레벨(trigger level) 패턴이 표시되기 전에 스코프에서 감지해야 하는 전압

파우치 셀(pouch cell) 파우치 유형의 고전력 배터리는 파우치 셀이라고 불리는 주머니 형태의 용기 내 적층된 구조를 사용한다.

파워 스티어링 제어 모듈(power steering control module, PSCM) 파워 스티어링 제어 모듈과 파워 스티어링 모터는 어셈블리로 제공되며 스티어링 칼럼 어셈블리와는 별도로 제공된다.

펄스파(pulse train) 일련의 펄스로 켜고 끄는 DC 전압을 펄스파라고 한다. 펄스파는 교류(AC) 신호와 달리 0 V 이하로 떨어지지 않는다.

펄스폭(pulse width) ms 단위로 측정된 실제 켜진 시간의 측정값

펄스폭 변조(pulse-width modulation, PWM) 듀티 사이클은 펄스폭 변조라고도 하며 도(degree) 단위로 측정할 수 있다.

펌핑 손실(pumping losses) 흡입 행정 동안 실린더에 공기를 채우기 위해 흡기 시스템이 유동 저항을 극복하는 데 필요한 에너지를 의미한다.

표면부착형 영구 자석(Surface Permanent Magnets, SPMs) 영구 자석이 회전자의 외부 표면에 부착된 것

표준 운영 절차(standard operating procedures, SOP) 절차와 가이드라인은 관련 부서의 모든 사람이 특정 방식으로 공통된 업무를 수행하도록 보장하기 위해 사용된다.

표준 운영 지침(standard operating guidelines, SOG) 절차와 가이드라인은 관련 부서의 모든 사람이 특정 방식으로 공통된 업무를 수행하도록 보장하기 위해 사용된다.

풀 하이브리드(full hybrid) 풀 하이브리드라고도 하는 스트롱 하이브리드(strong hybrid)는 아이들 스톱 및 회생 제동을 사용하며 전기 모터만으로 차량을 추진할 수 있다.

풍력(wind power) 풍력 발전은 바람을 이용하여 발전기인 풍력 터빈의 대형 날개를 구동하여 전기를 발생시키는 방식

풍력 발전 단지(wind farms) 여러 개의 풍력 터빈이 모여 있는 지역으로 전력망과 연결되어 있다.

플러그인 하이브리드 자동차(Plug-in Hybrid Electric Vehicle, PHEV) 내연기관 또는 AC 전원 또는 충전기에 연결하여 충전할 수 있는 대용량 배터리를 가진 하이브리드 자동차이다. 집이나 직장, 여행 중에 전기 콘센트에 연결하여 배터리를 충전하도록 설계되었다.

하이브리드 자동차(Hybrid Electric Vehicle, HEV) 내연기관 동력을 지원하거나 보조하기 위해 고전압 배터리 팩과 전기 모터와 발전기를 조합하여 사용한다.

하이브리드 제어 모듈(hybrid control module) 파워트레인의 전기 부분을 제어하는 역할을 한다.

핫 스틱(hot stick) 건물이나 차량에서 고전압 선을 당겨낼 때 사용하는 긴 도구

항상 충전 중(Always Be Charging, ABC) 전문가들은 차량이 집에 있는 동안 항상 전원을 연결해 둘 것을 권장한다. 이를 흔히 항상 충전 중이라고 한다.

햅틱 액추에이터(haptic actuator) 스티어링 휠이나 운전석에 자주 발생하는 진동

헤르츠(hertz) 주파수(frequency)는 헤르츠(hertz) 단위로 측정된 초당 사이클 수

회생(regeneration) 전기는 전기 에너지로, 고전압 배터리를 향하여 충전된다. 이 과정을 회생이라 부르며, 간단히 '회생 에너지(reclaiming energy)'라고 한다.

회전자(rotor) 전기 모터에서 회전하는 부분(보통 내부)

후측방 경고(rear cross-traffic warning, RCTW) 차량이 후진 중 후방에서 교차할 때 소리로 경고하는 시스템

휘발성 유기 화합물(Volatile Organic Compounds, VOC) 페인트, 용제, 에어로졸 스프레이, 세정제, 접착제, 유성 매직, 살충제, 연료에 의해 배출되는 가스

AC 유도 모터(AC induction motor, ACIM) 고정자의 전자기 유도 현상을 사용하여 회전자 전류를 유도하는 방법으로 브러시가 필요 없이 회전자에 자기장을 만든다.

AC 커플링(AC coupling) AC 커플링 기능을 선택하면 커패시터가 미터 리드 회로에 배치되어 모든 DC 전압 신호를 효과적으로 차단하지만, 측정 신호의 AC 전압 신호는 통과시켜 표시할 수 있게 된다.

BNC 커넥터(BNC connector) 대부분의 스코프는 아날로그 및 디지털 스코프 모두 일반적으로 동일한 테스트 리드를 사용한다. 이러한 리드는 일반적으로 소형 표준 동축 케이블 커넥터인 BNC 커넥터를 통해 스코프에 연결된다. BNC는 전자 산업에서 사용되는 국제 표준이다.

CAT III(category three) 고전압 시스템을 측정하기 위해서는 인증된 디지털 멀티미터(DMM) CAT III가 필요하다.

DC 커플링(DC coupling) 스코프가 측정 회로에 존재하는 교류(AC) 전압 신호와 직류(DC) 전압 신호를 모두 표시할 수 있기 때문에 스코프에서 가장 많이 사용되는 기능이다.

DC-DC 컨버터(DC-to-DC converters) DC 전압을 어떤 레벨의 DC 전압에서 다른 레벨의 더 높은 레벨 또는 더 낮은 레벨의 전압으로 변환하는 데 사용되는 전자 장치

DCFC(DC Fast Charge, DC 고속 충전) 레벨 3 충전기는 흔히 DCFC 또는 DC Quick Charge(DCQC)라고 한다.

EV 주행거리(EV range) 사용되는 배터리 팩의 크기나 용량에 따라 일반적으로 EV 주행거리라고 불리는 ICE를 사용하지 않고 차량이 주행할 수 있는 거리가 결정된다.

Guobiao 표준(Guobiao standard, GB 또는 GB/T) 중국 국가 표준이다. 마힌드라와 타타 전기 자동차뿐만 아니라 BYD 및 기타 중국 회사들도 이 표준 커넥터를 사용한다.

IGBT(Insulated-Gate Bipolar Transistor) 트랜지스터와 다이오드의 배열은 차량의 이동(어시스턴스)과 배터리 팩의 재충전을 위한 전기 모터의 3상 제어를 야기하며, MG ECU를 통한 전류 흐름은 6개의 IGBT에 의해 제어된다.

kWh/100마일(kWh/100 mi.) EPA는 또한 EV의 에너지 소비량을 100마일을 주행하는 데 필요한 시간당 킬로와트, 줄여서 kWh/100마일로 표시한다.

MPGe(miles per gallon equivalent) EPA가 만든 연비 측정(miles/gallon) 기준으로 33.705 kWh의 전기가 1갤런의 휘발유와 같다는 환산계수를 기준으로 계산된다.

PAAK(Phone as a Key, 시동을 스마트폰으로) 내연기관 차량뿐만 아니라 많은 전기 자동차와 하이브리드 자동차 또한 스마트폰 애플리케이션(앱)을 이용하여 제어할 수 있다. 스마트폰 원격 시동을 포함한 이러한 차량 제어를 PAAK라고 한다.

PTC 히터(PTC heaters) 내연기관의 냉각수 온도가 낮을 때 차량 내부로 열 공급을 증진시키기 위해 전기 시스템을 사용한다. 이와 같은 방식 중 하나는 히터 코어 자체에 내장된 PTC 히터를 사용하는 것이다.

SAE J2534 컴퓨터와 차량 간의 통신 표준

SAE 콤보 충전 시스템(Combo Charging System, CCS) BMW, 포드, GM, VW, 기타 차량 제조업체에서 사용하고 있는 DCFC 커넥터

SLI 배터리(SLI battery) 시동, 점등, 점화를 의미하며 일반적인 자동차 배터리의 사용법을 설명한다.

찾아보기